XINZHI

Fashion & Fetishism:
Corsets, Tight-Lacing
and Other Forms of
Body-Sculpture

Fashion & Fetishism: Corsets, Tight-Lacing
and Other Forms of Body-Sculpture
by David Kunzle

时尚与
恋物主义

紧身褡、束腰术
及其他体形塑造法

[美] 戴维·孔兹 著
珍栎 译

生活·讀書·新知 三联书店

图书在版编目（CIP）数据

时尚与恋物主义：紧身褡、束腰术及其他体形塑造法／（美）戴维 · 孔兹著；珍栎译. —北京：生活 · 读书 · 新知三联书店，2018.1
（新知文库）
ISBN 978－7－108－05960－4

Ⅰ. ①时… Ⅱ. ①戴… ②珍… Ⅲ. ①女性－形体－社会发展史 Ⅳ. ① TS974.14

中国版本图书馆 CIP 数据核字（2017）第 129141 号

特邀编辑 李 欣
责任编辑 徐国强
装帧设计 陆智昌 康 健
责任印制 徐 方
出版发行 生活 · 讀書 · 新知 三联书店
（北京市东城区美术馆东街 22 号 100010）
网 址 www.sdxjpc.com
经 销 新华书店
印 刷 北京新华印刷有限公司
版 次 2018 年 1 月北京第 1 版
2018 年 1 月北京第 1 次印刷
开 本 635 毫米 × 965 毫米 1/16 印张 34
字 数 522 千字 图 205 幅
印 数 0,001－7,000 册
定 价 59.00 元
（印装查询：01064002715；邮购查询：01084010542）

彩图 1　晚装紧身褡拼贴画（*Vogue*, 1992）

彩图 2　Azzedine Alaïa 设计的裙子
（1940, Stephen Gan, *Visionaire's Fashion*, 2000）

彩图 3　Versace 设计的裙子上的象征性束带
（*Angeleno*, October, 2003）

彩图 4　英国电视剧里的两个同性恋女星（女同性恋杂志 *Diva* 的封面 , October 2002）

彩图 5　汤姆 • 福特手拿黑莓伏特加（Absolut 的广告，2000）

彩图 6　Chloé 的柔软质地紧身褡广告

彩图 7　《时尚》封面（细部放大图，September 1995）

彩图 8　蒂埃里 • 穆勒，尖刺紧身褡裙配之以乳头环和项圈（Internet, Jeroen van der Klis 提供）

彩图 10　19 世纪虚构的早期现代风格（Janet and David Desmond 捐赠，引自 Koda：*Extreme Beauty*）

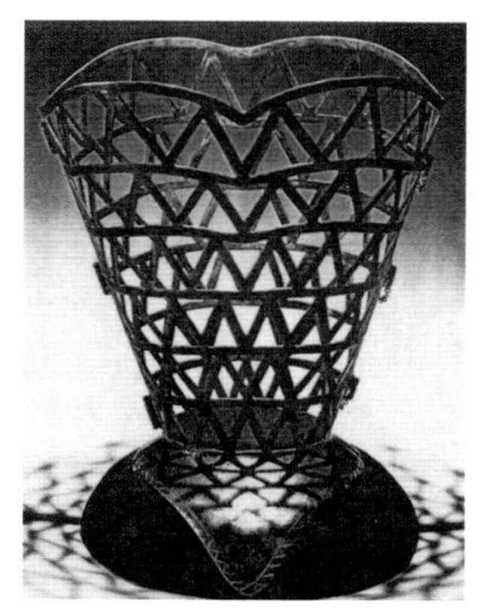

彩图 9　Givenchy 高档时装（1997，摄影：Firstview.com，引自 Koda：*Extreme Beauty*）

彩图 11　克利斯汀•拉克鲁瓦的收藏（1996—1997）（Golbin，*Fashion Designers*, 1999）

彩图 12　让•保罗•高缇耶的古典香水广告（2001）

彩图 13　为拉夫•劳伦品牌做的广告（2003）

彩图 14　让·保罗·高缇耶设计的高档时装（2001，摄影：Firstview.com）

彩图 15　黑紫色橡胶 / 皮革紧身褡（*De Mask Lingerie Catalogue*, 1995）

彩图 16　《花花公子》封面："性感女性比你更阳刚"（February 1984）

彩图 17　安·格罗根身穿 Jane Smith 设计的伊丽莎白风格紧身褡和 BR 创意的粉红色紧身褡（摄影：Jeanette Vonbier, *Elegant Images*）

彩图 18　幽暗花园：白缎紧身褡裙；由 16 岁的奥特姆 • 卡雷 - 亚当米制作

彩图 19　幽暗花园：亚马逊；衬骨同束带合为一体的灵巧结构

彩图 20　幽暗花园：恋物主义者 Diva Midori 身穿长至脚踝的棕红皮革紧身褡，配之项圈和袖口

彩图 21　德国的 Jutta van Ginkel 身穿 BR 创意紧身褡，上沿缀满淡粉和淡蓝的玫瑰

彩图 22　米诺斯的蛇女神
（Vassilakis, Knossos）

彩图 23　“变身魅力女郎”
（杂志 B 的封面 , May, 2002）

彩图 24　恋物主义的鞋子设计
（约 1955, *Exotique* No. 6, p. 5）

彩图 25　Tsubasa 设计的数码恋物鞋
（*Skin Two* No.29, 1999）

彩图 26　保罗 • 翁德尔奇：爱情
（WRITE Wuderlich, Graphik und Myultiples 1948—1987 Schleswig-Holsteinsches Landesmuseum, Schleswig und Edition Volker Huber, Offenbach am Main, 1987）

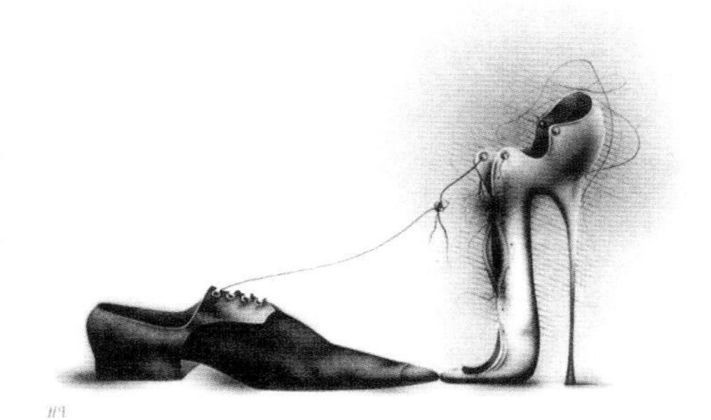

彩图 27　薇薇恩 • 韦斯特伍德：带马刺的鞋（The Romilly McAlpine Collection, 2001）

彩图 28　艾伦•琼斯的创意（1968）

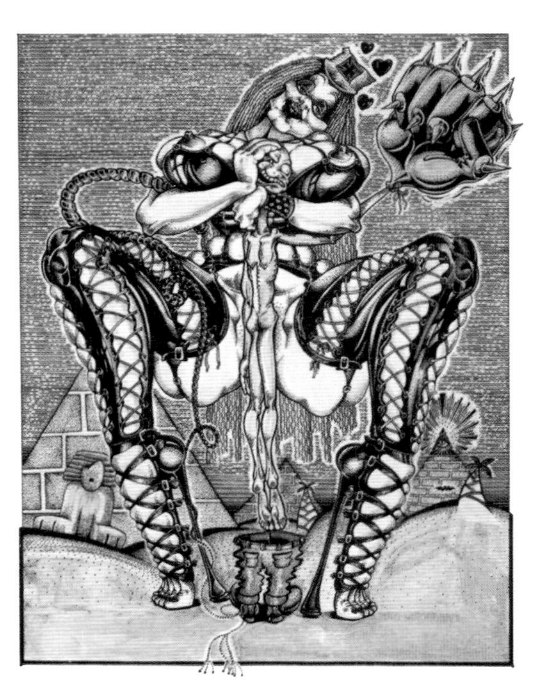

彩图 29　Michael Kanarek 为 *Ouch! And Oh!* 所作的插图（Chandler Brossard, *Evergreen Review* No.89, May 1971）

彩图 30　Pandora Harrison 出席一个奇装异服晚会（Ritz, London, 2002）

彩图 31 《菲比历险记》第 8 章“粗糙的鞋子”（1968, Michael O’Donoghue 撰文 , Frank Springer 绘画）

彩图 32　模特 Stella Tennant 拿着剪刀在修剪灌木（或是剪断她的束带？），隐喻不舒服和危险。她每次将腰围束至 13 英寸，最多只能坚持 20 分钟（*Vogue* 的封面，2011，摄影：Steven Meisel）

彩图 33　Stella Tennant 的 13 英寸纤腰 (www.broadsheet.i.e./2011/09/10thirteen)

彩图 34　钢腰带（*Elle Spain* 的封面，September 2007）

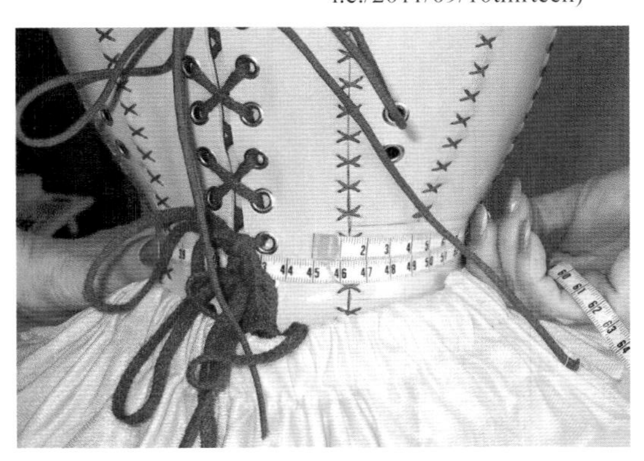

彩图 36　Albert 紧身褡（Albert's Avenue, Internet)

彩图 35　完全作为装饰的紧身褡束带（*Fashion*，约 2010)

彩图 37　Annalai 身穿 Albert 紧身褡

www.metro.co.uk

Wednesday, August 29, 2007 METRO

Ravishing but ridiculous, the high heel marks its 500th birthday

The height of fashion

BY ROSS McGUINNESS

彩图 38　时髦的高度。高跟鞋诞生 500 周年 (*Metro*, London, August 29, 2007)

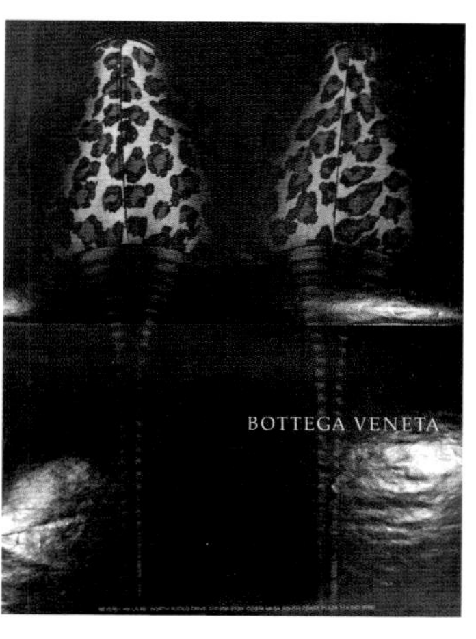

彩图 40　Bottega Veneta 品牌（洛杉矶贝弗利山庄一家商店的广告，2002）

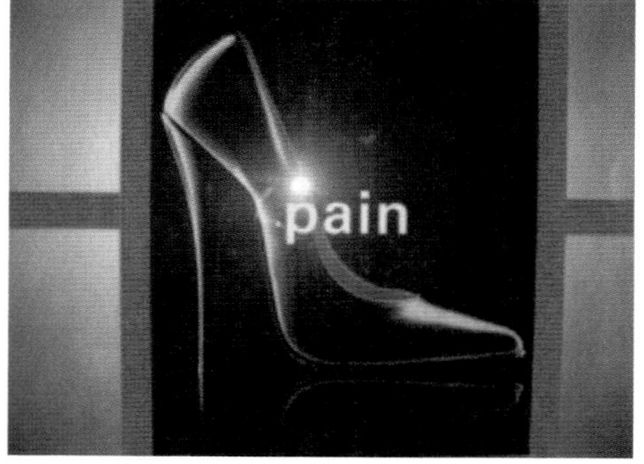

彩图 39　愉快和痛苦（HSBC 银行的系列广告之一，伦敦希思罗机场，2006）

彩图 41　舒适无比（意大利 Sanpellegrino 长筒袜公司的广告，2006）

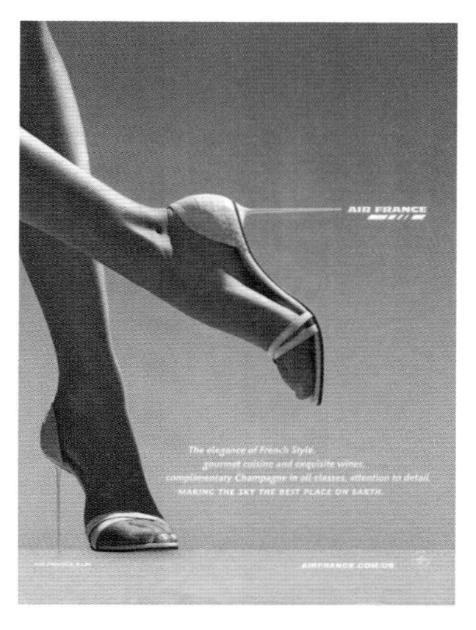

彩图 42　法国之精雅风格（法国航空公司的广告，2008）

彩图 43　时尚的步伐！（巴黎一幅广告牌，2005）

彩图 44　穿普拉达的女王（电影广告，2006）

彩图 45　时尚偶像 Karl Lagerfeld：“77 岁，衣领变化多端的衬衣，一如既往的墨镜，永远精干瘦削”(*Metropolitan*, 2010)

彩图 46　黑色蕾丝颈部紧身褡 (Lillie Langtry Shoppe, Internet, $39)

彩图 47　Steampunk 金属和皮革 PVC 衣领，售价 $45 (Katy Little Factory.etsy.com)

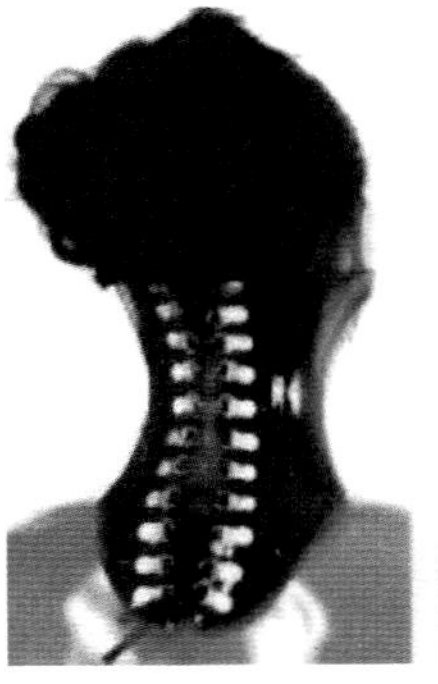

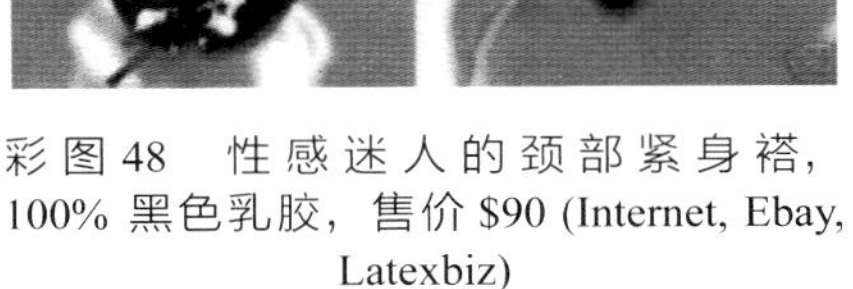

彩图 48　性感迷人的颈部紧身褡，100% 黑色乳胶，售价 $90 (Internet, Ebay, Latexbiz)

新知文库

出版说明

在今天三联书店的前身——生活书店、读书出版社和新知书店的出版史上，介绍新知识和新观念的图书曾占有很大比重。熟悉三联的读者也都会记得，20世纪80年代后期，我们曾以“新知文库”的名义，出版过一批译介西方现代人文社会科学知识的图书。今年是生活·读书·新知三联书店恢复独立建制20周年，我们再次推出“新知文库”，正是为了接续这一传统。

近半个世纪以来，无论在自然科学方面，还是在人文社会科学方面，知识都在以前所未有的速度更新。涉及自然环境、社会文化等领域的新发现、新探索和新成果层出不穷，并以同样前所未有的深度和广度影响人类的社会和生活。了解这种知识成果的内容，思考其与我们生活的关系，固然是明了社会变迁趋势的必需，但更为重要的，乃是通过知识演进的背景和过程，领悟和体会隐藏其中的理性精神和科学规律。

“新知文库”拟选编一些介绍人文社会科学和自然科学新知识及其如何被发现和传播的图书，陆续出版。希望读者能在愉悦的阅读中获取新知，开阔视野，启迪思维，激发好奇心和想象力。

生活·讀書·新知三联书店

2006年3月

目　录

中译术语说明

由于不同文化、国度和历史时期的词语区别和变化，并且由于有些是直接引自原始文献，因而本书英文版中频繁使用不同的词汇来表述某种基本相同的服饰。为了保留英文版所用词汇的细微差别，译者在翻译成汉语时，亦相应地选择了不同的词汇，并在书中第一次出现时附上英文。具体情况如下（注意，其中大多数词汇是可以互换使用的）：

束腰带/束身衣类

belt——腰带

Minoan belt——米诺斯腰带

cinch——肚兜

waist cinch——腰腹带

chastity belt——贞操带

girdle, cummerbund——腹带

hand-span midriff, staylace——束腹带

tight-lace——指“紧束腰肢”

corset, corsages, waspie——紧身褡

stays, corps, bustiers, corselets, stomacher——胸衣，抹胸

bodice, bliaud, corps pique, waistcoat, basque, basquine, busc——上衣，连衣裙上身，紧身上衣，紧身马甲，巴斯克衫

cuirasse——胸甲式（胸衣，紧身褡）

tight clothes, straitjacket——紧身衣服，紧身外套

leotard——紧身连衣裤

gaine, sheath——紧身装，紧身服

brassiere, bra——乳罩

cinch bra——紧束乳罩

颈部配饰类

collar——衣领

tie——领带

stock——领结

carave——领巾

neckcloth——领饰

neckwear——颈部饰物

衬裙类

petticoat——蓬松衬裙（用各种纺织面料制作的衬裙，或指穿在外套/长袍下面的裙子）

hoopskirt, hoop——撑架衬裙（用不同方式制作的大衬裙的统称，旧时用藤枝、木条、鲸须加布料制作，如今多用硬尼龙等材料）

farthingale, Vertugalles——西班牙撑架衬裙（16世纪）

crinoline——大圆环衬裙（19世纪）

译者

2018年中文版前言

在2004年修订再版的十三年之后，我很高兴这本书能够传播到汉语世界，使成千上万的中国读者得以分享。长期以来，时尚和恋物主义一直是令人感兴趣的问题。非常感谢三联书店承担中文版的出版任务，并且允许我增补一些文字和图片(据此中文版可算作一个新的修订版)。我尤其要向中文版的译者珍栎女士表示诚挚的谢意，她根据中国读者和汉语的需要，认真地跟我讨论，解决了许多细节问题；她还提出了阐明某些可能产生歧义之处的宝贵建议。专注于翻译这样一本复杂的大部头著作是一件非常艰苦的工作，我永远不会忘记她为此所付出的努力。

戴维·孔兹（加利福尼亚大学洛杉矶分校荣休教授）

2018年1月

2004年修订版说明

自本书第一版问世后，已经过去了四分之一世纪，新一代人取代了老一代，因而有很多新的内容可以补充进去。在第十章“不断扩展的领域”的提要中，从理论和实践上概括了一些新的现象。新的学术研究成果证实了我对紧身褡和束腰现象所持的比较积极的立场，仅从互联网的情况来判断，恋物主义实践已经在很大程度上公开化了。新增的几个章节非常能够说明这一点。过去数十年里出现的厌食症、肥胖症和健身锻炼狂热现象，为本书讨论的主题提供了语境和对比。

我对1982年的版本进行了许多删减，主要是一些次要的、风格方面的处理，可以使内容更紧凑；同时也增添了不少内容，篇幅长短不一，吸收了一些新的信息，尤其是旧版本中的第六章，现扩展为第六和第七两章。我试图删减过多的脚注，但不如我所期望的那么有成效，其数量反而更多了，令我感到难堪。出于自卫，出于不尽能令人信服的担忧，本书存在过多引用原始文献的倾向。我删除了一些“集注”，但是当我全面查阅和研究这些文献时，仍然对其内容的丰富和广博感到惊奇，这是我从未预料到的。我将旧版本中有关电影和恋物的内容扩展为新的第十三章，并且在“附录”中加进了“历史案例”，以及在过去二十年中现身的一些“人物”，他们大部分都比较年轻。请注意文中一些术语的变化，在讨论这个令人感到紧张的话题的整个过程中，我变得比以往要轻松一些了。

这本书的两个版本都是很重要的研究项目，通常我会从加利福尼亚州立大学的学术研究委员会（圣塔芭芭拉和洛杉矶分部）申请到一些研究经费，但我选择了另外的方式，把它加进了其他从表面上看更值得尊敬的，从而更易得到资助的项目之中。为什么要这样含蓄呢？我是否害怕由于琢磨这种不务正业的、自我迷恋的和反常的事情而受到奚落并被拒绝呢？我也从未将这个题目放在我的教学内容之中。在我一生的研究工作中，我也试图找到这个题目同其他研究项目的共同点。当人们向我提问，为什么要研究这种奇特的问题、这种奇特的人时，我想部分原因在于我有一种本能的欲望，想要维护那些被社会摒弃的人和被压迫的少数派，将这些被边缘化的人放到世人的视野中心。

在此，我要对LISA网站的托马斯·雷斯（Thomas Liese）毫无保留地提供的丰富信息表示感谢；此外还要感谢："蜂腰创意"（Wasp Creations）的艾米·克劳德（Amy Crowder），德马斯克的 (De Mask)的史蒂夫·盎格鲁士（Steve English），已故的迈克尔·卡罗尔（Michael Garrol）、鲁迪·范·金克尔（Rudi van Ginkel）；"罗马幻想"（Romantasy）的安·格罗根（Ann Grogan）；潘多拉·哈里森（Pandora Harrison）、凯西（Kathy）和鲍勃·荣格（Bob Jung）、史蒂芬·金（Stephen King）；"奇异设计室"(Bizarre Designs)的杰伦·范·德·克利斯（Jeroen van der Klis）、鲁思（Ruth）和刘易斯·约翰逊（Lewis Johnson）、法克·穆萨法（Fakir Musafar）、斯图尔特·佩尔（Stuart Pyhrr）、伦敦的R.小姐、维克·塞登（Vic Seddon）。另外，还要感谢C & S建筑公司的康斯坦斯（Constance）和斯图尔特·特伦奇–布朗（Stuart Trench-Brown）；谢谢珍妮·蒙吉亚（Jennie Munguia）和席琳·卡里米安（Shirin Karimian）帮我排除了计算机和扫描的多次故障。当然，我要衷心地向老韦斯特·豪斯伊恩·马库斯·克拉彭（West Houseian Marcus Clapham）致谢，从这本书的第一版问世到目前的重新再版，他一直担任我的代理人。此外，特别感谢克里斯托弗·菲尼（Christopher Feeney）接受了这本篇幅远远超出当初设想的书，以及马修·布朗（Mattrew Brown）的编辑技巧和玛丽亚·米加诺（Maria Miggiano）的杰出设计。

至于玛乔伊雷亚（Maijoyrie），我想说的是，没有她，我完成这本书或其他任何研究项目都将毫无意义。

1982年版前言

“时尚”（fashion）是指在文化上占主导地位的服饰模式；“恋物主义”（fetishism）是指个人或少数群体将其性本能的施与对象从人转移至服饰的某个方面。在束腰（tight-lacing）这一独特现象中，时尚和恋物主义发生了碰撞，并且相互交融。束腰现象之所以独特，有三个原因。首先，在过去的几百年里，紧身褡（corset）作为束腰工具，受到的道德诟病远比其他任何服饰要多；其次，在西方文明社会中，束腰被视为一种落后的风习，相当于非欧洲人种采用的“原始的”体形塑造手段；最后，束腰行为所包含的性动机是无可否认的。虽然有关证据长期以来一直受到压制，但仍然压倒性地表明，紧身褡在过去（现在依然如此，尽管只是残存现象）不仅提供了对身体的支撑，而且给穿着者带来了积极的生理和性的愉悦。当今，捍卫这一观点不大容易，因为比起历史上任何其他服饰，紧身褡这一独特的衣物更常令人产生负面的联想，在公众的眼里，它是一部邪恶的矫形器，它同疾病、身体机能退化，以及皮肉下垂或肿胀等症状密切相关。

本书的研究是多年前在一种知识禁忌的氛围中起步的。那时候，人们探讨性取向问题时采取的是一种“非科学”（即不涉及性学和精神分析学）的方法。对束腰现象的分析模式不是“科学客观”的，因为束腰一直被认为是非理性的，姑且不论是愚蠢和邪恶的。服装历史学家们忽略或回避了束腰实施者的性动机基础。在撰写这本书及最近几年对它进行修订的过程中，我逐渐意识到更麻烦的一种主观局限性：我作为一名男性来探讨女性束腰行为——在女权主义复兴的时代，它仍被人们看作并重新确认是历史上残酷压迫妇女的显著表征之一。

公众对束腰的敌视，正如我将要证明的一样，主要源于一种毫不隐讳的、极其保守的男性传统，它严重地限制了我们对这一矛盾现象的理解。这种传统的敌视态度最近被一些女权主义作家[1]翻新了，她们认为紧身褡的全部功能就是压迫；我的“异端邪说”则要表明，紧身褡也具备一种自我表达和抒发异见的功能，它培植了女性对性要求的一种自我肯定，甚至解放意识。束腰者在她们所处的时代里受到了相当残酷的虐待，历史的、道德的正义要求我们纠正这种严重失衡，并且依据束腰者自身的标准，对她们的这种做法给予应有的尊重。

公众对当今时尚媒体操纵的性广告产生的广泛不满，给这一历史性问题罩上了阴影。紧身褡在过去扮演的角色同当今的“体形控制手段”（束腹带、减肥疗法等）迥然不同。今天仍在奴役女性的“束缚”是一种时尚的消费行为；而旧日束腰的“束缚”是一种自我表达，它不顺应时尚（即文化主导），不符合那种被动的女性和母性的“时尚”角色，时尚从未真正地包容过它。今天残存的束腰恋物癖，也不能仅仅被看作试图将（受到女权主义威胁的）男女性关系的刻板印象重新极化，这至少有一个理由：由异性伴侣分享的恋物癖和男性自我沉迷的实例并不少见（历史上亦是如此）。

本书中的部分内容（浓缩为第五章）曾被收入一部艺术史选集，题为《作为性行为对象的女性》（*Women as Sex Object*），它受到了一位女权主义者的指控，斥之为“挑衅性的厌女症实例”。[2] 一个男人陷入如此境地是相当危险的。然而，真正厌恶女人的并不是那些捍卫束腰行为和束腰者的人，而是那些（主要是男性）大肆诬蔑束腰的人。对束腰者的虐待源于对女人及其性欲望的恐惧心理。这种虐待是维多利亚时代压迫制度的一部分，性欲望，尤其是女人的性欲望被视为颠覆社会秩序的因素；束腰者，就像旧时的巫婆和妓女，被当作社会弊病和性罪恶的替罪羊。

然而不可否认，紧身褡也是女性受压迫的一种显现和象征。本书探讨的即是这么一种行为方式，它将一种受压迫的象征物变成了一种抗议的载体。事实上，正如马克思的名言所说：“宗教是人民的鸦片”，自我强加的痛苦（受虐）是对外部压迫衍生的痛苦的一种表达，同时也是一种抗争。这一过程充满了彷徨和矛盾。虽然我不自认为已经解释了这种彷徨或解决了所有的矛盾，但是我试图充分展示历史资料，以这种方式让读者自己进行判断，无论他们关于性问题的政治观点如何，或是否为女权主义者。我首先试图拨除历史场景中的某些神话般的迷雾，尤其是所谓“束腰是普遍时尚（即在上层阶级中实施）并且普遍有害”的观点。这类杜撰倾向颇为严重，甚至最新的一些学术文章也近乎歇斯底里地进行夸张和粉饰。例如，哈勒斯（Hallers）在《维多利亚时代美国的医生和性行为》（*The Physician and Sexuality in Victorian America*，1974）一书中，对束腰现象进行了完全错误的界定，尽管他的研究都是以原始资料为依据的：“对大多数中产阶级妇女来说，束腰绝对是很有吸引力的……她们衣冠楚楚，自命不凡……在自己同劳动阶级之间划出了一条鸿沟……她们幽闭在社会隔离层中忍受痛楚，走起路来娇喘微微，半醒半迷。在拥挤的会客厅里，淑女们昏倒是司空见惯的，果敢的绅士们挺身而出，争相救美，拔出百试不爽的随身小折刀，几乎像外科手术大师那样精确、迅疾地割断紧身褡的束带，来缓解她们的肺衰竭。”[3]社会历史学家们往往把束腰看作维多利亚社会的一种典型恐怖现象。他们认为，迫使年轻女子穿上窄小的紧身褡，就像逼着男童钻进烟囱里扫灰一样，是很不人道且不卫生的。

时尚不是一种孤立的文化现象。本书选择的特殊视角，将冲击一系列令人生畏的“分类”学科：医学史、人类学、性学、心理学、服装历史与理论。我不是上述任何一门学科的专家，我所进行的这一研究，但愿能够给主修上述专业的学生们提供某些启示。我相信，这本书的主题是多种专门学科的一个奇异汇合点，其中最明显相关的大概是医学社会史，它也是我自知最缺乏了解的一门学科。近年来，有关堕胎的问题引起了震荡，已成为这个时代的主要社会政治议题之一。堕胎作为束腰的一种全意识或半意识的动机，比我当初料想的更为重要和可信；事实上，我最初的直觉认为，医学界对女性利用紧身褡来导致流产的指控是一种典型的男性歇斯底里的夸张。现在我已经改变了这一看法，并在书中进行了一些相应的修改。本书作为一个整体，但愿它能够包括更多的堕胎史背景资料，如詹姆斯·莫尔斯（James Mohrs）《美国的堕胎问题》（*Abortion in America*）中的某些，可是由于本书的大部分已经完成，来不及进行大幅度的增改，况且，我在英国一直无法找到同类学术文献。这一点令我感到遗憾。

作为一种时尚和一种社会现象，束腰已经消亡了，目前仅残存于极少数信徒的生活和想象之中。这本书是为它发布的一篇迟到的讣告，因为它作为一种极具特殊意义的社会现象，的确曾经活生生地存在于世。一旦束腰实践消亡，鲜活的第一手资料来源亦将不复存在，甚至仅在过去几年里我为本书再版进行修订的过程中，某些历史关系和独特的信息收藏也进一步消失。这意味着，我需要比预想的更多地依靠文献证据。

这一话题是令人血脉贲张的。即使是专门的服装图书馆，也对有关服饰恋物癖的文字材料表示质疑。[4] 最近，英国一名显赫的公众人物仙逝了，享年八十余岁，他具有独特的束腰体验。我曾经有幸简短地采访过他（见附录四）。可是，他的家人故意销毁了这位绅士积累的全部文字记录（可谓隐秘恶习的罪证吧），我和其他对此资料感兴趣的人士都未能及时挽救。这种情况并不例外。特定的社会禁忌阻碍了我的调研，我所能接触到的可提供有关回忆的老人为数甚少。这些回忆——不必说都是口头式的，具有宝贵的价值，因为公开文献往往被当作文学想象而遭到否定，这些口头陈述可以用于验证那些公开文献的可信性。

我做的“实地考察”是在小型、分散却相互联系的恋物徒圈子里进行的，并没有遵照科研的原则。以二三十人的抽样统计信息为基础，试图概括当代习俗中的某些恋物癖及其发生概率，是一种相当冒险的做法。专业的性心理学研究不存在侵犯隐私权的顾忌，或许最终能够填补这一缺口。我没有进行正式采访，而是跟有关人士进行了多次长时间交谈。通过个人接触，获得对一个主要问题的答案：维多利亚式的极端束腰实践确实幸存至今。我只是约见了少数男女，他们在一段时间内持续束腰，将之“作为一种生活方式”，还有其他许多不同年龄的人，时而不同程度地沉迷于系统的束腰实践。这些人的亲身体验趋于肯定自维多利亚时代以来恋物癖综合征的连续性，甚至（或者说尤为显著地）包含了更离奇、更疯狂或极端的元素。我所见过的当代恋物徒，均不是具精神分析取向的（据我所知，他们当中没有一个人接受过精神分析），不过在对当今体形塑造的心理机制进行评估的过程中，我在不少情况下都依赖于当事人的感觉、经验和判断，而不是凭借有限的医疗数据。以往，这些数据纯粹取自病理案例，专门用于法医学和精神病学的诊断。现在，非精神病学的、非压制性的研究主要着眼于偏移或变态的性行为模式，由此我们应当可以获得一个比较清晰的视野，来观察非病理性恋物癖的性心理现象。我认为，这类恋物癖是较为普遍的一种。

长期以来，恋物主义一直笼罩在道德的阴影之下。恋物徒在生存挣扎的过程中，创造出了一种文学体裁，这类作品在表面上不是很有吸引力或鼓舞人心。它们是低调的、谨慎的、防守型和强迫性的。恋物主义很少真正达到诗意和玄思的高超境界，这可能是由于它施加于自身的心理局限性。[5]

反恋物主义的作品（大部分是从医学角度出发的）也没有什么吸引力，它们蛮横武断，缺乏宽容性和幽默感，主要靠言辞铺张的长篇大论来引人注意。最激进的改革呼吁者往往是那些心胸狭窄的男人。通过保留语境和引文的完整性，我试图尊重恋物徒和反恋物徒作品中所表现出的个人主义和强迫症特征。作为外行，我冒昧地在此给医生们这样一则评语：他们无法摆脱束腰现象的困扰，常常过分夸大事实，在医学术语大杂烩里掺进荒诞揣测的观察数据，将科学研究同歇斯底里和迷信搅在一起。批评者声称，束腰行为诱发癔症。没错，但癔症发作的人并不是束腰者，而是批评者自己。

我们所展现的束腰恋物癖的历史画面，由于某些因素而受到损害。首先，这里采用的主要资料来源是医疗记录[6]和忏悔文字，它们往往都带有强烈的偏见。其次，由于我对这一领域不太熟悉，故时而利用了一些次级信息来源——这一漫长历史进程中的有关回忆录、传记和自传等。不过，它们或许是更公正的。

我目前正在进行的有关19世纪连环漫画史的研究课题，使我有机会系统地检索了大量漫画杂志，它们来自七个国家、五种语言，我的收获颇丰。在整个时尚领域，尤其是束腰题材中，漫画家们面临的问题是，如何将真实的生命和躯体加以正式夸张和扭曲——这种图形艺术是漫画家施展才华的天地。恋物癖的本相及幻想同漫画家自己的玄思妙想相互推动、竞争，演变出愈发狂野的艺术构思。本书中的插图即可证实这一点。

19 世纪的恋物徒作为个人都是匿名的。可供分析个体恋物徒心理状况的必要传记材料很少被保存下来（或许只有奥地利的伊丽莎白皇后是一个例外，参见附录四）。即使是在今天，具有恋物癖好的某些公众人物也都受到传记作者的保护，避免将他们的这类隐私曝光。[7]

本书附录包括各种类型的文件，特别值得注意的是一些统计数据（附录二）。对于我自己发现的束腰实例和挖掘出的自传材料，我可以确保它们的真实性。由于篇幅所限，我只能简要地摘引。威廉和埃塞尔·格兰杰（William and Ethel Granger，参见附录四）是当代最负盛名的两位束腰者，我已经将这对夫妇的自传同埃里克（Eric）和莫利（Mollie）的长篇翔实记录一并交予公共图书馆收藏了。[8]

当然，除了我所能够找到的杂志以外，还可以从别的渠道发现更多的恋物徒通信，不过，事实上，这些杂志已经展现出了一部几乎连续的恋物徒家谱，从19世纪60年代到1923—1941年的《伦敦生活》（*London Life*）及更近的时期。《伦敦生活》杂志几乎是一个取之不尽的资料源泉，但是查找信息比较困难，使人仿佛走进一片异域丛林，脚下深浅难辨。由于篇幅的限制，我不得不仅引用对基本角色的描述，而不是收录全部内容。

鉴于担心注释太多，为了避免在一章里达到上百个，我进行了一些精简和调整，将某个段落中的几个脚注合并，放在段落的末尾，标上字码。出于同样的原因，我也偶尔在著述引文的后面直接附上该参考书的页码，省略了脚注。

首先，我深切地感谢希莱特·施瓦兹（Hillet Schwartz），一位研究服饰扣件及其他许多重要历史课题的专家，他从头到尾悉心阅读了我的打印稿，就内容结构和语法提出了很多改进建议，并且提供了不少新的研究方向和新的关系。

值得特别感谢的人士包括库尔特·英格尔（Kurt Ingerl），同他进行的多次交谈令我深受鼓舞。他是一位雕塑家，建构主义的教皇，在维也纳艺术馆（Vienna Künstlerhaus）担任副总裁，他也是一位紧身褡恋物主义者。

我要向下列人士给予的各种帮助真诚致谢：让·阿德玛(Jean Adhémar)、莱斯利·阿格纽(Leslie Agnew)、已故的纽约的霍华德·布朗 (Howard Brown) 医生、麦克（Mike)和康妮·巴特勒（Connie Butler)、巴兹尔·科斯廷（Basil Costin）；金赛研究所（Kinsey Institute）的科妮莉亚·克里斯滕森（Cornelia Chrsitensen)和保尔·格伯哈德（Paul Gebhard)；杰弗里·唐恩（Geoffrey Dunne)、罗兰伯爵（Comte Roland de la Ertée)、埃塞尔（Ethel）和已故的威廉·格兰杰（William Granger)；哈里·菲利普·爱德华(Harry Philip Edwards)提供了很多参考书目；迪尔德丽·拉·费伊(Deirdre Le Faye)、亚瑟·加德纳（Arthur Gardner)、安妮·霍兰德(Anne Hollander)在一些关键时刻提供了许多道义和实际的援助；黛博拉·克里姆伯格–索尔特（Debroah Klimburg-Salter)、芭芭拉·莱斯蒂（Barbara Lastee)、已故的巴兹尔·利德尔·哈特爵士（Sir Basil Liddell Hart)、罗兰·卢米斯（Roland Loomis)、芭芭拉·娄白尔（Barbara Loebel)、彼得·马丁（Peter Martin)、海厄特·梅厄（Hyatt Mayor)、戴安娜·迈德克（Dianna Medeq)、蒂娜·梅茨格（Deena Metzger)、葛兰姆·蒙敦（Graham Munton）和莫琳·贝尔(Maureen Bell)；给予此书最初信心和动力的出版人詹姆斯·米切尔（James Mitchell)；伊内斯·奥尼尔(Ynez O'Neill)、R. W. 罗伯逊–格拉斯哥(R. W. Roberson-Glasgow)；不知疲倦的打字员麦琪·斯塔尔(Maggie Starr)；A. 维格纳（A. Vigner)、柏林的瓦格纳（Wagner）夫人，还有桑德拉·阿伽利迪（Sandra Agalidi）提供了校对、索引及其他帮助。

导读　束腰现象的特殊历史和心理角色

时尚（fashion）是指在文化上占主导地位的服饰模式。一般来说，它显示了一个社会阶层的统治地位。不过，时尚也可以反映某些关系的细微变化，如两性之间的关系，占统治地位的、相互竞争的或是上升的社会阶层之间的关系变化。从某种程度上说，我们对此尚未能够完全理解。

恋物主义（fetishism）或许可以定义为：个人将性冲动的对象移置于人体的某个非生殖器官，或某种服饰——同身体有关联的或能够对身体产生一定效应的衣着和配饰。因而，在（上文所概括的）时尚的正常功能范围之内，恋物主义可用来表达一种特殊的性态度和性关系。恋物主义的公开展示，有可能是社会中受压抑的或有进取心的个人（或少数群体）用来吸引注意力的一种手段。倘若公开展示某种恋物癖的人数足够多，或是这些人有相当的社会地位，那么该种恋物癖就有可能在一定范围内或短期内成为一种习俗或时尚。在当代，某些"服饰恋物癖"，如紧身褡（corset）和高跟鞋恋物癖，被认为是很危险的，受到严格审查。人们认为，从严格的意义上说，时尚和恋物主义总是潜在地相互对抗的，即使是，而且尤其是，当恋物癖成为对社会可接受的某种时尚的夸张时（譬如适度苗条和强行勒腰的关系）。

时尚和恋物主义从未被看作同一事物，即使是在19世纪70年代——西方服饰史上恋物癖最多见的时期。当某种恋物癖（夸张的、个体的性表达）与时尚（群体的文化表达）完全和谐一致时，我们或许可以称之为"文化的"或"国民的"恋物癖。这一术语，我认为，最适用于非西方的、

导读图 1　Thomson's "手套紧身褡"广告(约 19 世纪 90 年代, *Wald*)

非个人主义的文化环境，如中国。缠足在中国存在的历史过程中被人们普遍接受，作为社会和性生活的一个组成部分，它相对来说没有受到非议。不过，西方在某些时期的腰、足压束风习也接近于一种不折不扣的文化恋物主义。

资本主义的西方，在追求个人自由和主张因循守旧之间，持续地处于紧张状态，时常产生尖锐的冲突。"时尚万花筒"是反映这种冲突最令人目不暇接的竞技场之一。在现代，由社会精英倡立的时尚，对个人品位，对变幻不定的经济、专业阶层和其他社会群体的特殊需求，都给予了相当大的多样化空间。出于很显然的原因，宫廷或贵族统治圈子里的时尚特征是奢侈浮华，极尽炫耀财富之能事，而且放纵夸示性享乐，如穿袒肩低领裙（décolletage），这在较低的社会阶层中是被禁止的，因为低层的人们意识到，实行性生活自律（如清教主义）在获得经济利益和文化认同两方面均可带来好处。自从14 世纪中叶商业中产阶级出现，形成一种社会力量（本书探讨的束腰现象亦随之“诞生”）以来，贵族阶层“不道德的”奢侈无度，包括经济和性生活方面，一直是中产阶级文学的传统主题。在从较低阶层向上攀升的社会群体中，那些强烈表现性欲望的成员是受到谴责的，反对声主要来自该群体内部，因为这类人利用大胆张扬的性行为来吸引眼球，可能会有助于他们更迅速地蹿升。正如我们将会了解到的一样，社会有时会试图用法律（如颁布“禁奢法”）来遏制这类人。性展示的成分在男女服饰中都存在，但更多地体现于女性服饰之中。女性运用自己的性征和性感服饰——她们向来不缺乏这些东西——从被统治的性关系中挣脱出来。女性为解除自身的痛苦，成为道德上的替罪羊。

在这里，我们假定女性的性行为是一种非常特殊的、可操纵社会的、心理上可分离的，且具有破坏性的力量。因而，一直受到男性当权者的严厉压制。束腰史是人们（包括男女）争取自我性表达的历史的一部分。这一点或许不那么一目了然，因为人们不认为紧身褡与其他服装配件有什么本质区别，它的极端运用方式——束腰(tight-lacing)，也不被认为跟“细腰时尚”有本质上的差异；同其他极端或古怪的服装效应相比，其动机和作用亦无本质不同。事实上，无论服装的其他部分或款式中隐含着什么性意图，束腰行为所包含的性动机是十分独特和明显的，它在触觉和视觉上对人的诱惑力非常强烈。因而，它在道德上受到的压制也是独特和明显的。

对束腰及其他性感服装形式的讨伐，是讨伐性活动的一个组成部分，它跟基督教的历史一样悠久。束腰的性关系象征及其礼仪内涵显现出在本质上自相矛盾的目的，一方面，通过客观上压迫身体来强化性的戒律；另一方面，又通过主观地改善体形来打破这种戒律。

除了明显的性感之外，束腰现象长久存在这一事实本身，即使得它有别于其他的服装风格，它趋于从可变换的某种单纯的服装风格上升为一种持续的社会实践。在服装风格不断变化的历史进程中，束腰风习的生存能力代表了一个具有连续性的元素（整个19 世纪都为之惊叹不已、争论不休）。束腰不是简单地穿上、戴上或脱掉什么衣物（比如戴上一顶令人瞠目结舌的帽子），而是被当作一种持续的礼仪来遵行的。它趋于恒久不变，相比之下，时尚总体来说是在变化中繁荣和发展的。

为新奇而追求新奇的品味、不断变化的款式给商业造成的压力，以及每年在政治和经济上发生的各种小“事变”等，可能决定了时尚的总体趋势，服装风格倾向于象征性地参照这些因素。但是，它们对束腰演变的影响相对较小。束腰产生的原因更深远，它植根于人类的性文化。这种文化演变的速度是十分缓慢的。

人类学家用“体形塑造”（body-sculpture）一词来涵盖对肉体的各种人工改造，包括毁损、压迫、扭曲变形、穿孔、刻痕和浮雕文身等。这些习俗被称为“最经久不衰的，也是最具肌肤之亲的装饰艺术……一种对不可逆转的新身份的永久提示”。[1] 西方在有限范围内流行的体形塑造（从严格隐秘的到完全公开的），包含了原始习俗通常所具有的某些象征目的和礼仪功能。

视觉幻象造就服装艺术。裹在衣服里的细腰可以是一种幻象。历史学家也同时装广告商一样接受了这种观念，即可以不压缩腰身却使之纤细，它可以是看上去很细，其实不然。他们往往描绘说，它客观上更细、更紧，或更粗、更松，而无须指明这是身体的现实，还是视觉的幻象，或两者兼而有之。狂热地测量尺寸似乎应该可以解答这一疑问，实际上却未能解答。

多年来，裙子、袖子或帽子是变大了还是缩小了呢？在一定程度上，这可以通过客观地测量幸存的历史服装及图片上的尺寸而得知。然而，“细”腰究竟是什么概念呢？是相对于裙子和袖子而言，还是比“自然的”腰更细呢？或者仅仅是比先前时尚推崇的腰要细一些呢？我们在这里所关心的，不是时尚可能被感知的程度，如流行语所说的“裁定细腰”，而是研究某些蓄意的限制行为——创造出“引人注目的腰身”［所谓“韦伯伦”（Veblen）效应]，其目的是为了满足个人的欲望和向社会叫板。相对于“正常的”系扎腰带而言，对“束腰”的唯一可行的定义是：一个有意识的并且可视的人为压缩腰围的过程。这种技巧本身亦成为一件令人着迷的（或是令人厌恶的）对象。

19 世纪的时尚研究，总是拿欧洲的束腰和中国的缠足进行比较。[2] 缠足尽管看上去十分恐怖，但比较研究的结果往往对它有利，其缘故是当时人们对在欧洲一小部分人中流行的束腰风习反感至极。中国人这一地道的文化时尚同西方有争议的少数人的服饰恋物癖之间的差异，颇具启发性。今天，在我们看来，缠足在道德上加倍地令人厌恶。因为它被普遍地施加于幼童（最贫困的阶层除外），而且仅仅施加于女孩。束腰在西方则从未普及过，尽管某些式样的紧身褡是常见的。历史上有一段时间，小孩子和成年人穿的服装样式是相同的，当时的一般原则是，只能以一种温和方式给儿童穿紧身褡，其目的是保护儿童的身体，而不是限制它；是为了有助于儿童的身体发育得挺拔，而不是压缩他们的腰身。儿童紧身褡在19 世纪就式微了。

据编年史记载，束腰和缠足的存在时间碰巧十分接近。两者出现的时间不同，结束的时间却惊人地吻合。中国的缠足习俗约在12世纪出现，欧洲的束腰出现于14世纪，两者在20 世纪初期同时消亡，但那不是偶然的变故，而是社会上出现的反对运动的直接结果。

中国的缠足习俗为我们提供了一个重要的类比，那是原始人的体形塑造所不能提供的。缠足不仅可与西方的束腰类比，更可与西方时尚史上第二个主要的恋物癖对象——紧束鞋类比，这两者在解剖学意义上是直接对应的。在束腰历史的较重要的后半段，紧束鞋与之并存。在一定程度上，人们仍将鞋子具有的不实用性看作理所当然，故而可能认为，将维多利亚时代西方时尚中对脚的适度压束（在我们看来是“适度”）同中国人对肢体的严重扭曲进行对比是牵强的。不过实际上，当代人觉得18—19 世纪时尚中的紧束鞋非常残忍，有些人认为当时“平均”高度的摩登鞋跟肯定会损坏人体的内部器官，也会对脚造成伤害。然而，比起20 世纪中期的鞋跟，一两百年前的鞋跟其实要低很多，也宽不少，总体上要稳当得多。我们这个时代的时髦“尖细高跟鞋”(stiletto)或许会令维多利亚时代的人瞠目结舌，就像他们的束腰术给我们造成的感觉一样。证据表明，同维多利亚时代的鞋子相比，第二次世界大战后的鞋子款式变得更像“中国人的”了。具有讽刺意味的是，那恰恰是中国人的缠足习俗消亡的时期。闻名于世的人民共和国的时尚是适合体力劳动且无阶级区分的宽大袋状制服——反时尚。

在整整两个世纪中，束腰和高跟鞋像是一对不可分割的连体双胞胎，由于同样的历史和心理基础，以及可能是互补的生理环境而并存相依，然后一道走向了衰亡。不过，高跟鞋——戏剧性塑造的足，在20 世纪中期稳步地复兴了，而此段时期内的束腰回潮只是退化性的。尖细高跟令人眩目的繁荣发展（近几十年戏剧性地重返舞台）是一个值得探讨的现象，不过我们在这里只能进行简要阐述。

这即是我们谈到的第二种主要的“服饰恋物癖”。从某种意义上说，鞋和靴子对人体的塑造效应同紧身褡很不一样，不那么恒久。传统方式压迫脚趾（从天然的宽方形挤压成尖突状）的效果无疑是很真实、很显著的。但是，高跟鞋具有一个更重大的意义（且在这点上更接近于中国的缠足习俗），即它从根本上改变了脚的活动范围乃至穿鞋人站立和行走的姿态。高跟与其说是鞋的一种款式，不如说是身体姿态同动作之间关系的一种转换方式；它是运动式的雕塑，正像束腰一样，亦带有运动的各种副作用。

位居女性紧身褡和高跟鞋之后，第三个被间歇攻击的主要目标是一种男性服饰——紧束衣领。类似紧鞋子和紧身褡，衣领压迫人体的一个十分敏感和易受伤害的部位，并严格地限制脖子周围部位的活动余地。

第四种可能具限制性的服装配饰是手套，它受到的批评相对轻微。姑且设想一下，手套虽然能够轻易地使人手丧失基本的工作能力，却不像鞋子和紧身褡那样可以导致可视的变形；紧手套的盛行时间相对短暂且不明显，反对它的声音微弱，人数很少。

过度修饰的长指甲是另一种恋物癖。尽管从技术角度上说，它属于一种体形塑造（如同发式造型），同限制胸和足有类似之处，即明显歧视身体的某些功能（诸如从事体力劳动和文书工作），已经超出了象征性的程度，但是这本书无暇涉及这一话题。

接下来要谈到乳房恋物癖，它在很多方面与细腰不可分割，同时也判然有别。它已经成为“二战”后的一种主要的文化现象，可以说，丰满硕大的乳房取代了纤细小巧的腰肢和手足成为最受捧赞之物。截至不久前（在某些地区依然如此），乳房丰硕本身一直被看作女性的一个优点，不管它与身体其他部分的比例如何。

传统上，束腰一直被假定为某种程度上的乳房造型。哺乳器官的组织比腰部组织更具柔韧性，对压力的反应既微妙又强烈。通常的做法是，通过自下而上的推力将乳房上提、重塑，使之变得饱满外凸。另一种相反的做法是将乳房压平，这显然是“纯粹的”减胸雕塑形式，一般会令人联想起20世纪20年代里无束腰、无紧身褡的风格，但在某种程度上它也是16世纪和17 世纪的一个特征，那时有些妇女甚至将整个胸部都严严实实地包裹起来。

乳房重塑和凸露的做法引起了审查部门的注意，也致使社会上出现了公开的反感和性厌恶情绪，其强烈程度只有19世纪对束腰的反应可以相提并论。袒肩低领已经足够冒犯无礼了，竟然还要采用人工手段将乳房搞得更加突出扎眼，这无疑会受到加倍的谴责。

我们在这里所关心的是，哪些常见的现代恋物癖同时尚的发展有明显关联呢？女性内衣恋物癖自19 世纪晚期以来一直存在，如同窥阴癖（它助长了女性内衣恋物癖的流行），它相对来说没有引起争议，习惯上可被人们接受，商业上亦有利可图。当紧身褡恋物癖作为女性内衣恋物癖的一个方面时，它既是独立的，其塑身功能也起到辅助作用。内衣不单是同时隐藏和展示人体的一种装身工具，它基本上可以说是人体的延伸和倚赖（上瘾）。穿内衣是装饰性的、被动的，或说是外向的行为，而穿紧身褡是雕塑性的、内向的活动。从心理学的角度看，这两者是迥然不同的。

20世纪60年代以来兴起了一种橡胶/皮革恋物癖，即将人的裸体全部用“第二层皮”（橡胶或皮革）包裹起来。这种服装类似于潜水员穿的潜水服，但通常采用质地更为细密的材料。它符合商业化的瘦身需求。它具封闭性，可导致体内水分骤减，因此很多人觉得它十分性感。当这类服装的设计能够达到对整个身体轻微、均匀施压的效果时，即可被看作具塑身功能。至于说一件橡胶衣所能造成的人体轮廓变化，则是很不起眼的，它所实现的是平滑化和一体化，尽管视觉上的变化可以十分惊人，类似舞蹈者穿黑色紧身连衣裤的效果。橡胶/皮革恋物癖常常跟真正的压制类（绑束，紧身褡）恋物癖相结合，当然，在这种情况下，身体轮廓就有了很大的改变。不过，橡胶/皮革恋物癖的最重要的心理因素是通过提高体温、增强局部皮肤的敏感度，以及对局部肌肉进行细微限制而引起变形的切身感知。这些知觉的混合可衍生一种获得第二层皮肤的感受，产生压倒一切的欣悦，仿佛个人的身份被彻底改换了。就一个重要方面来说，橡胶/皮革恋物癖同真正的体形塑造是背道而驰的：在其"纯粹"的形式中，它提供的是相对温和的全身囊括，因此便同体形塑造的目标相去甚远了。[3]

类似于对丝绒和毛皮的感受，橡胶/皮革恋物癖基本上是对面料质地和纹理的迷恋，它引起或增强一定的触觉和皮肤感知。橡胶/皮革恋物癖常同体形塑造恋物癖相结合。近年来，皮革被加工处理得像纺织品一样柔软可塑，同时又保留了自身的坚韧性，因而可以用来取代较老的紧身褡面料，如人字斜纹布。质地柔韧、表面光亮的黑色皮革抻展、覆盖于坚硬的衬骨之上，在许多恋物徒的心目中是超一流的性感。用皮革制作的绑束装身具给人们带来了两个层次上的快感——与动物皮接触的返祖感和即刻的雕塑感。

皮革恋物癖被认为是"阳刚式的"，而且肯定是（或许是最普遍的一种）男同性恋的恋物癖特征。绸缎恋物癖则被认为是"阴柔式的"。在很长时间内，有关女性恋物癖的医学研究所唯一关注的就是绸缎偷窃狂（silk kleptomaniacs）。

在西方，很少有人实施浮雕文身或刻痕，即在皮肤上创作立体图案。表皮刺青自19 世纪以来则是普遍存在的，近年来，施行刺青的社会群体从传统上的军人和水手扩展到了平民和妇女。在施行初始，文身和体形塑造均造成一定的不适或疼痛，而且程度不同地留下不可逆转的和永久的印记。恋物徒们十分倾慕脱掉紧身褡之后获得的视觉印象和皮肤触觉。刚刚做完浮雕文身或刻痕之后的效果，也像束腰训练的副产品一样，在有些人的心目中是很珍贵的。紧身褡的衬骨和束带在胴体上留下的交叉压痕，显然增强了表皮的敏感度，从而更能激起性冲动。文身和刻痕的效果也是同样。[4]

穿孔是在西方常见的唯一真正意义上的人体毁损。纵然从技术上说它是一种微小的雕塑，但在习惯上一直不被归于雕塑类，它对耳垂没有显著的改变。然而，有些恋物徒，包括那些也实行束腰术的，在自己身体的其他部位穿孔（耳缘、鼻翼、乳头、肚脐，男性或女性的阴部等），且有时将孔眼凿得很大，像原始人那样。在西方，一方面，穿孔失去了其古老魔力和赋予地位的目的性；另一方面，穿孔在心理上的重要性可能趋于增强。今天，女孩子们扎耳朵眼儿成为一种进入青春期或性开蒙的仪式，同时，戴耳环也被一些异性恋和同性恋男人所接受（后者通常仅在一只耳朵上扎眼儿）。过去在西方仅能看到印度裔妇女戴的鼻翼钉/环，现在已经被人们移至全身，戴在看得见的和看不见的各个犄角旮旯。在这里，时尚又一次同恋物主义交会了。

对于其他类型的人体毁损行为，西方人的抵触情绪非常强烈，以至于在历史上，他们从未将穿孔跟传统意义上的体形塑造联系起来过。无可否认，有些毁损行为是非常严重的，例如，实施手术摘除下部肋骨以便施行极端的束腰术；切去脚趾以便穿进较小、较紧的鞋子等。报纸上曾有公开传言和指控说，在维多利亚时代晚期和爱德华七世时期，某些妇女自愿做摘除肋骨的手术，后来一些当代女演员（简·方达、雪儿）也有如此做法。但我从未发现相关的确凿证据。可以十分肯定的是，恋物徒很少醉心于这类毁损性行为，即使他们曾经产生过丝毫兴趣。[5]

还有一种奇特的“动物恋物癖”形式，跟马匹有关，它同人体恋物癖有明显瓜葛。在19 世纪，马匹和马饰是非常突出的时尚，它具有社会地位和艺术品位的丰富内涵。当然，今天，汽车已经取代了马（和马车）的地位，成为时尚的首要“性力道”标志物，而且颇为滑稽的是，人们甚至主张汽车的总体造型也需追求时髦，进行“腰身削减”。[6] 马，就像汽车，是交通（和性的）传输工具，但是，作为活的生命，马是更自然、更灵敏的幻想和象征的化身，这一点同体形塑造有相似之处。在鲜见有人骑马的现代生活中，当人们骑在马的替代品上玩性虐狂（sado-masochistic）游戏的时候，这种关联展现得最为露骨。

一、恋物主义和隐喻：恋物徒的纪律和基督教的禁欲主义

恋物癖心理的历史渊源并不局限于狭义的性范畴。赋予一种物体只有人（或自然）才具有的魔力的观念，起源于远古的巫术思想。在中世纪的欧洲，伴随着对宗教圣徒遗物的狂热膜拜，形成了一种文学传统，它通过赋予一个同恋人有关联的物件以情爱力量，将宗教的魔法升华了。衣服的某个部件被视为神圣之物，因为它接触了一个绝对不可能接近的身体；它体现并调和了一种矛盾的欲望——去拥有根本不可能获得的爱恋对象。通过获得梦中情人的手套或手帕，恋爱者象征性地占有了他在现实中不能拥有的她。这种念想模式自巴洛克（Baroque）时代以来一直延续到当代的文学作品之中。

在温文尔雅的传统恋爱中，"被恋物"是被恋对象的一个替代品，倘若恋人近在眼前，或是较易可及，"被恋物"的价值便随之降低了。与此相仿，真正的束腰恋物徒并不希望拥有紧身褡本身，或用它来自慰，而是巴望紧身褡去拥有被恋对象，于是他的欲望便和她的身体融为一体了。男人为女人系束紧身褡的过程，是在象征性地拥有那个女人，尽管她被保护了起来以防御真正的入侵，事实上（或起初）拥有她身体的仅是紧身褡。"被恋物"被作为既阻隔又结合的象征。它将恋人分隔开来，同时又将征服和投降、抵抗和服从的情感合为一体。对女性来说，这是德行的护甲[就像贞操带（chastity belt）一样，只是功用不同]；对男性来说，这是他的支配力和欲望的象征。献身于束腰的女子，倘若昼夜穿着紧身褡，她便是已经"嫁给了"它，其他的一切，在某种程度上都是附属的。夜间紧身褡即是她优先的床上伴侣——一个忠贞不渝的爱人。

物与人之融合的另一个隐喻起源于基督教。正是从基督教传统的变体论（transubstantiation）教义中，恋物主义吸收并复原了交感巫术的原始信仰，成为一种性的变体形式。

"恋物"（fetish）一词源于葡萄牙语（feitigo），意为"命定的，魔力的，被迷惑的"。引入英语后，意指"原始的巫术信仰"。我们自身的性形式的恋物癖保留着同原始的情爱、巫术和宗教神力的关联，通过这些来成功地实现一种超自然的主宰假象，并且可能进入一种超越和神奇的境界。

恋物徒的行为成为一种途径，使他们变得高雅和强大，在一种虔诚的情爱仪式中结合起来。一方面，这种仪式同基督教的圣餐仪式不同，它是基于一种真实可见的身体转变；另一方面，其内在的生理转换又跟基督教的及其他类型的神秘体验相当。通过提升道德境界，这一转换的性动机被有效地纯化了。

精神修炼和禁欲主义常常是通过单薄瘦弱的身躯来体现的。北欧的晚期哥特式艺术（14—16世纪），尤其善用极端纤细的腰肢来表现耶稣基督和其他圣徒的高洁精神及所遭受的磨难，而在同时期的衣冠楚楚的廷臣肖像中，蜂腰则表现了贵族的优雅。在宗教改革时期结构精细的德国雕塑中，除了面部神情之外，极端收缩的肋骨和下陷的腹部是表现殉难痛苦的主要生理症候。

现代恋物癖-性虐狂行为或许是旧日修道院苦行赎罪戒律的迟开花朵。[参见下文的插页，恋物主义小说《克拉拉》（*Klara*）将束腰提升至宗教禁欲主义的境界。] 女性们一旦从基督教的谦卑苦行赎罪（其中性欲望仅是潜在的）中感到痛苦，便将对身体的自律转换成了性自傲的表达，因此她们受到神职人员和医学界禁欲主义弟子们的诅咒。绝大多数神父和医生们都只看到了性展示的一面，却没有看到性虐狂所表现出来的忏悔或自律。只有16 世纪的蒙田（Montaigne）给予了二者同等的重视。

17 世纪晚期，如莫里哀（Moliere）在《伪君子》（*Tartuffe*）中提示的，肉体苦行的赎罪形式失去了精神上的制裁效力。维也纳奥古斯丁（Augustinian）教堂的亚拉伯罕·圣克塔·克拉拉（Abraham ã Sancta Clara）试图调和肉体苦行和性展示之间的矛盾，这位帝国牧师提醒信徒们，不仅追求享受可以导致自负和作恶，自施痛苦也会如此。在一次令人印象深刻的布道中，这位牧师眉飞色舞，随性地讲了一个令人屏息的故事（可以想象得出，这非常近似于独创的讲坛宣教）。有一天，他碰巧看见桌上摆着一件东西，便问女仆那是什么。女仆回答后，他惊叫道："一件紧身褡？万能的上帝！可是它那么小，连一只貂鼠都钻不进去呀！称它'Mieder'（紧身褡）是对的，因为它的确是一种'Marter'（煎熬）。倘若身体会说话，它将会如何呻吟啊，它必定一直极度痛苦，比加尔都西会（Carthusian）的苦行修士们遭受的痛苦还要大。"圣克塔·克拉拉进一步直率地问，为什么紧身褡的上沿裁剪得那么低，难道“细嫩的皮肤在冬天感觉不到寒冷”吗？接下去，他又强烈地诅咒时髦的鞋子：脚给挤作一团，“好像罐子里的鲱鱼”，“仿佛被打入了地狱”。“啊，如此地受苦，如此地受苦，到底是为了什么呢？这些自负的人们欣然地接受折磨，只是为了魔鬼……不是为了上帝……”

《克拉拉》，作者史蒂夫（来源：互联网站“丽萨”）

这个故事发表于1998年，主要讲述一个女人终生坚持穿紧身褡，近乎于献身宗教职业，过着一种纪律严格的、清贫的、与世隔绝的生活。克拉拉最初获得这个重要理念是当她十岁、情窦初开之时，母亲（Ilses夫人，是施列森宫廷的大贵族）变魔术似的向她透露了自己的16英寸小腰，那一直是母亲的性和心灵秘密。克拉拉先是受到母亲的精心培育，然后又接受了女胸衣商的训导。她们扮演听取忏悔的圣母，或是克拉拉准备进入的上流社会的尊长角色。她们首先认真地了解了情况，确保这是克拉拉自己作出的成熟决定——从十二岁（是否仍然太年轻了？）开始献身一种苦修生活，逐步将她的24英寸自然腰围减小到15英寸，这将是一个渐进的精神净化过程。为了超越她的母亲，克拉拉给自己设定了目标，到结婚（立下结婚誓言）时实现15英寸的腰围。成年人警告她说，就像宗教活动中狂热的初入道者，在自我否定的进程中不要走得太快、太远。克拉拉欣然承受了失眠、身体活动和饮食受限等不适，并尝到了偶尔昏厥的乐趣，甚至接受了禁令，不能向公众展示自己的身姿，或者暂时彻底否认自己实施束腰。

当克拉拉第一次公开在舞会上展现风采时，那位年轻的公爵及财产继承人亲吻并拥抱了她，结果她的紧身褡绷开了，宛如她的处女膜破裂。公爵觉得自己应当承诺娶她——为了庆贺这件婚事，克拉拉许诺将腰围进一步减至14英寸，即他的两只手的确切跨度。进而，在婚礼上，她发誓永不放松胸衣束带（“直到死亡将我们分开”）。从此，他们一直过着幸福的生活。但是，这个恋物癖童话没有提及生育后代的事，而是心照不宣地否决了它，因为对于真正的修女来说，这是一个不相干的或不恰当的话题。

整个19 世纪，性虐狂的悖论未受到任何关注，直到世纪末，心理学和生理学界才开始缓慢地触及这个问题。早在1878年，即有一幅漫画描述一位诙谐的医生，他感到有某种道德义务来宽恕那些过度使用胸甲（cuirass）式紧身褡的女人，“因为在如此狭小的空间里不可能有生命，唯有灵魂能够存在”。但是，服装改革家从“典型的女性矛盾心态”中寻找理由，给一件并不具有理性历史起源的衣物编造了一个伪科学的起源：“中世纪黑暗时代”的妇女在野蛮的胸箍禁锢之下（据称是丈夫对私通妻子施加的惩罚），顽强不屈，以一种矛盾的勇气，将她们的牢狱转换成时髦的炫酷。[7] 1910年，性学创始人哈维洛克·埃利斯（Havelock Ellis）说：“紧身褡的出现满足了禁欲主义的理想，而不是性诱惑。”[8] 此话仅道出了一半的真理，他应当将“而不是”改成“也展示了”。一位流行诗人精确地捕捉了禁欲主义痛苦和性诱惑两者并存的现象，他将性爱的痛苦反射至恋爱者自身：“她是多么灵巧地挥霍束带啊，拽啊，拉啊，勒紧那只柳条腰……直到她令人惊艳，纯洁无瑕……女人们冷酷无情地折磨着男人，不管他们是多么抓狂。”[9] 1890年的一首奥地利诗歌，将一个女孩的爱情痛苦等同于紧身褡的痛苦，把心的碎裂等比喻为勒至极点的身躯；最终当上新娘时，她传唤来一件“铁制紧身褡，它与贞洁女人的身份恰恰相符……拉紧了束带，那新婚的胴体愈加迷人，恍若身临仙境”。（作者在此特别提请读者注意。）[10]

对肉体施行严酷的纪律可以助长盲目的自傲和危险的狂迷，根据这一观点，恋物主义的纪律主要是在新教国家实施并且被道德化，便不是偶然的了。因为新教不鼓励炫耀式的虔诚克己，并且禁止修女为了实行束腰而在修道院里采取异众行为。苦行赎罪的痛苦和纪律转移到了日常生活和一般事务上：教育、家庭、工作，甚至服装。宗教的禁欲和人的情欲在心理上是明显矛盾的，神秘主义者和恋物徒采取了非常不同的方式来试图调和这种矛盾。

1897年，对于“狂热”和“中邪”的女性通过紧束服装来表达“自我折磨的欲望”，德国的改革者特罗尔–鲍罗斯特纳尼（Troll-Borostnani）感到既吃惊又愤怒。她将这种紧束导致的意识状态比喻为苦修者和亚洲托钵僧的一种心灵境界。这使人感到她在试图规避对束腰的苛评——尤其是来自当代的和欧洲的，指责它为一种“非理性”且“不道德”的神秘主义形式。

二、社会的和性的象征主义

性学和对恋物主义的压制

当性压迫达到无法容忍的程度时，便形成了一些新的性表达渠道，其中一个即是恋物主义。此时，有人即开始对这种现象进行精神分析，不过对某些反常行为的性渊源的科学认识并没有引发同情心；对性偏离行为的研究也没有增加宽容性，反而出现了相反的情形。

医学一直将恋物癖归类于病态，或是潜在的病态，即使是其中最纯洁的形式。“科学”研究及法律均专注于恋物癖的病理和犯罪表现，这就使得社会上对个人隐私和无害恋物癖行为的宽容度降低，而且企图压制或消灭它。

导读图 2　Dolorosa 的封面
(1906，*Frau Maira von Eichhorn*)

1886年，克拉夫特–埃宾（Krafft-Ebing）在《变态性心理学》（*Psychopathia Sexualis*）[11] 一书中，最早严峻地强调了一些性虐狂的犯罪性质，包括足/鞋恋物癖和偷窃搜集综合征。后者涉及偷窃手套、手帕和头发等，甚至不得体地触摸头发，也被认定是很严重的问题。德国的审查制度禁止了非色情的纯真恋物主义书籍，诸如德洛姆（Delorme）和德洛罗萨（Dolorosa）的短篇故事集，它们包含了多愁善感的、诗意的和道德故事（且不说具教诲和治疗性），赞美从被恋物向被恋人的移情行为。

评判者们提出了压制性的且愚昧无知的理论，即“惧怕受惩罚的恐惧心理可以阻止许多恋物癖罪犯屈服于自身的冲动”[12]，对那些专爱坐在鞋店里观看女人试鞋的男人来说，监狱是个合适的去处。20世纪70年代，加利福尼亚州的一个男孩因为私下自淫被判处了十二年监禁。[13] 厌恶疗法是当代恋物癖治疗中最残酷的代表。

1924年，威廉·斯塔克尔（Wilhelm Stekel）将与服装相联系的整个性符号现象纳入精神病范畴，于是毫不奇怪，服装理论家出于关心“文化的规范”，在论述中对采用精神分析法和生殖器崇拜符号等十分谨慎。[14] 在处理恋物癖行为时，精神分析法将对人的个性分析看作是无用的（甚至可能是有害的），因而只做心理特质分析，且把社会因素的考量排除在外。

情色化的形式和行为：鞋子、紧身褡、衣领、马

“我管束着自己的语言，如同给我的手戴上手套，因为它们全都粗鄙无礼……我的脚穿着巴黎鞋匠为灰姑娘制作的靴子；我的躯干习惯了紧身褡的折磨，我的腰变得如此之细。倘若一旦丢失了腰带，完全可以用我的手镯代替！”于是乎，19 世纪的一个普通乡村姑娘摇身一变，成了巴黎的情妇。[15]

在对小巧的四肢和腰身的品味方面，性的感受和等级或社会原则是彼此支持的。当足、手、颈和躯干用于体力劳动时，都会发育得厚大粗壮。不从事体力劳动的上层阶级则可以管束它们，使之保持小巧玲珑，作为性趣精雅和生活闲逸的标志。索尔斯丹·韦伯伦（Thorstein Veblen）在著名的《有闲阶级的理论》（*Theory of the Leisure Class*, 1899）一书中第一次阐述了这一理论——妇女的束腰是为了显示她们与体力劳动之间的距离，将自己置身于令人仰羡的悠闲生活中。这一理论被弗吕格尔（Flügel）归纳为“等级原则”。如我所揭示的那样，施行束腰的大多数人无疑是下层或中下层阶级的妇女，她们力图追求在现实生活中缺少的有闲地位的身体标志。等级原则不仅适用于对小脚的嗜好，而且体现了一种愿望——真实地

而且象征性地将女人从泥土中提拔出来。通过穿高跟鞋，便可以看上去高人一等、鹤立鸡群，同时也暗示，对她来说，走路不是日常的行为，而是特殊的和困难的。

首先来考察足和鞋。有关的大量古老民间传说具有广泛的象征意义和强大的神秘内涵。有一个情节丰富的寓言故事（譬如《灰姑娘》的传说），将小尺寸的脚同高贵、纯洁和贞操挂钩，并且将鞋子同女人的性能力联系起来[16]，把脚穿进鞋子的动作联想为两性交媾。

尽管双脚要持续承载全身的体重，但它们对触觉的感应却非常奇特。在婴儿时期，它们常被抚摸摩玩；它们的形状颇像阴茎，于是很自然地成为性的象征和特别性感的中心，而且人的双脚是人高于动物的特殊标志。“身体的丰满构造的感性特征多得益于双脚，它们支撑直立的体姿和行走——改变了整个解剖结构……而且它们使人类面朝前性交成为可能，这在整个自然界中也是一种独特的性交体位。[17]

包括东方和西方，女人的脚在传统上扮演了做爱预演的基本角色，有时它本身也直接用于性行为。将脚用作阴茎刺激物，在某种程度上也作为阴茎的替代品，是中国的一种习俗，在西方也并不罕见。而且中国人相信，男人用手捏压女人的脚，可以刺激她的性欲；缠足增加了脚的反应力和敏感度。西方的束胸也有同样的效果。中国人还相信，永久地裹脚能够造就一种行走方式，它使得臀部增大，从而增强阴道的性能和收缩力。西

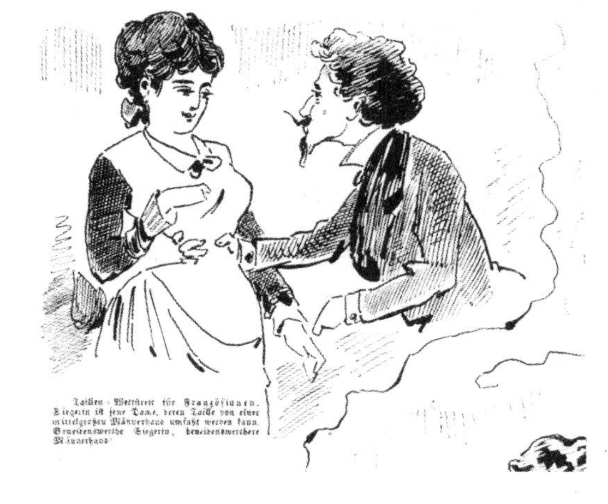

导读图 3　S 太太：“你握住了吗？”朋友：“太太，你的腰太妙了，正是一拃宽。”S 太太：“你太过奖了。但如果我丈夫看见你这样，非把你扔出门外不可！”（Die Bombe, *Viena*, 13 March, 1881）

方有一种类似的较少自我意识的想象，即高跟和紧束的鞋子（紧束的腰亦然）是一种可强化大腿、优化臀部和臀部动作的手段，正如我们将看到的一样。中国人所表述的理想中的女人纤足，是小到可放入男人口中的“玉笋”，这可能反映了口交的联想（或是口交的一种替代）。西方采取的方式较为温雅——置于掌中观赏，捧至唇边亲吻，或是在典礼上陈放鞋子形状的香槟酒杯。女人的脚在比例上比男人的要小，西方传统认为它们是被握在男人掌中的理想玩物，因而可被视为拥有的象征。与此类似，“一拃小腰”的说法也包含拥有的意思。小脚=小阴道，是在色情业中最受追捧的。[18]

除了将整只脚挤进过小的鞋子，还有另外两种塑足的手段：强行提高脚背拱和将足趾改造成细尖状。这三种方法自然是相互依存的。

在西方，提高和拱起脚背主要通过高跟，有时通过拱起的鞋内底来实现，比脚短的鞋子也有助于达到这一目的。在中国，塑造极端的拱脚背是通过将脚趾绑向脚跟，这极大地缩短了脚的尺寸。在脚跟下面鼓起的楔状体（等同于西方的高跟），亦增强了视觉效果。高跟和/或拱起的鞋底在事实上和视觉上都将脚缩短了。[19] 而且，通过在视觉上永久拉长的脚踝，造成仿佛是阴茎拉长的印象，人造的鞋跟也显现出这一特色。小巧、优雅地拱起的脚被看作是高贵的，并在进化程度上属于高级的类型，而底层阶级和种族，以及很多四足动物，被认为具有较平的和宽大的脚形。令人费解的是，虽然这种脚形在历史上充满了等级的象征意义，今天我们却将之看作是实用的，原因是高拱脚背一般被认为有助于灵巧敏捷的运动。

弗洛伊德没有专门将高鞋跟认作阴茎的象征[20]，但这种概念现在普遍被人们所接受。“二战”后的广告加进了特定时期的时尚取向（尤其是19世纪70年代的），20世纪50年代的广告更明显，突出高鞋跟的视觉效果，将绝对高度与帅气等同起来（在恋物主义的执念中，高度即等于难度，等于英伟），是一种强有力的暗示阴茎勃起的象征。鞋跟的细度常常同高度互相辉映，成为一种绝对的审美标准；性虐狂亦可顺手拈来，将细鞋跟当作武器，锐利的鞋尖进一步增添了它的威力。

现在来看塑足的第三个因素。不同于中国人的鞋，在西方时尚中，鞋的确切形状和长度经历了无数变迁，高跟亦是同样。尖足效果周期性地成为女人的时尚，有时男人也分享。它是通过两种方式来实现的，一是从视觉上将鞋子拉得比自然的足尖更长；二是挤压足尖，杜绝多余的空间。

伯纳德·鲁道夫斯基（Bernard Rudofsky）将西方男女把脚压缩成尖状的癖好戏剧化了。他无法解释这一现象，而是像罗素（Russell）一样斥责它为一种文明的退化。然而，其等级的象征意义相当清晰。如上文所述，足趾宽扁的大脚一般被认为是“低级的”，人类学上将它同黑种人联系起来；等级原则将之列为劳动阶级的特征。许多世纪以来，时尚鞋一直追求“两边对称”的效果，即中间的脚趾较长、较突出。19 世纪的一位改革家憎恶和诅咒这种鞋形。他说：“类人猿不具备突出的大脚趾，它‘是有组织的人类社会进化的标志’。”[21] 追随古希腊经典的艺术家们，竟然以第二趾长于大趾为理想形态，从而倾向于为时尚的“反常美学”作辩解。[22] 这很令人困惑，且不说令人难堪了。

在“二战”后的年代，穿上第一双时髦的鞋子已成为一种成年仪式。由于婴儿和学龄女童的鞋被做得空间很宽敞，压尖足趾如同提高鞋跟一样，成为性成熟的象征。此外，相对于儿童式宽松鞋和成人“明智”平底鞋（或称步行鞋）的实用性，时尚鞋肯定是更美观、更具礼仪性的。

极端高、细的鞋跟连同尖突的鞋头，有助于增添穿鞋人的性虐狂魅力，赋予她一副捕食性动物般的脚掌，正如尖长的指甲给了她一双利爪。此外，“直立的脚踝”（类似“直立的躯干”）一词对恋物徒来说有着特殊的意义。极端主义者对高度夸张的鞋跟尚且不满足，进而将鞋底做成垂直的，甚至向后拱进鞋面，采用芭蕾舞形式，将鞋里的脚提高到足尖，却保留了跟脚一样长的后跟。这种“足尖”或“芭蕾”式的靴子常常高至裆部，在恋物徒的心目中，代表了鞋子恋物癖的一种“古典的”或许是极端的形式，让整条腿化作一只超强勃起、超级紧缩或充血的巨大“阳具”。出于同样的思路，苏珊·福斯特（Susan Foster）称芭蕾舞员的腿为“阴茎尖”，它使得整个身体“直挺、颤抖、反应敏锐”。

在芭蕾舞中，足尖立姿与飘逸、灵性和凌空有着半矛盾的关系。19 世纪古典芭蕾舞及其他足尖舞的兴起，代表了一个公开的重大宣言，或多或少地将足/腿恋物癖艺术性地纯化了。有些人将康康舞的高甩腿动作也看作阴茎勃起的象征，这种舞同样是19 世纪的产物。女芭蕾舞家是司掌情色的女祭司和艺伎，高跟鞋则将舞者所表现的情欲升华赋予时尚的女性。

正如身体的某些部分，由于其形状和大小等特点能够被用于激发性感，身体的特定运动同样可以暗示性行为。人们用体形塑造来改进人体本身的姿态并提高性感，同样也用它来增强日常生活中的身体运动并提高性感，这两个过程从根本上来说是不可分割的。在非西方传统的社会里，服装是运动、舞蹈、戏剧和性的礼仪。在西方，服装在社会礼仪中的角色涉及身体运动（包括最明显的交谊舞），用今天的话说即是“肢体语言”，这值得进一步探讨。服装历史学家们一直倾向于将服装看作一种静止的物体，处于社会动力学的范畴之外。

鞋子改变的不仅是脚的外观，而且是整个身体的行动方式。十分显然，行走这一普通动作已经充满了性的内涵，语言也强化了这一点，诸如日常用语中的“来”“去”，偏技术性用语中的“交媾”“社交”“交合”等，都具有性行为的含义。

西方强化这种联系的力度和独创性是很不寻常的。中国的缠足，中东的脚踝链和高板套鞋（high pattens）暗示女人是静止不动的猎获物，西方的鞋则具运动性，以增强活力，至少看上去如此。女人单是站在高跟鞋里，便展现了跃跃欲试的姿态，即将迈步，准备行动。通过缩短步子的间距，高跟鞋给人造成步伐迅疾的幻觉。它甚至可以显得加大了脚步的力度，赋予女人以强大气场，仿佛是脚蹬七里格长筒靴（seven-league boots）的巨人。比起穿低跟或无跟鞋的姐妹们，有些穿高跟鞋的女性走起路来更加稳当，具有一种时空上的进攻态势（这就是为什么女权主义者不反对这类高跟鞋），这种矛盾和互补的关系带有不稳定和不平衡性，她看上去好像随时会屈从和摔倒，需要一只支撑的臂膀，所以对男人来说，穿高跟鞋的女人是一个诱人的捕猎对象，是他不安分的心灵和充满矛盾的性关系之化身。鞋跟越高，越显得不稳，这种矛盾就表现得越突出，愈加清楚地暴露了女人的两重性：既是男人的被动猎获物，同时又让人难以捉摸，是男人实现性满足的真正障碍。

由于鞋跟高而细，脚的支撑点极大地减小了（特别是在高跟同时前倾的情况下），迫使脚踝作出补偿，因此脚背甚至整条腿要采取一些动作来应付局面："晃动""颤抖""踉跄""摇摆"。这些词都同时具有正反两面的含义。女人朝男人走去，每一次踏地时她的脚踝横向颤动，都可能被男人下意识地诠释为一种性勾引，假如他足够敏感。

此外，全身肌肉力量的重新分布有助于增强身体的运动感，妇女自我陶醉地体验到一种内在的强烈刺激。一个习惯于穿极端尖细高跟鞋的人向我描述说，她在办公室的工作性质要求她不停地活动："我感觉自己处于一种持续的和有趣的紧张状态；光是站着我也闲不着；走动转身，或弯腰去存放一份文件，全都是一种平衡运动；有时我也坐下来休息，但从来都是只坐一会儿。我穿高跟鞋是因为，它们令我感到时刻在同自己的身体发生交流。"无疑，高跟鞋转移了这位妇女对无聊工作的注意力。

19 世纪的医生们认为，当今的医生们仍然这样想，妇女们强行适应高跟鞋，天长日久，她们的身体肌肉甚至器官会产生有害变化。但是，很少有人对这些变化进行心理学的分析。[23] 客观地说，高跟鞋带来的体态变化是相当激进的，它的确切性质依然是个疑问，基于文化差异而有所不同，也因人而异。反对高跟鞋的人们强调，缺乏经验的穿着者笨拙地将下巴前伸，据推测是为了找到一种身体平衡。不过，下巴前伸可能既是身体反应也是心理作用，由于唯恐向后摔倒，便本能地向前寻求某个支撑点。中国小女孩在第一次缠足之后重新学习走路时，大人便明确地警告她们要避免下巴前伸的坏习惯。在19世纪70年代，西方批评家抱怨高跟鞋导致上半身向前冲的姿态（希腊式曲线，参见图3.3）。20世纪50年代，人们又指控这类高跟鞋造成驼背和膝盖过多弯曲。捍卫高跟鞋的人们总是说，它可使人站姿笔直，头部后甩，胸脯高挺。显然有许多不同因素在发挥作用，其相对影响取决于个人的身体类型、步态和心理状况。

在各种不同的文化环境中，妇女行走的方式从来都是不同的，作为性关系的象征也是有区别的。西方的高跟鞋涉及腿和臀部的一种动作，对此东方人或许认为不符合阴柔美。中国人理想中女人的步态显然是轻盈徐缓，宛若水上莲花，凌波微步，或是曳足而行，步步生芳。缠足是为增强步态美而发明的，它比高跟更能实现这种理想效果。在文艺复兴时期，维也纳的时尚淑女穿高底鞋（zoccoli）走路时，常常必须由仆人搀扶，"每挪一步，都是千斟万酌，仪态万千"。在某些原始文化中，贵族妇女出席典礼场合时将沉重的金属环（意味着富有）套在脚上，几乎令她们寸步难行。

等级的象征意义在此表现得足够明了。西方的操作方式是矛盾的，如恋物徒所夸张的，鞋子与性虐狂有很强的关联，妇女集服从性和进攻性于一身，既是捕猎者，又是猎获物。我们可以从恋物徒的一些文献中推演出这样的场景：一位现代亚马逊（Amazon）妇女站在地上，将箭射入自己的脚中，顿时获得痛苦和快乐的双重体验，沉浸于想象的或是真实的男性遐思。一方面，她反抗自我强加的特定束缚；另一方面，男人的身体投降了，被女神踩踏（重创，甚至撕裂），在她的面前，他暗自向往成为一个谦卑之人。有一名束腰者是位老师，她告诉我说，一个11岁的学生向她坦白，他想象自己变成一块地毯，任凭女老师穿着五英寸高跟的鞋子在上面任意踩踏。[24]

以上先是谈到了高跟鞋的象征主义。它作为一种“服饰恋物癖”，在历史上没有惹出多少风波，至今仍然相当普遍地存在于我们的生活之中。然而，束腰作为西方历史上最主要的一种“服饰恋物癖”，同社会等级和性欲望有更强的关联。[25]

导读图 4　“想要小腰的女孩们各有高招。”
（Charles Dana Gibson, *Life*, 1899 年 5 月）

束腰的最直接视觉效果是突出了女人的第二性征——胸部和臀部变得相对丰满，同时腰肢变得相对纤细，明显意味着青春和有闲。传统上，紧身褡也用于暗示躯干的坚实性，以及提高乳房的位置，这是与青春魅力相关的另外两个特征。[26] 滋养年轻的外貌和表征，可能是不断演变的西方文明的一个特点，在20 世纪达到了极致，现在则退化到了以乳房尚未发育的前青春期“树条”（twiggy）身材为理想，这一现象自相矛盾地导致了紧身褡的回归。

历史上，压束腰部及躯干同塑造乳房是不可分割的。现代乳罩工程技术达到的“上提”效果早先是通过紧身褡来实现的，紧身褡的上部将乳房从下往上推挤。随着年龄的增长，人的乳房形状逐渐变得凹凸不平并下垂。通过使用上推技巧，即使是较老的或缺乏丽质的妇女也可能让时光倒转，造就出基本上是年轻人才具有的、有味道的鼓胀乳房。这样，她们就获得了诗人和艺术家钟情的两个完美的半球。这些由夏娃的后裔们呈奉的肉体苹果（借用典故），圆润充盈，半掩半露。正如鲁本斯（Rubens）在《亚当和夏娃》（*Adam and Eve*）中所描绘的那样，夏娃双臂交叉，亲密地贴近紧身褡，将手轻轻地按在鲜美的硕果之上。在一定的历史时期，特别是16—18 世纪之间，间断地存在一种习俗，即通过事实上压迫而不是提升乳房来实现胸部塑造。这种压平乳房的做法对突出宽大的臀部很有效，并且暗示着生殖能力而不是性爱享乐。不过，在西方历史上，这种不引人注目的压平胸脯的习俗从未像在亚洲那样确立长久的地位。

导读图 5　黑维纳斯（Matt Morgan, 美国杂技团海报，约 1885）

“二战”后出现的蓄意调整和塑造咄咄逼人乳房的取向，似乎同西方独特的性焦虑情绪相呼应，它断然采用了阳具形式，或是令人联想到攻势凌厉的阳具。男性服装设计师在乳房上大花心思，近来受到了女权主义者

导读图 6 Susanna Fourment 的肖像
（Rubens，约 1630，现藏伦敦国家艺术馆）

的猛烈抨击："'乳房'成了女人颈上的磨盘，它们不再是人体的一部分，而是吊在脖子上的鱼饵，仿佛是被随意玩捏的奇妙胶泥，或是被咀嚼过的棒糖冰激凌……过去在通俗色情文化中不大露面的乳头，近年来受到重视，对展示女人性感很有利，因为乳头是最具表现力和反应最灵敏的器官。"[27] 最近，时尚中出现了自然乳头。在超薄的乳罩之下，或是不穿乳罩、在贴身织物下面，乳头可能清晰地显现出来，这确实是一种新现象，尽管在乳罩风行达到高潮的20世纪50年代可能曾经不自觉地试图突出过乳头。这种做法类似于16 世纪男人裤子前面的突出褶饰，给人造成一种身体持续处于性冲动状态的幻觉。

在整个20 世纪，时尚界不断地将乳房重新造型、重定尺寸、重新摆放，这或许反映了这个时代的严重社会动荡，折射出对非常与众不同的性关系的联想。关于这个问题，在这里不可能进行深入探讨。

饱满圆浑的乳房蕴含的养育和象征意义是显而易见的，毋庸赘言；性玩具则主要是等级的象征。勒细腰肢本身，除了扮演将乳房推高的辅助角色之外，还有其他多方面的作用。仙女般的曼妙身材和纤弱柳腰隐含着既脆弱易折又捉摸不透的诱惑，对男人几乎具有无法抵御的原始吸引力。对于优越的雄性威力来说，它既是一种反差，也是一种祈求。纤腰暗示着浪漫、缥缈、纯洁和童贞，皆为爱情的特征。它也体现了反母性（或父权主义）的精神，违抗甚至推翻怀孕的主张——迄今为止，束腰者一直否认这一点。这是另一个具有广泛社会影响（和震撼）的问题。反过来说，袅袅纤腰也仿佛在告诉人们：明摆着是无"喜"，我可以孕珠。

紧身褡同高跟鞋一道，有可能在限制与运动之间创造出一种动态。压缩与性行为相对无关的腰部，引发其他主要的性感部位——胸部和臀部的运动。在恋物主义领域和服装史上，高跟鞋和束腰的互补特性一次又一次地被肯定，就增加身体活力来说有其依据，它们确实（对恋物徒来说不言自明）能增强臀部运动，相辅相成，以实现“直立”的体姿。

自18 世纪以来，淑女的正确体姿是直立；就鞋子而言，“直立”意味着社会尊严和优越地位。它使人区别于动物：“人类的直立姿态是自身的一个性感特征……整个姿势问题的根基在于性的重要性。”[28] 下等人躬腰驼背、“体姿不雅”起因于他们从事体力劳作，并且头脑愚昧。[29] 直立也意味着个子更高。姿势的确可以增加身高，压缩腰部也有同样效果，它迫使下肋向上、盆骨向下，轻微地拉长了脊椎，可以使人更舒适地、尽可能地站得更高。

直立的姿势和正确的步法在一定程度上要求上半身保持静止不动。今天的人们可以想象，当年女人们穿着宽大的长裙，掩藏着臀部和两腿，走起路来应当是“轻盈飘逸”的，或如踏轮而行。浆硬的束腰紧身褡能够造就直立的姿势，这很容易理解；但并不能确定它是否可以自然地造成飘行效果。事实上可能完全相反。服装改革家们指责说，束腰导致女人拙劣地模仿正确的行走方式，即采用一种僵硬的八字步态。不管总体上这个批评是否在理，但可能是基于人们观察到的对活动量增大部位的一种反应。不言自明，倘若骨盆架和肋骨框之间的部位受到限制，它们的细微运动便会显得放大了。一定的补偿动作也可导致额外的运动，特别是行走时，会有意无意地产生对强烈局部压力的准心理反应，通过变换骨盆和肋骨的相对位置，它或许能得到缓解。束腰者也可利用相对灵活的臀部和肩膀来弥补身体躯干的僵硬表现。

摇摆的臀部和炫示的胸脯很容易成为一种毫不掩饰的挑逗。在当今时代，这是社会所允许的，银幕和舞台上的性感女神们将之合法化了，然而，在维多利亚时代，这是淑女的禁忌。假使她胆敢穿束腰紧身褡，她或许会下意识地感到必须竭力避免让身体的任何部位鼓胀出来，因为那可能会彻底暴露一个隐蔽的目的：性诱惑。她甚至对自己也不说破这个秘密。不过，真相常常也是掩盖不住的。

在维多利亚时代晚期和爱德华七世时期，在两种不同的情景之下，时尚找到了一种新办法：用短至膝盖的裙子紧裹住双腿，以求进一步美化身体线条和动作姿态。它虽然不是严格意义上的塑形，却极大地改变了身体的行动方式。两腿叉开的姿势，历来都被认为可能有失检点（仅需联想一下对妇女骑马的抵制心理就明白了，人们恐怕骑马的姿势会不留神搞破了处女膜），对于受人尊敬的妇女来说，双腿叉开是完全禁止的。人们甚至揣测交叉腿和甩腿动作也是改头换面的劈腿；在艺术表演中，这类动作是一种性交隐喻。[30]在19世纪70年代至20世纪初，紧绑大腿和蹒跚而行的时尚特征被认为是以一种矛盾、反常的方式来表达贞操的含义，不过，如今我们对此已经习以为常。据认为，紧裹双腿的霍布裙（hobble skirt）可能比高跟鞋造成的步履蹒跚效果更甚，尤其是在19世纪70年代，当时束腰风习走到了一个新的极端，紧身褡完全依照臀、胯和大腿部位的解剖模型而制作，因而身体运动严重依赖于骨盆的用力摆动。我们看到了相互强化却具固有矛盾的因果循环：臀部和乳房鼓胀颤动，双腿裹紧夹牢——于是，同时发出了诱惑和拒绝的信号，从而达到撩拨挑逗的最高境界。

通过加速肺部活动，束腰也提高了人的性兴趣。它压迫腹腔呼吸，强迫将之上移，瞬时地、最终将永久性地增大胸腔。[31] 很多妇女体验到荡秋千（或通过其他方式）压抑呼吸很性感，“令人屏息”。“仿佛是秋千悠得太高，你感觉自已被截成了两半，向下猛冲，尖声高叫：啊！”此话引自科莱特（Colette），他将这种透不过气来的神秘玄思——“感觉完全失去自我的存在，走向死神”，同波莱尔（Polaire）联系起来，她是那个时代最为驰名的蜂腰女，年轻女性心目中的偶像。此外，以减少腹腔呼吸来增强胸部呼吸，创造出了乳房周围组织的运动，它可能被想象为持续的欲望悸动。“锁骨下的震颤”和“不自然的胸部起伏”，女人的这种性感化呼吸方式，令胆怯的男人们激动不已。[32]

在性高潮过程中，身体的痉挛，当然，通常还包括呼吸急促、窒息感、胸部高耸和腹部收缩等，所有这些性体验都可以用手压腰部来增强，通过穿紧身褡的人为方式来实现。与此相似，穿高跟鞋的脚位和动作模仿了性高潮的另外一些表现：脚部猛然抽搐、脚背拉长和脚趾弯曲等。

尽管人的脖子的扭曲程度从来不能、也永远不能同柔软的腰肢媲美，但它是一个敏感的部位，对之施以最轻微的限制，即可对头部和肩膀的自由活动产生强烈影响，对呼吸的影响也很大。（参见图9.10）男人的颈部几乎一直受到各种保护和限制，而且采用的方式经常是很夸张的。正如紧身褡保护女人的一个易受伤害的部位一样，衣领保护男人的一个易受伤害的部位，免受敌人和疾病的侵袭。古人相信，疾病和邪恶之气是通过咽喉进入身体的，所有的领结最初都有一种神秘效用，就像腰带上的扣结用于保护易受伤害的腹部。颈部束缚的确切方式始终蕴含着极其复杂和强烈的社会象征意义。很久以来，人们就开始对此进行识别和解析。在浪漫主义时期，纨绔子弟的紧领结（stock）和领巾（cravat）相对于拜伦式（Byronic）开放式衣领，两者的道德、心理、社会和政治意义差异悬殊；颓废派（Decadent）时期的巨大色狼领（masher collar）相对于唯美主义者的女气低领，成为一个半幽默半严肃的设计问题。17 世纪英国清教徒和西班牙贵族之间的文化鸿沟可以通过比较他们的领饰来度量，前者佩戴简单、舒适的围巾，后者穿戴奢侈的、限制性的轮状皱领（ruff）。

即使今天，衣领（collar）和领带（tie）也是属于最易识别和分支很广的社会符号之一。领带结（tie-knot）的形式——松或紧、单或双（温莎结Windsor knot）、大或小、长方形或三角形，均被当作一种个性标志。在我们的语言中，根据系领结的方式来划分不同类的人。在道德方面有“僵脖子”（stiff-necked，傲慢固执的人）和“紧领子”（straight-laced，一丝不苟的人）之说，在社会等级方面有“蓝领”和“白领”之说。高耸的颈部配饰也倾向于将头往上提，增进直立的姿态，含有社会和道德层次优越的寓意：“高于一切”。“举头昂首”的重要性有时可能被强调得太过分了，乃至于头部和身体都显得分离开来。卡通画家想象色狼的脖子被衣领砍断，正如他们想象女人的纤腰被紧身褡截断了一样。

至今，人们仍然倾向于通过衣领的高度、硬度和紧度来决定一个人或一个专业团体的政治或社会保守程度。在所有的社会阶层中，军队通常是最保守的，传统军服的衣领都是限制性的，现在依然如此。英国保守的天主教高级教士的衣领较高，较自由的福音派的低级教士的衣领则较低；伦敦银行是保守稳定的象征，它的职员仍旧穿那种（可卸的）硬紧衣领，[33] 而今天大多数的办公室职员都已将之抛弃了。从20世纪80年代开始，办公室职员即被允许放松领带和解开领扣，这确实是迈出了决定性的一步。放松领带的姿态是一个人需要在生理和道德上放松的一种象征。女人解开男人的领带（它是阳具的另一个符号），或许就是在向他发出云雨之邀。[34]

导读图 7　保守衣领　“……获得提名者是胡佛总统”（这里指福特总统。*Los Angeles Times*, 1976 年 8 月 19 日）

领如其人。“大革命时期的衣领是什么样式的呢？阳刚、硕大、硬挺，就像革命者一样不可折服。当一个人更有可能上断头台而不是躺在两只柔软丰满的乳房上时，衣领怎么会是松软的呢？如今的窄小衣领，正如现在的男人一样狭隘和悭吝。”[35]

弗吕格尔在论述保护性服装的心理因素时，提出了浆硬衣领隐含性象征的假设。他说，保护性服装的硬和紧“容易被武断地下定义”，浆硬衣领既是职责的重要标志，也是阴茎勃起的象征。[36] 二者只是看似矛盾，因为它们共同代表了履行性义务，或是约束性行为（或道德）的责任。

性或道德约束在传统意义上是男人的责任，因为女人被认为是男人性本能的猎物。硬领基本上是男性服饰，正如紧身褡基本上是女性服饰一样。不过，这两种情况皆不能一概而论。弗吕格尔没有考虑到，女人在17世纪与男人分享了轮状皱领，并且在严峻的1880—1910年间戴上了色狼领。这类衣领是男性的象征，被用来遮盖一个性趣中心，或是吸引女人的注意，然而由于女人也开始穿，它便显然变成性别模糊的或双性的了。在清教主义时代和信奉清教的社会里，女人倾向于把颈部遮掩起来；在女人认同男性社会的情况下，她们不许自己通过头、颈和肩膀的自由活动来发出情色信号，因此也会像男人那样遮盖和限制颈部。

人们贬斥那些穿过分紧硬领或高领的男人（如英国的花花公子、色狼和其他地区的军人等，但不包括游击队或土匪）具有娘娘腔式的自恋。他们“为了臭美而受罪”的女气品味，以及通过限制手段（常穿女式紧身褡勒腰）来增进身体自我意识的欲望，同与之相映衬的女人异装癖

（Transvestite）倾向是类似的，被认为是可鄙的，且具破坏性。在19 世纪晚期，整个服饰恋物癖综合征发生了特殊变化，异装癖成为公开现象，并且出现了一种奇怪的逆转，温和的男性衣领保留了保守、军队和道德责任的象征性质，而夸张的男性衣领则成为一种反常的自恋行为的标志。

导读图 8　蔫哥和伟哥（Félicien Rops，Eduard Fuchs Ⅲ，19 世纪末）

像限制腰和脚一样，妇女通过穿色狼领来限制颈部。总体来说，对腰和脚的压力逐渐减轻了。那些进取型的、“解放的”即“阳刚的”妇女们，倾向于穿低开口的、无限制的男式衣领和前襟柔软的衬衣，而那些娇弱的妇女们反而喜欢穿色狼领和前襟硬挺的衬衣。时尚女性可以在白天穿男式衣领出门，踏入男人的领地，参加体育活动，晚间保留穿袒肩低领裙的传统，从而兼得鱼与熊掌。用象征性的男式服饰来增添女人味的想法，自然是现代时尚的一个基本信条。花花公子俱乐部女郎引人注目的服饰即是典型的代表。她们裸露的天鹅颈和玉腕上套着窄小却硬挺的领子或袖口，身体的其余部分则穿着泳衣式紧身服，从而形成鲜明的反差。在这里，性服务的概念跟传统的道德责任象征结盟了（从理论上说，这类女郎是癞蛤蟆眼中的天鹅，可望而不可即）。这一点在护士制服中表现得十分明显。在色狼领和护士职业二者都很新奇、时髦的年代（见图3.18），作为个人选择，护士制服可能会选用特高的色狼领。即使是在今天，英国依然经常规定护士制服采用浆硬的衣领，尽管它变得较低和宽松了。

在19 世纪的不同时期，男人颈部限制物的样式也有所不同。19世纪80年代达到顶峰的色狼领，不同于19世纪20年代花花公子和军人系的领带，不是必定很紧的；事实上，其目的是要将头颅拔高并限制它的活动，并且压迫锁骨之上和下颌之下的肉体（有些人觉得这个部位很性感）。[37] 女人也采用了这类高领，当然它是可卸的，跟男式衬衣和“度身定做”的外套搭配着穿，但更多的做法是，用同样的面料做成一种稍加硬衬的高

导读图 9 “太不可思议了”
（H. W. Bateman, 1923, *A Mixture*, 1924）

领，缝接到各类日装上。它不像色狼领那么严苛浆硬，而是像花花公子戴的军人式领结，与脖子的轮廓完全吻合，而且给头部以“女性美”的活动余地。带花边的裙领更具可塑性，因此可以比色狼领竖得更高，顺着下颌的轮廓形成曲线向上耸立，一直触到耳垂——另一个特别性感的部位。

马的驯化给军队和经济发展带来了益处，骑马成为一种拥有魔力的象征，于是它很容易被用来同性行为进行类比，如古代女巫传说中所记载的那样。女人将马背变成了一个奇特的展台，公开显耀个人的性爱情欲。人们认为，一个女人的马术水平等同于她的性能力，既是身体层面上的，也是象征意义上的。马能够以丰富多样的方式契合人类的性行为，因而马背上的男女可以采用各种技巧，扮演全套角色。骑马是超级性感的表演。对骑手来说，坐骑既是性伙伴也是性自我；对观赏者来说，他们可以让自己交替或同时进入上述两种角色。正如D. H. 劳伦斯（Lawrence）领悟到的，马代表了两极的性生命力：被释放和被掌控。

19 世纪的运动女骑手取得了一个危险的地位，即成为维护独立身份的女性。因此，女人的骑马权利和骑马方式陷入争议。持反对态度的批评者，针对这种真正提供了身体自由的运动所包含的性象征，作出了下意识的反应。女骑手独立于男人，寻求跟一个强壮的野兽建立肉体纽带和身体和谐，这种关系显然是和睦的，但也总是存在潜在的危险。此外，女人还可以通过骑马来宣泄自己的性挫败感，发挥掌控的玄思妙想，并且将之当作惩罚他人或实施报复的出气筒。

恋物徒过度强调马术规则的某些细节（有些改革者也是如此），乃至竭力揣测它们可能的象征范围。其中最主要的两个争议是：一、骑马时如何使用马刺（spurs）；二、驾驭时如何操纵勒马索和缰绳。二者也充满了语言隐喻和象征意义，形象地代表了能力、自制和纪律。

导读图 10 “时尚和幻想”的封面画“贾宁”（恋物主义杂志——*Utopia*, 1950 年 7 月）

骑在马背上本身即体现了一种相关的性行为方式。为了极力冲刺和腾跳而采用的策马动作，再现了事实上的性交合。在何种情况下使用马刺，什么是使用马刺的最佳方式，以及有哪些相互依赖的应用技巧等，是恋物徒的通信往来中永无休止的讨论话题。有关马刺尖的最佳长度，以及某些人坚持的过时极端做法的争论，可能具有生殖器崇拜的意义；有些玄想可能源于交媾模拟，比方说，假使在一个恰当的心理时刻，从一个完全正确的角度刺击马的肉体，那么，即使是采用最长的马刺，也不会使马受到太多伤害。从总体上看，就马刺形状和长度的争论是一个怀旧话题，在一定时期内，它同关于鞋跟的形状和高度的争论并存同行，二者都充满了象征意义和性狂想。在高跟鞋或靴子底部加钉刺的小花招，最早即是由维多利亚时代的恋物徒构思的，后来才被现代时尚设计所采用。“像马刺一样尖的鞋跟（或脚趾）”——这个短语在恋物癖文献中十分流行，时而也见于高级时尚杂志。

高强度使用马刺是掌控马头的必要手段，除此之外，马头还被严紧地套上所谓的马嚼（bits）。马术专家们严厉谴责妇女过度使用马刺的做法，尽管在传统上这种操作造成的拱形马脖被认为是聪明马特质的典范。在古代的赛马肖像中，马脖子经常是极端拱起的，它被看作一种育种标记。

至于说驾车的马，它们的基本育种标记和“聪明”举止体现在头和肩的相关部位。为了教会一匹马“傲然昂首”（如俗话所说），人们用缰绳将它永久地套在其尾部或是马车挽具上，即众所周知的“套缰”（在美国也称为“勒缰”）。这种手段迫使马头后仰并高抬，驾车人可根据自己的意愿，调整缰绳的长短和松紧。极端的做法将马头提得极高，据称令人印象深刻，却无疑降低了马的拉力。在恋物癖文献中，勒缰和拉高马头、拱起和压紧的马脖、伸出和高抬的马头都是极其性感的象征元素，常常同女孩子进行类比。“勒缰”即是将她的头遏制在背板和衣领上；“拉缰”则是系紧她的紧身褡，这些都是为了让她学会如何保持正确的直立姿势。在描述聪明马的头颅[38]时，“直立”一词用得极为普遍，这很容易令人想到可能有象征阴茎勃起的意图。

就采用严酷的外部压力来同时限制和增进运动或姿势这一原则来说，马术和形体训练采取的方法显然是类似的。某些骑手体会到了二者的互惠作用，束腰及戴手套和穿高跟鞋的感受增强了策马和勒缰的掌控快感；对自己身体的束缚，似乎放大了马的奔驰所带来的冲动。面对旁观者，她们也强烈地意识到自己的迷人风采，骑马运动为她们精心塑造的飒爽英姿提供了一个亮相的舞台。

三、礼仪紧身褡

独特的象征要素

紧身褡在形式上和运动中将人的身体情色化。在实现这一目标的过程中，通过它的制作材料及其所引起的联想，以及通过作为一件服装被穿上、脱下的方式，它本身也被情色化了。

恋物徒赋予了“紧”和“硬挺”这类词汇和概念一种准魔力，它体现了古老的等级关系——支配、责任、道德和次序等。[39] 在法语中，“公平”（juste）一词有“紧”和“正确”的含义。[40] 在古英语方言中，“紧”也有“正当”的含义，或“适合”——包括“试衣”和“合身”两个意思。根据被恋物材料的坚硬度和紧密度，恋物徒推断出被恋对象、他们自身及其他人的道德立场的坚定性。爱弥尔·左拉（Emile Zola）强有力地揭示了这一点，他的作品总体来说充满了高密度的性象征关联，在《巴黎之腹》（*Le Ventre de Paris*）中，他生动逼真地描述了恋物徒以残酷的方式所表达的心境和情感。

紧身褡的紧度和硬挺程度可被精确地调控，以适应各种场合的需要。穿紧身褡的过程可分为多个层次，标示着从儿童时代进入成人世界的“过渡礼仪”，并且给日常生活添加了显著的节奏。年轻女性可能在第一次圣餐仪式上穿上她的第一件真正的紧身褡。19 世纪的法国人特别留意在一天当中选穿不同的紧身褡，早晨是轻薄宽松的（或根本不穿），晚间是较紧的、硬挺的。这十分符合妇女社会角色变换的韵律。例如，早晨是相对轻松随性的，白天是相对平安无事的，到了傍晚，便进入正式礼仪和展露性感的时段。在社交晚会上，身体挑逗的做法是被许可的，不过也要有相应的约束。穿束腰紧身褡便是一种方式，在增强诱惑力的同时有所节制。即使当女人勾起男人的性欲时，她看上去仍然是武装起来抵御它的。

作为一种保护性装身具，紧身褡体现了阳刚之气；女人将自己变得坚硬，这种行为本身是一道自卫，以一种好战的架势将她转化成雄威的色情尤物。女人的贞操仿佛受到了男人的威胁，一个“阳刚物件”覆盖在了她脆弱的身体上；同时，她的身体又是（非常夸张地）被保护在下面的。她穿的那件坚硬的“胸甲”（这个词常被使用）似乎是要保护胸部和腹部的致命器官，而它实际上只是保护着性征中心点，即乳头和阴部。它也有助于暴露女人的易受伤害性，突出了她柔软（暴露）的乳房和活动的大腿。有这样一句淫秽的祝酒词：“为巴斯克的两头干杯！”“巴斯克”（busk）是指插入紧身褡前襟的硬板条，“两头”是指性兴趣的两个端点——乳头和阴部，这两点之间的胸甲越厚重，“两头”就似乎越有价值，并且越容易受伤。从前，束腰紧身褡的身长截止于耻骨部位，直到1900年左右，腹带（girdle）才开始被做成一种防止穿透的实际障碍物，覆盖了下身，类似传说中的贞操带。

在最初几个世纪里，紧身褡的主要硬挺部分是“巴斯克”，它是插入前襟的一根不易弯折的、可拆卸的条状物，用木头或其他材料制成，宽度可达几英寸，长度不等。它由专门的工匠制作，呈阳具形，上面经常刻有缠绵悱恻的爱情诗句和创意图案。[41] 有的巴斯克条里面甚至藏有一柄匕首，它的性爱象征性是无须争议的。在17 世纪的法国，巴斯克条公开扮演了一种礼仪角色：当女人嗔怒时，可以风骚地将它从半掩的酥胸中抽出，用来敲打男人的指关节；[42] 睹物思人，令人渴慕的巴斯克条也时常同苦苦思念的爱人合二为一。水手在海上航行的漫长日子里，习惯于用鲸骨来雕刻巴斯克条，期盼着回到家乡时送给他的爱人。直到20 世纪初期，西西里岛民仍沿袭一种婚礼习俗，由新郎向新娘呈上一柄手工雕刻的巴斯克条来作为承诺和奉献的象征。

拉贝尔·丽萨

拉贝尔·丽萨（La Belle Lisa）是左拉的小说《巴黎之腹》（*Le Ventre de Paris*，1873）中的女主人公。她那开朗的动物天性，在她从事的屠妇职业和她屠宰的肥猪身上充分展现出来。丽萨漂亮、丰满，是司掌资产阶级乐享的美味圣餐的大祭师。她算得上是一个成功的女人，因为她通过极端隐私的、富于心计的和实用主义的自律，牢牢地掌控着自己的天性；她在金钱方面也很善于精打细算。所有这些都反映在她惯常穿的服装上。她的装束包含两个基本的“恋物癖”元素，象征着清洁和掌控：非常宽大、硬挺的白色亚麻裙（巨大的围裙、长袖口、紧衣领），紧绷的上衣，里面是紧身褡——这在小说中多处提到。

丽萨的切肉表演是展示力道和诱惑的仪式，倾慕者们常常兴奋地围观争睹。在整个过程中，她手中的强劲掌控力一直传导至身穿的紧身褡，只见她立在案前，“用结实、裸露的玉臂挥起大刀，干脆利落地猛剁三下。每剁一下，她的黑色美利奴裙子的背面就明显地往上一提，紧身褡的鲸须凸显出来，透过紧绷的上衣，清晰可见。”

这位靓丽的屠妇有一名职业对手，同时也是一个跟她争风斗艳者。她是个鱼贩子，名叫拉贝尔·诺曼底（La Belle Normande），也是个体态丰盈的美人儿，不过风格比较柔和、流畅和轻快。诺曼底不穿紧身褡，她贬斥丽萨“身穿胸甲”，被紧紧地捆绑着就像她自己卖的一根肉肠。丽萨对此作出的回应是，无论何时在菜市场里，只要能吸人眼球，她就把自己勒得更紧。在社交方面，她的确是完美无缺地全副武装起来了；虽然最终她很成功，可是我们觉得，她把自己禁锢在冰冷光滑的紧身褡中，太顽固、太洁净、太冷傲。她的自律，归根到底是为了在社会和经济上谋取个人利益，从道德角度看是有所欠缺的。

通过散见于左拉小说的束腰故事情节，读者可能会发现束腰者个性的综合模式。在《家常琐事》（*Pot-Bouille*，1882）中，有一个与《巴黎之腹》里那个过度冷傲、自律和算计的主角相对应的人物，名叫克洛蒂尔德·迪韦里耶（Clotilde Duveyrier），她是该小说中的一个次要角色。她被描述为一个“美丽、沉静、倔强的女人，全身心地担负她的（社会）责任，与世无争……她将自己的乳房和腰肢紧裹在鲸须紧身褡里；她对男主人公奥克塔夫·穆雷（Octave Mouret）的态度冷淡而友善”。正如她严格地坚持钢琴练习——为着一种社交追求而不是艺术追求，每天一起床她就开始束腰（法国的习俗是早上不穿紧身褡或顶多穿宽松式的，直到离家出门）。这标志着，同那些自我放任和拈花惹草的女人相比，她在个人和社会生活中均彻底奉行了自我约束的原则。

始于19世纪40年代，紧身褡前襟里的巴斯克条缓慢地发生了变化，逐渐变得比较细窄，与紧身褡的其他硬挺部分连接起来，不能卸掉，最终分成两片。事实证明，这种演变是方便实用的，不过巴斯克条的情色象征意义却因此被削弱了。如今尽管时过境迁，热衷者们仍然认为将巴斯克条分成两半是“不合礼节的”，他们觉得，这样做趋于否认了传统上的阳具象征意义。两片在胸前扣紧的钢条省去了每次都要先完全解开束带、再重新穿入的诸多麻烦，却削弱了18 世纪时繁复的礼仪效果。在过去的那一套令人心旌荡漾的程序中，每每有一个女仆，或最妙的是有一位情人参与，将束带从孔眼中一下又一下地穿拉而过，长时间地沉浸在怡悦心境之中。（见图5.7、图5.8）[43] 反对将巴斯克条分成两半的人们所希望保留的正是这种绝对需人协助（符合等级原则）的系束方式及礼仪场面。不过自从发明

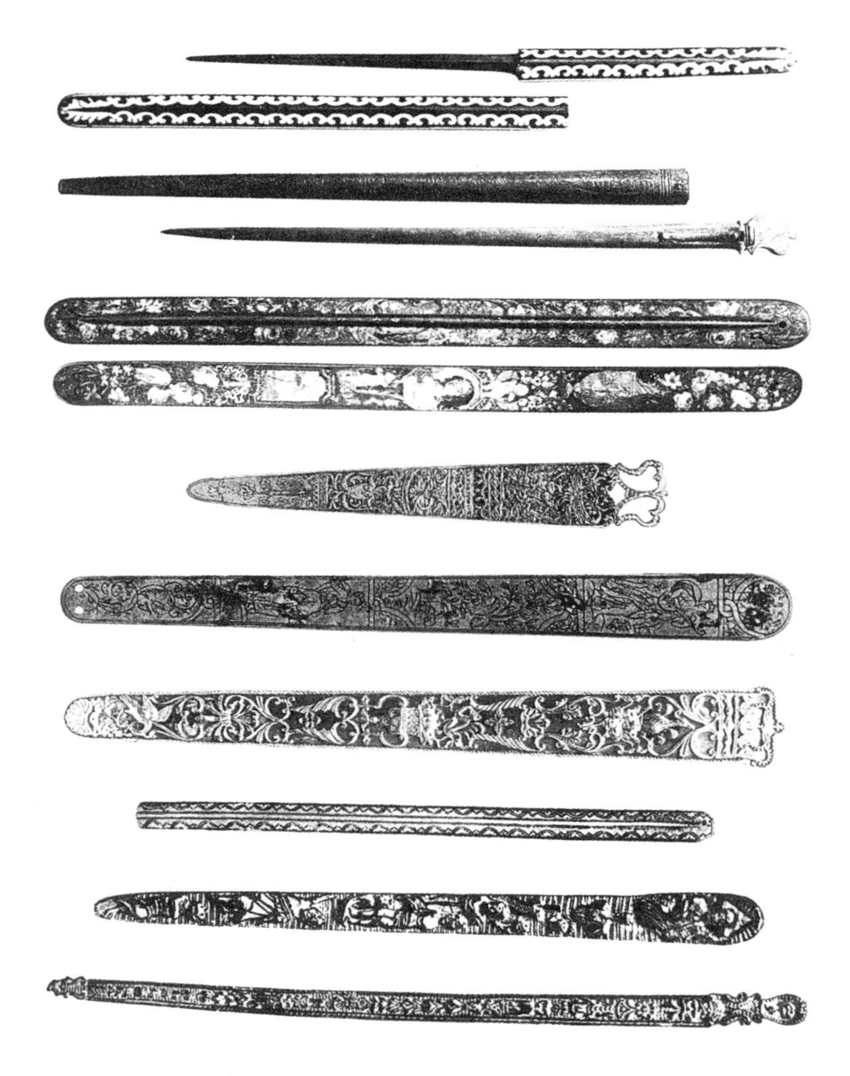

导读图 11　胸衣巴斯克条（17 ~ 18 世纪，Libron）

了在胸前系束的紧身褡后，以往花费在穿拉束带上的工夫和气力可以被用于拉紧束带，于是引发出一种新的动态；加之绷紧变硬的力量分布到了整个紧身褡上，因此它可以比过去系得更紧了。

当正常收腰变成了死命勒腰，并且在社会上陷入普遍争议时，其中一种贬义说法是，束腰需由下等男仆（包括车夫、马夫、厨子和小马倌儿[44]）从旁协助。允许下等男仆而不是爱人参与这一亲密的神圣仪式，是将它粗俗化的做法，而且不免令人心生疑窦：假如女主人允许男仆做这种接触玉体的事情，那么他也可能被允许进一步跨越雷池。19世纪80年代同时出现的法国卡通主题证实了上述猜疑，它显示淑女们恰恰是许可这种情况发生，因为男仆比她们的丈夫更强壮、更有吸引力。

紧身褡的压迫象征和复制了爱人的搂抱，并且将之恒久化。初次穿上紧身褡是性开蒙的预告。在青春焕发的年华，"当女孩子被准许穿上第一件小紧身褡时，她感受到的近乎像是进入天国般的宁静和狂喜。这件小衣服紧紧地裹着她的身体，仿佛一位小情人在拥抱着她。"另一位通俗小说家用了"偎依"这个词来描绘情窦初开的胴体对第一件紧身褡的恰当反应。新娘的紧身褡（白缎面料，带有坚实骨架）是一个"缎子恶作剧，它令新娘想起昨天跳华尔兹舞时的感觉，那温和的压迫，就像是新郎的手臂紧紧地搂抱着她"。19 世纪晚期的许多卡通也采用了这类形象的比喻："束腰女子向情人阐明穿紧身褡的理由，她说，因为紧身褡即等同于他的绕在她腰间的手臂，如果她并不享受被挤压的感觉，他将会是第一个发出抱怨的人"；女人让自己的腰围（你所见过最细的）适应未婚夫手臂的长度，她故作忸怩地对候选情人承认，她不过是借用人工方式期盼着"基督降临"；天真烂漫的爱尔兰男人觉得，一位真正的蜂腰淑女应当拥有"一种仿佛被丈夫紧搂着的身段"。[45]

操作程序——系上和解开束带

将紧身褡收紧和放松是一种礼仪，它具有古老的象征意义，以及"约束"和"放松"概念的神秘联系。民间俗话把失去童贞或生孩子叫作"解脱束缚"，解束即释放某种特殊的能量。"解开腰带"即指失去童贞。在古代和当今许多民族文化中，解开新娘的腰带始终代表一种意义重大的行为。萨克萨（Circassia）的新郎真的需要拔出匕首，割开新娘身上的树皮紧身褡；法国的新婚丈夫则满心欢喜地围着妻子打转，手忙脚乱地摸索着她身上的束带和扣结。

裹在紧身褡中的状态是一种性紧张的形式，因而令人产生性释放的欲望，这种欲望可能被有意地控制、延长、推迟，甚至拒绝。对男人来说，紧身褡代表着一件错综复杂的性事障碍物，将它灵巧地解开，给了他们上演各种性前戏的机会，以展示谈情说爱的才智。[46] 对女人来说，解开束带意味着（容许）性释放。法文中有双关语“se délasser”（放松）和“se délacer”（解开束带）。到了19 世纪末期，紧身褡不再是女人理应必备的衣着，有流传的笑话说，一个女人会向她的爱人或候选情人抱怨紧身褡搞得她很痛，以此作为邀请男人为她脱衣解带的饰词。云雨事毕，她怀着罪过感穿上衣服，匆匆离去，可能会将性放纵的原始证据——紧身褡，忘在身后或落在出租车里。

当由情人来承担系束职责时，这一过程的情色价值也会依据他的恋物癖程度而固定于某个层次。系束（之完毕）可能仅仅是表明一个男人享用了女人的性款待；但也可能意味着给女人强加了只有情人才能司掌的一条贞操带；对于真正的恋物徒来说，除了上述之外，通过延伸的视觉具象，男人（再次）拥有女人，以及女人（想象中）（再次）被拥有的欲望之火，都被重新点燃了，并且永不熄灭 。[47]

系上和松开的具体动作——穿带子和解带子、拉进、抽出，在各种不同的部位、从不同的角度、按照特定的顺序减少、关闭和留出空隙——凡此种种，在恋物徒所处的情境之中，都被处心积虑地礼仪化了。通过用束带来调节对性伙伴身体施压的部位、程度和时机，恋物徒仿佛是在模仿性爱艺术鉴赏家的工作，用类比方式来衡量自己的高超技艺。恋物徒着迷地讨论系束的技术细节，高度反映出他们对这种性表演怀有的焦虑心理。当然，公开地讨论这类问题是被禁止的。

青春期入道；结婚入道：“这是伟大的、美妙的爱情”

系上和解开紧身褡的过程，从文化上说，可能被视为不过是穿衣和脱衣的情色礼仪的一个方面。然而，恋物徒将之扩展了，他们期望穿紧身褡的整个过程或束腰的“训练项目”能够成为一种延续的入道启蒙，一个长期的道德、生理和性纪律的学习过程，由母女传承、姊妹互勉，在青少年同侪团体和学校里共同操习、相互竞争。

女人的生命旅程中有两个主要仪式，一是步入青春期，二是结婚。紧身褡在这两个仪式中均扮演了重要角色，其意义在特定情况下有所不同。

对于恋物徒来说，青春期紧身褡可能体现了进入严格的“形体训练”，即一种社交和性爱实习，而婚礼紧身褡则代表了社交和性爱的极致。婚礼完毕，它就被抛弃了，在法国的讽世者看来，将紧箍的婚礼紧身褡丢在身后，意味着结了婚的妇女在道德上可以享受更大的自由（包括通奸）[48]（见附录一《我的第一件紧身褡》）。

紧身褡和束腰扮演的礼仪角色在19 世纪遍地开花。从17 世纪到18 世纪上半叶，西方女孩开始穿紧身衣的年龄甚至早于中国女孩开始缠足的年龄。婴儿（包括男性和女性）刚学会走路，便从襁褓绑束直接过渡到穿上浆硬的上衣（bodice），其目的是协助孩子的身体生长挺拔，防止擦伤和其他事故。小男孩一旦开始活蹦乱跳或穿长裤（五岁至七岁），浆硬上衣便被去除了；女孩则一直要穿着它，并随着她的体形发育，逐步更换成曲线式的。

18 世纪后期，在城市家庭中，婴儿期的襁褓和童年期的浆硬上衣渐趋废弃不用，之后再也没有普遍复苏。因而，19 世纪时出现的成人紧身褡不代表童年期浆硬上衣习俗的延续，而是一种新的体验，一种积极的享受，或至少是有意识地忍受束缚，除非完全拒绝穿它。比起童年时代穿过浆硬上衣的人，对没穿过任何胸衣（stays）的怀春少女来说，第一件成人胸衣显然具有更大的意义。19 世纪的大量史料（包括支持和反对紧身褡的）证明当时大多数女孩可以相当自由地生长发育，直到大约十三岁（在法国要早一两年）[49]。尤其是在英国，人们觉得紧身褡基本上是一种色情装身具，将之强加给年幼者是不合适的，因而试图延长理应是纯洁无瑕的少年时代。恋物徒也沿袭了这一惯例，等到女孩十三岁至十五岁时才开始向她们介绍成人紧身褡和束腰的概念。到了十六岁左右，在“成年社交舞会”上，大多数女孩的服饰便具有了成年女性的色彩：束发、长裙、高跟鞋，再加上宣告乳腺萌生并保护它们的紧身褡。在传统的家庭中，给女孩穿紧身褡须谨慎而为，它的主要目的是保护而不是炫耀她的身体。而在恋物徒家庭中，给女孩穿紧身褡是界定她达到了性进取的年龄段，期望她到施成人礼时能够掌控自己的形体训练，并且自愿实行束腰。

年轻的恋物徒在给杂志的来信中往往有意淡化成人的榜样力量和说教影响，强调她们开始束腰训练是自发和自愿的，是为了与同伴进行友谊竞赛。自愿束腰的情况确实是存在的，我们可以从束腰者的自传、利益相悖的胸衣商和主张废除束腰者的言论，以及通俗小说中找到证据[50]。

男女恋物徒均宣称，十四岁至十六岁也是他们开始执行纪律的年龄段，其目标是改进“被忽略的”体形，使之符合水准。有些人绘声绘色地渲染自己用紧身褡来进行叛逆和反抗，或是借用它来成功地压迫他人；事实究竟如何，值得怀疑，那些有枝有叶的虐待狂故事可能是编造的。不过，很少有人声称束腰过程从始至终都是舒适和愉快的；实际上，某些人通过强调初始的抵制和不适索取到了殉难和皈依的双重荣耀。

严格坚守束腰法规的父母是维多利亚时代最乏味的一类人，他们采用了一种具性内涵的特殊手段（这种做法只会加剧恋物癖）来强制推行孝道，培育维多利亚妇女最基本的“自然”美德：顺从、忍耐、自我否定、甘愿为男人受难。不过，实施束腰的女孩们宁愿表现出积极主动的态度，而不是被动地屈从父母。

青春期服饰礼仪的最新发展是，它变成一种自我表达，同成人价值观相分离而不是整合（如20世纪60年代的女孩衣衫褴褛，男孩长发披肩），这令人对19 世纪年轻女性的束腰产生了一个疑问，它可能也不是一种抗议的形式，不一定是反抗父母之类的权威，而是抵制母性的刻板形象——通常体现在母亲身上，我们将可以论证这一点。

始于结婚的束腰入道，通常是出于丈夫的意愿。一个已经完全成长发育的女人要从零开始进行“训练”，在心理和生理上的困难是相当大的，而且这是对配偶关系的一种特殊考验。同青春期的束腰者一样，婚后入道者谈到束腰训练取得的成果时，往往强调自己作出这一决定是心甘情愿的，是受到丈夫的鼓励而不是被他强加的。束腰被视为夫妻之间一个永恒的纽带和忠诚的担保，当性兴趣由于习以为常和年龄增大而趋于淡漠时，它也是延长两人性生活的一种手段 。

“大家庭”：恋物主义的传承

自维多利亚时代晚期以来，束腰礼仪是以一种特殊的“大家庭”为单位而实施的，“大家庭”包括女仆、家庭教师、堂表亲、朋友、裁缝、胸衣商，甚至偶尔还有家庭医生加入。在所有的形体训练计划中，具同情心的女仆被认为是必不可少的参与者，书信史料显示，情妇和女仆对等地比试细腰。不同于中国的小脚仆人，西方人家中的束腰女仆被视为雇主社会地位的一个标志。有一个生动范例，一位家庭教师首先以自己的身材为示范，然后将她的恋物癖观念灌输给他人（见附录四）。某些小型寄宿学校里的束腰女孩比较集中，也模仿这种大家庭模式。为她们树立榜样的是校长和老师，有时也包括学校的女仆。

不过，有关“束腰大家庭”的文字记载不多；即使上述归纳中的证据也是零碎和模糊的，多出于幻想，尤其反映在后维多利亚时代的恋物徒书信中。随着反对束腰的声音日益喧嚣，本来就很有限的时髦认可度降低，“大家庭”的人数便开始缩减，然而这种家庭中生长出的一种特殊身份意识似乎增强了。如今，中产阶级家庭不再雇有女仆和家庭教师，孩子的数量比过去少了，他们在成长过程中相对来说没有受到父母直接施加的约束。若有任何可能组成“恋物徒大家庭”，则必须从朋友圈里寻找志同道合者。即使是这些人，在个人广告栏和性异类团体里也是不易被发现的，一旦找到了线索，他们又往往居住在偏远之处。

此外，正如我们已经看到的，精神病的观念已经让恋物徒深切地感觉到，不管是否接受精神分析，他们的行为都是越轨的，并且教会了他们隐藏自己的身份和性变态情状。一对恋物徒经常会发现自己处于一种奇怪的与世隔绝的空间，其心理行为可能出现自我强迫症状。约翰·奥斯本（John Osborne）在剧作《匿名寄信人》（*Under Plain Cover*，1962）中温婉地揭示了他们的这种窘境。

父母不再有意识地将恋物主义传授给孩子，否则可能被视为虐待儿童。当我问及恋物癖产生的根源时，恋物徒们很少能够追溯到自己的童年时代（我在此强调这一点，以便谨慎地反对将弗洛伊德的“婴儿铭记理论”刚性地用于恋物主义）[51]。20世纪，有一个恋物癖在同一个家庭里世代传承的例子，我将它收在本书附录四中了［范德马斯教授（Vandermass）］；这在当时已是极不寻常的现象，不过或许可为人们提供一个早期“大家庭”形式的模板。另一个例子表明母亲的榜样力量和教育方式冲破社会的阻挠，影响女儿的一生。一个出生于1905年的人告诉我，她的母亲不顾当时的时尚（“无腰的20世纪20年代”），多年来一直坚持对她实行束腰教育，结果非常成功。她直到开始交男朋友时才发现，每当她道出自己的这个秘密，男孩子就会跟她分手。最后，她终于找到了一位知音（现任丈夫），事实上，他被她的这个“古怪”习惯吸引了，并鼓励她继续坚持下去，她为此感到极大欣慰。束腰这件事渐渐成为他们两人之间的主要感情纽带。

恋物癖伴侣、女性恋物主义、互动、压力、快乐和痛苦

基于对男性自体性欲的研究，弗洛伊德得出结论，恋物癖基本上是一种心理自慰的形式，它一般来说导向同性恋[52]。这一观点不仅狭隘至极，而且是错误的。束腰行为，如同各种形式的恋物癖，肯定存在一种自体性欲和同性恋的做法，但是有充分的证据表明，在恋物主义的范畴内，它是一种规范的异性行为，即异性伴侣之间情感和性交流的一种手段。

“二战”后的性学研究［以金赛（Kinsey）等人为代表］一直认为女性恋物癖几乎不存在，这也是不正确的。（男）性学给整个女性的性问题蒙上阴影并压缩了其表现范围，沿袭了维多利亚时代的观点，即女人的性要求是天然被动的，或不存在的，当它显现出自身存在时，便是“异常的”并具破坏性的。现代女性具有积极主动的而不是消极被动的恋物主义精神，[53] 我认识的一对恋物徒证实了这一点，其中女方往往发挥活跃的、有时是主导的作用，甚至成功地扭转了丈夫初始的反对态度。当今的研究显示，女人的性反应比人们所认识到的更强烈、更广泛，也更微妙。与理所当然的料想不同，维多利亚时代的妇女在整体上（性生活及其他方面）可能并不是完全被动的。这应当有助于消除关于维多利亚时代恋物徒书信的疑问，它们确实代表了女性的真实体验，而不是男性抒发的幻想。[54]

异性恋的恋物主义是一件辩证的私密韵事，它可以超越性别角色，在伴侣之间造成一种特殊的平等关系。在最坏的情况下，这种恋物癖能够彻底摧毁和结束性关系；而在最佳状态下，它可以加深相互理解并巩固感情纽带。恋物徒伴侣的关系将压抑的性爱情感礼仪式地，甚至公开化地表现出来。发起或纵容恋物癖的男人不一定把自己视为单方面的强加者，而是往往对它可能会带来的困难承担责任，并以格外的关注之情来补偿女方。有时候，补偿和分享的愿望促使他本人也开始实行束腰。在我接触的那些

男性恋物徒中很多都亲自尝试过，尽管异装癖和男性受虐狂是相当严格的社会禁忌。据我所知，有几个做丈夫的也像妻子那样永久地穿紧身褡——即使没有那么严格，并且受到妻子的鼓励。恋物徒伴侣之间的另一种行为是性别角色互换，平等地分享性体验。由恋物癖生发的伴侣关系的紧密程度，等同于它所唤起的心理—生理感觉，以及对抗性罪恶感的难度。类似其他较公开的性虐狂做法，如果适当共享束腰礼仪，便可以公开地对抗、恶搞，且有时逆转男人“性征服”的传统。如同性虐狂的通常情境，束腰趋于将性别角色两极化，男人借此袒露对自身真正（社会）弱点的罪恶感，女人则表达对权力的恐惧。

雷克（Reik）发现了一个自发形成的女性恋物癖（具体说是束腰）。针对精神分析学中的这一罕见案例，他评论说，纯粹受虐狂在妇女中很少见，因为“男性具有强烈的（自我）折磨欲望；女性则更倾向于忍耐”[55]。1872年，一家通俗杂志的文章明确指出，束腰所需要的“耐力”是女人的一系列（而不是最高的）“美德”之一。[56] 耐力正是体形塑造所要求的一种品质，因为束腰者的最终目的是扩展性爱体验。不同于“纯粹的”性虐狂，以束腰为“生活方式”的人不大看重享受片刻的狂喜，而是更珍视一种延续的、恰可承受的张力，并且努力适应它，直到这种张力随着时间的推移逐渐消失。恋物徒的礼仪可以延伸到日常生活的各个方面，将家庭内部和社交场合中存在的普通体验情色化。后者为特殊的自恋（narcissistic）和窥阴（voyeuristic）本能提供了放纵的机会。其他大多数的性虐狂则不能获得这类机会，因为他们的行为是不可以公开曝光的。

导读图 12　卡通（Bernard Kliban, *Playboy*, 1966 年 5 月）

我没有发现有关恋物癖引起疼痛快感的生理学研究资料。关于紧身褡带来满足感的生理学基础的推断往往是天马行空的，基于清教徒的偏见，且将之与自慰挂钩。[57] 我就这个问题询问过一名医生，他是一位同性恋活动家，而且本身就是一名束腰瘾君子，他没有提供任何解释。对他来说，从中获得享受就是一切。

一家时尚杂志大肆推销“二战”后重新登场的腰带：“如今，每个聪明的小腰都晓得什么是拽拉和搂抱的安全感。”[58] 然而，究竟多大力量的拽拉和搂抱可以带来安全感，而非不适感呢？这无法通过视觉或其他规则来判断，只能凭个人感觉。从“合体”到“过紧”之间的差别可以说是十分细微的。

传统紧身褡或腰带提供的是一种简单支撑感，而束腰恋物癖达到的境界是“降服”，即由紧身褡来“接管”人的身体或意志。束腰者一旦穿惯了紧身褡，肌肉便停止抵抗，任凭紧身褡发挥作用。据这类体验，紧身褡取代了肌肉；但也有其他体验认为，紧身褡传输了肌肉的运动，它的骨架本身仿佛是一个生理导体，局部的压力（如伴侣的手指施加的压力）可以立即传导到邻近部位。臀部的任何运动可即刻传导到乳房；反之亦然。与此同时，倘若压缩腰部导致麻木，传输感（如一个信息提供者所说）便如同能源或痛苦迸发出来，超越了止点。在极端情形下，可以产生神秘莫测、令人欣悦的巨大压力，非常真切地感到身体断为两截。“浮动”是束腰恋物癖的，也是时尚紧身褡广告的一个关键概念。不过在恋物癖中的实际体验肯定是更强烈的。“当我的身体走向死亡，我的脑子里便生发出奇妙的事情来”，此话出自一个曾用迷幻药的年轻女人之口，这同神秘体验中的普通感受相似：“我的身体仿佛飞离了我。”一种彻底无助的状态，自相矛盾地唤起了完全自由的感觉；麻木，导致产生身体向空间延伸的意识，这些都是束腰恋物癖及某些迷恋绑束的人所描述的生理和心理体验。

剧烈的压力也会引起同麻木完全相反的效果，即导致炙热感。骤然和局部的腰部收缩会令人感到“像系了一条烧红的灼热钢带”（历史文献及当代人的自述也有其他类似的比喻）。压缩或密封的一个明显的主要生理反应是产生热量，正如人所共知，穿着紧领衣服在大热天步行或追赶公交车，会是多么遭罪。在 8 月的纽约，典型的潮湿闷热的中午，箍着高领的男士能轻松自在地跟女人调情吗？简直无法想象。性行为还会导致体温明显上升（尤其是在胸部和颈部），因而穿紧身褡者乐享的“安全和支撑感”很可能具有某种性生理的基础；压迫腹部或许也有促使血压升高、加大心

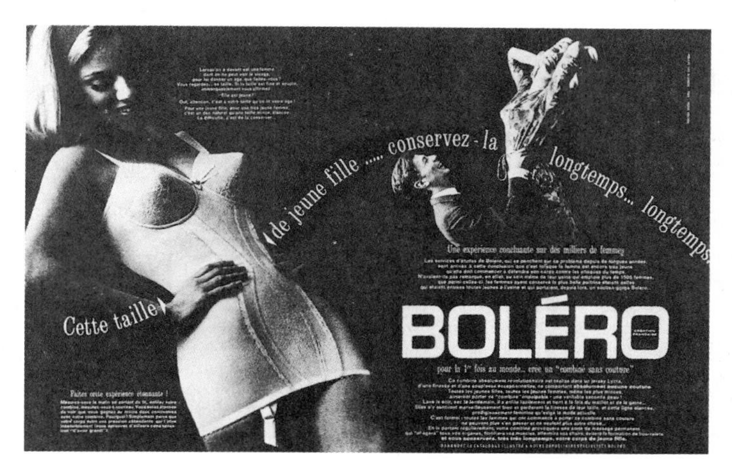

导读图 13　Boléro girdles 的广告（1965）

脏供血量的效果。[59]

在经受了极端压束之后，脱掉紧身褡本身也会给人带来一种享受，包括即刻的放松感，可能持续一段时间的发麻和刺痛感，以及一种净化的心境。束腰者试图精确地测量出疼痛的临界点。她们不断寻求并突破差异甚微的痛点，直到疼痛的程度大到不再伴有任何欣悦的意识。她们探讨毫厘之间的感受差别。一点点逐步勒紧引起的变化之强烈，而且并不总是合乎逻辑，这令她们惊叹着迷。束腰可以迅速导致心理和身体两方面的依赖性。一名年轻女子描述说，她试图寻求比紧身褡所能勒的还要紧的感觉，想要“痛得要命”“跟我的身体完全分离”。

一旦超过了疼痛临界点，便是纯粹的痛苦体验了。与性虐狂相反，这不是恋物徒寻求的一种处境。不同人的身体会出现不同的严重症状：疼痛、恶心、头晕、昏厥，甚至产生幻觉。如果说昏厥是某些恋物徒所珍视的状态，那么它更多的是作为幻想和神秘体验的一个重要因素，而不是作为一种现实。（“唉，要是能昏过去就好了。我现在只觉得恶心。”）这种幻想把昏厥时刻当作两种相对立的感觉之和解：安详地入睡和狂烈性欲的绝灭。“在系束带的过程中，房间的墙壁好像缓慢地合拢在我的身上，压紧、压紧、再压紧。突然，一股美味的温流从我的胃里涌将上来，渐渐地漫过全身。我不能顺畅地呼吸，渴望更多的氧气。我感到更加平静。猛然间，又有一股热浪向我冲来，我默念着：‘我要做的全部就是坦然接受，让它来吧！’然后，仿佛有一道丝绒窗帘遮蔽了我的意识……我要学会束腰，即使它会要了我的命。不过当然啦，它是不会真的把我勒死的。”[60]灭绝及切断身体生命线的方式是束腰者们探讨的一个话题。譬如利奥波德·冯·萨谢尔–马索克（Leopold Von Sacher-Masoch）和他的情妇曾经讨论过自我斩首：“这是我们双方同意的事，没有什么比这个想法更一致的了，如果不是考虑到事后的不良影响，我们早就付诸实施了。”一条时尚广告提供了与此相当的致命幻想：“你的腰上系着一条腰带，亦是一根磨刀带……它玩弄着巧妙的把戏，先将你分割，像一个被锯成两段的淑女，接着又草率地把你拼凑在一起。”[61]

在束腰的心理因素中，死亡的幻想可能不很典型，但也不能排除。在现实中是否存在束腰者与死亡调情，是值得怀疑的。捆绑、“悬挂”及“全封闭”等做法均存在突发意外事故的风险，可能导致不可逆转的呼吸中止（尤其是颈部绑束），然而即便是最严苛的勒腰，发生上述情况的可能性也不大。但并不是完全没有，在过去，如媒体津津乐道的，有些妇女确实“死于束腰”，其原因是穿紧身褡加剧了身体已有的某种致命病患，以前并不自知。可是媒体大多喜欢添油加醋，采用“死于束腰”之类的新闻大标题，显然比“死于胃脓肿”等更富戏剧性。而且，这也表明，所有的医生或验尸官都倾向于将这种耸人听闻的判决公开，向世人揭示女人的愚昧无知。

“通过束腰自杀”是维多利亚时代媒体酷爱的一个话题。妇女们追求极端生理感受和神秘体验的念头不为当时的社会所容，因而被归结为精神错乱。通往任何形式的神秘体验的途径，诸如当代越来越多的男女青年所探寻的，在很大程度上对维多利亚时代的妇女都是关闭的。极端的束腰是她们打破情感禁区的一种方式。

四、束腰与妇女解放

女权主义

时尚和社会史作家都将紧身褡单独挑拣出来，作为维多利亚时代父权专制的象征，他们认为，广泛流行的束腰服饰是妇女遭受性奴役的最可靠指征。妇女杂志和媒体普遍继续渲染那种古代“刑具”的恐怖性，其目的是为了更好地兜售现代时装的美妙“自由”，包括面料、剪裁和多种式样选择等。人们喋喋不休地大谈这种“自由”并不是没有任何政治意图的，消费者选择的“自由”可以被用来替代政治上的真正自由。

如此众多的时尚杂志大力传播自由，形成了一股反对陈腐奇葩的现代思潮。这样做的商业目的十分明显，意识形态的动机则可能不强。那些把旧时代的压迫性时尚恶魔挖掘出来、加以鞭尸的人们，自诩与改革派的立场一致；后者的动机远非出于崇尚自由、男女平等或进步的同情心。

最强烈反对紧身褡的人，正如我们将看到的，从卢梭（Jean-Jacues Rousseau）、拿破仑（Napoleon）到雷诺阿（Renoir），往往都是轻视妇女的专制男性，他们的女性观是肯定“自然女人”，即献身于家庭和孩子的女人。最激烈的（男性）批评者中有不少公开标榜他们的厌女心态。同时，19 世纪的一些突出的女权主义者——她们一般来说对时尚持批评态度，尤其反对妇女依赖紧身褡，认为它是妇女解放的障碍。正如苏珊·安东尼（Susan Anthony）所说：“我觉得，穿当下这种服装的妇女不可能在任何行业中争取到与男人同工同酬。”[62] 在19 世纪中叶的美国，运动初期的一些女权主义者选择穿布卢默（Bloomer）式的服装，后来的许多人喜好服装改革，穿各种新式服装，并鼓励其他人也这样做。但重要的是，据我所知，没有一位主要的女权主义者像医生们（主要是男性）那样，持续地专门抨击紧身褡和束腰，或是把服装改革问题看得十分重要。尽管这个问题经常被提出来，却总是轻易地任其淡化了；女权运动日益关注的是更为重要的社会、经济和政治问题。在第一次世界大战之前，好斗的女权主义者通常穿霍布裙，看上去并不显得奇怪。对激进的服装改革，她们有一个理由充分的顾忌，即除了太容易成为被嘲笑的靶子之外，[63] 还分散了人们对更重要问题的注意力，并且使得听众在妇女权利大会上留意发言者的穿着，而不是聆听演讲的内容。当这一运动在19 世纪逐渐进入成熟期时，很少有女权主义者同意某位德国作家的下述观点：服装是“女性进步的最高和最重要的标记……frauenfrage（妇女问题）（实际上）即是korsettfrange（紧身褡问题）。”[64] 1885年，服装改革家和历史学家玛丽·

蒂洛森（Mary Tilloson）力图通过倡导英语拼写习惯“合理化”来提高人们的书面理解能力，同时也通过时尚服装“合理化”来推动妇女解放，这两种努力似乎都不可避免地遭到失败。

为了解女权运动中人们态度的显著差异，我们可将一位同情女权运动的绅士和一位著名的女权主义者做一比较。1855年，杰瑞特·史密斯（Gerrit Smith）在写给他的表妹伊丽莎白·坎迪·斯坦顿（Elizabeth Cady Stanton）的信中批评说，“倡导妇女权益的女性”穿的这种服装令她们显得既无能又软弱。[65] 他感到惊讶，西方女性服饰同妇女受压迫的关系不如中国的缠足那么明显，后者标志着中国妇女的退化。可是，表妹斯坦顿尽管并不希望去捍卫“严重危害”妇女的服装，却明显地避免涉及有关紧身褡的话题，含蓄地维护当下的时尚，理由是它体现了个人选择和易于变化的风格。接着，她将关注点转向那些艰难的改革目标，譬如需要通过革命的手段来改造社会体制。她说，姑且看看黑人的服饰吧，那真是很宽松、自由的，但他们依然是彻头彻尾的奴隶。

斯坦顿更进一步捍卫说，服饰在一定程度上具有的不实用性，尤其是如果体现在劳动妇女的身上，可以有助于劳动阶层的男人保留对女人献殷勤的古老遗风。最后，她基于敏锐的悖论意识，祈求人们不要将妇女服饰看作一种对自由的索求，而应作为一种抑制，一种约束和减轻劳动强度的方式。不应让妇女从事苦力或增加她们的劳动强度，反而应该“给她们的每条裙子再增加至少六尺布”。换句话说，这位著名的女权斗士援用等级原则，代表下层妇女发出呼吁；而低层的束腰者们则是出于本能，力图佩戴上有闲淑女的徽章。

束腰和奴役妇女的相关性在最基本的历史层次上被打破了：法国大革命期间和第一次世界大战后，紧身褡被完全抛弃，却并没有出现明显的女性解放迹象，而是恰恰相反。女权运动真正启动并取得辉煌成果的时期是19世纪70年代和80年代，其间束腰风习达到鼎盛。而且，19 世纪的最后二三十年里，在维多利亚时代早中期的压迫达到顶点之后，性观念和总体的社会改革进入一个相当自由化的阶段，这也反映在文化习俗和文学艺术领域，男女共同参加的体育运动增多，生育控制手段的使用等。此时，性公开直白（甚至也不排除色情）的增加促进了而不是阻碍了妇女解放。妇女作为性对象的认知及自我认知（在当代商业广告中展现得堕落无比）体现了一种必要的、开拓的，甚至勇敢的努力，力图把握人类天性中本能的和鲜活的成分，这在过去的年代里是被抑制的。追求19 世纪晚期的“性革命”（彼时这个术语的含义跟当代的大不相同）角色，作为男人和女人社会解放的一部分，将会使我们走得太远；不过，它确实提供了一个语境，可从中探究人们通过束腰、高跟鞋等手段追求着装性感化的问题。我的论点是，到目前为止，这种性感化有助于打破对妇女的压迫性刻板印象，即视她们为被动的、基本上无性的生物，完全围着锅台和孩子转的妇道人家。这种性感化应当被视为一种进步。

19世纪60年代末在英国，约翰·斯图亚特·密尔（John Stuart Mill）和约瑟芬·巴特勒（Josephine Butler）首次公布了伟大的女权主义文学宣言。一家通俗的妇女杂志也发表了第一篇恋物主义的文学“宣言”。保守的男性对这两者都提出谴责，同时刊登在同一杂志上。束腰风习和斯温伯恩（Swinburne）代表的“肉体诗派”是一对孪生恶魔。“恋物主义”比较活跃的19世纪70年代也是对妇女开放高等教育的时期。人们指控所谓解放了的“时代女郎”（Girl of the Period）参与女权运动，而且着装怪异，比如把腰围勒成18英寸。穿紧勒的紧身褡、参加体育运动和读书这三件事被视为同样不讲卫生的行为。（总有一天）“年轻妻子的自虐行为——过度学习知识、过度重视体育或束腰，都将被定为犯罪”[66]。人工塑造的形体和人工培育的心智都将导致女人神经衰弱。据哈佛大学的克拉克（Clarke）医生说，教育及男女合校教育甚至可能毁坏生殖能力。

那些通过言论和行动公开宣告用束腰来取悦男人的妇女，主要是坚持对男人和自身性欲的权利，而并非认可对男人的屈从。因而，她们招致了各种各样的谴责：幼稚、野蛮、性堕落、自淫、吸毒成瘾、不信神，还有，最常听到的责骂是，蔑视神圣的母亲职责。

剩女问题，生育危机

某些重要的人口和经济因素是妇女解放运动产生的基础。始于19 世纪中期，统计数字显示的单身女性过剩问题令维多利亚时代的人们忧虑益增。[67] 1875年，人们用剩女现象来解释当时登峰造极的（恋物主义）华丽时尚：

导读图 14　杜米埃：“（预算）很难看上去苗条”（*Charivari*,6 April 1869， Delteil 3702）

“如今服饰极其奢华的缘由是，数以百万计的剩女在寻找可嫁的男人，她们格外需要吸引男人的眼球。”[68]

我在本书第八章中列举了一些统计数据，它反映出“维多利亚中期的伟大繁荣”之后的人口危机走到尽头，由于财政困难（参见“导读”图14和图15），男人变得更不愿意结婚；由于自发控制生育、杀婴和堕胎等，家庭成员的数量不断减少。[69]保守的《星期六评论》（*Saturday Review*，它也是一个反对束腰的喉舌）曾经哀叹“社会时尚抛弃了为母之道”，八年后的1868年，它指责妇女因惧怕怀孕而拒绝顺从丈夫的性要求。恋物主义的旗舰《英国妇女家庭生活》（*Englishwoman's Domestic Magazine*，*EDM*）竟然在1877年刊登一篇文章，题为《我们生的孩子太多吗？》。同一年，在耸人听闻的对查尔斯·布拉德洛（Charles Bradlaugh）和安妮·贝赞特（Annie Besant）的起诉之后，控制生育问题引起了广泛的社会关注。

随着家庭规模的缩小，“随着女人不再是玩偶或上等仆人，在历史上第一次，”用约翰·斯图尔特·密尔的话说，女人和男人彼此变成了

"真正的伴侣"。[70] 生养孩子不再是"时髦"的事，1899年有一幅漫画甚至这样说，一位新女性警告她的丈夫，如果他想要孩子，最好去找一个情妇。[71]

导读图 15 "针线街的一位老淑女在束腰"
（*Punch*，v. 13, 1847, p. 115）

当代一位著名的服装历史学家将妇女控制生育的欲望同这一时期奢华内衣的增长及其恋物癖联系了起来。[72] 这一关联的确值得探讨。一家法国杂志在1888年隐晦地暗示，"控制生育"是性变态和性萎靡的结果，二者都同喜好新潮的黑色紧身褡有关，已在全国范围内导致人口减少。[73] 这是法国的一大心病，因为他们在普法战争中失败后面对着一个统一的、人口众多的德国。

19世纪70年代，紧随"大圆环衬裙"（crinoline）风行之后出现的"胸甲式"紧身褡紧裹臀部，穿上它就等于公然否认自己怀孕。到了19世纪80年代，正如我们所看到的那样，这种着装便"过时了"。从当时的通俗画报可以看出，女装的后腰垫（bustle）突出强调翘臀，这可能反映了肛交增多的现象，假如能够被证实；它至少说明一点，将"母性"的丰满集中展现在硬衬裙的后部，以强化前面的扁平腹部，这体现了另一种"反母性"效应。

因而，束腰达到鼎盛期，尤其是胸甲式紧身褡的流行，可被诠释为妇女的一种下意识（也许是有意识的）抗议，抗议将一生全部奉献于生养孩子，抗议性生活仅限于生殖繁衍的目的。[74] 寻猎丈夫的竞争加剧，提高了妇女的性意识，使得她们不再愿意沿袭被动的传统妇道，此时的社会经济条件也已经削弱了这种传统角色。束腰者的家庭规模似乎很小（只有两到三个孩子），也许妇女们是服用了避孕药，但她们却被指控为通过束腰来堕胎。左拉在晚年下定义说，束腰者是自负、轻浮和性堕落的女人，她们希望逃避生育孩子的基本社会责任。不过，同样是他，早些时候曾经抱着同情心说，下层阶级的未婚女孩用紧身褡来掩盖怀孕的真相，自愿或不自愿地导致了流产或死胎。小说《飘》(*Gone with the Wind*) 中的女主人公斯嘉丽·奥哈拉 (Scarlett O'Hara) 身姿绰约，心高气傲，当她发现怀孕增大了自己的腰围时，便拒绝再生更多的孩子。斯嘉丽很可能是造物主的真实文化偏好印记的一个化身。最能说明一切的是奥匈帝国皇后伊丽莎白 (Elisabeth) 的例子（见附录四)。

总而言之，维多利亚时代晚期的年轻女子通过束腰来反对社会为她们安排的刻板角色，她们渴望吸引共享性爱和作为伴侣的男人，对她们来说，这比建立家庭和为人之母更为重要。

“受压制的少数派”

束腰从来没有被富裕阶层普遍接受，从而成为主流社会的“时尚”；束腰者是一个少数群体，往往出身于社会的中下层。自19 世纪中叶，紧身褡开始大规模生产，价格日益低廉。19 世纪后期，商业广告专门宣传大规模生产的廉价紧身褡适合于束腰。工人、仆人、店员、妓女和下层中产阶级妇女实行束腰的实例一般是有据可查的，特别是接近该世纪末时。改革者或许指责这是“粗俗的徽章”,“地位普通的妇女可被一眼认出，她们都穿着腰身紧勒、臀部堆砌的长裙……低俗不堪，毫无品位”。这些人可能主要集中于中产阶级的下层，以及一些尚没有沾上恋物癖好，也可算是“体面”的中层，诸如《英国妇女家庭生活》杂志里着迷恋物主义的读者，尽管我们偶尔也发现有人（未指名地）抱怨所谓的“时尚领头羊”——包括一些“社会名媛”，亦即高级妓女们，树立了坏榜样。[75]

束腰者，无论她所处的阶层或入道动机如何，无论她是出于利益考量还是本能的自我炫耀，无论她是否被一种有意识或下意识的反抗精神所激励，都面对着一个普遍公开敌对的社会。束腰者不可能长期坚持这一实践，而不被泼上一身道德污水。在19世纪八九十年代尤其如此，改革者变得越来越喧嚣刺耳，恋物徒则越来越明目张胆，二者的分界线愈益鲜明。在团结起来抗击共同敌人的斗争中，束腰群体中发展出了一种受压迫少数的身份认同和特殊心理。

反对束腰的指控是非常严厉的。对于任何女孩或年轻妇女来说，不管她在男性崇拜中得到了什么补偿，只要被正式戴上堕落罪人的帽子，被看成一个潜在的杀婴犯或蓄意阻止传宗接代的人，都不是很容易应对的。因而毫不奇怪，束腰者很少公开承认她们的这种做法，尽管会在私下里或对同情她们的杂志读者默认。相反，她们会声称自己的苗条身材是遗传的、自然的，同穿“宽松的”紧身褡毫无关系等。她们需要承担举证责任，证明束腰无损健康，并且通过从事体育运动和采取积极的生活方式，在总体上保持健康的外观。

体育与健康

维多利亚时代的中产阶级意识到，久坐不动和自我放纵的生活方式抵消了医学科学的发展给人类健康带来的进步。因此，他们十分看重体育运动的保健作用。体育运动曾经是为男人设计的，但是女人们不断冲破阻力，逐步取得了参加各种体育项目的权利。19 世纪中叶她们开始步行和骑马，60年代参加了滑冰和槌球，70年代涉足射箭和网球，80年代进入划船和体操领域，到了19世纪末，她们开始骑自行车和打高尔夫球。女人在运用自己身体方面逐渐变得越来越自由。

每项体育运动都对时尚产生了影响。越野远足和槌球的时兴同大圆环衬裙的出现相得益彰，新式裙子将女人的双腿从贴身的蓬松衬裙（petticoats）中解放出来；网球运动促使裙子变短，减少了宽度；练体操便于（在体育馆里）穿马裤；随着自行车运动的出现，马裤差不多成了公共场合可接受的着装。

女性被接纳进入每一个新的体育项目，都是她们性解放的一个里程碑。但是，正如上面提到的，尽管服装有了这种明显的“进步”，她们却并未获得简单、直线和前进的“解放”，从而摆脱时尚对身体的束缚。每一步“前进”都是模糊不清的，而且包含着一个倒退性元素。大圆环衬裙带来的“自由”伴随着夸张繁复的宽大外裙，随后短至膝盖的特窄裙似乎又大大地抵消了高裙摆的优势。为什么妇女们的解放程度已经达到足以积极地参加体育运动，她们却没有采纳“解放式”的改革服装呢？为什么束腰的全盛期恰恰出现在19世纪七八十年代？当时的妇女确立了自己在体育运动中的地位，而束腰似乎是妨碍运动的。

这或许有一个答案：为保留“非简便实用”的传统。在运动场上的确需要穿适宜特定运动的服装，可是，一旦某项运动升格为男女之间的社交活动（网球尤其如此），便理所当然地变成又一个争奇斗艳、展示性感的机会。束腰者塑造体形恰是为了这种目的，她们发现参加体育运动是一个很好的炫耀健美身姿的方式。

有一个很大的悖论，即很多束腰者参加超常的体育锻炼，具有优异体能，而且健康状况极佳。这为时尚编年史、漫画和恋物徒书信所确认。在一些强调束腰训练的寄宿学校里，常常将大运动量的活动作为课程设置的一项基本内容，学生们长时间露天行走，其结果是显著地减少了患病率。当然，对于给自身的心血管系统增加了巨大压力（为维持血液循环、减轻心肺压力等）的人来说，积极参加有规律的运动是符合生理学基本要求的。总之，改革者将紧身褡同体弱多病挂钩，认为它是对妇女和文明的一种糟践，束腰者的书信则表明这种说法不符合事实。

束腰者及其代言人声称，束腰瘾的另一个好处是抑制了暴饮暴食。这一点在过去是很重要的，现在依然如此。男人们称赞说，严格自束是对肥胖症和慢性消化不良的有效疗法。女束腰者的少而精饮食法所起到的“压倒性的”清洁作用，也受到人们的重视。

另一个出乎意料的束腰副产品是总体上减少衣着的倾向。现代观念认为这是明显进步和理智的做法。维多利亚时代的妇女穿着层层叠叠的内衣，据当代研究估计，平均厚度是今天的14～16倍，或者说是徒增了两三英寸的腰围。她们在冬季外出时穿的衣服平均重达37磅。[76]

迫切地期望减小可能对“神圣圆周”造成的任何威胁，束腰者具有充分的动力来全面地减轻和减少着装，年轻女子的衣衫单薄到了令人咋舌的程度，通常仅穿纯丝内衣、紧身褡和外裙，舍去了其他一切衣服，这种做法既损害了她们的健康，也玷污了她们的品行。

恋物徒用穿得少来达到露得多的目的，这是又一个意想不到的矛盾，它或许具有进步意义，其他很多被恋物，如凉鞋，也反映出这一特点。

作为政治象征的紧身褡

紧身褡史上的一个最为脍炙人口、经久流传的故事是关于凯瑟琳·德美第奇（Catherine de' Medici）的传奇。作为16 世纪法国的王后和太后，她专横地强迫身边的不幸女子穿特别严酷的紧身褡（据英国人记载，她要求她们达到“标准”的13英寸腰围）。本书将传说的原文和增补部分收入了附录三。这些文字缺乏历史依据，但适用于此处的命题，因为它将传统的观点——紧身褡是社会压迫的一种手段、束腰是妇女受奴役的一种表现，提高到了历史（或伪历史）和政治的层面。

创造凯瑟琳扭曲形象的正是法国的自由浪漫主义历史学家。他们将她演绎为奢华的暴君和束腰推行者。这个娓娓动听的传说，将代表社会和生理压迫的束腰同暴君式的政治领袖人物合二为一了。文学作品用束带来比喻形形色色的压迫势力，包括政治的、经济的、行政的、宗教的和地域的等等（参见“导读”图14和图15）[77]，更促成了这种奇异的融合。据称凯瑟琳主宰着自己的儿子——国王亨利三世（Henri Ⅲ），他的异装癖倾向进一步暴露了凯瑟琳政权的专制和腐败。据伯纳德·帕利西（Bernard de Palissy）考证，娘娘腔的亨利三世确实佩戴巴斯克，而且最喜欢穿一种叫作“米格南斯”（mignons）的小裙子。他的这种颓废习气，同后继者亨利四世（Henri Ⅳ）的阳刚品位和贤明统治形成鲜明对比。据杰出的艺术与社会历史学家亨利·包乔特（Henri Bouchot）考证，法国在拉伯雷（Rabelais）和弗朗索瓦一世（Francois I）时期的风尚是雄健勇武的，但自弗朗索瓦一世的短暂继任者亨利二世去世后，在他的妻子凯瑟琳对儿子的操纵之下，这一种族的政治与道德水准开始下滑，野蛮的紧身褡风习更加速了它的堕落。[78]

围绕旧时代政治和服装文化的辩论，在自由主义文化史研究中十分常见，显然都被当时愤世嫉俗的作家们渲染了，他们认为政治制度和时尚是同等腐败的。与此同时，紧身褡的代表性变得更广泛、更受欢迎，或至少扮演了一种混合的政治角色，一是作为女性的尚武象征，反抗教权的压迫；二是体现她们在性战中的好斗精神。[79] 时尚中出现的胸甲风格唤起了对中世纪的某些联想——英雄主义的时代，厚重的甲胄和圣女贞德（Jeanne d'Arc）[80]。胸甲式紧身褡成为爱国主义、军国主义甚至殉道精神的扩展和一种奇异的结合，这集中体现在圣女贞德的身上。她当时是一个非常受欢迎的人物，被尊奉为圣徒，法国各地矗起了多座身穿胸甲紧身褡的贞德雕像。众所周知，她的爱国奉献跟身穿胸甲有密切关系，所以人们有时幽默地（至少有一次是很严肃地）称她为所谓真正的法国“紧身褡—胸甲”的发明者。迄今发现的据称是中世纪遗物的铁胸衣（iron stays），对此观点提供了证据支持。[81] 首屈一指的法国胸衣制造商普拉门特（Plument）曾利用身穿胸甲式紧身褡的圣女贞德形象大做广告。贞德的英国敌人的后裔们诽谤说，她不是一个为了拯救法国而殉难的女英雄，而是专制时尚的牺牲品、束腰的受害者。[82]

胸甲风格，如同圣女贞德的复兴，是1877年法国大败于普鲁士后接踵而来的一种时尚。当时法国的漫画描绘男人和女人都怀着复仇精神穿上胸甲，或者是女人穿上了骑兵们脱下来的胸甲。在德国，整个服装改革运动染上了鲜明的民族主义色彩，人们通常认为，改革式服饰是以16 世纪早期的德国民族服装为模本的。德国的改革者们指责法国的时尚暴君发明了紧身褡并将它强加于其他国家，因而号召德国的爱国者奋起，如同挣脱“Korse”（科西嘉——指拿破仑）的政治枷锁一样，冲破“korsett”（紧身褡）象征的文化桎梏。[83] 他们还将束腰恋物癖认定为（主要）是英国人的一种变态[84]。这一观点并非不着边际，我发现，在任何其他语言中都没有相当于英语的“束腰”这个词。[85]

紧身褡经常被视为政治压迫的象征，事实上，有些政府通过法令解脱了这一桎梏。东欧国家认定紧身褡是一种政治压迫并且阻碍社会进步，宣布它为非法。在俄罗斯、保加利亚和罗马尼亚这些最没有妇女权利的国家里，女孩和学生穿紧身褡是被禁止的。在普鲁士，施潘道（Spandau）的工厂禁止女工穿紧身褡，据说这会导致她们犯困和偷懒。这类禁令的动机几乎都不是着眼于解放妇女，而是出于传统观念视紧身褡为个性化、性感化的元素，同妇女的社会服从地位不能相容。尤其是对于劳动妇女来说，经济生产要依靠她们，穿紧身褡却妨碍她们专心工作。在德国，劳动阶级女孩的束腰风习甚至被当作男女同工不同酬的理由：身体能力相对不济的人，工作效率必定是较低的。[86]

紧身褡代表了一种典型的女性武器，且具有典型的“女性同破坏性相关联”的性质，这一观点在政治解放运动中被象征性地普遍接受。攻击紧身褡即是攻击妇女；反之，为了攻击妇女，可以用紧身褡来作为她的象征，这推导出一个必然的结论：受攻击的妇女应该团结起来，捍卫这一象征。这正是19世纪60年代后在英国杂志界发生的实际情况。但是在20年前，即革命爆发前的1847年，当早期妇女解放的呼声加入了社会主义的浪潮时，德国的一家最重要的讽刺杂志构想出了一场“紧身褡革命”[87]。这份周刊共有8页，在此大标题下的文章占了整整前3页，均为激动人心的短讯（一个女人公开斥责她的姐妹；另一个女人吓唬她的丈夫；第三位则是个实行束腰的女豪杰），随之出现了一系列并不完全真实的报道，其内容概括如下：

在海芬翰（Hüpfenheim）举行的一场正式舞会上，第五支阿勒曼德舞曲刚一结束，德行优良但束腰过紧的罗莎蒙德·伊伯格（Rosamunde Yberg）小姐突然爆炸了，只听“砰”的一声巨响，震破了所有的玻璃窗，她的四肢在舞厅里横飞竖撞，两名学生当场毙命，其中一人被飞来的巴斯克条砍断了头。此案发生之后，市长下令没收并销毁所有的紧身褡，并亲自挨家挨户进行彻底搜查。宗教法庭快意地做出宣判，将市场上所有这类致命装身具付之一炬。结果呢，女暴徒们携带着各类武器冲进了缺乏防卫的市政厅，肆意捣毁了窗户及一些文件，甚至扬言要烧毁建筑物并用石头砸死市长。市政厅警卫的妻子们剪断了丈夫的吊裤带，致使他们无法执行镇压造反的任务。最后，妇女们索回了大部分紧身褡，带着它们结队凯旋。

这次造反蔓延到了周边的乡村。由最初受害者的姐姐领头，要求争取妇女的自由。据报道，有的妇女用束带将男人勒死，被派去镇压造反的士兵们皆逃之夭夭。第二天，秩序开始恢复正常，妇女们回归了日常岗位，唯一不同的是她们重新获得了束腰的权利。政府没必要小题大做——妇女们仍然炫耀自己的解放要求。

但是，这一反抗最终还是以失败而告终。《废除紧身褡法案》（*Act for the Abolition of the Corset*）通过了，伊伯格小姐的一个仆人被指控为用束带杀人，并且被定为造反行动的同谋嫌疑犯。

1900年前后颁布的在下层阶级中废除紧身褡的法律，如同我们将引用的中世纪的禁奢法令，代表了一种社会控制手段。然而，这个过时法律的效力被抵消了，因为束腰很快即在中上层阶级当中失去了时尚认可，从而其社会地位的象征作用便不复存在。但即使是在这种情况下，一位领军的法国漫画家仍将束腰视为对法律、医学、哲学、宗教、美学和理性的一种蔑视，是女性抵抗各种男性权威的一座最后的堡垒。他的一幅漫画［卡朗·达什（Caran d'Ache），卷首插画］最有说服力地表现了将紧身褡作为抗争牢狱的悖论。

在19 世纪的最后三十多年里，法国漫画杂志中充斥着追求权力、精于算计、擅长掌控、向上攀爬的女人形象，有人倾向于认为这是占主导的漫画题材。其中的典型人物是妓女或高级情妇，在漫画中，女人和她对面的男人呈鲜明对比：她身材曼妙，柔软灵活，他则形象猥琐，僵硬呆板。常见的场景是在她的闺房里，跟包养她的金主或丈夫之类的人、情人、女仆或女友交谈。她身着紧身褡，半穿或脱下了外衣，往往是处于穿或脱的过程之中。她如此这般将自己武装起来，演练对男人和社会的掌控，一次、再次地证明她在经济利益方面的狡诈和道德上（或不道德）的威力。紧身褡既是女人潜在或理论上可被拥有的标志，也是她自控自律的象征，这使得她最终坚不可摧，在两性交锋中百战不殆。

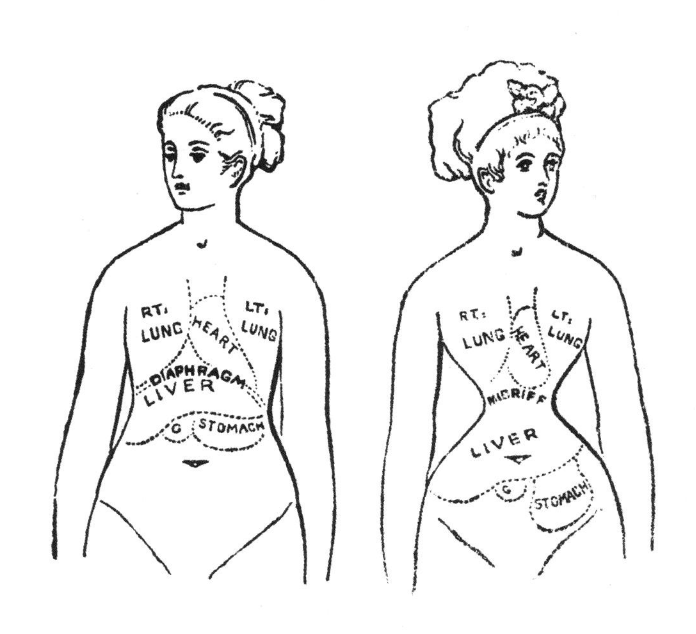

第一章
从古希腊的克里特到新古典主义

一、古代和中世纪的世界：米诺斯腰带；古希腊—罗马；自然主义；中世纪的假正经

在西方文化中，最早的、在很长一段时间内唯一“文明的”体形塑造风习出现在米诺斯（Minoan）时期。约公元前2000—前1400年，克里特岛上的米诺斯文化繁荣昌盛，形成了地中海地区最先进的文明。服装历史学家认为，米诺斯的人脸彩绘、乳房裸露和腰际紧收的组合，代表了最早的，直到中世纪后期一直是唯一真正的情色服饰形式。克里特岛女人所具备的非常现代的“魅力、飘逸和性感”，令考古学家们得出了一种颇为积极的，也许是理想化的印象，即克里特是一个致力于追求和平、商业、家庭生活、性爱、体育和艺术的美好社会。克里特岛人是一群游乐者（Homo Ludens）。雅克塔·霍克斯（Jacquetta Hawkes）在一篇题为《优雅生活》（The Grace of Life）的文章中指出，克里特的女性服饰是优雅文化的缩影，它体现在效仿人体解剖风格，通过身体和肌肉运动展示人的体姿，体现宗教仪式中的性符号，以及将服装和谐地融入各种角色（女祭司、母亲、女艺人和运动员）之中。“[克里特服装] 坦率地鼓励性的表达，例如，米诺斯社会中地位高的妇女在公共场合举止活泼，不受约束，跟男人自由相处被认为是体面得当的”。克里特岛的女人英气勃发，身着盛装，腰系兜裆布（loincloth）和遮阴囊（codpiece），同男人一起参加斗牛运动（图1.1）。他们的男女服饰通常是对比鲜明的，同时也存在礼仪易装癖的倾向。[1]“解放了的（克里特岛）女人”也是现代束腰者的单一远祖。许

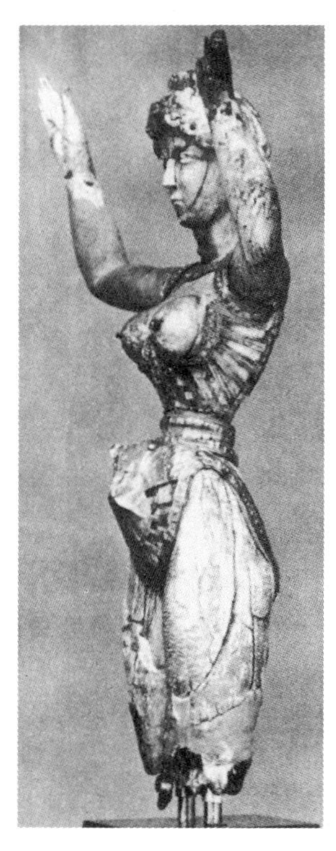
图 1.1　身穿金属遮阴囊的米诺斯斗牛杂技演员（Evans）

多考古学家承认，克里特岛人通过永久地系着一条又紧又厚的卷腰带，塑造出了细长的腰肢，这不仅是一种艺术习俗，而且是现实生活的组成部分，其动机是要彰显他们的民族特色。[2]

亚瑟·伊万斯爵士（Sir Arthor Evens）生于1851年，是克诺索斯（Knossos）遗址的主要发掘人，比起没有生长在束腰时代的后继者，他更深地着迷于米诺斯腰带（Minoan belt）。他将蜂腰的历史追溯到公元前3000年的最后一个世纪。它幸存下来并且在公元前17世纪开始复兴[3]。伊万斯或许极力想避免显得落后于时代，他不是从性能力或审美亮点的角度来评价蜂腰，而是把它看作力量和耐力的表征。他根据幸存的当时儿童和成人体形测量记录推断，"儿童自相当稚嫩的年纪起（大约五岁至十岁），身体就被铆上了金属腰带，他们身体的发育与之相适应，在一生的大部分时间里一直要持续系着这种腰带。"面向绝大多数惯于相信束腰有害的读者（认为米斯诺腰带"只不过是束腰的另一种形式"），伊万斯的文章捍卫这一习俗："人们或许会认为，压缩人体的重要管道和器官会给自然人体带来难以想象的干扰。医学专家和生理学家的见解是，这种压缩有可能实现而并不对人的健康造成明显损害。"[4]（伊万斯所咨询的专家——两名杰出的外科医生，一定是经过精心挑选、听命于他的。）伊万斯显示的剖面图（图1.2）将乳房和臀围同腰际的比例进行对比，该图可能引自反束腰的宣传册子（为揭示它的荒谬和危险）。当今的医疗界提供了一种合理方案来保持力量均衡分布，通过采用斗牛士的加衬垫腰带和遮阴囊的组合"制成一种简单的桁架，因为在做剧烈动作时，人为压制的腰部极易断裂"[5]。

米诺斯腰带可能是用金属制成的，内面加了某种质地柔软的衬垫，以防蹭伤皮肤。图1.1展示的是一尊女杂技艺人的象牙雕像，她的腰带上配有一个非常奇特的全金属物件，像是模仿男裤上的遮阴囊。整个装身具看起来像一个钢筋的框架，伊万斯毫不犹豫地称之为胸衣或紧身褡，认为它给女艺人的一对丰满乳房提供了必要的人工支撑，尽管事实上腰带的宽度并没有达到胸部。

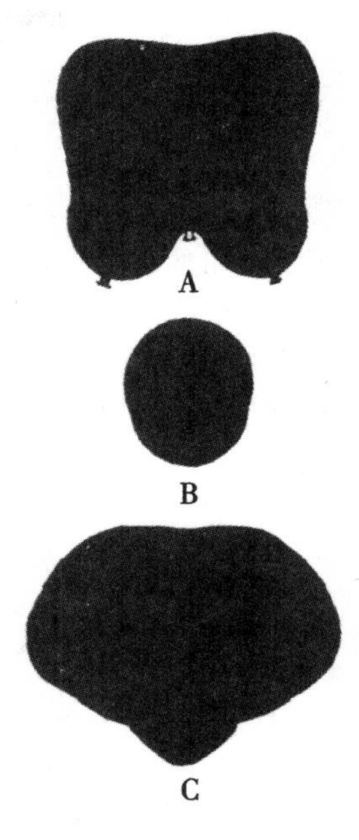

图 1.2　人体横切面图（引自 *Evans*）

一位研究青铜时代的著名专家写了一篇文章，将考古学证据同恋物徒的经验结合在一起，“在[公牛跳跃]舞台上的男女被紧紧地束缚着，绝望无助，气喘吁吁；他们灵魂出窍，亢奋到极点。跳跃过公牛不仅是一个现实要求，而且是生命的隐喻。”女人以女祭司和女神的形象出现，貌似强大但实际上并不执政，她们成为束腰的神秘威力和特异功能的化身，一种被压抑的性力“真正地把人变成了情欲的奴隶”。

这尊象牙雕塑的真实性，如同那些复制品（见彩图22），最近受到了质疑。肯尼思·拉帕廷（Kenneth Lapatin）指出，据知有些伪造者是伊万斯小圈子里的，也有圈外的，他们制作出这些赝品来满足一种文化，它有可能玄妙地接近于一种理想——当今的运动型和开放型女性同不久前的性感和蜂腰女性之融合。不过，体现蜂腰理想的其他证据也有所发现，例如图1.3，它是一枚指环印章的图像，一位女神和她的使女们都穿着带繁复褶边的荷叶裙，她们的腰肢几近消失。

图 1.3　Isopata 金戒指上的宗教舞蹈（*Vassilakis*）

米诺斯文明消亡之后，没有太多的证据表明那种腰带仍然继续使用。然而，米诺斯的苗条风气随同其他的一些文明遗产，可能通过迈锡尼（Mycenaean）文化传播到了希腊本土。一枚迈锡尼的筒状印章可以支持这一论断，上面的纤腰女人系着引人注目的腰带。依据古希腊晚期的几何图案花瓶上的人体写意也可以断定，细腰一直幸存到公元前7世纪。不过，没有图像或文字的证据表明古希腊人采用了任何坚硬的腰带来训练腰部。荷马史诗中的形容词“紧束腰带的”或“腰身深陷的”，是赞美一种苗条的、胸部丰满的但也许未被压束的体形。然而，希腊在进入公元前6世纪至5世纪的古典时期之后，（天然）细腰的典范性便逐渐降低了。

自文艺复兴以来，轻掩身体、展示人体自然轮廓的希腊—罗马古典服饰，一直体现了一种既理想又天然的风格。尽管这种服饰包括采用绷带来支持和/或管束胸部，但从来没有试图袒胸露乳或压缩腰身。从当时的雕塑来看，人的腰围是比较宽大的。历史学家总是喜欢引用古罗马剧作家泰伦斯（Terence）来证明束腰的历史渊源久远。泰伦斯谈道，让身材天生比较粗壮的女孩节食、束胸，只为了让她们看上去苗条，是一种可悲的时尚。[6] 公元一世纪的希腊医生加仑（Galen）说，女孩在婴儿期的襁褓太紧，在青春期又要为了增大臀部而绑束乳房，结果导致各种背部畸形的症状。[7] 古代文献有很多关于乳房绑束的记载，但是没有图像资料显示有对正常人体的限制，人们或许可以得出这样的结论，当时的做法只是用类似现代乳罩的方式轻度支撑乳房，或只是对异常的体形做些削减。在古代，乳房绑束似乎并没有广泛和持续流行或走向极端，它是矫正性的而不是情色性的。用于描述基督教时代服装特征的“情色”概念是不适用于古希腊—罗马服装的。

可以推测，这种人为增进苗条的米诺斯典范随着贸易之路传播到了黑海（Black Sea）地区，某个时期在切尔卡西亚（Circassia）扎下了根，逐渐演变为用树皮或皮革制作紧身褡，18世纪至19 世纪的一些游记中对此有所记载。还有一个早期的证据，公元400年，来自昔兰尼（Cyrene）的主教辛纳西斯（Synesius）在一封信中描述了一次海难经历。他的船只在北非海岸附近遇难，同船中有一个来自“本都”（Pontus，在黑海地区）的女奴隶，她的身体“看上去比一只蚂蚁还要精巧，简直是艺术与自然的完美交融”，前来救难的人中有一些天然肥胖的土著妇女，她们见到这个女人感到无比惊讶，将她从头到脚地检验了一番，然后把她当作一个奇观来展览。

早期教会的神父们发现，人的性欲望是万恶之源，颁令封锁它的来源和目标——女人，她们必须尽可能地隐藏在公众视线之外。西方出现了一种压抑情欲的服装形式，将女人的身体从头到脚完全覆盖起来。某些偶尔被人瞥见的部位，如优雅的赤脚、裸露的肩头、浓密的长发或描画的双眼，便产生了特殊的性吸引力，也就毫不奇怪了。借用洛德·克拉克（Lord Clarks）的名言：希腊人创造了裸体艺术，基督徒赤身裸体——创造了一个脱衣世界，其中充满了被禁锢的性欲和性罪恶感。

中世纪的服装遮掩身体的轮廓，但并没有改变体形。令人奇怪的是，体形塑造现象是在自然主义的古代理想重新兴盛的文艺复兴时期出现的。当艺术公开地借鉴经典时，服装却公开地反经典。雕塑艺术本着理想的自然主义精神，模仿古典的风格，而服饰艺术开始运用复杂的技巧来装饰和塑造人体。古代“自然生活”理想的复兴没有给人体健康带来积极的影响，事实上反而有所倒退。比起14世纪来，16 世纪的男人参加运动和洗澡减少了，穿的衣服却增多了。逐渐地，文艺复兴时期的服装演变为一种同时限制和暴露身体的形式。深掐腰部的袒肩低领裙，在薄伽丘（Boccaccio）的小说中被称为“文艺复兴时期的第一抹黎明之光”[8]。

但是，如安妮·霍兰德（Anne Hollander）指出，古典化的或新古代裸体艺术也直接、详细、切实地对时尚的压力进行了回应。15—19 世纪的大量裸体绘画见证了反古典的创作动机，在保留古典体姿的范围内改变身体轮廓，表现时髦的、由服装引起的多种姿态变化。在未穿衣服的裸体，或是艺术家描绘的裸体上，穿紧身褡留下的痕迹依稀可见（参见图4.3、图4.4）。

二、中世纪晚期和文艺复兴早期：袒肩低领裙和紧身服；非法的和不道德的时尚；苗条的品位

从中世纪早期到13世纪，西欧的服装风格趋于宽松、统一、一成不变。女装在13世纪时变得更加流畅、合体，而在14世纪，男女服装的紧度增加，样式变化无常，从而引发了怀有敌意的评论。教会猛烈谴责服装

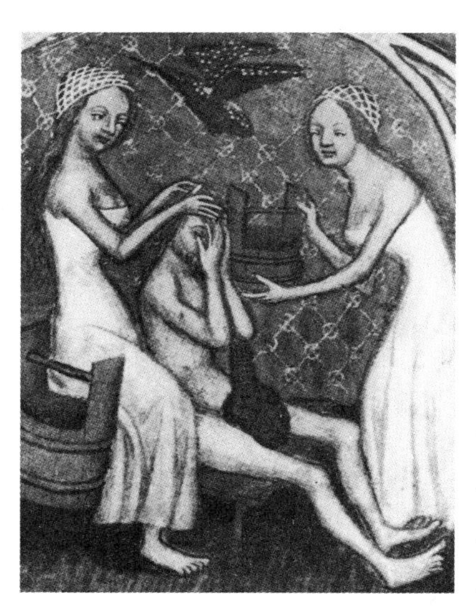

图 1.4　沐浴图（Bohemian，约 1400，*Sronková*）

扮演的性挑逗倾向；有关限制性立法也被制定出来，最突出的是在14世纪下半叶的德国。1348—1349年间，恐怖的黑死病在欧洲泛滥，[9]与此相关，人们对服装的态度开始产生变化。据林堡编年史（Limbrug Chronicle）记载，除了黑死病造成的大量死亡之外，还发生了鞭挞朝圣者和杀死犹太人的事件，“不过，在短短的一年之内，世界又恢复了生机，人们追求快乐生活和新颖服装……男人开始尝试新式的华丽外套，它们十分紧身而且短小，穿着很难正常行走。女人的衣裙领口开得很低，人们可以差不多窥见她们的半个胸脯”。意大利编年史学者马泰奥·维拉尼（Matteo Villani）描述了黑死病幸存者们绝望地寻欢作乐的戏剧性场景：“追求腐朽的安逸，完全抛弃了罪过感，狂饮暴食，赌博，肆无忌惮地纵欲，发明稀奇古怪的服饰，做出种种不雅的举止。”[10] 1400年左右，欧洲出现了越来越多的写实绘画，它们强调优雅的姿态和服饰（“国际哥特式风格”），表明当时的服装已经具有精确勾画人体线条和压缩的特征（见图1.4和图1.5）。

最令教会愤怒的是袒肩低领裙，为此也通过了某些禁奢法，以限制人们的着装。可是，根据时间和地点的不同，许可的服装差异很大，各个城市的条例也常常措辞含糊，因而法律很难实施。比如，1356年在施派尔（Speyer）和1371年之前在苏黎世（Zurich），法律仅要求衣服覆盖住肩膀即可。而在拉丁语国家，神职人员还反对衣服暴露身体的一些其他部位，例如“咽喉和颈部”或乳头，即“似乎要从乳沟爆裂出来”的乳房和乳头。[11]

然而，乳房暴露不仅是简单地穿上低领衣服而已，它是通过两个手段来强化的：第一是大量削减衣料，加大敞口，允许他人窥视到肉体的禁区；第二，且更重要的是，人工压缩乳房的下部并将乳房提高。15世纪末深受欢迎的道德家格勒·冯·卡斯伯格（Geiler von Kaiserberg）表示反对第一种手段，他说："打褶的衬衫和大敞口的上衣……前襟敞得太大，人们从而可以窥见酥胸和乳头……"[12] 对于高高地站在布道坛上的牧师来说，女信徒的裸胸更是轻易地尽收眼底。一位居高临下的牧师威胁要把唾沫啐进坐在下面的一位女士的怀里，他说："这样的女人进教堂不是为了忏悔，而是为了更好地（像屠宰匠那样）展示肉体商品。"关于女服"袒露至脐"的投诉或许是有些夸大其词。与此同时，自14世纪中叶以来的绘画作品，通过袒露一只乳房哺育婴儿耶稣的麦当娜（Madonna del Latte）肖像，将妇女服装的乳房暴露水平推向了新的高度。

借助人工提升手段展露乳房的做法，不像袒肩低领裙本身那样经常受

图 1.5　爱之花园（E. S. Master，约1440）

到攻击。又是马泰奥·维拉尼最早揭露出它的弊端："女人在公共场合亮相，戴着假发饰品，穿着低领上衣，乳房堆得高耸入云，上面简直可以放置烛台。目睹此情此景，有谁还会怀疑人类正在走向灭亡吗？"1356年，施派尔专门将袒肩低领裙和紧束服装归为非法的一类，理由是它们"通过用力压迫，将身体或乳房分开或聚拢"。在法国，克里斯蒂娜·德·皮桑（Christine de Pisan）告诫妇女"勿穿过紧的衣服"。[13] 15世纪初，著名的波希米亚改革家约翰·胡斯（John Huss）将人工推出的乳房喻为恶魔的犄角："在耶和华的寺庙里，在牧师和教士的面前，以及在市场上，人们可以公开地看见几乎半裸的乳房在熠熠闪光。在家中则更不堪入目，之前覆盖着的乳房被人为地增大，向外暴突，看上去就像胸口生出了两只犄角。"[14] "笃信基督"的巴黎大学校长兼教授亨利·格尔森（Henri Gerson）同样被这种现象震骇了，他发现（这些男人们观察得十分仔细），乳房裸露的效果可能是通过一种带紧箍袖的、向上挤压的刚性紧身衣造成的。[15]

高耸的酥胸和纤细的腰肢，也是我们所歆羡的18 世纪艺术中直立姿势的产物，"高傲地迈步"伴随着"脖子高高上伸，挺直如同长矛；长发在美妙的肩头和胸前飘拂"。如此这般，丰乳和细腰便愈加突出了。科尔德利（Cordelier）教堂的教士奥利维尔·美拉德（Olivier Mailard）认为，头部高抬和胸部裸露的妇女"不应当出门，除非她们敲着'麻风病来了'的铃声来警醒过路人"。[16]

至少有一次，女人因此受到了应有的惩罚。修士菲利普·达锡耶纳（Filippo da Siena）在一部中篇布道小说（写于大约1397年，其中大部分是揭示人脸彩绘的邪恶）中叙述了一个事件。一位母亲让女儿穿着过紧的礼服出席婚礼晚宴。在宴会中途，当着所有客人的面，这位悲惨的新娘便因窒息而气绝，命赴黄泉。[17]

这一时期的教会也审查男性服饰，主要着眼于紧和短的问题。年轻人穿的外套往往被裁剪得太短，暴露出紧身裤的裆部，而且，裤子也像衬衫那样，上面系着华丽的彩带。16 世纪中叶，遮阴囊男裤突出阴茎，模拟永久的勃起，该形式被尊为典范，在这一时期的肖像画里表现得非常突出。颇为奇怪的是，遮阴囊裤似乎没有引起教会的愤怒，在16 世纪中期变得更为时兴，德国雇佣兵们率先穿的普鲁德裤（Pluderhose）是一种巨大的袋式双层马裤，外裤带有多条切缝、露出内衬。

禁奢法的主要目的是规范和约束超常的物质消费，以便维护社会等级准则。制定者们希望该法律能够阻止那些有较多金钱和野心的中下层人物攫取上层阶级的标识。在16世纪和17 世纪通过的绝大多数禁奢法的目的是试图限制使用过多和昂贵的服装面料；早期的少数禁奢法，则似乎是直接针对有性挑逗意味的服装款式。自然，对于可确定的拖裾或袖子的材质和长度，比较容易作出法律规定，而上衣的长度或紧度只是相对而言，不易确定。对袒肩低领裙也不大好处理，从教士们的角度来看，虽然它被斥作社会恶习，却不可能真的把它烧毁，像假造的头发、高耸的头饰（hennins）和长尖头的鞋子（pouaines，Schnabelshune）等女性的虚荣配饰那样，被名垂后世的萨沃纳罗拉（Savonarola）扔进“焚烧虚荣的篝火”里，化为灰烬。紧身褡一旦成为一种独特的服装，一些国家便用法律将它禁止了，正如我们将看到的，但是它并没有被公开销毁，也许有些女孩的父亲在一怒之下私下将它烧掉，或是在讽刺虚伪宗教的漫画家想象中，或（不实的）新闻报道中它被烧毁了。[18]

因而，苗条女性形象的理想形成要比人工改造体形的出现早一个多世纪。教士们怒斥的那些恶习是被诗歌招引出来的，早在13世纪甚至12世纪，诗人们便热衷于赞颂苗条身姿和纤柔腰肢。用束带系扎的上衣或法国人称的“布里奥德”（bliaud）增强了细腰效果。12世纪法国的一首叙事诗［《兰维尔》（*Lai de Lanval*）］吟道：“窈窕淑女，身着紫袍；姿态优雅，腰肢纤巧。”另一首诗，据说写于1200年左右，咏赞“她的腰肢多么精巧”。[19]

在14世纪后半叶，时尚明确地向体形塑造方面发展，颂扬纤腰的诗歌便更多地出现了。当时最杰出的法国诗人欧斯塔施·德尚（Eustache Deschamps）归纳出了理想的人体：“请告诉我，我美丽吗？我的胸部坚实高耸，我的腰肢纤如柳条……请告诉我，我美丽吗？”[20] 一个法国人抗议说，侧面开衩和系束的紧身衣款式——有利于穿着服帖，是由英国军队的随军妇女引进法国的，它是一种只适合于“邪恶女人”的时尚。[21] 事实上，它可能起源于英国宫廷，乔叟（Chaucer）在《坎特伯雷故事集》（*Canterbury Tales*）中描绘一个木匠的妻子，无疑是以当时宫廷的苗条理想为模本。她生就一副“像黄鼠狼一样苗条、柔软的身段”，而且“高大如桅杆，笔挺如弩箭”。与乔叟同时代的约翰·高尔（John Gower）亦有这样的诗句：“他即刻留意到她的身姿，体态丰腴，腰肢纤小。”

在15世纪后期的文献中，我们发现，穿着者第一次描述了这种时髦做法给身体带来的痛楚：“杰出的女性们出于可恶的虚荣，现在把衣服做得袒露后背，而且前襟开口极低、肩部大敞，人们几乎可以看见她们的乳房和整个肩膀；为了保持身材苗条，显得楚楚动人，她们将紧身胸衣勒得难以呼吸，常常忍受着巨大的痛苦。”[22] 苏格兰诗人邓巴斯（Dunbars）比喻说，通过采取这种手段，女人的腰变成了“细嫩的枝条”。约翰·帕斯顿爵士（Sir John Paston）最先提出，妇女们倾向于把自己的腰身紧勒，不惜给眼下或将来的妊娠造成威胁。这种从医学角度发出的哀叹，在后来的几个世纪里一直不绝于耳。1472年，帕斯顿爵士赞美诺福克公爵夫人（Duchess of Norfolk）说，她的腰身“长而坚实”，体形富态且无拘束，这表明她肯定会生一个“漂亮的孩子。胎儿在她的腹中不是被束缚住的，也不会给压痛，而是有足够的空间踢蹬活动，并且会顺利分娩”。[23] 这些溢美之词，完全没有令肥胖的公爵夫人感到受用，反倒是引起了一些不快。

三、文艺复兴后期：巴斯克条和鲸须裙；束腰在法国，等等；袒肩低领裙

图 1.6　亚里士多德被情妇菲利丝征服了（Urs Graf，1521）

公元1500年之前，人工硬化上衣的技术很可能没有被广泛应用。法文“corset”（小身体）或“cotte”，在这一时期成为常用词，它不过是指紧身马甲或短外套，是男女都穿的一种款式。[24] 到了1500年左右，受到意大利文艺复兴时期新的审美情趣的影响，女性服装经历了一次重要的结构变化，多采用比较宽大、方正的线条。在整体上，中世纪服

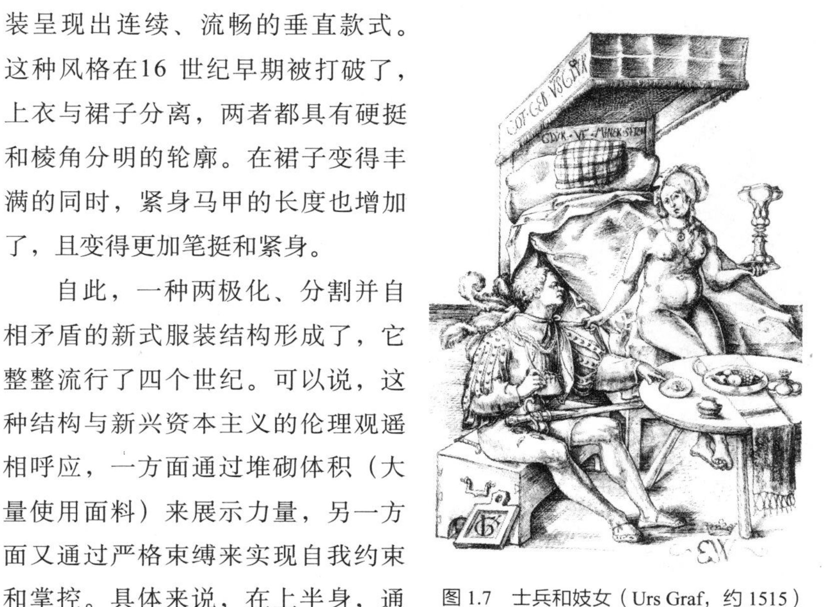

图 1.7　士兵和妓女（Urs Graf，约 1515）

装呈现出连续、流畅的垂直款式。这种风格在16 世纪早期被打破了，上衣与裙子分离，两者都具有硬挺和棱角分明的轮廓。在裙子变得丰满的同时，紧身马甲的长度也增加了，且变得更加笔挺和紧身。

自此，一种两极化、分割并自相矛盾的新式服装结构形成了，它整整流行了四个世纪。可以说，这种结构与新兴资本主义的伦理观遥相呼应，一方面通过堆砌体积（大量使用面料）来展示力量，另一方面又通过严格束缚来实现自我约束和掌控。具体来说，在上半身，通过收紧和强化的新技术，将上衣做得非常合体，绘画艺术家则通过新的质地写实手法表现出平整和紧密，体现在性方面和社会生活中的自律；与此同时，在下半身，通过厚重、铺张的奢华大裙，传达出具有经济实力和个人财富充裕的信息——这是同时表现出自律的人们想要证明的。服装的上下身在外观上的反差，且涉及另一个同样重大的矛盾，即或多或少受到古典风格启发的裸体形象同穿着时髦的人体形象大相径庭。直到20 世纪，艺术家们仍在试图处理这个矛盾。（参见图1.7、图1.8和图5.1）

16世纪和17 世纪，欧洲帝国向全球扩张，这个时期男女服装的体积庞大和刚性不是历史的偶然。在某种意义上，时尚与支持扩张的新技术相呼应。铠甲在战场上已经没有什么效用了（不过还是令装备很差的印第安人恐惧的），它们被保留在比赛项目和节日游行中，样式非常繁复，而且经常极不成比例（尤其是在德国），隆起的巨大胸部和急剧凹进的腰际似乎是在极力强调基本的美化功能（见图1.8）。平民服饰也吸收了高度保护、装饰和加衬垫的甲胄式样，这表现出欧洲上流社会对军事征服和物质财富的欲望。僵硬的、圆锥形的女式胸衣基本上也是从甲胄衍生出来的，连同男性服饰的其他元素，如安妮·霍兰德展示的，它平滑地包住整个胸部，

图 1.8　德国 Ulrich 公爵的甲胄（约 1530, Wilhelm Worms the Elder of Nuremberg）

给人一种无法穿透的印象，仿佛刀枪（欲望之箭）不入。

在社会发生变迁和政治动荡的时期，这种甲胄式的男女服装象征并维护权威、纪律和优越的社会地位，使之免受威胁。霍兰德自相矛盾地进一步展开她的观点，引用了一个重要的女统治者的例子——伊丽莎白一世，凯瑟琳·德美第奇，即凯瑟琳大帝。她说，“这类服装增进并保持政治和智力的机敏[强调独创]”。假如这是正确的，或许是因为压缩身体的衣服可以从生理上有助于精力集中。另有一种观点将强化男性体魄的服饰喻为一个“兽笼”或是盾牌，因为男人需要具备勇士精神，克制胸中欲火，抵御乖戾多变、难以驾驭的女人。[25]

早期的现代服饰，尽管（在我们看来）有着难以想象的烦琐，而且很不舒适，但据霍兰德的观点，这种体现“英雄主义精神”的服装也具有一些重要优点，它表达了“人们的内心感觉和所处环境，这些男人或女人，在保持自己的装束打扮、精神活力和谈吐修养，以及保持温雅性情和良好举止的同时，还能够轻松自如地站立、坐下、行走和骑马，或优雅地跳上几个小时的舞，所有这一切，都明显地超出了这种挑战性服装许可的范围。[他们] 穿着这种服装，不是顺从地承受一种负担，而是充分地享受着胜利者的荣耀”。[26]

人们最初采用的使胸衣变得硬挺的方法，可能是将浆糊涂在亚麻布或纸板上；后来，是将一根坚硬的固体条板插入前襟。它叫作“扣尺”(coche)，或通常被称为“巴斯克”［busc或buste，来自意大利文“busto，也就是breast（胸）”］，是用木头、兽角、鲸骨、象牙或金属材料制成的。它呈锥形，上面往往带有非常精美的装饰，用束带绑在紧身上衣［bodice，现在称为“紧身上衣”（basquine）或“瓦斯昆尼”（vasquine）］上。护花使者们也常将它插在衣袖或帽带上，炫耀自己已俘获了情人的芳心。从前的非刚性胸衣和束带蕴含的某些情色意义[27]因而传递到了巴斯克条及其束带上。同时，人们在裙子下面加进了鲸须或木圈，称为“韦尔图加拉斯”（vertugalles，亦即西班牙撑架衬裙farthingale，源于西班牙文verdugo——“树木”的意思）。这种裙子装具于15 世纪晚期已在西班牙流行，后来跟巴斯克条一道，经意大利传入法国，最初可能是传到凯瑟琳·德美第奇的宫廷，即她嫁给亨利二世（Henri Ⅱ）之时（1533年）。[28] 这种人工塑造身体轮廓的紧身上衣还有一个变化，即将胸部压平并提高了敞口，因而，拉伯雷（Rabelais）的好色之徒巴汝奇（Panurge，1532年）叹息道，男人不再可能把手伸进女人的酥胸里了。乳房的暴露程度根据具体情况变化多端，不过，总体来说，巴斯克条趋于把胸部压得前所未有的扁平，使上身成为一个平坦的锥状物，这正与西班牙这个新的世界霸权国的声誉相符：强大、自豪，坚守道德自律（见图1.9）。

图 1.9　一位淑女的肖像（作者可能是 Hans Eworth，1550, Fitzwilliam Museum, Cambridge）

当巴斯克条和撑架衬裙（hoopskirt）从西班牙和意大利进口到法国后，它们受到了挞伐，尤其是在16世纪60年代。教会向堆叠的上衣后摆（basquine）和大撑架衬裙（vertugalles）宣战，谴责它们“猥亵庸俗”，与其说是塑造体形，不如说是放纵肉体（他们没有悟出一个道理，时尚总是兼顾二者的）。教会要求妇女们“拒绝穿巨大的西班牙撑架衬裙，因为它会导致结痂和起水疱/别穿那些丑陋的紧身上衣，它会使你变成猿类/抛弃臭名昭著的巴斯克，像体面的妇女那样装扮吧”。在这个时候，使用巴斯克条已经很普遍，人们甚至直呼这类妇女“巴斯克”。出于同样的缘故，一些男人亦受到谴责，他们以能够“随意抚玩巴斯克，享受穿紧身上衣的漂亮女人而激动不已”。臀后堆砌突出的裙子也被人们称为“魔鬼的马鞍”。在查理九世和亨利三世时，这类配饰均为法律所禁止，尽管亨利三世本人偶尔也穿上紧身上衣和巴斯克，尝尝易装癖的滋味。

在16 世纪的最后30年里，法国制作的巴斯克条和裙箍展现的夸张惊艳效果在国际上获得了声誉。当时有一句描述漂亮女人的俗话：“英国人的脖子，法国人的腰，荷兰人的肚子，西班牙人的腿脚”。[29] 通过加长巴斯克条和紧身上衣，法国人做到了将腰际收得更紧。1557年，威尼斯驻法国宫廷的大使杰罗姆·林珀曼诺（Jerome Lippomano）说：“法国女人的腰窄极了。在腰部以下，她们喜欢用鲸须、填充物和串珠环（vertugadine）把裙子大大地撑起来……在上衣外面加一件‘皮克’（corps pique，小紧身衣）……使她们的身材显得格外修长、精巧。从背后紧系也有助于展示胸部的轮廓。”[30] 接下来，林珀曼诺又提到法国妇女在言谈举止方面享有的自由和独立，以及她们的宗教意识相对淡薄。

那个时期的法国是束腰风气的主要生成地。著名的外科医生和解剖学家安布洛斯·帕雷（Ambroise Pare）指出，“巴斯克对腹部造成的强大压力”是导致流产的原因之一；脊柱偏差的成因是“女孩从小就开始过度勒腰。据一项在乡村进行的实地调查显示，那里的上千个女孩当中没有一个驼背的，其原因就是她们从来不穿太紧的和限制身体的衣服。母亲和育儿者们都应当效仿这种做法”。这段话是在1579年版中加进去的，1634年的英译本中又补充了许多其他证据[31]，强调16世纪70年代束腰增多的现象。帕雷还引用了两个死亡案例：宫廷里的一位侍女患了消瘦症（日渐消瘦），接着开始不断地呕吐，原因是鲸须紧身衣严重压迫了她的胃。当帕雷打开她的腹腔时，发现“肋骨交错重叠在一起”；另一例是，一位年轻的新娘最近抵达巴黎，在婚礼仪式中突然身亡。帕雷居然下结论说，紧身衣是造成她猝死的唯一原因。

1578年，著名的语言学家和学者亨利·埃斯蒂安（Henri Estienne）主张用意大利文“buste”替换法文“busque”来表述“紧身上衣”，他趁机借题发挥，批判社会上的束腰陋习。他把这些人分为两类：已婚和未婚的。后者“不考虑紧收和压迫性服装是否对自己有害，为了显示有一个漂亮的腰，承受了莫大的痛苦。‘漂亮’在这里的意思当然就是小。然而，孕妇竟然也这样做，穿上这种助纣为虐的紧身衣，致使腹中的胎儿变形，你难道能够相信吗？”[32] 埃斯蒂安预料到读者的反应是恐惧、惊讶甚至怀疑，表明这种做法并不普遍流行，或者说是不大“时尚”——就这一术语的恰当意义来说。然后，他转而考察这位孕妇的丈夫的态度，研究结果很值得注意：束腰孕妇并不理会自己丈夫的想法，她关心的不是他的而是她自己的品位；她就是这么一种女人，当初丈夫娶他，更多的是看上了她的容貌，而不是她的嫁妆。她想永葆青春美貌的欲望超过了完成生育义务的意愿。毫无疑问，她是束腰风气鼎盛期的代表性人物——属于下层阶级，具有清醒的性意识，正在向上层社会攀爬。

在一部早期的文章汇编中，埃斯蒂安已经着眼于束腰问题，用一章的篇幅归纳了各种与此相关的杀人和杀婴案例。据认为这种残忍的做法自古以来就存在并且常见，实施者包括未婚的和已婚的女子。前者担心未婚怀孕被发现后自己将被钉在耻辱柱上；后者恐怕怀孕生子会“缩短她们的青春”。埃斯蒂安“听说”和“亲自认识”的一些束腰者，包括上述两类人，她们均表示不后悔穿巴斯克条紧身褡，即使是付出巨大的代价——“毁掉子宫中的果实”或“牺牲如生命一样宝贵的东西”。[33]

米歇尔·蒙田（Michel de Montaigne）是那个时期最著名的法国社会评论家，他对这个问题的态度显然是不同的。他宣传束腰效应的文章很快就被翻译成英文，人们带着极大的偏见并且错误地引用他的观点，当作一个早期例子，说明这种“时尚”在一个聪明人的大脑中产生的恐怖印象：

> 女人为了追求苗条腰肢，还有一个直挺的身板（*spagnolised*——西班牙语），她们什么都能忍受，掐捏、死勒、紧裹均在所不辞；是的，有时还用铁板、鲸须和其他类似的垃圾，把她们的娇嫩皮肤和鲜活肉体折磨到了极点；她们就是这样被消耗殆尽，香消玉殒。[34]

这段话虽然被人们视为一种谴责而大量引用，但根据原文的语境理解，它实际上是表达了一种带着困惑的赞赏。在第一部随笔集中，蒙田探讨了生理上的疼痛问题，以及由于具体情境和人们的应对态度之不同，这种疼痛所体现的不同意义。他列举了斯多葛派的苦修和通过坚强意志战胜疼痛等许多实例，例如，一个名叫博塞纳（Porsenna）的犯人藐视拷问他的斯凯沃拉（Scaevola），说他还算不上残酷到家，斯凯沃拉便故意当场焚烧自己的手臂；又如，一名病人在接受外科手术的整个过程中，平静如常地读着一本书。

> 现在，女士们请注意！谁没有听说过那个巴黎女人的传闻，她只为获得清新的肤色，就剥掉自己的皮肤？有些人将好端端的牙齿拔掉，给它们重新排列次序，以便看上去更美，或使自己的声音听起来更柔和、浑厚。我们可以看到多少藐视疼痛的女人啊！只要有任何一丝增进美貌的可能，她们便无所不为，无所畏惧！“连根拔掉透露年龄的白发；/去除皮肤来修复面孔”［蒂布鲁斯（Tibullus）］。我本人还听说，有的人吞下沙子和灰烬，故意损害自己的消化功能，只是为了让面色显得浅淡苍白。

现代人对《蒙田随笔》的翻译比较简洁且更忠实于原著：“为了获得一个苗条身材，以西班牙人的方式，什么折磨她们无法忍受呢，肋骨被强行绑在一块夹板上，生生地嵌进肉里，有时甚至导致丧生。”蒙田接着列举了另一位他亲眼见到的坚韧女性，一个来自皮卡第（Picardy）的女孩“为了证明她的狂热承诺和坚持不懈的意志，她从头上拔出一根锋利的发簪，朝自己的臂膀猛地戳了四五下，直到皮开肉绽，喷出血来”。面对这种情形，只有蒙田还能够表现出对妇女如此宽容、仁慈和尊重的态度，并且敏锐地从中洞察她们具有的自相矛盾的力量，感受这种时髦的邪恶做法中体现出来的烈女精神。

这位散文家的吊诡感延伸到令改革者们烦恼的其他对象。比方说，谈到环形裙箍及其隐含的性诱惑目的时，他宽厚地微笑说：“女士们最近开始筑造那些巨大的堡垒来加强她们的侧翼。她们这样做的目的是什么呢？不就是为了通过跟男人们拉开一定的距离，从而更加勾起我们的欲念吗？”[35]

紧收腰身的风气从法国蔓延到了欧洲的其他地区。切萨雷·韦切利奥（Cesare Vecellio）写了一部早期的关于比较时装的书，他来自威尼斯（Venice），那里盛行雍容肥胖，因此对其他地方妇女的苗条程度颇为敏感。

那不勒斯（Neapolitan）的妇女不穿袒肩低领裙，但是时兴从前面紧系的上衣和一种叫作“法尔代亚”（faldea或verducato）的衬裙，“腰身收得非常紧，下身是宽大硬挺的钟形裙”。在法国，人们都知道，奥尔良贵族妇女的衣服在腰部和臀部是收得最小的，同时用铜箍把袖子撑大，以充分展示她们的苗条身段。布拉班特（Brabant）和安特卫普（Antwerp）的女孩穿的上衣非常紧，脖子上戴着围领，下面是敞口极低的裙子。奥格斯堡（Augsburgerin）的贵族妇女把自己裹在胸衣里，“腰勒得很紧，看上去非常细”。[36] 其他文献也记载了奥格斯堡的妇女有束腰和炫耀精致溜肩的癖好。[37]

1550年左右，环形裙箍在英国已经本土化了，但这个时候紧身上衣的强化和收腰不是通过巴斯克条，而是采用其他方式，如金属丝和浆糊：

她的腰被绑得
像树棍儿一样细；
有时是用浆糊，
有时是用钢丝。

在哈里福特（Hereford）的副主教看来，这是明显的“烟花柳巷”打扮，配上一点通常的装束：

她的脸浓妆艳抹，闪闪发光。
她的怀大敞，顶像个婊子样儿。
圆桶似的屁股，
罩着环箍裙装。[38]

不过，到该世纪末时，巴斯克条在英格兰就跟在法国一样司空见惯了，[39] 根据埃塞克斯的牧师史蒂芬·戈森（Stephen Gosson）的丰富想象，以及当时一些真正淫秽的诗句，我们可以断定这一点。戈森放大了巴斯克条的危险性和潜藏的性诱惑，以他的经验，它不同于服饰的其他部分，是一种不正当的性装具。无论在形式上还是材质上它都如同一件武器，但显然不是旨在击退男人的进攻，反而是邀请欲望之箭射中她们那幽暗（薄弱）之处。此外，这些道德败坏的女人有意利用“亚马逊人的甲胄”来遏制（中止）不愿采摘的“瓜果儿”，即扼杀自己的婴儿，而不是抵御男人的性要求。下面的诗句充满了隐喻，值得在此引用：

> 淫秽的巴斯克条
> 压扁了要培育宝贝的孕床，
> 它是什么？不就是一个路牌，
> 指向一个可满足欲望的市场？
> 肚子本是个大谷仓，
> 巴斯克条却把它整个儿卖光。
> 它是抵御“朋友”或敌人进攻的盾牌，
> 或是挡住空隙的桩子，禁止外人闯入胸膛。
> 武装起来的女人们会去侵犯谁？
> 攻击她们的堡垒（盾牌），谁能打胜仗？
> 但见她们的装备如此精良，
> 其他人纷纷缴械投降。
> 她们受到最大的摧残，
> 当欲火中烧的赌徒（猎人）们到场；
> 我猜巴斯克条在深深地叹息：
> 全是些洗衣妇（婊子）供人尽享。
> 紧身内衣制作得分外坚固，
> 用骨头、浆糊之类来加强；
> 驾驭了奉献殷勤的男人，
> 女人们如今脊背坚挺，腰身修长。
> 穿这种甲胄本是为了御敌，
> 夫人们或许像亚马逊妇女那样走上战场；
> 但她们只是待在家里，
> 坚守自然使命到终场。
> 大多数母亲已被折磨得归了西天，

年轻的女儿们仍在继续效仿。

窈窕淑女身披铠甲，

跟她们嘲笑的巨人朱庇特有什么两样？

同时期的另一位诗人约翰·多恩（John Donne），圣保罗学院的院长，表述了一种类似现代学术的观点，即妇女们采取佯装邀请的战术来击退进攻，将胸衣或抹胸（stomacher）中那个匕首样的物件当作一种“武器”，来司掌自己的身体和性生活。热爱多恩诗歌的人们将巴斯克条看作令人倾慕的物件，因为它紧紧地贴近他心爱人的身体，然而，巴斯克条也是权力及维护权力的一种比喻，体现了男性（阳具）的坚挺。为了解除她的权力，他可以命令夫人把巴斯克条卸掉。[40]

人们认为单纯使用鲸须达不到足够硬度，有时便选用兽角（包括象牙）。遗憾的是，16世纪或17 世纪的早期鲸须胸衣很少流传至今，现存最早的一些都被鉴定为铁制的，保存在维多利亚和艾伯特博物馆的“华莱士收藏品”中（原先收在卡纳瓦莱和巴黎的克吕尼博物馆，见图1.10、图1.11）[41]。看上去，人们会问：它们实际上是不是用于矫正丑陋或畸形身材的器

图 1.10　铁紧身褡（约 1600，Wallace 收藏）

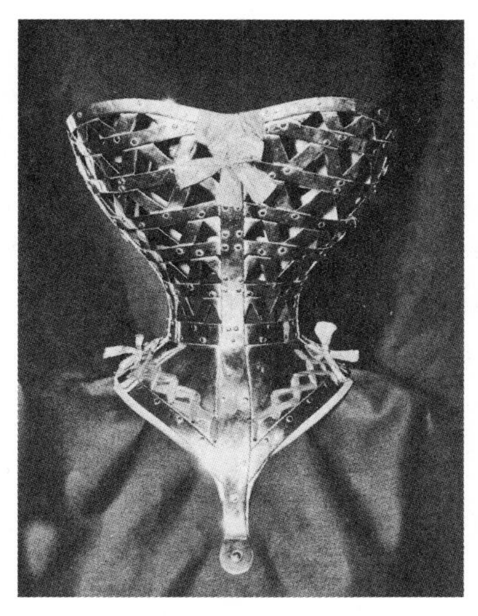

图 1.11　钢紧身褡（紧身褡恋物主义者 Cayne 制作，约 1930，之前由 Gardner 收藏，现遗失）

械？[42] 答案是：很有可能。同时，它们往往被锻造得玲珑剔透，造型极其优雅，坡向腰部，前面呈V形，正像那个时期的礼服三角胸衣。它们不应具有什么理性的整形目的。[43] 这种铁制衣的扣系方式，绝大多数是采用简单的蝶铰开关，也有的采用传统胸衣上的束带孔，穿的时候应当加进厚实的衬垫。有关的文献记载甚少[44]，这表明它不是常见的服装，但可以推断，它是准恋物癖追求刚性时尚的夸张作品。

也有可能，这个时期的个别女性发现穿铁胸衣可作为一种基督教苦修方式，类似某些虔敬的男子穿粗麻毛衬衫；有些世俗妇女进入修道院是为了个人的便利和需要，而非宗教的目的，她们穿上铁胸衣后，发现它在满足受虐狂欲望的同时，还可以与其他被许可的时装搭配，诸如袒肩低领裙，这在当时的修道院中完全不是罕见的现象。[45]

铁胸衣在总体上提供的几何刚度，并不违背16 世纪后期“矫揉造作”的审美观，我们从无数（尤其是北欧的）肖像画中可以看出，颀长、完全平展的锥形躯干是当时人们的偏好。在英国，不管怎么说，肖像的习惯表现手法肯定是夸张了真人轮廓，因为，伊丽莎白（Elizabethan）或詹姆士（Jacobean）时期的讽刺文学，以其深广的内容和无与伦比的成就，不大可能不追随蒙田的思想（他在英国非常有名，《随笔集》在1603年即被译成英文），假使束腰在英国十分盛行，也不会把它作为攻击的目标。例如，菲利普·司徒伯斯（Phlip Stubbes）在盘点伊丽莎白拥有的数不清服饰时，不厌其烦地贬斥大圆环衬裙、头饰和环状领的夸张和硬挺，但是没有提及三角胸衣或上衣过于紧绷和硬挺。伊丽莎白女王精心打造的奢华排场，可能刺激了攀比风气，如司徒伯斯所描述的，富人们纷纷沉迷于这种虚荣，但文献不足以证明其他人做了任何努力来通过人工手段效仿伊丽莎白的天然瘦削身材。

伊丽莎白和詹姆士时期的胸衣和巴斯克条，并没有像在法国那样被用来过紧地勒腰。莎士比亚的戏剧中有三处场合描述女人要求剪断束带的情节，她这样做的缘故是心脏负荷过大，而不是胸衣本身过紧；换句话说，只有当心理压力过大时才感觉胸衣太紧，想要把它解开。[46] 根据女人们使用的各种技巧，我们可以猜测，巴斯克条的主要目的是把乳房向上推出，这些曾经谦谨而憨厚的女孩，变得日益花心和傲慢：

如今被千人追慕、万人景仰，
虚荣的自傲改变了她的天然形象。
巴斯克条压迫身体，
面具戴在脸上。
头发烫得卷曲，
婚纱上还喷洒了麝香。
（其实真没必要，
她的天然气味才更芬芳。）[47]

在英格兰，清教主义同包藏社会野心的虚荣服饰之间发生了冲突，服装讽刺成为一种文学体裁。我们在这里必须引用一段文字，它出自一位厌女施虐狂之口，尽管它从谈“怀里的巴斯克条”出发，用意同其他“中世纪”式缺乏诗意的谴责（列举滥用紧身衣招致的各种自然报复——乳腺癌、肺结核、痨病、肝破裂、流产，还有死亡——全都符合后来科学时代医生们的观点）毫无二致：

她们的乳房被推得升上天，圆形玫瑰花蕾从衣服里探出头来，毫不羞涩地自我展示，饱满丰盈，诱人遐思。……现在，裂缝、伤口或水疱沾在了你们的衣服上，就像是坟墓里的癞蛤蟆、尺蠖和蛇爬在了你们纯洁的皮肤上。

蛇会在你的骨髓里繁殖。你的清晨般透明的脸上，爬满了有毒的蠕虫，（仿佛戴了假面具似的）罩着一层大网膜。癞蛤蟆要偷走你闪亮的牙齿，制成它们头饰上的珍珠；你眼珠里的胶液必得喂养它们的孩子。在中空的洞穴里，带壳蜗牛用污秽的超妙汁液来养护它们的房子……撒旦，带她去吧，用滚烫的黑灰泥掩埋她虚伪的肉体……用炽热的烙铁烧焦和吸干那美丽淫妇的罪恶，这是她给自己加上的不幸烙印……为了虚荣的珍珠项链，她反而戴上了蜘蛛网圈。

……你本愿意让假发披散飘垂，在上面挂满爱情锁，结果头上却盘绕着无数条毒蛇。撒旦，带她去吧，用滚烫的黑灰泥掩埋她虚伪的肉体……用炽热的烙铁烧焦和吸干那美丽淫妇的罪恶。[48]

据我所能够找到的17 世纪的有限文献来判断，束腰风习在1600年左右衰退了。[49] 世纪初医学界发表了少数评论，但仅限于拉丁语的文献。后来被引用的事例可能属于例外。路易十三（Louis XIII）的御医查尔斯·爱德华（Charles Edouard）根据公爵夫人梅尔克尔（Mercoeur）的尸检结果提交的报告说："上身的两侧深凹进去了/对肺部施加的压力过大。"[50] 公爵夫人或许是有些轻妄的行为，但并不能增加该报告的可信度，以确证她实行了束腰。

毫无疑问，在其他一些不被人注意的地方也发现了一些记载。例如，法国的一个很不知名的讽刺作家锡戈涅先生（Sieur de Sigogne）相当细腻地描绘了一个服装炫耀者的形象（1610年）。小资产阶级或资产阶级浪荡子锡戈涅代表了商业阶级上升时代的普通小人物。他用淫秽的诗句，列举了她沉迷其中的所有时髦的挥霍和怪癖。她是一个自负的、清闲的、喜好奢华的中产阶级妇女，新近获得的财富使她得以效仿贵族习气。开始一段是强调她的紧鞋，正符合俗话所说的"脚小意味着'那个'（阴唇？）大"。

她的"短腿和长腰"[51] 显示出她为自己营造了风格主义时代的腰身；从她的"弓背和铁胸衣"，可以谨慎地假定她是过度紧勒的。最后应当指出的是，她的性欲十分强烈，好比一个暴露狂：而且，就像年轻的律师毫不客气地攫取客户的钱财那样，她冷酷无情地虐待和糟践"香肠"（或称辣熏肠，比喻阴茎）。特别稀奇的是，依照19 世纪的恋物徒们培养出的嗜好，她酷爱骑马，最喜欢"使用马刺"。

在巴洛克时期，较为典型的滥用紧身褡的人可能是年纪稍老的，而不是年轻的女人。比如贡德兰（Gondran）夫人，她年轻时十分漂亮，受到很多人的倾慕和追求，嫁给了一个粗野的丈夫之后，依然性情古怪并喜欢调情；可是她渐渐地发福了，为了补救，她"拼命地束腰……严重地伤害了自己，在腰上留下了伤疤"。[52] 她的编年史到此结束，没有提到后续的情况，不过却记载了另一种为时尚而殉难的烈女，这或许是无关时尚的一个特例："女王的一些宫女为了显示她们的漂亮鞋子，用发带把脚裹得极紧，竟至痛得晕倒在女王的寝宫里。"[53] 不过，我怀疑这是一种普遍的或长期的做法。

大约在1600年后，服装的躯干部分缩短并加宽了，但大圆环衬裙和臀垫（bum-rolls）继续招来唇枪舌剑。与邻近的时期相比，1610—1660年间的肖像画很少展现特别苗条的曲线，鲁宾圣（Rubensian）的宽松巴洛克式取代了风格主义时代的硬挺收缩式，充其量只是雕塑胸部；1618年和1642年法国的一些诗文指责女人为了将乳房上推而显得鼓胀，强行约束胸部，造成很大伤害，"皮肤上的勒痕要过好几天才能消退"。[54] 在这个时期，胸部经常是敞得很低的，甚至都可看见乳头（参见"导读"图5、图6）。

下面这段孤立的文字常被引用，在我看来有些迷惑性，它认为束腰在17 世纪中期的英格兰是有代表性的，可能是由于受到了蒙田和佩尔（Ambroise Paré ）的启发：

> 虽然年轻的处女已经长大成人，应当足够明智，但是，却被有害的时髦习俗蒙蔽了双眼，扼杀了想象力；她们接受了又一种愚蠢的观念，认为苗条的腰肢很美，于是使劲地紧勒，拼命想要个柳枝腰。她们永远嫌自己的腰不够细，除非能小到只有一拃。通过这种致命的做法，她们将乳房折腾得很苦，很快就散发出腐臭的气味；她们愚昧地试图挤压乳房，从而强行将腰关在鲸须牢狱或枷笼里，于是，她们就自作自受，患上了消耗症和枯萎病。

医生约翰·布尔沃（John Bulwer）在其醒人耳目的论著《人类形态：人类变换或人为变形》（*Anthropometamorphosis*：*Man Transform'd; or the Artificial Changeling*，1650）中指出："历史表明，世界上绝大多数民族，都采取了加工和改变自身天然形状的手段，来表现疯狂的殷勤、愚昧的大胆、滑稽的美艳、下流的精致和可憎的漂亮。""本着正常的审美理念和自然的诚信态度"，这本百科全书收集了各种千奇百怪的服饰，以及全世界在历史上发表的所有关于"人体时尚"的观点。它同等地处理事实的和幻想的材料，将自然的畸形，如流产和意外的生理反常，同故意改造身体归为一类。布尔沃阐述了原始的和非欧洲人的习俗，但令人惊讶的是，他很少谈到欧洲人的尤其是英国人的习俗，尽管事实上他的道德主调是：所谓文明国家的习俗跟那些所谓未开化种族的习俗是同样野蛮的。布尔沃在“头颅时尚贩子”一章中，论及最令他感到困惑的一种欧洲习俗，为了让婴儿的头颅发育成完美的圆形，助产士和护士们用发带、束带系在婴儿的头上，或按摩他们的头骨，此种做法一直可以追溯到古希腊。布尔沃也不喜欢婴儿襁褓，将它归并在讨论束腰的同一章里。针对当时流行的束腰和乳房塑造，布尔沃指出，束腰是一种“危险的时尚，是对乳房和腰采取的铤而走险的行为”，人们或许预料他会就此发表长篇大论，实际上他却用了最少的笔墨，甚至比（同等重要的）关于原始人拉长乳房的“乳头时尚”一章还要短些。布尔沃重复了佩尔的英译者的观点：母亲们“错误地猛击和拉拽女儿的骨头”，并且引用了蒙田关于“鲸须牢狱”的论断（他引用蒙田主要是用于概括）。

布尔沃作为一名医生，似乎未能引用自己的临床经验，不过的确加进了一些最初的观察。束腰往往会导致哮喘病，而且为了使呼吸轻松一些，“她们被迫抬高头颅，因而喉部显得很大”。

布尔沃觉察到他对当代欧洲女性时尚的关注不够，因而在第二版

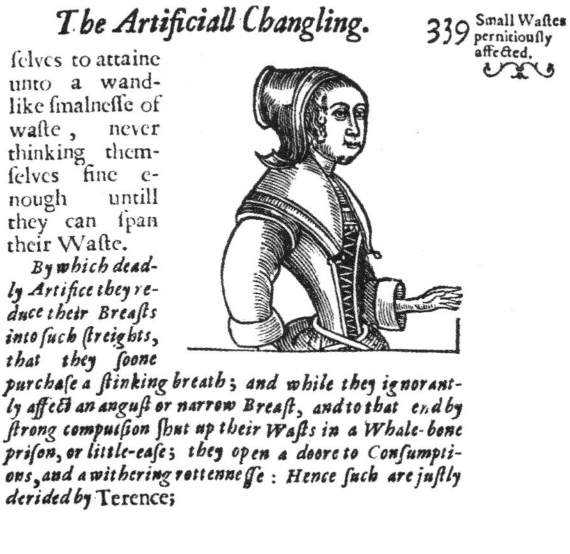

The Artificiall Changling. 339 Small Waſtes perniciouſly affected.

ſelves to attaine unto a wand-like ſmalneſſe of waſte, never thinking themſelves fine enough untill they can ſpan their Waſte.

By which deadly Artifice they reduce their Breaſts into ſuch ſtreights, that they ſoone purchaſe a ſtinking breath; and while they ignorantly affect an anguſt or narrow Breaſt, and to that end by ſtrong compulſion ſhut up their Waſts in a Whale-bone priſon, or little-eaſe; they open a doore to Conſumptions, and a withering rottenneſſe: Hence ſuch are juſtly derided by Terence;

图 1.12　约翰·布尔沃《人类形态》的插图（1650）

（1654年）中加了一个附录，采用了一个温和的标题：《全世界的看法》（*A View of the People of the Whole World*），常规式地列举了对裙箍、高底鞋（chopines）和乳房暴露的指控。第一版中没有提到乳房暴露，此时它已不再是习惯做法，故第二版中只是概括地称之为不够检点，并且会导致通向四肢的神经冰冷，双手无法灵活使用。[55]

内战的发生和清教徒掌权无疑抑制了男女服饰的奢侈倾向。布尔沃写这本书的动机，似乎是尽可能多地吸收有关原始民族风俗习惯的新知识，以表明对当时欧洲时尚的憎恶态度。他将二者进行类比，试图证明，基督徒对待神创造的人的方式，就像野蛮人对待他们的身体一样，或许还更糟，这是值得我们关注的。在19 世纪的改革者看来，束腰代表了从文明向野蛮的历史倒退，退回到了人类的婴儿期。这并非偶然，在达尔文学说出现的整整两个世纪之前，布尔沃勾勒出了人类起源的画面：他是“一种人为造就的生物，最初只是一种猿或狒狒，通过辛勤的劳作，经过漫长的岁月，他（逐渐地）优化自己的身体并提升自身存在的意义，不断地接近于完美”。这种认识在当时并不罕见。

17 世纪的最后25年，袒肩低领裙显著地复兴了，女子的胸部袒露出乳头，这可以从该时期众多的肖像画来判断。这是路易十四在凡尔赛宫提倡的诸多时尚之一，外销到了查理二世的宫廷。它为资产阶级所采纳，并且出现在修道院里，遭到法国、德国和英格兰神父们的谴责，就此发表了充满恶毒字眼的宣教文。教会的最有力武器是癌症。在该世纪早期，一个名叫冉·波尔曼（Jean Polman）的比利时牧师编造出乳房暴露和乳腺癌之间的关联，写了一个非常恶心的小册子，题为《癌症或女性乳房覆盖》（*Cancer or the Female Breast-Covering*），其中借助于重复使用双关语“chancre”（癌症）和“echancrure”（衣领口），将恐怖的逐步转移的肉体癌症等同于逐步发展的裸体时尚癌症。然而，很显然，虽然他的目的是诅咒该死的乳房及乳头裸露，但他在那时（1635年）从来没有提到通过绑束将乳房上推的做法，而这是最令法国的神父贾可·布瓦洛（Jacques Boileau）感到厌恶的事情。布瓦洛是17世纪80年代最有名的恐乳症患者，专门研究一些他所谓的“棘手”问题，例如关于鞭笞的历史，他是用拉丁文撰写的，据说是为了躲避审查。不过，《滥用裸露》（*De I’Abus des*

Nudites de la Gorge）一书是用法文写的，为了安全起见，1675年首先在布鲁塞尔出版，1677年和1680年才在巴黎出版。英文版的发行则是在1677年至 1678年间。

布瓦洛精妙地表述了整个恐乳文学的感受："目睹一只美丽的乳房并不比遇见蛇怪的危险要小"，"魔鬼利用我们的身躯做窗口，将死亡和罪恶引进我们的灵魂"。在德国有着同样的比喻，女人的胸脯是"鼓起淫荡欲望之火的风箱"[这是厄恩斯特·戈特利布（Ernst Gottlieb）作品的标题]。1686年，一个未署名作者的德文小册子登出这样的警句："带着赤裸半身像的年轻女士，所有邪恶欲望的火种。"后来的一个标题改进为："裸露的胸/被陷害和捆绑/为了邪恶的欲望。"[56] 女人胸前戴着的十字架吊坠，被称为"挂在两个窃贼之间的基督"。令人痛苦的乳腺癌基本上是在体内逐渐发展起来的，人们却幸灾乐祸地断定是上帝给予袒胸女人的自然惩罚。恐乳症患者引用一些传奇，大肆颂扬那些虔诚的妇女，她们为了抵御强奸犯竟然自愿将乳房器官致残。修道院院长阿尔得冈德（Aldegund）和圣·艾迪尔特拉德（St. Ediltrud）感谢上帝让女人胸部和颈部罹患肿瘤和癌症，作为对她们青春淫荡的惩罚。1637年，巴黎人彼埃尔·居渥尔内（Pierre Juvernay）津津乐道地称颂一位身患乳腺癌的圣女，她出于矜持自重而拒绝接受医生的治疗。与之相反，他诅咒那些在世间袒胸露乳的女人死后将永远在地狱里受难。

在神志恍惚的谩骂过程中，布瓦洛隐约地意识到了这当中存在着受虐狂的吊诡。他感叹道，女人愿意忍受眼下的痛苦，将乳房绑束起来并暴露于寒冷的空气之中，但是忽视了日后的痛苦、长期的癌症折磨和永久的炼狱之火。烈女们自愿跳进了魔鬼的圈套：

> 女人们让自己遭受虐待和酷刑，因为她们穿着打扮是为了使胸部变得优雅诱人，从而展示它，这难道不应当受到谴责吗？她们过度紧束裙袍，把胸部推高，目的是炫耀半裸的乳房，这种做法不正是暴露了她们的种种缺陷和病态吗？只要不改变或扭曲美丽的脖子，或者罹患感冒——这是袒露肉体的寻常后果，无论严寒酷暑，她们都能忍受，从不抱怨。她们勇气十足，坚持不懈，期望一年四季里的每一天

都能令男人赏心悦目，赢得他们的青睐。

布瓦洛对那些女人的乖僻行为感到惊讶，他得出结论说，她们“愿意忍受那些虐待和折磨来伤害自己，（却）很难说服她们受最少的苦来使自己获得救赎”。

英国本土的恐乳症患者也发表了长篇的恶毒言论，堪与布瓦洛的媲美，如未署名的一篇题为《英格兰的虚荣或上帝的声音》（*England's Vanity or the Voice of God*），不过，到了接近艾迪生（Addison）和斯梯尔（Steel）的年代时，典型的批评调门是比较低的。下面的文章告诉我们，束腰在1694年开始返回舞台，作为袒肩低领裙的一种搭配（布瓦洛曾谈到紧束胸部使乳房突出而不是紧束腰部），但此时道德苛评的最初基调只是一种面具。怀着一种机智和积极的情感来看待胸衣和乳房，描述它们陷入了一种性欲的挣扎，这是前所未见的：

> 然后，她们开始把自己的身体送进一间森严的监室，勒成一根细窄的圆柱，只有那最饱满的部分被强行推高到颈部，从痛苦的囚牢中释放出来；她为自己的解放感到骄傲，快活似乎永远与她相伴。至于白皙的乳房，它们是半监禁、半自由的；被遮住的一半猛力地推搡，竭尽全力争取彻底解禁；不过，由于它们太软弱，拼命想摆脱外罩，却反而被完全遮盖了。它们渴望暴露给人看，不停地撞击着衣衫，虽然无法除去这个小障碍，但几乎快要穿透了它。[57]

1710年左右，撑架衬裙成了新一代新闻记者讽刺的靶子。《尚流》（*Tatler*）、《旁观者》（*Spectator*）和《卫报》（*Guardian*）都摆出了一副道貌岸然的架势，就“撑架衬裙产生的根源”展开辩论。人们抱怨说，穿上这种裙子的女人行动不便，随时都有跌倒的危险，“活像一个倒过来的无锤钟”，过路人的小腿时而会被她们的裙子刮破。除了这些明显的弊端，撑架衬裙的性诱惑也受到指责。穿着者自我辩解说，裙架拖在地上带来了凉爽之气，令她们感觉畅快，而且合乎贞操，因为它可防止男人靠近（如旧时的西班牙撑架衬裙）。这些诱人的自卫言辞，成为山定（Shandean）

温和嘲弄的主题，他半开玩笑地说："……众所周知，多年来我们还没有遇到过这么温和的夏天呢，所以，她们抱怨太热肯定不是由于天气的缘故……女人给自己修筑了层层'壁垒'和道道'城墙'，足以防御缺乏教养的家伙们的侵犯。"但这是她的真实意图吗？其他证据提醒我们，"许多身穿最大圆周撑架衬裙的女士并不具有最坚不可摧的贞操"，相反，她们是为了借助这种裙子，增加"脚步运动的自由度，展示裙子下面的美腿和纤足，以此吸引爱慕者，假如她们的脸蛋太平常，不能引人注意的话"。[58] 19 世纪发明的大圆环衬裙具有类似的性诱惑功能。

四、18 世纪：医学界对束腰和其他收缩形式的反对呼声

17 世纪中叶左右，撑架衬裙终于开始衰退，躯干塑形衣开始取代了仅用于美化乳房的胸衣，成为前所未有的批评焦点，遭到来自道德和医学两方面的猛烈抨击。

这种塑形衣本身经历过深刻的变化。17 世纪的紧身上衣（busc）在真正意义上是一种配饰，可随意脱掉（见"导读"图11）；采用巴斯克条及其他硬化紧身衣的手段都相对笨拙，不能根据穿着者的个人体形进行修改。自1650年左右，将胸衣当作一件独立服装的意识开始产生（18世纪和19 世纪时它真正成为独立服装），它的长度增加，及至盖住臀部，两侧通常加入衬垫。柔韧性较强的鲸须条此时受到了青睐，用于取代坚硬的铁条或木片。它比以前裁制得窄一些（减至八分之一英寸），置于巧妙的角度，而不是直上直下的。"鲸须被径直插入臂下，但是顺着前面和背面的接缝呈扇形散开。这样的设计促成了一个更加浑圆的造型，从宽敞的椭圆形领口向下逐渐变细，直至仿佛消失，从而使体形显得格外苗条。前襟的中央接缝往往是呈曲线形的，巴斯克条也循沿这一形状。"[59] 到了18 世纪中叶，给胸衣加衬骨的工艺达到了炉火纯青的水平，鲸须条的宽度和样式层出不穷，根据它们相应的弹性和强度，伸展到身体各个部位，形成弯曲的对角线，甚至横穿胸部和肩胛骨。这些胸衣的系束方式不同，或前或后，或前后都系。前面系带的常被制成裙衣的样式，尤其是同前面开口的长袍裙（如披褶袍裙，battante）搭配的时候。

当然，时尚总是与同时期的舞蹈风格交流互动的。洛可可（rococo）时期的新式胸衣严紧地裹住躯干，上半身加长，但在臀部两侧开气儿，部分目的是为了符合或是取决于舞蹈者的角色。在18 世纪初期，它的制作技术变得十分精巧复杂，在交际中发挥的作用也非常重要。“在跳舞过程中，（舞者的）肋或腰不会有太多的前后弯曲，但她的双肩可以做出微妙和生动的动作——扭曲和倾斜上身的脊柱……由于紧身褡的结构造成的限制，保持和运用上身躯干、手臂和头部的方式发生了演变，并且对脚步变换的风格和整个身体运动的常规模式产生了影响。”[60] 在舞厅之外，胸衣是一个关键的手段，以利用保持一种坚挺的、小心平衡的、“非常有利于运动的”体姿，它围绕着一个中心轴，精确地分布全身服装的重量，以减少调整身体各部位的曲度而产生的压力。

漂亮的、做工精巧的新式胸衣自然获得了某些人的赞赏，正如我们将看到的威廉·贺加斯（William Hogarth）的评点，但他是个少数派，他的声音被医生和哲学家们震耳欲聋的大合唱淹没了，他们诅咒这种胸衣是反自然的、文明腐败的一个症候。由于当时胸衣已经成为一种重要的商品，其生产制造直接影响着根基雄厚的经济利益集团（包括整个捕鲸业），[61] 因此，这类反对声引起了广泛的争议。

18 世纪启蒙运动的主要哲学先驱约翰·洛克（John Locke）给出了提示。在《教育片论》（*Some Thoughts Concerning Education*, 1693）一书中，洛克主要关注儿童服装，恳求将儿童从身体压迫中解放出来。他认为，身体压迫是精神和心理压迫的一个前兆，轻率地给孩子们强加这种压力，对他们造成的伤害将一直延续到成年期：

> 让自然以她认为最佳的方式来塑造身体吧。她本身可以做到比我们指导的要好得多、精准得多。我们可以肯定，如果女人自己给在子宫里的胎儿造型，就不会有完美的孩子出世，如同孩子们出生之后她们经常做的，使劲修改他们的形状。他们很少有形状完好的，不是被紧束的，就是被篡改了许多。……我见到过许多儿童受到了绑束的巨大伤害，我不得不下结论说，有些其他动物，包括猴子，也跟这种女人一样愚笨，用无知的宠爱和过紧的搂抱毁掉了自己的后代。

在接下来谈到中国缠足的段落里，洛克作出评断，西方“束腰”的野蛮程度与缠足极其相似：“窄胸，短促和腐臭的呼吸，痨病和脊柱弯曲，几乎都是硬紧身衣和各种紧勒服装的长期影响造成的。”[62]

绑束儿童的身体是在妇女当中广泛流行的一种习惯和偏方，现代医学试图根除这种不科学的做法。洛克像许多医生那样，由于批评这种陋习而受到了围攻。威廉·康格里夫（William Congreve）加入了洛克的阵营，他在一部关于“性别之战”的话剧《如此世道》（*The Way of the World*）中，上演了一个婚姻契约的故事。丈夫试图让不情愿的妻子保证，在她怀孕（这是她不感兴趣或假装不感兴趣的一种前景）期间不会施行“束腰”；[63] 孩子出世后，不会“压束他，把儿子的脑袋修造得像一只甜面包”。束腰又一次被视为非母性（或反母性）的病症。塑造婴儿头颅的做法不大普遍，不久便在英格兰的城市居民中完全消失了。

关于这类主题的大量文献，其中大部分是用拉丁文写的，湮没在浩瀚的医学专著之中，有待筛选。关于反对胸衣达到高潮的具体年代，可依据索默林（Soemmerring）在《论胸衣危险的一些作家》（1788年）中列举的参考书目来判断，其中列出了1602—1670年间的7篇文献及参考资料，全部是拉丁文的，大多在德国出版。然而，1670—1762年，有27本著作及一些文章和参考资料，其中大多是德文，少数为法文和荷兰文。从1762年到1788年，有超过60部文献，其中2部英文的、1部意大利文的和1部俄文的。

但是，在18 世纪的大部分时间里，反对的呼声只传达给了有限的听众，如专业人士、同行和懂拉丁文的人。在早期的论文中，最常被后来的作家引用的是《论紧身衣》（*De Thoracibus*），1735年在莱比锡（Leipzig）发表。作者是一位撒克逊医师和皇家议员，名叫普拉特纳（Plattner，意为“不朽”）。普拉特纳不同意现有的医学观点——否定任何形式的紧身衣和反对在任何情况下穿紧身衣。他赞成让成长发育中的儿童和妇女适度地穿有弹性的胸衣。他表达的温和立场很快就被由一整套“科学”数据支持的极端观点淹没了。1741年冉–巴普蒂斯特·温斯洛（Jean-Baptiste Winslow）博士宣读了一篇法语论文，是第一篇用本国语在巴黎科学院（Parisian Academy of Science）发表的讲演，其中描述了被胸衣强压而毁伤的肋骨，以及它对肠、肝、肾、肺和心脏造成的损害。他特别关注由于压缩腋下和用肩带而造成的胸肌弱化和腆胸，以及平背综合征（脊柱的自然弯曲形态改变的姿势缺陷）。

温斯洛发现自己处在（或将自己置于）安德里（Andry）医生的对立面了，安德里是巴黎医学院的资深院长和当时最著名的整形外科医师。在同一年，他写的《整形》（*Orthopedic*）一书出版，成为18 世纪欧洲的标准通俗读本。批评家伯纳德（Bonnaud），一位卢梭主义者，指责安德里是怂恿人们追捧超直立姿势的罪魁祸首，如我们欣赏的许多18 世纪年轻女子的肖像所呈现的。伯纳德这样说："作者充满了粗俗的偏见，建议人们狠命地把腹部压扁，肩膀上端后拉，展平肩胛骨和后背，让前胸充分自由隆起，从而形成美妙的身段。"事实上，安德里只是强调昂头的重要性，以及每个生长阶段要更换不同尺寸的"皮克"（一种精心缝纳的紧身小上衣，不一定带衬骨），在胸部上方留出"两指"的空间；但是，值得注意的是，18世纪后期，普遍流行（意即在中产阶级中流行）的腆胸露乳和超级直立的姿势，被视为"粗俗偏见"的产物，卢梭是第一个真正深入探讨这一现象的人。

夏尔丹（Jean-Baptiste-Siméon Chardin）是专注于中产阶级生活的画家，他诗意般地描绘了这种体姿（图1.13）。年轻女子的这种体姿，就像她们在舞蹈中的技艺，是一种基本能力，它在18世纪中期变得无比重要，究其原因，是否由于女人们认为，她们心目中理想男人的结婚动机，越来越出于追求个人爱好、发自一种性的吸引，而不是基于传统的社会和经济考量呢？在这样一个时代，家世不明的博伊森（Poisson）女孩可以被调教、培养成蓬巴杜（Pompadour）侯爵夫人和王国第一夫人。超级直立的姿势（以及束腰）的"粗俗偏见"恰恰是下层阶级中的雄心勃勃者向上攀爬的手段。

图 1.13　拿羽毛球的女孩（J.-B. Chardin, 1737，巴黎私人收藏）

德国的世俗知识分子第一次了解到对胸衣的批评，是通过一部百科全书（1743年的泽德勒版本，现代意义上的第一部百科全书），其中有一篇署名斯诺布拉斯特（Schnurbrust）的长文。它指责说，婴儿几乎刚出襁褓，成人就给他们套上胸衣；长期穿胸衣可导致消化不良、出血、月经失调、流产、疝气和全身虚弱。十二岁女孩的身体便开始从早到晚被装进模具（仿佛放在车床上加工），母亲坚持说，女儿想要比其他人更苗条，直到“你几乎可以用一只手搂住她的腰”。然而，裁缝做不出这么紧的胸衣，女仆拼命勒系束带也无济于事。通过一部更著名的百科全书（见1753年版词条“Corps”），法国大众也获得了这一信息，它或多或少地再现了温斯洛的观点。不过，此时法国医生最关注的问题仍是婴儿的襁褓。例如，布冯（Buffon）在论及襁褓对婴儿发育的危险性之后，只是顺便地将它同年轻女孩穿胸衣的做法进行了简要对比。[64]

第一部真正流行的法文有关专著，作者是布雷斯劳（Breaslau）的一位医生，名叫戈特利布·奥尔斯纳（Gottlieb Oelssner），它的书名同内容一样冗长啰唆：《哲学—医疗—道德的思考：关于为男女青年的骄傲和美丽的利益而发明的几种不良的强制手段。兼谈年轻女士有害地误用胸衣和巴斯克条——戈·奥在晚间闲暇出于博爱之心而草拟》（*Philosophical-Moral-Medical Considerations on the several harmful forcible means devised in the interests of pride and beauty by young and adult people of both sexes. Together with the harmful misuses of stays and busks by young ladies. Philanthropically drafted during evening leisure hours by G.O.*，1754）。依照“骄傲必有约束”的理念（它如今已成为一句箴言），奥尔斯纳不遗余力地详尽考察了对身体外部施压的各类服饰。对于其他的传统弊端，他只是用古怪的医学术语点缀一带而过，如袒肩低领裙引起牙痛、流行性腮腺炎、感冒，以及失忆症。外部压力程度稍次的男性装饰手段包括以下几种：将头发向后狠拽梳成辫子，导致颈部受寒、头痛和心悸（戴硬而紧的帽子有类似反应）；衬衫袖子系得太紧，导致手腕血液流通受阻，双手呈乌紫色；穿戴紧瘦的裤子、领结和腰带的弊端，最要命的是“眼珠都要给绷出来”的紧领饰（neckcloth），咽喉是首当其冲的殉难者（参见第八章）。年轻的男人们抱怨说，如果没有这种“可怕的习俗”，他们会感到缺乏支撑。这种颈部“收缩”（zusammenschnurung——用于胸衣的一个词）的后果十分可怕，妨碍呼吸，导致耳鸣，还会使人面露蠢相。温斯洛曾指出，在斯堪的纳维亚军队中存在这一时尚；我们将会看到，这种领饰继续保留在欧洲军队中。

奥尔斯纳用了近一半的篇幅，共十二章，侈谈女式胸衣的影响，喋喋不休，义愤填膺。他自称“温和派”，即是说不反对出于整形、预防和保护目的而穿胸衣。奥尔斯纳所反对的是紧束的胸衣，他将各种呼吸道和消化道疾病、痨病、惊厥，当然，还有乳腺癌（纯粹是上推压力所致），都归咎于这种衣服。这些“潜行入户的杀人犯”“鞭笞枝条（qualholtz，指巴斯克条）”，引发早产、弱婴、剖腹产、流产和不孕。他叹道，女人努力炫耀“挺拔、单薄、精致、漂亮和苗条”的举动是男人照准的。更糟糕的是，女孩子们“心甘情愿地折磨自己，习以为常，犹如每天的面包，没有它便不能生存”。

温斯洛仅仅简略地提到了鞋类的危险性，奥尔斯纳则是对鞋子发起连续攻击的第一人。[65] 他指出，高跟和尖头鞋造成跛足、内翻脚趾和痛风。一个女人把她的脚塞进时髦的鞋子里，就像骆驼试图穿过针眼一样艰难；穿上那么紧的鞋子之后，人会紧张得冒冷汗甚至昏厥。高度达四分之一厄尔（ell）、向内弯曲的鞋跟（德国人称之为holtzer，或klotzei）像高跷一样，穿着者行走十分困难，她们没有经常跌倒，摔断胳膊、腿甚至脖子，简直是一个奇迹。

紧随愤怒的奥尔斯纳之后发表的一部讽刺论著是：《由服饰引起的妇女疾病》（*Diseases of Women Caused by Their Apparel and Clothing*），作者是萨根（Sagan）的普鲁士皇家医生（Royal Prussian Physician）克里斯蒂安·莱因哈德（Christian Reinhard，1757），他的批评不那么尖刻，而是采用了戏谑、劝诱，间或同情的口吻。他甚至提供了一些相对无害的美容治疗诀窍。即便如此，他发出的警告也是很吓人的。该著作同样冗长至极，整整两大卷八开本，共326页，典型的德国式学术文献，严谨繁复，绝无漏缺。莱因哈德层次分明地从头到脚考察了人体的每一部分，下面我们仅概括其中一些似乎新颖的论点（奥尔斯纳和莱因哈德的著作现均为珍稀本）。

莱因哈德预期了二十年后的一个讽刺主题，当头饰的高度确确实实达到极致时，他想象说，油脂和扑粉将把汗毛孔堵塞，头皮成为虱子的滋生地，因为痒得厉害，头皮又被手挠破。常用的化妆品如胭脂和朱砂将导致口腔癌、牙龈腐烂、牙齿松动、气息腐臭和流眼泪。白色化妆品含有含银氧化铅矿物、乙酸铅、牛胆汁精或安息香酊，最终会使皮肤变成黄色和棕色。还有一些人为了美白皮肤（如蒙田所观察到的），竟然吞吃生荞麦、炭灰、白垩、石膏、生明矾甚至砷——作者惊诧道："这是多么淫荡无耻啊！"还有那些拉伸额头皮肤的人，欣然地承受更多的折磨。扎耳朵眼儿（据莱因哈德说，人们荒谬地认为它可以防止体内水分蒸发）也是一个痛楚的过程，戴硕大耳环的人"天生具有基督徒式的忍耐力"。

在对待袒肩低领裙的问题上，作者的温和态度便荡然无存了。袒肩低领裙，用我们已经熟悉的大胆比喻来说，是性展示的"熟肉铺子"（erdffnung der fleischbank）。妇女们正是从屠夫那里学到了让客户馋涎欲滴的伎俩，好比是做肉馅包子和烤火腿（nierenbraten），她们把乳房塑造得看上去如同即将蹦出烤炉的喷香面包。就像狗熊在冬眠时自耗能量一样，女人们为美丽而献身。除了塑胸，还要束腰，女人的坚忍耐力实在是令人咋舌，可她们的动机到底是什么呢？"女人用衣服把自己束缚得那么紧，难道不是像把灵魂关在牡蛎壳里那样受罪吗？她们为什么要对自己的身体施加这样的暴力呢？也许是出于感性？哈！这是一种很不错的感觉，而且相当新奇有趣！然而，也许在经受了这种折磨之后，快乐的体验比先前的痛苦放大了一千倍，她为自己未来的快乐押下了赌注。"这种"未来的千倍快乐"到来的时刻，大概就是当她终于脱光了一切，投进了胸衣引诱和期盼的情人怀抱吧。

莱因哈德显然是处于矛盾的压力之下，一方面，他毫不留情地谴责女性的虚荣，另一方面，他怀着同情心看待女性的性意识——它通过服装而增强，成为一个独立实体。在传统的争论中，如希波克拉底（Hippocratic）医学所坚持的，认定女性的性感知是远远低于男性的；而莱因哈德大胆地指出，她们的性感知远非低下，最新的实验证明，女性的性高潮实际上比男性的更持久也更强烈。我们不必关注他列举的种种奇特的证明，这一论点本身，以及任何专为敏感的年轻女性写的讨论女人性欲的书，在当时都不外乎是一种丑闻，且以下面这件煽情挑逗（否则与本书不相干）的逸闻为例：有个女孩声称，一位有钱的绅士把她的肚子搞大了，可是他拒绝承认。在法庭上，女孩斥责他撒谎，理由是否则她怎么可能知道他的阴茎上长了个疣呢？他的确有一个，于是她赢了这场官司。但其实是她撒了谎，他的鼻子上有个疣，她由此揣测他的阴茎上也有。因有这样的说法："根据少女的嘴可以判断她的阴唇大小，从男人的鼻子可以估摸他的阳具尺寸。"依据前者，20 世纪的时尚设计出了大量的等同物件；从后者之中，波普艺术、习俗和幽默界获得了无穷无尽的灵感。

紧身褡贸易业毫不迟疑地跳出来自卫。现存最早的一部有关文献，出自一位专制女服的大师道夫蒙特先生（Sieur Doffemont）之手，他为皇室家族的许多成员制作紧身褡。1754年初版时，它是仅有12页的广告宣传品，4年后第二版时篇幅增加到两倍，随后重印了3次，最后一次是1775年。这本名叫《健美体魄》（*Corps de Sante*）的小册子获得了皇家外科学会（Royal Academy of Surgery）的赞助和专利，也得到了医学院和法院的认可。

道夫蒙特的书中所提供的指南，虽然在乡村用处不大，在城市却是不可或缺的。他指出，城里的人口密度太大，儿童呼吸的空气过于污浊。依据儿童身材发育的规律，采用适宜的护身衣和束带，可以保护婴儿的"软蜡状"躯干，直到他们的骨骼完全发育坚实，这种做法对男孩和女孩都适用，而且，男孩开始穿裤子时，胸衣不应立即去除，而是应当继续保留，甚至一直到青春期。许多成年人，如运动员和伏案工作者可能也需要穿。（那时通常穿胸衣的男人是不是比人们一直认为的更多？）重要的是（此话既是提醒儿科医生，也是针对胸衣制造商说的），随着孩子的成长发育，胸衣应每年更新。此外，在夜间也不应该脱掉，试想一下，园丁们会在晚上将支撑小树苗的木桩（法国的园丁有时称之为"胸衣支架"）撤掉吗？（我没有发现任何证据表明夜间胸衣曾普遍流行。）

道夫蒙特回避了一个令人尴尬的问题，即成年人依赖胸衣和年轻女性过度紧勒的倾向。他所关注的是儿童，以及受到废奴主义者和卢梭主义者威胁的常理。在另外一个阵营里也有他的敌人：工程师们迫切地采用各种巨大的钢制器械来解决所有的骨科问题。彼时（1733年），就在发表温斯洛反对胸衣等论文的同一个科学院，已经批准了“一种保持双脚外张的器械和一种保持头部高抬的器械”。[66]

道夫蒙特强调一个事实，他自己制造的设备，包括纠正脚和腿的箍具，均不采用五金材料（他很鄙视废铜烂铁），只选用最柔韧的鲸须。对有些人患有的头颅前趋或侧面下垂的毛病，他推荐使用鲸须项圈来支撑。三年之前，艺术家威廉·贺加斯曾经哀叹人们常用“钢领和其他铁器”来解决这个问题，所以，道夫蒙特的鲸须项圈看起来或许是一个明智的妥协办法。贺加斯本人是研究服装和行为理论的睿智学者，他想出了第三种更为温和的解决方案：将带子系在头发上，然后固定在衣服背后，完全不用触及咽喉。[67] 在系列作品《时髦的婚姻》（*Marriage a la Mode*）中，有一幅“江湖郎中”（Quack Doctor）的场景（1745年），贺加斯怀着滑稽的敬意，展示了法国天才创造的骨科器械：一套烦琐、复杂的，恶魔般的铁制品，看上去像一台印刷机。然而，（据法文的标注）皇家科学院已经批准了这项发明，用它来矫正双肩不平衡。监管这台凶险器械的是一名最具毒蝎心肠的庸医。

德国里昂（Lyon）的一个名叫雷瑟尔（Reisser）的裁缝，提出了一种折中的辩护（1770年），他一方面指责同行们造出这些可怕的、适得其反的机器，另一方面反对一种新的希腊式超级轻便的设备，声称它会导致佝偻和腆肚。他不同意卢梭主义者对未穿胸衣的农家姑娘的赞美，他发现她们的体姿不良。雷瑟尔给出了合理制造和穿用胸衣的各种技术提示，例如，顶部和底部孔眼的距离应当比在中间的近；拉束应自上而下，而不是从底到顶。这些做法能够减少过度紧束腰部的风险。一个世纪后，上述两点建议被束腰迷们采纳并且反其道而行之了。

来自这一行业的自我保护，还应包括百科全书收入的有关胸衣制作的精细插图，显然都出自于服装设计工作间。它们是最早的一些款式，确证了胸衣的构想像其他插图所展示的工艺发明一样，也是技术和社会进步的证据，因而与收进同一本书的反胸衣观点相抵触。在竞争日益激烈的胸衣制造行业中，这类“商业秘密”的泄露必定引起了生产厂家的强烈不满。第一本完全揭开胸衣制作奥秘的技术手册是在科学院的主持下出版的，作者是神父加尔索（A. de Garsault），题为《妇女和儿童服装裁剪艺术》（*L'Art du Tailleur de corps de femmes et d'enfants*，1769年）。该手册对不同类型的胸衣，包括骑马和孕期胸衣，男孩和女孩胸衣，以及专为宫廷制作的令人敬畏的服饰，均提供了详细的使用说明。

在法国，大众范围内对紧身褡的仇恨心理发酵比在德国稍晚，其产生的背景是让-雅克·卢梭的《爱弥儿：论教育》（*Emile on L'Education*）一书引起的白热化争议，且不说是丑闻，该书在1762年被禁。它产生了极大的累积效应，引起母亲和教育工作者的巨大关注，在该世纪的后半叶，没有任何其他有关非自然服饰危害性的著述可以与之相比。卢梭认为，做父母的仅应努力避免惯坏孩子和干扰自然，不宜过多地用教育侵扰孩子。在孩子生长的初期，应当让他穿宽松的衣服，正如应当让他呼吸新鲜空气和洗冷水浴一样，是“去除教育”的一个方面。卢梭绘声绘色地描述了当父母沉溺于无聊的娱乐生活时，把孩子放在保姆家的惊人情景。宝宝被紧紧地包裹、捆绑着，他尖叫、哽咽，脸色发紫，就像墙上那个被钉在十字架上的婴儿耶稣（这种十字架在19 世纪末仍可见得到）。[68] 而农家保姆置若罔闻，漫不经心地做她的家务。

“所有这些限制自然人体的做法，包括对身体和头部的装饰，皆是低俗的”，爱弥儿在婴儿期没有被裹在襁褓里，当然后来也不会穿胸衣。但是，同他相对照的女孩索菲，在儿童期和青春期一直穿着胸衣，独特的审美和道德观的争论是不可避免的。卢梭的出发点同新古典主义者温克尔曼（Winckelmann）的观点一致：古希腊服饰具有的优越性。他第一次将之同现代的“哥特式”（Gothic，广义上指任何非古希腊式的或没有品位的服饰）进行比较：

所有这些哥特式羁绊，这些繁复的绑束……他们（古希腊人）都没有。古希腊妇女不知道使用鲸须胸衣，它导致我们的身材畸形而不是增进美观。我相信，假如这种无节制的做法在英国泛滥，达到惊人的程度[69]，最终将引起种族退化。一个女人被切成两截，看上去活像只黄蜂，实在不令人赏心悦目，相反是冒犯视觉和摧毁想象力。纤细的腰，像人体的其他部分一样，具有一定的比例和合理的尺寸，超出这个范围便无疑变成一种缺陷；有这种缺陷的裸体或许会令人惊骇，可为什么裹在衣服里她就成了尤物呢？[70]

只要将“自然”理解为一种绝对的、严谨的美德，卢梭的严苛评语便似乎无懈可击。这位哲学家的名言被19 世纪的改革家奉为圭臬。但是，我们必须从卢梭对女性的基本态度的语境中来理解他对胸衣的谴责。无论他的教育理论（主要是为男孩构建的）显得如何先进，女权主义者指出，卢梭的妇女观毫无进步性可言。卢梭认识到，胸衣具有的将女人身体性感化的功能，是同他主张的教育体系（以牺牲性成熟为代价来培育道德意识）相对立的。性成熟阶段是一个危险的时期，尤其是对于喜欢同男孩调情的女孩来说。女人天生低级并受男人主宰；她的风姿美貌威胁他的道德人格，任何试图增添女人魅力的行为都是伤风败俗、腐蚀人心的。卢梭对性和审美（及艺术）的这种清教主义态度，日后逐步进入了19 世纪服装改革的主流。

18世纪70年代，卢梭的观点获得了医学界的支持，第一部受欢迎的法文专著是博诺（Bonnaud）的《胸衣导致人类退化》（*Degradation of Mankind Through The Use of Stays*）。该书反对所有类型的胸衣，它阐明，以有助于塑造体形为借口，从出生的第一刻起即开始用紧身衣来摧残人体，是一种违反自然规律的行为，它造成人口增长率降低，并且可以说，导致人类的退化。这部书的构想是一本方便易携（仅219页八开本）的大众普及读物（现在肯定是珍稀罕见了，20 世纪以来从没有作家见到过原本）。然而，从它的内容看，部分是借机介绍解剖学和生理学的术语及操作程序，因而成了一部综合性的医疗手册，内容包括肿瘤、脓肿和癌症，以及中风、癫痫和癔症之类，供可能无照行医的人使用。

其中最有意思的和令人义愤填膺的是有关流产的十几页论述。发明紧身褡的目的纯粹是为了减少地球上的人口。很多已婚妇女满不在乎，丝毫不考虑预防（博诺假设的）意外流产的问题；未婚女性则故意穿紧身褡，因为发现它是所有堕胎偏方中最简便灵验的。博诺的一位德国同僚考茨斯基（Kositzki）直言不讳地说，在怀孕期间束腰比采用其他任何方法堕胎都更有效，因而要求执法部门出面干预。它是只适合于妓女的一种惯常做法。博诺得出的惊人统计数字表明，在乡村里，“10000例妊娠中几乎找不到一例（死胎）”，幸运的农妇们非常健康，在怀孕期间没有感到任何不灵便，能够愉快地继续劳作，直到分娩的一刻；而城市妇女呢，在整个孕期遭受着各种疾病的困扰。流产、死胎和弱婴是城市的瘟疫。

18 世纪最后四分之一的时间里，在法国特别是德国，反紧身褡的呼声日益高涨。来自妇科学界的谴责是，紧身褡可导致孕妇在任何时候甚至妊娠末期流产，或造成难产，或由于乳头被压扁甚至内陷而造成哺乳困难，以及滞后的一些健康问题（据称，即使一个女人在结婚后停止束腰，已侵入体内的疾病仍将缠扰她一生，直到进入坟墓）。

我们可以挑出给束腰者作出阶级定位的一些文章，特别是考茨斯基在1788年指出的，最难接受规谏、停止实行束腰的妇女是来自上中层阶级（他显然与上层阶级没有接触）。同一年，另一位匿名的德国作家发现，“阶级和学习成绩”低于上层的德国女孩们有一种倾向，她们试图模仿上层，尤其是把自身的境况归咎于法国家庭女教师——她们出身低下且无甚学识，却要负责她们的教育。其他来源表明，在荷兰，甚至有工薪阶层的妇女追逐这种广泛流行的“时尚”；这些妇女觉得不穿上非常硬挺的（可能亦是粗制滥造的）紧身褡上街，会招人耻笑。[71]

在丹麦，下层阶级（“普通百姓”家的女孩们）也愿意穿压平乳房和乳头的胸衣，它的质地很硬，做工粗糙。托德（Tode）是一位皇家医师、哥本哈根大学（University of Copenhagen）教授，那一代人中唯一自称“温和派”的专业人士，他很喜爱女人的乳房，反对取消紧身褡，建议采用较轻便的英国式样，推崇制作精良的仅约束乳房下部的胸衣。他建议，富裕阶层应当指导穷人如何在家里自制胸衣。据记载（1763），瑞士一座无名小镇的妇女必须穿粗糙低廉的胸衣，这显然是镇上的一条规矩，教会强制上教堂的妇女穿“用粗铁条锻造的紧身装具”；倘若任何人出于妇科的理由要求宽免，必须出具医生证明并缴纳一定费用；不能穿这种装具的孕妇就暂时不许去教堂。[72]

博诺的论著发表两年之后，阿方斯·勒鲁瓦（Alphonse Leroy）医生出版了《妇女和儿童服装概论》（*Woman's and Children's Clothing*）一书，用了一半的篇幅，近200页，着重讨论胸衣问题。其中谈到一位医生，他声称亲自解剖了一名实施束腰的劳动妇女的尸体，因此能够根据第一手资料，记录下肋骨变形、内脏"流离失所"、胃萎缩等情形。勒鲁瓦还引用了社会等级另一端的两个例子，首先是一位伯爵夫人的遭遇，她的一根肋骨非正常下移，插入了较窄的骨盆；另一个是先皇后玛丽·莱津斯卡（Marie Leczinska，1703—1768年），尸检显示她的胸腔凹陷，肝脏受到压迫。如果勒鲁瓦的描述是事实，这不可能是束腰引起的，因为艺术家的本能是要让画中人显得苗条，从这位无可指摘的女王的诸多肖像来看，她的腰身一直较宽。即使依照当时的标准，勒鲁瓦的夸张和渲染手法也是很极端的：他声称百分之九十癌症病例的诱因是紧身褡，"这副野蛮装具的破坏力比一场肆虐亚洲和非洲的瘟疫还要凶猛"。

据勒鲁瓦说，英国制作的胸衣比法国的要合理一些，它没有把胸的上半部压迫至腋窝，手臂可以自如地活动。英国妇女也舍去了肩章（它曾是胸衣的一部分，用肩带固定到腋下），因此，她们的手臂要白皙润泽一些，没有被挤得发紫。勒鲁瓦说，早期的胸衣只用于青春期（这是他的一个错误理解），那时的衬骨比较坚实耐用，"即使最可怕的'刽子手'，也并不总能成功地折断肋骨"。他的悲观结论是，这种风气不是趋于减弱，而是变得越来越糟。人们并不理会卢梭的说教。

勒鲁瓦也对滥用紧吊袜带（garters）和颈部饰物（neckwear）展开了批评，[73] 直到那时，这类花招相对来说尚未受到谴责。法国人特别迷恋吊袜带，通过它来增进腿部美观。它会导致小腿肿胀，据心脏病权威冉-巴普蒂斯特德·赛那克（Jean-Baptiste de Senac）称，许多士兵因此死于下肢水肿和水肿病。1797夏天，普鲁士国王弗雷德里克·威廉二世（Frederick William Ⅱ）穿着长裤出现在公众面前，其用意正是试图打破要求青年使用吊袜带的专横习俗。莎士比亚剧《第十二夜》（*Twelfth Night*）里有这样的一幕，从中可以窥见痴迷紧吊袜带的古代风习——马伏里奥（Malvolio）为了打动奥利维亚（Olivia）的心，故意穿着带"交叉吊袜带"的黄色长袜来到她的面前，众人皆知她最讨厌这种时尚。"你会令我伤心的"，马伏里奥勇敢地对她说，"这个东西，这交叉吊袜带，的确是会阻碍血液流通；

可那又怎么样呢？”[74]

一位英国作家写到关于七年战争期间法国军队的着装指令，他咎责说，由于法国人的颈部饰物过紧，他们比其他国家的人更容易罹患中风。[75] 勒鲁瓦引用这位英国人提供的史实时，只字不提舒瓦瑟尔（Duc de Choiseul）公爵和他麾下的军队，毫无疑问是为了避免冒犯他们。

> [由舒瓦瑟尔公爵引进法国陆军的] 这种领结逐渐成为法国军服的组成部分。设计者们绞尽脑汁，发明出尽可能多的款式；单从外观考虑，每一种改动都更具伤害性；[本来已经加了羊皮纸和纸板衬] 又插入一根可卸木条，使它变成像铁一样硬的项圈。木条主要遏制咽喉，并且压迫整个颈部，致使眼珠几乎绷将出来。佩戴者的神情变得十分怪诞、极不自然，他们经常产生眩晕和昏厥，或至少是流鼻血。每天的野外训练过程中，至少有一两名士兵需要医疗救护，他们的病症都是过度收紧领结引起的。各种尺寸的脖子，无论长短粗细，都戴着一模一样的领结，在很多情况下，佩戴者的脖子很难转动，几乎无法服从“向右转—向左转”的口令，也根本不能低头鞠躬。[76]

后来的富于社会意识的作者强调说，如同紧吊袜带，设计紧领结的目的是为了让士兵们“满面红光”，显得健康，从而掩盖他们忍饥挨饿的真相。[77] 我们从教育家万斯（Vieth）那里得知，这种做法在该世纪末也传入了德国军队，他在《运动百科全书》（*Encyclopaedia of Sport*，1795年）中提供了有关的医学信息：“血液通过动脉被推入四肢的力量，比之后从静脉返回心脏的更大。通过压迫喉部的血管，血流被推经由动脉，但不能迫使它返回，于是便导致了头部血液积聚及所有不良后果。[78]

正如将内脏的损害归咎于束腰，军服的颈部饰件也被安上了种种罪名，对此我们不能毫无保留地采信。军服领饰的背后可能隐藏着一种严重的政治偏见。普通士兵是作战的主力，尽管他们可能经常吃不饱，但是很难相信指挥官会允许或怂恿他们压迫喉咙来掩盖饥饿状态，或让他们的身体明显变得虚弱。至于和平时期的浪荡军人阶层采用的限制身体的伎俩，正如我们将看到的，是另一码事。事实上，在拿破仑时代，政治偏见是很严重的，英国人，尤其是一些漫画家，将法国军队的领饰当作法国奴隶制的一个典型标志。漫画描绘拿破仑的“志愿兵们”在征服英国的途中，被锁链绑在铁衣领上，虽然全身肮脏邋遢，但仍然系着皮革领结，硬撑着军人的形象。[79]

显而易见的是，18世纪70—80年代出现了一种两极化现象，尤其是在英国，同一个世纪之后的情形相似。外国人注意到，一方面，英国妇女，甚至是乡村的妇女，“无论到哪里去，总是穿着紧束身体的衣服”；另一方面，越来越多的渐进式家庭采纳了卢梭的“自然教育”系统，他们的孩子不用襁褓也不穿紧身褡：“必须承认，事实上，现在女婴的柔嫩四肢和身躯享有比从前更多的自由了。”[80] 艺术界也加入了哲学、教育学和医学界的讨论。著名的艺术史和艺术理论家温克尔曼（Winckelmann）在《论模仿古希腊人》（*Thoughts on the Imitation of the Greeks*，1755年）一书中确信，古希腊人的所谓赤身裸体的习惯，培育了他们的卓越品位和健美体魄，而紧密绑束颈部、腰际和大腿的做法，则制造出了精神和身体走向退化的人种。现代时尚的扭曲失真和古代风范的自然完美形成鲜明对比，随处可见，在鲸须装具里呻吟的巴黎妇人同古典的维纳斯（Venus）之间，形成了一种永恒的对抗。[81]

古代雕塑揭示出英雄种族的“神圣比例”，他们是依据神的形象塑造的。启蒙主义的一种典型观点认为，缺乏美感是不道德的。一首很受欢迎的说教诗故而这样谴责对“神的形象”做任何修改：

> 天哪！人的头脑
> 竟然相信，甚或以为有能力
> 改变神祇依据自身形象创造的人类原型，
> 想象力是多么乖戾。
> 篡改神圣的比例，
> 奢望变得优雅美丽！
> 愚蠢地把丰美腰肢勒得像昆虫的细筋，
> 以炫耀年轻女郎的情色魅力！[82]

甚至在艺术学校里也申明穿紧身褡的风险。温克尔曼的弟子，英国最重要的艺术理论家、肖像画家和皇家艺术学院主席约书亚·雷诺兹爵士（Sir Joshua Reynolds）告诫学生们，抵制那些“折磨身体或损害健康（的时尚），譬如阿塔海特岛［Otaheite——塔希提岛（Tahiti）的旧称］上的某些风俗，还有英国女士严格束身的做法”。这位解剖学教授总是利用讲课的机会，花上几天时间，向学生论证这些做法对健康长寿的危害。[83] 雷诺兹爵士以他笔下的肖像人物的服饰来树立样板，或鼓励他的模特穿古典的打褶连衣裙或宽松飘垂的新古典主义服装。根据18世纪70年代和80年代里较出色的英国肖像画来看，人们大概会假定，在精英圈中，束腰已经被永远地抛弃了。贵族也许是最早将着装古典化的；但是在社会下层，束腰风气似乎更加浓厚了。

到了18世纪60年代，女士们的衣着通常比较随便，宽松的高腰礼服，没有蓬松衬裙，也不穿胸衣，或只穿一件轻巧柔软的内衣，法国人称之为紧身褡。这种不拘泥于礼节的新风尚偶尔给了人们一点轻松的空间，将妇女从死板、浮华、虚伪造作中解救出来，并且容许她们变换角色：“一会儿像贵格教徒般简装素颜，一会儿又是夸张的泡芙；/方才穿着考究的胸衣，转眼变成一个邋遢女；/昨天穿法国高跟鞋，今晚舞会又换上了低跟；/眼下拖着可怕的撑架衬裙，待会儿又戴着脚夹行走；/蓬松衬裙紧贴着鞋子后跟，仿佛是条缠绕的海蛇。”[84] 贵族们厌倦了严苛的旧式宫廷礼仪：“我们开始放弃将儿童囚禁在鲸须‘胸衣’（corps）里的野蛮习俗……成年女性也只在特殊场合才穿它们。人们凭借品位和理性选择了轻便和柔软的新式‘紧身褡’，旧式的仅保留在宫廷服装，以及留给那些嗜好所谓优雅的硬挺、紧掐腰身的人们。”[85]

自出生以来从未接受过传统训练的女孩数量增加了，对她们来说，初次穿上完整的胸衣，或叫作宫廷胸衣（大胸衣），是一个极其严峻的仪式。著名的儿童文学家让利斯（Genlis）夫人从小是个野孩子，没有受过正规教育，经常穿得像个男孩。她的回忆带着某种殉教的意味：

> 第二天，我要去社交场上正式亮相，皮西厄（Puisieux）夫人和德安曲（d'Etree）简直就是在迫害我……她们让我穿上“大胸衣”出

席晚宴，为了让我感觉比较适应，她们解释说，“大胸衣”裸露出肩膀，裹住上臂，非常紧身；此外，为了炫耀我的腰肢，她们把它束得很细……整个晚宴过程中，人们一直不厌其烦地评论我的全身装束。我什么东西也没吃，因为我被勒得那么紧，几乎连气都喘不过来了。

不过，在激动人心的出场仪式中，她忘掉了所有的不舒适感，表现得十分出色，国王（路易十五）对她格外留意。当让利斯夫人回忆起这些往事时，她的心情颇为矛盾。在君主政体已成为保守势力的时代，她竟然还在捍卫旧政权下的事物，她认为，扩张胸部和将双肩后甩不仅是美观的，而且具有生理上的优长：“自从抛弃了胸衣，妇女患胸部疾病便增多了。”[86]

通俗小说也描绘了向上层攀爬的年轻女子形象。一位女士为了第一次在宫廷亮相，精心改变了自己的装扮。她的口气既夸张，又带有讽刺性的顺从意味：“可怜的威妮弗蕾德……她使劲帮我系紧新的法式胸衣，拽断了两条束带。你知道，我天生就很小巧，现在，你没准真的能一只手就把我搂住了。你还从没见过像我这么俊俏的女孩吧。可是，它（胸衣）这么紧地横压着，真让人受不了，我的胳膊酸痛得要命；我的腰也快给掐断了——可这是时髦啊；骄傲令人忘却痛苦……能够激起他人的钦羡便足以让我感到欣慰了。”[87]

从上述引文可以看出，胸衣倾向于压缩腰部而不是整个躯干，一篇日记的作者也证实了这一点，她提到十六岁的妹妹在成年礼舞会上亮相的情景。那是1780年，“根据当时的时尚，完美的形象是腰肢越细越好，据说领衔大美人拉特兰（Rutland）公爵夫人把自己的腰压缩到只有一个半橙子那么小。许多可怜的女孩试图与她媲美，严重地损害了自己的健康。”[88]著名的女演员伊丽莎白·法伦（Elizabeth Farren）可以说是该时期的另一位时尚楷模（见图5.5）。

女性作家的作品中表现出的唯意志论，同男性资产阶级批评家提供的证据形成对比，她们磨刀霍霍地反对贵族，将可怜无助的资产阶级新娘遭受的“时尚”痛苦，归咎于贵族求婚者的堕落品位。[89]束腰是暴发户的而不是贵族世家的习气，假如我们的这一理论成立的话，也许可以赋予下述事实特殊的意义。当时法国无可争议的时尚领袖、未来的王后玛丽·安托瓦内特（Marie Antoinette），号称是彻底摒弃紧身褡的，这符合她公开赞成的卢梭所主张的“自然生活方式”，并身体力行（诸如她曾亲自干挤奶的活儿），但是她的母亲、皇后玛丽亚·特丽萨（Maria Theresa）在这方面是女儿的一位最亲近的顾问，她认为这反映了玛丽放纵和追求舒适的性格，她是耍孩子脾气。玛丽·安托瓦内特不穿胸衣在公开场合露面的习惯，在维也纳和巴黎之间引起了一系列外交交涉，其结果是维也纳取得了胜利，大使欢呼道：“多芬（Dauphine）夫人又穿上鲸须胸衣了。”[90] 玛丽·安托瓦内特本人不穿胸衣的动机，撇开上层阶级的品位趋向因素，很可能是为了炫耀自己的高贵香肩，那是令她感到非常自豪的一个亮点。

到了1785年，用胸衣束身据说达到了“惊人的程度”，尤其是那些“十五六岁的迷人小姑娘，渴望展示美貌，用自己的少女‘细腰’配上成熟女人的‘充溢乳房’”勾人眼球。一位作者不同于当时或之后的大多数评论家，他郑重地承认，“女士们在所有衣服和装饰的压迫之下，甚至当她们感觉不适、行将晕倒时，都表现出快乐、健康的样子”。此外，他觉得，正常呼吸受到抑制不只是一种倒霉的副作用，而是有意让“女士们娇喘吁吁的一种设计，每一次呼吸仿佛都是一声动人的呻吟”。[91]

较先进的欧洲国家的政府，大体上都放弃了试图通过禁奢法的手段来规范和限制公民私生活的做法。然而，有一个国家，将普遍接受的开明观点制定成了法律。奥匈帝国颁布了反胸衣法令，虽然只在公立学校执行，却显然是针对每个城市家庭的。起草该法令的不是他人，正是奥匈帝国的皇帝约瑟夫二世（Joseph Ⅱ），他热衷于向帝国的百姓灌输全面和渐进改革的思想，过问他们的日常生活细节。他在18世纪80年代推行了普及义务教育，同时他又禁止农民烘烤姜饼蛋糕，“因为它会伤胃”；他来决定动物园是否应该购买一匹斑马，并不准女孩在公立学校里穿紧身褡，特别是当她们必须跟男孩们待在同一房间里的时候。[92] 十分清楚，约瑟夫二世意识到了紧身褡是诱惑的工具和对生育的威胁，这不同于他的母亲玛丽亚·特丽萨，她将紧身褡看作一种戒律和教化，这些一直是他在教育和政治上的指导原则。也许，约瑟夫二世将紧身褡看作典型的法国人品位，他在这一点上反对母亲的观点，无疑增强了他对法国的敌对心理，从而制定了反法政策。

这是历史上第一和唯一的一部关于取消紧身褡的综合性法令，故值得全文引用如下：

> 鉴于世人皆知，穿胸衣将会导致有损女性健康并阻碍她们正常发育的危险后果；胸衣压制身体不能够有效地强化体魄，尤其是不能提高婚后的生育能力，因而，特此颁布此法，立即生效。禁止所有孤儿院、修道院及其他专为女子设立的公共教育机构要求或鼓励穿着任何形式的胸衣；并且，建议所有专科学校和寄宿学校的校长们，不应接收或录取穿胸衣的女孩入学。此法令还要求医科大学的所有学生，依据个人的能力立即撰写一篇论文，论证胸衣对女童的成长发育造成的实质性伤害，为家长和教师们提供正确的信息。有些家长和教师是出于期望子女或学生获得英俊身材而这样做的；有些人经济不富裕，在孩子的生长发育过程中没有及时给她们更换合体的胸衣，或者虽有经济能力却忽略了这样做。上述研究论文将免费发行，散发给公众；在我们的整个国家里，越少穿胸衣，就越能培育出健康的儿童，造就优秀的民族。[93]

人们普遍（至少在奥地利之外）认为，这项法律的出发点是良好的，但实施效果甚微。在19 世纪的奥地利，妇女和执法官员是实行早期形体训练的两个群体。维也纳警察局的弗兰克医生坚决要求警官们积极地遵循上述法律，也无甚成效。[94]

1785—1788年间，皇帝呼吁帝国医学院炮制宣传“论文”，获得了德国各地医生们的积极响应，一时间发表了大量鸿篇巨制。其中最有名的是索默林医生（他主要因发明一种新的电报系统而为人所知）的一部专著。该书最初是提交给1788年在史内帕芬塔尔（Schnepfenthal）举办的一项论文竞赛——由萨尔斯曼进步教育学院（Salzmann’s progressive Educational Institute）发起。在随后的几年里，这部书多次增补重印，并成为19 世纪这一领域的标准专著。比起前人的有关论述，它侧重于冷静分析，较少狂热。当时，妇女实行束腰的情况确实仍然很严重，而且，呜呼哀哉，蔓延到了年轻的男性。据索默林的调查，1760—1770年的十年间，在柏林和德国其他地方确有年轻男子束腰的风气，在荷兰则达到了极端的程度。家庭中选出最英俊的男孩子，给他们穿紧身褡，其结果是，所有在童年时代“严格和持续地”穿紧身褡的男孩们，成年后便开始出现驼背或耸肩的畸形症状；女孩们由于脊柱相对柔软，对这种训练的承受力有时会强一些。

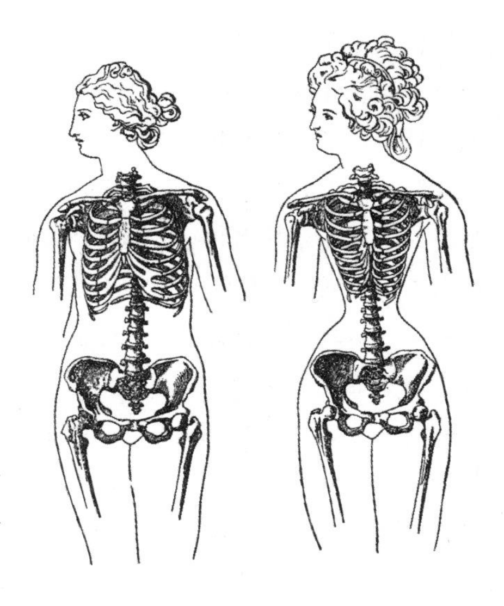
图1.14　为塞缪·索默林作的插图（1788）

不过，对女性内部器官的摧残仍然是很可怕的。索默林是天底下最有条理的人，详细列出了以下多种疾病：13种头部的，23种上身的，51种下身的，以及12种一般疾病如癫痫、忧郁症和器官衰退。在这本只有84页的书中，作者只能用有限的篇幅阐述怀孕和分娩的一些主要危险，而年轻的女性们似乎对此过于漠视。他确证了自愿束腰的十几岁女孩的遭遇，在胸衣被解除时，她们经常会昏厥。不过，索默林多是道听途说，而不是亲自观察到的；实证观察结果并不总是符合医学的教条。他曾见到一个女孩，她勒得过紧的腰肢吸引了他的注意力，他默认，除了束腰的问题，她的“身材还是很漂亮的，而且没有显得不健康”。

正是索默林，第一次给我们提供了比较腰围的统计数据。古希腊女神维纳斯的腰部周长是头部的两倍，索默林医生认识的两个年轻女性（其中一个“体形很漂亮”）的测量结果是，腰围比头围要小得多：第一个女孩是22英寸的头围和14英寸的腰；第二个是18英寸的头围，15英寸和30英寸的腰围和胸围。有一张图片（图1.14——在整个19世纪里它被不厌其烦地转载），将梅第奇的维纳斯（Medici Venus）的躯干与追求时髦导致变形的女人躯干进行比较，后者作为压束程度的准则，“甚至连胸衣的捍卫者们都发现它一点也不算太细、太薄，或如俗话所说的太像黄蜂”。

当索默林完成他的那本书时，反服装时尚已经成为医学论文的一个时髦主题。在这一语境之中，另一位著名的医生开辟了一块相对新的处女地。彼得勒斯·坎普尔（Petrus Camper），索默林的一个荷兰朋友，第一次出版了关于高跟鞋的专著，它是一本持温和立场的小册子，获得了广泛好评。[95] 坎普尔是当时知名的骨科专家、阿姆斯特丹的解剖学教授，现在被认为是早期的进化论理论家。首先，他对讨论如此琐细的问题幽默地略表歉意，承认不合适的鞋子一直是令他着迷的问题，然后，坎普尔从脚的几何学和运动学入手，观察女人穿高跟鞋的行走方式，发现她们像绝大多数的四足动物那样用脚趾走路，并且需要调整身体框架以适应明显的重心转移。同胸衣一样，高跟鞋具有诸多不良影响，如导致脊柱变形和妊娠障碍，并且在分娩时需要依赖许多令人痛苦的外科干预手段。一种特殊的危险是易于引起膝关节断裂。经常穿高跟鞋的人（包括相当年轻的女孩）发现，穿低跟鞋或赤脚走路是很痛苦的，如温斯洛已经观察到的。虽然贵族是引领高跟鞋时尚的始作俑者，但在这一阶层中反对这类做法的倾向日益增长，他们允许孩子们赤脚在家里跑来跑去，这是很值得称道的。

在坎普尔写这本书的十年中，如同束腰，穿高跟鞋达到了一个高峰，并且在几代人中深深地扎下了根。身材矮小的国王路易十四给男性朝臣树立榜样，他穿高跟鞋，通常是同服装颜色对比鲜明的红色高跟鞋（les talons rouges，直到大革命爆发，它是在贵族中流行的一种式样）。国王的弟弟是个双性恋，带有异装癖倾向，他穿的高跟鞋实在太高，跳舞时他的脚常常会往前倒翻。女式高跟鞋相应地开始兴起，并在18 世纪不断发展，男性高跟鞋则逐渐不再流行。在这一时期，一种恋足文化出现于各种媒体：洛可可绘画（图1.15），新的舞台风格和社交舞，以及通俗小说，特别是雷蒂夫·德·拉布勒托纳（Restif de la Bretonne）的作品，

图 1.15　打秋千的愉快邂逅（N. de Launay, Fragonard, 1766）

图1.16　时尚第一，舒适其次（Gillray，1793，British Museum Sat. 8287）

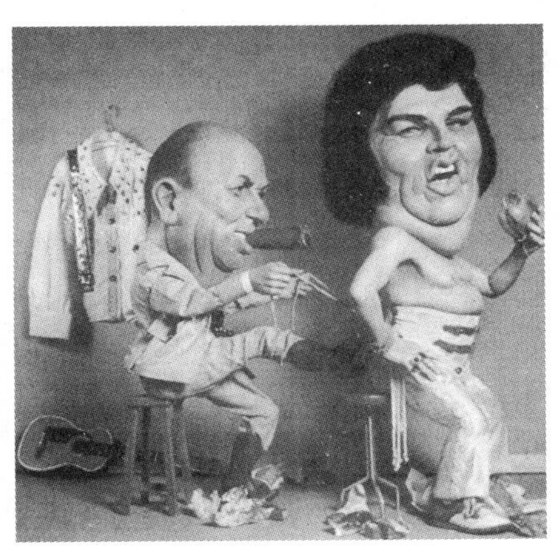

图1.17　模特的运气和瑕疵：猫王埃尔维斯和汤姆·派克上校（1977，*Tate the Art Magazine*，No. 25，Summer，2001）

尤其擅长描写女人弓起的纤足和曲线优雅的高跟鞋，夸大它们蕴含的色情意义。在英国，一家名牌鞋店的橱窗陈列引起了官方的干预，理由是它挑逗性地公开展示“精巧制作的女士步行鞋和拖鞋……煽起了这一带年轻人的欲望和不正当念头……因此要求该店主把它们撤出橱窗，收进鞋店里去——尤其是那双带有绿色蕾丝和蓝色后跟的拖鞋，店主需要准备对此作出专门解释”。

“法国鞋跟”成了“惊险式优雅”的代名词：“淑女翩然舞池旋，足登法式高跟鞋；步履踉跄频摔倒，吸引眼球真叫险。”[96] 根据幸存下来的鞋子，我们可以发现，在该世纪的大多数年间，标准的鞋跟高度一直是4英寸；然而，18世纪70年代达到了6英寸（参见图7.8、图7.9）。[97]

图 1.18　“再紧一点”
（Rowlandson, 1791, Libron）

通过沃尔特·沃恩（Walter Vaughan）的论文《关于现代服装的哲学和医学思考》（*Philosophical and Medical Concerning Modern Clothing*，1792年），欧洲大陆的改

革者传统随即传入了英国。沃恩没有将高跟鞋列为一个主要的关注对象，这明显标志着极端高跟鞋在该世纪的最后十年里已经减少了。沃恩是罗切斯特的一名医生，比起大陆的同僚来，他的性情不那么暴躁易怒，比较平和超然，文章的语气十分“明达”。他倾向于把有损健康的服装归咎于人类整体文明的发展问题，而不是个人的虚荣和愚昧；他超前地指出，人类直立行走，不是出于自然，而是源于艺术，假如人用四肢行走，他在某些方面会发展得更好一些。沃恩列举的时尚罪恶并不新鲜，仍然相当可怖，但从文章中相对节制的措辞来看，其发生率实际上可能减少了。

五、新古典主义时期：乳房裸露；轻薄衣衫

革命思想和新古典主义美学共同协助扫除了旧时代的人工模式，服装改革者把注意力再次集中于乳房、袒肩低领裙、癌症和肺炎。胸衣减少和放松了对腰部的紧控，但是更进一步地用力将乳房上推、裸露出来。一种叫作“卡拉可”（karako）的新颖设计——比较短小轻便但非常裹身的外穿紧身褡，可免掉内穿紧身褡，批评者认为它的伤害性同旧式胸衣一样大。美因兹（Mainz）的卡尔·克莱乌（Carl Creve）是索默林医生的一个朋友，他写了一本专著（1794年），其中描述说，紧身褡将夫人的乳房推得极高，几乎与她的脸一般高（图1.19）。这种高推，加之塞进大量的填充物，导致体温过热和通风不畅，可能诱发癌症。美因兹是一个城邦国家，在法国大革命之后世俗化了，驱逐了天主教会的大主教。克莱乌的结论也许是建立在对美因兹修道院的一些个人临床观察基础上的，他足以宣称，乳腺癌在修女中很常见，她们用布条紧缠身

图1.19　如何变得充盈饱满（Gillray，1791，British Museum Sat. 7579）

体，结果伤害了乳房。

在卢梭主义者的启蒙之下，女性乳房获得了一种新的显著的文化地位。在生活中，如同在艺术中一样，[98] 乳房被捧赞为母性、生育与自然的象征。显而易见，乳房必须是充满活力和具有哺育能力的。一些妇女从卢梭的学说中找到了母乳育婴美德的依据，开始无所顾忌地在公共场合哺乳。人们谴责这是一种绝对淫荡的挑逗行为。一位匿名的德国医生说，来自哺乳的性满足是值得诅咒的；女人哺乳时的淫荡念头会使她们的奶水变酸、乳房变形。[99]

到了1804年和1805年，束腰即被称作“过去的”事了。受攻击的新对象是“美丽冻人”，她们不仅像从前那样穿袒肩低领裙，而且采用了轻薄衣料的新模式。随着革命性的、古希腊—罗马风格的出现，钟摆移到了另一个极端：撑架衬裙和多层蓬松衬裙被抛弃了，女人们青睐极薄的纱裙，里面穿很少的内衣，有时还故意把衣裙弄湿，让它紧贴在身上，造成雕塑式的效果。她们有时半裸着乳房，穿着少而湿的衣衫，从室温过高的舞厅里出来，突然置身于户外的寒冷夜晚，这种做法据说不仅危害泌乳，甚至会导致死亡。1804年为赶时髦而献出生命的许多名流中，包括19岁的查尔斯·德诺阿耶（Charles de Noailles）太太，她离开舞厅后突然去世；17岁的俄罗斯公主塔法金（Tufaikin），死于“在圣彼得堡流行的法国时尚”。在沃日拉尔（Vaugirard）墓地的四区，可以看到1802年12月22日竖立的一座墓碑，上面镌刻着：“路易丝·拉费弗尔（Louis Le Febvre），23岁，杀人时尚的受害者……她的生命宛如蔷薇，凋谢的蔷薇。”[100]

第二章

束腰紧身褡的复兴

一、束腰的中兴

“革命者”和新古典自由主义摒弃胸衣的时间十分短暂。[1] 大革命后的法国很快变成了帝国，出现了新古典主义和浪漫主义。1805年，拿破仑加冕称帝的那一年，甚至当医生们还在庆贺胸衣式微之时，它就已经开始回归了。腰部不像过去那么紧，但比以往任何时候都长，包裹着臀部和躯干。法国漫画有这样的标题：“束带的神奇效应”（1807年）和“紧身衣的愤怒”（1809年），画中的每个人，年轻人和老年人，富人和穷人，都忙着互相勒腰。[2] 到了1810年，法国和英国的记者争相报道紧身褡复兴的恐怖现象。在英国，漫画家抓住了新式胸衣的特点：它的巴斯克条空前坚硬，长度从下巴一直到大腿之间。“我们的年轻女士们，厌倦了轻松的服饰，发扬她们的祖辈的受苦殉难的精神，大无畏地接受了钢铁和鲸须的折磨。”法国人看到，情况实际上比在旧制度下更糟：“她们不仅束腰，像革命前那样把自己裹在鲸须里，而且，现

图 2.1　装束的进步：胸衣（Gillray, 1810, British Museum Sat. 11608）

在的紧身褡比以往任何时候的都更长、更硬挺。如今的紧身褡不仅限制了腹、腰和肩膀，而且采取一种方式包裹和制约臀部，女士们被裹得完全动弹不得……她们不能笑，不能吃东西、弯腰或转身。甚至几乎不能呼吸。最轻微的一声叹息就可能会绷断束带，毁了她们的精心装束。”德国公共医疗机构的一位医生描述说，巴斯克条的宽度可达四指，甚至一手掌宽，刚硬如车轮的辐条，经常很不雅观地从胸前戳出来，甚至伸展到生殖器部位以下，致使穿戴者几乎不能坐定，竟至无法出恭。[3]（见图2.1）。一位法国权威人士指责德国女人将胸部压得扁平，令她们看起来“像一只令人厌恶的大肉桶”。[4]

一种新式装置，试图突出乳房的轮廓并且将它们向两侧分开，引起了前所未有的惊恐抗议：“恶名昭彰的……‘分离器’……由一块三角形的钢或铁材制成，每边稍微弯曲。这块强大的盾牌（为了引诱爱情之箭，而不是抵挡它们！）上覆盖着柔软的材料，放置在胸脯的中央，将两只乳房分开。”这个装置和胸衣紧密连接，导致“一种可怕的变形，强迫穿着者适应艺术家随心所欲造出的形状。……我们于是看到，十个妇女里有八个(原文如此)，臀围被挤成只比腰围稍大一点；乳房被推高到下巴，造出一个令人作呕的肉体柜台，而且穿着者一定感到极不舒服”。[5]

图 2.2　紧束淑女的新机器（William Heath, 约 1828, Waugh）

从上述评论可以看出，批评家的注意力已经转移到了时尚的一个最奇特的方面，他们意识到新的钢铁工艺可以有效地使材料变形，漫画家们描绘了这些技术被用作束腰过程的助手（图2.2）。新式紧身褡强行将乳房推出，恰恰符合持续的或复活了的推崇母亲哺乳的卢梭主义“时尚”，它反映在这一时期的艺术作品中。但是，推出乳房的养育标志，几乎立即同复活的抗拒生育的标志——胸部以下的紧束，产生了矛盾；正是后者，引起了新的政治“父亲”的注意，他们“女儿”的服饰装束似乎是一件国家大事。具有讽刺意味的是，在拿破仑皇帝的统治下，新古典主义的所谓帝国风格（实际上是大革命的创作）开始淡化。拿破仑对紧身褡的看法是专横的和帝王式的，斥责它是“人类的杀手……虐待子孙，诱使人们追求无聊品位并即刻走向堕落”。拿破仑造成法国人的死亡数目比其他任何时代都多，在入侵俄罗斯的年间，他可能确曾担忧过自己的种族灭绝。他的继任者，路易十八和查理十世，承袭了皇家关于这个问题的话语传统，后者抱怨说，过去在法国有很多戴安娜（Diana）、维纳斯和尼俄伯（Niobe）那类的古典美女，而现在看到的只有黄蜂腰的女人了。[6]

在英国，紧身褡的复兴似乎不如在法国那样引人注目，只因为新古典主义风格从来就没有被彻底接受过。有时很难分辨，一个讽刺典故是对旧传统的批判，还是针对一种复兴的时尚，1815年的一本儿童读物列举了中世纪时尚的两种受害者：因赌博、决斗而死的男人；因衣服穿得太少而丧命和因束带太紧而昏厥的妇女。[7] 后者已经同前者不分伯仲，她们的基本道德水准和社会档次对整个社会结构的稳定造成了威胁。

不过，在漫画鼎盛时期，这一切都是搞笑的素材。乔治·克鲁克尚克（George Cruikshank）的一幅（已失传）漫画的释文是：“在圣詹姆斯街上，发生了一起可怕的事故。一位女士突然止步，想要浏览一下汉弗莱夫人的[漫画]书店，她身穿的束腰装具便将她切成了两半，可是她的腿并没有察觉，继续往书店里走，把她的身体丢在了后面。”似乎也是出于一种幽默感，一位多产作家、德国医生莫斯特（Most）写了一本72页的小册子，标题是《现代死亡之舞，或称胸衣，亦称紧身褡——保持健康和延年益寿的良方》。对于这个副标题，作者在引言部分解释说是排字印刷失误造成，由于这位医生的笔迹潦草是众所周知——故事编得像真的似的。不过，这个搞笑书名旨在保持一种轻松闲谈风格，作者试图说服年轻女性避免各种“恶习”，包括读小说、谐趣诗和浪漫文学，以及施行严酷的束腰——对于所有阶层的人来说，甚至包括仆人，这都是一种身体缺陷。

二、花花公子：胸衣和领结；军队里的束腰风气

“我们不是像《汤姆·琼斯》（*Tom Jones* ）里技艺高超的无赖/而是绅士，穿着石头般硬挺的胸衣”［引自拜伦（Byron）］。此时，男人穿紧身褡达到了前所未有的程度。通过医学资料，我们了解到男性穿紧身褡的一些早期证据，它是非常惹人注目的一小部分人的时尚，这些人成为社会嘲笑的对象。这是一个小范围内的文化现象，仅存在于19 世纪第二个十年——花花公子时代。

异装癖时尚作为一个指示器，反映了人们在社会交往中产生的焦虑心理，以及感觉到的重新定义性别角色的压力。如果这符合19 世纪后期和我们今天的情况，在19 世纪初叶也应是如此。新古典主义改变了女性时尚；男性时尚出现了一种被称为“男性大放弃”（The Great Masculine Renunciation）的重要趋势，即转向平实低调，抛弃了前些世纪里炫耀华丽雄姿的风气——它被认为是女人气的（故而是退化的）和非民主的。英国乡村绅士是最初的样板，他们的朴素实用和节制简约的风格直到今天依然是男性服装的特征。人们一般认为，这种同时倾向于无阶层（民主的）和无装饰（实用的和非性感的）的风格，适应一种新型社会的需要，这种社会据称是建立在人们的劳动和业绩而不是家庭出身基础之上的。英国少数有影响力的贵族（或即将成为贵族的）花花公子们率先反对这一新趋势。他们夸大细节和剪裁的精确度，创造出了一种穿着打扮的“理念”。着装成为他们自恋的一种特殊形式，同反资产阶级、反民主、反古典（浪漫）和反对工作的意识相关联。花花公子时尚传递出一种性自恋（这是头脑较清醒的男人所鄙视的），并且处心积虑地吸引“女士”。在当时，要求上层和中产阶级体现经济效益的社会压力不断增加，可是花花公子坚称自己有权利（仅仅）自我生产。他们沾染了好逸恶劳的习气，却具有无限的耐心去留心衣着的细节，追求其完美，并且施行一种特殊的身体戒律。

图 2.3　1827 年的怪物（Robert Cruikshank）

军队内出现了花花公子的一个重要亚种。由军队的和民间的花花公子培植起来的穿紧身褡和其他特殊的、表现自我意识的服饰风气，可能源于他们怀有的社会不安全感，以及向社会上层流动的追求。19 世纪的军人紧身褡应当是可以自成章节的研究主题，但只能找到零碎的史料。拿破仑时代庞大常备军的增长，以及随后和平时期内大量失业的、在社交场中躁动不安的军官阶层，是军队花花公子束腰现象产生的土壤。但是，紧身褡更多的是作为典型的休息日服装，还是作战制服的一部分呢？这一点不是很清楚。无论是哪一种情况，它大概是保留了护身甲的某些职责象征，在过去的几个世纪里，护身甲的用处逐渐减少了。社交场上（假使不是在战场上）好斗的花花公子也受到紧身褡的保护，他遭受的身体压迫可能被作为危险的战争经历的一种替代品，穿着者（无论是职业军人还是平民）希望象征性地唤起这种联想，尽管在现实中他完全躲过了枪林弹雨。

花花公子的束腰风气出现之前，束腰是作为女性的时尚。哈兹里特（Hazlitt）说，仿佛当女人脱掉胸衣之时，男人立即捡起来穿上了它。[8] 这看起来确实如此，因为新古典主义的“高腰”在女性服装中保存了下来，主要是在法国，在英国也有。根据著名的乔治·克鲁克尚克（George Cruikshank）和他的弟弟罗伯特（Robert）创作的年度热门系列蚀刻漫画——《畸形的时尚》(*Monstrosities of Fashion*)来看，1819年妇女服装的腰部高得出奇，但不是纤细的；反而是男人——花花公子们，热衷于紧束自己的腰肢。1827年，在同一系列作品中，可以看出男女都是细腰（图2.3）。我们读到早在1792年的一个资料，（在英国）“某类阶层的讲究绅士已经开始穿它们[胸衣]”；但直到大约1815年才成为普遍现象，那大概同大批的军官复员有关，也同中产阶级成员极力争取融入摄政期的时尚社会有关。[9] 1818—1819年间，内容涉及花花公子束腰的大量文学作品以及克鲁克尚克等人的漫画表明，正是在这个时候，花花公子的一个新物种出现了，由社会底层的模仿者组成，他们将持重和阳刚的布鲁梅尔（Brummellian）风格夸张并女性化了［博·布鲁梅尔（Beau Brummell）本人在1816年就永远地离开了英国］。这类新的花花公子们囊中羞涩，无法给人造成深刻的印象，于是，他们便标榜死勒的腰肢和紧裹的喉咙，讽刺漫画（图2.4）指出，这是他们在现实中所缺乏的社会地位纹章的滑稽替代品。画中的那个低阶的海军军官被蔑称为“杰克·格瑞特海德，奶酪商的儿子”，他用卷扬机来系束腹带，召唤了四名水手：“开拉！用力！再使点劲儿，伙计们！”这种行径着实令老兵们感到厌恶。[10] 于是，当这样一个衣着考究的军官，精心装扮后出现在舞厅或歌剧院的包厢里时，据克鲁克尚克的另一幅漫画描绘，他很容易就像少女那样晕倒了，朋友们惊恐地上前救助，七手八脚地将他身上的束带割断，往他脸上喷洒嗅盐，唤他苏醒。胸衣是柔弱的好色之徒的标记；花花公子中的王子——当时的摄政王（后来的乔治四世），被指控耽溺于胸衣、食物和情妇，政敌兴高采烈地抓住他的这些堕落行径的把柄。当查尔斯·

图 2.4　花花公子的盾形纹章（George Cruikshank, 1819, British Museum Sat.13394）

狄更斯（Charles Dickens）还是小男孩的时候，大人就警告他小心“那些可怕的强盗，那些被称作激进分子的家伙，他们的行为准则就是像摄政王那样穿胸衣”。[11]

军人穿胸衣的一个早期例子是俄罗斯人。1812年，在亚历山大一世（Alexander I）和拿破仑会面之际，法国皇家卫队邀请曾被他们击败的俄国同行共进晚餐。俄国人的饕餮丑态令法国人感到震惊，他们在餐桌前解开过度紧身的制服，露出厚重的胸衬。[12] 从另一个观察角度来说，一位（盟军）英国军官则发现俄国人非常英俊，身穿像胸衣一样紧身合体的红色外套，而且，像通常那样，腰际紧收，恰到好处。在1815年俄军占领巴黎期间，有人注意到沃伦佐夫（Woronzoff）元帅和大公爵君士坦丁（Constantine）似乎在争相展示自己的紧束腰身。下一年有一幅法国的漫画，描绘皮肤黝黑、相貌粗野的仆人们野蛮地搬运着一位金发的年轻俄国军官，他的眼珠突然从他的头顶上弹了出去。[13]

早在19 世纪，莫斯科和圣彼得堡军事学院的学生可能就已经接受了系统的紧身褡训练。[14] 根据恋物徒的通信记载，一代人以后，在奥地利（不仅是军事的）精选男校也实施类似的训练。在俄罗斯和波兰军队医院工作或去那里访问的西方医生，对军人的心脏病发生率感到十分吃惊，他们将之归咎于穿胸衣。[15] 普希金（Pushkin）称俄国士兵是他们国家的“紧束的守护者”；莱蒙托夫（Lermontov，1835年）提及平民也效仿军人的这一做法。一个英国信息来源声称，奥地利和俄罗斯官员的束腰行为不只是个人的选择或出于虚荣，而且是执行一种军事纪律；在英国人看来，他们是“可怕的和不自然的”，“被迫”将腰围减至一定的尺寸。[16] 法国漫画描绘19世纪中期克里米亚战争中的俄国军官，甚至年轻的俄罗斯皇帝本身，均拥有非常女性的蜂腰。[17] 这一习惯做法传播到了奥地利和意奥战争的普通士兵之中，转换成很紧的制服腰带（最终被背带取代），据称这造成肾病的患病率增高。

很难精确地勾勒出19 世纪军人穿着紧身褡这一现象变化的脉络。花花公子作为一种社会现象以及作为漫画的主题，可能有所减弱，但军官们肯定还在继续穿胸衣，只是不太明显了。1830年的一个英文手册想当然地认定骑兵军官仍穿胸衣：“外套的每面都加了衬垫，十分合体，用胸衣把腰勒细，或者说是用腰带吧，因为说胸衣是不怎么高雅的。[18] 据估计，男性平民穿胸衣的人数在19世纪40年代有所下降，不管怎么说在英国是如此，尽管这是依据幸存于美国的末底改·曼纽尔·诺亚（M. M. Noah）的小说作出的判断。诺亚描述了两个十六岁的男孩，外表显得惊人地羸弱，其父母因此受到了指责：他们的“服饰样式过激，里面是紧身褡，外面是蓝色精纺布外套，衣扣紧锁，半点皱褶也没有。……宽松裤，短靴子，金色锁边和挂链，以及白色的领巾，紧紧地裹着脖子，令他们窒息”；后来又有人写道：“一位年轻的绅士站在我面前，他的不雅观姿态简直难以形容，尽管这可能很时髦——蓬松衬裙裤，漆面皮靴，花哨的真丝背心，紧身褡勒出了一只黄蜂腰，还系着一条几乎令他窒息的领带。”[19]

图 2.5 “该死的！你要把我窒息了！”“别啰唆，老家伙，上校要检查你的风纪。”（Bordes and Edmond Morin, *Journal pour Rire*, 22 December 1849）

关于俄国军队的情况不可全然采信，需要进一步考证，束腰在奥地利和法国军队幸存的可能性最大。法国的一个消息来源将军队里肠胃炎、肺痨病和大脑炎的高发率归咎于“令人难以置信的、荒谬的”束腰行为。军人紧身褡被称为荒唐帝国的“塞瓦斯托波尔”（Sebastopol，克里米亚首都，当时正在抵御英法联军的长期围攻）。[20] 1865年左右，英国外科医生伯纳德·罗斯（Bernard Roth）住在法国的一个军事要塞，看到军官们的蜂腰感到震惊，“皮带在腰际留下了很深的印记，躯干相当变形”。法国军官由此获得了身体素质低下的坏名声，在普法战争期间，他们的体质远逊于德国人。罗斯所说的“德国人”是指普鲁士军官，德国军队的骨干和精英分子，而不是（法国化的）巴伐利亚人（Bavarians）。漫画家威廉·布什（Wilhelm Busch）描绘他们被严密地囚禁在“勇气”紧身衣里。“勇气”是一种讽刺，因为穿着者“期盼着被子弹击中，那是让他身体通风的唯一手段，所以，他勇敢无畏地冲锋陷阵”。[21]

法国人将这一风习真正戏剧化了：在1840年的一出喜剧《儿童军团》（*Enfants de Troupe*）里，帷幕升起，只见一位裁缝在悄悄地帮塞维拉斯（Sevelas）船长系束带，船长要求他不断地拉紧，直到拽断了六条束带。[22]相对无甚体形的普鲁士邋遢军人来说，时尚杂志《巴黎人生》（*La Vie Parisienne*）对法国军人的蜂腰持认可态度。不过，在法国幽默杂志的漫画家笔下，有位军官突然感到身体极度不适：“不可能，我没有吃得太饱或喝得太多，正相反……这也不是因为我的腰带……不，肯定是那个混蛋印度水手（仆人）把我的紧身褡系得太紧了”。[23]（参见图2.5）

波德莱尔（Baudelaire）的审美理念倾向于“艺术”高于“自然”，他非常欣赏康斯坦丁·盖伊斯（Constantin Guys）的一幅画：一位衣着考究的军队参谋“紧勒着腰，摇晃着肩膀，恬不知耻地倚靠在一位女士的扶手椅旁边，从背后看去，不由令人联想起最细巧和最优雅的昆虫”。正是通过波德莱尔，我们了解到希腊士兵有一种癖好，他们在制服外面穿散开的裙子，还掐个蜂腰，这是国王奥托（Otto）钦准的一种时尚，“以体现微妙的希腊爱国主义精神”。[24]

除了胸衣之外，花花公子们第二重要的装饰就是领带了。在小说家如狄更斯和巴尔扎克（Balzac）、艺术家如杜米埃（Daumier）和加瓦尔尼（Gavarni）看来，领带是社会面具中最具“生理”表现力的元素。它在现实中也被一些名人确立为“身份标签”，如英国的格莱斯顿（Gladstone）和法国的出版商彼埃尔·威龙（Pierre Veron）。

完美系束的领带的地位是由博·布鲁梅尔建立的，将之作为上流社会的优雅标志，它是“时尚拱门的最后一个关键石块”。身为一名具有较高哲学—文学修养的花花公子，布鲁梅尔鄙视胸衣，他将“精致得体”（exquisite propriety，这是拜伦的话）扩展到了社会生活的所有层面。布鲁梅尔要求，系围巾应像做所有的事一样，避免夸张和炫耀；绝对的清洁、合体即是完美。对布鲁梅尔式的花花公子来说，不存在非舒适的优雅；他鄙视装模作样的“超级时髦”，“衣领像是四匹马车的驭夫，腰掐得像沙漏（其他部位则像蝼蝮），脖子长得像只鹅，领结跟桌布一样大”。[25]

19世纪20年代出现了几部关于领巾系结艺术的小册子，有法文、意大利文、德文和英文版本，专为上升的中产阶级而设计。其中列举了二三十种不同类型的领巾和领带，用于不同的场合，适宜不同的角色。领带的基部过去是用硬皮革制作的，仿照古老的军队领饰，曾受到医生们的诅咒，正如我们已经了解到的。但此时的做法是，从锁骨到下颌骨小心地沿着颈部的轮廓，“用适当的块料打制成形，它的质地十分坚硬，颈部力量不可能使之弯曲”。[26] 较温和的领结是用一些衣服面料制作的，用鲸须加筋，边缘较薄，镶上白色皮革，以防鲸须戳进下巴。系在基部外面的领饰，应当是充分浆过的，平滑挺括如同精制的书写纸。人们根据不同的场合来决定佩戴不同刚度和紧度的颈部饰物：东方领带“没有丝毫折痕，浆得尽可能挺括”，相比之下，舞会领带是“轻松而雅致的”，只对喉咙施加“轻微的压力”。一些被人们接受为固有风格的完全不舒适的款式，如科利尔（Collier）领带，即“马领巾”（horse-collar cravat），受到妇女们的赞赏，尽管时尚杂志的编辑认为它很粗俗。“人生往往被喻为一个痛苦的旅程；可能是出于同一哲理，科利尔领带被认为是适合男人的配饰，他们经常疲惫不堪地拖着装满邪恶的车子，承载着最大的负荷。”[27] 不过我们听说，曾经令普通士兵遭受巨大痛苦的颈饰物，迄今为止已经改进不少了。

图 2.6　5 年之后，一个星期六的早上，这个虚荣的书呆子终于被过紧的防水领巾勒死了（Rodolphe Töpffer：《克里普先生的故事》，1837）

大多数手册都对领巾过紧发出了简略的警告。医学科普作家声称，它导致“脸部出现红斑和血管暴突、头痛、中风和猝死”，这大概是夸张的。然而，其他资料来源幽默地说，一个“小伙子来到世上，（料想）脖子会被领带绑上……可它勒得实在太紧，几乎送他见了阎王”（即吊死）。“送给某人一个领结”的意思就是“把他勒死”。

狄更斯将领带比作戈耳迪结（Gordian knot），“系上它困难重重，解开它同样希望渺茫”。[28] 英国漫画喜欢怪诞和恐怖，却并未将领巾描绘成致命之物，尽管在法国人眼中，英国军队的典型“附庸风雅之徒”是永远生活在上吊自尽的情境之中的。美国的一个讽刺童话名为《恶魔领带》(*The Demon Tie*)，讲述一个虚荣的青年向魔鬼出卖了自己的灵魂，以换取帮助他系上一条完美的领带。这使他在舞会上引起了轰动，但就在他志得意满的顶点，魔鬼伸出双手，将他的领带拉得太紧，结果把他勒死了。[29] 在日内瓦人鲁道夫·托普弗(Rodolphe Topffer)的漫画小说《科莱品先生》(*Monsieur Crepin*)的结尾，自负的学究法德特(Fadet)先生意外地被加防水衬的领带窒息了，他本人就是这种领带的发明者(图2.6)。在另外的文章中，托普弗明确地指出，领巾是一个不自然的社会约束的标志物。[30]

图 2.7　镜中的纨绔子弟，腰和脖子上都戴着铁枷锁（Goya, Prodo Museum）

对于自成阶层的西班牙花花公子来说，他的颈部饰物对国人具有特殊的联想象征意义。西班牙人享有执拗地坚守道德的声誉，在17 世纪的过程中，欧洲其他国家放弃了浆硬的颈饰之后很久，他们仍然继续把它作为国家荣誉的标志。在菲利普(Philip)四世时期，简易单层的盘状大翻领取代了折边环状领(ruff)。

大翻领是绅士风度和气派的一种象征。它的不方便和不舒适给西班牙劳动阶层带来骄傲感，他们喜欢把自己想象成一名陷入窘境的绅士。“车夫恐怕他的大翻领被搞坏，行为举止便像一个贵族那样谨慎稳重；一个农民宁愿脖子上围着大翻领，只收获一把洋葱，也不要几千蒲式耳小麦，假如那意味着他得摘掉心爱的纸板领的话。人们普遍认为，一个人如果从事体力劳动，他的大翻领便掉价了。”在18 世纪，法国式领巾逐渐取代了大翻领，特别是在受过教育的阶层中，到法国大革命时，大翻领就完全消亡了。然而，那时西班牙的花花公子(西班牙语称为“petimetre”)系的是一种硕大的领巾（称为corbata或panuelo），紧箍着脖子，使人眼珠凸出、脸色发紫。戈雅（Goya）本人痴迷绑束和禁锢，他描绘了一个女人被嫉妒的丈夫锁在怪诞的牢狱里，她的身上覆盖着一条如同锁套护身甲的贞操带，从膝盖直至肩膀。他还画了一个花花公子，脖子和腰都套在虚荣的铁锁链里，像囚犯一样（图2.7）。[31]

花花公子们的自我压抑，以及整个花花公子现象，肯定是源于他们身处下层社会而感到的压力。很多证据充分表明，紧束腰肢和颈部的花花公子之流，正像那些束腰的女性，产生于一个较低但向上移动的社会阶层。这个时期的廉价讽刺插画小册子专门瞄准这一阶层的年轻人，嘲讽他们出身低微，囊中羞涩，却试图超越自身的地位，可怜而愚蠢地装潢门面。清贫的花花公子必须自己动手浣洗衣服、缝补袜子。他没有资格参加舞会，不能去那里吃喝或跳舞，或伺机拾起一位淑女的手帕——这正反映了他没有资格进入主流社会。假如他骑马到乡下去，更大的屈辱在等待着他：下马之后，他只能将马拴在一个农民的小屋旁，让当地的土老财们笑掉大牙。[32]

三、浪漫的蜂腰；技术改进

到1825年左右，女性服装完成了从古典到浪漫或新哥特时代的过渡，整个服装界似乎否认了往昔（极其短暂和不彻底的）革命带来的自由。浪漫主义是洛可可和旧时代理想及形式的混合回归。君主主义者的反应创造了一种恋旧氛围，怀念路易十六时期“4英寸的高跟鞋和精良坚挺的胸衣”[33]。在新古典主义者依照圣徒大卫（Saint David）的方式坚守道德和正式紧缩之后，人们再次变得易于接受鲍彻（François Boucher）画笔下的仙女的诱惑。作为一位主要的浪漫主义作家，艾尔弗雷·德·维尼（Alfred de Vigny）通过有意识地和准诙谐地描写骄奢性感，塑造了这样一个人物：她处心积虑地刺激诗人的感官，腐蚀他的坚定意志，击中他的浪漫弱点。她就是库朗（Coulanges）小姐，路易十五的情妇，一个仅存在于艺术（和性幻想）中的尤物，既乏味又撩人的一个梦幻。作者不惜笔墨地罗列她身体的魅力，一种浪漫的反讽，一方面试图重温人造洛可可形式和色彩的魔力，另一方面运用技巧来避免人造手段："她的嘴唇红润却没有涂抹口红，她的白嫩颈项带有蓝色的阴影，却没有使用白色或蓝色的化妆品；她的蜂腰可以被一个十二岁女孩的手揽住，而她的钢骨紧身褡几乎没有紧束，因为那里留出了空间，让美丽的鲜花怒放。"[34]

浪漫的反讽，不够真诚的赞美带着些许轻嘲："越来越多的黄蜂腰，蜻蜓腰，纤细再纤细，柔弱更柔弱……"紧束方式类似于早期基督徒的殉道，令"巴黎的幽默家"着迷："你的确是真正的殉道者。让慈悲的上帝奖赐你强加给自己的痛苦，为了让我们一饱眼福，为了满足我们的想象和欲念，你如此秀色可餐……透明水晶般的人儿，无怪乎令人怜惜，稍一触摸，就会破碎和折断，像一只玻璃杯或一根稻草……"女人如一缕清风般轻盈的曼妙意境，也是新浪漫主义芭蕾舞的精髓。

将人们所能够想象出的最细的（自然）腰，包裹在最坚硬的紧身褡里，紧身褡甚至丝毫不压迫腰身——这一悖论，旨在掩饰艺术（或性）魅力同自然魅力之间的矛盾。浪漫主义者并不比新古典主义者更愿意过分利用这一悖论，如波德莱尔和亨利·德·蒙托（Henri de Montaut）所做的。但是，随着时尚变得更加人工化并呼应新的技术发明，浪漫主义者的影响日渐突出。裙子更宽大了，甚至有时像撑架衬裙那样加了鲸须，羊腿形袖和灯笼袖又给新式窈窕身材加上了芭蕾舞般的双翅。胸部和臀部都加衬垫，借助于一定的新技术，束腰术被郑重其事地革新了：金属孔眼是在1828年发明的；用挂钩系紧的双片巴斯克条在1829年获得专利，尽管直到该世纪中期才开始使用。1828—1848年之间，不少于66项有关专利在巴黎注册，其中大多数是对孔眼和巴斯克条这两种功能的改造。[35] 更紧的束带当然是对商业有利的，因为它使紧身褡磨损得更快，增加用户对奢侈品或半奢侈品的需求，推动大规模的生产。各种简易或迅速系束和解开的设计，目的是便于女士在没有他人帮助的情况下脱掉紧身褡，由于双片巴斯克条的普遍采用，加之人的懒惰天性，这一目标终于得以实现。在此之前，人们必须遵循18 世纪的方法，每次穿、脱紧身褡都要将束带全部穿上、解开，这一耗时费力的程序通常需要一个女仆或倾慕者的协助（参见图5.7、图5.8）。

对于自己可以穿脱的服装，市场需求显然很大，随着时间的推移，这种需求不断增加，部分原因是妇女（据S夫人1847年写的《紧身褡的生理学》一书所说是“大多数妇女”）不再拥有贴身女佣了。奇怪的是，19世纪30年代，一些早期法国社会主义者社区却朝着相反的方向变化，设计出了一种男女皆可穿的制服，扣子钉在背后，一直贯穿到底，自己无法穿和脱，因而进一步增强了社区成员的相互依存感。时尚紧身褡的民主化，在很大程度上取决于方便单人操作的技术演变，而它的两个基本元件（双片巴斯克条和金属孔眼腰带上的固定扣）都有助于系得更紧。因此，民主化和束腰术在严格的技术层面上融合了。该世纪中叶缝纫机的发明，当然是推进紧身褡民主化的一个巨大动力，它降低了制作紧身褡及合身衣服的费用，这对下层阶级来说通常是很要紧的。

1843年推出的懒人风格束腰术，意味着紧身褡上留出“无末端的”束带，可在腰部用双回路的方法放松和拉紧。这不仅简化了前面开口的紧身褡的穿脱程序，而且，顾名思义，女士们可通过简单地（偷偷地）解开扣结，让束带滑开一点，在腰部放松一英寸左右，然后重新系上扣结。新的设计还能精确地控制压力，从而鼓励尝试束腰者检验自身的承受程度。

四、反对派的大合唱

医疗和教育界的反对派大合唱，加上记者和时尚作家的呼声，在19世纪20年代末至30年代初高涨起来，40年代初稍见衰退。[36] 1848年左右出现短暂的回升，1857年之后当大圆环衬裙开始走红时，再次退潮。30年代时反对束腰阵营不懈地努力，争取让更广泛的公众、特别是女性了解他们的观点。这些论文发表在医学期刊上，也印成单独的小册子散发，有时采用一种闲谈风格的措辞，蓄意吸引更多的外行读者。[37] 反对滥用紧身褡的警告，不仅出现在有关服饰、卫生和健康问题的书籍中，也通过受欢迎的字典、百科全书，以及面向一般读者的实用和趣味知识杂志传达给可接受教育的妇女。[38] 在18 世纪，关注这个主题的人从医生和教育工作者的范围扩展到了外行的知识分子，他们渴望了解解剖学、道德和美学的综合知识。《风光》（*Pittoresque*）杂志特意将“束腰紧身褡危险”的警告刊登在高卢（Gauls）的宗教文章和拉斐尔（Raphael）的卡通之间，这样，对高卢或拉斐尔感兴趣的读者，便不由自主地注意到了束腰问题。著名的博物学家如乔治·居维叶（George Cuvier）成为这类掌故的来源，数十年间不断被人们重复引用。[39] 人类学家，如巴黎自然历史博物馆的教授塞瑞斯（Serres），在演讲中也谈及这个话题。[40] 通俗杂志上的文章主题往往附以简单的解剖图，将健康人的内脏同束腰者的进行对比。[41] 可以想象，这类插图，以及对年轻女性的内脏受损的耸人听闻的描述，可以起到多么惊人的宣传效果。那些久藏深闺的腼腆小姐们先前接受的正规教育，均有意地避开了“不雅”的科目，如解剖学和生理学。有一个天真未凿的女孩，当医生警告她束腰对肝脏等器官的危害时，她竟然说，她原以为只有穷人才有肝脏！——这也许是因为她听说酒精中毒、营养不良是肝脏的主要杀手，而这些都是发生在下层阶级中的事吧。通俗的家庭期刊一般都设有医学常识专栏，由专业人士撰写，内容扩展到服饰卫生，但很少涉及临床细节，除非是跟紧身褡有关的。不寻常的是，紧身褡问题在当时促进了人们对基本信息（或误传）的了解，因为直到1882年，“（对妇女们来说，）学习任何有关人体结构和功能的知识都是失礼的和不雅的”。[42]

利用这一主题固有的煽情效应，在伦敦伯纳斯街58号的商店里，卡普林（Caplin）夫人举办了“解剖学和生理学展览”，陈列各种“标本”和“模型”，每星期三还举办讲座。参观者必须凭邀请函，而且只对女士开放。她保证展览中“没有任何内容会冒犯最敏感的神经，也没有任何重要的信息会被遗漏”。卡普林夫人做这件事出于双重利益考虑：她本人是一名胸衣商；她的丈夫是一名医生，专治脊椎病。

“参加反胸衣运动的很多人”受到了托马斯·杰斐逊·霍格（Thomas Jefferson Hogg）的嘲讽。他曾经出席了一个束腰示范讲座，颇受刺激，禁不住在《佩尔西·雪莱传》（*Life of Percy Shelley*，1855年）一书中写下一段冗长的文字，完全漠视同该书内容的相关性，更不符合时间顺序。那个讲座是由一位“一流的女科学家”为一组慈善太太开办的，霍格是到会的唯一男性。演讲者面前的大桌子上铺着绿色桌布，上面摆着石膏模型、图片和版画，还有一只被剖开胸腔的兔子，以展示它的肺部。女科学家“严肃、专业地”向听众讲解女性的“上身器官”，借用兔子来推导人的整个呼吸系统，解释兔子穿上胸衣会感到如何不适。“结束语令人印象非常深刻，且具权威性”，“仿佛是来自启示录”。然而，随后，这位女科学家被搅糊涂了，当霍格指出那不是一只雌兔，而是一只雄兔，男人从来都不是注定要穿胸衣的。[43]

劳动阶级中束腰的恐怖故事

每日新闻十分热衷于刊登医院和验尸官发表的束腰导致死亡的报告，不一定要加以夸张和点缀，因为报告本身就足够残忍刺目了。出于显而易见的理由，报告不愿透露死者的真实姓名和个人信息，以免人们识别出殉道者的真实身份，并冒犯她的家庭。假如一名私人医生作出束腰是死因的诊断，死者的亲友自然会要求他不对外声张。如果一个因纤腰而著称的女孩意外死亡，有关人士会建议她的家人采取秘密尸检，避免悲剧引发丑闻，像巴黎的年轻夫人维吉妮（Virgin de C-）那样。据1859年的一篇报道，在一个舞会上，维吉妮艳压群芳，她的身姿令所有的人嫉羡不已。两天之后，她便死掉了，她的家人决定验尸来查明死因。“验尸结果是毁灭性的：她的肝脏被三根肋骨穿过！！！因此，她死在23岁的妙龄！不是由于斑疹伤寒，不是难产，而是紧身褡！”[44] 有一个公开报道的案例记录了相当多的传记细节[45]（由于该受害者属于劳动阶级，因而例外地公布了她的姓名和身份），陪审团可能会裁决她“死于上帝的探视”，但是医生进行了尸体解剖，真实原因毋庸置疑：“受害者是伊丽莎白·艾伦（Elizabeth Allen）小姐，22岁，时尚女帽商迪维（Devey）夫人的学徒……是他[医生]所见过的最美丽的年轻女子……[但是] 她很易受他人的不良影响。他毫不怀疑，弯腰的姿势和紧束的胸衣导致了她的头部血管[致命的]堵塞。”她的腰围（在这类案例中很少给出）是23英寸，而她被描述为一个“体形丰腴”的女人。[46]

许多人认为，痨病——浪漫主义时代的时髦病，主要是穿紧身褡引起的，是发病率较高的女性疾病。据注册主任的报告说明，造成女性的痨病或肺结核死亡率高于男性的原因是，女性追求“中国式畸形的”小蛮腰，那只有对黄蜂和其他昆虫来说才是自然的。[47] 据认为患痨病的人处于一种恒定的性兴奋状态，她们可悲地进行强迫症式的性交，结果常常导致死亡。性欲亢进或慕男狂也被认为会导致痨病。痨病患者的阴道变成了肮脏的“下水道”，紧身褡和性病的结合又导致她们罹患乳腺癌。[48] 尸检报告表明，痨病、水肿和肝脓肿是紧身褡造成的最恶劣的直接结果，不过，医生们将最激烈的攻击炮火指向子宫和生殖器官疾病。同我们前面看到的指控相比，随着时间的推移，这些批评往往变得比较严谨，带有更严格的妇科科学取向，不再那么反复无常了。人们谴责紧身褡是女性用来操纵自己的性取向并从事某些有害性行为的手段。对妇女将束腰作为堕胎手段的指控，蓄意的或是（应当理解为）意外的，变得日益普遍。[49] 有一个报道说，某个年轻女演员死了，她怀孕七八个月时还一直在束腰。[50]

当时最受欢迎的关于健康和生理的研究[51] 观察到，“时髦女性和她们的无数跟屁虫，已经堕落到了生命链的最底层，逐渐把窄小的或称蜘蛛腰当作值得炫耀的成就，且不惜付出任何代价”。到了该世纪中期，淑女们均否认自己实施任何束腰术，因为只有下层阶级的人才会这样做。[52]

由于解剖穷人的尸体更容易获得许可，我们找到了关于下层和劳动阶级束腰癖好的丰富信息，主要来自监狱、救济所和精神病院的验尸报告。1838—1839年格拉斯哥精神病院（Glasgow Lunatic Asylum）的报告记载：“一个女乞丐，52岁，死于胸积水连带异常明显的肝、肺和心脏移位，这是非常有害的束腰导致的结果，因为她自年轻时就已经上瘾，疯狂固执地坚持勒腰。”赛尔派特（Salpetriere）医院的验尸结果透露了她的胸腔底部大幅度变形。1864年，儿童工作委员会注意到，伦敦的年轻裁缝的胸衣“太紧，太长，对于这些需长时间坐立和弯腰工作的人来说很不适宜”。来自工薪阶层的其他例子，包括一名二十一岁的妓女，她在一个警察局里死了，死因是梅毒、痨病和紧身褡；一个束腰使女提着一桶水时突然昏死过去，在此紧要关头，一位医生恰巧经过，救了她的命；另一位女仆死于可怕的胃痉挛，解剖发现她的胃几乎一分为二，留下只有一根乌鸦羽毛管那么窄的通道；一名村姑在婚礼舞会上突然倒地身亡。[53] 根据这些事例，今天，我们可以轻易地假设，束腰行为很可能恶化了束腰者想要隐瞒的事实：营养不良造成的身体虚弱，这是穷人特有的，当时的人们往往忽略了这一点。随着时间的推移，掩盖营养不良渐渐不再是穷人束腰的主要动因，据称在该世纪后期，在城市里的劳动阶层（包括仆人）或乡村社区流行的束腰“传染病”，更大可能是源于人们的社会抱负或心理压力，而不是出于贫困和营养不良的折磨。

家庭佣人们，跟她们入住家庭的上层阶级有着密切的日常接触，经常被指责穿着打扮超越自己的地位名分（《潘趣》杂志称之为“仆人自视过高症”）。社会学家梅休（Mayhew）兄弟指出，情妇们抱怨说“花很少的钱就能获得出众的身条，乃至于连女仆都可以走到任何一家紧身褡店里，买上一件适合最体面女士的胸衣”。当然，仆人也常常受到虐待，被剥夺了许多应有的权利，包括恋爱的自由，甚至连基本的生活需求如食物和取暖也不能保证。伦敦一些中下层阶级社区的报纸曾经刊载了这类案例，医学杂志《柳叶刀》(*Lancet*) 加以渲染，有的文章相当长，认为人们对时尚和愚蠢受害者的虚荣心的指控是证据不充分的。其他非医学的文章，虽然仅顺便提及束腰，却令人震骇：有一名受害者是艾斯灵顿（Islington）的杰迈玛·豪尔（Jemima Hall)，她“消瘦得可怕”，“长期忽视营养”，医生最初诊断她是患了“严重的感冒，心跳微弱”。事实上，她曾抱怨“头痛欲裂和全身发冷”，下午当差回来之后，主人允许她回到没有暖气的房间去休息。整个“极为寒冷的”傍晚和夜间都无人照料她。第二天早晨她没有出来上班，人们才发现她不省人事，仍穿着前一天的衣服。女主人的冷漠，在我们看来似乎是犯罪，医生也过于疏忽，没有将她立即送到医院接受治疗。医生第一次去看她是早上七点半，他只是割断了她的紧身褡，并开了一些兴奋剂；早上十点再次去看她，发现病人“强烈抽搐（阵挛）”，但没有采取任何措施。下午两点回去时，发现她已经死了。女主人不能（或不愿意）提供该女仆的任何病史，除了说，她曾多次告诫过这个女孩不要“一直愚蠢地”把自己勒得那么紧。这个女仆的“外表很讨人喜欢”，尽管她的胸部或乳房的发育不够丰满。这个束腰案例的确是对社会压迫环境的一种反映。

下面这个恐怖、悲惨的故事本应令所有的人感到震骇，然而戈德曼医生把它当作一个笑话来讲，可让听者心境稍安。戈德曼住在一个公寓里，女房东的女儿“高大、漂亮”，但她费了很大的努力也无法完成一件简单的家务：把一只水壶放到炉子上；原因是她戴着“一根很长的巴斯克条”（用她自己的话说），而且她的束带系了一个坚硬的结，令她无法弯腰。戈德曼还描述了其他几个惊人场景：一个女孩在清扫（纽约）第七街的排水沟，她身穿华丽的灯笼袖衣服，束腰达到“时髦”的程度；一个黑人女仆在熨衣服的时候猝死，验尸报告说是穿紧身褡导致的。[54]

福勒和皮尔肯

有时候，一个人会直截了当地对过度追求时髦的做法进行反击。例如，驻扎在非洲的法国军队的一名将军去参加儿子的婚礼（安排婚礼计划时他因故缺席），他第一次见到儿媳，发现她施行束腰，便当场拒绝了她，尽管她是公爵夫人的女儿："我要我的儿子娶一个能保持我们高贵种族优长的女人，而不是一个肋骨被紧身褡压碎了的女人。"一个名叫阿利博特（Alibert）的医生发起的反对运动，借助了现实生活中发生的一个偶然的悲剧（有点令人难以置信）：在一场有许多驰名美女参加的派对上，这位医生申斥在场的一些年轻人："你们夸赞她们的细腰，惹得她们自杀。也许就在我说话的这会儿，其中一个精致的可人儿——为了更好地取悦于你们而不吃不喝，立即就要晕过去了。"他的话音刚落，两个女子就倒在了地板上，呼吸急促；阿利博特冲将过去，割断了她们的束带。之后，他要求那些听讲的男子们作出承诺，永远不再恭维一位女士的好腰身。[55]

许多改革者深信，内部器官的严重紊乱，必然伴随着恐惧心理和性功能的失调。"最初她的身体能量开始衰减——她的智力表现低弱——她变得情绪烦闷，脾气暴躁"，"生出将怒气永远写在脸上的深皱纹，等等"。1836年，一个19岁的女孩被诊断为精神失常，原因是"束带绑得太紧"，加之把"太多的精力"放在教学工作上。她就是伊丽莎白・帕卡德（Elizabeth Parkard），后人评价她"聪明能干，口齿伶俐，积极进取，十分独立"，她痛恨因精神病而被禁闭的经历，后来成为一名争取妇女权利的活动家。[56] 在某些人看来，束腰的欲望是病态的虚荣标志。有些人觉得一切源于性吸引本能或单纯的性欲，通过束腰来获得满足，或是仅仅模糊地表达出来。在这一时期，只有一位作者公开承认，束腰源于穿着者的性冲动，它事实上被视为一种病态，同试图影响男性崇拜者并没有关系。这个大胆、疯狂的人物即是《美国颅相学杂志》（*American Phrenological Journal*）的编辑奥森・福勒（Orson Squire Fowler, 1809—1987年），一个"声名显赫"和"过分自负"的人，撰写了大量"半科学和伪哲学作品"。[57] 其中一本名叫《色情：或过度和变态性爱的罪恶与救赎》（*Amativeness: or the Evils and Remedies of Excessive and Perverted Sexuality*)，1884年出了第四十版，在全世界范围发行。

福勒提出的假设是：性导致精神错乱。这成为一种普遍理论，为一些德高望重的维多利亚人所认可。在另一本非常成功的小册子里，福勒证明，性的罪恶尤其体现于束腰狂热。这部名为《放纵和束腰。基于由颅相学和生理学揭示的生命法则》（*Intemperance and Tight-Lacing. Founded on the laws of life as developed by Phrenology and Physiology*，1844年）的惊人著作再版多次（第十一版于1890年在伦敦出版），它提出的座右铭是："男人不彻底[禁酒]，就不嫁他；女人不是自然腰，就不娶她。"这句话被反束腰团体用作口号，福勒自称这些组织受到了他的激励。福勒首先作出了一些宏观的"颅相学"概括（"所有年老和有天赋的人都有大胸；所有的老祖母都有粗腰"），描述了患痨病的束腰者的可怜形象，然后，他提出了以下论点（该书第35页）：

> 我的良心促使我有些不情愿地提及另一个与束腰有关的罪恶……尽管我知道这样做会影响……这本书的流行和销量（！）压束产生炎症……压迫肠子及周围组织的血液流通，因而导致腹部所有器官发炎发热，这往往激发出性爱的欲望。这足以解释为什么束腰者很容易坠入爱河。事实无可争议，原因显而易见。许多生理学家都知道这个事实，但没有指出来。……现在是时候了，贤淑的女人如果被人看见自己束腰，应该感到羞耻，就像她被发现放纵不贞洁的欲望而应该感到脸红一样。

束腰使神经系统失常，而且导致脑底发炎，这必然激发了坐落在大脑基部最低点的情欲器官。

可悲的是，城市里的花花公子十分纵容这种情欲和"黏附性"。福勒在书的末尾，猛烈地斥责那些"杀婴者，她们竟然穿着紧身褡，被接纳进至高之神的庇护所，甚至入席圣徒的圣餐会！……我实在不明白，束腰者怎么能够进入天国"。福勒运用华丽的辞藻，公开宣传束腰同性欲相关的理论，显然是针对一类有兴趣的下层阶级听众。在美国和英国，下层阶级比中产阶级较少恪守清教主义。福勒提出的关于生理联系的观点（尽管不是很清晰的），超越了他所处的时代。性生理学在当时是一个未开发的领域，所以几乎可以辩论有关的任何问题，而不必担心引发争议。

福勒的观点被安吉利恩·梅利特（Angeline Merritt）夫人大量引用，她写的《从实践和生理的角度思考服装改革》（*Dress Reform Practically and Physiologically Considered*）一书，主要是针对束腰。她像福勒一样，认为束腰附属于并等同于酗酒和不信神的罪恶。对于借助穿紧身褡的手段来堕胎的问题，她总是采用怒发冲冠式的文笔。很显然，梅利特夫人的可怕命运是，在圣餐会上还得跪在束腰堕胎者的身旁，从而受到她们的玷污。她祈求神“无限地厌恶和憎恨”她们。“杀婴”一词对她来说太过温和：“上帝啊！……当世间的人们只是平淡地称这种做法是‘杀婴’，上天会视她们有罪吗？受到更强烈的谴责和真正的鄙视，直至干枯灭绝，才是她们实际应得的报应。”想到束腰与性生理有关，梅利特的基督徒式愤怒愈加强烈，观点比福勒更激进了一步：紧身褡的作用是“将腹腔脏器挤到一起，直至接触和碰撞盆腔内的性器官，由此而产生不合乎自然的亢奋和癔症……导致病态的神经兴奋，令体内系统生发出娇柔之气”。[58]

在同一时期（19世纪40年代），一名法国医生，业余东方学家、语言学家和论述疯狂症的作家，名叫皮尔肯·德·让布卢（Pierquin de Gembloux），颠覆了福勒的论点。他指出：束腰是一种值得称道的抑制激情的做法。“抑制过度发育的内部和外部的胸肌，无疑使交感神经器官的活动有所节制。”生理和心理的激情主要是通过肺产生作用，乳房是情爱的居所。“肺部愈大、愈活跃，乳房也就愈发热胀，这‘烈焰吞噬的炉膛’就愈加使道德和美德陷入危险的境地。”因此，它必须被保护、限制和强固，尤其是在道德心理脆弱的青春期和青年期。女性肋骨的斜定位及其可移性适合于被压缩，这也有助于支撑胸部，完全是积极的“治疗、准备、辅助和运作，而且符合卫生要求；体内组织有益地浓缩了，在一组变薄的器官中，某些细胞、肌肉和皮肤组织的一致性增强了”。因而，紧身褡的压迫是中和抵消的力道之一。皮尔肯喜欢持一种变态和极端的立场，他认为穿非常紧的胸衣，甚至滥用都是无害的。束腰的有益副作用包括有助身体保暖、促进消化，还可以使说话的声音更加精致和悦耳，这是任何观赏歌剧或喜剧的人都能证明的。总之，美丽、谦逊和贞节，这些西方文明的优长之处，都归功于紧身褡；不穿紧身褡的人的特征是：身体严重变形，一夫多妻，无道德伦理，人丁不旺。从这些夸张、荒谬、乱七八糟的论证中，假如仍能肯定皮尔肯的出发点——束腰是克制情绪的一种手段，我们可以发现，其他一些作家也表述过类似观点，只是采用了很不相同的道德调门，如废奴主义者拉维利·帕里斯（Reveille Parise）曾说，束腰是压抑感觉的痛苦；小说家狄更斯和左拉以不同的方式揭示它是用来麻痹人的情感，如我们下面将要看到的。恋物徒自身的解释亦是如此。[59]

五、查尔斯·狄更斯、查尔斯·里德和查尔斯·金斯利小说里的刻板形象

查尔斯·狄更斯的小说中提到束腰的频率，是我们了解维多利亚时代早中期突出的束腰问题的可靠指南；正如在这些小说中凸显的足恋物癖和头发恋物癖现象，也反映了它们在维多利亚时期所起到的典型的性移位作用。狄更斯十分迷恋优雅纤足和华丽发式，同时，在原则上，他憎恶紧身褡勒出的蜂腰。

狄更斯沿袭了传统的看法，认为束腰者不仅损害自己的健康，而且毁坏人的品格。他不太关心女人的内脏器官发生了什么变故，而是更在乎她们表现出的硬挺紧绷的姿态，这同他理想中的温软、柔顺的女性美完全背道而驰。“彬彬有礼的女儿们坐在她的旁边，一共三个老处女，紧紧地被压束在胸衣里，她们的脾气缩减到比蜂腰还小，紧勒的痛苦从她们的鼻尖上透露出来。”他描述一位雄心勃勃的实业家的女儿，一个“早熟的13岁小女人，她已经开始穿鲸须紧身褡并接受教育，完全不再觉得自己是个少女”[60]（轻蔑地将束腰与教育配对是带有预言性的）。在后来的小说中，狄更斯回应社会对这一主题重新产生的广泛兴趣，塑造了一个束腰者的虚拟人格形象。斯纳斯比（Snagsby）太太在书中第一次出现时，是一个“身材短小、头脑精明的侄女，有什么东西剧烈地压迫着她的腰，尖尖的鼻子像被秋风吹过，鼻头儿上现出一层霜色。[有传言说]这个侄女在童年时，她的母亲无微不至地关注她，认为她的身材应该接近完美，每天早上

给她束腰，用自己的脚蹬着床柱，把束带拉得紧而又紧……”[这些谣言并没有令她的求婚者却步，他娶了她]“……这个侄女仍然十分爱惜自己的身条，不管人们的品位是多么不同，到目前为止它无疑仍被视为是珍贵的，它是那么了不起的小巧”。斯纳斯比夫人也服用醋汁和柠檬汁，酸气冲上了她的鼻子，渗进了她的脾气。她的情绪和行为老是绷得很紧，身体的各个部位也很紧：“她摇头时发紧，笑的时候也发紧”。[61] 在性方面她是嫉妒、狡诈和支配型的，更有甚者，掌管钱财的手也很紧，天生具有残忍的生意人本能。所有这些品性，结合到一个男人身上也够坏的了，体现在一个女人身上绝对是可憎的，同理想的女性完全背道而驰。狄更斯心目中的完美女性是：慷慨、温柔、轻盈，而且幼稚，（在性以及金钱问题上）天真无邪。

然而，在狄更斯的笔下，一拃腰仍然散发出浪漫的情调和处女的魔力，可惜被恶心的老亚瑟·尼古拉斯玷污了。在《尼古拉斯·尼克贝》（*Nicholas Nickleby*）中，老亚瑟这个色鬼眉飞色舞地描述玛德琳·布雷（Madeline Bray）说，一个“年轻俏丽的尤物；新鲜、可爱、迷人，还不到十九岁呢。黑眼睛——长睫毛——熟透红润的嘴唇，真让人想捧着亲她；拢聚起来的美发，谁不想去触摸一下？那样一只腰，令人不由自主地伸出手去紧搂……还有那双脚，真是小巧之极”。这话被他的同伙、淫恶的叔叔拉尔夫（Ralph）诠释为，玛德琳是个一拃腰姑娘。我们也是这样理解的。几章之后，作者似乎是想进行补偿，故针对城市儿童生活和服饰矫揉造作的问题发表了一些不大相干的斥评。他拿吉卜赛人的女孩作比较：“他们的女孩儿肢体是自由的，不受扭曲，不在性方面给她们强加不自然的和可怕的苦刑”。被吉卜赛人偷走的城市女孩将是幸运的。

最精心塑造的束腰者刻板形象，也许是查尔斯·里德（Charles Reade）的小说《一个傻瓜》（*A Simpleton*，1873）里的人物。这部小说为英雄医生斯泰恩斯（Staines）的科学和人道主义的无私奉献树立了丰碑，他被一个虚荣的、愚蠢的和不顺从的妻子罗萨（Rosa）给害了。具有透彻科学洞察力的斯泰恩斯发现，他爱恋的未婚妻由于暗地束腰而时常吐血。她承诺不再这样做，可是结婚后不久，这个“傻女”又犯了老毛病，并且要弄女人的其他典型伎俩，尤其是蓄谋破坏丈夫的不稳定的职业。她遭到了严厉斥责之后，跪在丈夫的脚下，可怜地表示忏悔，请求他杀了她。医生斯泰恩斯宽宏大量地饶恕了她，说：“你们这些女人都太偏执，跟你们说话简直是对牛弹琴。……小腰就像中国人的裹脚那么丑陋，用科学的眼光看，格外令人憎恶。”罗萨的过错是不服从权威，束腰是其中一个主要表现。她父亲是一个软弱的人。紧身褡对她来说是一个有双重约束力的权威，既是血亲的又是科学的，她的丈夫具有这个权威，他是科学家，同时也扮演着父亲的角色。

里德笔下典型的愚蠢女性是一种普遍的社会刻板印象。罗萨软弱，需要一个丈夫的司掌，不同于狄更斯笔下的斯纳斯比夫人——强势，支配自己的丈夫。因而，英国文学里谴责的束腰者，一方面是软弱的，另一方面是强势的（二者组合便构成了我们最初所说的基本矛盾）。狄更斯将强势女性对身体的自我压制转移为对自己及他人的道德压抑，左拉小说中的人物与此类似。不过，用带积极色彩的“严格自律”一词来描述左拉的束腰女主人公丽莎（正如我们所看到的），更为合适。左拉受到摩尼教的影响少一些，他倾向于认为，丽莎的身体及道德自律是一个不大令人钦佩却被社会认可的特质，对于在经济上求生存是必不可少的。此外，它不仅是女性的社交手段，也是性力量的工具——对此，狄更斯比左拉更感到是一种威胁。

查尔斯·金斯利（Charles Kingsley）的《水宝宝》（*Water Babies*, 1863）反映出在当时的诸多社会恶习中，束腰受到的抨击是最严厉的。这本书表面上是儿童娱乐读物，先是连载，后编辑成书，多年来甚至比《爱丽丝漫游奇境》（*Alice in the Wonderland*）还受欢迎（但显然在成年人中更为流行）。金斯利嘲笑了社会里的各种小暴君，诸如冷酷无情的医生，粗心大意的保育员，严苛的教师，以及整个愚昧的女士阵营（现在问题十分严重）“……为了孩子们好，她们紧压儿童的腰肢和脚趾，仿佛蜂腰和猪脚会很漂亮，或很健康，或对人有丝毫用处”。依照“以其人之道，还治其人之身”的原则，这些女士受到了惩罚，被束在紧胸衣和紧靴子里，于是她们“窒息和患病，鼻头发红，手脚肿胀”。

金斯利在《健康与教育》（*Health and Education*）一书中，论述了所谓“两种呼吸”（The Two Breaths），抨击人们要求女孩不活动、少说话和穿胸衣的做法，指出它是“低级文明的一种野蛮实践”。金斯利的头衔很多：畅销书作家，（曾任）维多利亚女王的牧师，威斯敏斯特的教士和剑桥大学的现代历史学教授，其影响力不可小觑。不同于我们看到的维多利亚时代的许多反束腰言论，金斯利写这本书并不是从反对性的观点出发，虽然《水宝宝》确也包含着自慰罪恶的暗示（以棒棒糖的形式）。金斯利是一个基督教社会主义者，思想先进，反对禁欲，他“对性的尊重”在那个时代是相当前卫的。他谴责束腰的出发点是对卫生和儿童的关注，该书的一个直接成果是，法律禁止了雇用儿童钻烟囱道扫灰。在金斯利看来，年轻人的束腰不过是教育压迫的另一种表现形式。

雅虎网页：点击这里，瘦身 10 磅，立即开始！

第三章

1846—1900年间幽默家的战斗

一、《潘趣》和束腰

《潘趣》(*Punch*)杂志诞生于1841年，它被视为反映维多利亚时代资产阶级生活习俗的一面完整的镜子。在早期进行了一些激进尝试之后，它有意规避所有出格的、粗俗的讽刺形式，成为一只精确的“晴雨表”——反映保守的上中产阶级男性对妇女社会角色的观感——这是它的一个核心主题。《潘趣》首先是一个受人尊敬的家庭杂志，尤其是在1860—1890年间，法国漫画刊物所喜爱的任何关于性、通奸或其他不道德的玩笑，在《潘趣》都是禁忌。但是潘趣先生(《潘趣》发表的所有文章都是匿名的，他如此自称，我们也可以这样称呼他)始终睁大道德法官的一双鹰眼，密切关注女性时尚的演变。这本质上是奥林匹亚山神的男性目光，因为女性成员——创办人马克·莱蒙(Mark Lemon)许诺的“朱迪(Judy)太太”的声音从来没有在《潘趣》中出现过。其他一些模仿《潘趣》的杂志，如《开心》(*Fun*)和《朱迪》(*Judy*)比较缺乏尊严，其读者群主要是下层阶级的妇女和欠成熟的男人，但即使是这类杂志的内容，也远不如想象力丰富的法国杂志那样粗鄙和放荡。

束腰现象一直令潘趣先生如芒刺在背。其他时尚如走马灯一样，来了又去，但束腰风习仿佛是装甲车，讽刺的刀剑对它毫发无损。在这一领域，《潘趣》更多地采用文字而不是图像，这有两个原因：第一，《潘趣》的漫画家(从19世纪60年代开始)均不是讽刺画家而是插图画家，因而在他们看来，过度的、怪诞的及一切形式的图像渲染都是庸俗化；第二，同样的道德契约不允许英国小说家描述内衣，禁止杂志刊登女人在任何状态下脱衣的图像。《潘趣》的一位最主要的上流社会艺术家乔治·杜·莫里耶（Geroge Du Maurier）定了一条规则，嘲笑虚荣女人的图画假如设在更衣室或女服店的场景中，则女人必须衣着完整；如果女仆的手上仍然拿着束带，那只能是连衣裙上的，而不是胸衣上的。无论何时都不能展示仅穿紧身褡的身躯，因为那会暗示裸体。譬如，一家人类学杂志刊登了一幅吸引读者的图像——类似"精细束带和紧身衣"的土著人的文身图案，但是它将视角仅限为一位家母，她坐在客厅，给几个兴奋的年轻听众朗读有关提要。[1] 如果换了《巴黎人生》，这样的好机会将会让他们大为着迷！

1846年，潘趣先生发表了第一篇《关于束腰的讲座》，由他的首席艺术家约翰·利奇（John Leech）绘制插图。自负且无知的女人无视对自己内脏器官的大破坏，至少应该担心有害的外部影响。紧胸衣导致智力衰退，显现出"暴躁、焦虑和坏脾气留下的永久皱纹"，粗俗和酗酒的下层人的（恐怖！）症状：酒糟鼻子和粗大的手脚。尤其受到损害的是维多利亚时代人视为神圣的肤色："在玫瑰和红宝石曾经闪耀光泽之处，她们倒上胆汁、撒上灰。对此还要变本加厉，直到脸上呈现丑陋的斑点和疹块，细腻的皮肤表面长出斑驳的碎屑，视力模糊，牙齿变色、出现龋洞，以及（最糟糕的）鼻尖变红，仿佛蔓越莓。"[2] 众人皆知，酒糟鼻与衰老、酗酒和疾病之间有着可怕关联："体液循环违背了自然法则，被迫流到头部。你知道，这种液体是玫瑰色的。"委婉的讽刺继续说，"伴随束腰的微妙健康问题阻止 [血色] 充盈脸颊，从而使面色红润，结果它被迫转移到了鼻子上。红鼻头可一点也不令她生辉。"最后，潘趣先生用沙漏隐喻时光之沙或生命同死亡本身的联系，结束了这个讲座。

对束腰的谴责无处不在，甚至在《伦敦奇谭》（*The London Charivari*）的一些文章中也顺便提及。有人反对一种新习惯——给小男孩穿五颜六色的紧身裤，而不是正常的裤子，于是唱出这首不大相关的哀歌："有多少黑头发、蓝眼睛、粉脸蛋和玫瑰唇的女神，变成了束腹带（staylace）的牺牲品，在母性成熟奔涌之时，限制她们充盈的生命，耗费全部精力来打造一个苗条腰肢，直到证明它确实只是一拃宽。"[3]

双关语、委婉词、伪诗意的手法，以及对皮肤色泽的强调，全是为掩盖真切的性恐惧。维多利亚时代早中期的讽刺作家们奉行清教主义，无法面对令美国人如此激动的束腰性感化现象，以至于彻底拒绝了奥森·福勒及其同类的观点。此时的紧身褡，如狄更斯认为的那样，被自相矛盾地看作清教徒式的压迫手段和禁欲的病症，它不仅局限了女人的身体，亦使她的情感枯萎，变成"被鲸须压束和勒痛了的""娇喘滴滴的小鸽子"。人们对束腰者的刻板印象，不再是倾向于夸大自然魅力的女人，而是完全没有自然魅力可言的丑八怪。束腰被那些压迫者（主要在性方面）视为是道德的压制。身体的束缚体现了道德上的刻板和怨愤（如狄更斯笔下的斯纳斯比夫人），可是显然，反对她们的事实上往往是一些刻板的人。《潘趣》不能完全否定束腰的性挑逗作用，便污蔑它是老处女的绝望之举，由于自己太缺乏正常的吸引力，便采取极端手段，不惜一切代价来吸引单身汉。

大圆环衬裙通过简单的反差效果使腰部看起来细，故有减轻束腰的作用。它也吸引了时尚讽刺作家的注意，1856—1859年间，他们仅在《潘趣》上就发表了约二百则有关大圆环衬裙的漫画和评论。但束腰并没有完全被挤走，有人从骨架衬裙获得灵感，写了一首提醒人身安全的诗：

> 你的身体里有个骷髅——
> 这个礼物，展示你的靓丽风景，
> 尽管轻巧，
> 却务必小心。
> 你的腰可能是一个奇迹，
> 但切勿系得太紧；
> 不要把自己勒成两段，
> 否则骨头将被埋在当中！

1862年，由于谣言说大圆环衬裙要退出时尚，反束腰运动便开始重整旗鼓。国际展览会的希腊厅内陈列了奥匈帝国皇后系过的"希腊式腰带"，伪装地显示皇后的腰是自然畸形的，故而不应当指责她施行束腰。《潘趣》以此为借口，发表了深恶痛绝的长篇大论，文章结尾说："[一个女士]越是想方设法让自己的腰变小，她嫁出去的机会也就越小"。[4]

从巴黎传出了丢人现眼的新闻，伯爵夫人卡斯蒂廖内（Castiglione），著名的美人和拿破仑三世皇帝的密友，已经完全撇掉了胸衣（不是出于卫生的考虑，而是为了给她的袒肩低领裙增色），而且整个赶时髦的巴黎采用了不紧束的瑞士腰带。这对《潘趣》来说是另一个良机。它比较了两个主要的越界时尚——大圆环衬裙和束腰，表示青睐于前者："荒谬的宽大裙子不像掐小的腰那样是一种可怕的畸形。大圆环衬裙是令人讨厌的，但至少没有犯罪。束腰是一种罪恶，因为它实质上是慢性自杀；如果教区长履行职责，他就应该布道反对它。"时髦的《女王》（*The Queen*）杂志的通信开始青睐束腰（见第六章），这可能给潘趣先生火上浇油，他没有点出该杂志的名字，但是嘲笑了那个作者的殉道欲和自我表现癖："不要介意我的脊椎弯曲、鼻头发红、头痛昏厥，等等一切"，受害者喘息着说，"这是时髦啊。我的腰围小于'断肋'小姐的，她的只有16英寸。没错儿，如果顺其自然，我的是25英寸。失真才是时尚。"可是，怎么看待梅第奇的维纳斯呢——"哦，不要跟我提维纳斯！她粗笨的腰围是27英寸，而那些愚蠢的艺术家却说她是'完美匀称的'！现在，我穿着高跟军靴，身高5英尺3英寸，我的腰围是15.75英寸，你不是要把我的尺寸同维纳斯的相比吧！此外，先生，绅士们——我不是在对肮脏邋遢、吞云吐雾的艺术家们说话——欣赏一个苗条的身材吧，并且细想一下，只有这样才是最适宜的。因为我渴望结婚——我的意思是，取悦绅士们，你当然就明白我为什么必须束腰了，尽管有时我感觉头晕目眩，气喘得厉害，尤其是跳华尔兹的时候！"潘趣先生再一次威胁说，束腰者将无人问津，倘若她偶然碰到一位绅士愚蠢地娶她为妻，日后他将支付巨额医药账单，而且与尖刻脾气的蜂腰女为伴，遭受无尽的折磨。潘趣先生不惜冗词赘句，绝望地说："我们中间没有人——只要不是天生的傻瓜——会不讨厌、痛恨、憎恶，并且偶尔咒骂这种罪恶的、自杀式的束腰陋习，它造成可怕的人体畸形，跟为要扁平头而挤压头骨，或中国人为要小脚而压碎脚骨的做法如出一辙。"[5] 对于一个以机智和轻快文风自诩的杂志来说，这种措辞是相当激烈的。

五年后，在一家通俗的低中产阶级杂志——《英国妇女家庭生活》上，支持束腰的文章重新出现，它促使潘趣先生再次举起了如椽大笔。这一次，回应文章的绝对数量和持续时间，以及在整个新闻界把自己搞得声名狼藉，充分考验了《潘趣》的勇气。《束腰恳求》是第一篇，1869—1870年间，围绕这一主题共发表了十几篇文章和插图。它们透露了堕落者的姓名，并大量引用信件中最难以置信的内容——一名女士声称，在一个星期之内，她的腰围即已从23英寸缩小到14英寸。潘趣先生试图诋毁整个报道的可信度，便假设它是同行讽刺家的一个虚构，他这样写道："十分欣喜地看到《英国妇女家庭生活》通过讽刺来开导读者。读者必定是非常有头脑的，我们希望他们当中没有人会误以为这是出自一个自负、愚蠢和讨厌的女人之手，而不是一个聪明男人写的讽刺小品。"在最后一段中，他的幽默面具脱落了，露出了真面目，采用"劣质的女性语法"和"绝妙的粗俗俚语"等鄙视评语，试图诋毁束腰者是缺乏教育的、下层阶级的女性，暴露了潘趣先生的势利（和厌女）心态。[6] 当然，很多女人确实是这样做的，但是选择这种手段是一个指征，正如《潘趣》通常持有的对束腰的偏见一样，表明束腰现象大体存在于中下层妇女之中。

接下来的一年里发表的攻击文章，持续保持强烈的讽刺语调，（我想）这是由当时发生的一件事在无意中引起的，一位男读者给《英国妇女家庭杂志》的来信揭示了一个难以启齿的意外发现：男人也能够实施束腰，并且炫耀它。在"年轻女士之弹性"的标题下，潘趣先生假意地表示，由于两性的生理结构不同，从生理上说，女人有可能实施束腰而不受苦。当然，男人如果这样做，将会罹患医生归咎于束腰的所有疾病。"女人身体器官的可塑性，在质地上类似于橡胶，使得她几乎可以随心所欲地束腰而不受到惩罚"。[7]

当支持束腰的读者来信不断涌入《英国妇女家庭生活》，《潘趣》也"发明"出一些信件，不加评论地刊登出来，并且发表了虚构的束腰者集会的报道。这些东西旨在奚落某些女性（如女权主义者），她们像男人一样，为了理性辩论或策划阴谋的目的而正式集会。束腰者们聚会，集体炫耀她们接受时尚的奴役和糟糕的健康状况，简直是愚不可及。在戏谑语言的伪装下，《潘趣》压碎了束腰自卫理论的两块基石：第一，束腰是一件纯粹的私人事务，而不是单纯地顺应"时尚的摆布"；第二，谨慎地实施便不会损害健康。

潘趣先生不仅相信《英国妇女家庭生活》读者来信的真实性，而且相信束腰现象总体来说在不断增加的可怕推论。他装作斥责《早报》（*Morning Post*）报道的对一位束腰者的死亡裁定，实际上是借题发挥，来讥嘲《英国妇女家庭生活》杂志。死者是一位保姆，推着婴儿车在外面散步时猝死。他说，《早报》无疑不会那么天真，幻想这样的报道会阻止年轻姑娘们追赶潮流，这一潮流已经复仇般地反扑了回来（令《潘趣》感到绝望），它不会被遏制，因为社会上存在大量“愚昧的”和“头脑发昏的”年轻妇女，丝毫不理会什么“心脏脂肪退化”的危险。束腰行为加剧了这种致命的疾病。[8]

二、漂亮的脚和丑陋的高跟；发髻；“时代女郎”

1869年，在《英国妇女家庭生活》发表恋物徒通信的鼎盛时期，《潘趣》的时尚讽刺也达到了高潮，形成一个不断扩大的战线，继续强烈谴责束腰，同时抨击其他较新的时髦罪恶，尤其是高跟鞋、发髻、化妆术和袒肩低领裙。这些都是摩登的“易交女孩”或“时代女郎”的属性。[9] 从各方面来说，她都是对自然的侮辱。“现在你知道我的西莉亚的魅力了吧？/……束腰使她的腰肢变形/……她的头发有一半是假的/……她的脸上抹了胭脂/……她的靴跟有三寸高。……她说的是俚语/……她可以在舞池里扭曲旋转/……灵巧得像个芭蕾舞员/却从未学会优雅地走路/而是鲁莽地高视阔步/……喜欢帽子、购物和逛集市/会滑冰、骑车、划船和抽雪茄/阅读大量的垃圾小说。”[10] 这就是人们对解放的轻佻女孩的印象。

迄今为止，对于女装鞋类能见度的不断增加，潘趣先生一直是持赞赏态度的，且不说感到欣喜。穿大圆环衬裙的女人只需做一些简单的日常动作，如坐立、弯腰、上楼梯或爬山坡，就不仅亮出了脚踝，而且露出了几英寸的小腿。在海边和乡下，大圆环衬裙通常被省略不穿，无衬的裙子任凭风儿吹拂，几乎紧裹住双腿，看上去很令人激奋，就连一本正经的潘趣先生也偶尔打个擦边球，发表这类主题的卡通。在19世纪60年代，新的槌球游戏与大圆环衬裙一道，有助于催化恋足癖文化，对此，鞋跟更高的新式靴子也助了一臂之力。女士们通过用脚在裙子下面移动球来作弊，可惜裙子不够长，她们被逮了个正着；男士们跪在女人的脚下调整触球（技术上称为“吻”球），便可伺机一窥纤足。在维多利亚时代的艺术和文学作品中，有大量漫画和典故暗喻小脚的殊荣和大脚（老姑娘特征）的悲哀。另一项新的运动——滑冰，比在槌球场上提供了更多的机会，可让男人的手接触到女人的脚。杜·莫里耶（Du Maurier）不禁想象出恋人心灵受到的折磨——不得不允许溜冰场服务员用那双粗俗且唯利是图的手，来为他的爱人穿上滑冰鞋；或者是碰上一位极其失礼的格林先生，当要求他把格拉迪斯小姐的草地网球鞋放进口袋里时，他答道：“我的口袋恐怕不够大；不过，我会很高兴用手替你拿着它们。”[11]

娇小的、更容易被看见和几乎触手可及的脚是一回事；增高了身材，并造成了更具性攻击性步态的高跟鞋是另一回事。潘趣先生以前从来没有对鞋的款式发表过多少观感，如今评论说，增高的鞋跟（它似乎在1868年突然加速增高）将一双漂亮的脚变为丑陋的典范，是引诱男人不慎上当的“毒钩”。另一个讽刺更采用“中世纪式”手法，将鞋跟比喻为魔鬼或女巫的象征，这是《潘趣》最喜欢用的隐喻之一。手杖（男性的象征）在1868年介绍给了时髦的女士，被讽喻为邪恶精灵的多瘤树杖，假如不是出于现实需要（防止摇摇欲坠的穿鞋人摔倒）的话（图3.1和图3.2）。《潘趣》有些担心，但并没有公开对抗高跟鞋的另一主要目的，即赋予女性身体上

图 3.1 “如何穿高跟靴走路”（Cham, *L'Esprit Follet*, 4 May 1872）

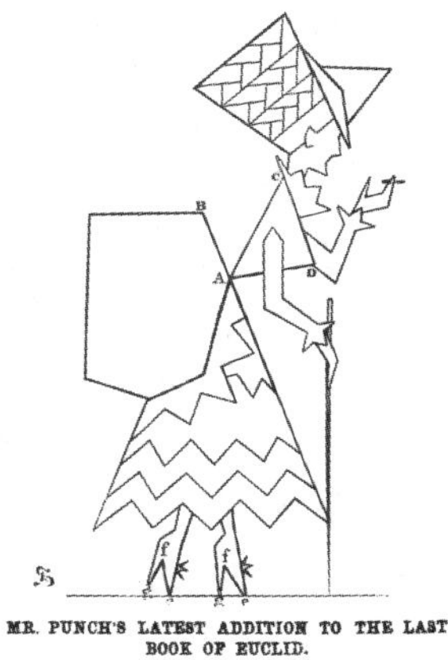

图 3.2 “潘趣先生对欧几里得新著的补充”（*Punch*,4 April 1870）

图 3.3 “历史自我重复。潘趣先生收藏的一只古代花瓶”。高跟鞋、束腰、假发髻和裙撑合并造就“希腊式曲线”（Linley Sambourne, *Punch*, 18 June 1870）

的、进而在精神上的优越感。意大利卡通的想象生动地反映了这一点：女人踩着20英尺的高跷，得以与天堂的居民闲谈；站在下面的矮丈夫尖叫着，让妻子帮他缝上裤子的一只纽扣，她对他简直不屑一顾。[12]

新式鞋跟造成了一种向前冲刺的行走姿态，称为“希腊式曲线”（Grecian Bend），源于古希腊雅典花瓶上的形象（图3.3）。这个时候，大圆环衬裙后面的拖裾已经被取消了，裙子进一步缩短，走路的时候脚部完全展露出来。19世纪70年代持续反对高跟鞋的运动消停了，像《潘趣》的许多反束腰的抨击文章那样，通常不再用讽刺笔法，而是绝望地悲叹：“让它们（脚和脚趾）被这些刑具搞得变形和蜷缩，长成畸形和扭曲的中国脚吧。畸形成为时髦族的一个证明，宁愿受苦也比不入时要好。”《潘趣》认为，女性沉迷于这种荒谬行为，最终证明她们的思维能力低下，从而用了这样一个标题来讥笑她们：“女性的高等教育——学习穿上6英寸高跟的法国靴子走路”。与此类似，有关新成立的格顿学院（Girton College）的文章标题也是嘲弄式的：“剑桥的发髻”。杜·莫里耶惯于发表预言，说那些沉迷于高跟鞋和窄靴的人将受到惩罚，脚很快会被磨烂，从而让她们在公共场合羞于见人；他召唤出穿凉鞋的老祖母们的幽魂（始于新古典主义时期，约19世纪初），来维护英国人脚的荣誉。到了19世纪90年代，高跟鞋和紧足鞋不再是《潘趣》关注的问题，取而代之的是沉重的男式运动鞋，这更令他感到恐惧：“用讥笑的嘘声来迎接她们吧——如此巨大笨拙的鞋子！悲夫！可惜了这双小巧的脚，竟配上这么蠢笨的靴！”[13]

发髻在19 世纪仍然是非常奢侈的饰物，因而具有特别重要的社会等

图3.4　蜂腰裙（Linley Sambourne, *Punch*, 16 October 1869）

图3.5　龙虾裙（Linley Sambourne, *Punch*, 11 March 1876）

级意义。[14] 1869—1874年间，它登上了奢华时尚的最高峰。基于惊人的统计数据，它同束腰一样被归为一种自杀方式，自发髻推出以来，脑炎增加了73%；它给头骨施加了巨大的压力，据计算，一个18英寸高的发髻的压力是每平方英寸40磅。它甚至可能造成脊柱炎。[15]

扭辫发髻的随意变换性给了《潘趣》的年轻新人林利·桑伯恩（Linley Sambourne）一个机会，来展示精湛的图画变幻技艺。在他的笔下，发髻变成了各种邪恶的、善于性引诱的野兽——豪猪、毒蛇、刺猬、章鱼和巨型蜘蛛。桑伯恩采用19世纪70年代的奇异的纠结方式，将整个人体演变为漂亮的吊钟花、蝴蝶、鱼、豪猪、甲虫、哑铃和黄蜂（图3.4），当然也少不了沙漏，还有硬壳龙虾（图3.5）。中世纪成为骑士的妇女穿的甲胄，被恰如其分地用来比喻时髦的刚性胸衣。滑旱冰的女人机械化了，脚上戴满了铆钉；打网球的女人被包裹在最迷人的蛛网里。[16] 在这里，画家运用古老的纹章学象形符号，并加上了一点最新的准色情恩典。

由于桑伯恩的创意，《潘趣》对时尚奢侈品的态度显示出软化的迹象。他所进行的变革，省却了原本必需的文字，用绘画表现了某种带色情的媚俗和夸张的时尚，它几乎是法国韵味的，这在《潘趣》的插图史上是一个独特的事件。

三、胸甲、后系带和毛织品款式；网球；男性化

图 3.6 “伦敦城”。肯特出生的海伦爱慕胸甲式紧身褡（Linley Sambourne, *Punch*, 24 April 1880）

19世纪70年代之后，《潘趣》不再正面攻击束腰。更大的敌人出现了。首先是在“美学”方面，然后（更糟的）是“理性”的服装风格。有一首戏仿罗塞蒂（Rossetti）的情歌，遐想“肯特出生的海伦，英国的骄傲”，厌倦了新古希腊主义、拉斐尔前派和“美”的模式，热烈地追求一个新事物——沉重的胸甲式紧身褡（图3.6）。海伦用束腰害死了自己，但她的殉难是追求一个错误理想的结果，而不仅是为了愚蠢的虚荣。这确实是一个重要的观念转变。《潘趣》以一种怀旧的心绪，考虑用时尚的理想美来取代他曾经指责的东西。毕竟，飘拂的自然长发、摇曳的窈窕身段和柔软的优雅姿态，或许比华丽的人工卷发、深陷的双颊、瘦弱身架和病态举止要好一些。最终，《潘趣》勉强地接受了“优雅的杨柳细腰”和“精巧腰带”的“魔力”。[17]

值得注意的是，这一态度的转变发生在19世纪70—80年代，当时束腰者的数量不仅增加了，而且通过在臀部收紧裙子，更多地暴露出体形轮廓。我们下面会看到，《巴黎人生》对胸甲式风格感到一阵欣喜：德国幽默期刊的反应也很活跃，用它们那种不温不火的绘图风格。1877—1883年间，路易斯·贝希斯坦（Louis Bechstein）在《幽默散叶》（*Fliegende Blätter*）杂志上发表了有关这一主题的系列连环漫画。这位女主人公穿着新紧身褡，贸然吃了一顿丰盛的饭，结果紧身褡就脱不下来了，不得不赶

到卡尔斯巴德（Carlsbad）去接受减肥治疗；没人敢给她讲什么逗趣的故事，因为她一笑就可能会把裙子绷开；她无法走路，只能被旱冰鞋或船帆推着前进；她不得不由护卫抬着上火车；过海关时，她没接受检查便通过了，因为她肉体袒露，皮肤下难道还能藏匿什么走私品吗？其他散见的贝希斯坦的插图，主要瞄准腰围：一对肥胖的乡村夫妇疑惑地盯着一位青春焕发的城市姑娘，她腰细如绳，“你瞧，南尼，她肯定一个饺子也咽不下去，全得靠通心粉活命。”[18] 1883年的一部连环漫画，幽默地将束腰者推崇为令人毛骨悚然的典范（图3.7和图3.8）。

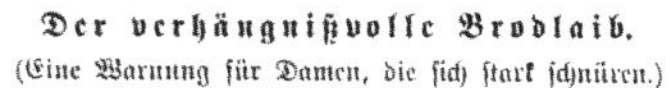

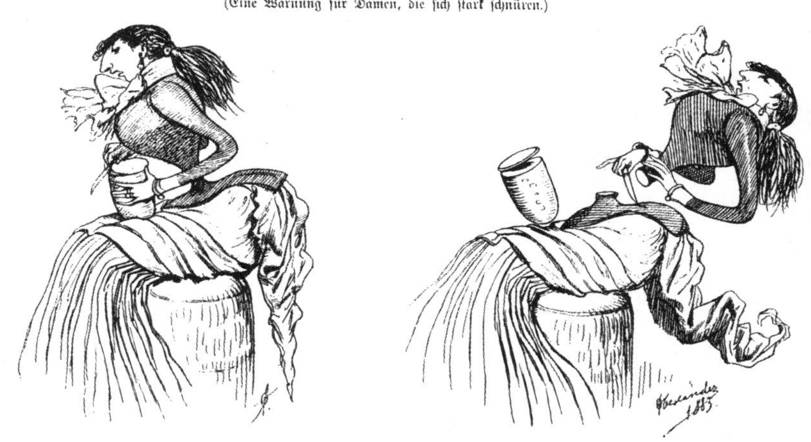

图 3.7 “致命的面包，对束腰年轻女子的警告”（Adolf Oberländer，Fliegende Blätter, v.81, 1884，Budilnik 拷贝）

图 3.8 爱尔莎·拉乌蕾丝之惨死（Emil Reinicke 绘图；M. W. 撰文，Fliegende Blätter, v.79, 1883）

欣欣向荣的19世纪50—60年代（轻盈飘荡的大圆环衬裙反映了当时的繁华气息）之后，70年代出现的新的紧束时尚同十年的经济衰退并存，漫画家把握了这一时代特征：丈夫警告妻子说，出于生活费用的考虑，她必须减少购置衣物。她回答说，她已经减到几乎不能走路的地步了。另一个类似的笑话说，“因为日子过得紧，我穿得也必须相应地紧。”[19]

与此同时，杜·莫里耶也像桑伯恩那样，变得宽容和顽皮了。在他的一幅著名卡通中，舞会上的一位女士拒绝应邀入座，“因为裁缝说我不能坐”。为了解决这一难题，杜·莫里耶发明了一种新式椅子，它的样式像根手杖，带有一个倾斜的座儿。布拉巴宗·德维尔·汤姆肯尼夫人举办招待会，美丽的瓦瓦苏·贝尔塞斯（Vavasour Belsize）太太和她可爱的姊妹们抵达后，由于穿的衣服太紧，无法登上必须经过的楼梯。西茜在野外散步时陷入困境，因为她的阳伞掉在了地上，她和范妮谁都无法屈身将它捡起来，就近也没有绅士可来救援！穿旱冰鞋的人儿一旦摔倒，自己就不可能再爬起来。玩保龄球时，一个女孩甚至弯不下去腰。这种紧裹的身体被比作埃及的木乃伊，最有趣的也许是，妇女们想象自己是被倒进紧身褡模具里的滚热铁水，在里面冷却变硬；要想出来，她们得被熔化才行。时尚具有了一种新的危险的意义：“气体、火药桶、炸药或火药棉都会爆炸，这些还不够恐怖，现在连女人都随时会爆炸！”[20]

图 3.9　凸胸鸽（德国卡通，1882，引自 Gec）

一个最大的悖论是：紧身裙的出现恰逢网球运动的普及。如同19世纪60年代的槌球，网球是70年代流行的一种游戏，人们不认为紧身裙和网球不能相容。当时的网球游戏肯定不如今天的运动量这么大，但莫里耶也表明，其动作可以说是相当剧烈，即使依照今天的标准也是如此。他列举了四名年轻的英国网球选手，她们足以跟任何最漂亮的法国女演员争艳，全都穿着胸甲式风格和背后紧束的裙子。[21]

胸甲式风格要求臀部相应紧收，这在19世纪80年代很快就做到了，具伸拉性的毛线针织衫（jersey——泽西）可以完美地裹住身体。渔民穿的毛线针织衫在1879年夏天被引入时装界，以演员兼妓女莉莉·兰特里（Lily Langtry）命名，因为她出生于泽西，人称“泽西莉莉”。“只见她穿着一件泽西衫/像鳗鱼皮覆盖全身/紧裹的裙子令她难以入座/真是一项痛苦的壮举。”[22] 针织品的紧密性加强了紧身褡从下往上推的力量，在蜂腰上面造出汹涌的胸部，通常被称为“凸胸鸽”效果（图3.9）。对此，法国人发出欢呼，德国人讥讽，拘谨的英国漫画家则佯装没看见。紧裹体形的线条令人想到裸体或至少是内衣，女仆很清楚这一点，看见女主人穿着泽西衫出门，她便惊叫道，“怎么，太太？您不穿衣服就上街吗？”1880年8月，《潘趣》已经开始试图（徒劳地）诋毁把泽西衫套在夸张蜂腰上的做法：“婊靓（漂亮）的女蛹（佣）腌（哈）丽特”，把泽西衫罩在她那棉花卷筒一般的短胖身体上[23]（图3.10）。

SIC TRANSIT!
Alas, for the pretty Jersey Costume! 'Andsome 'Arriet, the 'Ousemaid, has got it at last, and it fits her just as well as her Missus.

图 3.10　“穿泽西衫的哈丽特”
（Du Maurier, *Punch*, 28 August 1880）

泽西衫似乎是理想的网球和划船运动衣。它鼓励网球选手展示束腰的效果，《潘趣》的模仿者《开心》杂志对此很感兴趣：

> 网球玩得腻了，
> 坐着，
> 在最小的空间里
> 裹着。
>
> 在毫无皱褶的衣衫里
> 奢想，

但愿很快被释放，
盼望！

她的每条曲线，
倦极，
等待朋友来帮助脱掉泽西衫！
哭泣。

六个星期后，《潘趣》刊登了一幅小插图，描绘参加运动的束腰者，标题是“打网球的痛苦”，附诗如下：

泽西衫紧裹，或许是为展示肌肉，
奋力奔跑，背负衬垫、束带和裙撑；
发球失误了8个，实在遗憾，
拉紧紧身褡，她试图截击反攻。

图 3.11　时髦的腰肢（Du Maurier, *Punch*, 10 August 1887）

12英寸腰围被皮带束缚……
“忍受痛苦，表现坚强”；
她感觉十分“愉悦”，
不妨称她是个快乐的受难狂！

观众中的一个老妇人惊叹，这些女孩能够连续好几个小时玩网球，而当她们做针线活时，半个小时就叫唤累得慌了。[24]

运动新女性展现出的体能也令男人感到羞愧。罗恩·苔妮丝（Lorne Tennys）小姐责怪她的搭档导致输掉了比赛，这一点也不冤枉他。变得“颓废”的男青年慵懒地在躺椅上休息，欣赏健美的女孩子们打球，而自己拒绝参加，因为网球已经成为“娘娘腔”的玩意儿，甚至含有隐晦的阳痿暗示，他在场上的身姿“弯曲下垂”，“像猫一样柔软、隐匿”。现代青年只会沉迷于最懒散、麻木的恋爱，他的女朋友会追打、震晃他——假如她没有一时受到紧袖子和高跟鞋的限制。[25] 下面是19世纪90年代主要漫画的前身：

A DISQUISITION ON WAISTS.

图 3.12 腰身专题研究
（Du Maurier, *Punch*, 8 July 1882）

> 矮小的男人面对着高大的女人，他荒唐地否认男女平等的可能性，理由是男性身体要强壮得多；或者悲哀地叹道，他的手甚至都够不到她的腰，更别说搂着它了。[26]

19世纪80年代，《潘趣》停止或减轻了对束腰的谴责，而较低级的杂志增加了有关的逗乐卡通和插图，它们往往是由某些报纸报道的束腰死亡案例引申出来的。画家们的独特努力，使读者对这个普遍认为是陈腐的问题，产生了一种新鲜感。在一个题为“纠正历史误解”的卡通系列中，圣女贞德并没有在火刑柱上被烧死，而是死于束腰，她过于虚荣，尤其要把自己挤进窄小的胸甲里。附加的小插图展示她站在镜子前面，身穿铁胸衣和带护胫甲的后裙撑。[27]

1879—1880年左右，杜・莫里耶笔下的女人，在没有失去她优美轮廓的条件下，腰部明显变得更加苗条。束腰成为完全情有可原，甚至令人钦佩的怪癖（图3.11和图3.12）。一位平时腰围21英寸的优雅女士试图穿进19英寸腰围的裙子里，甚至不顾裁缝的反对，目的是要打败一位竞争对手。这纯粹是社交女性的充分理智、恰如其分的举动，是她吸引眼球、向上攀爬的另一种表现形式。这便是杜・莫里耶的主题思想。

更重要的是态度的转变。天真无邪的莱特富特（Lightfoot）小姐的时髦瘾，无意中为她赢得了出乎意料的超级理想丈夫。事情是这样的：她母亲惊恐地得知，莱特富特拒绝了“温和青年”（Modest Youth）邀她跳舞，坦白地承认自己的鞋子和紧身褡（她用的是委婉语“腰带”）太挤了，没法移动步子。这立即深深地打动了高大的“温和青年”，当场向她求婚。他原来是非常富有的理查伯爵，他继承的这个爵号是早在12世纪时国王理查一世赐封的。[28] 至少，在幽默媒体中，作为温和和轻松的卡通主题，束腰在很大程度上不再带有道德耻辱。这里讲的是一种普遍的，甚至《潘趣》也认可的态度，人们厌倦了医学界的正统观念。1880年左右出现的“阳刚”风格女服现在成了敌人；“阳刚”意味着解放。政治上日益反动的《潘趣》强烈反对任何类型或形式的妇女权利，尤其因为解放运动渗透进了中上阶层——《潘趣》读者群的支柱。

潘趣先生认为“偷窃”男人的服饰是女人野心的一个证据，她要闯进并颠覆他的世界。妇女们自己，总体来说，并没有设定这样远大的目标，许多人利用阳刚效果作为烘托其女性特质的一种手段，而不是为了维护自己的独立性，尽管这两种动机并不相互排斥。

这一点非常独特，一方面，出于实用性考虑，妇女们采用了一种男性时装（宽松的夹克），另一方面，她们又选择了似乎很不实用的一种男性服饰（高硬领），尤其是户外活动时很不方便，而它主要是在户外穿的。实用性，连同服装改革者和“合理服装协会”（Rational Dress Society）的教条“讲卫生”只是妇女们选择服装时考虑的多种因素之一。被该协会誉为最合理的服装——“裙裤”（肥大的裤子），在推行中失败了，不是因为这种裤子过于男性和“解放”，而是因为它的丑陋的缺点压倒了实用的优点。后来的有些裤子设计创意，尤其是骑自行车时穿的暴露小腿的灯笼裤做到了既美观又实用，便受到了妇女们的欢迎。

宽松的外衣（人称“麻袋”）是从男人那里借来的，它可以用来掩盖女人彻底不穿紧身褡的愿望。另一方面，19世纪90年代早期出现了另一个颇受讥讽的稀奇玩意儿——大羊腿袖或气球袖，也是为了更好地衬托出女子的纤腰。人们担心这种袖子会导致臂膀和肩部生出硕大的肌肉。

女性时尚的男性化远没有引起潘趣先生所担心的全盘去女性化，而是给了女性更大的选择自由，使她能够根据自己的心情和场合，在某一时间

"男性化"，穿上宽松的外套，脱下紧身褡，而在另一时间展示更多的女性美。她对阴阳两种风格有调配权，从而能够结合运用，比以往更精确、更灵活地表达性关系的个性。这在《潘趣》看来是妇女社会角色的扩展，从而是对大男子主义的威胁。杜·莫里耶的一个卡通概括了当时的异装癖造成的困惑，题为"女扮男装"（The Sterner Sex），展示一个年轻女子穿戴上她哥哥的衬衫、领带、外套和帽子，女友斥责说她打扮得"像个年轻男人，你知道，那是多么女气啊"！[29]

四、男性紧身褡和衣领

关于军队里穿胸衣的状况，在19世纪20年代和30年代它的全盛期之后，正如前面已经指出的，没有多少记载。英国人的讽刺漫画，无论是出于爱国主义，还是因为这种习俗是完全不公开的，很少涉及这个题目。从英语幽默杂志中，我没有发现任何像美国漫画杂志那样，用彩色印刷的双页篇幅，猛烈抨击臭名昭著的娘娘腔军团，他们着迷戴七枚纽扣的手套、香水、假发和"胸铠"（breast-plate）紧身褡。[30] 19世纪80年代后期的异装癖倾向可能使军队的紧身褡现象趋向公开化，[31] 穿紧身褡的平民男子也同样可以在公开场合见到了，一幅卡通画将他同一个穿宽松外套女人进行对比（图3.13）。1900年左右，《潘趣》开始注意恋物徒通信中提到的男性紧身褡。十分有趣的是，男性紧身褡被看作同女人针锋相对，因为她们偷了所有男人的衣服："为了报复，把事情摆平，于是我们偷了她们的紧身褡！"[32] 到1904年，男人穿紧身褡已是很正常的现象，不穿紧身褡反倒成了新闻：（妇女）改革运动已经感染了警卫军官们，从而他们不太可能在舞厅里晕倒了。

图3.13　丈夫说："必须展示我们家的17英寸纤腰。如果你不干，让我来！"（*Judy*, 11 May 1892）

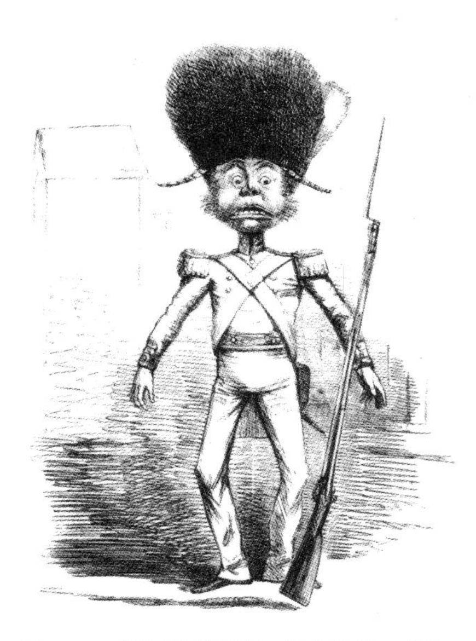

图 3.14　“黑勒”牌领带。下士琼斯：“嗨，比尔！托……托……托住我的火枪！我的脑袋要掉了！”（*Punch*, I, 1854, p.227）

我们搜集的证据表明，相比法国、奥地利和俄罗斯的军官，普鲁士军官保持着自然的腰身。直到整个普法战争期间，我都没有发现任何与此相悖的记载，然而到了19世纪80年代，德国和奥地利的漫画开始温和地嘲笑穿紧身褡的普鲁士人。颇具讽刺性，在两幅奥地利卡通画中，普鲁士军官炫耀自己的“倒金字塔形腰身”，他埋怨新颁布的一个条令要求在舞会上必须跳舞；他还抱怨（也是用普鲁士容克方言）一名愚蠢记者的报道，说他祖先的腰围比他的要小三厘米。“胡扯，比我的腰更细？不可想象。那身子跟屁股就完全变成两截了”，而这正是另一幅漫画里描述的，当一位考虑欠周的中尉俯身拾起一位女士的手帕时，他从中间断开了。军官在发誓时用手按住自己的腰，仿佛那是一个神圣的物件。在德国殖民统治下的西非，土著居民认为勒腰军服和誓约都是得体的。有一些双关语，如“schnüren”在俚语里意思是“欺骗”：一位军官回家探亲后回到军营，抱怨说，他一直被可怕地“schrecklich　jeschnürt”（束住/欺骗）了。[33]

军队是紧身褡的最后一座堡垒。社交界女士们问一位年轻军官对反紧身褡运动的看法，他答道：“女士们，我当然宁愿没有紧身褡啦！但它仍然是中尉们不可或缺的装备！”一个趣闻说，兰克（Ranke）教授在慕尼黑大学讲课，比较人的腰肢同猴子的差异，进而针对女士们和德国军官的束腰癖好开了一个不大不小的玩笑。因此冒犯了课堂中的一个学生，他是巴伐利亚的乔治王子。最后教授不得不公开道歉。[34]

男性着装中更常见的限制部分是衣领。它是讽刺艺术的主要对象。皮革紧领，19 世纪早期军官阶层自我强加的饰物，在克里米亚战争期间令英国普通士兵备受煎熬，如同一个世纪前在欧洲大陆的情形。这一现象受到

《潘趣》的猛烈抨击，发表了一整页的漫画。当时《潘趣》在政治上是激进的，绘图风格荒诞不经（图3.14）。它还嘲讽地建议军队的外科医生给士兵们提供嗅盐，因为有几十个士兵在战场上晕倒，当了俄国人的俘虏。在法国，由于穿着统一的制服领，“整团”士兵的大脑都受到了损伤。[35]

在英国，滥用紧领的现象显然没有根除，因为我们发现1896年《潘趣》发表了一位医生的文章，标题为“为什么要勒死你们的士兵？”他指出，如果制服的上衣宽松一些，就可以降低军队中的动脉瘤发病率。三年后，军队颁布了命令，制服应一律留有富余空间以便“肺部自由呼吸和心脏顺利工作”。[36]

在克里米亚战争期间，平民的衣领发生了明显有关的变化，它的高度、样式和颜色改变了，但没有放松紧度。军队中青睐加高衣领的人数膨胀，被形容为流行的传染病霍乱（译者注：“cholera”——“霍乱”跟“collar-ah”——“领子”谐音），它事实上造成了西方军队的瘫痪。一个人不仅看见霍乱病人就会感染霍乱，甚至仅仅读到有关文字也会被传染。它的症状是皮肤突然发白（我们观察到，有的持续两天，变成可疑的黄色），然后蔓延到面颊和脑后，看上去非常恐怖。[37] 这种领子几乎吞没了整个头部，或是在下颌部加上衬垫。在欧洲大陆，人们管一种尖突的领子叫“杀父领”，这基于一件逸闻，有个学生回家后拥抱他的父亲时，他的尖衣领不幸割断了父亲的喉咙。

警察穿着模仿军服样式的制服，也受到折磨：“警察的脖子被高硬领和浆硬的皮领结进一步限制住了，领结的牌子叫‘黑勒’，可谓名副其实，它可以导致脑血管堵塞……这类领结可以说是施加给罪犯的惩罚。”在美国海军陆战队，直到1875年，皮革领结（因而可能也叫作“皮脖子”）才被取消。一位将军曾说，它让士兵看上去像“翘首盼雨的鹅”。

1865年，衣领导致窒息而死的事件在伦敦非常普遍，《潘趣》发明了“反绞刑衣领”，上面镶满了长钢钉。三十年后“反绞刑”长钉将成为不必要的了，因为那时浆过的亚麻领硬度几乎等同于钢，形成一个直筒，封住喉部。讽刺诗把这种领子想象为欧洲帝国主义的护甲，无论非洲的矛或阿富汗的剑如何猛刺，皆是刀枪不入。硬衣领加上单片眼镜、长外套和鞋罩，是“色狼”或（美国所称的）“花花公子”的全套行头，他们的人数成功地剧增，成为“一个大阶层，很年轻，很无情，很势利，总之，是非常愚蠢和自作聪明的一类人”。《潘趣》引用（模拟的）色狼俱乐部的一项提议，大意是，“所有的桌子都要做得非常高，因而他们的衣领不至于割断喉咙，除非绝对必要”。衣领像紧身褡一样作为物理支撑物，有一根木条连接，抵住色狼的嘴。“当他们不是倚靠着它们（衣领和木条），或是坐着，或倚靠在什么其他物体旁，他们就会摔倒，一切都化为碎片。”色狼领被认为是一个饰件，正如它的高度难以企及，它的标准也难以达到。这是贵族职责的一个象征，在对这种职责的尊敬程度降低了的时代，一位操着下层人口音的花花公子自诩道：“上帝啊！梅恩小姐，我向你保证，我们贵局（族）可能衰列（落）了，但存（从）未低过头！”梅恩小姐（她是美国人）回答说：“如果你们所有的贵族都穿你这样的衣领，我毫不奇怪他们不能低头！”[38]

色狼领是男性服装的缩影，它在生理上限制男人，也象征性地保护他。男人是由他的衣领支撑的，并受衣领的制约。它很硬，像铠甲一样；很高，好比男人要承担的社会责任；它的不实用性，是有闲阶级的一个标志。它将“贵族的”自我约束强加于男人，要求他们为事业而经受磨难。“被魔掌残酷地掐死……可恶的铁边衣领！爱美难免皮肉痛。”批评者也认为穿色狼领是自恋和软弱的症状，并且把它作为意志力的替代品而不是象征物。相术说下巴短缺（弱下颌）是心理衰弱或缺乏意志力的基本相貌特征，这也是色狼的一个体征，他们用铁项圈来加固自己的下颌。

色狼领是贵族阶层中某一部分人的饰物。社会的演变使这部分人的传统地位受到冲击，因而他们需要寻找自身的文化形式。但是，色狼领也像花花公子领带那样，染上了上升亚贵族的伪时尚色彩，人们可以在纽约上流俱乐部，甚至皇室圈里发现戴色狼领的模特们。有一份戏仿的急救指南建议说，如果看到有人出现窒息症状，首先应该查一下他是否尼克伯克（Knickerbocker，纽约的一个上流绅士俱乐部）的会员，如果是，即应摘掉他的领圈。“这无疑将摧毁他所有的自尊，但会挽救他的生命。”[39] 色狼领是获得皇家认可的极少数服饰恋物癖之一，尽管是通过一些暧昧的行为：威尔士王子的继承人艾伯特·维克多（Albert Victor）王子意志薄弱，性行为怪异，人称“领子和袖口王子”，因为他特别留意那类物件。他穿的衣领极高，而且十分耀眼，甚至或尤其是在他访问印度期间。[40]

在德国，出现了另一种矛盾。人们不认为高衣领是同回归自然和体操运动不相容的。在德国的体操杂志上，经常可以看见一张照片—— 一名运动员穿着“几近裸体的”服装在器械上做动作，对此许多同时代的人认为十分可耻；另一张照片则展示同一个人穿着正式服装，戴着特高的色狼领。日常生活中对身体的一种基本限制，辅之以有意识地展示自由运动和近裸人体——这就从相反的两极，满足了身体自恋和身体运动的不同需求。

图 3.15 普鲁士军服的衣领（德国卡通，约 1900，Corning）

在德国，臭名昭著的普鲁士军官夸张地运用严紧衣领（图3.15和图3.16），使之保留了非常明显的道德责任的象征意义，甚至在第一次世界大战和汽车出现时期它仍然幸存，不过很少见了。一名重要的男性服饰历史学家（Chenoun，切诺恩）界定了一个所谓“铁衣领”时期，其间男服的风格变化相对较小。束腰人物的摄影大多是值得怀疑的（因为人们有修饰照片的习惯），不过，确有大量照片清楚地证明了男性高耸白领的存在。在博物馆里，有关花花公子诗人加布里埃尔·德安农齐奥（Gabriele d’Annunzio，1863—1938）的专门展览收录了他的衣领收藏，占了展览目录的整整3页。他的有些领子确实很高。到了20世纪30年代，前襟硬挺的衬衫幸存了下来，穿高领的却只剩下花花公子和保守人士，信奉严谨服装的吉福斯（Jeeves）是一位捍卫者。当今，汤姆·沃尔夫（Tom Wolfe）仍然穿着高领衬衫，宣示自己是最近的（最后的？）一位花花公子。

图 3.16 “最优雅的衣领将他自己斩首了”（*Charivari*, 31 March 1887）

英国唯美主义的女性服饰，如奥斯卡·

王尔德（Oscar Wilde）和他的法国同道所推崇的，常被讽刺为自命不凡，特征是领口很低且松散；但是，女性广泛采用色狼领给了人们一个理由来指责色狼的娘娘腔，这同对前辈花花公子的指控不大一样，那时没有女人挪用他们的紧领和领带。这里出现的矛盾是惊人的：这种样式平平、几乎不带领结的男式衣领，缺乏女性或性感装饰的特点，属于普通阳刚男人（非色狼）也穿的“超阳刚”配饰，是严格抽象的道德责任的缩影，却被女人原封不动地搬用了。在服装领域，这是女人对男人阵地的最大侵犯。

五、女士的衣领

女士采用刚性的男式高领始于她们的骑马爱好。这是英国骑马服的两个特征之一，在进入一般的时尚之前，首先被欧洲大陆的女骑手采用。另一个特征是丝绸或麂皮做的裙裤或紧身裤，它是《巴黎人生》的狂热崇拜对象，不过超出了本书的范围，恕不在此展开。立领很快就被纳入日常服装。在其发展的中间阶段，从19世纪70年代到80年代早期，白天的衣领下半部是用跟上衣相同的面料制成的，固定在高一英寸左右的浆过的亚麻布或硬粗布的基垫上。1882年左右，为模仿男人服装，这种基垫完全从日服的衣领中消失了。晚会场合，在富丽堂皇的袒肩低领裙之上，往往用缀着宝石的天鹅绒项圈和环状领（约19世纪80年代）将咽部遮掩起来。在19世纪80年代，硬挺、可卸衣领的高度逐渐上升，并保持在2～4英寸，根据穿戴者的品位和颈部特点进行搭配，一直延续到下个世纪。

这种衣领要求严紧地裹住颈部，不过制造商发明了各种小机件来缓解不舒适感，比如利用一个装在橡皮条上的活螺柱（1889年），衣领便可随着头部的运动轻微地移动。大约在1900年，福维克（Vorwerk）衣领公司开始销售一种宽度达4英寸的加硬材料；美国邮购公司广告设立的领高标准是3英寸（附寄漂亮的小匣子，供存放衣领和袖口套）。德国杂志为“绝对坚固不折的”镀铝钟表钢制作的领子做广告，它采用腰带的材料，支撑高度可达3英寸。上浆的麻布本身并不能提供足够的刚度，尽管它光滑洁白，一尘不染，可达到赖以显示地位的效果。美国人发明的赛璐珞硬领节省了上浆的麻烦，又便于清洗，但是英国人不采用，因为正是由于它的维护、保养很便宜，所以降低了穿戴者的身份。

对生活在殖民地的宗主国居民来说，衣领本身即是文明的一种象征。一个英国女人住在印度，因为气候炎热，衣领变得软塌了，她在绝望之中想出了一招，从食品罐上切割下一块金属做了一个硬圈，放进衣领，使之保持直挺。[41] 约瑟夫·康拉德（Joseph Conrad）去黑非洲探险时，遇到了居住在那里的一位会计师，他穿着显赫的高立领和深袖口的衣服，令约瑟夫惊讶不已："在这个意气消沉的穷乡僻壤，他居然能一直保持自己的高贵形象。浆硬的衣领和精心修饰的衬衫前襟代表了他人格的胜利。"这位会计师费尽全力教会了当地的一个女佣如何料理他的衣服，这就是他在那个可怕的地方取得的成就。[42]

法国人把英国看作夸诞和怪异服装的出产地。他们指责英国人穿越海峡，向一个发明了"袒肩低领裙"的国度出口给女性穿的色狼领。"袒肩低领裙"这个词类似"别致"（chic）、"卖弄风情"（coquette）和"上翘"（retrousse）等，在英语中都没有对应的词语。与此同时，英国妇女也穿夸张款式的袒肩低领裙，而且还在沙滩上全裸沐浴，这令法国艺术家（尤其是雷诺阿Renoir）又惊又喜。全裸可能不很普遍，不过依照英国的习俗，沐浴场合是男女隔离的，所以女人可以穿得非常简约，男人通过望远镜从远处即能观察到：马盖特（Margate）的法国画家马尔斯（Mars）记录下了英国女人充分暴露的腿和肩膀，她们通过将泽西衫直接套在紧身褡上，渲染了蜂腰和丰臀的轮廓。法国妇女在沐浴时是完全不穿这类东西的。[43] 法国人认为英国女孩自相矛盾，在性方面既自由又拘谨，同时享受紧束和裸体。

不满足于穿着色狼领参加体育运动，女性还采用了严格浆过的衬衫前襟——男性正式场合穿着的标志。她在河上"轻松荡漾"，"掌握着舵柄，身穿哔叽上衣，露出蓝色或粉红色的条纹衬衫，浆过的前襟凸起来，笨拙地盖过胸部；她的脖子被囚禁在丑陋的'卡尔康'（carcan）硬领里……纤细的腰，扁平的臀……他似乎发觉，她穿上运动服装显得格外迷人"。《巴黎人生》的中心大页刊登了布莱顿（Brighton）时装表演，展示所有模特都穿着"男式服装：清一色黑，几乎没有任何鲜艳色彩，全都带有专为女士们和先生们设计的紧压硬领。穿着这种领子无法转头，但是有什么必要呢，英国人嘛，总是径直向前走的。”[译者注：“strait”—（英吉利）“海峡”同“straight”—“直线”是谐音] 法国杂志也表示担忧，英国式衣领会让年轻女性的颈部过早出现皱纹，所以一有机会，如到了炎热的夏天，就欢呼护喉甲（gorget）和铁衣领（iron collar）消失了。1897年的夏天，记者哀叹晚间的袒肩低领裙惊人地减少了：“女人们发现，天气还没有热到足以舍弃白天的禁锢高领呢；在年轻的女性中，领子竟然高达8厘米，这简直是疯狂的行为。漂亮脖子必定是难得一见的稀缺之物了！哪怕只是看见平庸的脖子也行啊，起码让这些不幸的生物能够顺畅呼吸，而不是遭受痛苦的折磨。”在餐厅或客厅里，一个女人几乎无法转过头去跟坐在身边的人讲话。不过这种衣领至少有一个好处：可以防止年轻人的闲散和慵懒习气。[44]

不幸的是，高领有一个影响美观的效应，它会在下巴和耳朵下面留下很深的红色印记（“高水位标记”）；晚间穿袒肩低领裙时，即使大量使用化妆粉，也不能完全掩盖。据称，持续密封可造成脖子早衰，以及导致同传统军服领相关的病症（血液循环受阻，持续性头痛等）。[45] 男人面临的问题更糟：衣领总是把他的头别到一个不自然的角度，他不得不用嘴而不是鼻子呼吸，“张口呼吸使下颌棱角变成永久的圆形，下巴向外突出，胸部不发达，而且高领加剧人的相貌变形……愚昧不堪，无精打采”。我发现的唯一同高领有关的死亡报道，是关于伯明翰的一个女仆，她死于窒息造成的癫痫，罪魁祸首是她的高紧领和胸衣的紧束带。[46]

图 3.17　穿男式夹克、色狼领和袖口的运动女士（Fife 公爵夫人，*Country Life*, 11 May 1901）

领军妇女杂志《女王》最初是反对妇女穿硬领的。它指出，《时代》（*Times*）的一位作者责骂高领是给“没有头脑的青年穿的，刺痛下巴和喉咙，极不舒服，除了脖子在一个垂直的轴上旋转之外，头部不能做任何其他运动”，可是他忽略了一个事实，“妇女恰恰也穿同样的衣领”。然而，这个投诉者的反感是一个例外，人们认为真正的危险是女人暴露喉咙和胸部（而且会引起腰痛和肺炎等）。[47]

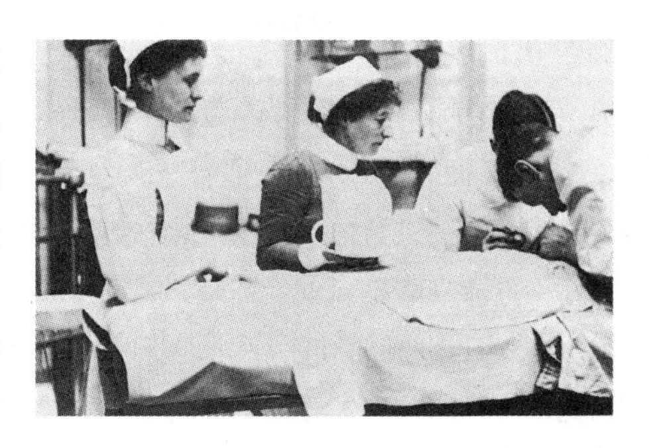

图3.18 护士艾克丝丽在圣乔治医院协助医生F. W. 黑格斯（她未来的丈夫），白制服下掩藏着紧束的腰肢（Winter, 1975）

在下一个十年中，女士穿男式高领的风习在英国几乎没有遭到任何抵制。自1889年以来，《女王》一再坚持说，女人的户外及运动服装（图3.17），以及仿男式衬衫，即使它们的前襟是软的，衣领也必须保持“非常高、硬、直”。这种风格对于划船的着装（女人经常把桨）来说是必需的，特定的骑马服也是如此——“超男性化风格，一切都是尽可能硬挺和整洁”。各种花色皮革或钢制的粗大腰带，有时还附有背带，进一步强化了硬挺和男性化的户外服装。与此同时，奢侈地采用新颖的水纹蕾丝装饰的室内服装，包括裙子、上衣、蓬松衬裙和内衣，都变得前所未有地华丽和柔美。

没有任何运动比高尔夫更讨厌高领，妇女在19世纪90年代开始参加这种新的体育运动，它要求颈部和腰部自由运动。然而，一名女子的自述证实了我们的观点，一些运动员（像有些恋物徒）夸大时髦的限制做法，仿佛它本身就是一种竞技壮举。她是一位著名的高尔夫球冠军，有足够的资历发表职业生涯回忆录：“我们究竟如何穿着硬挺的高领打球是另一个谜。我记得，我自己穿过所有档次的领子。先是普通的立领，然后被加釉面的双层领取代，尽可能高（我们确实就是越过高领向外看）。在穿着这些怪物件打高尔夫球之后，有的人整个脖子左面生了肿疮……在过去，每一个有自尊的女人或女孩必须有一个好腰肢，越细越好，这在高尔夫或网球场上是一个可怕的劣势，但在一段时间内必须要忍受……如今的女孩对这种障碍完全没有概念了。”[48] 竞技对她来说显然比时髦更重要，而且，时尚在事实上远没有将一种单一的、不切实际的风格强加于体育活动，而是在朝着身体自由和舒适的方向进化，那么在这种情况下，她为什么要采取这种时髦做法，给自己增添一个障碍呢？作者没有作出解释。（参见图3.18）

康斯埃洛·范德比尔特（Consuelo Vanderbilt，生于1877年）18岁出嫁成为马博罗公爵夫人时，她的美颈便闻名遐迩了。白天，她用衣服遮盖，裹在“高而紧的鲸须衣领里”。她还穿“紧身褡，把腰紧束到符合18英寸的时尚规定”，她在自传里不经意地提到，这是理所当然的。在当代人看来，“仿佛一阵微风便会把她吹成两截”。由于范德比尔特从不认为自己的相貌美丽，漂亮的脖子除外，所以肖像中特别突出她的颈部，摩登的“狗领圈”（dog-collar）上方挂着一串项链，它有19排珍珠，还镶嵌着“钻石，紧紧地蹭着我的脖子”。1902年她参加爱德华七世的加冕典礼时，就戴着这串项链。在乔凡尼·博尔迪尼（Giovanni Boldini）为范德比尔特制作的著名肖像中，她的肩膀和上胸被下移了，以凸显那享有盛誉的颀长脖子和笔直的脊背。她心里明白，这大自然的恩赐其实是通过一种令人厌恶的、严格的姿态训练而改进的，为她自己升入社会阶梯的云端作准备。她的母亲是纽约社交界的领袖，一个严格执规的人。康斯埃洛从小就被禁止参加女孩子的新式体育运动，相反要去上仪态礼仪课。课堂里采用地道的老式器械：“我做功课时必须穿上一件可怕的装具……绳子绕在腰和肩膀，将一根钢棍固定在整个脊椎上，另有一根绳子绕过我的额头绑在钢棍上。我几乎没办法低头写字，阅读时必须把书高举起来，这种姿势非常不舒服。然而，可能正是那种长时间不舒适的训练给我造就了一副笔直的腰杆。”[49]所以说，她终归还是心怀感激的，正如剑桥大学出身的古典学者简·哈里森（Jane Harrison），她自称曾“躺在背板上背诗，时至今日（1925年），我的裁缝还夸赞我的背相当平直”，她批评年轻朋友们不注意仪表，松懈懒散，躬腰驼背。

妇女持续穿色狼领的时间比男人短，如果不是由于下层阶级的喜好，它是不会幸存的，正如1905年的一个证词所说：“工厂里的女工喜欢突然的变化。上一年她们穿又高又硬的衣领，几乎把自己窒息；下一年，所有的衣领又全都消失了。”[50]

紧束腰激起了真正的愤慨，甚至暴怒，而“紧衣领”引起的则是轻度的惊异和兴趣，部分原因是人们认为这一做法的害处不那么大，还有部分原因是时代变得比较宽容了。即使女性盗用了这一主要男性象征，它本身也并不被视为造成太糟的社会后果，甚至也不被当作令人忧虑的女人男性化的一个特别重要的指征。衣领异装癖或双性人可能只是使性感觉产生困惑，而不像紧身褡那样有催化作用。在我们今天看来，如同紧身褡，男性色狼领似乎极不舒服，特别是在炎热的天气或做剧烈运动时，但是不能忽略，它肯定给人带来某种心理快慰，如T. S. 艾略特笔下的J. 亚瑟·普鲁弗洛克（Arthur Prufrock）："我穿上日装外套，浆硬的衣领紧裹下颌/我的领带也很漂亮得体"，一个年老体衰的人，至少可以通过体面的穿着打扮获得一些慰藉。

高立领，像紧身褡一样，是一种性启蒙礼仪。女孩们穿上完整的紧身褡，"走出深闺"，进入社会；男孩们则穿上完整的高领"走出家门"，进入劳动市场，这是他的一个崭新的成熟、尊严和纪律的象征。这一时期的人类学家曾经将文明的和野蛮的启蒙礼仪进行比较："到了一定年龄，当英国男孩开始考虑穿立领，不再把硬亚麻布围在脖子上的时候，他（新几内亚的巴布亚埃贝透人，The Papuan Ibitoe of New Guinea）便用木制（树皮）腰带把自己的腰紧紧地绑起来，这使得他的肋骨外凸，活像一只野鸽的胸脯。[51]

第一次世界大战期间，女士的高领像束腰紧身褡一样在西方过时了，然而却意想不到地在中国获得了新的生命。20 世纪初期，当西方时尚开始渗入中国时，高领成了紧身旗袍的一个必不可少的特征，香港人、台湾人和美籍华人都穿这种旗袍。在 20世纪60年代，旗袍的立领变得越来越高，越来越硬，穿着特别不舒服（参见图3.19），但人们认为，它可以促使人保持直立的体姿。衣领增高的部分原因似乎是为了弥补旗袍长度的缩短，因为有些两侧开衩的紧身旗袍短到了膝盖以上。[52]

图 3.19　佩戴发髻的费雯丽•李（唐人街小姐，Kem Lee Studio, 约 1969）

第四章
最后阶段：1860—1900年

一、“束腰肝”和肺容量

一些医生认识到，过去提出的反对意见中有很多是过于夸张的，而且胡子眉毛一把抓，于是他们开始将注意力集中于束腰损害最严重的部位。“束腰肝”本身即是这个意思（德文有个专用词：schniirleber）。如果一个女人死因不明，而她又体形纤细，医生便进行尸检，寻找肝脏畸形的迹象。埃朗根病理学院（Pathological Institute in Erlangen）在1895—1910年间进行了“束腰肝”统计，这似乎成了学院里一名外科教授的专门业务；该统计数字显示的发病率太高，不大可信。[1]现在人们一致认为，“束腰肝”可能是其他因素导致的。

最初的实验研究目的只是为了发现紧身褡对呼吸系统的影响。人寿保险公司用肺容量（“必要容量”）作为最简单和最准确的健康变化标志。然而由于古代的和现行的医疗争议，有关这一主题的科学讨论，变得复杂化了，女人呼吸的部位比男人高（女人用胸腔、胸肌和肋，男人用腹部），是因为束腰训练呢，还是出于解剖结构上的自然差异？那些反对紧身褡的人很自然地认为，较高位的呼吸是长期人工塑造的产物，并谴责说，紧身褡是导致所谓女性肺容量相对低下的原因。束腰者自己声称，由于紧身褡将胸的上部扩大和推出，她们的肺容量实际上是增加了，基于这一事实，她们的高位呼吸具有一定的生理优势。

在特殊的充气造影术或肺活量计的帮助下，医学研究人员完成的实验结果给出了清晰的比较图表，证明了束腰者确实有所谓的肺活量减小。研究人员同意，由“平均紧度”的紧身褡造成的肺功率损耗约为1/5；一位杰出的外科医生布朗（Browne）指出损耗高达1/3。[2] 对北美印第安女孩做的实验表明，她们越多地用腹部呼吸，血液就越纯。[3]

一组医生承担了测量紧身褡所施加的外部压力的棘手任务。公布的测量结果倾向于证实束腰者自述的体验，这在医学界是禁忌。他们得出的“异端”结论是，紧身褡施加的压力与腰围减小之间没有直接关联，与肺活量降低之间也没有直接关联。他们还发现，内部器官所依附的腹腔内壁的强度和承受力有相当大的变化。[4]

身体特别容易受到束腰影响的三个器官是肝、肺和子宫。对具有基本性与生殖功能的子宫所做的客观性研究最少；肺的容量是可测量的，对其客观性研究最多。子宫仍然被看作一个神秘的和神圣不可侵犯的部位，对它进行检测是困难和危险的，身体遭到任何冲击或受伤，或进行（正常的）性生活、体育运动或其他活动都容易对子宫造成损害。如果连高跟鞋都可能会导致子宫移位，那么可以想象紧身褡有可能造成什么后果。

二、“适者生存”

到了1860年，反对束腰已有超过一个世纪的历史，成为一个向所有人开放的运动。女权主义在日常生活中的很多领域取得的成果，以及对所有社会和生理卫生领域改革的关注，造成了日益加剧的紧张氛围。在这种情形之下，反束腰运动进入最后的、最重要的阶段。在19 世纪的后30年里，反紧身褡的文章和活动持续升级，其特点是，一方面不断重复陈词滥调，经常歇斯底里发作，夸大世界末日的到来；另一方面又试图体现科学的客观性。这一时期出版的无数有关服装、卫生和健康的书籍，似乎注意到了将束腰视为一种必备礼节的某些重要依据，对这一主题有大量长篇讨论。陈旧的指控一次次地重复搬出，也不加些伪装的新调味汁。医生们，担当起了“新祭司”（一个非医学界的改革者这样称呼他们[5]）的责任，比以前变得更加喋喋不休。他们给妇女、家庭和其他大众刊物的定期专栏投稿，并在专业杂志上发表见解和研究结果，对这类杂志来说，有关这一主题的文章是多多益善，《柳叶刀》每年至少刊登一篇[6]，整个媒体都不遗余力地发掘这类新闻，再加上私人印刷的文章。更重要的是，在妇女和其他俱乐部里发表演讲，即使没有文字记录，也必定产生了深远影响。[7] 连男人俱乐部都宣布要致力于打击束腰。[8]

基于他们的明显失败，一些改革者变成了野蛮的悲观主义者。在他们看来，束腰的习惯远不合情理，因为女人是没有智能的生物。令人敬畏的《柳叶刀》是该时代首要的医学期刊，也是厌女症患者的主要喉舌。该杂志社邀请了“热爱时尚的英国女士”参加实验，尝试以某些印第安人部落的方式压缩她们婴儿的头颅，编辑连骂带讽地说：“虽然并不需要采用人工措施来约束女性的大脑”。一位著名的化学家简要地痛斥了尖头鞋之后，不耐烦地说：“你们可能预料我也会同样地批判高跟鞋吧，我应当假设女士们是有头脑的理性动物，可她们并没有给我造成这种错觉。”既然束腰者都是一些丧失理性的人，难道还值得这样浪费口舌、大肆攻击吗？具有讽刺意味的是，作者补充说，“除此之外，她们犯下的自杀罪行对社会有益，有利于促进‘适者生存’”[9]，这个观点几乎成了一种陈词滥调。

经济竞争的目的是淘汰较弱的或最不适应环境的成员，以从整体上增强和优化一个社会或种族。在这一命题下，资本主义和社会达尔文主义的理论融合起来了。这个思路被用于解释束腰者的行为动机，她们的头脑和身体缺少正常的适宜结婚的条件，但是必须在一个女性供过于求的社会里竞争，所以就采取了极端和危险的策略。虽然有些评论家相当愚钝，赞许自杀主义的遗传效应，从而一劳永逸地解决问题，但也有些人担心脆弱女性的数量不断增加，结果将导致整个种族逐渐衰弱。

一位想要通过立法来废除紧身褡的德国评论家编造了一个噩梦般的民间故事，讲的是一位暴君用紧身衣服来惩罚叛逆的女性。当她们继续反抗时，他便给她们施加束腰酷刑，这些女性欣然接受，并且将之作为一种性竞争的形式，于是她们的身体和精神日渐衰退，生下来的孩子也都是体智退化的。同时，这些女人的性格变得愈来愈歇斯底里和神经质，并且（明显有些）淫乱。[10]

比上述更糟的是，她们被视为精神失常。人们但愿束腰者能很快结束她的“非常愚昧的所谓生命。”“愚昧”和“发疯”日益成为争论词汇的一部分，针对一般不守常规的、性欲狂女性，也针对束腰者。这是有道理的，给精神病人穿的拘束衣同紧身褡很相似：“只有充满暴力的疯女人才穿这两种服装。”[11]

一个束腰者给《泰晤士报》（*The Times*）写了一封信，勇敢地捍卫自己的行为，《柳叶刀》针对此信发表社评说，“在这位铁路局长遇到的这类偶然事故中，她若真是因窒息而死了反倒会是件好事，因为她就不再能向人们散布危害性的言论了。”[12]《泰晤士报》慷慨地给束腰者提供了足够的绳子去上吊，让她在死前签下自己的名字：“一个非时代女郎”，并且注明紧身褡“不只是在女性中使用”。她欣然放弃了烈士的称号，因为束腰是“不仅无害而且有益健康并非常令人愉悦的”。报社意识到赞成和反对的读者来信将引起一场激烈论战，于是发表了一篇措辞严厉的社论将辩论扼杀在萌芽之中。它首先指出，束腰同中国的缠足没有很大区别，然后用以下的墓志铭埋葬了进一步的讨论：“束腰在生活中给家庭带来的不幸比任何其他因素都大。”[13]

束腰被看作既是不可逆转的种族退化的症状，也是它的肇因。有关文章采用了一些恐怖的标题：“时代的首恶”“紧身褡的紧箍咒”“紧身褡和未来女性”“文明与内脏的关系”。有的话语带着末日启示的意味：“一百年来，束腰对文明人的体质下降造成的危害比战争、瘟疫和饥荒更大。”或是：“人类的救赎取决于取消紧身褡。”[14] 1909年，还有一名院士和领军小说家——马塞尔·普雷沃斯特（Marcel Prevost）加入了批判阵营。他声称，酒和紧身褡是“人类文明遭受的两种最严重的瘟疫，一种是以阳刚的方式，另一种是阴柔的”。[15] 紧身褡比酒更甚，是恶习之最：“没有任何语言足以形容，没有有限的思维能够想象它所造成的痛苦，数不清的年轻女性、孕妇和羸弱婴儿因此直接或间接地丧失了性命；还有更多的人度过悲惨而短促的一生。”束腰是整个阶级的一种自杀，把优势留给敌人：“如果这种惨无人道的风习持续到下一代人，它将会毁灭所有中产阶级的妇女和儿童，把种族繁衍的责任留给健康却粗鄙的下层阶级。”[16] 下面的话引自1894年在罗马召开的国际医学大会：如果达尔文的理论是正确的，我们不久都会成为生理上无能的、不育的、蜂腰的生物，并陷入比最原始的部落还要野蛮的状况，而这些部落中任何损坏人体的习俗都没有造成过像束腰这么大的危害。[17]

支持这些可怕预言的统计数字真是十分惊人。女性比男性死亡多出的人数跟穿紧身褡的女性人数完全成正比。[18] 16岁以上的德国妇女中，50%有束腰肝。[19] 德国全部女性人口的80%，超过30岁人口的90%，因紧身褡而患病。所有攻击言论中最离奇的，也许要算阿拉贝拉·基尼利（Arabella Kenealy）在美国通俗杂志《19 世纪》（*Nineteenth Century*）上发表的文章（1904）。该文从一项模拟实验的结果获得启示。实验人员给猴子施行类似的束腰，严重压迫腹部，[20] 导致它们罹患各种疾病，几个月之内就死了。基尼利博士试图“驱除这个罪恶罄竹难书的妖魔”，她认为，束腰是盎格鲁—撒克逊种族遗传退化的症状和肇因，营养不良和教育过度进一步加速了这种退化。此外，身体和大脑是相互掠夺的。“男人和女人处于不稳定的心理状态，皆因大脑剥夺了身体；男人和女人过于依赖动物性（即性本能），则是因为身体劫掠了大脑。”紧身褡可同时造成身体和心理上的虚弱。然而，为了参加锻炼和运动，抛开胸衣以获得身体自由，则好比是从油锅跳入火坑，因为更为运动型的女人并不是身体最健康的。肌肉能力也是退化的症状，表明成年女性处于生理不成熟的抑制状态。基尼利后来在《女权主义和性灭绝》（*Feminism and Sex-Extinction*）一书中提出，适合于妇女的身体活动不是体育运动，而是日常家务，诸如长时间弯腰在炉子旁做饭。节省劳动力的新设备免除了这些家务，因而加剧了束腰者的神经衰弱。[21] 这一派反动胡言的结论是，今天的女性虽然可能肌肉发达，却是任性的、不成熟的和堕落的，这完全是束腰带来的祸害。

可以料想，发表此文的杂志坚持的是一条明确的保守政治路线。[22] 反女权主义的偏见将束腰同女权主义的主要诉求——包括从单调的家务中解脱出来、接受教育、参加体育运动和性表达——归并在一起，著名的法国画家彼埃尔-奥古斯特·雷诺阿（Pierre-Auguste Renoir）栩栩如生地抒发了这种偏见，他笔下的女人形象以美丽、感性和“自然天成”著称。他理想中的女人是目不识丁，被动乃至甘当奴隶（他用的就是这个词）；擦洗地板（对她的性别来说这是唯一适宜的运动），不穿紧身褡。在他儿子写的传记里，记述了这位追求完美的、古板的和抑郁的画家一生谴责束腰，可它不是唯一令画家“惊恐”的时髦恶习：“某些时尚吓坏了我的父亲。我们知道他很害怕紧身褡和高跟鞋。他把它们描述得非常恐怖，以至于很长一段时间内我一直以为，穿高跟鞋的女孩子必须付出极其痛苦的代价才能走路。父亲告诉我，‘子宫肯定会脱落’，他忘记了我当时只是个6岁的小孩。子宫滚落下来的想法给我带来噩梦。”[23] 艾伦·基（Ellen Key）在她的经典著作《儿童的世纪》（*Century of the Child*）中，将束腰同“过度学习，过度运动，过度工作”并列为年轻妻子的犯罪行为。另有一个奥地利人论及妇女接受高等教育的荒谬性，对女子学院的新课程设置提出讽刺性的建议，包括最后决定权理论、痉挛性训练、附带抽筋和昏厥的柔软体操、唠叨丈夫的艺术和化解与女婿冲突之技巧，最后是束腰技术，目标是造就空灵的腰肢，再加上“超高跟鞋步态理论的专题研讨会”。早些时候他也将一些课程建议提交给巴黎的妇女代表大会审议，包括植物学，即研究花卉——“他爱我，他不爱我（‘勿忘我花’）”之类的品位；妇女手工艺，即如何为男人系领带；自然科学，即生孩子的常识；雕塑课，即束腰。

Mt. Everest conquered by a woman.—News item

图 4.1　征服珠穆朗玛峰（Interlandi, *Los Angeles Times*, 20 May 1975）

束腰的女人如何征服男人的领地？1975年《洛杉矶时报》（*Los Angeles Times*）“庆祝”第一个全女子团队登上珠穆朗玛峰，配了一幅漫画，显示一件优雅的胸甲式紧身褡完美地覆盖了崎岖险要的世界最高峰（图4.1）。

三、堕胎：“我们永远不会坦承的缺陷”；自慰，去势

约翰·埃利斯（John Ellis）博士提供了一项统计数据，表明新英格兰地区的人口减少是施行束腰的直接结果。他是一名多产作家，反对自由性爱、饮酒和社会主义。19世纪中期，新英格兰地区每个家庭平均有四到五个孩子，此时已下降到一个或两个；幼儿保育员的人数也大幅度

下降了。直到1911年底，人们一直将不育症归咎于紧身褡。将生育率下降归罪于束腰者是一个取巧的办法，以避免面对真正的肇因——使用避孕药、堕胎及其他节育技术的增多。无疑具有讽刺性的是，紧接在关于束腰人数统计的长文下面，登了一则广告："陶尔薄荷油和斯蒂尔避孕丸（Towle's Pennyroyal and Steel Pills）纠正并缓解性生活中普遍存在的所有不规律及不适症状。"[24]

在19 世纪后半叶，有关妇女利用紧身褡来隐瞒怀孕或终止妊娠的报告成倍增加。1898年，巴黎的一名女医生给出了一个匪夷所思但是可以确认的可怕病例：一个22岁的女仆在整个孕期一直设法向雇主掩盖怀孕的事实。有一天，她表面上像是突然生了病，被紧急送到医院，还没来得及走到床前，她的紧身褡就破了，肚子顿时鼓了起来，"她刚迈了几步，婴儿就掉在了地板上；这个女仆在产后第七天死于腹膜炎"。[25] 这简直宛如左拉小说里的一个场景。

接近19 世纪末时，法国出现了一种普遍的焦虑情绪，跟人口众多的敌对国德国相比，由于使用避孕药和性变态的增加等原因，法国人口下降，国民素质羸弱。在《繁殖》（*Fecondite*，1899）中，爱弥尔·左拉痛斥人们将束腰或多或少地作为一种蓄意堕胎的手段（连同控制生育的所有其他形式）。这是较晚期的一部愚蠢的说教作品。他在这部小说中赞美大家庭。世俗的塞金（Seguin）夫人持续束腰，为了防止怀孕干扰她的时尚生活；孩子从一出世就体弱多病。她这样做是出于"性愤怒"和"反常的欲望"，不想承担生育的风险。该小说也描述了工厂里的一个女孩，为了保住饭碗，直到怀孕六个月还在束腰，并打算去找一个掌握死婴分娩技术的助产士。还有一位心思险恶的布罗奎特（Broquette）夫人，她本人也束腰，经营着一家臭名昭著的奶妈店，专为那些违背人性的女人服务，她们唯恐失去窈窕身材而拒绝为自己的婴儿哺乳。

在精彩得多的一部早期小说《妇女乐园》（*Au Bonheur des Dames*）中，左拉对束腰采取的是比较同情的观点。一个女店员（这部小说专门描写的受苦和受剥削阶级的成员）怀孕之后恐怕失去工作，便通过束腰来掩盖。另一个女店员刚刚被解雇，她也是采取同样的束腰手段掩盖怀孕，生下一个死婴后，自己也奄奄一息。店员们以束腰来吸引顾客、增加销售额的倾向是有根有据的；有个极端的例子，一位“示范者”的束腰习惯吸引了不少顾客光顾，受到经理的鼓励，但一个月后她的身体就彻底垮掉了。[26]

德国哲学家费舍尔（Friedrich Theodor Vischer）愤怒地说，根据女人捆绑鼓胀的腹部和寻求非法堕胎的行为，人们能够识别出她们是妓女，胸甲式风格正在模仿“妓女时尚”。19 世纪末有很多关于情妇或妓女捍卫紧身褡的笑话，她们把它作为自身职业的一件必不可少的工具，似乎不仅是指其性感效力，也是指其堕胎功能（“废除紧身褡是荒唐的！如果有人尝试这样做，我将起诉他限制本行业的发展”）。[27]

最主要的问题是，由于不可能让束腰者接受体检，有关的医学研究受到了阻碍。束腰女子拒绝承认明显的事实，许多医生和服装改革者对此感到困惑和恼怒。那些受到怀疑的人普遍抗议说，她们穿的紧身褡真的是“宽松的”或“轻易套上的”，并且把手放在紧身褡与皮肤之间来证明这一点。《家庭医生》（*Family Doctor*）的记者哈奇亚（Hygeia）曾被请去验证一个腰围14英寸的女孩。一名改革者说：“束腰类似一种狂热的嫉妒——我们永远不会坦承这种缺陷”；另一个说：“对于束腰问题有一种好奇的共识。没有人质疑这个问题的存在；但没有一个人承认它。”一位法国医生强有力地表述了这种不情愿心理：“她永远不会承认的，不管遭受多大的痛苦；不，年轻的斯巴达人，任凭他的内脏被狐狸吞吃（他偷了这只狐狸藏在自己的衬衫里），仍然矢志不渝；就像是在捍卫一种荣誉，绝不能退却。”

事实上，正如我们将看到的，在通俗家庭杂志的生动对话栏目里，许多束腰者公开承认她们的“恶习”，但由于都是匿名的，所以是安全的；医生们固守成见，宁可相信在诊室里保持缄默的女性，也不愿意相信倾向赞成束腰的杂志对话栏目。《服装常识》（*Common Sense Clothing*）的作者本人就缺乏常识（和幽默），她没有认识到，一个假如不束腰“便可算得上是明智的女人”有她自己的常识。她严肃地向作者保证，她不是通过人为手段，而是“自然地将腰围减到了17英寸”。[28]

医生们显然认为，女人有本事做到束腰而不让他人知情。束腰者有理由避免就医并保持健康。许多人声称从来没有或很少需要就医；那些（无论出于何种原因）去看医生的人，事先便将束腰紧身褡换成宽松的，假如需要脱衣检查的话，但愿腹部的印记不会暴露她们的秘密。[29] 托利弗（Taliaferro）医生讲的一个故事最为形象地描绘了承认这种大罪恶的恐惧心理。一个黑人妇女呼叫了医生，声称"有流产的危险"。他前去给她做了检查，然后告诉她，他认为她并没有怀孕。那个妇女的同伴最终促使她说了实话：星期天她穿衣出门时，把紧身褡系得异常紧，走了半英里就突然感到子宫痛，不得不返回家中。医生认为，她这次没有丧命是相当幸运的。[30]

女人会耍一些应急的花招，因为医生们在传统上对心理疾病缺乏了解，无论它是否自己造成的。在弗洛伊德之前的时代，医科学生的训练内容不包括精神科或心理学科。约翰·斯图亚特·密尔（John Stuart Mill）提醒说，医生们由于缺乏心理学训练，所以不具备足够的资格来宣判妇女心态是所谓"非理智的"。[31] 他们自己同病人一样，在性事上是抑制的（如果不是更严格）。医生对女性的性心理机制没有概念，用无知来支撑他们的社会偏见，一旦发现妇女有缓慢（有时并非缓慢）发展的自杀倾向，便简单地认定为邪恶和/或疯狂。这是一个明显的事实，没有任何一个关于"束腰致死"的报道提及受害人的心理背景。最突出的一个例子是一个18岁的劳动妇女，名叫莱昂尼斯（Lyonnese），她坦承自己是个束腰者（这是极少见的），已经有好几年了，它引起"窒息、眩晕和疼痛"，事实上，当她脱掉紧身褡（她有时夜里也不脱）时，疼痛便减轻了。在医生作出的诊断报告中，更关注的是她的下部肋骨尺寸很小，而没有提及任何心理压抑症状。[32]

在歌德（Goethe）的诗剧《浮士德》（*Faust*，1801，1830）中，梅菲斯特（Mephistopheles）讽刺性地向一名打算学医的学生建议说，当医生的外快之一是有身体亲密接触的机会："你把手放在她的小腰上/确定它系得是多么紧"——不过，梅菲斯特忽略了一点，医生的手感觉到的是紧身褡，而不是下面的胴体。

维多利亚时代的诊室是严守规矩的。医生很少会要求女病人脱去衣服，只是让她在图上指出病痛的部位。这样进行诊断当然是比较困难的，威伯福斯·史密斯（Wilberforce Smith）医生敏锐地意识到这一点，他惯常把病案记录分成两栏："观察到的"和"病人自述的"。"对于'自述'有健康问题的女病人，由于她们被包在装甲外壳里，要想通过常规方法获取'观察到的'事实，长期以来一直是很难的。"可以理解的是，妇女们觉得需要保护自己免受一种医疗强奸。过了许多年之后，史密斯医生最终决定坚持在病人"不穿胸衣"的情况下进行检查，并且对穿紧身褡作出病理和解剖分析，不过这仍然是十分有限的。"我对极端异常束腰的病人几乎没有经验。一般来说，这类妇女不来做体检，或者即使她们来了，由于她们穿得过于复杂，实际上也无法进行检查。"史密斯医生发现，一些人的腰际有三至五英寸的紫色变色带，这"在年轻人身上特别明显，她们处于不断增强的压束过程之中，尚未实现永久性收缩"。他注意到"有些体格强壮的老年妇女的身体显示出一定程度的永久性收缩，这令人欣慰地表明，现代紧身褡对压缩程度的改进不是在往坏的方向发展。"威伯福斯·史密斯医生的诚实精神在他所处的行业中是很少见的，没有医生会承认自己缺乏观察人体的机会，除了验尸。当他想到"自然的宽容大度"，"人的身体对抗自然的奇迹，以及自然对社会和时尚的罪恶没有给予更严厉的惩罚"，史密斯由衷地感到"惊异和敬畏"。

医生中的大部分人（作为男性）长期以来一直反对女人的这种做法，都不愿意认识或承认男人在某种程度上也是这件事的责任者和同谋者。接近19世纪末时，当大多数思维简单的人仍然指责束腰是典型的女性虚荣和非理智时，有一小部分人提出了男人共谋的论点，即男人是否真的欣赏这种风习，以及这种欣赏是否包含有性的成分。有些人明确否认后者的可能性，[33] 但是玛丽·提勒特森（Mary Tillotson）拾起她的前代美国同胞奥森·福勒的观点，同时指责男女双方，猛烈抨击女性利用堕落男性的邪恶手段。查尔斯·狄更斯创立的一个杂志《家庭箴言》（*Household Words*），由他的儿子担任编辑，用一种典型的英国方式怠忽了性问题，宁愿天真地认为，男人一旦了解到这种"无理性习俗"的现状和后果，它所带来的"不幸、疼痛和折磨"，他们便会感到惊骇，不再表示任何赞赏了。"知道这些真相，可能会让他们对曾经崇拜的对象产生怜悯和厌恶……"[34]"厌恶"一词在该文中重复多次，以掩盖性恐惧的心态。

到了19世纪末，比起英国，美国的媒体对性问题的讨论有了更多的自由，在医学期刊的社评中，可以见到同时探讨束腰现象的性因素和男性的责任问题：

> 乏味的、非肉体的科学之手“砰”的一声落在女人的窄腰上。它探查出她为什么要紧束自己，这个目的从一开始就是邪恶的……紧腰带阻碍了呼吸这一简单的生理行为，使之变成了喘息，变成了锁骨下的诱惑。总体来说，挤压腰部是一种充满情欲的手法，突出了妇女易于生育和妊娠之后充盈的哺乳能力……在男人炽热的目光注视下，腰部被收得更紧，两只圆球不断滚动。所以，事实上，女人收紧腰带不是因为她们想这样做，而是因为男人赞同并鼓励她们这样做。然而，为什么要指责女人呢？从希波克拉底到戴奥·刘易斯（Dio Lewis），所有的权威人物都批评了这种观点，可是男人却一直坚持指责女人。保健专家和艺术家们应当把注意力放在残忍的男人身上，而不是女人——他的受害者。只有当社会和服装的改革正视这种肉体的、不可回避的问题，改变了男人的邪恶心理之时，妇女才会穿她们应该穿的衣服，而不是在这之前。[35]

对束腰的性动机和诉求的认识更加激怒了反对者。上述引文在医学资料中是一个例外，因为它以温和的幽默（甚至诗意的）态度接受了一个更易引起愤慨的问题。限制妇女“释放”她的“动物性”（即性欲），应当有利于“展现她的精神力量和荣耀”。此话引自一名（基督徒）妇女，她提到“妇女服装无神论”的研究，认为它“关于人类进步的看法是可鄙的，几乎跟战争和掠夺史研究一样令人厌恶”。[36]

19 世纪晚期人们对束腰的性生理的理解可以在当时美国的一个畅销手册上查到。J. H.凯洛格（Kellogg）的《人人须知的简单事实》（*Plain Facts for Old and Young*），亦称《性生活的简单事实》（*Plain Facts about Sexual Life*），1877—1894年，几乎每年都推出一个新版本。该书表现出典型的恐惧偏执狂，对于肮脏的性事充满淫秽的和圣经式狂想。束腰的性目的从生理上可以验证：“血液向心脏循环受阻。静脉血被挤回，进入微妙的生殖器官，拥塞发生了，并且通过反射作用引起动物习性的非自然亢奋。”后来，再一次对破坏健康性生活的“野蛮”束腰发出警告之后，凯洛格要求对一个年轻女性的月经及其社交活动作出监测记录，防止“不正当的自由”，比方允许年轻男子按压她的手之类，以此防范夫妻之间的手淫罪恶。[37] 这就是凯洛格对人的性健康的贡献，他对人类饮食健康的贡献更为著名——预制的早餐麦片，至今仍然让我们遭罪。

外科医生最为敌视束腰、避孕和流产，甚至天主教会过去都没有禁止在怀孕早期堕胎，自1869年才开始禁止；之后，反堕胎运动变得凶狠、残暴。各种性器官的手术——包皮环切术、卵巢切除、阴蒂切除术都是19 世纪以后接受的做法，尤其是在美国。专业历史学家巴克-本菲尔德（Barker-Benfield）告诉我们，在1946年，妇女仍然因为有所谓的心理障碍便被“阉割”。女性的月经和生殖过程使她们特别容易罹患精神病。她们没有权利具有性欲。性高潮是一种疾病，应该被摧毁。“许多被阉割的妇女陷入孤立无助的境地，其绝望程度几乎无法想象。”

纽约医学院的妇产科教授奥古斯都·金斯利·加德纳（Augustus Kinsley Gardner）医生就是一位做这种手术的专家，他似乎陶醉于谴责性欲和“时尚主义”同为犯罪行为。人们认为他是一个雄心勃勃、无道德原则和厌恶女人的人。他认为，各类避孕手段和男性放纵射精应当被归于“时代和世界的头等罪恶”。在《违背生命和健康法则的夫妻罪恶》（*Conjugal Sins against the Laws of Life and Health*）一书里，特别是在附加的论文《美国妇女的体质下降》中，他谴责女人是“一个憔悴的生物，目光呆滞，面色蜡黄，身体瘦弱，一个不称职的母亲”，沉迷于专制的紧束衣服。“通过沉迷衣着和虚荣自负地展示肉体，她们变成了杀害自己孩子的凶手。”为了抑制妇女性欲的增强，加德纳要求取缔所有的紧身褡、“时髦的腰带和束带”，代之以宽松的、遮掩身躯的服装。其目的是隐藏妇女的身体，而不是给她们性展示的自由。因而，加德纳也谴责跳舞甚至长时间散步，并且反对吃辛辣食物和异性聚会。

这些观点很极端吗？是的，但是还比不上英国外科医生阿克顿勋爵（Lord Acton）对自慰行为的评论。随着他的《生殖器官》（*Reproductive Organs*）一书每个新版本的问世，他的态度愈来愈顽固，“疯狂地列举数据”，“发泄怒火，渲染无限蔓延的恐怖”（金凯德，Kincaid），令人联想起那些反束腰人士的言论。所有的女性在睡觉时都应该把双手绑起来。堕胎、自慰和束腰是种族自杀。有些性生活指南，诸如J. L. 密尔顿（Milton）的《不自主过度射精》（*Spermattorrhoea*，至1882年共出了12版），推荐采取刑具来抑制自慰：让阴茎起疱和烧灼阴蒂。后者得到克拉夫特–埃宾（Krafft-Ebing）的认可，有关立法也跟了上来。1873—1882年之间，在安东尼·康斯托克（Anthony Comstock）领导的反邪恶社团（Society for the Suppression of Vice）的推动下，美国有700人因自慰行为被逮捕。

自18 世纪后期以来，人们对于女性利用紧身褡达到（被禁止的）自体性欲（auto-erotic）目的的指控大部分是心照不宣的。神经学家S. A. 天梭 (Tissot) 反对交媾中断（即手淫）的论著在欧洲广为传播，在《神经及其疾病手册》（*Manual on Nerves and Their Diseases*，1781年）中，他提到“年轻女性过度压束自己的恶习，同其他错误教养造成的危害是一样大的”，它导致“神经系统（即性的知觉）产生极端的暴力行为，尤其是在十四五岁的年龄段表现最为突出”。1788年，索默林在斯奈芬塞尔学院（Schnepfenthal Institute）的获奖论文中，揭示了年轻女性如何用紧身褡来自慰。这段论述值得全文翻译如下：

> 但是，我必须把进一步的思索留给医生和道德家们。年轻的女性，当她们将紧身褡的前襟（底部）和插入其中的巴斯克条抵在角落里的椅子或桌子等物体上，在那里歇息甚至摩擦时，她们不会感到快乐吗？她们不会因此而激发出纯洁的和未被觉察的感知吗？给了这个暗示之后，其他毋庸赘言。成人一旦发现她们这样做，自然会制止这种坏习惯，可父母不也经常让孩子们独自玩耍吗？难道这个世界不知道这些可怕的罪行正像暗中潜行的瘟疫，往往始于无意识追求的、纯洁的感觉吗？让我们感到羞耻吧！单是一个暗示就足矣！

正是德国人在20 世纪初出版了一些有关女性健康卫生的手册，主要针对年轻母亲，这类女性最清楚地确认了穿紧身褡的生理效果近似于自慰。[38] 皮肤和性病专家弗里德里希·西伯特（Friedrich Siebert）医生在《父母须知》(*Book for Parents*)一书中见证了这一点。他以一种礼貌的窘迫语气，探讨了可怕的自慰问题。他扮成一个温和派（想必是不赞成从前流行的给身体带来痛苦的反自慰器具），建议成年人不间断地监视小孩的行为，尤其是当孩子自己入睡时。他标定了青少年“自慰的各种惊人和可怕的方式及场合”，比如，男孩穿太紧的外裤和内裤，女孩穿紧身褡，并做了详细描述。[39] 男女应避免从桌子底下握手。女孩应禁止盘腿坐或大腿互相摩擦地行走，她们坐在钢琴凳或在缝纫机旁时大人要特别留意，免得她们利用这些机会达到“不纯的目的”。父母应该检索孩子的内衣裤上的污渍，当场抓住“罪犯”，迫使他们忏悔，殴打他们，或通过看医生的羞辱来惩罚他们。

20年后，这种医疗恐怖主义并没有减弱，我们发现了一个后弗洛伊德的不朽杰作——马克斯·马尔库塞（Max Marcuse）编辑的《性科学词典》(*Dictionary of Sexual Science*)。针对公众讨论中关于性问题的新的宽容态度，马尔库塞肯定了西伯特医生的观点，指责紧身褡具有“刺激性器官”的倾向。可惜这类警告在1926年跟从前一样无甚效果。1924年的政治论战中，埃伯哈德（E. F. W. Eberhard）医生在《妇女的解放和性爱基础》(*Women's Emancipation and its Erotic Basis*)中也引用了西伯特的观点。妇女承认穿紧身褡时产生性感觉的事例（来自英国恋物徒的通信）被用来证明，作为一种性别，妇女已经陷入了“邪恶欲念”和“退化”的境地。埃伯哈德夸耀自己对“政治女性”的厌恶，谴责德国的妇女运动导致道德堕落和犯罪行为。[40]

妇女对政治、经济和教育权利的要求往往伴随着对性权利及更多“性自由”的要求。我们从不同的角度观察到了一种貌似矛盾的现象，人们将束腰看作并批评它是主张性自由的，就像自慰和堕胎行为一样；同时，束腰也是半自觉地体验和有意为之的，对此我们将在后面的章节中论及。

四、有组织的服装改革运动

最早正式组织的服装改革社团出现在美国，在反奴隶制运动之后，该社团极大地激励了后来的美国女权主义运动。伊丽莎白·菲尔普斯

（Elizabeth Phelps）在1873年的一本书中要求女性从社会和时尚的束缚中彻底解放出来，号召妇女像黑人一样挣脱身上的锁链。同一年，第一个服装改革协会在波士顿成立，由一群女医生及普通妇女组成，阿芭·古尔德·乌尔森（Abba Goold Woolson）担任领袖。1874年，乌尔森编辑了一部选集，首次提出关于另类服装的实用性建议。服饰“新体制”希望保护人体的重要器官不受压迫和受寒。使体温均匀分布，改变目前将身体分割为不同温度区的做法：寒带（肩膀和上胸部）、温带（胸）和热带（腰围和臀围）；减少衣服的总重量和体积，把它穿在肩膀上而不是堆积在臀部。压缩、温度、重量和体积等问题都有可能通过改变悬挂系统来解决。

悬挂物是一个关键问题。人们认识到，只要臀部是衣服的唯一支撑点，就没有办法消除腰间的压力，而且由于腰际聚积了可多达十六层厚的衣料，[41]就非得勒紧，才能使之看上去跟自然腰身的大小一样。乌尔森太太证明，所有的服装都可以很容易地、体面地和愉快地套在肩膀上（可悲的审美效果可依据所附插图作出判断，图4.2）。羊毛织料的组合（合并）套服被推荐为基本的内衣；虽然裙子被认为是“不舒服、不健康、不安全和不易控制的”，但是，这些改革者们还是比较谨慎，仅满足于将它缩短，而没有提出把它同上衣分开。英国服装改革的领导者哈伯顿（Harberton）女士倡导“裙裤”，结果导致英国的改革运动碰壁，以失败而告终。

图 4.2　为乌尔森作的插图（Dress Reform, 1874）

出版商瓦德（Ward）、洛克（Lock）和泰勒（Tyler）盗版印刷美国人的著作，将美国服装改革的理论引进英国。具有讽刺意味的是，或者说是顺手牵羊，他们也出版了这一期间的恋物文学。从组织上来说，英国服装改革运动有值得一提的历史，[42]它始于1881年“合理服装协会”的创立，反对束腰运动在那一年也达到了高潮。[43]通过该协会，改革活动找到了一个中心目标、一个现实的社会环境——虽说是有限的（主要集中于上层阶级的），以及新的、更积极乐观的发展方向。

1884年的大型国际健康博览会包括由该协会组织的一个重要部分：卫生服装。在其期刊的寿命和发行量方面，它取得的成果很小：1888—1889年，《合理着装协会公报》（*Rational Dress Society's Gazette*）只持续出版了6期，现在很难见到幸存的原本。后继者《阿格拉伊亚》（*Aglaia*）——“健康和艺术服饰联合会”（Healthy and Artistic Dress Union）的期刊，仅在1893—1894年间出版了3期，这些资料如今也很罕见。上述两种期刊，以及我所知道的与妇女运动直接有关的文献都没有正视“紧身褡的性目的”这一命题。

无论是紧身褡的问题，还是总体的服装改革问题，虽然一直在艺术界争论不休，但似乎都没有在重要女权主义者的圈子里引起热烈的反响。

五、温和派和“反击对手”

不满于医学界和服装改革组织的过激言论，出现了一个非恋物徒的中间阵营，他们同情紧身褡，甚至“温和的”束腰。1853年，一位显然公正的医生嘲讽了传统上粗野宣泄的反紧身褡文章，他的名字叫作圣索沃尔–亨利–维克多·波维尔（Sauveur-Henri-Victor Bouvier），是法国著名的整形外科学家，于1840年创立了最早的骨科医院之一。当时有人发明了一种新式无缝“塑料”紧身褡，被内政、农业和商业部长提交给国家医学科学院进行审查。波维尔就此写了一个长篇报告，首次发表在《科学院公告》（*Academy Bulletin*），作出了关于紧身褡的第一个全面的历史综述。他表明，无论它今天可能有什么缺点，但比起早些时候的紧身褡，它的弊端还是大大地减少了。波维尔既熟悉又鄙视那些反紧身褡的新旧文章，颇为滑稽地列出了一长串主要疾病的名称，传统的反对派将它们全都归咎于紧身褡。他对那种把“盲目重复的假设当作事实”的强迫症冲动表示十分不屑。[44]

紧身褡既不造成脊柱弯曲（“380个病例中没有一个是由紧身褡导致”）也不引起痨病，女性死亡率的统计数字上升是由于其他原因。[45] 与公认的看法相悖，[46] 女人不是天生就具有锥形（锥尖在下）胸廓，而是筒状的，至腰部逐渐变窄。女人历来就穿紧身褡，而且会继续穿下去，为着支撑、舒适和美观，以及性别和社会区分的目的。

在超过四分之一的世纪里，波维尔在法国医学界一直是时尚紧身褡的一位主要辩护者，尽管是孤独的。1877年，他在一部医学词典里积极地向所有成年女性推荐紧身褡。人们很难不对一位医生的专业信誉产生猜疑，[47]他公开简明地表示宽恕处在他连续观察之下的3名妇女的行为，她们采用“变幻无穷的技巧”，利用“厚实的紧身褡”和极紧的腰带“掩盖”自己怀孕的事实（作者在此特别提请读者注意）。他说，我们很轻松地确认，没有严重的事故发生，分娩是正常的。总之，束腰和怀孕是完全可以相容的。

支持波维尔立场的见解散见于有关卫生问题的文章之中，甚至通俗的百科全书，如《泽尔百科全书》（*Zell's Encyclopaedia*）也指出，不是束腰，而是“医学人士和公众作家不分青红皂白的滥评……表现得既无知又虚伪”。其他著名的法国字典和百科全书则采用了含蓄的措辞。

更公道的英国改革家，如医生弗雷德里克·特里维斯爵士（Sir Frederick Treves），对许多改革者表现的“鲁莽的夸张”“绝对的断言”“暴怒和歇斯底里”感到尴尬不安。其他一些英国作家宣称，该主题是乏味的，且已经过时了。到了19世纪80年代早期，我们发现人们有一种不耐烦的情绪，对这个问题既不能忽视也无法参与讨论，如果不跟那些偏狭的饶舌改革家站在同一立场 。早在1867年，《柳叶刀》就承认，攻击束腰“就像是杀死僵尸”。尽管十三年后，这同一杂志的厌女症又重新发作，断定“毫不留情的批评”还是一如既往十分必要的。[48]

同时，恋物徒的自卫声音耸人听闻，惊人地坦率，而且往往不可思议，公众对它不予理会或表示质疑，它激起观点分化，加剧争议，但也拓宽了舆论的范围。一个抱同情态度的“反击反对派”的派别出现了。认为束腰是一种犯罪的道格拉斯（Douglass）夫人，向罪犯们传达了一种人道主义的关怀——不是出于她强加于自己的身体殉道，而是出于改革者强加给她的道德殉道：“实行改革的妇女遭受了过分疯狂的攻击，卫生爱好者们倾向于忘记一点，虽然束腰者犯有诸多罪行，但她仍然是一个女人和一个姊妹。她已经受到这么多的谩骂，我不会再踏上一只脚……确实，我从心里不想谴责她。她是一名罪犯，但她的戴罪之身还是很美丽的。用艺术的眼光观察她的曲线，当然是突兀收缩的，不过，她的招摇在整体上是迷人的……她整洁素净［如皮拉（Pyrrha）］，成功的装束、完美的细节使她颇具魅力。束腰者是一个有自尊的人，并且在所有方面都是细致周到的。”这确实都是赞美之词啊！

即使像《女王》这样一个上流社会的妇女杂志，也偶尔表现出矛盾的心态，上升至一种隐秘的钦羡。一篇文章热情地描述说：“最近看到一个非常漂亮的女孩在打网球，当我把注意力从那令人惊讶的小腰移开时，我很倾慕她的面容和外形；她看上去好像要断成两截。她可能天生注定会逃脱几次惩罚……”[49]

1888年，英国的正统医学界发生了戏剧性的倒戈，来自两个剑桥人，病理学教授C. S. 罗伊（Roy）和他的助手、大学管理人员约翰·乔治·阿达米（John George Adami）。26岁的阿达米，可能是这件事的领头人，后来成为利物浦大学（University of Liverpool）的副校长、卓越的病理学家，并且是一名有争议的达尔文主义者。在向英国医学协会宣读的一篇题为《腰带和胸衣的生理关联》（*The Physiological Bearing of Waistbelts and Stays*）的报告中，[50] 罗伊和阿达米宣布了测量心脏输出血流的实验结果。令人惊讶的是，压迫实际上增加了血的流量。由此得出的结论是（与上面提到的凯洛格医生的结论完全相反），腹腔压力“减少储存在腹部静脉和静脉毛细血管的血流量，将血更多地供应给作为一个整体的有机组织……以及大脑、皮肤等”。

由于体力活动要求最好在不明显加速脉率的情况下增加血液供应，因而腹部收缩可以用作一种辅助手段。这就是为什么在所有的历史时期和世界各地，凡是身体经常活动的男性，从白德因（Bedouin）骑手到英国工人，都习惯于系宽大、紧束的皮革腰带。虽然罗伊和阿达米避免使用“束腰”一词，也未区分穿胸衣是生理需要还是异常状态，但他们大胆地断言，“极端的压力必定是有害的，有害程度却不是任何时候都相等的”，它对身体产生的影响，根据消化状态、活动的程度和类型等而有所不同，“极端的压力”并不一定妨碍腹腔器官的滋养过程。

被医学类刊物拒绝之后，罗伊和阿达米在政治周刊《国家评论》（*The*

National Review）上发表了他们的异端邪说，并注明了受到蓄意误解和诽谤的情况。据新近创立的《合理服装协会公报》所报道的英国协会的开会情景，很多人将罗伊和阿达米的论文看作“仅是一篇幽默”，有些人则认为是“最危险的”。会场在相当震惊、片刻沉默之后，斯托普斯（Stopes）夫人发表了一个简短的反对声明。“接着，丽迪雅·贝克尔（Lydia Becker）小姐站了起来，风趣地表示支持胸衣和束腰，尽管她的思路不够连贯。不过她没有提出支持其论点的生理原因。”接下来的星期二恢复关于人类学部的讨论。加森（Garson）医生谈到肺容量；杰纳勒尔·皮特–里弗斯（General Pitt-Rivers），尊敬的人类学研究所所长和人类学部的主席，发誓永远不再钦羡细腰的女人。最后，斯托普斯夫人敲响警钟，宣称束腰的情况在恶化，在过去的25年中，平均腰围减少了整整两英寸。她是从伦敦的女胸衣商那里获得的数据（可能是通过《家庭医生》杂志，参见附录二）。医学界的正统派们被罗伊和阿达米的异端观念吓坏了，而束腰者本身，在他们的通信专栏阵地里，必定因此感到欣喜。

罗伊和阿达米的论文使丽迪雅·贝克尔深受鼓舞，她是一位植物学家，查尔斯·达尔文的朋友，妇女权利的倡导者和《妇女选举权杂志》（*Women's Suffrage Journal*）的编辑。她在《卫生报告》（*The Sanitary Record*）上发表了一篇文章，指责改革者压迫女性的肺，通过让衣服的全部重量压在她们的肩膀上，而不是臀部。妇女的臀部宽大，天然适宜承受这种负荷。贝克尔小姐说，适度束缚的紧身褡是有益的。改革者们如果直接瞄准过长、层次过多的裙子，而不是朝紧身褡开火，收效将会好一些。

在同一杂志上，贝克尔小姐受到威伯福斯·史密斯（Wilberforce Smith）医生的反驳，获得霍华德·霍顿（Howard Haughton）医生的支持，他是将恋物的视角引入科学杂志的第一个英国人。[51] 霍顿医生坦言不仅仰慕束腰，而且尤其欣赏束腰者的个性。他引用威伯福斯·史密斯医生的话说，难怪束腰者避免看医生，因为她们不断遭受从事这一职业的人“无节制的”攻击。从医学理论上说，她们应该比其他人患病更多一些，但实际情形似乎相反。如何解释她们的“非凡免疫力”呢？一个可能的原因是，简要地说，避免过度饮食。贪吃是维多利亚时期流行的无可逃避的恶习

（医生实际上鼓励孕妇大量进食）。“出于显而易见的原因，束腰者们在这一点上从不触礁，因为饮食稍不节制便肯定会立即带来惩罚。”杂志的恋物徒通信确认了这一点，霍顿医生显然是熟悉的。一篇讽刺短文想象这种“渴望得到的”副作用：“当年轻女士把自己束得那么紧，以至于无法吞咽时，她仍要做饭前祷告：感谢上帝赐予饭食的恩典。”[52] 霍顿对束腰程度的分类显然具有恋物癖特征，从“舒适的紧”（缩减3～6英寸）到“异常的紧”（缩减超过10英寸）——后者绝对不适于新手尝试，“只有在非常特殊的条件下才是可行的”。

温和派兼反击反对派，如罗伊-阿达米和贝克尔，是介于改革派和恋物徒的立场之间的一座很窄的桥梁。最初促使罗伊-阿达米着手此项研究的可能是《家庭医生》的通信。霍顿医生显然是熟悉这些信息的，假如他没有提到这家杂志的名字，那一定是因为它在医学专业杂志中地位低下，而且他不希望把自己直接同这些见证联系起来，其中至少有一部分必定被人们认为是不可思议的、虚构的、荒谬的和令人厌恶的。

六、反古典的新美学理念

19世纪下半叶，审美理念的重要变化，现实主义、印象主义、自然主义和象征主义艺术和文学运动的兴起，打破了服装改革者的新古典主义理想，他们从学术艺术家中寻求线索，坚称“米洛的维纳斯”（Venus de Milo）是无可挑剔的美与自然，而时装是丑陋的。恋物徒的一个小册子《形体训练》（*Figure Training*）中有一幅插画，讽刺性地给古老的大理石雕像穿上当代服饰（图6.2），预示一种前卫艺术理论，每个时代都据此建立自己的审美标准，并使之适应当时的社会现实。因而，或许不存在绝对的数学比例系统，诸如自维特鲁威（Vitruvius）以来支配艺术家的，并在19 世纪学术界继续占主导的解剖理念。

诗人及艺术评论家波德莱尔认为，每个时代都设立自己独特的穿着标准。在《现代生活的画家》（*Painters of Modern Life*）[53]一文中，关于时装图样，他提出了“与独特的和绝对的美相对合理的、历史的美”。所有的时尚都具魅力，即使是那些怪诞不经的。理想，永远是艺术的目的，必须根据各个时代的需要重新定义。“因此，时尚应视为理想品位的一个标志，自然变形的升华，或者说，一个恒久的不断改造自然的尝试。”异国情调，离奇的服饰技巧——人脸彩绘、发髻、紧身褡（正如我们将看到的一样）——都被波德莱尔看作当代女性暴露出的怪异的，有时是险恶性欲的一部分，她们是时代独特文化和历史地貌的肩负者。

另一方面，新古典主义者，如艺术家约翰·莱顿（John Leighton）猛烈地同时抨击束腰和三个世纪以来的服装史，他从中看到的主要是“令人震惊的荒诞观点和人体”，以及“品位和意志的堕落”。[54] 后一句话结合了审美的和道德的（性）判断。艺术家和艺术理论家认为，束腰造成的夸张曲线角度，集中体现了当代许多时尚的“粗糙”“粗俗”和“暴力”色彩，它们不适宜作为绘画的主题。[55] 对恋物徒们来说，他们从反古典的流行画家威廉·贺加斯那里证实了自己的审美观。通过诸如“膨胀波纹的弧线和下沉的山谷”之类的词语，即刻描述了由束腰造成的视觉转化，以及这位18 世纪艺术家通过时尚胸衣展示的著名“曲线美”（Line of Beauty）。束腰紧身褡制造商汤姆森（Thomson’s）做广告说，（自19世纪60年代以来）他们的产品严格依据18 世纪的贺加斯原则，在整件紧身褡中从未采用一根直的衬骨。

理想同古典形式的有意偏离，往往被认为具有一种内在的情欲潜能。它们代表“生命”而不是“艺术”。安妮·霍兰德（Anne Hollander）揭

图 4.3　裸体的马亚（Goya，约 1800， Pradon, Madrid）

示，文艺复兴以来的绘画中，最经典姿态的理想化人体是身穿古典服装的，或者是完全裸体的，身上有脱去的衣物留下的特殊压痕。戈雅（Goya）的两幅著名的斜倚人体画《马亚》（*Majas*）即是直接的证明，它们具有特殊的性感效果：穿衣服的马亚没有显示出穿紧身褡的明显迹象，而裸体的马亚显现出紧身褡的压痕，包括两只乳房高高隆起，向两边很宽地分开，仿佛有一件“分离”紧身褡在起作用（图4.3和图4.4）[56]。整个画面的效果非常性感。拉维里（Levilly）的“浪漫裸体”也展现了一个被紧身褡极端压迫的躯干。

图 4.4　裸体画（Philéad Levilly, 1830; Le Coucher 平版印刷，约 19 世纪 30 年代）

19 世纪的许多不同倾向的艺术家都受到过经典比例系统的专制束缚。显示非古典细腰的女性裸体便是公然向专制挑战，古典主义批评家立即指责这类艺术家使用堕落的、实施束腰的模特。但是，蜂腰裸体可以用于非常不同的目的，如德微里亚（Deveria）的一幅浪漫的石版画，强调无骨的弹性节奏，或是在库尔贝（Courbet）的写实绘画（La Source）中，突出天然硕大的腰腿。同样值得注意的是，在同时代的精英画家中，爱德华·马奈（Edouard Manet）同古典学术传统做了最彻底的决裂，给我们留下了最极端束腰的时尚女人肖像——精致玩偶般的米歇尔·利维（Michel Levy）夫人（图4.5）；而当时比他更具学术气的詹姆士·天梭（James Tissot）在时尚服装的复杂套件之下，保留了一定程度的古典形式，他描绘得十分细致，比马奈的精确度更高。不必假定马奈对束腰本身抱有任何同情心，因为他抓住一个机会，创造出了19 世纪高雅艺术史上最惊人的一个反传统形象。马奈懂得，时尚如同艺术，是利用光学幻觉的创作。在束腰中的幻觉“秘密”即是众所周知的恋物癖，虽然很少有他人加以评论：压缩腰间不仅降低了总的圆周，而且也许更重要的是，将形状从椭圆变成圆（在极端情况下，变成逆转椭圆形），于是从前面或后面看起来就

图 4.5 米歇尔・利维夫人
（Edouard Manet, 1881）

比实际还小。博物馆的服装展览总是利用这种幻觉，使维多利亚时代的腰部不特别窄的服装显得很窄。人们有时用“幻觉腰”替代“蜂腰”来作为一个更有奉承意味的术语，尤其是在提到美国人时。

古典艺术理论认为，抛开时装的比例失当不说，在自然状态下，很少女性能够达到艺术规定的理想比例。与男性相比，女性模特的身材比例一般是低劣的。在德国甚至出现一种非凡的理论，说大自然拒绝让女性达到男性被赐予的黄金分割的理想比例，所以束腰术是（下意识地）为了纠正这一假想的自然缺陷。女人因此不得不通过利用光学效果来延长腰部，掩饰腿的短小，并且将她的重心降低到跟男人一样。[57]

同过去几十年中时尚在视觉上的静态效应形成鲜明对比，19世纪70年代新服装美的社会学含义——胸甲式风格的“暴力”或动态效应，似乎是很明显的：女人走出大圆环衬裙的藩篱，咄咄逼人地迈进一个更广阔的天地。侧面（尽管她紧裹双腿）和向前运动的女人姿态，作为充满活力的新时代的审美体现，是由查尔斯・布兰克（Charles Blanc）首先观察到的，他是一位杰出的艺术批评家，《美术报》（*La Gazette des Beaux-Arts*）的创始人和编辑，然后由前卫画家们通过视觉艺术进一步发挥了。布兰克在《服饰艺术装饰》（*Art and Ornament in Dress*）一书的结尾为时尚女性的侵略性风格进行辩解：“走在高跟鞋里，它们把她向前推，加速其步伐，划破空气，匆匆穿过生命仿佛吞没了空间，空间反过来又吞噬了她们。”这简直是一幅来自印象派和后印象派的画面；有人谴责这一时尚是“万花筒”和“毫无意义的眩晕破碎效应”，令人联想起大众对印象派绘画的体验。[58]

七、鞋类：灰姑娘

在18 世纪末的坎普尔之后，没有听到对女鞋太多的批评，直到赫尔曼·迈耶（Hermann Meyer）1857年的专著出版，[59] 自此，反对运动高涨起来，尤其是19世纪60年代后期出现高跟鞋之后。在这之前，批评的声音趋于平稳，主要针对男人穿的紧脚尖头鞋，譬如我们记得大卫·科波菲尔（David Copperfield）的殉道故事（当然是为了爱情，乃作者的自身经历），在杜米埃及同时期其他人的漫画中也有类似的描绘。[60]

就像反紧身褡运动一样，对鞋的笼统斥责比比皆是："在时尚世界里不存在好形状的脚。"欧洲人不比中国人强多少，也许更糟，因为中国人还不至于拘束男人的脚。高跟鞋的危害不比缠足小，它把脚变成马蹄形和一堆皱巴巴的畸形物。"无数畸形与变形的足疾"，如钉胼、拇囊炎、冻疮、脚趾甲向内生、锤状趾、关节病变和增大可能导致的致命脓肿，都是对身体造成直接影响的明显危险，此外，不合适的鞋还可能引起腹部器官、子宫和脊柱位移，需要动手术才能纠正。有一个病例，殉道者看起来欣然接受了截趾，特里维斯医生充满讽刺地说："一个星期前，我不得不为一个年轻女子截去一个脚趾……她完全被所谓时髦的靴子致残了。她对手术的前景感到很兴奋，因为她可以穿进更小的鞋了。必须穿时髦靴子的女性，首先应当采取一个措施：将中间的三根脚趾截短——这种手术将使她们走起路来比较舒适，步态丝毫不会比现在显得更笨拙。"[61]

特里维斯还讨论了为提高脚背而设计的人工柔性钢内弓，它与高跟结合起来，将进一步造成行走困难（然而"就像其他杂技艺术一样，通过一段时间的练习之后，就会变得不那么令人厌烦了"）。人造鞋弓遭到了许多人的反对，尽管事实上它增强了被普遍认为是超群的贵族和欧洲种族的特征。据称黑人的"足型是最低级的"，脚背很低或没有脚背。[62] 下层阶级穿紧鞋面、尖头、高跟和高鞋弓的"贵族"式鞋，也是常见现象，他们延续和夸大了这种时尚。[63]

关于鞋子，流传至今的大量欧洲民间传说和神话形式都源于19 世纪，并且反映了它们起源的那个时代的风气。灰姑娘（Cinderella）故事的传播无疑同19 世纪的恋足癖和反对束足时尚的警告有很大关系；其更古老的源头可能是中国。值得注意的是，北欧版本的灰姑娘故事讲到丑陋的姐姐们忍受痛苦，甚至把她们的脚致残，以便能够穿进灰姑娘的水晶鞋，印度版本里的女孩们则没有采取任何方式限制她们的脚。在今天人们喜爱的欧洲版本中，丑陋的姐姐只是试图把脚挤进鞋里，比起其他地方的传统版本中梦魇般的恐怖情节来说，是相对温和的。丹麦的一个版本中，母亲拿起一只斧头和一把巨大的剪刀，对着呻吟的女儿们念诵时尚谚语："想要美丽，必得受苦"；"宁失你的脚趾，勿失女王宝座"。俄罗斯的版本中，一个丑姐姐被砍掉了脚，尚可自慰的是，她是一位公主，不需要走路。俄罗斯和芬兰的版本往往最令人心惊肉跳，继母/恶魔来给女孩做整容：修理好脚趾和手指，甚至用锤子把头修整成新的形状，以便让鞋子、手套和帽子都适合于一个假冒的新娘。[64]

今天人们首选的版本是挤压脚而不是毁坏脚，从而失去了一个古老的戏剧性情节，亦曾是十分关键的礼仪性元素。[65] 王子带走了假新娘，直到他看见她的鞋子里渗出血来，加上有大乌鸦通风报信（据苏格兰艾氏比特尔Scottish Ashpitel的传说）才发现了自己选错了人：

> 砍去脚跟劈掉趾
> 坐上了青年王子的飞骑；
> 娇小脚丫漂亮趾
> 藏在他人的小鞋里悲泣。

不同于鞋子，欧洲的民间故事和传说中没有明显地提到紧身褡。一些服装改革者断定，束腰是丑陋的姐姐们为出席舞会做准备的一个重要内容，[66] 在现代滑稽哑剧版本中也有这个主题幸存，但在玛丽安·考克斯（Marian Cox ）收集的345个不同版本的灰姑娘故事里没有这样的情节。假如说紧身褡在德国民间传说中"几乎不为人知"，这肯定是因为它本质上是城市人的服装，直到比较晚，即18世纪或19 世纪才进入乡村社区。然而，束腰偶尔也是民间故事的主题，尤其表现在《白雪公主》（*Snow White*）中，也许是古老的故事后来加进的情节吧。在斯堪的纳维亚童话中，巫婆想杀死一个漂亮女孩（或是邪恶的继母要害死继女），便卖给她一件紧身褡，把她勒得特别紧，致使她昏死过去（有的旧版本是说束带上涂了毒药。相比之下，紧勒强迫致死，不大现实）。在格林（Grimm）童话中，被害的女孩最终被矮人救活了；斯堪的纳维亚版本的曲折情节是，女孩的兄弟们以为她死了，便把她抬往墓地，由于道路颠簸，抬棺人不慎绊倒，震裂了她的胸衣，她得以死而复生。[67]

八、作为一种习俗的束腰结束了：立法

当束腰风习在少数顽固人士中达到高潮，紧身褡却开始被彻底地抛弃，或改成一种轻便得多的样式，伴随着19世纪80年代引进的宽松式另类风格——“美观”、改良、阳刚和运动型，服装的紧度总体来说放松了。到了1900年，束腰的拥趸所剩无几，不再是大众感兴趣的问题，有关争论已经筋疲力竭。市场上充斥着“改良”“理性”和“卫生”的新服饰，其中许多只是名义上新颖而已。

法国著名时装设计师吉恩·沃思（Jean Worth）在1888年推出了“直前襟”紧身褡（corset droit），相对于旧式的弓形紧身褡（corset cambre），这是一项决定性的创新，它加速了束腰的消亡，同时拯救了紧身褡，消除了被废弃的威胁。“直前襟”紧身褡采用一条笔直的巴斯克条，趋于在腹部内倾。它的胸部裁得较低，下身延伸盖住臀部。它以骨盆带作为锚点，并声称，这是长期存在的上腹部器官直接受压问题的解决方案。它减小了腰部收缩，与宽松的裙装、衬衫和夹克搭配，颇受青睐。它也有助于创造典型的爱德华七世时期加长的S形轮廓，胸部向前隆起，臀部曲线向后流动。通过采取正确的体形和姿势，一个女人不穿紧身褡即可以达到这种效果，虽然很少有人敢完全不穿紧身褡出现在公共场合，但许多人开始接受在家里穿茶袍（tea-gown），里面不穿任何内衣。有一种很简洁的稍加硬衬的瑞士腰带，成为体育运动者喜爱的折中配饰。

到了1901年，直前襟紧身褡的卓越性已经是无可争议的了，特别是在法国，《内在优雅》（*Les Dessous Elegants*）杂志的创刊号对之大加捧赞。这是第一个专门介绍内衣的杂志。[68] 该杂志的目的是双重的：首先是反对邪恶的废奴主义者的威胁，其背景是法洛威尔（O'Followell）医生发表的有关紧身褡卫生问题的一系列文章。其次是保护服装定做行业，反对巴黎的二三十个批发厂家通过大型百货商店出售紧身褡。《内在优雅》强调的重点是“优雅”二字，树立了紧身褡的样板。一度为塑造人体轮廓而设计

的严格功能性衣物现在本身即成了一件豪华物品，它的优雅品位、繁多款式和精致装饰均可与蓬松衬裙相媲美。就像蓬松衬裙一样，紧身褡也正是为了供男人大饱眼福，《内在优雅》中的那些令人销魂的文章，有的读起来很像恋物主义全盛期的《巴黎人生》。

禁止紧身褡的立法要想取得任何进展，则不可回避一个事实，即紧身褡贸易是一个非常重要的经济因素，尤其是在出口贸易方面。1895年教育部发布的禁令和1894年施行的特别税法案，均告彻底失败。十年后，西欧的某些教育家和服装改革者仍然非常羡慕边远的“不文明的”独裁国家，如俄罗斯、罗马尼亚（两国都在1899年颁布了法律）和保加利亚，那里的女学生如果不在门厅里脱去紧身褡，便不许上课。许多德国女孩仍然坚决拒绝脱掉紧身褡，即使是在做体操时。体操运动在德国十分盛行，在女子体操服问题上，谦谨美观的要求同实用性相抵触，二者似乎不可调和，这令体育教育专家们感到绝望。不过，德国的某些地区通过并实施了禁止紧身褡法。[69]

在英国和法国，既没有立法也没有这类的具体提案。与众不同的是菲利普·马雷夏尔（Philippe Marechal）医生，她不知疲倦地在欧洲各地发表演讲，提出极端惩罚性的且不切实际的立法计划：1. 禁止所有30岁以下的人穿任何紧身褡，违反者将获1～3个月的监禁，如果穿着者被发现怀孕，刑期将增到十二个月，如果她尚年幼，父母将被罚款100~1000法郎。2. 30岁以上的人将被允许穿紧身褡，除了在怀孕期间。3. 最严格的控制将是针对紧身褡的销售（对危险毒品已有类似的控制），卖主必须将每个购买者的年龄记入账簿。[70]

紧身褡的消亡是渐进的，平淡无奇。它变得越来越轻便和宽松；老式紧身褡逐步被年轻一代抛弃。1911年，当保罗·普瓦雷（Paul Poiret）穿着宽松、自然飘动的俄罗斯芭蕾舞团风格的服装，声称将紧身褡“置于死地”时，它已经奄奄一息了。真正给它致命一击的是第一次世界大战。钢材最好被用于建造战船而不是紧身褡。[71]

没有证据显示法国或英国的服装改革组织举办了持续的相关活动。然而，在其必要性显得较小的德国（据报道早在1905年柏林人就已基本放弃了紧身褡），德国新妇女服装和文化协会[72]（Deutscher Verband fur Neue

Frauenkleidung und Frauenkultur）仍在继续推动废除紧身褡。该组织吸收了活跃于19 世纪末期的各种改革组织，它的期刊和另一个领先的服装改革杂志《健康妇女》（*Die Gesunde Frau*）是呼吁废除紧身褡的主要喉舌。

德国的改革运动被莱克斯·海因策法（Lex Heinze）歪曲了，它是一部广泛影响公共道德行为的镇压性法律，在国会大厦引起了激烈辩论，尤其是针对紧身褡之类以及鼓励袒肩低领裙的着装方式。[73] 一个名叫罗伦（Roeren）的代表在议事厅里愤怒地挥舞着一份海报，上面画着一个穿紧身褡的女人，领口开得很低。在19 世纪后期，欧洲对“不雅”紧身褡广告的谴责变得越来越常见，包括对广告牌和报纸上的（如早期商店橱窗里穿紧身褡的假人模特）。

紧身褡的争议甚至造成了德国皇室的分裂。皇帝得到王储妃和他的妹妹希腊王储妃索菲（Sophie）的支持，禁止在宫廷里穿紧身褡；而皇后穿很硬挺的紧身褡，在皇帝的其他两个姐妹的支持下，禁止未穿紧身褡的女人出现在宫廷。此外，还可引用其他皇家关注束腰的例子，如葡萄牙女王，她给宫廷里的女人们传看束腰受害者的X光照片；意大利的皇后海伦（Helen）和太后玛格丽特（Marguerite）也表示不赞成束腰。[74] 维多利亚女王的三个女儿：维多利亚（Victoria）公主、法夫（Fife）公爵夫人（图3.17）和莫德（Maud）公主（后来的挪威女王），从照片上看腰肢都很小，玛丽（Mary）公主（后来的皇后）也是如此——这或许是对维多利亚女王本人硕大腰身的逆反反应。恋物徒把这些照片想象为英国皇家成员束腰的基本例证，但是造成这种效果的原因更可能是由于自然苗条及饮食辅助，而并不是时髦的紧身褡，当然也难免存在人工修饰照片的因素。

九、舞台上的束腰绝唱

某些女演员发现，束腰作为一种濒临死亡的习俗，具有很好的宣传价值，媒体在很大程度上代表她们利用了这一点。19 世纪的一些女演员，在我们这个时代更多见一些，用束腰作为引起公众瞩目的一种有效手段。在演艺这个特殊行业里，怀孕可能会引起诸多不便，紧身褡被用来掩饰怀孕，以现在人们熟悉的方式，带有或不带有蓄意堕胎的意图。[75] 很难查到专业歌手中束腰倾向的起源，大概可以追溯到18 世纪中叶。[76] 我们从历史记载中发现，在19 世纪中叶，这是一种“常见的痛苦经验，目睹那些不幸的歌手为了发声而付出的巨大努力和面临的困难，为了唱出一个颤音，她们必须要耸肩、拱背、缩扁乳房，以便在紧身褡下面营造出一点空间，给她们的乐音输送一点气流，但是这也就丧失了歌声的魅力，毁掉了她们的才华”。[77] 1873年左右，波士顿举行了一场演出，其中“享有盛名的首席女高音的腰比支撑她的男角儿的手臂还细”。[78] 歌剧明星把她们的名字捐献出来命名时尚紧身褡：因此，有听起来不大顺耳的“佩蒂–尼科里尼”（Patti-Nicolini）紧身褡，它也是由艾伦·特里（Ellen Terry）和其他舞台名角儿赞助的。

舞者通常穿薄腹带（常带有橡皮筋衬），从而在腰际留下突出的压痕，这在德加（Degas）的绘画里表现得十分清晰。一位非常著名的芭蕾舞演员，弗吉尼亚·朱奇（Virginia Zucchi），曾将这种紧身褡穿在短裙服的外面，造成一种脱衣效果，同她的情绪写实主义的戏剧风格相结合，由此赢得了“舞蹈中的爱弥尔·左拉”的绰号。[79] 没有任何一个有名有姓的束腰舞者引起我的注意，但至少有一个实例记录了一位不知姓名的舞者，尸检发现她的腰围是16英寸，她的肋骨有好几英寸相互重叠，腹部器官几乎被压进了骨盆。柏林某一演员/舞者的死亡引起英国及欧洲大陆的普遍关注。[80]

12件紧身褡。
那是由艺术决定的。
它们提醒我，挂在
我的眼前，像死产的
蝴蝶……束在里面
透不过气……
在这些有充分自由的
日子里，我的
命运是去选择颜色，

甚至紧身衣的面料……
我需要花两个小时
来找到满意的答案……

深夜里，我被强迫……
去理解，没有紧身褡
可能就不会成为
决意要造就的我。
胸脯袒露，乳房高耸，腹部平坦。
肤浅地呼吸，我把视线移开
那一排12个
被选择的目击者，
仓促中忘却了限制。

［作者：克里斯廷·T. 施耐德（Kristin T. Schneider），苏黎世，1991年］

追求审美效果只是舞者穿紧身褡的理由之一。在多伦多教授古典舞的一位老年女士（约1964年）告诉我，20世纪初期她曾在俄罗斯的学校里接受训练，在合作舞伴课上，姑娘们被要求在训练服里穿上一种特殊的紧身褡，对此给出了三条理由：第一，它有助于拔高身体和压平腹部，直至达到一种理想状况，即一个女孩可以“感觉她的脊椎长在身体的前面”；第二，它使合作舞伴举起她时更容易把握；第三，可防止他感觉到她赤裸的肌肤——那将是不妥当的。

莎拉·贝纳尔（Sarah Bernhardt）和艾莉诺·杜斯（Eleanore Duse）直言不讳地反对在舞台上穿紧身褡，而是倡导古典的比例。除她们之外，在19世纪末，抱怨紧身褡的女演员成倍增加，因为它从根本上阻碍了呼吸，以至于她们无法通过身体姿态、胸部的柔韧性和腹部运动来表达深刻的情感。[81]

认为紧身褡是罪魁祸首的观点引起了激烈争议。科拉·布朗·波特（Corah Brown Potter）是一位杰出的演员，出生于1859年。她在《美的奥秘》（*Secrets of Beauty*）一书中宣布说，“我在这里挺身而出赞成绑束”，“我一直把自己系的很紧——我扮演的角色需要这样——我发现它也帮助增加声量（和声音投射）。[没有它]我绝不能应付令人精疲力竭的繁忙演季……束身是有益健康的，除了创造符合美的曲线之外”。她甚至附加了大量的医学理由，并列举了在兔子身上做的实验，通过腹部支撑，它们学会了长时间直立。[82]

另一个重要演员杰曼·加卢瓦（Germaine Gallois），也视严格的束身为戏剧艺术原则的基本元素和一种审美必要。她不肯接受舞台上的坐立角色，而是喜欢保持直立，从晚上八点半到午夜，中间有片刻的休息。“壮美的坚固堡垒……套进紧身褡，它从腋窝下开始，及至近膝盖，背后有两条扁平的钢弹簧，贴着大腿还有另外两条；此外，裤裆下面有一条‘拉链’，支撑着这个所需束带达6米长的装具结构。”[83] 科莱特（Colette）对“风流社会”（demi-monde）中女演员的拜占庭式窈窕身段感触极深，亦受到束腰魅力的吸引，她和丈夫威利（Willy）鼓励波莱尔开始“学徒生涯”，师从她记忆中的“保护人”——名妓卡洛琳·奥特罗（Caroline Otero），她描述卡洛琳穿着“庆典紧身褡”和“缀满珠宝的硕大胸甲”，是音乐厅里的一个“岿然不动的偶像”。这种幻觉也保持在舞台下面，据年轻的吉恩·科克托（Jean Cocteau）说，他异常迷恋身穿沉重胸甲的“放荡女人”，在他的玄想中，脱掉她的衣服仿佛是移动一座房子，并同一些可耻的暴力谋杀场景联系起来。拉·奥特罗（La Otero）和拉·卡瓦列里（La Cavalieri）在埃默农维尔（Armenonville）用午餐时的情景是这样的：“这个场合非同小可。胸甲、纹章盾、卡尔康（项圈）、紧身褡、鲸须、发辫、肩甲、护胫、大腿护垫、手套、胸衣、珍珠肩带、羽毛小圆盾，缎子、天鹅绒和镶珠宝的袒肩露背上装，铠甲外套，不胜枚举。这些全副武装的骑士戴着密织纱网和闪光假睫毛；这些全身披挂的圣甲虫举着芦笋夹；这些穿着貂皮和白鼬皮的武士，这些快乐的骑兵，一大早就被强健的媒人套上了华丽的鞍子和装具。现在她们僵直地坐在主人的对面，望着桌上的山珍海味，却什么也吃不进去。[84]

在19 世纪末，明星们的紧身褡成为美国报纸的主要八卦素材。丽莲·罗素（Lilian Russell）拥有一件，价值3900美元，她花了一小时才把它穿上。在采访者的追问下，她被迫承认，设计这件紧身褡的目的是控制她变粗的腰围。然后，她巧妙地将话题转移到女儿身上，她刚14岁，“具备了穿第一件紧身褡的资格”，这是她生命中的一个震撼性新纪元的开始，给这位首席女高音的全家带来了巨大的快乐。1899年，记者将新闻内容扩展到介绍“新体形”（附有完整图像），有一个人保证说，她是通过纯粹的体育锻炼达到这样结果的，胸围从42英寸减少到38英寸，腰围从27英寸减小到22英寸，审慎描绘的照片进一步美化了她。很少有演员或名人不这样做，即使或尤其是“吉普森女孩”（Gibson Girl）卡米尔·克利福德（Camille Clifford），她穿紧身褡的身条被认为不如查尔斯·达纳·吉普森（Charles Dana Gibson）绘画里的原型人物纤细；安娜·赫尔德（Anna Held）也是如此，尽管她在舞台上展现了相当真实的蜂腰。她的体操训练有助于“抵消紧身褡的影响，睡觉前我从不脱掉它”。她在1918年于45岁时去世，死于“贫血症、超常工作和过度自律”。甚至传说她切除了一根肋骨，真正的死因是束腰：“医生们说她几乎是硬把自己挤死的。”[85]

这个时代最名声显赫的蜂腰女郎波莱尔已经成为一个主要的宣传噱头（见附录图2），但是，在第一次世界大战之前，它是一个完全孤立的现象，一个特殊的、蓄谋的野蛮象征，之后很快就被人们遗忘了，除了恋物徒之外，甚至在1939年出版的波莱尔自传里都对此略去不提。虽然当时的媒体有许多耸人听闻的报道，波莱尔的腰不再是有争议的，而是作为部分舞台形象和人为的戏剧效果免受传统医学的制约。当紧身褡失去了招致争议的风头时，它赢得了肤浅的情色魅力，为其他媒体所利用，尤其是在音乐厅、脱衣舞夜总会、明信片和立体照片中。恋物徒情感自此复苏，逐渐融入时尚领域，正如我们即将看到的。

第五章
紧身褡的性爱魔力

一、18世纪和19世纪的图像艺术转换[1]

在18世纪和19世纪某些流行的图像艺术和插图中，紧身褡的情爱功能有着鲜明的表现，特别是在法国，那里的情色艺术蓬勃发展，享有最大的自由，并具备精良的水准。法国的图像艺术家们发现，紧身褡不只是裸体的一种便利遮掩，或是许多脱衣方式之一种，而且是在社交和色情礼仪中的一个非常特殊的表现手段。法国人创造了一种新的艺术流派："装束仪式"（toilette galante），它进而又衍生出一种叫作"试穿紧身褡"（essai du corset）的从属流派。

这其中经过了许多转换过程，从记录到讽刺，从理想到堕落，从诗意到怪诞。

二、洛可可：试穿紧身褡

文艺复兴和巴洛克时期的艺术喜欢展现神话和圣经场景里半穿、半脱衣服的女性。人们运用好色男偷窥戴安娜、苏珊娜和芭丝谢芭（Bathsheba）沐浴的故事，进行女人裸体威力的说教。此类主题的组成包括一个男偷窥狂、一个裸体的或几乎裸体的女主角和一个穿衣服的仆人，故事场景皆在户外（自然景观或是露台），带有古典氛围。

在洛可可时代，装束仪式（toilette，即每天脱衣和穿衣的过程）中体现的情欲是裸体和赤裸色情文化的补充。圣经中的经典女主角为时尚女人所取代，她被移至室内沐浴的场景之中，并邀请（男）观众凝视她那优雅和柔顺的预演。

图 5.1 夏日愉悦（J. B. Pater, 1744）

18 世纪的艺术家不再把服装看作覆盖理想的古典比例身躯的物件；面对他致力再现的逼真画面，艺术家承认一个事实，当代时尚也塑造了身体的线条，它是反古典的，并具潜在的情欲。在洛可可风格的早期或过渡阶段，一种女性比例的双重代码占了上风，依据她是否穿了衣服而定。华托（Watteau）能够画出相对丰满的古典裸体，但更喜欢画非古典的、时髦和苗条的穿衣女子，这类绘画被称为“花园舞会”（fetes galantes）流派。他的主要弟子——吉恩-巴普蒂斯特·佩特（Jean-Baptiste Pater），将这两种理想结合在同一幅绘画中（图5.1），运用此手法来逆转细长身材通常代表的等级象征。假如说画中的女仆看上去比她的小姐纤细得多，那则是因为前者是穿了衣服的，而后者是裸体的。

这类画面代表了从传统的户外沐浴场景向室内更衣或“装束仪式”场景之间的过渡。男性人物在画面中是非常次要的，在佩特的笔下仍然扮演着传统的好色偷窥徒角色。在晚期洛可可的“装束仪式”场景中，男性角色则演变为恭敬的钦羡者（图5.2）。他成为一名助手：法语的意思是“提供帮助的”旁观者，首先是从心理上，其次是从身体上协助。坐在更衣室里的女士所需要的实际帮助提供了一个自然且现实的框架，艺术家可以在其中展现色情欲望。于是我们便发现，画面中出现了一个装扮为裁缝的情郎，外加一位女仆。

这种角色的合并可以追溯到另一种图像传统——服装业插画、专门行业及流行风格的展览，它们像描绘传统沐浴场景的高级艺术流派一样，对“装束仪式”的形成做出贡献。在1697年阿尔努（Arnoult）的版画中，一位裁缝，或是胸衣制作匠，中规中矩地站立在那里，与客户保持着适当

图 5.2　装束仪式（P. A. Baudouin，1771）

距离，将胸衣递放在她的手臂上。但是，他“知道如何隐藏自然的失误，以及如何保持一个情爱冒险的秘密”，这个工匠用精致的和蕴含亲密关系的手艺制作的衣服，标志着他升格为高贵的绅士。画中强烈暗示，他的多情角色后来得到充分的发挥，最终裁缝与情郎（galant）合为一体。[2]

到了洛可可时代，在科钦（Cochin）的一幅版画中，制作胸衣的绅士变得举止更为随便，更接近客户，他将自己的膝盖埋到她的裙子里，伸出一只手来测量巴斯克条，事实上触摸了她裸露的胸脯，而女仆在聚精会神地望着他们，或许带着赞许的表情（在早期的印刷版本中她半掩在帷帘的后面）。这种情色的增强有诗句为证，只要能够存有“恳请为她测量”的希望，身为裁缝的情郎愿意默默地忍受痛苦。人们常用“裁缝码”（tailor’s yard）来称呼画中的男性成员，毫无疑问隐含着性的内涵。（译者注：tailor’s yard是俚语“阴茎”的意思）

到了18世纪60年代左右，胸衣裁缝抛弃了所有伪装的职业礼节，他站在穿胸衣的女士背后，目光如饥似渴，双手不停地在她的乳房上盘旋。“裁缝”已经只是字面上的称呼，这一行业的外在符号而已。

情郎现身来“助一臂之力”，因而试穿紧身褡同装束仪式合二为一了（图5.2）。需要领会的是，这种情境同上层社会的生活习惯是相应的。18世纪时的淑女，早晨更衣的最后一道程序称为“晨升”或“举身”，那是接待朋友的一个恰当时段；对允许被接见的人来说是一种亲密的表示。在博杜安（Baudouin）的绘画里，女仆拉紧胸衣束带的张力是平行的，另一头是一位潇洒的情郎，通过他前倾的身躯及常常作为象征物的玫瑰和宝剑，优雅地表达了他胸中燃烧的情欲。

博杜安接手了他的岳父弗朗索瓦·鲍彻（Francois Boucher）培育的具

情色品位的客户，创作了一幅更具亲昵感的肖像：一个穿紧身褡的女人身影，映射在一面椭圆形的镜子里。一只鸽子拍打着翅膀，凝视她裸露的酥胸，邀来情郎的注视目光，正如标题“试穿紧身褡”所示，这是一种公开的诱惑。

图 5.3　试穿紧身褡（P. A. Wille，1780）

博杜安的这幅作品中弥漫的微妙情色，也是“装束仪式”的特征，同无声电影《新娘入洞房》（*Coucher de la Mariee*）如出一辙，后来转向淫秽、讽刺、怪诞甚至半色情的意象。在1780年左右的一件作品（图5.3）中，胸衣裁缝帮助女士试穿紧身褡，他不仅拉紧束带，而且用力将它固定，一只手紧握女士的腰部，另一只手托着她的乳房，乳头下好几英寸的肉体袒露出来。他所传达的关注之情超出了职业的范畴，坐在右边的那个老头（远低于那位女士的梦幻般视线）的心中，可能泛出了一丝悲哀。[3]

具有讽刺意味的是，紧身褡的头号敌人让-雅克·卢梭在他的《忏悔录》（*Confessions*）1796年版的插图中，以一种粗俗、猥亵的方式展现了“试穿紧身褡”的场景，它令人联想起同时期的英国讽刺画。画中的情郎是一位面带微笑的神父，他使劲地拽着束带，他的外衣下摆敞开，露出了肌肉强健的小腿。[4]

三、曲线美：贺加斯

威廉·贺加斯是洛可可艺术在英国的继承人，其作品充满了对同时代服饰的细节描绘。贺加斯是一个头脑敏锐的求知者，精研服装和人体姿态理论，以及它们在日常生活中表现手法的实际应用。他是第一位抱着一种同情心的艺术理论家，把时尚怪癖纳入美学理论的总体系之中。对于一些

图 5.4　胸衣样式细节（William Hogarth：《美的分析》，1753）

在传统上被时尚道德家当作笑柄的服饰，如裙箍和胸衣，他持肯定态度，认为前者体现了量的审美原则，后者以其不同方式成为各种礼仪的典范。

所有这些观点，集中反映在他的有争议的著名论文《美的分析》（*The Analysis of Beauty*，1753）之中。他创造了“曲线美”的概念，从中可以寻找到优雅的精髓。“曲线美”（正如我们已经看到的一样，一个多世纪之后这个词被特定的束腰紧身褡宣传广告利用了）描述的是一条“完美的”，蜿蜒、丰满并渐变为锥形的曲线，作为一种优雅的构图和人体姿态，颇受法国洛可可艺术家的青睐。艺术史学家认为它是典型的洛可可。贺加斯认为，这种曲线可能在自然的及人造的物体上找到，并不一定来自于自然，但可以施加给自然，假如它本身缺乏。因此，贺加斯不是在自然女性的解剖结构中，而是在一系列脱离人体的胸衣（图5.4）上发现这种曲线，表达对胸衣制作者技艺的赞美，以及对高于自然的艺术的奇特敬意。贺加斯赋予胸衣的审美和象征意义的特殊价值可根据他的一些主要作品中的美丽“静物”插图来评判，如《浪子历程之三》（*The Rake's Progress III*）和《婚姻模式之五》（*Marriage a la mode V*）。在前一部作品中，胸衣被放置在前景中心，有意与主人的可爱、丰满和自然的身材形成鲜明对比，她是一个名叫姿态·南（Posture Nan）的杂技演员；在后一部作品中，丰满象征着有辱门楣的性事。在《妓女的进步》（*The Harlot's Progress*）中，第一和第二场景之间，莫尔·海克鲍特（Moll Hackabout）所穿胸衣款式的变化体现了她个人地位的所有重要转变及相应的道德堕落——从单纯简朴的乡下姑娘变成了老练世故的烟花女子。[5]

“一个更完美的想法”，贺加斯在《美的分析》中写道，“关于精确的波浪起伏线及偏离其线条的效果可以通过一系列胸衣来进行构思，4号大小的是由精确的波浪线组成的，因此是最佳的胸衣形状。每一件精良的鲸须胸衣都必须以这样的方式弯曲：就整件胸衣来说，当它从背后并拢时，是一只真正的蕴藏丰富的贝壳，其表面，当然是一个漂亮的造型。”贺加斯一如既往，在此关注的不仅是一个轮廓或剪影，而且是三维的、螺旋形的运动：“因而，如果画一条线或花边，或将胸衣背后顶部的束带绕过圆润的身躯，直到抹胸底部的末梢，便将形成一条相当完美、精确的蛇形线，恰如已被展示的圆锥体”（在图中的其他部分展示）。很显然，无论裸体或穿衣，男人的体形都没有类似的曲线美；女式胸衣的这条曲线的存在“证明了女人体态之美远远优于男人”，这就是贺加斯得出的非凡的，且不说是异端的结论。[6]

该论文刊登在一本素描书里，其中贺加斯并列展现了男裁缝及其试衣客户，前者的姿态是滑稽、尴尬、笨拙和粗俗的，后者则庄严、优雅、流畅，具贵族气度：这是一出更衣喜剧，而不是装束仪式。[7]

在贺加斯选择完美胸衣形状的背后，可能隐藏着一场微妙的论战——抵制世纪中期走向比较直挺和扁平躯干的流行趋势。他的朋友、小说家亨利·菲尔丁（Henry Fielding）也对这种趋势提出了抗议，他热情地描述女主角范妮（Fanny），她“不是那些苗条年轻女子中的一个，她们仿佛打算把自己挂在一间解剖陈列室里……而是那么胖乎乎的，似乎要冲破她的紧胸衣，尤其是那个被限制的隆起的胸部”。[8] 贺加斯的另一位朋友熟知《美的分析》的观点，也参与进来发泄更为具象的不满情绪：“但是，昨晚访问我的一位年轻女士告诉我，她来伦敦的目的是要‘把她的体形变得符合现代时尚’，也就是说，用直束带把她的胸部压缩成扁平的，束带双肩交叉，同时仍直线向下延伸，你说不出这是一种什么方式，它妨碍形成通常逐渐变细的腰身。她的这种糟糕念头，我今生闻所未闻。她现有的身材是我所见过的最曼妙的。”作者接着说，“我们这个时代里的杰出观察家（贺加斯）出版了最理性的《美的分析》，选择了一对胸衣作为它的基本图示，这适合于明智诗人描绘的形状，在其他胸衣图像中也有所展示。对于这种美的模式，任何微小的偏离即削减了美，任何一点粗鲁的修改即导致畸形。”[9]

这里所说的明智诗人是指马太·普赖尔（Matthew Prior），亨利（Henry）和艾玛（Emma，1708）逐字引用了他的有关诗文片段，它在克拉林达（Clarinda）1713年给《卫报》的一封信就已被引用过。这封信可能是主编约瑟夫·艾迪生（Joseph Addison）本人杜撰的，对整个事件的评论占满了这一期（6月18日）版面，讲述一个端庄得体的15岁女子遭受的道德折磨，她的美貌激起了所有女性朋友的嫉羡。她们挑出她的最诱人之处——“精巧和简约之美”的颀长身材，公开贬斥这副身材是铁匠穆塞伯尔为她锻造的（下面引用威廉·康格里夫的诗句）：

麦诺雷斯的穆塞伯尔汗流浃背，
在坚固的砧上敲打大量的铁条；
变形的铁条用来锻造那些钢胸衣，
将奥丽莉亚装扮得千媚百俏。

普赖尔的诗在18 世纪即已非常有名，如同贺加斯的胸衣图，经常为19 世纪的恋物徒所引用，他的原本诗句值得摘录如下：

不再有这么巧妙的紧身衣，
绑束你的丰乳和纤腰，
和谐的氛围和造型呈现出
简约的美丽和精巧……
一位骑士的外衣将能遮盖
你那锥形的迷人身条。

关键词“锥形”也被用来表述贺加斯的曲线美，在约翰·盖伊（John Gay）的《装束打扮》（*Toilette*，1716）一书的类似语境中出现：“我拥有她天生悦人的锥形/假使你看见她脱去胸衣的胴体！”同一作者在《阿拉明塔》（*Araminta*，1713）中再次吟道：“她的锥形腰身，裹在华丽的胸衣之中。”

普赖尔的短语“精巧和简约之美”成为一个经典表述（locus classicus，“精巧”常被误为“小”）。摄政时期的讽刺作家所写的“那些带子、绳子和钢筋把肋骨压得生痛，造就精巧简约的花花公子”，[10] 即是仰赖读者能够领会暗指理想女性的这一典型构思。

最引起贺加斯注意的是胸衣的细节，他决意诋毁推崇端庄得体的经典理论。经典理论更多地强调总体而不是具体，一般来说，它假设古典服饰在美学上高于当代时尚的“平均”水平。贺加斯与劳伦斯·斯特恩（Laurence Sterne）共享细微和独特的品位，后者的《项狄传》（*Tristram Shandy*）树立起一座宏伟的文学丰碑，揭示了琐碎情境所蕴含的塑造人类体验的力量。斯特恩非常敬佩贺加斯的作品，他运用诙谐而含蓄的暗示，通过具体的情境，将这位艺术家从多种胸衣中提取的理想形式转换成了伟大的道德和美的象征：“先生，我需要告诉你的是，这个世界上的一切都是被带子缠绕起来的，从而造就了所有物体的大小和形状！并且，通过缚紧或放松，这样或那样地调整一下，就将东西做成了大的、小的，好的、坏的，普通的或特殊的，事情不正是如此吗？”[11]

四、装束怪诞：英国漫画

1777年英国的四幅束腰漫画得以保存至今，我们注意到，那时的时尚趋于两极分化。当时英国进入了“漫画黄金时代”，吉尔雷（Gillray）和罗兰森（Rowlandson）与其他许多艺术家一道，将高贵的法国骑士风情（galanterie）转换成了闹剧，情欲变成了讽刺，理想变成了荒诞。

在一幅试穿紧身褡的法国漫画里，年轻女子变成了一个老巫婆，她抱着四柱床的一根帷柱，一个同样老丑的女仆协助她使劲拉紧束带。另一幅画显示一个鞋匠，拿着一条皮带去见虚荣和奢侈的妻子，她需要他帮助系紧束带。“可是，啊！当她戴好高帽，裹紧上衣，乔布森拿着皮带走进来给了她好一通‘紧勒’（指用皮带抽她）。”第三幅讽刺画的场景是在一家铁匠铺里，铁匠在用锤子敲打制作（幻想中的）全钢胸衣。只有第四幅讽刺画，为贺加斯的主要追随者约翰·科利特（John Collet）所作，显示的是一个年轻漂亮的女人被人用束带系紧。[12] 此画相当著名，16年后詹姆斯·吉尔雷（James Gillray）将它改编采用了（图1.16）。此时，在新古典主义的影响之下，束腰风习已经衰落，但根据吉尔雷作品的原标题和双关语（“时尚第一，舒适其次”），革命的政治形势提供了一个隐喻。卡通讽刺家、《人的权利》（*Rights of Man*）的激进作者托马斯·潘恩（Thomas

图 5.5　伊丽莎白·法伦和本斯里先生在切尔克斯集市上
（1781, British Museum Sat 6359A）

Paine），曾经是一位专业胸衣制造师，现在他要让不列颠的公平政体受到“时髦”革命的约束。这一隐喻有着一个绚丽的未来。（参见“导读”注释77）

1781年，伊丽莎白·法伦（Elizabeth Farren），一位受欢迎的女演员，在《美丽的切尔克斯人》（*The Fair Circassian*）[13] 中扮演的角色显然束腰很紧，因此让漫画家抓住了一个讽刺机会（图5.5）：束腰狂热的极端结果——身体从中间完全分离。这是最早的一幅幻想绘画，令20 世纪的恋物徒（和一些现代漫画家）十分着魔。

最著名和最不留情的讽刺画是托马斯·罗兰森的“再紧一点”（图1.18），它倒不是特别针对束腰（此时已经不大流行），而是讽刺怪异的老妖精试图召回她的青春风韵——漫画家从不厌烦的一种笑料。

在英国的正式影响下，法国大革命时期流行的漫画如同嘲笑政治上的保守主义敌人，也嘲笑保守的衣着；英国人没有全面采纳新古典主义风格，不像法国人那么彻底地舍弃了胸衣。一位法国漫画家毫无疑问具有一

图 5.6 “裁缝、靴匠和紧身褡制造者是时尚的刽子手”（Grandville, Un Autre Monde,1844, p. 281）

图5.7 “驼背梅尤克斯在系紧身褡”(Grandville, 19 世纪 30 年代，引自 Sello）

些关于罗兰森或吉尔雷蚀刻版画或类似作品的知识，描绘一位老年绅士用机械牵引他太太的束带，他自己穿得像15年前的样子（为了加强整体的古色古香效果，他太太的胸衣束带是系在前襟的）。这是最早表现机械辅助系束方式的一幅画（图2.2）[14]，这类讽刺画后来大量涌现。

《装束的进步》（*The Progress of the Toilet*，图2.1）（就吉尔雷的作品来说）是一个较温和的系列，可能先是由一位业余者设计，然后由吉尔雷绘制的。它提醒人们，在简短的新古典主义间奏之后[15]，巴斯克条已经迅速复兴了，而且势头更强。这三幅版画系列标题中的“进步”一词是讽刺性的，指的是外衣同内衣（衬裙和胸衣）很相似，讥讽一种未穿衣服或穿着不正规的印象：帝国风格。巴斯克条是整个服饰中唯一坚固的部件。

英国的束腰题材漫画像漫画黄金时代的许多讽刺画一样，一般来说，可以令性冲动泄气，法国的同等作品也是如此（图5.6和图5.7）。他们用笑话来缓解性紧张，正如试图用漫画来缓解社会矛盾一样，以怪诞的行为来遮掩对女人性行为的焦虑感和进攻欲，但是这种荒诞的色情图像，以及一般的下流讽刺画也运用美学的手法，以某种被维多利亚时代否定的方式，表现出提升性爱愉悦的意识。正如我们已经指出的，暴露紧身褡是《潘趣》的禁忌。而在法国，色情图像从未被压制过，因此很少需要采用吉尔雷-罗兰森式的强烈谴责手法。法国的怪诞画，正如我们将看到的一样，很少是野蛮的，尽管其表现手法较复杂，也很具攻击性。

五、浪漫主义时期：法国版画

当漫画的霸主地位从英国人转移到法国人之后，后者恢复了老的“绞车主题”，展现出更为奇特的新变种，如波伊特文（Le Poitevin）的《魔界》（*Diablerie*）中，一个魔鬼推着磨轮来勒细时髦的腰肢。

不过，在浪漫的19世纪30年代，不是漫画，而是多愁善感的版画，给“试穿紧身褡”题材带来了最具特色的转型。纽马·巴萨赫特（Numa Bassaget）的《紧身褡商人》（*La Marchande du Corset*），显示一位女胸衣商人（至此妇女已开始主要经营这个行业）恭敬地跪在她的客户面前，（男性）观画者据此应该可以识别出她的身份。版画的新型软媒介增强了轻松色情的效果及紧身褡的柔和曲线（现在加了三角布衬）。有些版画同广告没有什么区别，采用后视图显示系拉束带的过程，营造出自身的情色氛围。

在维洛·维伦纽夫（Vallou de Villeneuve）的一幅版画中，年轻女子吃力地整理着背后的束带，仿佛在无言地求助；德微里亚（Deveria）的画展示一个女孩面向观众，手里拿着束带，矜持地微笑着，请我们伸出援手；在巴萨赫特的画中，女主人已将束带递给了她心爱的人，他坐在那里，张开双腿接纳她；《蜜月》（*La Lune de Miel*）一画无疑是表现解开束带对于婚姻的象征意义。

图 5.8　情人当上夫人的仆人（法国平版印刷，约 1830）

18 世纪的绘画有两个鲜明的主题：“新娘入洞房”（*Coucher de la Mariee*）和“试穿紧身褡”（*Essai du Corset*）。最后，我们来看另一幅匿名的精致平版印刷画（图5.8），其中，热烈的情人实际是在解开束带，他仿佛是中世纪的一位骑士，将仆人的任务转换为特殊的性特权。

切尔克斯的新郎只需将他的匕首一挥，便划破了新娘的树皮紧身褡；法国的浪漫情人则是温文尔雅的，他们解开心上人的贞操带时，手指不停地颤抖。

图 5.9 “精确的维纳斯比例”（Octave Tassaert, 约 1830）

在所有这些图像中，没有迹象表明紧身褡有什么其他用途，除了起到遮盖、保护作用，以及复制自然细腰的轮廓之外。换句话说，这不是束腰。穿紧身褡的女人，穿外衣和未穿外衣的，被含混不清地放置在两个对立的审美领域——古典雕塑和时装样片之间。但是，具讽刺意味的浪漫感欢迎这种歧义，拥抱这种矛盾。索默林在他的小册子里首先将“自然”（古典）和人工（现代）的形式在道德层面上完全并列，而奥克塔夫·塔萨特（Octave Tassaert）机智地将二者调和了起来（图5.9）。鲜活的女神背对着我们谦谨地站立着，她用手拎着胸前的束带，灯笼袖里的双臂突出了她那浪漫蜂腰和坡肩的轮廓。衣装严整的女裁缝希望依据大理石像来测量乳头之间的尺寸，然而大理石女神的腰围全然不符合标准（尽管该画的标题为“比例精确”），被裁缝的双手遮掩了。时髦的和经典的双重代码，仅仅是以一时的、片断的方式做到了协调一致。艺术家——我们可以想象他隐藏在右边画布的背后，必须在两种模特、活着的和死去的女神——他的情妇和维纳斯之间作出抉择。直到波德莱尔和蒙托的时代，艺术界才最终选择了前者。[16]

六、现实主义：杜米埃和波德莱尔

到19 世纪中叶，浪漫主义的幻想让位于不受欢迎的现实渗透；艺术家们试图寻求真相——以他们自身的幻灭面对艳俗虚假的时尚。佳人沐浴图相当长时间以来一直是性爱理想化的假象，用于揭示一种完美的社会幻

图 5.10 “她现在看上去不错，但过一会儿就不同了”（Daumier, Bather 系列，1847, Delteil 1642）

想同过时的现实之间的痛苦差距，前者是穿紧身褡的，后者是不穿紧身褡、只穿泳衣，如杜米埃的作品所表现的一样。人们认为，“自然脱衣”的穿泳衣状态从根本上极大地降低了人的品位和社会地位，暴露出女性物种的据认为是天然的笨拙和蹒跚形态，游泳教练就像在用链子牵着猴子。[17] 杜米埃和他的同时代人还创作了许多卡通，利用日益风行的游泳运动来展现自然女性的低俗体形（图5.10）。

讽刺雕塑家唐坦（Dantan）采用一种更极端的手法创作了一个女人小雕像，她的大圆环衬裙的背后裁剪得很低，展示出松垂的肉体轮廓。[18] 这类似于古老的静物变换画——美轮美奂的裙子边沿掀了起来，令人惊骇地露出了下面暗藏的骷髅；不同的是，现在的堕落人体作品充分地提示人类的脆弱和必亡的命运，而且古老变换画中的人物往往是男女成对，现在的作品则是让女人独自承受打击。

时尚的骨架召唤出了《死亡之舞》（*Danse Macabre*）中远古的死亡骨架，嘲弄生命如同现实嘲弄幻觉。《死亡之舞》是波德莱尔的《恶之花》（*Fleurs du Mai*，1857）中的一首十四行诗，其中描述厄内斯特·克里斯托夫（Ernest Christophe）[19] 的一件雕塑——一个骷髅打扮好了去出席舞会：“可曾看见过舞池里有比她更纤细的腰吗？哦，中空的妖术，疯狂的俗艳！那些隐藏着痴迷肉欲的人们会说你是滑稽的人体骨架，有一种说不出的优雅。”在波德莱尔的其他诗歌中，《死亡之舞》的病态人工美也施展了魔法。人类骷髅的骨骼之于感性的肉体，如同紧身褡和裙子之于外衣的感性面料；二者都是深刻的象征物，通过外部可见的表象进入内在，发现一个不受欢迎的真相，产生幻象和厌恶。服装惩罚有罪的肉体，并以此提供了令人战栗的情色。铠甲式时装是拘押身体的一座惨无人道的监狱。[20] 在一个绝望的深渊里遭受性厌恶的折磨，既是一般针对女人的，也是针对自己的。波德莱尔通过巴斯克条对柔软乳房造成的瘀伤来表现女人的矛盾性，她们既是有教养的，也是堕落的、致命幻想式的性虐狂："将钢制的巴斯克条紧贴在乳房，她处女怀春，香气沁人。"这里如此高超地运用押韵——"musk"（香气）和"busk"（巴斯克），完全是波德莱尔诗文的特色，他很喜欢把尖锐痛苦的触觉同无形的芳香气味并列起来。这首诗中的最后一个形象是"变形吸血鬼"（所谓"遭诅咒的作品"之一，故受到了审查）：一个恶魔般的女人现身，吞噬了男人，粉碎了他的幻想，把他从一个阳光灿烂、欣喜若狂、生龙活虎（热血沸腾）的蠢货变成一堆白骨；她的两只好似柔软枕垫的乳房变成了"黏胶面的羊皮酒囊，里面装满了脓汁"。

七、《巴黎人生》

波德莱尔的某些性厌恶态度，以及极端的道德和审美观反映在了《巴黎人生》中，尽管其方式是衰减和轻描淡写的。波德莱尔，像该时期其他许多杰出的艺术批评家和文学人物一样，促成了这本杂志，[21]宣称要以庄重的科学态度来处理社会生活中的轻松乐事。它代表的是一个典型的法国资产阶级社会圈子，如同英国的《潘趣》，不过方式非常不同。通过关心时尚、漫画和更高雅的社会现象的人们的合作，《巴黎人生》既将女人的装束当作社会行为，也当作艺术形式，进行评判、诠释，并扩展为巴尔扎克式的装束打扮"社会生理学"。《巴黎人生》尝试上演的，如果不是一部人类喜剧，也至少是一种女人的性关系喜剧，以微妙的情节设计来吸引女性读者。亨利·德·蒙托是19世纪70年代和80年代主要时装插画家，他采用色粉绘画技巧，造成华美、繁复的艺术效果，非常适于捕捉一种被认为是永远在变化的享乐社会里的时尚特点：肤浅琐细、变幻无常、转瞬即逝。衣服（紧身褡）造就女人："装束打扮是女人的序言，有时，是她的整本书。"女人造就了她所在的社会：多变、迷人，异国情调，戴有多副面具。以紧身褡为例，它和女人之间生成了一种奇特的象征性关系，在它的下面，往往隐藏着《巴黎人生》窥见的非常丑陋的现实。

该杂志毫不掩饰它同时装业和某些制造商之间的经济关系。它与紧身褡的伟大和持久的爱情关系还表现在无数的商业吹嘘社评，或所谓的“广告重述”之中，在整个杂志上定期出现。它同高档女胸衣商比尔拉德（Billard）夫人的关系看起来似乎很特殊，[22]她成为专业秘密、行业术语和社会八卦的一个丰富源泉。评价她的非凡创作，无论采用什么比喻都不算奢侈，怎么夸张都不算荒谬；她无情地置换风格和内容，甩出的小泡芙广告呈现一种宇宙镶嵌图的阵势，其语言同当今更加自命不凡的时尚期刊非常相似。陈词滥调、辞藻艳丽并滑稽可笑（当不仅表现为愚蠢透顶时），广告泡芙掩藏了一种真正的，对无装饰人体的审美缺陷的焦虑。正如在紧身褡上绣花，语言夸张是为了隐藏其真正的功能，即提升由（女性）裸体的缺陷所引起的（男性）性焦虑，这是基于一种假设——大多数女人的自然身体都是不完美的。因此，紧身褡被提升为神秘、哲理（难解谜团的狮身人面像）、宗教（愿您的国降临，愿您的旨意施行……）、艺术（十四行诗、句法，当然，还有雕塑[23]）和园林景观。胸衣商比尔拉德夫人本身就是一位风景画家，她善于“运用地面起伏的手段减弱沙漠平原的单调意味；通过适当的平滑手法克服地势变化过大的缺陷。对于技艺娴熟的女胸衣商来说，找齐山头，填平峡谷，通过建造沟壑来分离小山丘，防止滑坡等，都像小孩玩游戏一样容易……紧身褡的国度，世界的缩影！多么神奇的土地有待探索，多么精彩的游览可供享受啊”！

对这一“景观”的批评被视为是旧话重提、大惊小怪，它们来自“所谓探险家们，如大卫·利文斯顿（David Livingstones）之类”，也就是那些服装改革家们。比尔拉德夫人的赞颂者怀着一种可怕的心境来想象过去时代的所谓残暴行径，现在那些折磨、地狱、死刑都被“比尔拉德革命”一扫而光了。“有一天我察看一件老式紧身褡，仿佛触摸着一种古代刑具，不由得浑身颤抖。刑具定然压裂了受害者的骨头，撕开了她们的皮肉，残忍的巴斯克条给她们带来了酷刑一般的痛苦。”[24]

在这种奇特的戏剧化过程中，泡芙广告直接将对现实的指控投射到过去。上面的最后一段引文出现在一个非常时期，那时的紧身褡风格变得更加强硬、有力，被称为“胸甲”，远不是变得更为轻便和温和。“胸甲式风格”是19世纪70年代中后期时尚的基础，这个名称源于其制作方式，它将裙子的上半身裁剪成型、加进衬骨，甚至缝上束带，做成一种复制内衣紧身褡的外套紧身褡。时尚经历了一种戏剧性的解剖色情化：从前的巨大蓬裙突然收缩变紧了，并进一步被反系在膝盖附近，以便暴露臀部和大腿的自然轮廓，这在世人的记忆中（可以说在西方历史上）还是第一次。更严格的束腰突出了臀部的膨胀，坚固的紧身褡结构和巴斯克条可能也有助于此。由于使用新的人工染料和强烈的色彩对比，连同奢侈繁复的装饰品和系扎物件，咄咄逼人的轮廓显得更加刺目。晚间袒肩低领裙的增加成全了情色的圆满效果，人们说妇女“已经达到了穿得最少且卖春最多的程度。女性的胸部更多的是为了展览而不是启示”[25]。时尚从来没有显得那么刺眼和反常。品位下流的时尚插画家们，像《巴黎人生》中的那些人，对此感到兴高采烈，但是多数评论家都较少宽容心，谴责这种时装效果如同滑稽戏，同时令人羞耻地联想起裸体。胸甲式胸衣不是一种裙衣，而是“一种紧身服（sheath），它轻佻地暴露出来的东西只能适合于后宫的嫉妒之墙”；它是一具鲸须棺材。德国哲学家菲舍尔在一篇机智的、观察敏锐的文章中愤慨地指出，这种时尚就是“卖春”，坐着的时候显露出了“两侧腹股沟上的可耻压痕和阴影线，趋向裆部”。

与此同时，《巴黎人生》对所有这些“强固的裸体”狂喜不已，十分热衷地讨论胸甲式风格的矛盾性。“收缩和固定伴随着扩张。一切都被迫向上，从而形成雪崩从深渊中喷发出来的态势。女人被限制、束缚，两条腿紧紧地夹牢……两膝明显相碰……她只能侧身而坐，很不舒服但并不失礼。在这个套子里，胸脯起伏必定是缓慢而柔和的，几乎察觉不到。”女人远没有失去呼吸能力，似乎还明显增强了呼吸：“以前只是通过胸部来判断心脏运动，现在你可以看到整个身体在呼吸。”由于内衣造型的改进，并且减去了衬衣（chemise），她的轮廓显得更加明朗。鉴于身体无法动弹，“女人不得不检视自我”。[26]

雕塑和胸甲：女人同时是裸体雕像和中世纪的骑士，装在“全副铠甲和充垫物的服装机器”里的一个“胸甲骑兵，诱引人们搜索她们的薄弱环节”。然而到了1877年底，《巴黎人生》的一位评论家厌倦了女人永远“全副武装”，并认为蜂腰（这个名词刚刚失去了它的贬义关联）已经被推到了一个“丑陋的、疯狂的”极端。蒙托形容说，许多胸甲比矫形器具好不了多少，即使是最佳男舞伴，他戴手套的手也被巴斯克条和钢架压迫得很不舒服，“皮肉翻起，有时甚至在女人的衣服上留下血痕”。滥用束腰的逸事很多：有位政治家的妻子错过出席一个重要的政治场合，因为还没出家门她就昏了过去；还有的社会名流，她们完全停止拜访住在高层公寓的朋友，或者是勉强“上了一楼后，在二楼便开始呻吟，在三楼出现死亡症候，到四楼就呜呼哀哉了”。[27]

时髦体形所付出的代价是极其不舒适的感觉，即使是女胸衣商的泡芙广告也愉快地接受了这种说法。很难相信以下紧身褡广告中鼓吹的形象：“尽管被关在鲸须监狱里，还穿上酷刑般的鞋，女人却变得更加完美。如今年轻女子的梦想是有一个路易斯–菲利普（Louis-Philippe）时代的蜂腰，并且为了获得它，什么折磨都能忍受。她们毫不在乎医生的告诫。”[28]

《巴黎人生》将紧身褡看作一个美学而非道德的问题，完全忽略了服装改革运动，与英国相比，服装改革在法国毫无生气。唯一不好的紧身褡是那些丑的，诸如英国人的紧身褡，它们是对装束的侮辱，从任何角度来说，装束打扮的真正功能就是诱惑。在关于紧身褡特色的一堂课上，伦敦的低劣紧身褡被描述为“可怕的、匪夷所思的，是导致所有弊端的根源。它根本不能称为紧身褡，而是一块加垫的粗棉帆布，没有形状，没有目的，没有远见，没有预谋。这是小孩子的内衣（undervest）。它反映了

FASHION & FETISHISM

图 5.11、图 5.12　“博览会上。宣传福音的英国紧身褡；瑞典—芬兰的带吊桥和堞口的紧身褡”（Louis Hadol, *La Vie Parisienne*, 1867, p.437）

英国妇女的整个装束理念”[29]！这段描述可能来自于在英国某地举办的改革紧身褡展览，它精确地对应了法国人对英国清教主义的刻板印象，因而没有任何新意。1867年的展览会上（图5.11和图5.12），在对参展紧身褡的“评审”中，英国的紧身褡就已经与欧洲其他地方的同等审美灾难一道被判为是彻底失败的制作。它的反情色效果，类似泰奥菲勒·戈蒂埃（Theophile Gautier）笔下的典型英国家庭教师风格：“硬挺如木棍，鲜红似龙虾，束带系在紧身褡的最长端，仅瞟上一眼就足以将爱恋念头一扫而光。”[30]

《巴黎人生》的一位署名为A. B. de C. 的读者立即跳出来捍卫英国的紧身褡和英国人的身材，基于他有在大量英国人聚居的海滨布洛涅（Boulogne-sur-Mer）的生活体验，以及对有关《英国妇女家庭生活》通信的回忆。[31]《巴黎人生》通常不刊登主动投稿的读者来信，而这封长信享受了编辑给予的特权。它重申了《英国妇女家庭生活》建立的英国恋物徒支持束腰的立场，而且详细阐述了“科学”的训练方法。

19世纪80年代，当英国的“阳刚”时尚侵入法国时，英国女孩的身材再次成为攻击目标。该种风格只适合英国人单薄、平板和木头般的身材，她们所具有的奇迹小蛮腰（给出的尺寸非常之低）被视为是一种遗传的种族缺陷。

八、蒙托的“生理机能”理论

《巴黎人生》对紧身褡怀有的矛盾的色情心态通过亨利·德·蒙托创作的中心大页插图充分地表达出来。松散的中心大页是一种新的媒体手段，适于表达一种社会“生理机能”的多样性和多变性。正如今天《花花公子》（*Playboy*）的裸体照片插页，它是杂志的“中心思想”，读者最先浏览这一部分，当主题非常受欢迎（即色情）时，他们经常把它单独收存起来。它也被印在铜版纸上，做成盒装，并且是手工着色的（图5.13和图5.14）。

早期中心大页集中展现在歌剧院、舞会、宴会、音乐会和赛马等活动中穿的正式服装。19世纪70年代，其重点是社交场合的服装，如在沙滩上

图 5.13、图 5.14　亨利·蒙托：“装束打扮研究之一：穿紧身褡的前、后”（Henri de Montaut，*La Vie Parisienne*,1881, pp. 522-3）

或公共舞池里的怪异的或化妆礼服。之后蒙托渗入社会的内层，超越上流社会，深入半上流社会，展示的内容包括从舞厅到闺房，从外衣到内衣。19世纪90年代又引进了裸体和近乎裸体的插图，随着有关内衣恋物癖分析的减少，时尚心理学也逐渐消失了。

在一个称为《装束研究》（*Etudes sur la Toilette*）的特殊系列中，内衣简直被尊奉为神圣之物，该系列非常成功，蒙托紧接着又创作了一个新的系列。[32] 他这是受到两个外部因素的刺激。首先是1881年7月审查法放宽了管制，对此他似乎已经预见到了。其次，时装业第一次作出了认真的努力，在胸甲式退出舞台之后设计出了不仅具备功能而且本身就是一件艺术品的内衣，展耀豪华的新材料、装饰和色彩。马奈（Manet）的绘画《娜娜》（*Nana*，1877）的天蓝色紧身褡发出了强烈的性冲击波，造成一场丑闻；热尔韦（Gervex）的《罗拉》（*Rolla*, 1878）中，女主角丢弃的那件鲜红色紧身褡同样引起了巨大轰动，那幅画今天已不大为人所知，在当时也被世人认为十分可耻。[33] 所以说，马奈是提前为他的朋友左拉的小说《娜娜》做了宣传；吸血鬼女神的美艳和性能力，如左拉强调的是娜娜的一种天赋，无须任何人工添加，漫画家想象她被包裹在一件胸甲式紧身褡里，甚至比马奈画中的那种还要厚重和紧密（图5.15）。正是在公众对这个问题非常敏感的时刻，蒙托以其丰富的智慧和一种空前绝后的规模详尽阐述了他的内衣“生理机能”理论。他对紧身褡的探究——这显然使他具有独特的吸引力（马奈也是如此），做到了兼具同情和敌意，同时表达性吸引和性排斥，并且通过这样做，在改革者和恋物徒的道德两极之间架起一座唯美主义者的桥梁。

图 5.15　娜娜（André Gill, 1880, 引自 Grand-Carteret, Zola）

在特鲁维尔（Trouville）海滩上，女人们暴露出自己的大部分裸体，正是这种坚硬的胸甲式风格和柔弱的女性身体之间的矛盾，[34] 促使蒙托在1876年的作品中反映出社会幻想与生理现实之间的差距。蒙托画中的游泳者让自己剧烈转型，从肥胖到苗条，由单薄平板到优雅圆浑，体现了之前和之后、外表和内在的对比，这是在世纪中期由杜米埃和其他人勾画过的轮廓，但蒙托现在采用的笔法既是夸张的，也是精确的。

然后，蒙托反过来深入闺房揭示这一魔法的秘密，通过不同体形的女人，展示实现这种转变的各种紧身褡品类。从“英国风格”中吊在绞车上的粗俗护士长，到年轻女性接受情书的秘密“邮箱”（紧身褡）；从假正经的中世纪胸甲式到允许即时解束的胸衣（毫无疑问是为了行淫事之便），以及其他一些作品，主题都围绕着时髦的英雄淑女，她绝望地陷入冥顽不灵的肉体和社会抱负之间的冲突，动员她的全家和小天使一齐上阵，以赢得这场拔河比赛。

野蛮转换技术的展示到此为止。在下一个中央大页里，蒙托将紧身褡描绘为复杂精密的社会礼仪工具：小女孩渴望穿上一件真正的紧身褡，从而告别处女时代；老情人试图保持年轻，如巴尔扎克的《贝蒂表妹》（*La Cousins Bette*）里穿橡胶紧身褡的男爵霍洛德；“可敬的”女士想避免让人注意到她在压束自己；还有一位“过分体面的”，即假正经的淑女，被一件简朴的紧身褡深深地打动了，它配有一根“又粗又长又硬的穿透性巴斯克条”（这里必定是讽刺性地用巴斯克条来比喻阴茎）。新娘的紧身褡“脱下来的时候比穿着更舒适”（暗示婚姻是一种社会束缚，要尽快摆脱），相比之下，直接挑逗型的（妓女）紧身褡带有华贵的装饰和珠宝，并且“散发出西班牙皮革的气味，当体温升高时，味道更冲”。鹤立鸡群的则是真正理想的女人，她不需要紧身褡，自然赋予了（将显现）她那沙漏般的完美身段、古典的怡然神韵和非古典的曼妙姿态。她的姐妹们必得拼命争取才有可能获得这一切。

在他创作的第四张也是最后一张关于紧身褡的中心大页里，蒙托充分展现了自然与理想之间的惊人差距，对此时尚可能会试图隐瞒，但自然主义的审美（左拉此时风靡文坛）必须毫不留情地考察它。松垮的泳衣不再能遮掩天然的缺陷，她本来已是那么粗俗，套上大量的矫正装具则更加令人厌恶。在早期得出的分析中，蒙托均衡地评出“好”与“坏”的身材；现在，他则认为所有5类体形都是极不完美的了，均需在不同程度上予以重新组合、增减修改。治疗的结果往往比已患的疾病更坏，现实逐渐消失在施虐和厌女的幻想之中。他毫无怜悯地描述说：“这个瓶架似的干巴女人，唯一突出的部分是肩胛骨，它非常锋利，以至于她平躺着睡觉时都会戳伤自己；她穿着米洛维纳斯牌子的紧身褡，固定在腰后的钢弹簧支撑着带香味的橡胶乳房。如果有一只爱抚的手触摸到她，她便自动产生心悸，并持续这样直到压力消失。背部和臀部也用橡胶优雅地包成圆形，且提供应有的凹点。甚至手套里也加了衬垫。”这已经成了20 世纪后期的网络女人，或是像机器人一样的女人。蒙托以极大的讽刺得出结论：“这些全是异想天开和放肆的挑逗。”其他一些女性则面临相反的难题，她们要使用精巧高明的机械矫正肌肉下垂和肥胖问题，对付一些“自然灾害”，诸如“手臂下出现的双层赘肉，好像是什么东西长错了地方”。

《巴黎人生》当初的创立，在表面上是为了颂扬“女祭司社团”（Woman as High Priestess of Society），后来逐渐脱去了她的外衣，为揭示大自然理应创造的“真正”女人及具体的创造过程——有趣、迷人、丑陋和威胁交替出现——通过这一过程，她被转化成可为社会接受的对象。蒙托如同之前的波德莱尔及19 世纪后期的许多其他作家和艺术家（居伊·德·莫泊桑Guy de Maupassant 是另一个例子）一样，[35] 将社会的结构性弊病投射到了女人的身体上面。

现在，关于紧身褡，在正面和负面的看法、改革者和恋物徒的观点之间，进入一个过渡或融合的阶段。改革者通常采用医学解释来批判他们所敌视和恐惧的由束腰造成的性转化。性恐惧是法国漫画暨时尚杂志在审美的幌子下挑起的，并在发展过程中产生了细微的差别、矛盾，以及道德与审美相交织的层次丰富的情感，但是19世纪的人们从未能够像贺加斯那样，将紧身褡视为纯粹的艺术品。蒙托充分发挥模棱两可的技巧，一方面赞美紧身褡本身是一个艺术和性爱的对象，另一方面寻求在享受艺术与性爱和厌恶“整形”之间划出一条分界线，前者蕴藏并升华不受压制的美丽胴体，后者用暴力和极端手法来掩饰人体的缺陷。然而，这条分界线是高度游移的，这正是蒙托的“生理机能”理论最引人入胜之处。恋物徒们也会从他们的不同角度出发，试图区分“健康”“唯美”的束腰同有害、丑陋的束腰之间的分界线。但最重要的是，他们接受和赞美的是束腰所引起的穿着者的性感觉，这是超出蒙托的概念之外的，标志着一个全新的出发点。

凛冽寒风吹来，头戴巨大贝雷帽的束腰者遭了殃

第六章
维多利亚时代恋物徒的经验

一、维多利亚时代的杂志及其通信专栏的角色

改革者阵营最终必须要对付——诋毁或尝试绕过——恋物徒的通信。这些通信文字将束腰者更多地暴露于世人，显得格外易受伤害并反常离谱，令改革者感到更加愤怒和绝望。束腰的捍卫者们在市场上发现了一个可交换细枝末节的稀有场所，即少数家庭杂志的通信专栏。虽然这些杂志享有巨大的发行量，并邀请读者来信，但投稿人与他们的对手相比，处于一个极其不利的地位，当今的情形也类似，任何人（假如曾经尝试写过一封信批评一家大量发行的报纸的一篇社论或文章）都可以证实这一点。恋物徒总是从一开始就注定要进行自我争辩，很少被给予足够的机会充分展开论点或讲述完整的体验，由于缺乏职业作家的技能或支持，对费力不讨好地去做这种重复无聊的事情，他们往往是第一个感到后悔的。

右恋物徒面对的重重阻碍中，编辑对通信版面的限制是最小的一个。随着19 世纪的进程，尽管程度上不同，越来越多的恋物癖作者开始意识到，他们的瘾症中包含着性欲成分，承认这一点使他们极易被指控为违反道德规范。

鉴于时代的道德风尚往往否认身份体面的女人具有任何性感觉，当一个女人简短地提到束腰时体会到的“愉悦”或“快乐”时，我们对她自我分析的局限性不应感到很惊讶，而是对她居然声称有任何自我身体满足的权利更感到惊讶。此外，她还坚持一种个人权利。这些恋物徒不是寻求一般的社会容忍，或援引“时尚”之类的辞藻，而是运用个人的内心愉悦体验和其他人的认可来为自己的品位进行辩解。他们通过公开发表文章来

图 6.1　左图：撒旦引诱基督（引自 12 世纪的圣诗集，British Museum）
右图：洛德的诠释，证明紧身褡是古老的衣物（1868）

捍卫自己的极端做法，选择“加入俱乐部”，仿佛真有什么正宗的俱乐部似的。有些束腰者可能发现在更大的社会圈里活动时，他们会增加抵御敌意的勇气；但无论是社会展示还是文字捍卫，在舆论面前都不容易保持尊严，因为人们可能宽容私人和隐秘的怪癖，但是在公共场合，对任何据称不道德的事物很快就会表示谴责，尤其是针对妇女。我们也必须记住，束腰不是为相对免受公众舆论影响的少数贵族保留的一种做法，而是中下层阶级中一个群体的行为，这些人受到更严格的道德规范的束缚并面临更大的社会压力。

在维多利亚时代的家庭杂志里，最不可能找到性行为的自白文字。然而，若以为这类杂志在就整体上说通常是“维多利亚时代道德”的最后堡垒显然是错误的，尤其是如果注意其中最成功的杂志——《英国妇女家庭生活》的特色。就其特点来说，《英国妇女家庭生活》是期刊文化惊人增长的典型代表，每期销量达五万甚至十万份，读者人数或许是销售量的五倍或十倍之多。家庭杂志同小说连载联手，明确地跨越了阶级界限，起到了一种社会混凝土的作用，改变了维多利亚时代的社会和文学景观。

有关这类通信专栏的历史有待编纂。它的功用是征集和汇编读者的思想和提问，成为新闻刊物的一个重要特征及作家同读者紧密联系的标志，也日益受到系列小说家的珍爱（和操纵）。它是英国的一种特有现象。杂志编辑扮演校长、牧师和父亲的角色，利用答读者问的机会，向大众提供建议和指导，并且劝阻不当的行为。在一段时间内，塞缪尔·欧查德·比顿（Samuel Orchart Beeton）几乎独当一面，担任所有的角色，甚至假扮发表错误观点的来信人。他这样做是出于公平竞争的考虑，而且毫无疑问，也是为了扩大杂志的流通量。

像成功的系列小说作家（查尔斯·狄更斯是个突出例子）一样，比顿深谙培植信誉和适应读者口味的重要性。萨克雷（Thackeray）所说的系列连载的积极功用也适用于通信专栏，即促进了“作家和公众之间的交流……表达了一些连续的、隐秘的，如个人情感之类的信息”[1]——以及一种特殊的、个人的、深情的双向对话。尤其是通信专栏，人们还可以补充说，它不仅是一位（专业）作家同公众之间的对话，也是公众中个体成员之间交流的平台，否则他们彼此不会有机会相识。比顿显然是看到了来自一个广泛的、合理的读者群的压力，因而决定将杂志的通信专栏向另一方开放，尽管科学和道德已经明确和肯定地否定了他们的观点。这一决定并非是轻率作出的；作为一个编辑，他感到对读者，主要是那些被视为易受伤害和缺乏主见的年轻女性负有特别的责任。不过，性别、年轻和纯真本身对她们有利；假如不成熟性妨碍了她们作出任何最基本的自我分析，却也允许她们天真地坦白自己的小虚荣心。在她们看来似乎是无害的念头，却被长辈和较明智者（以及编辑们）诠释为是愚蠢的或邪恶的，或兼而有之。

比顿有个特殊缘由要感激读者，倾听他们的声音，因为他们对比顿夫人伊莎贝拉（Isabella）的《家政管理》（*Book of Household Management*）一书作出了很多贡献，使该书持续获得巨大成功，书中的许多食谱最初都是读者寄来的。比顿承认，发表恋物徒的信件不是为了让一群性怪异的少数人自我炫耀，而是为了减轻保守主义者强加给年轻女性的压力，让她们打破沉默，抒发观点。杂志的大量女性读者对此抱有强烈的同情心。在政治上，比顿属于激进派，他或许仅有一步之遥，或已经成为一名“热血沸腾的激进主义者”。同样明显的是，他的禀性倾向于引发争议和追求煽情，其中也不乏商业利益的动机。正如一些“丑闻”系列作家，如爱伦·坡（Poe）和霍桑（Hawthorne），所引起的轰动扩大了该杂志的发行量，恋物徒的通信也具有同样的效应。这类文字的发表引起了保守派的愤怒，他们以对年轻女性持有偏见而著称。这使比顿确证，他的杂志作为一座思想自由的堡垒，比以往任何时候都更加重要。

《英国妇女家庭生活》的通信专栏由一名年轻男士和一名年轻女子（比顿的妻子伊莎贝拉）共同负责编辑，在年轻男女读者的共同支持下得以延续。女读者的作用是最重要的，因为她们明了妇女不可避免地受到服装改革运动的冲击，所以要挺身自卫、反对改革，她们方能最大化地获益。在一场争辩中，一名男医生对阵一位年轻的异性，后者的言辞或许不那么激昂，但女权主义的大背景为她增添了气势。《英国妇女家庭生活》谨慎适度地致力于女性解放，不仅是基于时间上的偶然——恋物徒通信与同情妇女权利的讨论在当时并行出现，一定程度上也是由于二者在道德和身体两方面的关联。

我们有必要将一些杂志的发展史同恋物徒通信渗透其中的背景合并起来考察。通信的起步是缓慢的，且最初往往是通过走后门，然后很快聚合了一些追随者，从涓涓细流汇成滔滔洪水，迫使编辑开放水坝，并最终转换了杂志的整个面貌。这即是《英国妇女家庭生活》通信专栏设立的模式；名气较小的《家庭医生》杂志或多或少重复了这一模式，而且对立的观点更加明显；最后是20世纪二三十年代的《伦敦生活》（*London Life*），恋物徒通信在首次亮相后的几年之内便席卷了该杂志，取得完全掌控，之后持续了许多年。这些杂志均具有它们所处时代的特征：《英国妇女家庭生活》弘扬娴静的家庭美德；《家庭医生》在一代人之后变得比较傲慢和粗俗，但仍是具实用性的；到了世纪之交，各地出现了一些新的廉价周刊，它们完全为着娱乐的目的，正如利用其他稀奇事件或社会丑闻一样，利用恋物癖来招揽读者。最终，在两次世界大战之间，恋物主义在《伦敦生活》里找到了永久家园，其基本内容即是人们现已经十分熟悉的逃避现实的配方，包括电影、时尚、体育和性（或奶酪蛋糕）的大杂烩。

随着漫长时间的推移，根据不同时代文化的特征和杂志的类型，恋物徒通信的特点发生了变化。恋物癖的范围逐步扩大，尽管束腰仍占主导地位。编辑的容忍度增强了，通信者彼此之间也变得更加宽容。作者更多地敞开心扉，更易接受新思想、事实和幻想。他们摆脱了性压抑，尽管从未彻底做到这一点。恋物徒的社区意识日益鲜明，这尤其反映在《伦敦生活》中，因为他们感受到的社会隔绝肯定是最强烈的。如今，互联网进一步打破了这种隔绝现象，或是已经准备这样做。

二、《家庭先驱报》

《家庭先驱报》（*The Family Herald*）创始于1842年，它的副标题是“为上百万人提供有用信息和娱乐的家庭杂志”。当时的通俗杂志发展迅猛，竞争加剧，一便士即可买到一本16页的杂志，着实便宜，而且它必定是面向层次较低的中产阶级和劳动阶级的新近扫盲群体，因为看得出来，来信者总是对自己的文体和拼写正确与否表现出担忧。它的读者群数量，在19世纪中期估计有20万，主要是女性。这是英国拥有读者最多的两个出版物之一。[2] 在“来信回复”的标题下，编辑E.W. 像后来的塞缪尔·比顿那样，以各种不同的身份和面孔出现，提供指导和劝诫，时而表示惊喜，时而佯装不知，而总是采用轻松幽默的聊天式语气——“施肥会有助于她的眉毛生长吗？”“不，但对萝卜是有帮助的。”这位编辑对普通的胸衣持怀疑态度，当读者要求他亲自试穿一件另类——“可怕的弹性胸衣”时，他倒显得很乐意。[3] 正如后来塞缪尔·比顿遇到的情况一样，很明显，读者的压力迫

图 6.2　穿时装的断臂维纳斯（恋物主义小册子《形体训练》的插图，1871）

使编辑的强硬路线软化（只是一点点，也许是形式上的），从反对绝大多数类型的紧身褡转变为勉强接受，直到偶尔逐字逐句地援引支持束腰者的信文。

1844—1849年，《家庭先驱报》刊登的有关紧身褡的新闻、来信和编辑答复约有34条，1851—1870年间约有29条。（这一统计数字受益于该杂志坚持做主题索引的良好习惯，本身也反映了这些信件的重要性。）在这家杂志上的讨论，如同在后来一些杂志上的，都是由医学界的警告和束腰致死的新闻触发的，譬如一名读者挑衅性地引用一位医生的冷酷言辞，声称束腰符合公共利益，因为它把那些愚昧的女孩给除掉了。但是，很多读者群起捍卫她们追求“时髦腰”的权利。[4]

1848年，“恰当”腰围的问题被提了出来，这无疑将成为一个导火索。在一个痴迷于社会经济统计的时代，人们要求精确测量腰围和提供腰围尺寸似乎是不可避免的。通过运用统计学，可以测量并在一定意义上保证束腰训练的进度，假设没有发现相反的结果 。“统计数据”是该杂志的一个常用标题和鲜明特色。编辑赞同“27～29英寸”为妇女腰围“应有的尺寸”（大约是4尊著名的希腊雕像的腰围），如果低于即不予接受。“强烈反对”胸衣的社评冒犯了“莉莉”，她勇敢地站出来宽宥束腰，自述从来没有感到“如此舒适，在晚间，它以应有的方式（很妙的委婉语）十分合体地紧裹着我”。她异想天开地提议寄给编辑一对胸衣，并在接下来的一系列往来信件中（被逐字逐句转载了）要求编辑肯定她的文体和拼写，并且接受她的21英寸细腰（尤其鉴于她天生身材矮小）。她的阴柔语气无疑是随意、谦逊的。她还大胆地补充道：“嘿，编辑先生！为什么尤金·苏（Eugene Sue，《家庭先驱报》连载他的绘画）创造的所有美女都有这种小蛮腰呢？”编辑立即被她哄诱了，假装屈服，从而结束了这一回合：“此封来信解决了争端。面对如此强有力的论据，我们还有什么话可说呢？”[5]

1848—1849年，“胸衣和腰身”升格为十分耀眼的大标题，12个月内刊登了14篇讨论，[6] 这确证了一位读者的评价：通信专栏是“你们这个有意思的杂志里最妙趣横生的栏目”。但是，基于编辑的原则立场是青睐完全“戒除”（借用新兴的禁酒运动的一个术语），大部分来信都是反对紧身褡的，赞成者通常受到压制：“没人会羡慕漂亮来信者的18英寸腰围”。赫米尼耶（Herminie）遭到一位严苛编辑的贬斥，她身高5英尺2英寸，要求人们认可她的19英寸腰。在同一页上，斯奈尔洛拉（Snailola）抗议穿衣服花的时间太长，因为要把胸衣（插巴斯克条之前，前襟开口）从头到尾解开和系上——总共要花两个半小时！（实在太荒唐）[7]。她不久即将出嫁。小腰是结婚的圈套吗？紧身褡和结婚的关系是令人感到好奇的。即使是编辑的奚落和其他的压制态度也表现出对捍卫者观点的让步（绝大多数编辑的本意可能是完全不愿理睬的），并且透露了一种软化的立场，这也明显地是囿于专业胸衣制造商及其医疗界盟友通过“正式广告”施加的压力。

19世纪50年代，通信专栏断断续续地维持着生命，在接下来的十年里短暂地恢复了活力，这可能是由《女王》杂志在1862年5月开放的主题而激发的。有一阵子，对在睡眠中和在学校里束腰，以及男子束腰等“极端”主题展开了一些讨论，但最后落脚在对媒体支持束腰发出警报，主要是针对《紧身褡和大圆环衬裙》（*The Corset and the Crinoline*）一书及“伦敦的两家（妇女）杂志 ”——显然指的是《女王》和《英国妇女家庭生活》。[8] 反对这种“可怖习俗”的努力同反对自杀行为的圣战一样，完全是无用之功。

我不能说我们已经检索了维多利亚时代早期的全部杂志。从《爱丁堡商会周刊》（*Chambers's Edinburgh Journal*）上发现了一条异国情调的消息，流露出一种不自觉的态度转变（该杂志一直致力于反紧身褡）：一位信奉基督教的中国绅士诗人在英国做短期访问，毫无疑问，他不知道那里的人们是多么严厉地谴责束腰，所以他狂热地赞美英国的妇女：“女人的面容……如木槿花般细腻……她们的眼睛似淡蓝的秋水，清澈迷人，难以形容；她们的腰身紧收，纤如杨柳……这些装束高雅的年轻淑女，有着珍珠般的颈项和紧束的腰肢。她们将自己压缩成最精致的锥形，我从未见过如此尤物，天底下没有任何其他景象能够如此令人陶醉。”[9]

《女王》

公开恋物徒的第一封来信发表于英国的主要体育杂志《田径场》（*The Field*）。这一杂志的目标读者主要是男性，但它有一个“时尚情报”栏目，女人也很爱读。1853年1月《田径场》创刊后不久就收到了一封来信，谈论的主题是女骑手使用和滥用马刺的问题，[10] 它成为日后恋物徒杂志的一项重要谈资，一直延续至今，后来高跟鞋问题也加入其中。

毫无删节地全文发表束腰通信的第一本杂志是《女王，插图期刊及评论》（*The Queen*，*an Illustrated Journal and Review*），它是由塞缪尔·比顿在1861年9月7日创刊的，每周1期，售价为6便士。[11] 因此，单从价格上看，它的目标读者为社会精英，虽然它也有一些等而下之的读者。它自称是相当于“女士的”《田径场》，吸引了《田径场》的特约作家，很快就与《田径场》共享所有权了。然而，在最初6个月，它很少显示出“女性化”趋向的迹象，并且没有任何时尚新闻。历史学家曾经一直没搞清个中缘由，现在已经发现，那是因为比顿本人没有监督有关紧身褡的通信专栏，他那时已经卖掉并离开了《女王》，并且他已经不能以任何方式参与《女王》的事务。假如是这样，《女王》和《英国妇女家庭生活》在编辑上就是各自独立的，这增强了它们声称的通信专栏的真实性。比顿在1861年创办《女王》后，不到6个月就将它卖给了约翰·克洛克福特（John Crockford）——一位著名的文书目录出版商，以及律师埃德温·考克斯（Edwin Cox），《田径场》的所有人，二者都是非常受人敬重的绅士。他们从根本上改变了《女王》，裁减了一般公众感兴趣的内容，如《伦敦新闻画报》（*Illustrated London News*）的新闻报道特色，转向更具体的、关注女性的兴趣点。1862 年4月5日，它在刊头宣布，从今开始，杂志将由“一位女士担任编辑”。男性特约作家，“那些阁下和大手笔”将通过撰写女性装束和消遣的文章来“为女士服务”，用这样的方式也将使男性读者保持兴趣。[12] 新上任的女编辑鼓励读者提交他们的“建议、提示、经验和观察”，还增加了一个新栏目叫“知心话”，严厉警示读者提防“拙劣的骗局”。她热情洋溢地发出征集来信的恳请：“最衷心地欢迎《女王》的两万名读者每人每天给我们写一封信。”

这位“女编辑”肯定是海伦·洛（Helen Lowe）。她是埃克塞特（Exeter）学院院长的女儿——一位博学的诗人和游记作家，在当时被称为是“最有才干的”编辑。[13]法国的一位伯爵夫人——依莲·德·梅尔叙（Eliane de Marsy）担任“服装和时尚”专栏的作家。在她们两个人的运作下，《女王》获得了“女人的甚至女权主义者的品位”，[14]通信专栏里充满“异想天开的气息，嬉戏玩闹的氛围”，扩展为鼓励女性参加体育运动，以及展开关于男女异装癖的有趣讨论。它的发行量攀升了，当时的编辑认为，这“在很大程度上要归功于读者和编辑之间的问答往来”。

有这样能干的人才掌管经营，在这样的背景之下，“紧身褡争议”成了一个稳定的兴趣热点。最初的通信专栏标题很诱人：“知心话”。它提出了两个潜在的耸人听闻的议题——嗜酒和束腰。前者刺痛了人们的神经，收到了一系列来信，主要是来自受害者和同情者及其他对这个所谓“下等阶级”疾病忧心忡忡的人，之后该议题便被迫关闭了。然而，关于束腰的讨论得以充分展开。发起对话的人是都柏林（Dublin）的玛丽亚·P，1863年5月17日，她提出了一个天真的问题，她的两只可爱的小手发红并且发冷，是否可能是由束腰造成的？她在肯辛顿（Kensington）的一所时髦学校里被迫接受束腰训练。编辑的简短回答是预料之中的：“当然。”第二封信（6月28 日）来自一位假冒的“父亲”，要求采取行动制止罪恶的束腰陋习，因为“今天的年轻女性滥用束腰到了难以容忍的程度”。写信人是谁？女编辑佯作不知，但读者心里都很明白。

1863年7月18日是一个具有历史意义的日子，一家英国杂志首次发表了一封表示支持任何腰围尺寸的来信，它毫无愧疚，明目张胆，大出风头，立刻招致了一封基调相似的冗长回复（见插页）。这个题目每隔一段时间就出现一次，激烈程度逐渐降低，1866年6月，针对《为紧身褡辩白》（*The Corset Defended*，由一名匿名通信作家编纂）而写的一篇受欢迎的评论，煽动起大约33封信和文章。然后，编辑宣布停止争论：“鉴于收到的一些来信（1865年12月16日至1866年2月3日）提出了本刊无法接受的肉体惩罚的主张，以及出于其他考虑，本刊决定今后只发表对来信的答复。”至此，大多数前《田径场》的和后来加入的专栏作家都离开了《女王》，“杂志戴上了一圈正派和体面的光环”，“它摒弃了过于亲密地跟读者交流的方式”。[15]

先是放开有关束腰的讨论，然后又将之中止的决定是如何作出的？编辑部有开放的集体讨论吗？几个月前来到该杂志的阿登·霍尔特（Ardern Holt）事实上扮演了什么角色呢？50年间，从她1866年2月发表的第一篇文章到最后一篇，她始终是《女王》的一名中坚分子。她也是一名先驱女记者，一位著名的社会人物（她的真名或全名可能略微不同），而且长时间以来是报道议会活动的记者，那基本是男人的天地。她还撰写有关时尚的各类文章，对化装舞会服装尤感兴趣，就此写了好几本成功的书。有很长一段时间，该杂志试图避免束腰话题，到了1901年霍尔特才又开始回应束腰和高跟鞋的问题，主要停留于实用层面，譬如提供选购指南。不过，对一些极端的做法，甚至包括男性紧身褡，都表示了同情。

与此同时，在19世纪60年代后期，安森·哈特利·特纳（Anson Hartley Turnour）和弗兰克·巴克兰（Frank Buckland）撰写了一批令人刺激的挑衅性特稿，收到很多读者的反馈，内容涉及各种有关时尚的话题。巴克兰将他对女性装束的兴趣同自然史和人类学结合了起来。他怀着可悲的矛盾心理谈到“残忍的时尚”，诸如杀死可爱的猴子来美化时尚皮草钟爱者；他毫不掩饰地热情称赞“野蛮”饰品的影响——从非洲带到英国的唇钉和铁手镯等。作为滥用大圆环衬裙的捍卫者和女鞋的迷恋者，巴克兰对时尚的性爱情感显然是广泛的且非常积极的，但是并没有扩展到束腰，他将一尊穿着紧身褡的维纳斯石膏像陈列在自然历史博物馆，以示抗议。

安森·特纳热忱地描述衣服的各种配件，特别是骑马服、靴子和手套。有关骑马服的问题有助于恢复关于策马的争论，自《田径场》抛弃了这个话题之后。她似乎是一位30多岁的女士，欢迎时尚的新发展，特别是鞋的新品种——高筒、带束带的巴尔莫勒尔（Balmoral）靴子，她敦促进一步增高它的后跟。她对紧束的、令人失去功能的手套产生的轰动而感到欣喜若狂。这个戴手套上瘾的来信者自称玛丽·布莱克伯赖德（Mary Blackbraid），她弹钢琴时也戴着手套（在英国人中这不是一个罕见的习惯），她形容说：“一只未戴手套的手突然从袖口里冒出来，就像一只赤裸的脚那样有伤大雅。”1862年博览会上陈列的手镯和耳环促使特纳小姐提出了一项“野蛮的”建议：“倘若这些精致的耳坠全部展示在脸的正面，挂在上唇……震颤抖动，上下移动，无疑会被视为具有更大的优越性。”[16]这是《伦敦生活》当年的预示，如今已成为年轻人的时尚。

如果仅仅是古怪，那么所有这一切观点都可以原谅；更令人不安的是安森·特纳对束腰的宽容态度在康斯坦斯的来信里进一步催化了。在“紧身褡——苗条腰肢”的大写标题之下，康斯坦斯用一种随意的口吻，向大众读者（不只是按习惯做法对着编辑）提出了一个很可能会引起强烈反响的问题，她询问，在帽子或围巾的比例发生变化之后，人们是否应当相信苗条腰身返回时尚的谣言；这位作者的16英寸腰围是否算小；是否有其他读者的腰围尺寸更小。她十分质疑医疗界的能力，引用一个朋友年轻时一直“残酷地束腰”（15英寸），最近在86岁时寿终正寝等，令人毫不怀疑她支持束腰的态度。接下来的一周，读者范妮写了更长的一封信，向康斯坦斯确证她的腰围是“相当令人满意的”，并咨询了时尚的紧身褡制造商，揭示“许多聪明人”拥有同样小的腰，少数人的甚至更小些。范妮继续谈到她如何开始接受“束腰的艺术与神秘”的启蒙。在这封引人注目的信中，完全没有迹象表明范妮是像都柏林的玛丽亚·P 那样被迫束腰的。该信刊登的位置紧邻“时尚情报”，即有关国内外贵族和皇室的信息专栏，从而可以假定，《女王》的成千上万读者无论是否自愿都看到了这封信。有数十人参与了随之而来的辩论。

对该信件的真实性和诚意产生的怀疑很快就烟消云散；正如所有那些关于女性问题的信件一样，它们都是由一位女士编辑的。一场真正的辩论开始了，各类紧身褡反对党向康斯坦斯和范妮喷射怒焰，以弗兰克·巴克兰为首，包括一个自称“萤火虫”（Firefly）的人，她也就各种其他较少有争议的话题写过文章。“萤火虫”引用了一些自愿的却是致命或接近致命的束腰例证；她自己也曾经玩火，有幸被警惕性很高的妈妈解救了出来。[17]

《女王》的来信（1863年7月18日）：

这是真的吗，小蛮腰又普遍进入了时尚？我知道不能说它已经完全过时了，因为人们还是常常看到非常苗条的身材，但我认为，在过去几年中它已不像从前那么时兴了。然而，我从几个来源听说，并且通过公开的出版物了解到，它再次成为一种模式（“模式”一词原文法语）。现在我很幸运自己有这样一个身材，我希望它能在这方面满足时尚的需求。一个人的腰围最小可以是什么尺寸？我的是16.5英寸，据我所知，这被认为是小的。我不相信什么反对紧身褡的说法，尽管我承认，倘若一个女孩是残疾，或者身体非常虚弱，那么她骤然减小腰围可能是有害的。拥有一个我相信被认为是纤小的腰，可以诚实地说，我的身体十分健康。如果反对束腰的说法是真实的，那么为何很多女人能够活到高龄呢？最近，我的一个朋友在86岁时去世了，她经常告诉我她年轻时的一些逸事，如何残酷地把自己束得很紧，在17岁时就有了15英寸的腰围。然而她活到了86岁。我知道，很长时间以来，大众期刊习惯于引用医生们（我不认为他们是最胜任裁决这个问题的法官）提供的病例来试图减少紧身褡。而我觉得它是完全合法的，而且如果使用正确的话，可以塑造优雅的苗条身材，全然无害。但我几乎不指望你现在会有足够的勇气，站在女士们的一边。

你的康斯坦斯（Constance）

《女王》的回应（1863年7月25日）：

首先答复她（康斯坦斯）的第一个问题，我认为，几乎可以肯定，细长的腰肢会是很长时间内的模式。那些有幸拥有这种令人羡慕的优点的时尚女士们精心巧思地装扮自己，发挥自身的最佳优势。关于16.5英寸的腰围，我的看法是，对于个头和身材处于平均水平的女士来说，可以认为是足够小了，能够满足即使是最苛刻的赶时髦者。至于一个人的腰可以小到什么程度，这个问题很难回答，而且我不知道是否制定了任何标准，但是通过向时尚紧身褡制造商索取他们测量的最小腰围尺寸，便可以很容易搞清楚这一点。辉煌晚会上许多人穿的紧身褡尺寸跟你们这些通信作者的差不多，我听说，少数还要更小一些。我想要证明，相对那些荒谬的夸张言论（紧身褡对女性身体具有非常有害的影响之类）来说，康斯坦斯的言论是完全真实的。那些反对者显然对整个事情完全没概念。我自己的及其他人的广泛经验使我得出全然不同的结论，我充分相信，除了在证实有病或体质不好的情况下，一件做工很好并且合体的紧身褡不比一副紧箍手套更伤害人。

我早年是在一个小省城的学校里接受教育，一直被容许自由自在地玩耍，我生长得很健壮，对个人的外表、服饰、举止，或任何物件都漠不关心，而且粗心大意。就在15岁的时候，家庭环境和命运改变了，亲戚们作出决定，需要把我送到欧洲大陆去完成教育……

我被包装起来，送到为年轻女士设立的一个高雅时髦的机构，位于巴黎市郊。到达之后的第一天早上，我被“晨钟”唤醒。我开始胡乱地穿上简单的衣服；此时，家庭教师出现了，一个活泼整洁的小女人尾随着她，拎着一只长纸箱；各种式样的紧身褡，以及最装模作样的丝绸长束带，立刻被一一展示出来，于是我的束腰艺术和神秘体验开始了。她们要求我脱掉所有的衣服，以便将我的腰束住并进行矫正。那天我穿的上衣是借来的，从那一刻起，我被迫进入了严格的束腰训练，经历了全过程，白天绝对不允许放松，无论有什么借口。在那个期间（近三年）我一直是一名学徒，可以说我的健康状况很好，我的绝大多数被“绑束着的”年轻同伴也一样。我由此起步，从一个毛手毛脚的女孩出落成一个冰雪聪明的年轻女子，腰围比我刚到那里时整整减小了7英寸。

离开巴黎之后，我立即前往毛里求斯（Mauritius）同亲戚们团聚。当我抵达这座对保罗和弗吉尼亚（Paul and Virginia）来说十分神圣的岛国时，我发现紧身褡如同女王一般在那里实施着最专制的统治，但是我没有发现她的健康或活力受到任何干扰，她是一个非常漂亮和有吸引力的女人。

范妮（Fanny）

紧身褡支持党抛出了一个非常著名的范例——美丽的奥匈帝国皇后伊丽莎白，她被誉为具有世人所见过的最小腰肢。她的肖像连同她的腰带一起陈列在博览会上。这腰带到底是多长呢？特纳小姐参观时曾看见参展商把它拿在手里，她感叹道："它真是美啊，用黄金丝线加固的紫色天鹅绒制成，卷起来就像一个小狗的项圈那么精巧"。特纳甚至疯狂而徒劳地把它围在自己的细腰上，并确证它是16英寸；皇后很高大，身高有5英尺6英寸（参见附录四）。

当然毋庸赘言，那位皇后实施了束腰，从而获得了她迫切需要的社会声望。另一个获得这种声望的人是凯瑟琳·德·美第奇。据不符史实的记载，在享有盛名的（或臭名昭著的）16 世纪法国宫廷里，她为女士们设立了13英寸腰围的标准（参见附录三）。一位来自爱丁堡（Edinburgh）的女士（据内部信息）可能是一位女紧身褡商，向凯瑟琳提出了束腰及其他一些历史性建议，提倡女孩从幼儿期开始培训，以免年龄大了之后束腰感到不习惯。她用"拉桑特夫人"（Madame La Sante）的笔名发表《为紧身褡辩白》，详述训练的细节。这本如今极为难得一见的31页的小册子，文笔优美，阐述了偏向支持以"渐进和温和"方式束腰的理由。

恋物徒似乎很好地抒发了观点。与此同时，《女王》不仅倡导妇女骑马，还鼓励她们参加其他运动，如槌球、射箭、击剑、滑冰和游泳。针对游泳和游泳衣的问题，该杂志同道德仲裁者《泰晤士报》展开了激烈的辩论。《泰晤士报》曾猛烈抨击英国人在海滨度假胜地裸体（或几乎裸体）游泳的"严重不雅"习俗。与法国不同，在英国，出于实用目的，男女游泳区域是分设的，人们便利用了这个机会；《女王》的读者蜂拥而来，捍卫波涛中的那些游动美人鱼，似乎忘记了男人手里拿的双筒望远镜。一位年轻女士询问，在哪里能够找到"比海藻和飘逸的头发更实质性的覆盖物呢"。散步的乐趣也给了作者一个机会，嘲笑那个年代的假正经，同时抒发他对女装的爱慕之情，花哨的蓬松衬裙、红袜子和"七英寸高、鞋面系带的波兰靴子"，不怕踩踏泥水，而且"穿在腿上……我是说脚踝上，十分得体"。[18]

同时，另一本部头更大的著作，威廉·巴里·洛德（William Barry Lord）的《紧身褡和大圆环衬裙》获得热情的评论，但是恋物主义从视线

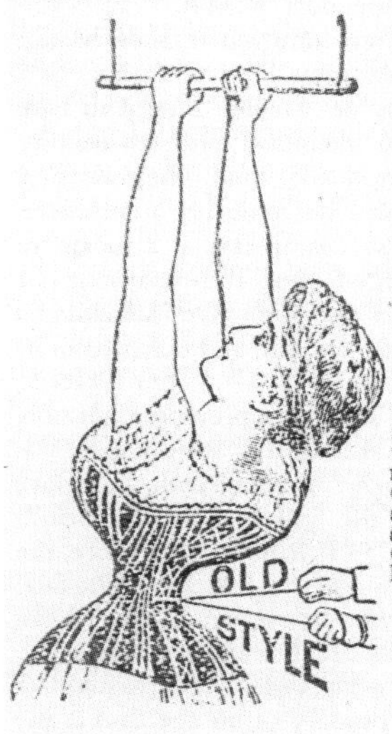

图 6.3　左图：“‘美胸衣’不必束腰就可让你苗条两英寸”；右图：牢不可破的吉罗 (Giraud) 鲸须胸衣：“15 ~ 23 英寸的小尺寸”（广告，*The Queen*, 1889 和 1892）

中消失了，（毫无疑问）转移到了《英国妇女家庭生活》杂志。1868年末，《女王》重新彻底采纳了美国《时尚芭莎》（*Harper's Bazaar*）传统改革派的观点。[19] 19世纪60年代和70年代，《英国妇女家庭生活》中通信的密集和极端主义倾向，促使《女王》不愿再卷入这类主题，它往往招致臆想或诱发骗局，以及引来令人很不愉快的话题，诸如鞭笞孩童等。

然而，它并没有绝迹。1880年的新年出现了一篇特约文章《束腰的邪恶》，作者是医学博士亚瑟·伊迪（Arthur Edie），呼吁“紧束的母亲们应当禁止她们的女儿穿上母亲的甲胄”，接着是有关“时尚服装”的一篇社论，谴责鞋跟上升到了3英寸，这足以“毁坏健康”。在“紧靴子”的标题下，作者指出，窄小及高跟的靴子往往是较便宜的品种，多为穷人而不是时尚领军者购买。没有专栏文章抗议上述所有观点。相邻的一个专栏，题为“虐待妇女”，提到商店里的“站立罪恶”，批评不允许店员片刻坐下的规定。另一篇有关紧身褡的文章是在两年之后出现的，一个长篇社论，它不经意地提到凯瑟琳·德·美第奇的神话（腰围据知是12英寸甚至10英寸），也随便谈到一位78岁的老人因束腰导致死亡。列举活了如此高龄的束腰者事例，透露出作者对束腰危险性所持的某种怀疑态度。[20]

关于78岁的人死于束腰的谎言似乎基于一个非常不同的证据，来自一个非常不同的部门：广告。它在19世纪80年代所占的空间与编辑文章相等（24页）。展示紧身褡的广告是同类中最突出的，每周有一打之多。其中有些无耻地向束腰者发出呼吁：提供“新的结构，将满足达到17英寸腰围和消减臀部的愿望”；没有不舒适感就能达到的“束腰效果”（吉劳德夫人和高福夫人）；“抵消令人苦恼的感觉（罗森塔尔公司Rosenthal Sanitaire）；“小两英寸”却照样舒适（体面场合的，牢不可破的紧身褡）；还有消除“晕厥的危险”等。这类宣传登在编辑页面看上去就更糟糕，因为是明显的编辑背书——我们今天所称的“社论广告”。于是乎，19世纪80年代的《女王》事实上似乎在重复、独立地争论紧身褡问题，倾向于赞成它，例如，一种皮革胸衣（Cinturon de Cuero）的广告这样说：“无论系得多么紧，紧身褡的腰身都不会伸展，并且可以舒缓接缝张力，避免绷开；让服装改革者去振振有词地传播谎言吧，世界上总是会有女孩和妇女紧束自己的腰身，不管会造成什么其他后果。”医学界也有人表示赞同，1890年，爱丁堡的奥凯利（O’Kelly）医生肯定了一种滋养胸衣，它“改进身材，没有普通紧身褡的有害影响，即使是紧束的”，正如萨福克伯爵夫人所亲自确证的那样。此外，这是为尺寸15～23英寸的廉价紧身褡做的一个广告，价格为11先令一件。[21]

《女王》继续履行职责式地、不大猛烈地偶尔抨击一下束腰。这引起了服装改革首脑哈伯顿（Harberton）夫人的不满，她责备杂志不严肃看待束腰问题，没有支持她提出的一项糟糕的服装改革设计。也许，束腰真的是“非常粗俗的徽章”，如霍伊斯（Haweis）夫人在1878年所说的，因此，不值得《女王》屈尊眷顾；也许，1897年，当束腰从领导地位降格为一类“时髦小愚技”的时候，曾经是“并非罕见的”15英寸小腰的幽灵终于被竞技体育打垮了。整个题目变得滑稽可笑，从一家“甚至是一流的体育杂志”的广告来看，穿胸衣仿佛已是男人的一种习惯。1900年，带头讨论“服装和疾病”（Dresses and Disease，引自《泰晤士报》）的撰稿人完全没有提及紧身褡，而是对拖地长裙发泄了由来已久的怒气，斥责它受到“荒谬且可憎的时尚的摆布；沾染了街道上的‘无名秽物’，导致痨病”。[22]

三、塞缪尔·比顿的“文学野餐会”：《英国妇女家庭生活》杂志

1852年，21岁的塞缪尔·欧查德·比顿构想出了一个重要谋略：在英国出版哈丽特·比彻·斯托（Harriet Beecher Stowe）的《汤姆叔叔的小屋》（*Uncle Tom's Cabin*）。利用这件事给他带来的一小笔财富，比顿推出了《英国妇女家庭生活》月刊。它一直受到出版社的喜爱，并被确认是一项开拓性的努力，满足了女孩和年轻妇女的特殊需求，[23] 与其对应，比顿还为男孩创办了绘声绘色的《少年杂志》（*Boy's Own Magazine*）。《英国妇女家庭生活》的目标是“增进智力、培育道德和珍爱家庭美德”。后者着重家政管理，而不是通常的（上层）八卦和无聊闲谈，这在那个年代确实是不同寻常的，生动地体现了高度工业化的英国所催生的低层中产阶级的道德观，这一阶层刚刚开始形成一种独特的文化。为了更好地吸引一个年轻的、大多为中低阶层的读者群（相对于《女王》的上层阶级的读者群），该杂志努力避免自负和迂腐，并且采用一种（如比顿所说的）“非严格说教的道德口吻，而且寓教于乐”。

该杂志立即取得了惊人的成功。以两便士的便宜价格，1856年的发行量为37000份；1863年达到6万份——超过了《潘趣》《泰晤士报》或狄更斯办的月刊。它由塞缪尔和妻子伊莎贝拉共同编辑，她提供的家政和烹饪文章最终被汇集为著名的《家政管理》一书。创新手法包括插入服装裁剪图，它必定大大鼓励家庭缝纫，还有精细雕刻和手工着色的或黑白的时装样片。连载小说的内容往往是颇具刺激性的，包括纳撒尼尔·霍桑（Nathaniel Hawthorne）的《红字》（*Scarlet Letter*），埃德加·爱伦·坡（Edgar Allan Poe）的《瓶中手稿》（*Manuscript Pound in a Bottle*），在维多利亚时代中期，很少有编辑会认为这类文字适宜少女阅读。

比顿夫妇取得的成就是不可估量的。塞缪尔本人是一簇“快乐火花”，一个热爱女人、玩乐和性爱的男人，喜好轰动效应，热衷社会改革。作为一名才华横溢的新闻创新者，他和妻子伊莎贝拉是一对独特的、多产的专业伙伴。[24] 在那个年代，编辑们被人仰视，并被赋予社会意识和责任，塞缪尔·比顿也享有很高的职业声望。弗雷德里克·格林伍德（Frederick Greenwood）是他的亲密朋友，被任命为《女王》的第一位编辑。格林伍德在公共领域是一名杰出的小说家、《康希尔》（*Cornhill*）和《帕尔摩月刊》（*The Pall Mall Gazette*）的编辑，也是修建苏伊士运河（Suez Canal）的倡导人和记者中的政治家。比顿也跟勇敢的亨利·维泽特利（Henry Vizetelly）关系很近，维泽特利因为在英国出版左拉的作品而被监禁，健康受到摧残。比顿的《英国妇女家庭生活》杂志在当时并且一直被认为是代表了英国家庭的基本理念，而家庭本身是社会的基石。

我们必须坚持确认比顿的诚实和廉洁，最近某些历史学家对之表示怀疑，指责他的人品，否认他发表的恋物徒通信的真实性。[25]《汤姆叔叔的小屋》在英国出版后，他超越法律和习俗的限制，捐赠了500英镑给美国的哈丽特·比彻·斯托（这是最慷慨的，因为当时在有关国家之间没有版权协议）。他是不会故意发表虚假通信的。《英国妇女家庭生活》杂志既严肃又实用，不同于当时的很多无聊妇女杂志。莎拉·弗里曼（Sarah Freeman）是最近的且客观的比顿传记作家，对有关紧身褡和鞭笞行为的极端立场和心理分析感到震惊，因而洗脱了比顿的干系：“他确实对杂志后来讨论中出现的任何轻度变态没有特别兴趣，他跟大多数读者一样感到惊讶。”[26] 的确，塞缪尔和伊莎贝拉都不像具有“变态”品位，伊莎贝拉漂亮、丰满，但对自己的容貌不太关注；他绝对忠实于她。

一个扩展的新系列于1860年推出，包括插在背面的小双栏通信，标题是“英国妇女的对话”。在这里，比顿对每个月数以百计的来信作出概括性的答复。他成为受欢迎的校长，经常采用度假返校后写随笔的戏谑口吻跟他的学生们交谈。

比顿承担着评价和考量出版物文学贡献的任务，他面临一个两难困境。以下是他采取的典型处理方式：

> “秋天”的来信并非毫无价值，但诗意的季节气味过于浓厚；“秋天”的落叶每年聚积在头版头条，足以将我们埋葬。“一年前的今天”也许是很可怜的，假使我们了解事实：可我们并不了解。一个16岁的少女寄给我们“一缕阳光”，请求宽容。我们的宽容就是未置一词，但是同时请求她不要再这样做了……至于说到“海仙女之歌”，她们“居住在珊瑚岩中”，整天唱着“特拉，拉，拉，拉”，我们并不相信她们……总之，我们写了几行文字，标题为“到此为止”，可是我们担心这个话题并未结束。

这样的措辞技巧可能在一段时间内会娱乐读者，但是比顿确信，它很快就将变得乏味和令人失望了。刺激订户参与的更好办法不是发表低劣的诗文，这在其他的妇女杂志上已经泛滥了，而是通过邀请读者来信，自述现实生活中的不寻常经历。也许，可以从《女王》迅速发展起来的关于束腰的通信中获得某些暗示，比顿在上面提到的“文学批评”旁边刊登了很长一段文字，节录一封“密密麻麻的8页书信”（他以前从来没有逐字引用过一封信），“它谈到将一个可怜人的肋骨折磨成时髦的形式，这是一个非常严重的问题”。比顿于是非常正统地猛烈抨击花瓶时尚，这并不是第一次，因为他曾经训斥过塞拉菲娜（Seraphine），针对她暗示自己（“天然的”）15.75英寸腰本身即是妙品。[27]

1866年年底，出现了编辑态度改变的第一个迹象，在一系列关于人类形态的带插图文章中讨论到腰肢的问题。关于束腰危险性的一个简短声明附上了反常的说法：“在某些情况下，一个女人可能天生具有或由紧身衣造就出纤细的腰肢，但她的五脏六腑似乎安然无恙。”这一让步可能是束腰者施加压力、围攻编辑部的结果，于是编辑部作出决定，干脆就让这些人畅所欲言吧。有证据表明，其他杂志也感到了同样的压力。[28]

比顿此时的目标之一是希望办一个恋物徒的“文学野餐会”，以增大刊物的发行量。当时他的个人生活和财务状况发生了戏剧性的逆转。他的妻子在28岁时生下一个儿子之后去世了，这对他是一个完全意外的致命打击。第二年（1866）5月，他又遭受了著名的奥弗伦格尼银行（Overend,

Gurney & Co. ）的金融灾难，他以巨大的勇气和尊严应对这一全面崩溃的局面。[29] 为摆脱困境、避免破产，比顿被迫向出版商瓦德（Ward）、拉克（Lock）和泰勒（Tyler）出售了他的全部出版物的版权，转而担任他们的领薪顾问，收取1/6的利润。伊莎贝拉的角色则由玛蒂尔达·布朗（Matilda Browne）夫人取代，她既给塞缪尔的孩子们扮演母亲的角色，又担任《英国妇女家庭生活》的合作编辑。

虽然他现在只拥有《英国妇女家庭生活》的1/6所有权，比顿仍然继续投入自己的大部分精力。1866年11月，他呼吁读者贡献建议和批评，收到了相当热烈的响应，编辑大胆地将篇幅从30页扩展至56页，对话部分增加了两倍，从一个双栏页增到3页，后来甚至增到4页以上。通信内容现在以束腰问题占主导，有时也不小心加进了主张鞭挞的观点，语气和功能皆有所改变：这些信件总是逐字发表，未经编辑染指，不再满足于提问，也提出建议、表明信念和纠正误解。读者成了一个权威的来源，编辑向他们鞠躬。编辑对束腰的反对态度变得只是象征性的，并且最终完全消失了。时尚女编辑（化名"蚕"——Silkworm，估计是布朗夫人）表示愿意推荐汤姆森（Thomson）牌的"手套式紧身褡"，作为一种理想的束腰手段。[30]

女编辑的态度如此宽容，乃至读者饶有兴趣地猜疑她本人就是一个束腰者，徒劳地来信询问她的精确腰围（自然不会得到答案）。

通信专栏的新风格被命名为"文学野餐会——可以肯定，有人带来泡菜，有人拿来香槟和'一丁点儿'白兰地"。这着实令人兴奋，尤其是对青少年来说。"热心的三姊妹"表示出满心欢喜："你们的杂志已臻完美，我们尽情地享受杂志的内容所承诺的益处和愉悦。"有充分的证据表明，获得享受的感觉并不局限于之前那些同情恋物主义的人，"束腰争议"突然展示的新层面也吸引了许多圈外人士。

有关束腰的信件往来是由一封署名"爱丁堡女士"（Edinburgh Lady）的长信（1867年3月）催生的，该作者假装对在学校里实施束腰感到悲哀。束腹带公司（Staylace）立即揭露了真相，他们认出她"其实是这种学校制度的倡导者，虽然乍看上去是在谴责它"。在回信中（1867年5月），"年轻小姐自己"，所谓的受害者，详述了自身体验及从中得出的教训，相比突然施加的和不自愿的束腰，循序渐进和自愿束腰应当是首选的，会产生较好的结果。尽管她最初遭受了一些痛苦，但是现在她的身体很健康，也很满意自己的姣好身材。自此直到1875年年底，这个扩大了的、有滋有味的每月对话栏目刊登的有关紧身褡的评论和信件超过了160篇。

作者群很快就形成了恋物徒通信的恒定特点，措辞得体，赞成或争论，恳请求同存异，努力营造一个特殊的社区。他们以礼相待，互相尊重，并且对编辑表示感激，因为他开辟了这个“有益和重要”并且“非常吸引人”的讨论专栏，给了他们一个机会团结对敌，“高擎旗帜向前进”。[31]

1867年11月，读者们推翻了编辑停止发表通信的决定。此时，男人充实了读者群，声称他们完全独立地订阅该杂志，纯粹就是因为喜欢这个对话栏目。次年5月，《紧身褡和大圆环衬裙》——威廉·巴里·洛德编纂的书信精选，大大提升了束腰的地位。洛德是一位博物学家，写过有关贝类、蚕和矿物的专著。他提供的一些历史资料表明，在整个女性时尚史上，束腰据知以不同方式受到人们的喜爱。编辑尝试关闭通信专栏，并付出另一努力将它转换为出书的形式。《形体训练或艺术——自然的婢女》（*Figure Training, or Art the Handmaid of Nature*）是另一本选集，内容是从《英国妇女家庭生活》精选出来的（原作者都属于《英国妇女家庭生活》）；据留存至今的珍本评判，当时对这本小册子的需求远不如对洛德的选集那么大。事实上，除了有一些有趣的插图之外，这本小册子最有意思的一点（和检索渠道）是它在牛津英语大字典里被提及了不下12次。

严肃的新闻界屈尊地注意到，这本抱有无耻偏见的书是对主流媒体的一种傲慢的蔑视。一家讽刺周刊称其为“224页干巴巴的凸版印刷，谈论一个最微不足道的、了无趣味的、可鄙的主题……我们不建议任何人阅读这本书”。两家“重量级”周刊——《星期六评论》（*The Saturday Review*）和《旁观者》，以洛德的书为依据，确证他们一直坚持的论点：女人不能胜任“高智商的工作”。它最终证明了女人是轻浮的、肤浅的、非理性的，像绵羊一样的生物。另一家有影响力的期刊——《潘趣》的敌对反应前面已经提到了。《星期六评论》被视为维多利亚时代最出色、高傲和有影响力的周刊，得了一个“谩骂者周刊”的绰号。《旁观者》回避提到书名、作者或出版商，对该书“彻底捍卫陈旧邪恶的束腰陋习”感到十分惊骇，长篇摘引了读者来信的内容，它们被确信是真实的。最重要的是，《旁观者》还强调这些通信来自于下层阶级，可是当他们想标记性别而不是等级时，他们称"'男人'和'女人'为'女士'和'绅士'，这似乎背叛了所谓来自下层阶级的说法"。《旁观者》肯定有教养的人不会钦羡小腰。发表这篇综述的两个月前有一篇关于"时代女性"（Girl of the Period）的文章，它谴责新一代的年轻女子咄咄逼人、粗鲁无礼、寻欢作乐和嗜好奢华，非居家且非母性，在穿着打扮上模仿半个上流名媛。[32]

比顿数次在杂志上撰文，尖锐地揭露了保守媒体的真正动机，以及冷酷无情的反女权主义——它被偶尔发表的赞成鞭笞少女的来信激化了，当然是一种误解，"可敬"的保守派首选的鞭笞是针对道德的而不是身体的。他认为，这些"中年的公共道德仲裁者"，作为"妇女的大矫正机"和"当今妇女大钓饵"，犯有传播邪恶和贬低"时代女性"形象的罪行，错将女人作为当代所有社会腐败现象的替罪羊。《星期六评论》最希望做到的是让妇女们闭嘴，"什么也不做，什么也不说，什么也听不见，什么也不写，但是愿意承担一切。压抑你的欲望，为你的舛误而默默地受苦"。比顿的英勇反击也涉及一封绝对真实的自卫信件，《英国妇女家庭生活》的许多读者及其他编辑则倾向于持怀疑态度。[33] 不仅是比顿，而且包括读者们自己，发现媒体的敌意是很妙的宣传技巧；至少有一位读者来信说，之前他/她不幸地深受"肥胖和消化不良"的折磨，后来"很高兴地从《潘趣》的一篇讽刺文章中"得知《英国妇女家庭生活》的通信专栏，并开始实行束腰。

恋物徒来信不断增多，到1873—1874年，通信专栏占据了1/3的版面。它显然成为一个重复谈论的主题，相比家庭预算、丝绸去油渍配方和教学拉丁语法的新方法等，年轻女性天生感觉这个话题更有趣。不过，杂志的业主和比顿的老板瓦德、洛克和泰勒遇到了一些麻烦，比顿攻击王室成员和贵族政体其他主要成员的言论，令这家"言行谨慎、宁可保守的企业"感到非常震惊。在比顿生命即将结束的时候，他似乎已经充分利用了这个对话栏目，无论恋物主义的影响如何，他传播了"一生坚持的果敢激进、具争议性的思想"。[34] 由于《英国妇女家庭生活》的信件选集《紧身褡和大圆环衬裙》遭到讥讽并陷入丑闻，瓦德、洛克和泰勒最终选择了回避政治激进主义和恋物主义的兴奋组合。恋物徒通信的结束，适值比顿和老板之间关系的最后破裂并诉诸法律，以及比顿的健康状况衰退（1876—1877年）。新上任的编辑带来了一种强硬的“大男子”（即镇压）态势。自此，至比顿1877年6月6日去世及两年后杂志彻底关闭，对话栏目的内容恢复成老式的大杂烩——家庭事务和社交技巧的交流园地。

发行量的增加，是否在一定程度上补偿了这个“阻挡不住的敏感问题”招致的严厉抨击呢？[35] 恋物徒参与的减少是导致杂志衰落的一个因素吗？或是相反？我们可以猜测，读者中“沉默的大多数”是宽宥甚至喜欢恋物徒通信的，尽管他们当中也存在极端主义成分。一位颓废的外省读者的体会是，相比大多数温吞水似的妇女杂志，该杂志本身散发出一股新鲜空气。恋物徒的信件被视为《英国妇女家庭生活》的特殊知识资产，对此一家（未指名的外省）报纸曾策划偷窃，采取通过向《英国妇女家庭生活》对话栏目的作者索求类似信件的手段。比顿自己曾向一家类似杂志的一位读者建议，将她的14英寸小腰的故事提供给《英国妇女家庭生活》。那家杂志名叫《年轻英国妇女》（*The Young Englishwoman*），也是由比顿出版的。有些束腰者无法在当地报纸通信专栏发表文章，便利用单位内部的杂志广告，通过提及《英国妇女家庭生活》来传送个人信息：“索菲：《英国妇女家庭生活》的通信专栏本月重新开放了。腰肢是否更加小巧漂亮了呢？”“是17.5英寸，谢谢《英国妇女家庭生活》——索菲。”[36]

从恋物徒本身的角度来看，对束腰的最严厉指控并不是说它对健康有害，而是说它粗俗。我们已多次注意到这种观点具有不少实质内容。一位记者嗤之以鼻地说，紧身胸衣“不是存在于英国的高级住宅里，而是在商店后面的接客厅、‘上流’寄宿学校，或是火车站茶点室的酒吧里。（我们获悉）那些被雇来为她们束腰的人是从事各种杂役的女佣”。[37]

对话栏目捍卫的不仅是小蛮腰，而且是大主题：女性参政，已婚妇女财产法案，妇女的高等教育，以及妇女的普遍权利。撰写这类题目的妇女，如同编辑本人，对媒体普遍采取的反女权主义态度及男人强加给妇女的“奴隶式沉默”感到愤慨。大胆采取“女权主义”立场的杂志一般都寿命不长，或者失去发行量。《英国妇女家庭生活》的一些信件表现出的大胆激进可以反映在强烈抨击学校里僵化的性别隔离和课程设置方面，那是神圣不可侵犯的英国教育系统的特征，公学的产物是“傲慢、放荡和野蛮……急切渴望逃脱奴役，到了一定年龄，就迫不及待地开始模仿院长和教师的恶习”。

恋物徒们自己不敢直接涉及社会面临的更广泛的问题，他们的对手却这样做了。《英国妇女家庭生活》的反女权主义批评家包括对话栏目内部和外部的，往往迫使束腰者，以及时髦女性的特殊“束缚”方式的支持者出来自卫，他们即便不是女权主义者，至少也是站在反对反女权主义的立场。

这并不是说所有反对束腰者都必然是反女权主义者，或所有发表反对观点的医生的动机都是厌女情结。一些知名的女权支持者，如弗朗西丝·鲍尔·科贝（Frances Power Cobbe），即简明地表态反对束腰。来自《英国妇女家庭生活》及其他渠道的证据是，束腰论战的主要社会推力是对妇女的普遍压制，正如它是对性欲的压抑一样。对女性和性欲的恐惧是同一棵树上的枝杈。恋物徒自己并没有公开宣布女权主义立场，但明显地意识到她们是作为妇女（并代表妇女）在发言，这个主题的意义只有妇女才能真正领会，而男人则想让她们完全保持沉默。

《英国妇女家庭生活》的对话栏目似乎在很多层次上打破了关于妇女的传统观念——把她们当作一种被动的、居家的和负责生儿育女的生物。那些试图保留这种传统的人觉察出了女性恋物表现同女性政治及文化野心之间的险恶联系。因而有一位读者，谴责妇女将塑造自己的身材放在首位，同时告诫她们恪守家庭生活的“坚实美德”，并且停止追求学问和政治权力。[38] 妇女的非传统观念包含两种追求：性自恋权利和社会—政治权利。这两者都将破坏她们应当承担的家庭和母性的神圣角色。

最后应当再次指出的是：很显然，我相信《英国妇女家庭生活》通信专栏的真实性，至少其基本内容是如此。当时令许多人震惊的那些严厉执规的主张（如鞭笞和“惩罚式紧身褡”）是对一些明显的幻想信件（后来发展为篇幅很长且罩上色情阴影）的回应，它们太过于公式化，乃至于是不可信的。奇怪的是，我指出了这种不确定性，导致有人批评我既天真轻信（或蓄意的偏见）又彻底怀疑。《英国妇女家庭生活》杂志的某些信件可能是事实与幻想的混合，通信专栏作为整体则肯定如此。如同历史上的许多自传体叙述，人们不大可能区分其中的事实与虚构、真实经验与杜撰和修饰。令我感到慰藉的是，一位研究维多利亚时代妇女杂志的权威，最近通过详细的调研发现，通信内容是可靠的和有价值的，即使有时危言耸听，并且认为，它对“在全国范围内展开关于管束和控制女性身体的争论”，揭示其“矛盾的多重意义”，做出了重要贡献。[39]

琳恩·林顿（Lynn Linton）是头号保守的《星期六评论》的作家和令人作呕的反女权主义时代女郎形象的营造者，他指责比顿赞同鞭笞者的立场（这不是事实），并且暗示比顿在自己写的信里撒谎，“精心编造低级的骗局”。愤怒的比顿反过来谴责这家对手杂志“出言不逊，玷污诚实的英国女孩和良家妇女的纯洁名声，这比打一千鞭子还要恶劣”[40]。

第七章

恋物主义的深化

一、男人穿紧身褡：《英国机械》和《知识》

在《英国妇女家庭生活》开辟的通信专栏中，一些男人来信供认穿女式胸衣；其中少数人写下了冗长的自白。这一现象更多地出现在专门反映男性科学爱好兴趣的两家杂志：《英国机械》（*The English Mechanic*）和《知识》（*Knowledge*）。它们都是由理查·普鲁克特（Richard Procter）编辑的，他是科学出版界的一位颇受尊敬的人，他把杂志看作读者之间思想交流的论坛。

首先是在1873年，然后是1876年，《英国机械》共刊登了约三十封有关紧身褡穿着问题的来信。首先是《英国妇女家庭生活》的前作者（笔名“经验”）发表长文，证明束腰治愈了他的慢性消化不良症，接踵而至的来信偏向支持紧身褡，主要是从改善健康的角度考虑的，作为消除肥胖、消化不良和疲劳的手段，以及治疗久坐不动的生活方式引起的许多其他职业病。愉悦的内心感觉被认为是穿紧身褡的一个额外好处。审美的效果则从未提及，因为在这个时期没有哪位绅士愿意公开展示女人气。对于男士来说，束腰获得的多是运动或耐力的考验。大量的讨论涉及结构、弹性、强度和系束方式的技术细节等，这对男性杂志来说很自然，遗憾的是，心理因素全被技术细节覆盖了，而它往往会更有意思。据称在伦敦至少有40家胸衣制作商为男性顾客提供专门服务，然而加入讨论的总是业余穿着专家，而不是专业制造商。W.H. 斯通（Stone）医生对很多男士穿紧身褡的事实感到“恐惧、震惊和作呕”，编辑给了他一个定期专栏，用于反击这

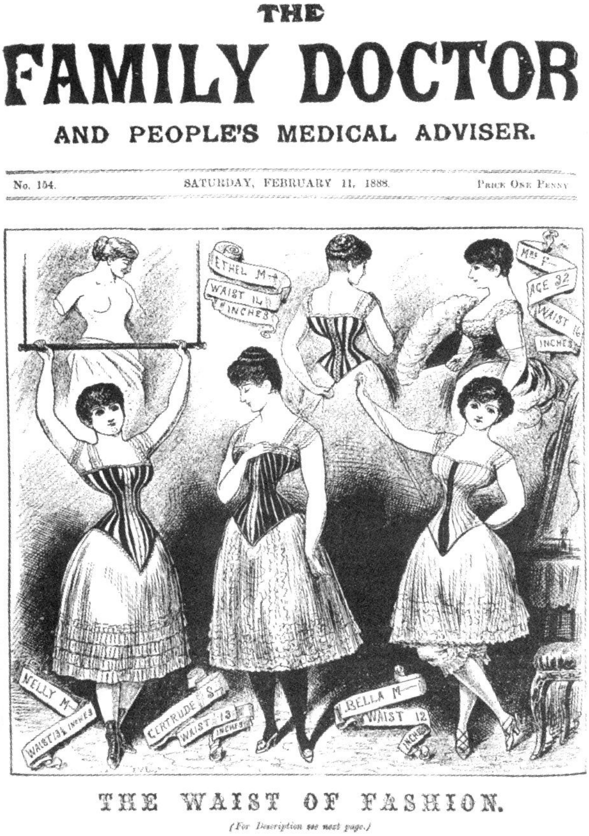
THE
FAMILY DOCTOR
AND PEOPLE'S MEDICAL ADVISER.
No. 154.
SATURDAY, FEBRUARY 11, 1888.
PRICE ONE PENNY
ETHEL M—
WAIST
INCHES
AGE 32
WAIST 16
INCHES
NELLY M—
GERTRUDE S—
WAIST 13
INCHES
BELLA M—
WAIST 12
THE WAIST OF FASHION.
(For Description see next page.)

图 7.1　时尚的腰身
（*The Family Doctor*, 11 February 1888）

种倾向。

从1882年中期到1883年初，《知识》发表了约50封有关紧身褡的信件。讨论是由一位改革者建议探究痨病的肇因而引发的。这种疾病在土耳其是罕见的，一位作者说是因为土耳其人吸烟，另一位作者说是因为她们戒酒，而第三位作者（改革领袖哈伯顿夫人）的观点是，因为土耳其女士们不束腰。随后的辩论有男性和女性参加，其中一些妇女与新创立的“合理服装协会”有联系。统计数字（新改革者的口头禅，正如我们已指出的）表明，土耳其女士们的肺容量很强大，这是完全不穿紧身褡的胜利传奇。编辑普鲁斯特（Procter）甚至尝试用“束腰”来治愈自己的肥胖症，他的确设法变瘦了一点，可是3个月后发现自己依赖上了“这个巴斯克野兽”。

一位美国同僚，《科学美国人》（*Scientific American*）的编辑对《知识》的通信内容印象非常深刻，虽然他仍持怀疑态度，但得出结论说，事实上束腰可能比大多数降脂秘方更安全。今天人们可能也会这样说。[1]

有关紧身褡的通信在《英国机械》和《知识》上不过是暂时的注意力转移，而它在《家庭医生》占据了主导地位，甚至比《英国妇女家庭生活》更甚。《家庭医生》或是《公民医疗顾问》（*People's Medical Advisor*）宣布其宗旨是“致力于治愈所有疾病，保护生命，促进体格发展，建立生活规律等”。[2] 作为一种非常廉价（售价1便士）的周刊，它的目标读者是一般家庭成员和中产阶级中患轻度忧郁症者。

从第1期开始，编辑就不折不扣地表明了对束腰的敌意，在随后发表的一系列社论和文章中，这一立场从未动摇过。他邀请了著名的权威，如伦诺克斯–布朗（Lennox-Browne，口腔外科医生，发声学著作的作者，《知识》的前记者），还有J. M. W. 基钦（Kitchen）医生。后者坦率地承认说，对紧身褡这个“潜在的杀人犯”，他“几乎无法控制自己的厌恶情绪”。[3]

1886年2月20日，一幅骇人的版画覆盖了《家庭医生》的封面，在此之前，其封面插图的调子一直是温和的；接下来的3个月里，不少于6期的封面画渲染束腰引起的内脏损害；但是后来，手法和构图变得平和了一些（参见图7.1）。这些封面包括“不同时期的女性腰肢”、各种款式和袒露程度不等的袒肩低领裙的正、背面影像，“紧绷的靴子和变形的脚”“高跟鞋和变形的脚”（参见图7.2）。接着是几年前《巴黎人生》展示过的“吊袜带和背带”，“耳朵及其饰物”（包括“漂亮野蛮人”戴的款式）——这一切，毫无疑问，有助于加大发行量，号称“比所有医学杂志的发行量加起来还要多”。[4] 此后的有些封面展示（不时髦的）畸形、破损器官和拔牙等图像，比色情画更令人毛骨悚然。

虽然编辑坚持公开批评的立场，但有些人说，他肯定是利用了穿性感内衣的年轻漂亮女性，将她们的照片绘制成画像刊登在杂志上。在火车站的售书亭里，这些引人注目的画像比那些凹缩肝脏的乏味解剖图等要好卖多了，也招致了恋物徒的踊跃来信，在接下来的六七年里持续不衰，[5] 较少有趣的内容，譬如酗酒，都被它给挤掉了。每隔几个月就有一些适宜的

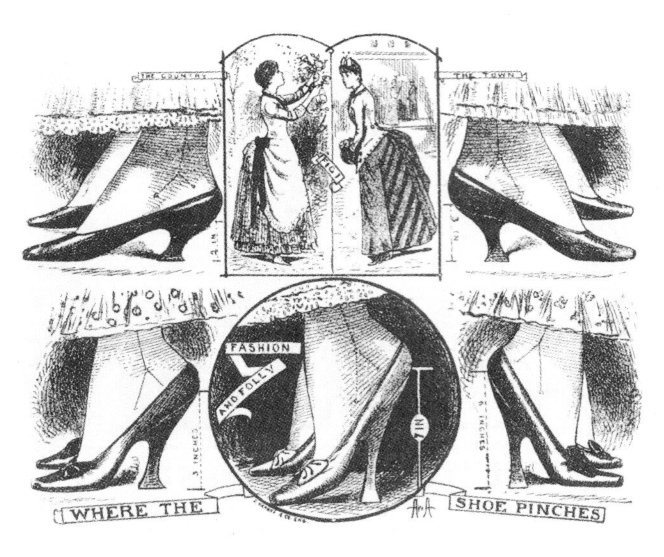

图 7.2　鞋子哪里夹脚？（*The Family Doctor*, 23 April 1887）

封面插图成为吸睛焦点。与此同时，编辑申辩自己完全没有煽动恋物徒便显得越来越站不住脚。事实上，1889年（12月21日）有一位温和恋物癖记者在一家支持温和改革的杂志被晋升为专栏作家。

恋物徒通信表现出的某些冷酷无情必定令维多利亚时代的许多人感到惊骇，尽管自《英国妇女家庭生活》时期以来，有些禁忌已被打破了。一家杂志刊登的在传统上称作“破冰”的第一封来信中，一位“时尚受害者”明显对青春期束腰的做法表示后悔，虽然当时她很乐意；一位（男性）读者的立即反应是，她如此不知羞耻，居然对强加给自己的折磨表现出很高兴的样子。[6]《女孩年刊》（*Girl's Own Annual*）称那家堕落的周刊是“非常可怕的读物”，不过小心地回避提到它的名字。

恋物徒通过采取更坦率和更自信的态度，以及借助通信数量的巨大优势，来有力地反击永无休止的反对声音。比较著名的改革者，如弗雷德里克·特里维斯爵士、艾达·巴林（Ada Ballin）和哈伯顿夫人保持了一定的礼貌，其他反对者则粗鲁地嘲笑恋物徒是“哄骗撒谎”“倾泻垃圾”，甚至“神志疯狂”。对于恋物徒的诚信度，的确值得打个问号，尤其是在束腰者当中，她们显然对自己的极端幻想也感到难堪，但是招致最严厉辱骂的是穿紧身褡和高跟鞋的男性上瘾者，以及那些要求有权利在公众场合穿异性服装者。与反对党的愤怒反应相比，恋物徒表现出了很大的容忍度，这一点感动了爱德华·霍顿（Edward Haughton）医生，他向男女束腰者致敬，因为他们以非凡的幽默感应对“几乎是语无伦次的谴责、报复和攻讦……穿紧身褡似乎同一些美德有某种关联，包括忍耐、自控，甚至和善的脾性”。[7]

束腰者勇敢地坚称，束腰成瘾给她们带来了最大的生理快感。人们认为，这充分证明了她们具有淫荡好色的天性。这种指控现在似乎更显得合理，因为在现实中，父母或学校推行形体训练已经不复存在，性早熟的少女是有意识地追求自我满足，男性异装徒是无耻地主动展露性变态。

二、恋物徒的体验：自愿和非自愿的束腰；“费解和美妙的感觉”；束腰学校；心理学和感知

在这里，我们将《家庭医生》和《英国妇女家庭生活》的通信合并起来考察。这些可信度较高的来信人重点强调，她们是主动、自愿参与束腰，更有效，也更人性化，而不是强制性的和被动的：“（我们学校里的）年轻姑娘们，尽管被紧束到几乎无法讲话，但仍然劝女佣们再拉紧一点。”[8]一所法国学校纵容大幅度训练，全校有50～70个来自不同国家的女学生，身体都十分健康，系统的束腰训练给她们带来了“精致、微妙和美好的感受”。身穿拉斐特（Lafayette）夫人提供的紧身褡，在父母的许可之下，一些“令人难以置信的极端目标”得以实现了。[9]

然而，暴力实施、绝对服从和最初的疼痛给某些男性带来快感。维多利亚文化赋予家长绝对的权力，倾向于许可哪怕是最奇特的惩戒方式。在恋物徒当中，极端执规者相对较少，而且主要是男性。[10]他们往往是管束女儿的单亲父亲，来信中采用的是军队中的专横语调。比如，一位英国上校从殖民地服务返回，见到他女儿的体形感到十分震惊，尽管他以前曾要求校长对她采用“一切已知的艺术手段，塑造符合时尚的苗条身材”。我们确信，这类案例反映了受到长辈亲人忽略的女孩们急于服从父权；但对其他一些人来说，纪律观念意味着或要求抵抗和惩罚，紧身褡是“校正”和束缚装具。大多数恋物徒讨厌人们错误地利用他们的迷恋物，即使（或者说尤其）是采取比鞭笞要人道一些并符合审美的方式。他们也表示反对

其他各种束缚装身具：手笼、绷带、钢腰带和挂锁——当时是作为防止切断束带的手段，今天是性虐狂游戏里的惯用玩意儿，它们本身颇具吸引力，而且类似抗自慰装置，包藏着邪恶用心和自相矛盾的寓意。

这类信件的文字往往是冷静平和的，有意地剔除了所有的情感。男性执规者也严格约束自己的写作风格，从而产生了令人不寒而栗的效果。

> 那些在束腰或不束腰之间踌躇不决的成年女性欣慰地得知，无论她们的身材多么粗大和不美观，通过采纳适当的建议，接受帮助和治疗，皆有可能达到目前流行时尚的紧迫要求；但是，为了彻底实现这一目标，治疗人员必须具备技能、经验和毅力，病人则需严守纪律、服从权威并有耐力。[11]

这显然是一种不平等的合作，但是其他恋物徒——也许是大多数——取决于加入的自愿程度和主动性，束腰训练“从来都不是为权威所迫的，而是出于受到激励”，“不屈不挠者”坚称，束腰者应该司掌自己的束带，尤其是在夜间。用尼莫（Nemo）的话说，他运用“鼓励……和一点机智”，依赖于那个15岁女孩的“自然虚荣心”来实现目标。[12] 考虑到公众对束腰抱有敌意的大环境，那些父辈长者强迫女孩束腰的故事似乎不大可信，事实正好相反，父亲们往往禁止束腰和穿紧身褡。据玛丽·利弗莫尔（Mary Livermore）的自传说，信奉加尔文主义的父亲非常严厉和专制，从不允许她穿时髦的衣服，特别是胸衣和低领衣，而那些恰是她梦寐以求的。当他发现了她已穿上胸衣的秘密时，立即拔出“巨大锋利的折叠刀”，把她从衣服里切割出来，然后把万恶的胸衣扔进了火里。

最好的励志榜样是维多利亚时代的“大家庭”成员，包括母亲、姐妹、女家庭教师、保姆、女仆、亲戚，甚至学校的朋友。对话栏目本身成为一个扩展的家庭，并提供了一种“制度化”模式。一位中年女士受到激励，将自己的腰围从37英寸减小到24英寸（她在日记中记录了实现这一壮举的感受，并供好奇者分享）。她除了自己身体力行以外，也开始训练14岁的女儿。有几位年轻女士谈到她们受到手足兄弟的鼓励；有时候兄弟姐妹们联名来信。人们推测，所谓“哥哥”有时是情人伪装的；一个被描述为“爱慕不已”和“不知满足”的“哥哥”，似乎对妹妹的身材生发出了一种比手足情更多的情愫，温柔地送给“妹妹”新衣服和骑马装，以资奖励。“这恐怕又可以让她的腰肢减小1英寸”。“不屈不挠者”通过承诺使自己的“腰更小、更漂亮”，总能哄着丈夫给她添置新衣。一个从前当过女仆的人说，她的身材被主人调教得很完美，随后“从学徒变成了艺术老师，指导有雄心的年轻女士塑造自身形象”[13]（作者在此特别提请读者注意；参见附录一）。

不是早期开始的渐进训练，而是对完全成熟的身体施行“暴力紧束”的做法，吸引了大量读者来信。人们的腰围最极端并最迅速地缩小了；麦格诺内特（Mignonette）的父母远在印度，所以她完全没有受过形体训练，直到14岁“高龄”才开始使用最严酷的装身具，并在夜间穿紧身褡，她幸存下来了，甚至“没有感到什么不便”；一位年轻的妻子结婚后不久，发现她的丈夫嗜好小腰，便决定大幅度缩减腰围（从23英寸减小到14英寸），在感到享受之前，最初的疼痛是“非常剧烈的”。她略带伤感地结束道：“虽然我现在年龄大了，青春的鲜花在我的脸颊上凋谢了，但我的身材还是跟过去一样好，这种魅力是岁月无法剥夺的。”[14]

一位妻子谈及迎合丈夫的兴致而实施束腰，显然比一个年轻女性夸耀束腰效果的性吸引力要安全得多。但后者的自夸也并不反常，这封信带有一种迷人的天真：“紧身连衣裙套在我的（19英寸）紧身褡上，它十分硬挺，显然给人造成一种错误印象，仿佛我是一个束腰受害者，可我发现，所有的男性‘粉丝’都被我深深地吸引了。”一位妻子承认，小腰帮助她钓到了如今的金龟婿，于是她继续坚持束腰，这一定能让丈夫保持对她倾心，她也就能享受他的亲昵抚爱。这类的坦白在15年前简直不可想象，而到了19世纪80年代，这已是很正常的了。一对50多岁的老夫妇共享恋物癖，他自14岁开始在欧洲大陆的一所学校里穿紧身褡，至今仍拥有22英寸腰围；而她的还要小两英寸。他们夸耀自己生养了6个健康的孩子。另外一位作者则无礼地假定说，那些孩子必定患有先天性痴呆。[15]

男性崇拜者的自我分析，虽然没有太深的意义，但并不缺乏重要的洞察力。本尼迪克特（Benedict，1867年10月）承认自己对束腰的“过分欣羡之情”是“断然荒谬的”和“中了魔咒”，他感觉有一种保护束腰者的

“义务”，因为她们取得了十分诱人的成果，乃至于快乐地忘却了所用的手段。鳏夫拉·基恩（La Gene，这个笔名意为“不适”）谈到他亲自训练侄女体会到的“一半乐趣，一半痛苦”，声称他感到喜悦，确信“小腰的一半魅力并非与紧束无关，而恰恰是源于紧束，一件完美紧身褡的极度压力造成的局促不安使一个优雅女孩的行为举止更添风韵”。（见插页）

人们坦承，在19 世纪的最后20年，束腰者遭受的疼痛或不适成了男人享乐的组成部分。有一个极端的例子，作者声称，他不关心“女孩可能会有什么痛苦，倘若她的腰很小”，通过在自己的身上做实验，他确认由于束腰包含愉悦成分，所以这种“痛苦”往往是可以忍受的。他的这种领悟自白比较罕见，也很少有人公开承认罪过感，譬如一名作者以母亲为偶像，很欣赏束腰，他坦率地承认自己的这一“病态污点”。他结了婚，没有考虑会有什么后果。有一天，他的妻子观察到丈夫对一个细腰的陌生人着迷，便决定开始束腰，尽管她已经过了30岁。现在，14年之后，她穿着胸衣的腰围是19英寸，可以紧束至16英寸；她从未生过病。整个过程似乎是成功的，作者却陷入了道德困境：“我处于一个不幸的地位，尽管我知道这种做法是不对的，但我却想满足自己的欲望，为了看到妻子有个小腰而不顾后果。”对男人来说，女人束腰给他们带来的视觉愉悦非常强烈，以至于他们往往不考虑其他，包括那些长期的负面影响。[16]

摘自《英国妇女家庭生活》，1868年9月

我也是一名鳏夫，收养了两个侄女，虽然我对束腰的钦佩程度没有达到亲自穿胸衣的地步（相反，这个想法令我觉得恶心），但是我同意那个署名为“鳏夫”的作者在贵刊6月号上对年轻女士束腰发表的赞美之词。[17] 我甚至要说，倘若一位年轻女士有一张漂亮的脸蛋和一副好身材，则可能令她沉迷的束腰不仅不是多余的，还可为她的美貌增色。我的两个侄女分别为16岁和17岁，由于她们都很漂亮，有可爱的身段，我希望她们尽可能发挥自己的长处，因此我也愿同那个“鳏夫”一道询问M. C. 对维也纳和法国紧身褡的看法。我的侄女们有一位家庭教师，根据我的命令，她对束腰要求非常严格，坚持让她们最大限度地压缩，把她们变成我所期望的最美丽的女子。在这里我要提到，有一点我不大赞成M. C.，任何时候都没人会喜欢一个漂亮女孩看起来衣冠不整，但是我不禁想，卖弄风情是有好处的。当一个年轻女士出席野餐会或参加槌球派对的时候，脱掉系着18英寸或19英寸精致腰带的整洁晨礼服，而在紧身褡的外面套上一件优雅合身的裙装，那将会很迷人。正如M. C. 所说，紧身褡的“强力束带”在此发挥威力，束腰的极端手段就是用于将腰围减小到最小尺寸。最近我对侄女实施了这个计划，当她们去参加一个野餐会时。大一点的那个高高兴兴地回到家，承认她从未这么彻底地享受过；事实上，她总是渴望跟女仆和教师合作，努力束腰，乐于承受一半乐趣、一半痛苦的巨大压力。小的那个非常倾向于反叛，不乐意接受比她所能忍受的还要严格得多的紧身褡，但最终还是被迫服从了（通过什么方式我不知道，反正强制是有效的）。她回家后不得不承认，很多人对她表示倾慕，令她很开心。她天生是一个卖弄风情的女孩，但是太年轻，尚不懂得这个座右铭的价值：“你要为美丽而受苦。”现在，我想知道M. C. 认为哪一种是最好的压缩腰身的紧身褡。虽然没有多少人会承认，但我确信，小腰的一半魅力并非与紧束无关，而恰恰是源于紧束，一件完美紧身褡的极度压力造成的局促不安使一个优雅女孩的行动举止更添风韵。宽腰和扁平胸的女士不像女人，更像学校里的男生，当然，我不可能指望她们同意这一见解，我怀疑是她们时不时地在你们的杂志上表达与普遍看法相反的观点。请允许我补充说，我所说的偶尔束腰不可能像M. C. 所倡导的永久改变身材那样有害吧？如果发现太过痛苦——对此我表示怀疑，那么可以停止紧束，或在出席我说的这类重要场合时放松一些压力。至于日常的穿戴，没有任何假装窈窕的女孩会觉得17～19英寸太小而不舒服。我不会说出我的大侄女在上述场合穿的紧身褡的尺寸，或者说我不敢相信那个尺寸，但是她的身材的确好看极了。

那些女士们，她们在私下谈话中向本尼迪克特承认自愿束腰，并且体验到“快感”，很快就主动将自己的感受写了出来，令他人有幸分享。劳拉（Laura）说，在进一步收紧后，她“从来没有体会到像现在（这样）精妙的愉悦感”。其他人选择的语言是“奢侈的美味享受”和“完美压束的奇妙震撼”。

除了“美味”和“精妙”之外，《家庭医生》的通信专栏里还加上了“激动人心”“奇异的喜悦”等形容词，并且提供证词表明，束腰引起的情感是“不可捉摸的”，无法解析。一位有3个女儿的母亲对这个问题表现出特殊的好奇，并鼓励孩子们表述自己的情感。“在14岁时，当她们第一次真正开始束腰时，我的女儿们说这种感觉是美味的，然后又补充说：‘不过，我无法形容这种感觉，妈妈。’”[18]

不过，对有些人来说，感觉明显是痛苦的。一个男子被恋物癖缠扰，仿佛“无法治愈的高烧”，于是他跟束腰的疼痛阈值调情，时而小于17英寸——他的“正常”最小值，“这让我感到恶心想吐，并引起剧烈的疼痛”。“海格（Highgate）的美丽新娘”讲述她在15岁时束腰，开始几个月里遭受了头痛和消化不良的折磨。接下来是“令人憎恶的被截成两半的感觉，后来又被一种全身麻木所取代。一年过后，我开始喜欢它，极端紧束时也可以走路和跳舞，不再感到很疲乏了”。[19]

服装改革者们声称束腰引起消化问题；束腰者则宣称它治愈消化不良。女士们虽然不太会像男人那样承认束腰可以抑制过量饮食——据认为它是导致消化不良的最常见原因，但她们发现吃得少（有一例是完全取消晚餐）可以改善健康。对“爱尔兰女孩”来说，正式晚宴提供了一个特殊机会，让她骄傲地享受人们“凝视我的宽阔肩膀和丰满胸部”的快乐；同时，在进餐过程中，“腰部紧致、坚实和小巧的有趣感觉”远没有令她不舒服，实际上反而升华了。她还发现，吃得少提高了皮肤的透明度。皮肤透明被认为是一个很重要的审美优势，其他人也证明了束腰的这一副效应，同医学界提出的束腰导致鼻子和双手发红的理论完全相悖。[20]

《家庭医生》通信专栏不断彰显青少年束腰的自愿性。“一位有4个女儿的母亲”将女儿的严格束腰训练延迟到14岁，她订立的家庭标准为16英寸。她发现，最大的女儿自愿减到13英寸，老二达到14英寸。她也十分鼓励女儿们穿超低领裙和超高跟鞋跳舞，“因为男人就喜欢这样的”。一位女胸衣商的助理作证说：“这些女孩似乎挺享受束腰的感觉。我经常看到十五六岁的女孩自愿穿紧身褡，紧到几乎不能呼吸。”作者聪明地补充说：“这也许有生理上的原因。”[21]

一位母亲袒露了真正不计后果的一次胡闹。一天上午，女儿走进她的房间，跟在后面的保姆喃喃自语道：“这不是我干的，格雷西小姐非要这么做。”女儿喊道：“妈妈，我已经做到了！我现在不在乎了。”说着，她让遮盖身体的披风落下，“我看到……她仿佛断成两截的样子。她的腰好像只是一根管子，她告诉我，它只有11英寸。我万分震惊，命令保姆立即把她的束带松开”。这一了不起的战果是跟一个朋友兼对手竞争而取得的，她的腰围（14英寸）比格雷西的细，大大出乎格雷西的意料。于是，两个多星期以来，她每天紧勒半小时。“她是如何忍受的，我简直无法想象。我允许她带着现在的束腰成果去会见她的对手一次，并且下了禁令，以后再也不能把腰勒到13英寸以下了。”[22]

三、束腰学校？

上层阶级让女儿们在家里接受教育，寄宿学校里的女孩几乎都是来自中产阶级。有关19 世纪英国女子寄宿学校的深入研究，可能重复证实恋物徒的信件中提到的现象，即在学校里存在竞争性的、系统的束腰训练，它是被强迫、鼓励或纵容的。这是一个几乎不能公开宣传的教育项目，医学界人士也很少谈论它。无论事情真相如何，恋物徒显然依据一种打动人的方式演绎出了一个神话，目的是赋予一种反常的性实践以制度上和教育上的合法性。这些故事似乎发生在一个幻想世界里，夸张的小腰围尺寸缺乏具体情境依据，也没有提到父母或其他人是否反对或知情。不过，早在1867年，如我们已经了解到的，爱丁堡一所女子学校的女校长就曾经指出，没有母亲会选择一所据知实施严格形体训练的学校，除非她同意女儿接受这种训练。这话意味着，至少这位女校长知道有这类的学校存在。

除了杂志的通信专栏，以及女胸衣商主办的调查之外，更多、更有力的证据可能很难找到。可以料想，无数的小型私立寄宿学校憎恶和回避官方调查，譬如政府机构汤顿（Taunton）委员会在1862—1867年间所做的。这些学校的校长“恪守高雅的隐私生活，避开公众视线”，她们通常是缺乏资历的可怜女人，渴望成为“淑女”并造就“淑女”。她们视学校为一个私人家庭，往往将校舍设立在一所大的私人住宅里。对于私人家庭的行为方式和道德规范，外人是不宜过问的。[23] 于是，这里就有可能成为奇异着装实践的滋生地。

在19世纪中期出现了一种转向，为女孩子提供内容更扎实的、对精神和身体要求更高的教育课程。女权主义者弗朗西丝·鲍尔·科贝（Frances Power Cobbe）回忆起布赖顿（Brighton——后来的恋物徒信件中特别提到的一个度假村落），1836年左右她上学时，那里至少有一百所女子学校，这些学校的学费昂贵，相比其他任何学术课程，弯腰驼背和无礼举止更容易得到坏分数。他们训练女孩成为社会的装饰品，重点强调轻快健美操、音乐、舞蹈、绘画和仪态，再加上（在她上的学校里）禁食，不可思议地说是为了增进“我们的灵魂和身材”。科贝没有提到束腰训练之类的课程，如果有，她是会严厉批评的。

服装改革者们的疯狂反对，以及杂志上发表的束腰者自卫，必定在学校里激发起了紧身褡和束腰的意识。有一点在我看来颇为奇怪，关于紧身褡成瘾的主要指征——穿胸衣睡觉的习惯，支持和反对者双方都归咎于女生的懒惰，除此之外她的行为是正常的：“寄宿学校的女孩经常不松开束带睡觉，否则第二天早上将需花半小时再把它系紧。我们这代人用血汗和眼泪来为这不合理的行径支付学费。”[24] 此时已有了前襟开口的胸衣，为什么还需要花半小时解系呢？延长睡眠时间也不应是其动机。对服装历史学家威尔弗雷德·马克·韦伯（Wilfred Mark Webb）后来提出的证明（1907）我们也许表示怀疑。他虽具有充分的科学资历，但对研究对象的这一方面不加鉴别（他传播凯瑟琳·德·美第奇强制推行13英寸腰围的神话），并且当他提到束腰是“残酷的，在上层阶级学校（原文如此）的年轻女性中实施，她们被迫穿着又紧又硬的紧身褡睡觉”，[25]（我猜测）他是盲目采信了恋物徒的通信。

但是，我们可以相信具服装改革意识者的一个一般性的结论：束腰的坏习惯自学校开始并且养成。因而，一位著名的妇科医生（最初在1887年）承认自己无力抵御“时尚火神摩洛克（Moloch）”，“这个年龄段的女生心目中有一个理想腰肢，为了实现这个理想，她挤压、紧束、折磨自己，理由很简单，（对手）总是比她更苗条”。对此这位医生产生的联想并非不典型，他担忧妇女从事了“太多的脑力劳动，太少的家务，这是我们社会的另一个亟待矫正的弊端”[26]。

允许或鼓励束腰的学校肯定是少数。除了信件之外，杂志所做的调查中，根据女胸衣制作商提供的数据（参见附录二）也多次提到和强调这类学校，所以这一现象不会是虚构的。进步女子学校及大多数向公众开放的学校，在不鼓励轻浮和醒目着装的同时，提倡学生们参加扩展的学术标准所要求的“脑力劳动”。曼彻斯特女子高中的校长主张的典型穿着规则是：“整洁、简单和感觉良好”，避免“炫耀的、紧身的、不健康的和笨重的衣服”及高跟鞋。[27]

在没有校服的情况下，着装规则可以或多或少地适应时尚需求和个人趣味。从切尔滕纳姆女子学院（Cheltenham Ladies’ College）的编年史中我们发现了一些意想不到的细节。该学院是当时英国无可争议的顶尖（私立）女子学校，由才华横溢的多萝西娅·比尔（Dorothea Beale）担任院长，她将这所学校建成了崭新的女子教育系统的宏伟模式，声誉经久不衰。不同于传统的寄宿学校，这所学校的规模很大：1873年有220名女生（不是全都住校），居住在专门建造的优雅房舍里。将女儿送进这所学校长期寄宿的父亲们，许多是在驻外使馆、州政府、军队、驻印度的文职机构和传教领域工作的，[28] 在那个年代，长途旅行费时耗资，因而我们较能体会，有些似乎是失职的，且不说是不可思议地疏忽或无知的父母，可能会让他们的女儿（在比较次等的学校里）接受了不必要的极端“形体训练”。

切尔滕纳姆女子学院实行的政策是明智和进步的，然而，正是在这样一个人们认为不可能存在束腰的场所，我们发现了不容置疑的自传体证据，表明那里有束腰流行的土壤。这种严格压束的例子存在于那个时期（19世纪80年代末），可以想象它不是孤立的，在那所学校或任何其他学校里，进步的学术准则与时尚训练并非水火不相容。

比尔小姐本人的衣着款式，从1874年她的肖像画来看，[29] 简朴但非常典雅；她十分苗条，走起路来女人味十足，敏捷、轻盈和流畅，具有一种内敛之美。上面提到的那个自传的作者名叫塞西莉·斯特德曼（Cecily Steadman），她详细地记述说，学校一般不鼓励随意着装，而是青睐类似制服的款式，至少从颜色上说，冬天是棕色，夏天是白色，帽子皆为硬草帽。禁止高跟鞋，但穿紧身褡是法定的，我们可从作者自述的着装风格来判断，似乎多少已成为一种标准服装了：穿在紧身褡外面的衬衣“像一层皮包裹着紧密贴身的内衬，每条接缝都加了衬骨”。衣服上的任何皱褶都被认为是可憎的，仿佛是翻译文字中出现的讹误。大多数寄宿生从家里带来自己的衣服，但斯特德曼说，她不习惯穿“这么又紧又窄的马甲（waistcoat）”，它肯定是当地学校提供的。从字里行间，我们猜测，学校必定向她老家的姨妈通报了着装要求，所以她本来期望姨妈寄来她惯常穿的那件简单、“舒适的”白蓝相间的棉布连衣裙，却惊讶地收到了重新缝制的一件，全部加了衬骨。然而她叹了一口气，补充道：“我们全都默默地忍受了。”[30]

为此，斯特德曼提醒我们，尽管鸟笼式裙箍已经过时了，但束腰肯定还没有。对自身外貌有一定兴趣的女孩仍然有这样的抱负，要达到只稍稍超过18英寸的腰围。事实上，塞西尔·史密斯（Cecil Smith）夫人发现，一个女孩买了一对紧身褡，带有垂直的鲸须衬和水平的钢束带，她把束带绕在床柱上，借力将自己系得非常紧。“多亏了史密斯夫人，毫不留情地没收了她的紧身褡。我们当中很少人有勇气或欲望像那个女孩那样走极端。”定期穿紧身褡已是相当痛苦了，我们还要“穿着甲胄在各种讨厌的场合做早操”，“没有权利拒绝或作出其他选择”。大学里的体育选项显然是多样的，除了通常的健美操和舞蹈之外，还有网球、骑马和游泳。比起1848年来是大大不同了，当比尔小姐上学时，唯一的户外辅助运动就是穿着背板在花园里散步。

斯特德曼还记得服装的标准衣领是紧裹的，高2英寸，它是经过“极聪明的人”改进的。“她们穿着浆硬的领子，同她们兄弟的衣领一样高耸而闪亮”，甚至做健美操时也不卸下来。

按照“束腰”一词的定义，它在该学院是否确实普遍流行？塞西尔·史密斯夫人的专横干预是否具有长期的威慑力？斯特德曼没有说，但是束腰的想法，或其假定的臭名昭著的影响总是存在的，这一点可以根据观察到的一些“小病患”来断定，在这所总体健康状况良好的学校里，“有些女孩子轻度昏厥成瘾”。昏厥的原因部分是由于追求18英寸腰，部分是时代遗风，即把昏厥作为气质高贵的标志。斯特德曼补充说，带着一点在这类讨论中罕见的幽默，“不管是出于什么原因，一些年轻人的确设法经常让自己不省人事，甚至遇到不喜欢的家庭作业得了个不好的分数，也能立刻昏厥过去”。[31]

对于从恋物徒通信中获得的有关学校里束腰的证据，显然必须更慎重地处理，但是逐渐增多的现象令人印象深刻。从19世纪60年代起，信件中经常出现委婉用语——“形体训练学校”，我们感觉它们的数量在增加。这类学校分布于爱丁堡、肯辛顿（Kensington）和某些时髦的度假村镇，但精确的位置和名称不大清楚。[32]

1887年，署名“家庭主妇”的一位作者，来信向杂志索要这类学校的地址，因为她自己一直未能找到；在她的印象中，这类学校是罕见的、鲜为人知的。编辑提供任何学校的名称和地址必须是私下的，否则会令学校卷入见诸媒体的丑闻，声誉严重受损。他们获得这类学校的信息肯定是通过小道消息的渠道。为撰写封面故事，《家庭医生》曾采访了一位“上层阶级的法国女胸衣商”，其客户包括一些女子礼仪学校，据她了解，“只有三四所学校里束腰好像是比较普遍的，其中只有一所真正鼓励女孩子实践，那所学校坐落在布朗普顿（Brompton）街”。据很可能是该校的一位校友来信说，校方期望所有的人束腰，“那些拒绝接受者，或是其父母反对，或是本人身体状况不佳”。夜间束腰不是必需的，那些想早晨在床上多赖一会儿的人才那么做，通常的腰围极限是16英寸或17英寸，测量结果记录在类似学习成绩册上，假如谁要求缩小腰围超过极限，只有作为破例才能获准。“未经父母和/或校长许可而暗中超越束腰极限的女孩，一旦被发现，将受到一个星期不许穿紧身褡的惩罚。”所有这些描述，同“惩罚性紧身褡”的概念相去甚远，那是绝大多数恋物徒所厌恶的，仅有少数人珍惜，在英国学校里它似乎不存在，尽管有可能存在于苏格兰（Scotland）。[33]

也有证据显示普通学校的学生感染“束腰狂热症”，虽然校长反对这种做法，正如切尔滕纳姆女子学院的情况。有一名校长为了在校园里清除传播毒素的细腰，迫使感染束腰病毒的学生用宽松外衣将身体遮盖起来，而且她还拒绝雇用一位细腰的老师。[34] 布赖顿集中了不少“形体训练学校”，这大概反映了度假胜地女子学校的数量之多。法国卡通画家萨伯（Sahib）多次描述，在布赖顿散步时可见到蜂腰女孩比比皆是。坦布里奇·威尔斯（Tunbridge Wells）的“K小姐青年女子学院”（Miss K's Academy for Young Ladies，1864）专门雇用了一位负责执行紧身褡纪律的波伏瓦（Beauvoir）小姐，她设定的腰围标准是18英寸。

《家庭医生》的一位读者来信指出，“欧洲的一些国家实施束腰是最普遍和最极端的”。[35] 这一观察，如果是依据学校里的实行情况，肯定指的是奥地利和法国，这常在通信里提及，但是从这些国家的有关文献中我没有发现证据。这些恋物徒吹捧奥地利的某些形体训练学派，但我无法通过其他信息来源验证。[36]《家庭医生》的信件提到，在巴黎及周边地区和科特迪阿苏（Cote d'Azur）的一些学校是“小蛮腰天堂”。尚不清楚这些学校是否专为英国人而办，在接近19世纪末时，越来越多的英国人去享受里维埃拉（Riviera）的好气候。一个英国女孩从罗克布吕纳（Roquebrune）来信愿意提供几所学校的地址，包括她自己所在的学校，它“虽然不一定被称为束腰学校……但穿紧身褡是那里的规矩，而不是例外。女孩不是被迫束腰的，除非他们的父母希望这样……校长要求所有的极端束腰者每星期放松紧身褡一次，并且定期锻炼身体”[37]。

关于“实施束腰训练的学校”，我知道的唯一的“活记忆”是一个75岁的南非人。他记得祖母告诉他，她上的是一所这样的学校，在结婚时，她为自己的16英寸腰围吸引丈夫而感到骄傲。她一生保持着奇妙身材（作者的母亲生活在爵士时代，对她的这种做法感到很恐怖），有4个儿子，活到了89岁。[38]

大型时装商店和百货公司可能被视为一种学校，对那里的大量年轻女员工来说，女监事的角色相当于父母和监护人。各种资料表明，在一些商店里，专业训练的概念扩展到体形塑造，女孩们束腰受到鼓励，甚至相互竞争，出色者获得奖励（参见附录二）。窈窕的女店员显然更能招揽客户。

四、《妇女》(1890)

《妇女》杂志刚开始是压制支持束腰的观点，随后读者中支持者数量增加，编辑的（不寻常的）公平竞赛意识，无疑还有一种追求怪异和丑闻的倾向逐渐占了上风。该杂志提出的口号是“前进！但不要太快”。它的目标读者群是“所有阶层的具平均智力水平和妇德的女性”，而且似乎特别瞄准“必须出去工作的妇女”，向她们推销妇女行业商会的想法。它的读者群实际属于买得起一便士周刊的“工薪阶层”，而且，毫无疑问，很容易接受束腰。一年之后，《妇女》自称达到了“很大的发行量”，尽管它有所谓“先进的”名声，但人们已经认识到，它在根本上是一个保守的、追求旧的居家妇女理想的杂志。[39]

1890年创刊后不出6个月，《妇女》发表社论，题为“腰的奴隶”，以给衰微的通信专栏注入生机。只收到一封来信（6月19日），署名“小蛮腰”，声称束腰对身体并没有损害，因为作者本人从12岁就开始训练，昼夜紧束，到18岁时，腰围削减到了16英寸。现在她24岁了，刚结婚3个月，度蜜月时她的丈夫希望她放松到26英寸（或许是出于可能怀孕的考虑？？），但是最后，当她抱怨感觉不适时，他便不再坚持。“我从未生过病，也从不忌口，不过饮食总是有节制的。”

编辑以惯用手段压制了“小蛮腰”，但是在下一期，给了玛丽·弗朗塞斯·比林顿（Mary Frances Billington）发表见解的空间。比林顿写过有关护理学的书，她将束腰比喻为“在媒体的每一个疯狂季节里重复出现的话题”，她对腰围测量热嗤之以鼻，说“宣布的那些测量结果是极其荒谬、无法解释的。若不考虑身体各个部位的比例关系，测量数据毫无意义，那些可怜的人不是脑发昏就是愚昧无知”，并且断言，整个束腰实施的情况“远没有人们所说的那么普遍”，而且它没有什么危险，因为妇女在妊娠期间器官的位移程度比任何束腰行为造成的都更明显。英国皇家外科医师学会会员托马斯·纳恩（Thomas Nunn）先生也抱有这类可引起丑闻的观点。他在米德尔塞克斯（Middlesex）医院担任咨询外科医生，写过8本医学著作，他指出，细长腰身是进化和文明发展的一个要素，“可以推论，高智力与小腰相关”。还有一个异端邪说！纳恩，紧身褡不会导致疾病和死亡，除非在极端的情况下，“患贫血症的愚蠢仆人，或是梦想当演员的酒吧女招待，本来就患有心脏病，还拼命地把自己的矮胖身子往细勒，结果便承受不住了”。[40]

支持束腰的信件源源不断，编辑承认，杂志版面都容纳不下了。“几乎所有的”“粉丝”都是女孩。其中一个13岁的受到了严厉批评。一位中年妇女自称树立了长辈的榜样——她现今35岁了，有一个17英寸的腰围（身高5英尺5英寸，胸围33英寸），6个孩子，其中有两个女儿，分别是17岁和14岁，都在接受类似的训练。在这之后（7月3日），通信专栏宣布关闭，《妇女》发表社论向“妇女们”表示，它有正当的理由关闭，它原谅了女孩们的无知，并且在某种程度上也原谅了她们的反常习惯——奇怪地将之被比喻为实行斋戒的男人在威斯敏斯特水族馆里展示“超能”。最后，社论还将束腰同“早期厌食症”的恶果联系起来，这是为了回应一个迷恋降低体重比勒腰更甚的女孩。编辑给她提供了一个体重标准，从我们自己狂热追求苗条的角度来看，这在当时可能被认为是正常的：她身高5英尺8英寸，正常体重应为155磅，比她实际体重多14磅，所以说她应该努力争取增加而不是降低体重。

一个具有讽刺意味的结局：几年后，小说家阿诺德·班尼特（Arnold Bennett）成为《妇女》的编辑，以杂志里唯一“前卫妇女”的面孔出现，他发现，为了顾全大批胸衣广告的利益，他压制了自己反对（所有形式的）紧身褡的立场——毫无疑问，根据那些有经验者的忠告，编辑的敌意只会煽动起更多坚定的信徒。[41]

五、《淑女》和非淑女行为（1892—1893）

《淑女》（*The Gentlewoman*）杂志进行了一项不同寻常的调查，既是实用的，也引发了无休止的争议。它提出的观点充满激情且是公正的。[42]《淑女》可类比《家庭先驱报》《女王》和《英国妇女家庭生活》，但不同于《家庭医生》和《社会》（*Society*），它在各方面都很受尊敬，更重要的是，它具有上层阶级的取向。它将自己描述为“豪华英国社会的图画周刊”，而且“最受精英和巨富阶层的青睐”（或者说是“顶层的一万人”，这一社会阶层也是《女王》声称的读者对象），它的篇幅比前辈杂志大很多，对折（约15英寸×10英寸）的48页是正文内容，再加上38页的广告。它还进一步宣称自己是“王室的、忠诚的和符合宪制的。作者主要是上层淑女，读者对象也是上层淑女”，编辑是“一位受过教育的妇女，而不是一个女帽商人”。[43] 其宣言诉诸的对象可能是精英，但在1900年左右，其发行量约为25万份，是上一代《英国妇女家庭生活》的5倍。它无疑是在19 世纪最后1/4的时间里推出的最成功的新《社会》杂志。[44] 众所周知，那些被排除在“宫廷”和“社会”活动之外的人们很喜欢阅读这个杂志（参见图7.3）。

大量恋物主义内容的侵入再次显示了它的魔力。大约始于1892年，“维纳斯”主办了一个忠告栏目，题为“耐心美容术”，着眼于日常生活中的细节琐事，如防治冻疮、美化头发和改进面部肤色。它刻意将健康和疾病等更值得忧虑的问题排除在外。1892年2月20日，“维纳斯”向一位读者表示祝贺，因为她成功地顶住了母亲要求她束腰的压力，并对一个“几乎

图 7.3　迪金斯和琼斯的紧身褡广告。客户都是中产阶级人士，其中许多人要求长腰和额外长腰的款式，腰围 19 ~ 21 英寸（最大）（*The Queen*, 1893）

不可信”的故事表示“震惊”：一个仆人在工作上是令雇主满意的，可是她的腰围却从17英寸增加到了19英寸，于是女主人便要解雇她。来信人可能（或被人理解为）就是那个仆人本人，她想求得编辑的认可，通过束腰和“穿紧身褡睡觉”及几乎不吃不喝来尽可能减小腰围。这同她可能被解雇的遭遇相矛盾。这封信听起来像是编造的，并有意挑事。两个月后，“漂亮的爱尔兰人”受到了训诫，她陈述的遭受束腰折磨的故事是虚假的。编辑回复的措辞耐心、礼貌，带鼓励性，他可能是被许多这类的愚蠢信件搞得麻木了，无意中打破了历来的专横模式。

毫无疑问，正是这封信及其他未发表的信件，最终促使“维纳斯”组织了一篇全面反击束腰的文章。它公布在前，但发表日期被推迟了，我估计是由于编辑担心其效果适得其反，激起束腰者的新一轮自卫战，或疏远某些读者——他们喜欢编辑把束腰看作不过是一种低级的怪异行为；同时，反击文章还会得罪紧身褡制造商，这一点值得严重关注，因为广告是杂志的财政支柱。编辑公开表示，尽管这样做会给杂志的“商业利益带来损失”，但她仍然要坚持采取讨伐行动。[45]

紧身褡广告已经成为妇女杂志甚至一般杂志的一个非常突出的特色。《淑女》刊登占据半版的广告，在公众面前展示（按当时的标准）最性感的图像。最具吸引力的是斯柏寿莱特（Specialite）紧身褡的广告，画面是

图 7.4　“特殊紧身褡”是一个舒适的梦——迪金斯和琼斯的紧身褡广告现在跟梦幻和性结合起来了（约 1990）

一个优雅的年轻女子性感地躺在沙发上歇息，穿着华美的蕾丝内衣，双眼微闭，在做“一个安适的甜梦”（图7.4）。定期做广告的紧身褡厂家不少于8个，其中有些直截了当地鼓吹束腰，“维纳斯”必定认为是很粗俗的。就在那篇重要的反击紧身褡檄文和调查报告发表之前（1892年11月5日），拉珀尔塞福涅（la Persephone）的一篇广告承诺可以有效地“以独特方式明显缩小腰部，没有任何不必要的痛苦压力”；利斯特（Reast）谎称它的专利品牌“鼓舞者”（Invigorator，适用于女士、女佣、女孩和男孩）“常常可以防止束腰”，这种紧身褡居然被《柳叶刀》认可了。广告中的艺术形象突破了编辑的限制，全是清一色的蜂腰女郎，也总是高度理想化的时装画，正如一名医生礼貌地向编辑指出的一样，艺术家已经转而描绘“敏感的腰肢”。[46] 次年5月6日，在关于紧身褡的调查及其引起的反响平息之后，专门制作束腰（婉言为“低腰”）紧身褡的伊佐德（Izod）好像是要扩大知名度，开始做一个广告，题为：“每天的首要问题是：哪种紧身褡最为走俏？”在这段时期，斯柏寿莱特紧身褡（可从伦敦的迪金斯和琼斯大商场里买到）将它的广告从通常的半页增加到1页，附上满意客户的推荐评语。这些客户全都重新订购小尺寸的紧身褡：19英寸、20英寸、20英寸、21英寸和21英寸，还有几件是加长腰的式样。

题为“束腰的罪恶和丑闻：讨伐这一现代的疯狂行径”的檄文擂响了战鼓。[47] 文章一开篇就充斥着这类词汇：愚蠢、无知、作孽、流行的邪恶，自造的罪孽……

该文作者（大概是“维纳斯”）收到了数百封来信（作者在此特别提请读者注意），来自那些已经成功获得窄腰或是为此受过苦的人，包括年轻的和年老的，有经验的和新入道的，快乐的和痛苦的。这么多的来信令“维纳斯”难以招架。紧身褡简直就是“有自己特定方向的每日第一要务”。由于作者写信花费了很多精力，并且（假定）他/她是真诚的，所以编辑有义务逐字引用正反两面观点的内容。第一封信（令人惊讶）是正面的：一个女孩，从婴儿期到13岁一直接受训练，现在有一个荣耀的15英寸腰，这给予她一种“美味的，尽管是痛苦的感受”。另一个女孩，她的外貌是出色的组合，16英寸的纤腰，肤色“如奶油般白皙，身姿像雕像那么精美。在晚宴上她无法进食，却很乐意接受人们的赞誉”。正如我们已经看到的一样，无论过去还是现在，面部肤色总是受到过多的关注。一条永久的钢腰带会有助于女人保持姣好的容颜吗？

另一位来信说，为了使自己的皮肤白皙，每个月将腰围减小1英寸，并扩大到节食，每天只摄入一点汤和陈旧的烤面包，没有任何脂肪，这令人联想到现在已知的一种疾病：厌食症（anorexia）。她也坚持有规律的锻炼。虽然起初她经常有饥饿感，但最终这种饥饿饮食法有效地减小了胃口。她一再断言，束腰者通常（或需要）有“很大的运动量，散步、骑马、再散步”。[48]

接下来的那个星期（1892年12月17日），《淑女》发表了“铿锵有力的评论”，对14个国家级和省级报纸杂志一并进行讨伐。最后，调查本身完成了，并选择圣诞节期间作为恰当的发表时机，因为在这段时间里，读者对杂志的关注程度很高，有大量节日派对，充满自我展示、男欢女爱的机会和暴饮暴食的诱惑。新年伊始，便轮到医学界发言了。1月7日，奈弗特尔（Neftel）医生引用一所“时髦寄宿学校”强制昼夜束腰的例子。受害者来自一个健康的7口人之家。她死于“痨病感染”，医生用同样的病毒在家兔和狗身上做实验，它们都被杀死了。这项实验的结果已被证实。其他参加这项“艰巨实验”的著名医生，以及杂志的编辑都确信了一点：不是男人，而是妇女应当受到指责，她们“担心受到其他女人的无情贬斥”。这些医生和编辑不能想象男人会愚蠢得去欣赏蜂腰。令他们困惑的是：女性对自然、理性和医疗界发起的这种挑战，是源于她们新近发现的政治和社会权力呢，还是与此无关？另一方面，海伍德·史密斯（Heywood Smith）医生承认，妇女穿着打扮是为了取悦男人，但她们这样做是出于典型的女人式愚昧，她们不了解大多数（明智的）男人是蔑视蜂腰的。[49]

更多的来信详述束腰致死的案例，其中一封说，在德国的一个乡村社区，由于妇女患哺乳期疾病，居民几乎都死光了。编辑结束了这轮讨论，总结说，“束腰盛行到惊人的程度”，呼吁预防虐待儿童协会（Society for the Prevention of Cruelty to Children）采取措施，并公开惩处一些罪有应得的人，以儆效尤。之后，宣布中止整个白热化的讨论。然而，它并没有结束。紧接着的那个星期[50]就死灰复燃，媒体报道了一位医生提供的一起非常严重的病例：一个16岁的女仆星期日晚上散步晕倒之后身亡了。结论是束腰致死，如果当时有人及时地解开她的束带，她的生命是可以被挽救的。

主流周刊《国家评论》(*The National Review*) 对《淑女》的文章作出反应，发表了一篇题为“虚荣的受害者”的文章，作者是维奥莱特·格雷维尔 (Violet Greville) 夫人[51]。她解读并斥评《淑女》的证词，其中有3个要点。首先，有罪的人是妇女，“众所周知，她们穿着打扮是为了彼此争奇斗艳”。第二，束腰的确是下层阶级的恶习，“婢女、缝纫妇、小职员和家庭教师们忍受痛苦”，从而得到了“蜡黄的皮肤、暗紫的脸颊和泛红的鼻子”(不必号称束腰可以漂白皮肤！)。贵族阶层的读者对她们表示了极大的阶级蔑视：“采取束腰这种极端做法的受蒙蔽的妇女，在哪个社会阶层里能找得到呢？恰恰是在这类地方：超级赶时髦的群体、暴发户和下层中产阶级；这些生活在虚伪之中的人，唯一目标就是假装自己高人一等，以此来迷惑邻居。”她们同“大众妇女”(此处忽略了一个事实，新一轮辩论是由一个仆人引发的) 有明显区别，“大众妇女”可能“由于贫困、劳作和衰老较快而显得不漂亮”，但她们至少是自然的。自然地服从，也就是说安于现状。接着，格雷维尔夫人提出一项建议，与反酗酒、反烟草和反大圆环衬裙联盟协同一致，成立一个反对束腰的男性联盟。女人是不可救药的，男人可以独自与狂热作战，独自改变公众的错误看法。

她的第三个要点在我看来似乎是最令人吃惊和现代式的，甚至有些矛盾，即强调牺牲的观念。束腰者被比作“狂热的东方教派”——禁欲，“欣喜地接受当下的痛苦，从而获得未来的不可剥夺的快乐”。今天，人们很容易识别格雷维尔夫人所描述的这类人物，她认为束腰者的做法很奇特(我甚至觉得令人兴奋)，并且宽厚地表示惊异。这不输于一种“英雄行为”。“几乎还是个孩子的女子，压抑自己的自然需求，排斥喜好奢华和休闲享乐的心理，克制爱吃甜品和追求舒适的欲望，毫无怨言地、坚毅地忍受疼痛，她明白，今后还必须忍受更多的痛苦。所有这一切都不指望有任何报酬！这真是令人怜惜啊。”此处，我们几乎可以察觉，作者在最后校正文稿时抑制了自己的情感，避免了顺势滑进“表示钦佩”的陷阱。

这场风波终于平息了，共花费了约21000字的笔墨（不包括调查报告本身)。该调查报告见本书附录二。

六、《妇女》杂志的调查（1903）

《妇女》是一家周刊，主旨是“评论妇女感兴趣的事物”，六便士一份，相对比较昂贵。1903年，它发表了一篇特约文章：《致命的胸衣；或是束腰的危险》，由埃莉斯·梅纳德（Elise Maynard）执笔。[52] 这是受了《妇女》的编辑、语言学家、教育家和著名服装改革家艾达·巴林夫人的委托，巴林夫人随后也贡献出了自己花费好几个月的研究成果。这些文章都含有一种常规的监测意图（巴林的文章里塞满了医疗数据），不过像《淑女》的调查一样，它们尊重束腰者和女胸衣商提供的新的第一手信息，尽管规模要小得多，却很有力地确证了其他杂志的调查结果。而且它同实际研究保持客观距离。除了同女胸衣商进行长时间面谈和普遍地四处采访之外，梅纳德甚至还在街上叫住了两个去上班的女孩。对她提出的无甚新意的问题，她们回答说：“15英寸，但到了圣诞节，我们会勒得更细一点儿！”

巴林承认，有些受害者是她本人的朋友，但对她的忠告充耳不闻。人们可以感觉到，在这两位作者的惊讶好奇之中掺杂着鬼祟的同情心理，它压倒了本能的反感，并且真正尝试去了解束腰现象，而不是简单地指责它（虽然也有不少批评）。过去可能过于笼统地谴责束腰，效果无疑是不佳的。有一点很明显，对此人们多略去不提，即很多人，或许大多数是年轻人，是自愿束腰的，正如工薪阶层的女孩不得不寻找在社会上立足的途径一样。[53]

杂志为了增强真实可信性，采用了一种创新手法，刊登了三张年轻妇女的照片，她们皆身穿紧身褡，腰肢纤巧之极，如同这一时期所有的印刷照片一样，人像均被修饰或上了颜色，明显突出了“完美”的腰际轮廓。由于她们不是社交界妇女和演员，编辑对这些私人照片拍摄的场合及杂志社如何费力地获取它们做了说明。

梅纳德列举了束腰史上的一些案例，其中有些是威廉·洛德提供的，没有其他旁证，有的我是第一次听说，例如，18 世纪在拉尼拉格花园（Ranelagh Gardens）里发生的B小姐昏厥和死亡事件，她是“当时海塞

（Hythe）城里的一个漂亮情妇……她的胸衣周长不足一英尺”；又如，在1830年威廉四世加冕典礼上，有几位束腰淑女当场昏死了过去。梅纳德随后指出，19世纪60年代“束腰突然大增”，部分是由《女王》和《英国妇女家庭生活》的通信专栏导致的，它们提供了“启发性教育，尽管是令人悲哀的”。这段话表明，她相信通信内容的真实性。束腰现在重新构成了威胁。

梅纳德的文章确证了《淑女》的调查结果（但没有提到这家对手杂志的名称）。受害者往往是年轻人（15~20岁），尤其是来自不起眼的社会阶层和行业的体力劳动者，她们在学校和工作场所实施束腰，事实上，大部分文字记载的均是这类人的案例。在过去几年中，作者知道有7个死亡案例，其中一个是牧师的女儿，她穿14英寸的带锁腰带。一名上校的妻子把腰缩小到13英寸。“你可能不相信，在我的客户中，有几位医生的妻子和女儿是束腰最严格的”，一位女胸衣商说，她制作了“大量16英寸、17英寸和18英寸的”，还有几件13英寸和14英寸的——据她所知，确实有客户穿这么紧的胸衣。那天早上来访的一位年轻女士穿着15英寸的紧身褡，她在家中总是勒到14英寸，她的腰堪称小于16英寸。“人们指责女胸衣商怂恿束腰。这当然是荒谬的。我必须说，我个人希望看到一个紧束的好身材，但是一个13英寸的腰围？嗯，坦率地说，很不好。它完全不成比例。”不过，这个女胸衣商已经制作了“6件14英寸的，13英寸、15英寸的各两件”。此外，这种过分紧束受到紧身褡广告的鼓励，它们声称保证腰部以下的身体平坦，“无论系得多紧”，并且附上客户的赞评—— 一位客户发现某种品牌的16英寸紧身褡比另一种牌子的18英寸紧身褡更舒适，因此现在想要订购15英寸的。

学校被确认为束腰的繁殖场所，据梅纳德的一个朋友回忆，她在学校时，“所有的女孩子都被要求束腰，最佳身材的人获得奖励，近三十个女孩中没有一个人的腰超过17英寸，有几个14英寸，奖品颁给了一位13.5英寸者”。家庭教师也发挥她应有的作用：“英国西部的一个著名家庭”鼓励家庭教师束腰至16英寸，给学生做出榜样，年龄最大的那个学生超过了她。这位家庭教师外出骑自行车时死掉了。其他鲁莽的束腰者包括伯克希尔（Berkshire）的一个女佣，她穿小于16英寸的紧身褡睡觉，匆匆上楼时因心力衰竭而死；波普勒（Poplar）的一位女裁缝，22岁，死于腹膜炎；一位女演员“把腰勒得几乎不能走路”；更值得瞩目的是，兰开夏（Lancashire）的磨坊女们开展束腰竞争，成立了紧身褡俱乐部。工厂的女工被认为是最严格的束腰者——东区的裁缝师用最结实的面料为她们制作便宜的紧身褡，四五先令一件。几名女工的猝死记录表明，她们用辅助钢带锁住了腰部，在危急的情况下未能找到钥匙及时将紧身褡解开。

梅纳德得以引用法国公开发表的几个例子。巴黎的许多女工和女仆长年累月地塑造体形，但人们认为她们比英国女孩受的罪少一些，因为一般来说，她们穿的紧身褡的做工比较好。一家妇科医院的死亡病例中，来自里昂的麦尔·德·V（Mile de V）是一位漂亮的咖啡厅歌手，她进院接受治疗时，腰围仅33厘米（13.5英寸）。众多的巴黎时装店因雇员束腰而闻名——在一家时装设计店里，25名女店员中大约有20名过于严酷地束腰，没有一个人的腰围超过20英寸，5人小于16英寸，两人小于15英寸。这样做的目的似乎不单是为了打动顾客（假设她们在前台工作），很多人到店里时是紧束的，工作期间放松一些，离开商店之前再收紧。有3名店员死亡的记录。

杂志引用了一位“伟大的法国生理学家”的观点，此人（有理由不提及他的姓名）曾出版了一本《紧身褡生理学》（*Physiologic du Corset*），提出了一个在当时及后来都非同寻常的观点，即紧身褡的快感诱导（自体性欲）因素。引用这种观点只会让《妇女》更加吸引年轻的女读者，而且可以理解，编辑对此略感尴尬。她决定这样做的目的是体现编辑部思想开放。这位法国生理学家相信，用“纯粹的女性虚荣”来解释束腰现象是不充分的，同医学界的习惯做法相反，他事实上亲自询问了束腰者自己的真正感觉。得到的回答是“某些器官有感觉”，即使是严酷的束腰也没有不愉快，“甚至在某些常见的条件下是令人愉快的”。这位医生不相信这种愉悦感在最极端的案例中是真实的，而在麦尔·B（Mile B）所代表的“适度放纵”的情形下可能存在。麦尔是一个漂亮的女店员，她“通常穿42厘米的紧身褡，当穿上35厘米紧身褡的时候，她体验到的全部就是性高潮亢奋的快乐”。如果减到33厘米，她便开始感到疼痛和不适，31厘米就会造成晕厥和剧痛。这一事实解释了紧身褡流行的原因。

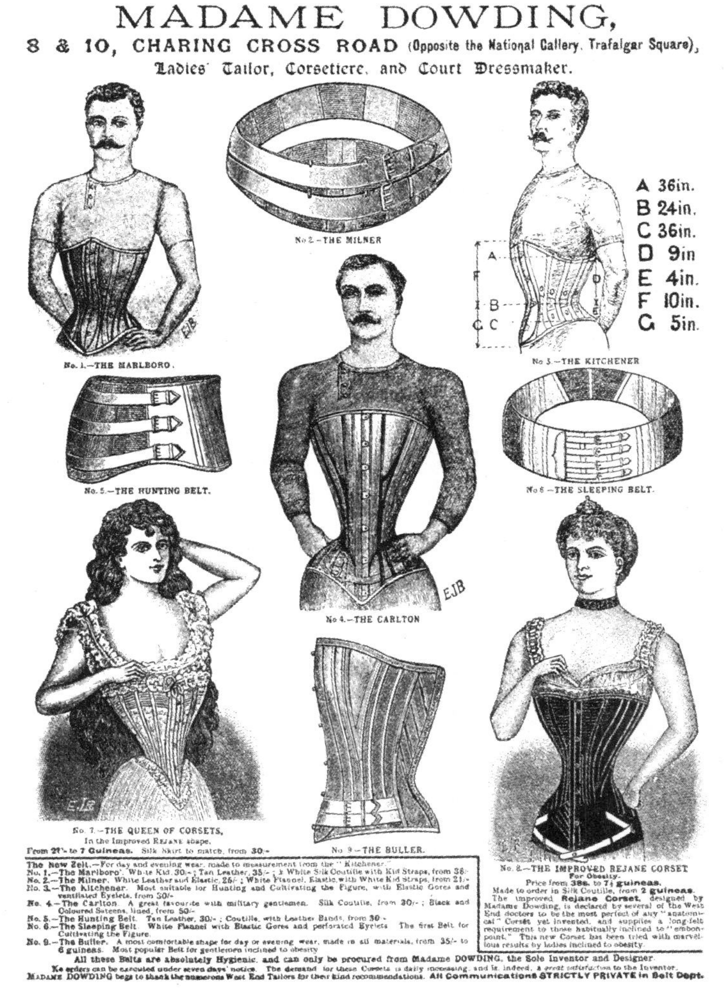

图 7.5　为道丁夫人做的整版广告（*Society*, 1899）

紧随梅纳德之后，艾达·巴林的贡献是深入研究了人体的适应性和耐受性，以及人类如何成功地将一种异常行为变为一种习俗。最后，她发出了黑色警告：束腰也会导致流产。不过，她宽厚地把这视为一种非自愿产生的副作用。

七、《社会》杂志（1893—1900）；道丁夫人；《女郎画报》

1893—1894年间，恋物癖通信开始从《家庭医生》逐渐消失，渗入了某些搜罗流行社交杂烩、戏剧性八卦和丑闻（委婉地统称为“时髦消息”）的报刊，其中两家是一便士周报《花絮》（*Titbits*）和《现代社会》（*Modern Society*）。这两家报纸不像我们之前论及的期刊那样假装以道德改良为宗旨，而是代表19世纪末发展出的一种特殊形式的八卦新闻，（亦）旨在取悦较低阶层的读者群。[54]

在《花絮》里恋物主义被释放了，而且又是通过学校强迫束腰的故事，作者添加了一些离奇的情节，对此编辑有理由感到愤怒，强行要求他提供信用，并要求他立即证实或收回他的说法。一位女记者采访了这位作者（她是女性，已成为一个女胸衣商并为自己的身材而自豪），对故事的真实性感到满意，因而说服了编辑。与此同时，一个女帽商的助理来信请求紧急救援，她被束缚得受不了了；如同这一时期的大多数通信，事实似乎不知不觉地被笼罩上了幻想的阴影。[55]

第三家刊物名为《社会》（*Society*）[56]，比上述两家杂志的历史要悠久，档次也高出一筹，面向富裕阶级的读者。《社会》引进了这段时期的大量通信专栏内容之后，编辑从丑闻类主题中找到了发展途径。他对束腰和异装癖的关注程度仅次于鞭笞和“按摩院”。男性紧身褡的主题在1894年左右特别突出，它是受到（这一类中最早的）图像广告的刺激，出自专做男性市场的胸衣商：E. 埃弗雷特（Everett），大波特兰街85号。有关束腰的通信在1899年达到了高潮，包括大量比重失衡的二手经验，既不够新奇又缺乏可信度。

《社会》的主要利益同雷切尔·道丁（Rachel Dowding）夫人的活动有关，她是一位女服裁缝、女胸衣商和宫廷裁缝，店铺坐落在法拉第阁（Faraday House），查令十字街（Charing Cross Road ）8号和10号（国家美术馆的正对面）。1898年和1900年之间她大做广告（图7.5），编辑跟她的关系十分热络。“这里终于有一位才华横溢的客户”——她的巨幅广告占一个双整版，往往比所有其他的广告更醒目，她的紧身褡客户，包括50名顶尖的女演员和社交名流[57]，以及伦敦军人俱乐部的许多精英成员，其中一些人束腰至20～21英寸。福勒（Fler）紧身褡非常昂贵，价格从一块到七块金币不等。

在道丁广告中推荐紧身褡的是一些公开的束腰者，如布伦海姆路26号的H. 莫德·格罗弗（Maud Grover），人称“社交丽人”（即妓女）；圣约翰（St. John）的伍德（Wood），她感谢道丁的15英寸胸衣，“甚至比过去16英寸的更舒适”。“弹性克拉克斯顿古典”（Elastic Claxton Classical）胸衣制造商试图嘲笑道丁品牌，道丁夫人拿出进一步的证据来反驳，这次是一位著名的女医生，她青睐用紧身褡来替代抗肥胖药物。道丁夫人显然是有头脑和有文化的妇女，敢于大胆地抛出一个“道德”说教，毫无疑问，她私下取得了不少机密信息，她断言，妻子如果让自己丈夫的偏爱得到满足，哪怕只是为了防止不忠（即与束腰的妓女厮混），也是明智的。[58]

正是由于道丁夫人的推动，《妇女百科全书》（*Every Woman's Encyclopaedia*，约1900年）中有关紧身褡的条目带上了一种恋物癖的倾向。该条目的唯一插图是道丁夫人创作的“适合年轻女性”的紧身褡；根据她提供的权威性证据，该释文确证了流行的各种过度束腰做法：惩罚性紧身褡、夜间紧身褡、极端减缩等。[59]

《社会》是最早的杂志之一，参与了有关控制生育之益处的公众辩论。这个主题如同其他有争议的问题受到了审查，而且编辑的方针肯定是要抑制恋物徒，不让他们彻底吐露衷肠，所以“不雅细节”令人遗憾地被删掉了。最后的一封通信和最后的道丁广告发表于1900年6月30日；之后，新老板接手，撤换编辑，改弦更张，剥夺了恋物徒的精神寄托园地，《社会》立即开始萎缩，很快就彻底消亡了。

图 7.6　木制的腰身（*Funny Folks*, 16 April 1887）

19世纪90年代，恋物徒的束腰观点也出现在两本“一先令小册子”上，它们由正式公司出版，印刷的很漂亮。其中一本的题目是“如何进行形体训练以臻完美”（1896），内容完全是精神分裂症式的：一半是常规的改革派，另一半是纯粹的恋物徒，还有一个通信附录[60]证明“很多妇女”付出了极大努力，将腰围缩小到了“简直不可能”的10～12英寸。

另一本小册子由《家庭笔记》（*Home Notes*）系列的作者伊泽贝尔（Isobel）编辑，它也明显自相矛盾，尽管不那么极端。束腰是一种“积极的犯罪行为”，尽管令人钦羡的“社交领袖”（道丁风格的，毫无疑问）和网球冠军带头实施，为此她们享有乐趣也受到惩罚；18英寸腰围既是“理想的最小”也是“荒谬的”。伊泽贝尔还提供了增大乳房和眼部化妆的诀窍，批准了高跟鞋，并且假装提醒说人们可能应当“慎重考虑是否去追随‘社交界’的几个领军人物，她们确保良好的身材、匀称的脚和手，甚至强迫她们的女儿在睡觉时也穿戴着紧身褡、靴子和手套”。

我一直无法找到1900—1909年之间缺失的恋物徒通信。1909年，受尊敬的社会杂志《尚流》（*Tatler*）刊登了女演员波莱尔（见“附录”图3）的整页摄影，标题为“世界上最小的腰肢”，很快就收到一些读者寄来自己的照片，与波莱尔竞争。在介绍束腰者今昔的花絮中，[61]《尚流》发表了一位显然是真人束腰者的照片，一件罕见的珍品。她是肯辛顿（Kensington）的M小姐。身体各部分均未加修饰，只是将面部完全涂掉了。《尚流》领先后，《女郎画报》（*Photobits*）随之跟进。该刊物创立于1898年，自诩为“全新、明智、简要、聪明、风趣、形象、精辟、独创、辛辣”——通过突出半裸女人：坎坎舞女、音乐厅女艺人、游泳女孩和骑自行车女孩的照片及图像，证明了它的确“辛辣”（下流），这是该时代的新花招。“谁拥有世界上最小的腰？”《女郎画报》问，然后回答是“波莱尔”，并要求读者提供竞争照片，以便刊登出来展示英国女孩的永恒荣耀。[62]

《女郎画报》享有特殊的声誉，哈维洛克·埃利斯（Havelock Ellis）的《性心理》（*Psychology of Sex*）和詹姆斯·乔伊斯（James Joyce）的小说《尤利西斯》（*Ulysses*）中都专门提到了它。1909—1912年，它成为异装癖和广大恋物癖的一个主要论坛。一位编辑自号“多情郎”，极力鼓动恋物徒们更卖力地提供信息。他还刊登了几张个人私照（包括一位俄罗斯女士，她声称圣彼得堡有很多束腰者），除了（按指示）将面孔消除或修改了，照片肯定是真品。这位编辑被“来信淹没了”，信件被收入一个专门的筐子。在他的书房里，一只玻璃罩里展示着一件粉红色小紧身褡。圣诞节出版的那一期（1909年12月11日）再次颂扬了波莱尔，接下来的一周出现了我知道的第一例（署名的）恋物徒小说连载，名为《皮卡迪利的珍珠》（*Pearl of Piccadilly*）。小说讲述一位王子偶然发现了一件13英寸的绯红色紧身褡，他寻找它的女主人（此格式变成一种套路）——结果发现它原来属于一名绅士。后来的一个连载名为“蜂腰历险记”（*Adventures of a Wasp Waist*）。1910年的新年《女郎画报》开始出版一期“小蛮腰”大悬念专刊，接着出了第二和第三期。第二期“小蛮腰”专刊中，先是一个紧身褡俱乐部的系列幻想，然后是来自伊斯特本（Eastbourne）的一个读者，名叫普雷特·泰特（Pullet Tite），建议成立米诺斯联盟（Minoan League）来鼓励男人束腰（并附上了为该联盟起草的章程）。[63] 与此同时，该杂志的照片、图片（图8.5）、漫画、连载、信件和广告都彻底被恋物化了。它涵盖的恋物癖范围比以往任何杂志都更广泛、更奇特，而且编辑部全力以赴投身其中——《女郎画报》从而成为《伦敦生活》的真正先驱。

1912年春，恋物主义日渐式微，并且没有复活，尽管发表了更多波莱尔的照片。有些文章故意含糊其词，如标题所示：“消失？腰”，透露出了一种对束腰的焦虑，尽管仍然在一个很受欢迎的杂志上受到前所未有的狂热推崇，但它正从时尚中消失。唯一令人感到安慰的是，摩登的鞋跟连同时髦的裙摆开始走红。[64]

八、下层阶级的风习

人们说，工厂里的女孩，就她具有的所有德性来说，最糟糕的一个就是“喜爱俗气花哨的服饰，格调低下”。[65] 束腰行为一再被认为是“粗俗”的。我在研究过程中积累的证据表明，束腰“时尚”实际上是典型的下层阶级的实践，这是我没有预料到的。即使在今天的大多数情况下，这一实践也只是“流行”而不“时尚”的；如果说它时尚的话，仅仅是普通民众

图 7.7 戴毛披肩的蜂腰女仆阿瑞亚特（Du Maurier, *Punch*, 6 December 1879）

的时尚。所谓“粗俗”即意味着它是一些下层人的习惯，前面考察过的一些杂志的读者大部分是这些人，譬如《英国妇女家庭生活》，毫无疑问也包括貌似上流的《淑女》。从社会学的角度来看，这些杂志正对他们的胃口。“下层阶级”（主要是指中产阶级的下层和劳动阶级的上层）野心勃勃，心理脆弱，且缺乏安全感。这些人觉得袅袅纤腰是上层阶级女人的特性，而且富人穿的是质量最好（最昂贵）的紧身褡，意味着可以达到美化身材的最佳效果。无疑，很多男性为窈窕淑女所吸引。因此，她们便极力追求和模仿细腰，为吸人眼球，不惜采取夸张甚至极端的手法。我们今天最欣赏的那个时代的主要文化遗产——伟大的维多利亚文学艺术、《英国妇女家庭生活》一类杂志连载的通俗小说等，都是反映这么一种社会现象——有魅力的下层女孩如何吸引比她社会地位高的男人（参见图7.7)。

《英国妇女家庭生活》和其他妇女杂志连载的通俗小说的一个主题是出身名门世家的害怕落魄，穷困清贫者期望美德会提升她们的地位，被财富、爱情和正当酬报救赎。这反映了“千百个有文化但未经训练的淑女被草率地抛进劳动市场的苦闷”，[66] 以及教育程度较低却心怀野心的女孩渴望嫁给工业暴发户，但由于言语粗俗和衣着造作而遭人鄙视的现实。这两大类人都倾向于并有理由借助束腰来吸人眼球。女店员、家庭佣人和教师可能会通过束腰来向雇主显示她们的聪明和自律；而越来越多的年轻女性避免去做家庭女佣（由此产生了19 世纪后期突出的“仆人”匮乏问题)，而是寻找条件较好、收入较高的零售业和文书工作，在那类环境里，她们抛头露面的机会多，美貌会更有分量，更有可能结出婚姻硕果，因此她们有理由通过束腰给人们造成深刻印象。

我们知道，18 世纪的劳动妇女们穿胸衣，甚至在济贫院里也穿，为此她们要特别省出钱来购置。查尔斯·狄更斯无法忘记杀人犯曼宁夫妇（Mannings）在1849年临上绞架的那一幕：他“一瘸一拐，衣衫松垮，仿佛人从里面掉了出来；那个女的身材曼妙，穿着精美的紧身褡和衣裙”。[67] 19 世纪后期的一位女医生本来确信“广大农村妇女的腰从来没有挤进过紧身褡”，当她看到维也纳劳动妇女的验尸报告，确证她们生前实施了极端束腰时，几乎不敢相信自己的眼睛。[68]

束腰基本上是下层阶级的一种习惯，这一论点也可从其他地方得到佐证。1895年有一篇题为《舞台上的国王之死》的简短报道，由亚瑟·拉克姆（Arthur Rackham）插图，不同寻常地点明了受害者的姓名：基蒂·特雷尔（Kittie Tyrrel）。她在“大象与城堡”（Elephant and Castle）剧场表演哑剧。据一个证人说，她死于束腰导致的晕厥。这一消息引出了一篇社论：《紧身褡的大问题》，并不对这类妇女猝死“在舞台上或街上”的事件感到惊讶。编辑采访了坐落在摄政街的赛克斯（Sykes）暨约瑟芬（Josephine）合伙公司的赛克斯夫人，她是一名享有盛誉的“紧身褡制造商”。她声称，“我们完全拒绝为那些用它来自我毁灭（即追求13英寸腰围）的人制作紧身褡”。她坚持说，富有的上层妇女客户（即那些能够买得起三至五个金币一件紧身褡的人）中，只有极少数实施束腰。有一两位客户穿14英寸的紧身褡，但其中一位真的是天生窈窕。没有多少18～19英寸的，苗条身材的平均腰围是22英寸。“淑女们束腰吗？”“不，淑女不这样做。”最后，赛克斯太太几乎是嗤之以鼻地说，毫无例外，“都是那些所谓‘节食’的和没受过教育的人在糟蹋自己……但肯定不是有教养的女士的时尚。”[69]

中篇小说《虚荣！一位宫廷女裁缝的自白》（*Vanity! Confessions of a Court Modiste*）描述的恰是如此。法灵顿（Farringdon）女士高攀嫁入了一家大户，由于不是“最佳的门当户对”，她对自己的品位缺乏自信，于是倾向于处处铺张：太多的珠宝，太厚的脂粉，太耸的胸，太细的腰。“助手得花上半个小时才能帮她穿上紧身褡……谁会羡慕一个逾常怪异的腰呢？”[70] 在接受一家上流社会报纸的采访中，法灵顿女士否认自己像威尔特郡（Wiltshire）夫人那样带着不锈钢腰带睡觉。为追求一个“苦修”腰，引起蠢人的钦羡，却令女裁缝感觉很不好，她劝说法灵顿女士将腰围从20英寸放至22英寸。美国人奥勒留·B. 帕克（Aurelius B. Peck）夫人走路时，紧身褡里的鲸须噼啪作响，乃至于旁人都听不清楚她讲话；她的粗俗女儿同样过分讲究，束腰并穿特高跟的鞋子。

在卡夫卡（Kafka）的小说《审判》（*The Trial*，1925）中，辩护律师的女仆莱妮（Leni）想要勾引好汉约瑟夫（Joseph K），问他有没有甜心。他拿出临时情人埃尔莎（Elsa）的照片，她来自低层。“她的腰勒得太紧，”莱妮指着埃尔莎那显而易见的紧束腰，评论说，“我不喜欢她，她显得那么粗鲁、笨拙……”[71]

九、其他类型的恋物癖：高跟鞋和短裙，背板，颈圈和足枷；马术

服饰恋物癖的第二个主要对象是高跟鞋，如同束腰，它几乎是一个永无休止的讨论主题，尽管不像束腰问题那么白热化。虽然二者紧密相关，流行时间并行，并经常在同一作家、同一封信中提及，但这两种恋物癖不具有20世纪的恋物主义者赋予它们的共生关系。高跟鞋穿着方式恋物癖和马刺使用方式恋物癖之间也有某种联系，人们在讨论前者之后常常立即提到后者，或是将两者合并分析。尽管高跟鞋和马刺在功能上存在明显差别，接触双脚的方式却有某些相似之处，包括长度（在其中任何一种情况下，都直接同激发的力度成正比）、敏捷度、接触靴子的方式、使用或穿着的频率和角度等。

正像对待束腰问题一样，有些人声称，穿高跟鞋不仅无害，而且肯定有益健康：减轻背痛和躬腰，走起路来比较省力。如同实施束腰者，穿高跟鞋的人中也有一些极端分子。在19世纪60年代后期，通信者们建立了一个3英寸的“标准”（“行走时看上去很优雅”），以此反对编辑的（正统）观点，甚至提出2英寸的鞋跟都是荒谬的。到了19世纪80年代，通信者们声称，感觉5～6英寸高的鞋跟很舒服；越来越多的男人要求在公共场合穿女式高跟鞋的权利（图7.8和图7.9）。

在19世纪70年代，高跟鞋恋物癖扩展为其他形式的恋足癖，譬如，孩

图 7.8 时髦的女鞋
（Koenig, Mode, 约 1730）

图 7.9 鞋子历史展：摄政鞋
（*La Vie Parisienne*, 1874 p. 548）

子们赤脚和光腿，成年人穿凉鞋——至少在夏季（具有讽刺意味的是，凉鞋也为一些服装改革家所喜爱）。人们以讲卫生的借口，对赤脚的情色诱惑力略加伪装，特别是说孩子们一年到头穿的靴子里积蓄了湿气，危害他们的健康。[72] 高跟鞋和凉鞋恋物徒的来信常常刊登在同一页上，甚至偶尔是同一个人兼具这两种恋物癖，这可能会令人感到惊讶，但二者有一个共同的目标：强调足弓拱，而且都同意必须摆脱笨拙的时髦饰件，如花饰、扣子和蝴蝶结等。凉鞋爱好者，无论男女，都对弹性系带（而不是缎带）的细节很感兴趣，诸如它的宽度、颜色、数量和位置等。凉鞋的目的很快就显露出来了，不仅是展示漂亮的拱形脚背和奇妙弯曲的踝关节，还是为了亮出女人的小腿。凉鞋带动了较短裙子的出现，它被推荐给年龄稍大的青少年，因为那个时期的时尚规定12岁以下女孩穿的裙子要长至脚踝，这一主张的出发点是想要延长孩子们的童年时代。

较短的裙子也表达了一种怀旧心态，想恢复维多利亚早期的浪漫时尚，那时系凉鞋带与人所共知的系紧身褡相似，也是一种礼仪。狄更斯的小说中对此有很鲜活的描绘。[73] 短裙及其下面可见的褶边内裤产生奇妙的审美（色情）效果。敏妮（Minnie）酷爱“雪白笔挺的细麻布裤，它非常瘦……（将人们的视线引导向下）漂亮的脚上穿着透孔袜和精致的亮漆小皮鞋，带着很窄的鞋襻儿”。[74]

关于妇女穿裤子的问题，《英国妇女家庭生活》早已讨论过，十年后它才成为时尚和服装改革运动的主要争议点。难道服装改革家从前同意恋物徒的意见吗？不，这是因为当时和后来的裤子设计及其目的很不一样。哈伯顿（Harberton）女士要求的是最简单的一种分叉裤子，纯粹为了清洁和方便。而敏妮则出于严格的“审美”考量，想要一种能亮出腿脚动作并可露出衬裤的式样。

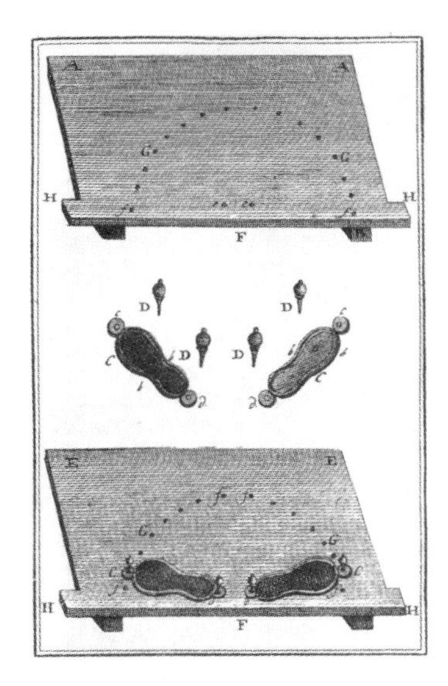

图 7.10　足枷（Mereau, 1760）

维多利亚时代的人让青少年穿儿童式服装的欲望，以及与此相应的从儿童服装中发现情色意味的冲动，是试图厘清一种众所周知的关于性成熟的混乱概念。性感化的儿童给维多利亚成年人提供了性的无罪感；使青少年（或年轻的成人）婴儿化的做法也具有同样的效果。关于短裙、衬裤和凉鞋的很多讨论都是围绕着这种互利关系的。

然而，这些都不是体形塑造恋物癖，其作用的方式是不同的。当把塑造人体或姿势的装身具用于儿童时，体现了总体控制的需要，它是一种教育伦理的核心，远在维多利亚时代之前就存在了。给儿童穿硬挺的紧身褡是一种（有争议的）做法，但还有其他类似的装身具得到普遍应用，作为教育系统的一个组成部分，直到19世纪40年代，至今留存在人们的记忆之中。它们还会复活吗？

在《英国妇女家庭生活》及后来一些杂志的通信专栏里，开始只是零星地提到肩背带、背板、衣领和领结这类物件，后来才逐渐发展成为冗长的专题讨论通信。这些物件同束腰的关系相当密切，它们作为人体形态塑造装身具的重要功能，足以使我们有理由在这里作一个回顾。在恋物徒通信的年代，年轻的和年长的男女（今天仍然是这种情况）都是经常穿肩背带（或胸部扩展带）的，它可连带或不带某种款式的胸衣，但同一些前代的设备相比，特别是同18 世纪舞蹈大师们发明的背板（绑在肘部或用肘部夹住的一块板条）相比，这种背带是温和的。它经常配合颈圈和足枷使用，前者的设计旨在保持头部平视，后者旨在让双脚外展（参见图7.10）。

所有这些设备在维多利亚时代初期即被废弃不用了，不过背板和颈圈还可以从外科手术器械制造商和胸衣商那里获得。

1872年1月，格拉斯哥（Glasgow）的一位严苛古板的女士，名叫珍妮·麦考利（Janet Macaulay），来信推荐采用背板和铰接颈圈治疗弓腰驼背（她自己的女儿使用了，证明效果很好），并且想知道是否有年长者愿意提供任何有关脊柱伸展器的回忆（“因为好奇的缘故，并不是我提倡今天使用它”），她们可能在少女时代使用过。虽然没有人提供这样的回忆，但这位苏格兰女士的信陆续引来了一系列关心整形问题人士的回应。

我们已经了解到18 世纪的人如何结合整形和美容手段来获得正确的直立姿势。对于维多利亚时代的人来说，驼背、垂头是非常糟糕的童年恶习，要不惜一切代价来矫正这种畸形。或许可以通过狄更斯的《匹克威克外传》（*Pickwick Papers*）来判断人们对驼背的恐怖程度。书中的老小姐雷切尔·瓦德尔（Rachael Wardle）当着她的男友特普曼（Tupman）先生的面诋毁她的两个漂亮侄女：“你会说伊莎贝拉（Isabella）驼背——我知道你会的——你们男人都具备这样的眼力。嗯，她是的，不可否认。假如有一件事最能让一个女孩显得丑陋，那就是驼背。我经常告诉她，当她年龄再大一点，她会很丑的。”[75]

图 7.11 “美的刑罚”（Edmund Francis Burnney, 19 世纪 20 年代，*Crown*, 1977）

人们采用一些相当严厉的手段来纠正或预防驼背，有时甚至将重砝码缚在脚上。在某些情境下（譬如运用悬架）我们不甚清楚，是否包含把身材短的女孩强行拉长的目的。一位医生先是谴责婴儿襁褓、胸衣、肩背带、背板，还有“钢马甲”——称之为“最有害的胸衣类发明之一，别出心裁的设计……那些试图拉长和缩短人体的器具是迄今为止最危险的”，然后谈到了转颈器，它的做法是通过滑轮和滑车来转动悬挂着的整个身体：“假如这东西不是在家庭和学校里很常见的话，它可能算得上是我们描述的宗教裁判所的刑具，而不是什么改善女性体形的发明或矫正畸形的疗法。”[76]

爱德华·伯尼（Edward Burney）的绘画《一流年轻淑女学校》（*Elegant Establishment for Young Ladies*）展示将悬架作为一种培育优雅风姿的核心手段，但是据帕特·克朗（Pat Crown）称，该幅绘画是对某类寄宿学校的一个高度讽刺，同时代的人怀疑那类学校不过是伪装的训练情妇和高级妓女的场所，委婉地自称为“学校”和“专科学校”。这些学校将新式的所谓“健美”训练（包括哑铃和悬架）、传统的舞蹈训练（包括足枷和背板）和通常的优美艺术造诣结合起来（见图7.11）。悬架还有另一用途，即作为系束带的扶杆，这在20 世纪的恋物主义描绘中几乎是很常见的，但在19世纪可能尚不是惯常的做法：“我小的时候，家里有一根梁柱横跨天花板，由一只大铁钉牢牢地固定在中心，从梁柱上悬下一副手握吊环。我的太姑姑们惯于把手臂吊在上面，以便让仆人把她们的胸衣系得更紧。”[77]

所有这些“整形”设施，特别是颈圈，在1824年受到了谴责：“在所有这些折磨孩子、造成或加重畸形的诡计发明中，颈圈的危害性最大……一旦某种时髦装置被许多人认为是年轻女士服饰的必不可少的部分……这类装置就比比皆是，陈列在桁架厂家的商店里……有的颈圈上面还带有一块锋利的钢片，紧挨着下巴，假如孩子试图将头或身子稍稍向前弯曲，则不可避免地要被刮伤。”[78]

一位受欢迎的女作家，她主要关注妇女的社会角色，将当时（19世纪30年代）的学校教室比作“完美的刑讯室”；“给手指塑形的手枷，拉脖子的滑轮，令人迷惑和目的可疑的权重和引擎；尽管我们夸耀从事所有的慈善事业，未来时代的人们可能认为我们是‘新颖折磨法’的发明家。”[79]“手枷”的设计必定是用来将手指塑成锥形，但是这种古怪的器具一直令我感到不可思议。[80]

奥利弗·温德尔·霍姆斯（Oliver Wendell Holmes）的一首诗证实了背板在美国学校中的使用，[81] 某些妇女在教育中遭受的身体痛苦是同精神痛苦相连的，即最终没有能够实现教育的目的：结婚。老姨妈仍然在阴部带着“抑制欲望的扣带”，继续折磨着自己的一拃小腰，至今也没能嫁得出去。尽管事实上当她还是一个女孩时，就为准备将来嫁人而受到了严格的调教。

她们把我的姨妈绑在背板上，
为了让她直立挺拔；
她们将她紧勒，令她挨饿，
为了让她小巧轻盈，身材美煞；
她们挤小她的脚，燎焦她的头发，
滥用别针把她整个人都搞砸；
——哦，世上没有人比她
在苦行中遭的罪更大。

在《魔镜之旅》(*Through the Looking Glass*)中，爱丽丝(Alice)准备成为女王时，红皇后(她是世上所有家庭教师的缩影)告诫她要一丝不苟地遵守礼数："当你想不起来怎么用英语表述一件东西时，就用法语——走路时把你的脚趾朝外——时刻记住你的身份。"在该书出版的年代(1872年)[82]，爱丽丝的原型或她的同时代人是不大可能戴颈圈的。《英国妇女家庭生活》的恋物徒们在这一刻急于恢复颈圈，这表明当时它们已被完全废弃了。"女性仰慕者"想让少女们穿上他心爱的凉鞋、短裙和裤子，以改进她们的步态。这令人联想到图7.11的画面，期望达到的双脚朝外的角度是100～180度。[83] 颈圈如同背板，十有八九也是由18 世纪的舞蹈大师们发明的，被用来与背板同时使用或单独使用，以保持上课时的正确坐姿。[84]

"自然似乎犯了过失，它需要被上足枷；但是，说也奇怪，不是自然这位施暴者，反而是被施暴的年轻女士们遭受上足枷的耻辱。"[85] 然而，女孩们可能会认为这是理所当然的，从而接受这种及其他形式的斯巴达式生活：

非凡的母亲为我设立了这样一种严格的、不可动摇的个人纪律。……给孩子戴铁颈圈，肩上绑背板，在当时都是时尚。我从6岁就开始戴着这些东西，直到13岁。我上课时通常都是站在足枷里，颈圈套在脖子上；它从一大早就套上了，不到夜晚很少摘掉；我必须得学拉丁语……12岁之前，我必须每天上午翻译50行维吉尔（Virgil）的诗句，站在足枷里，戴着颈圈。同时，我吃的是简单至极的食物：干面包和凉牛奶……母亲在场时，我从不坐在椅子上。不过，我是一个十分快乐的孩子，一旦解除了颈圈，我也不常常表现出格外高兴的样子，而是走出我们家的大门，跑上半英里，穿过毗邻游乐场的树林。[86]

我们在本书的导读中已经谈到，维多利亚时代的人们用马来显示社会地位，并释放个人的性挫折感。19世纪中叶前后，中产阶级妇女骑马大量增加，与此同时便第一次出现了有关骑马争议的通信。这证明，在整个世纪中，其他类型的恋物徒通信群体确实是广泛存在并一直持续的。这些有关骑马信件的狂热程度有时甚至超过对束腰的痴迷。其中提出的问题范围从使用马刺，到妇女两腿分开跨马的位置，均可独立成章，但我们在这里只能简略概括。不同于与人体相关的恋物癖，骑马问题争论的双方倾向于更直接地对抗。这可能是因为双方都能阐述骑马的亲身经历，而在束腰的问题上，这不可能真正做到，它基本上是在不穿胸衣的男人和穿胸衣的妇女之间展开争论的。

随着时间的推移，妇女为自己争取到了骑马的权利。但是，保守的男人认为女人没有任何理由在乡野间骑马，不喜欢在狩猎场上看见她们，并且普遍抵制妇女渗透到为男人保留的体育项目中来。他们谴责妇女“运动式”和“展示性”地骑马，并且不赞同女性对马进行掌控（尤其是使用马刺），因为那是男人理所当然的权利，据认为，妇女是既没有足够的体力也不具备判断力来正确运用此项权利的。

那些赞成将这一权利赋予妇女的论点是，女人狩猎和带马刺是健康、实用（安全）和唯美的。作为一种体育锻炼，她们很鄙视骑着一匹温顺的（即年老或懒惰的）“淑女马”，驯服地漫步或在林苑中小跑。出于安全考量，在狩猎场或在林苑中奔驰时，女人需要对剧烈的颠簸有基本的掌控。扬鞭很没有淑女范儿，显得笨拙而且低效；用马刺则比较女人化，因为它比较隐蔽，也更有效。最后（也是最重要的）一点是，女人骑的马被认为是十分优美的，它以阴柔和嬉戏的方式做出的欢跳动作是对骑手技能的挑战。问题是，多大的欢活程度是最合适的？应当施加多大的控制力？用什么手段来实现？一旦保守派退出了论战，这些问题便成为恋物徒之间探讨的重点。

有的观点来自温和派，她们支持轻度地偶尔使用马刺和衔铁。另一些人喜欢通过交替使用马刺和衔铁来让马腾跃，“激罚并用”已成了一个成语。还有一些极端分子，她们具有施虐脾性，为了追求自我享受而滥用马刺，无情地沉溺其中，并同时使用马刺和衔铁来“让我全身狂喜地震颤”。[87]

这类女性倾向于认为把自己看作马戏演员或驯马师，并且发现在林苑里“表演”时（观众里有贵族，也有婊子），她们对某些男人有不可抗拒的吸引力。[88] 关于单点刺马和小齿轮刺马的不同优点，可取的精确长度（有些人主张达到1英寸），以及如何防止马刺缠在骑装上等，恋物徒们不厌其烦地进行大量的分析。然后，话题简单地过渡到较短的裙子上来。短裙受到推荐是由于安全和方便，而且它可以（在行走时）亮出鞋跟上的“精致武器”及穿在骑装下的麂皮裤。此外，对各种马刺技术的运用及愉悦感的比较分析，恋物徒也有生动的交流，譬如关于连续搔痒式刺法相对于偶尔采用的深刺法。[89] 完美的骑术同束腰的融合体现在近期奥地利一部小说的女主人公身上，同某些恋物徒的最大区别是，严格的训练要求她在任何时候都不能给马造成痛苦（见附录七，苏珊娜·库贝尔卡）。

与此同时，整个媒体开始关注马术纪律另一个密切相关的方面，它也是非常有争议的，即颈部勒缰（bearing-rein）。它被用于牵拉摩登马车的马，可迫使马头保持高昂并促使马步高抬。在

图 7.12　“对马对人都公平”，颈部勒缰——马车夫的灵巧小装具（*Punch*，3 April 1875）

《匹克威克外传》的开头，查尔斯·狄更斯嘲讽用颈部勒缰来改进一匹可怜老马的形象。一位出租马车夫向匹克威克先生解释说，他的老马42岁了，非常衰弱，随时可能会从轭具里掉出来，“所以我们把缰绳系得很短、拉得很紧，它才不至于倒下去。”颈部勒缰的使用始于花花公子和摄政时期，[90] 但它逐渐被广泛采用，方式也变得很残酷，在19世纪60年代至70年代后期遭到了人们的强烈反对，此时《英国妇女家庭生活》正在发表潮水般的恋物徒通信（包括马刺等论题）。（时间上或许是巧合？）

各类动物爱好者撰写小册子，反对过度使用颈部勒缰，最著名的是爱德华·福特汉姆·弗劳尔（Edward Fordham Flower）的《衔铁和勒缰》（*Bits and Bearing-reins*，1875）。这些呼吁最终成功地禁止了将颈部勒缰用于普通的拖拉运输马，但不限制用于牵拉摩登马车的马。英国皇家防止虐待动物协会（RSPCA）本身是个上层阶级的团体，它对限制这种在绅士中很普遍的滥用现象表示无能为力（其实是不情愿）。此外，人们通常为此责备车夫，弗劳尔鼓励人道主义者起诉他们。不过，在小说《黑骏马》（*Black Beauty*，1878）中受到起诉的是马的主人。安娜·斯维尔（Anna Sewell）描述了一位美丽、冷酷的贵族小姐，她毫不理会车夫的建议，坚持将马束缚得很紧，使它的头“高高昂起”。比起其他任何形式的抗议，不朽的小说《黑骏马》（拍成了电影）对结束使用颈部勒缰做出了最大的贡献（图7.12和图7.13）。

大约在同一时间，“快节奏”的年轻女孩开始自己驾驭马车，奔跑得飞快而莽撞，并且借助可怖的口衔勒缰（gag-rein）来掌控马。[91] 其中特别严酷的一种称为口衔铁（gag-bit），如弗劳尔指出的，它比普通的颈部勒缰更不舒服，简直就是“常规刑具”，他书中的插图有力地揭示了它给马造成的痛苦。19世纪90年代，人们不再广泛使用严酷的颈部勒缰。到1900年便只有暴发户们沉迷于它了。不过，《伦敦生活》的某

图 7.13 从进化论的角度看勒缰对马的影响”（*Life*, 28 July 1892）

些多产作家，结合对过去这种时髦滥用的怀念和专门知识——有关当代马戏团、马术竞技表演和电影工作室秘密使用的残酷手段，详细记录了这类异常恐怖的器具的构造及功能，例如，布里格东（brigadoon）马缰或双滑轮轴承马缰，附有锋利把手的梨口衔（pear-gags）或接口极高的衔铁（接口是一根直立的U形杆，强烈刺激马嘴的最嫩部位）。这种衔铁使马口吐白沫，而人们视之为“聪明”和“兴奋”的表现。

在我们这个时代，马戏团和马术竞技表演团体是侵犯动物权利、虐待马匹最严重的组织。根据互联网的资料，美国赛马表演（Championship Horse Show，CHS）的竞赛规则要求使用颈部勒缰，因为它对于造就“极端聪明和完美”的马是必要的。当今美国有一个反对使用颈部勒缰的组织。

人和马的体形塑造之间偶尔显现出一种联系；后来在20 世纪，束缚游戏和幻想将它系统化了。一位批评家进行了一个类比，他请了几位长发的绅士或淑女，让他们通过想象“自己脑后的头发被绑在腰上”来“更好地体会身缚缰绳的有趣感觉”[92]（参见图7.12），并且他将头颅高昂的马同“并不是很久以前的”脖子上戴着皮革高颈圈的军人进行比较。[93]

《英国妇女家庭生活》的某些男士来信也提到了这种关联，他们希望看到“严酷”的骑手风格反映在女人的服装上。当过紧的紧身褡和手套减弱了骑手/驾车者控制马匹的能力时，使用马刺和勒缰就成为必要的了。《家庭医生》的读者来信告诉我们，对马的受制运动的体验增强了压束自己身体的感觉。一位家庭教师曾经写道：“当你紧束腰身时，可以体会到马在你的身下飞奔的快感。为充分享受这种快感，紧身褡不能太紧，用马刺也不能太猛。”另一个人断言，持续用马刺与格外紧地束腰相辅相成，给她带来了巨大的欢喜和兴奋”。[94]

马匹恋物癖不同于我们讨论过的其他恋物癖，它的前提是两种生物的一种持续的相互作用——几乎可以说是一种连锁关系。它产生一种控制的范式，不仅是对自己，而且是对另一个生物。这种范式既是社会的也是性的。在社会层面上它几乎模仿并充分体现了人类社会的等级关系，权力完全掌握在一个人手中，另一个人没有任何权力，除了奋起反抗，但这可能招致更大的惩罚。恋物主义在结构上形成了一种反抗状态——马反抗马刺、勒缰或衔铁，束腰者反抗紧身褡。可以说，体形塑造恋物主义的道德任务，即是将反抗和约束二者保持在平衡的或最大张力的状态，仿佛同一个硬币的两面，不要超过断裂点。

我们已经论及，束腰的反抗/约束不仅是对男人将女人作为性关系隶属品的自虐狂反射，而且是对那种角色的一种顺从—进攻的抗议。这种性感化和自恋形式的抗议，以及它所体现的社会和精神压力（或痛苦）的性符号，是为了将反抗和压迫的辩证关系提到一个更高的层面，一般来说采取一种社会运动的方式：束腰者作为长期与世隔绝的和鸦雀无声的群体，在受到攻击的状态下团结了起来，通过“激进”的大众媒体，找到了自己的社区和发声空间；由于这样做，她们遭到了更强烈的抵制，她们重整旗鼓，采取更激烈的言论和行动，如此坚持不懈，直到最终社会环境改变，这种形式的斗争也随之不再必要。

时髦的束腰风习过时了，但束腰恋物癖依然幸存。它失去了曾经长期乐享的大众社会的有限认可，开始颂扬实行“私人化”。通过聚集在文化上相关的其他恋物癖，并通过成为基础广泛的少数性异端者或狂热团体的一部分，它比以往任何时候都更加与我们同在。

TO LADIES.—AVOID TIGHT LACING
while YOUR CHILDREN are at HOME from SCHOOL.
Single Coutil Elastic Bodice (fastening in front), 3s. 6d.
Double Elastic Winter Bodice, Patent front fastenings, 5s. 6d.
WILLIAM CARTER, 22, Ludgate-street, St. Paul's, London.

“女士们，不要束腰，当你的孩子们从学校回到家里时”（William Carter 的紧身衣广告）

第八章

不符合时尚的恋物主义：1923—1940年的《伦敦生活》

《伦敦生活》是20 世纪恋物徒的主要通信园地，它是一家发行量很大的杂志，活跃于两次世界大战之间比较和平安宁的时期。1900—1930年的那代人在很短的时间内目睹了女性时尚发生的前所未有的激进变革。第一次世界大战不仅结束了老式的收腰紧身褡，而且抛弃了同霍布裙一起穿的较长紧身褡（参见图8.1、图8.2、图8.3），以及拖曳的裙裾、奢侈的内衣、奇大的帽子等一系列累赘的摩登物件。20世纪20年代新潮女子的服装风格是宽松、无腰身的；女孩们的裙子提升到膝盖，头发剪得齐耳，大跳吉特巴舞，追求“自由”。

新时代确实给年轻的中产阶级妇女提供了一系列从未享受过的机会，包括教育、就业、运动和性关系等各个方面。然而，新的体育运动自由和新的性放纵也伴随着新形式的社会心理约束。女权主义休眠了，或是退化了。至少，在受教育的阶层中，性学和精神分析学有助于打破讨论各种性问题的禁忌，这是事实；不过，它也营造出了一种新的并且刚性界定的性行为。这种性行为被指责为病态和心理偏差，今天人们则更愿意称之为“变异”。新的性心理学说给很多人——恋物徒和其他人灌输了一种恐惧心理，即他们事实上具有一种病态的性心理，精神不正常，需要帮助。在这之前，他们不会质疑自己的心理健康，现在，他们不仅要捍卫恋物癖，还要为本身的整个人格结构辩白，因为新的心理学开导他们说，恋物癖是人格结构的一个组成部分。维多利亚时代医生的敌意是公开的、具体的，并（经常）限于症状本身。弗洛伊德时代医生的压制教条则是更广泛和更微

图 8.1　西尔斯和罗巴克商品目录中的广告（1918）
图 8.2　西尔斯和罗巴克商品目录中的广告（1918）
图 8.3　“连裤紧身褡”（*Punch*, 24 January 1912）

妙的，它所要求的不只是改掉一个坏习惯，而且是个性的重新定位，他们将恋物徒和严重的精神病患者集中在一起，采用最极端的治疗手段，甚至将典型的恋物徒综合征当作刑事案件来处理。

不出所料，恋物徒在通信中回避精神分析和涉及精神分析的概念；他们首选的词汇是“一时的怪念头”和“奇特的性品位”，而不是“恋物癖”。有一名护士是浆硬亚麻布恋物癖，她下意识地排斥精神分析，推翻了医生的说法，暗示自己的恋物癖不是一种疾病，而是治愈病痛的一种手段。[1] 维多利亚时代将恋物癖解释为纯粹是出于对健康和美的关注，这种合理化诠释并不能使处于性意识较明显的年龄段的恋物徒获得庇护。精神分析学令她们毫不怀疑恋物癖存在的性基础，从而也使她们同大众媒体中仍然普遍存在的禁忌产生冲突。

因而，恋物徒受到的压制是三重的：时尚、精神分析学和大众媒体的禁忌。毫不奇怪，他们在很大程度上撤退了，躲进了幻想之中。他们安顿在几乎被他们掌控了的一家杂志里，编辑是友好的。他们把幻想变成一个自治的信仰圈子，抱有强烈的群体认同感。幻想既是对恋物癖的逃避又是对它的肯定。它现在自我宣称是一种另类文学，或是等同于恋物徒的实践。在通信专栏中，它被允许合法地替代对现实生活的报道；在该杂志的编辑版面上，它本身已经成为“另一种现实”，装扮成了一种文学体裁而且采用已确立的文学体裁的思路，假定自己有权模糊（所谓）基础设施（现实生活的体验）同上层建筑（想象）二者之间的区别。现在，由于对大多数恋物癖的文化上的（时髦的）认可已经削弱了，如对束腰的认可已经不存在或很消极了，恋物徒的幻想便趋向于从现存的时空撤出，落脚到偏远的、异国的、非西方文化之中，以及沉湎于过去。流行的人类学、文学的基本模式和地方习俗刺激了它的生长。当它进入另一种文化的主流，便获得了另一种永恒，它既是新近的，又是模糊的和理想化的过去。

在当代时装领域里，真实（或据称是真实）恋物徒经验被拒绝有一席之地，有关恋物徒经验的报告文学便寻求同其他正宗的流行文化相沟通，包括体育、舞蹈、杂技和演艺界，这些构成了杂志内容的“正常”一面。这种沟通十分重要，值得深入探讨，可惜本书篇幅有限。恋物癖被诠释为一种身体活动，并且是主动实施的，而时装被看作静态的和被动接受的。恋物主义是你跟其他人一起做或玩儿的事，它同身体的各种活动有关，尽管有些关系不是很明朗。恋物主义是表演。时装只是给你穿的东西。早期通信里即已出现的某些关键概念强化恋物癖同体育及身体壮举之间的联系：训练、比赛、公开“表演”——在某种程度上是对挑剔的、有潜在敌意的，或冷漠的观众展示自己的特殊角色。在日常生活中通过服装展示极端表演技能的想法被纳入波德莱尔的花花公子哲学：“如果跟体育领域里的危险特技类相比，从早到晚、每时每刻、一丝不苟地遵循装束仪式的规则至多就相当于体操训练系统，旨在磨炼意志和陶冶心灵。”[2]

很显然，“伦敦生活人”把恋物主义当作他们的工作，并且在某种程度上，恋物徒，特别是那些穿紧身褡和高跟鞋的人，建立了一种提升性趣的工作方式。尽管束腰明显具有反体力劳动的象征性，但它以自身的怪异方式实行的训练也是某种形式的劳动：它造成对身体的压力，通常要在有限的和特定的社交时段内持续承受，并一般来说要求有强壮的体格（与传言相反，体格虚弱者不能或不应当束腰）。性炫耀是一种被动式进攻，等

图 8.4 “打破纪录”（*London Life*, 29 August 1936）

同于体育运动中较常见的壮举。无聊的腰围测量狂热只关注腰肢而不考虑其他，这在资本主义经济学的劳动测量中可以找到对等物，即只追求产品数量而不顾及质量。恋物主义、经济学和体育都是统计学的游乐场。

追求极端和蓄意脱离现实是幻想作品的外衣，它掩藏（或释放）了由较有意识的性目的引起的高度紧张感。其中也存在一种政治紧张状态。在20世纪30年代后期，《伦敦生活》扮演的这种逃避现实和间接体验的角色尤其受到重视，因为一些读者抱怨新闻界在总体上过于关注法西斯主义和战争威胁问题。恋物徒的幻想必定是逃避现实的；它在多大程度上代表了作家及读者的间接体验则是另一回事。有人假设作者的幻想程度与第一手经验成反比，这是站不住脚的。但是有可能，作为那个时代的主要恋物文学的载体，《伦敦生活》常常充当现实生活经验的替代物，恋物徒书写的情境往往取代或超出了现实中的性互动行为。很值得注意的是，20世纪30年代非常活跃的“顶级恋物徒”威尔和埃塞尔·格兰杰（见附录四）从不曾给《伦敦生活》写信，尽管他们偶尔阅读这个杂志。

图 8.5 “亲手测量”
（*Photobits*, 18 June 1910）

作者和读者之间的交流充满了强烈的情色，作者有时试图缩小体验本身和文字描写之间的距离：“当我写下这些话时，我被紧紧地束缚着，简直到了无法忍受的剧烈程度。”作者也公开展示自己的幻想过程，自信读者会产生共鸣，或从读者群里召唤出另一个幻想者。

幻想同报告文学之间似乎缺乏完美的结合。恋物徒的一种基本的书信风格，以男性的为代表，是非常具象和技术性的。其目的是促进实用信息交换，并且不厌其烦地絮叨恋物行为的操作细节和生理问题。他们不断重复讨论如何简便地戴上、卸去鼻钉的技术，关于方法的讨论趋于淹没了偶尔触及的穿孔的心理学问题。一般来说，他们很缺乏前辈恋物徒的幽默感，如人们或许会在有趣的杂志上看到的那种（参见图8.4）。赫伯特·

詹金斯（Herbert Jenkins）出版社的专长是连载通俗小说（P.G. 沃德豪斯 Wodehouse等人的作品），在面向普通读者的、比较成功的轻松恋物主义虚构作品中，有约翰·巴格利（John Bagley）的两个中篇：《蜂腰的阿拉贝拉》（*Wasp-waisted Arabella*）和《穿高跟鞋的伊冯》（*High-heeled Yvonne*），现均收藏在布茨图书馆（Boots Lending Library）。在小说中，巴格利愉快地将幻想同一种轻松的幽默结合起来。《伦敦生活》刊载的恋物小说往往采用重复的模式，像通俗感伤小说那样堆砌形容词。毫无疑问，这是因为作者既缺乏现实生活的经验基础，也缺乏文学技巧。它很少（据我判断）能通过一个极富想象力的冲动将切实体验升华；或者通过对切实体验的描述使幻想变得生动逼真。但是也有另一种可能，一度是想象的并发表在杂志上的幻想事件，后来在现实生活中被具体实施了，似乎杂志一旦发表了恋物徒的某封信，即给了人们实施那种恋物行为的许可，并且保证了其可行性。

《伦敦生活》的原始配方——延续到恋物徒时期已经弱化了不少，体现了一种新的主要的大众文化现象：插图丰富的廉价杂志，内容包括连载小说、娱乐界的八卦、卡通、体育、女性时尚及一些温和色情文学（复制的艺术裸体和沐浴美女照片）。在广告部分占优势的是，医疗卫生和性生活指南的文章，以及推销节育工具。当1923年恋物徒开始渗透时，该杂志共有16页，零售价格是2便士。三年后，当恋物徒通过其他杂志及其编辑的接纳巩固了自身的地位时，[3]《伦敦生活》的篇幅翻了一番，价格涨到以前的三倍。在恋物主义完全占主导的整个20世纪30年代，它的篇幅在32～54页，价格保持为1先令。恋物主义的内容意味着需要更大的篇幅，可能会吸引更多的读者。

每周一期，恋物徒的通信占3～6大页的篇幅，每页分4栏，印刷精美，大量论调相同的文章，加之季度和年度增刊，其中有些专门讨论恋物主义。这种状况持续了约15年——我们掌握一卷主要的原始材料，据非常粗略的估计，字数约超过1000万。在两次世界大战期间，《伦敦生活》很可能是唯一持续公开刊登这类内容的媒体。它的发行量在1913年为55756份，后来肯定攀升得更高：1928年，《伦敦生活》的广告在英国1000多家电影院的银幕上播放；孟买（Bombay）的一位读者说他从未漏过一期，因为在印度的绝大多数火车站书摊上都可买到；1941年，该杂志社的办公室被炸毁，价值10000英镑的机器及所有文件均被毁坏。（一位读者评论说，这不奇怪，“因为你提供的快乐克服了战争给人们带来的不安，所以你是第一个军事目标”。）由于遭到轰炸及纸张配给困难，杂志规模骤然缩小。战争结束后，当杂志恢复元气时，大概是出于新管理层的决定吧，恋物主义被排除在外，不再被接纳。这种非常纯真、浓缩的恋物主义表现形式便从大众媒体中永远消失了。

恋物徒的渗透始于1923年夏季，当时《伦敦生活》用越来越多的篇幅报道女子体育运动，如骑马、游泳、体操和舞蹈。在相关讨论中恋物主义得以生根发芽，构想出新时代女性的模式：她是一名体育运动员，喜好锻炼身体，在许多领域里堪与男人竞争。

有大约一个月的时间讨论的中心议题是鞋跟的高度；1923年11月，第一次出现了束腰者的回忆（《一位模特的悲惨经历》）。在1924年，所有主要的及许多次要的（新的）恋物徒被介绍进来，通信专栏取得了编辑自主权。不出三年，编辑和读者的角色就互相交融了。由从通信专栏被“提拔”出来的读者撰写的特约文章开始增加，采用的标题有“一个女胸衣商的回忆”“理发椅上的故事”“罪恶和丝袜”“爱情和内衣”“权威的戒指”“槟榔屿的小母马——马来西亚的一个橡胶种植者的来信”“酷爱长发17年”“环球旅行，搜索世上最小腰”等。其中很多或绝大多数明摆着是虚构作品。同时，通信专栏的信件蔓延到了几乎所有的版面。譬如，题为“服装时尚和幻想”的时尚专栏登载了从一般时尚杂志里摘选的小说和奇异花絮，将公众时尚同个人恋物癖混合起来，赋予后者一种先知的角色，它在所处的时代并不受到尊敬。

编辑的政策要求作者均使用假名，因而掩盖了不可计数的参与者的真实身份，这些假名足以显示形形色色的恋物徒特色：野蛮、丝袜、漂亮手套、紧束、出生太晚、前襟巴斯克条、偷披肩的人、戴帽斗篷、纽扣迷、中国苹果花、你喜欢的紧身褡、喜欢吱吱响的人、戴安娜、漂亮手套、护目镜、发夹、快乐鞋跟、爱骑马的打字员、鳗鱼人、高迪瓦夫人、爱上镜头的人、白色蜂腰、路易十五、灯芯绒孩子、现代维多利亚人、无聊者、诱惑之子、残缺的快乐和婚姻、头昏脑涨，恋情之子、内短裤加乳沟、亮漆皮鞋孩子、彩虹、橡胶女、褡紧身、整洁男孩、束腰汤米、将要达到11（英寸）等。

上述作者及其他许多人将自己视为一个大家庭，尽管拥有各种不同的利益，但联合起来对抗外面的世界，这个世界（在同一杂志上）愤怒地斥责他们是“没骨气的、幼稚的变态者”和“性饥饿的愚人”。恋物徒们很珍惜交换有关禁忌话题的机会，珍爱这个杂志，维护自己的社区。他们彼此尊重、欣赏，相互挑逗、抚爱、哄诱和规劝。他们也很挑剔，小心地避免强加于人和不宽容，以及技术错误和内容不一致等失误。像老朋友或恋人那样，他们抱怨对方的沉默，却找借口原谅自己。他们是赤裸裸的矛盾体，既狂热着迷又豁达开通，既孤独隐居又乐意分享。他们彼此依靠，一道成长。

恋物徒意识到自己的特殊恋物癖只是许多种恋物癖之一，他们可能最初会厌恶其他人，就像其他人最初对自己反感一样。认识到这一点，有助于他们扩大心理视野。在不妥协地保留本派系的礼仪优长的同时，他们也努力了解其他派系的礼仪。虽然规模较小的少数派总是担心自己的声音被淹没，但最怪异的变态也能收到同情的反馈。明显受到编辑歧视的主要利益团体是那些极端的性虐狂、自我鞭笞者、束缚酷刑上瘾者，尤其是儿童服饰恋物徒（倡导让儿童穿紧身褡来实行强行管束）。互联网上的主要紧身褡网站均将这类群体排斥在外。

图 8.6 “高领”为他赢得了名声
（*London Life*, 22 June 1940）

“伦敦生活人”——他们这样称呼自己，成立了一个俱乐部，以开放的心态欢迎所有人参加。发现《伦敦生活》这块空间，对孤独的恋物徒们来说可能是非常有益健康的。治愈“可怕的麦金塔什高烧”（这话半是幽默半是恐惧）的办法不是求助于精神科医师，而是去跟同气相求者接触，最好是异性之间的交流。（不很清楚《伦敦生活》是否为人们提供相互介绍的协助；编辑不太可能公开宣布有这种政策。）杂志是一个独特的团体形式的治疗场所，一种通过自述经验和听取他人建议而获得自我启示的渠道，它提供了一个整合流程。其他流行杂志将体育和电影明星树为读者的榜样，《伦敦生活》则更民主，将读者树为他们自己的榜样。发现某种异常体验并不是自己独有的，受到鼓励，并向社会公开自己的恋物癖，这对恋物徒来说是一种释放。下面这位丈夫自述了典型的自我觉醒过程："为了我的妻子，我将永远感激《伦敦生活》。正是通过《伦敦生活》，我开始喜欢长发（无疑是将一个预先存在的爱合理化）。我先是爱上了马德琳的长头发，后来才爱上了她这个人。"当恋物徒遇到伴侣冷漠的问题时，《伦敦生活》伸出援手，帮助她转化态度。这本杂志既是治疗师，也是婚姻顾问。

《伦敦生活》有助于催化反抗两种禁忌的双重释放：首先是对性欲本身的禁忌，它是根深蒂固的和无意识的，可能导致了恋物主义的崛起；其次是对展现恋物癖的禁忌，它是比较有意识地体会到的。《伦敦生活》通过帮助扫除后一种禁忌，为打破前一种禁忌铺平了道路。

该杂志本身也成为一个迷恋对象，人们狂热地搜集它。1939年年初，一名读者声称，他积攒自己最喜欢的恋物癖通信，数量已达8500列英寸（报纸版面单位，这里可折合近22米，大约五十万字），他把它们井井有条地分类归档，保存在六便士一本的伍尔沃斯廉价活页夹里，共34本。这些档案和杂志本身现在都很有史料价值。

尽管编辑政策是宽容的，但并不支持所有形式的公开暴露癖。在许多年中，杂志刊登的穿高跟靴的照片都是背影，隐藏了面部，只暴露脚跟。

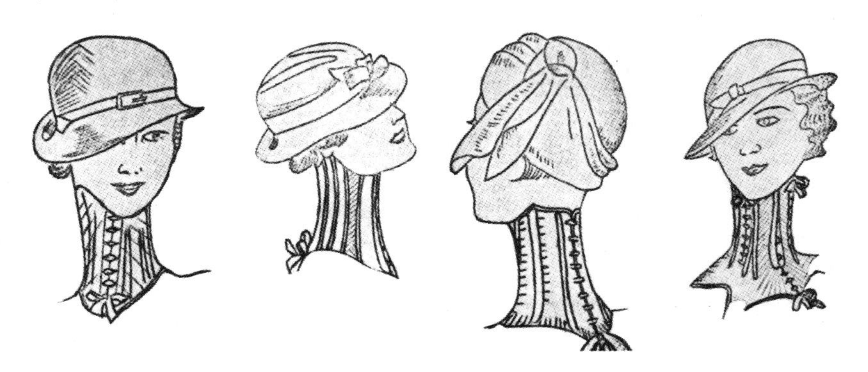

图 8.7　读者 A.H.V. 设计的紧身褡衣领（*London Life*, 25 January 1936）

直到1934年，出现了一些仅在家中拍摄的快照；后来，摄影的首选地点是繁忙的城市街道，以证明人们确实在公共场合穿极端的高跟鞋。束腰者的照片极其罕见；以至于在1940年，当用一个整版发布了一位束腰女士的全身正面照时，立即引发了读者的疯狂热情，仿佛一个古老的和不应有的禁忌终于被打破了。她后来被称为“伟大的玛丽安”。

编辑通常提出警告，反对极端的暴露，但对许多人来说，这类显露是一种基本需要。有的人作出妥协，采取了一些伪装。胆小的则将蜂腰隐藏在宽松的衣服里，或者穿臀垫来掩盖紧身褡的压痕。有些人在歌舞厅里展示蜂腰，但在街上掩盖自己。有一个人怕高跟鞋暴露于公众视线之下，便穿着长礼服去参加舞会，号称是“玩恶作剧”——她将开心地看到这样一幕：天真的舞伴发现她的舞步有点僵硬，然后她将手帕掉在地上，当舞伴弯腰去捡手帕时，便会瞥见她脚上的高跟靴子。一个打字员的老板把手放在她的臀部时，意外地发现了她的束腰秘密；另一个人唯恐任何人触碰她的腰部，因为她要保护假正经的名声。隐藏行家们认为束腰秘密被发现是有损荣誉的。那些不合格者，包括年龄不符、容貌欠佳或动作不协调的人，均令恋物徒蒙羞，因而被勒令严守保密纪律。

恋物徒带着恐惧和期盼的混合情感，等待自己公开亮相的那一时刻完成亮相给他们带来身体上和道德上的满足。一个女孩做证说：“作为打赌，我第一次在公共场合穿上5.25英寸的高跟鞋，通常我只在私下穿。光天化日，我从大理石拱门走到托特纳姆法院路，感觉自己十分引人注目。”她把这一壮举当作“对身体和道德勇气的严峻考验”。恋物徒十分害怕引起公众的嘲笑，但有时发现这种恐惧毫无根据，当公众反应淡漠时，壮举便变成一种释放和失望的混合：“我意识到自己脖子上套着的白色圆筒，起初感到非常紧张不安；可后来发现并不需要担心，因为没有什么人多看我一眼。”在这个例子中，“紧张不安”源于作者本身对恋物对象的矛盾心理，因为他继续写道：“回到家后，我就把它（高领）扔在了地板上，踩在脚下，然后从抽屉里拿出另一件折磨人的玩意儿。”（参见图8.6和图8.7）

但对于大多数恋物徒来说，不管公众的反应如何，第一次亮相表明战胜自我意识的胜利，在广义上增强了对抗社会谴责的新的免疫力。这被认为是展示恋物癖的一个主要心理功能。

“伦敦生活人”急于打破认为恋物癖是一种个人痴迷状态的观念，并且时刻意识到它正在丧失社会（时尚）的认可，于是寻求在更大的社会群体中表达恋物主义。在这个年代，如果还装作相信学校里仍然实行束腰是很荒唐的，因此他们讲的故事通常将发生时间设定在“二战”之前，不过往往演绎成复杂的“部落”礼仪，有众多的人参加。事实逐渐变成虚构，读者对纯粹的幻想可能不感兴趣，但由于它们同当代性虐狂的较真实记录（也模拟“部落”和“学校”礼仪）有相似之处，所以也有可读性。《伦敦生活》刊登了一个虽说是有些极端的典型故事，但它再现了一种“通过仪式”或“出柜”典礼，在其过程中，高年级女生、情妇、家庭教师和其他感兴趣的各类人（但不是父母）围成一个圆圈，初次在社交场合亮相的女生在当中绕圈走过，每个人的任务和特权是将她的紧身褡的螺杆或束带拧紧一点，直至达到所需的极限。这个极限或是由紧身褡或腰带的封口确定的，或是直到主角昏厥过去——除非她能迅速苏醒，得以继续完成程序。在昏厥之前尖叫被认为是一种社交失礼。人们希望这不是一个在现实中玩耍的游戏。

其他礼仪以体育竞赛为蓝本，获胜者得到奖励和荣誉。一个女孩穿极端高跟鞋赢得4英里步行竞赛的冠军，共用了一小时四十分钟，包括中途休息十五分钟；另一个女孩穿着6英寸的高跟鞋，每步仅可迈11英寸，同时还穿着紧身褡，从滩头堡（Beachy Head）的脚下一直攀到顶峰（“许多登山者目瞪口呆地看着我”）。此外，人们还在露天赛场组织逐步增加坡度和紧度的袋囊赛跑，以及各种羁绊和障碍比赛。

在技术日益发展的时代，《伦敦生活》亮出了一整套机械辅助设备，不过，世纪中期专门介绍绑束的杂志所展示的那些定期绑束和严酷的体操器械不见了。如前所述，编辑不赞同那些残酷的和听起来危险的建议。在过去，束带条是很常用的器械，其固定的高度刚好可以让穿紧身褡者双手紧握，同时脚尖触地；今天的恋物徒们证实它的确有助于伸展身体和促进束腰。另一种更激进的悬浮方式是将束带本身固定在天花板上，穿紧身褡者在他人的协助下保持身体呈水平状态，有所掌控地让引力发挥作用，从而完成紧束任务。

“伦敦生活人”引申出了一种“训练”的概念，类似体育运动、马戏、杂技和马术中的元素，它们是杂志中常见的内容。这是恋物徒仪式主义的另一个方面：为公开表演而进行秘密的艰苦训练，“其技巧是将艺术隐藏起来”。他们用链条将双膝绑在一起，学习“裹腿裙”式的行走（可穿或不穿高跟鞋）；使用剧烈压缩躯干和束缚设备，以及穿特定重量的“训练鞋”（类似于给马蹄加权以训练它们高抬脚步），当去除束缚和重量时，便可体验到“从极端约束到极端自由”的巨大差异，造就“轻盈缥缈的直立身体”和“高脚步，酷似足尖上的芭蕾舞员，轻如飞絮”。恋物徒利用舞蹈学校的一些机械装置来达到训练的目的，用滑轮吊腿，用拉直的钢琴弦来练习踮脚走路。几乎每一期杂志都可见到具有性感魅力的杂技舞蹈、女子体操和柔术的照片。许多读者将练习这些技艺当作一种业余爱好，并且同恋物癖结合起来。他们说服自己，很紧的腰带有助于劈叉，紧身褡衬骨对腹部伸展运动非常有利，而不是相反。

步行变成了一种杂技表演。高跟鞋成瘾者削减了鞋跟底部的面积（“标准的”直径是半英寸，最窄的直径是0.25英寸，均可在商店里买到）；她们还给鞋跟加上橡胶头以增加高度，并赋予行走运动一种弹性和不安全感。路易十五式的向前俯冲的鞋跟进一步增加了保持平衡的难度。有些人甚至建议在鞋跟底部安装一个圆拱形头，和/或在鞋底装一个带0.25英寸突头的滑板似刀片。恋物徒的想象力是由马戏团和音乐厅的特技表演激发的，比方说，穿6英寸的铅笔高跟鞋走钢丝，穿细长尖锐的足尖鞋在打字机键盘上跳舞，或是如1926年劳拉·门塞利（Lola Menzeli）在伦敦竞技场表演的新型芭蕾，穿着一英尺高跟的鞋子跳足尖舞。

图 8.8 佩吉的“琥珀色”复仇梦
（*Photobits*, 18 February 1911）

保持高跟鞋的稳定这一挑战引起了一种好奇的本体愉悦感，恋物徒想象从身后观看自己："每一次我的脚着地，我都想到我的闪亮高跟，镇定地保持完全直立，让鞋跟同我的袜子缝完美地对齐。"（迷恋笔直的袜缝本身差不多也是一种恋物癖。）有的鞋跟后面的底拱是抛光的，亮如镜面，从而可作为一个反射器。

靴子是新的鞋类恋物癖的荣耀。不过它非常昂贵，必须测量定做。在那个时期，不必定做的流行靴子是所谓"俄罗斯式的"或称套鞋靴子，它们的脚踝部位是宽松的，因而受到恋物徒的鄙视。维也纳系带靴的脚踝部位令恋物徒较为满意，但它的上端或鞋跟的高度很少达到标准。20世纪20年代中期出现了一种特制的靴子，可谓恋物癖的极致，但是直到1930年4月26日，杂志上才第一次刊登了它的照片——一位瑞典女郎穿着齐裆长的、系带的高跟靴。她很快就受到公众的热捧。

争论变得日益激烈：扣子好还是系带好？一些人渴望老式的带扣靴子，但是要想实现真正的压缩，必须得有系带，由于脚肉被往上推挤了，这往往造成不合脚的问题。测量定做似乎并不可能做到完全合脚。通过增加鞋带孔并拉近它们的间距，可以延长系带仪式过程并使之更加隆重。一位读者说，她的齐膝高的靴子的每一侧有58个孔。

在19世纪和20世纪之交，浆硬的高立领是一种时尚服饰，男女都穿，也是一种恋物癖，奇怪的是当时在通信中没有反映出来。1934年，埃尔莎·斯基亚帕雷利（Elsa Schiaparelli）介绍用浆过的亚麻布制成高级时装（尤其是袖口），这封来信可能引发高立领恋物癖在杂志上亮相。（1937年夏帕瑞丽在美国还引发了拉链恋物癖亮相，但拉链当时在英国很少见，故该种恋物癖尚未形成。）在描写高领的男性作者中，最多产的两位都是橡胶雨衣恋物徒，并明确为一对同性恋。女性作者各式各样，其中有些是护士，记述自己的异常广泛和听起来真实的成瘾经验，其生成和延续显然并无男人兴趣的参与。一名护士从母亲身上继承了这种嗜好。她的母亲是一位护士长，她对高领的迷恋扩展到硬挺的桌布和床上用品。她穿的衣服带有护套袖口和特制的3英寸高的弧形领，上面有威尔士公主（亚历山德拉女王Queen Alexandra）的亲笔签名，那是在一家医院的新区开业典礼上，公主对护士长的外表深表赞赏。高领赞美诗唱得最响亮的恰是一位女性作者

（笔名“浆过的护士”），标题是“淀粉浆的复兴”：“淀粉浆意味着重生；亚麻在上浆中复活。每次浆洗都是鲜活的再世。清洗、上浆和熨烫赋予亚麻独特的魅力。这就是为什么用来替代亚麻的赛璐珞等材料没有吸引力。”未浆过的蓬松衬裙完全不能算是蓬松衬裙。不可上浆的绸缎内衣虽然触摸起来手感很好，但无法同可上浆的优质亚麻布、平纹细布和细棉布媲美。（经纪公司提供的女演员照片，满足了内衣和“褶边”类恋物癖的需求。）

淀粉浆恋物癖（与橡胶雨衣上瘾者共享）的一个奇特要素是听觉极其敏锐。浆过的亚麻布发出的干裂嘎吱声、衬衫袖口衔接处的咔嗒声、耳环轻撞在高硬领上的噼啪声等，都令恋物徒们着迷。“stiff”（硬挺的）和“starched”（浆过的），这些词汇的发音本身就令人震颤，恋物徒公开重复这些词语，仿佛是要证明它们的礼仪效应。

《伦敦生活》曾经是并且仍然是独一无二的。难道有任何一家“通俗杂志”曾经如此反常，出版“加冕纪念特刊”却不刊登一张王室的照片吗？假如谁想要王室纪念品，就去给自己搞一个加冕纪念文身吧。

尽管恋物癖是个人化的，而且有一部分降格到了幻想世界，但“不合时宜的恋物主义”却实现了一种人类学和文学的蜕变。它涉及的范围更广泛，感觉更强烈，同时也更爱炫耀，更显脆弱。到目前为止，就像新的电影艺术媒介一样，它验证了不可能存在的幻想，提供了逃避现实的通道。电影在20 世纪中期成为恋物主义新的公共载体。

第九章
战后时尚界和媒体对恋物主义的利用

一、1939年的紧身褡复兴

20世纪20年代的时尚是将身体束得扁平、直筒，完全不显现腰身，从20世纪30年代开始，紧腰偶尔复活，如鬼魅在媒体上出没无常，虽然并不时髦。“紧身褡的折磨”“古老的束腰暴行”“其残暴性可与圣·巴塞洛缪大屠杀（Saint Bartholomew's Massacre）相提并论”的凯瑟琳·德·美第奇的13英寸纤腰等，统统灰飞烟灭了。英国女王亚历山德拉（Alexandra）的一条裙子被后人发现，腰围仅有15英寸，简直“令人难以置信”；演艺明星和名模卡米尔·克利福德（Camille Clifford）出版的回忆录上了头条新闻：《我的18英寸细腰》。对于这些过往的纤腰美人，浪漫小说家奥希兹男爵夫人（Baroness Orczy，生于1865年）记忆犹新，眷念不已，即使不将它视为一种时尚。[1]

继20世纪20年代的直筒状风格之后，自20世纪30年代中期开始，时装基本保持自然状态，并伴随着愈加丰满的长裙，逐渐对腰身有所强调。1938年，间歇出现了背后系束的鲸须紧身褡复活的迹象，只是臀部覆盖的比此前的稍短一些。到了来年春夏，随着大张旗鼓的宣传，新式紧身褡终于正式推出，腰身的美称多种多样：“剪影”“细长纱锭”“华夫饼”“香槟酒杯”和“沙漏”等。《生活》（*Life*）杂志（6月12日）登出的一个式样据说需用十码长的束带。1939年8月初行的巴黎秋季时装秀上，美因波谢尔（Mainbocher）大出风头，展示了一种后面系束带的紧身褡，带有一个新元素——乳罩杯。这个新闻在《生活》8月28日发布的一周大事件（参见

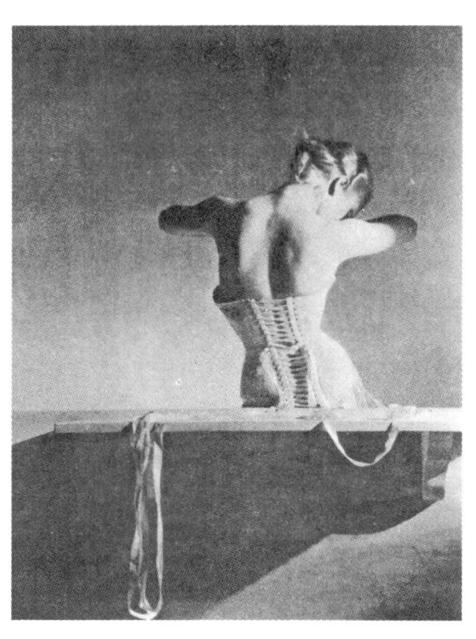

图 9.1　Mainbocher 紧身褡（Horst: 1939）

图9.1）中排名第二，仅次于“德国用炫耀炮兵装备来恐吓波兰”。

新式紧身褡极大地刺激了销售；1939年8月，紧身褡广告比上年同月增加了22个百分点。它不再是一种折磨，据《哈泼时尚》（*Harper's Bazaar*）9月15日说，“这种先驱紧身褡”是“充满黑色预兆的报纸上唯一快乐的大标题”。怀旧情绪弥漫开来，广告、橱窗纷纷展示旧日的图片和现时的模特照片，两相对照。阿尔特曼（Altman's）在纽约的橱窗里陈列了“石膏做的四件细腰小紧身褡，它们插上了水银制的翅膀，束带顺着橱窗的边沿飘拂，四双手优雅地把束带托住，几乎营造出了一辆驷马战车的幻觉”。第五大道上富兰克林·西蒙（Franklin Simon）的橱窗里陈列着“快乐的19世纪90年代”（The Gay Nineties）情节剧里的法国莉莉（Lily of France）紧身褡，市人争睹，竟造成交通阻塞。广告和橱窗里的画面妙趣横生——男人盯着紧身褡，眼珠凸了出来；侏儒爬上梯子，给女士拉紧束带；广告卡通里，妻子双手握住床的栏杆，丈夫一边紧拉束带，一边快活地说：“你说它勒得不痛？我也不觉得痛（意为便宜），因为你是在梅西（Macy's）百货店买的。”类似的动画还有，丈夫一只手提着束带，另一只手握着电话机，向他的爷爷请教如何操作。一些厂家瞄准青少年客户，她们从来没有穿过腹带之类的东西，但是现在为了在一些特殊场合亮相，她们需要寻求“有趣小蜂腰的刺激”。

谈论紧身褡对身体的危害及造成昏厥为推销广告增添了威力。当然，20 世纪的紧身褡保证令人舒适，正如19 世纪的紧身褡令人脆弱一样。奥特曼销售“严谨庄重的束带紧身褡，穿着它你会感觉非常舒适！自旧日的铁箍以来，我们已经掌握了大量的新技术，晕倒……不能弯曲……无法就座等所有弊端，都不复存在了”。有些广告暗示性地鼓励“女士随心所欲地紧束”；但店主警告试衣员不要紧束客户，除非客户特意要求这样做，预料到她有可能是想充分裸露背部。削减2英寸被认为是安全适宜的，尽管华纳（Warner's）号称它的紧身褡可缩减“好几英寸”，塑造“不被蜇痛的蜂腰”。最具自信的是弗兰塞特（Francette），奇怪的是，他们将可行削减量确切地定为3.5 英寸（有时增加到3.5~5英寸），只需“顺畅地一拉”便万事大吉。（不过，弗兰塞特紧身褡的尺寸本身比较大，在23～28英寸）

这个时期的“正确”腰围为26英寸，比20世纪20年代的28英寸减小了。一些制造商，如波奥伊莱特（Poirette），抵制新式紧身褡，建议不要把优美的26英寸掐成24英寸。其他厂家则被激怒了，如著名的少女芳公司（Maidenform Bra）和比恩·若丽公司（Bien Jolie），有人怀疑他们被抓住了把柄——隐晦地暗示它们的产品严重威胁健康，并且有可能损害行业的公众形象。紧身褡行业猜想这种产品热只是昙花一现。

战争恰恰可能加速了新式紧身褡的终结。它在美国存活到20世纪40年代，但由于远离处于战火中的历代时尚中心欧洲，美国的紧身褡行业几乎无法独立支撑这种新模式；此外还有居心叵测者以穿紧身褡的自由女神像为例，斥责穿紧身褡是“为时尚希特勒而牺牲自由”。当欧洲的妇女在现实中被炸弹炸成两截时，那“撩人的纤腰——令勇敢的男人担心她将断成两截”简直是太不合时宜了。

二、战后的商业开发和纤腰复兴

第二次世界大战结束后，广告业和时尚业系统化并完善了对各种性压抑进行商业开发的手段，包括恋物主义和恋物徒的幻想。当时的经济条件是这样的，男人们在全球范围内征服科学和实现工业化，而在战争期间被推搡到劳动大军之中的中产阶级妇女此时又被迫回到家里，充当被动的消费者、男人的性对象和女佣。除了做无偿、琐碎的家务劳动，唯一的其他选择就是薪资低廉的办公室工作。比起20世纪30年代，20世纪60年代的妇女较少有高深专业领域的大学学位或担任管理职务。直到20世纪60年代末，该世纪初期出现的妇女解放运动才得以复兴。

甚至战争尚未结束，在1944年8月巴黎解放后不久，便开始传播关于蜂腰复兴的流言，电影《在圣路易斯相会》（*Meet me in Saint Louis*，详见第十三章）也是一个诱因。当时，紧身褡与牺牲奉献、节衣缩食、“纯洁净化”[2]（甚至苦修？）的理念相关。然而，节衣缩食的道德观很快地就让位给了消费主义。不过，“富裕的20世纪50年代”里存在的半限制性紧身褡，可能是试图弥补“有罪过感的”自由——新的省力设备和家居休闲给妇女带来的自由。穿着紧身褡用吸尘器显然比穿着它擦地板容易多了。

20世纪50年代的时尚，由男性占主导的媒体执掌，赋予了妇女更突出的“女人化”形象；不过，媒体也必须处理某些矛盾、追求模糊的自由愿望——在反对共产主义的时期，“自由”是一个新的热门词。因而，“新阴柔”伴随着“新阳刚”——这两种时尚都被提供给妇女，连同蜂腰、高跟鞋和蓬松衬裙，风格简单实用的衬衫、裤子和平底鞋等。重点在于选择和变化，风格多样，以适应每个人的个性和特定的场合。广告词承诺某个产品可提供性感、心理安全感和自我实现，但时装业背后的动机同所有其他消费行业的毫无二致：刺激人们追求新奇并不断地购买。紧身褡只是一系列行头之一，旨在重塑身体，使女性的外观和感觉“不同”。由于个性不自主，她总想寻求外观与众不同；因为不满意自己，她总想要看上去“更好一些”：运动方案、减肥治疗、节食计划、大腿减肥裤、乳房发育器，以及其他昂贵的设备，美容所和健身沙龙的服务——所有这些，都在妇女杂志上大肆推销。

然而，在所有这些花样中，只有紧身褡具有历史的维度，因此能够扮演双重角色，既体现与老式胸衣相关的某些目的——性感化，又摆脱了昔日的束缚。由于紧身褡现在听起来刺耳，而且让人联想起严苛的服饰，因而新式紧身褡的委婉称呼是“腹带”，古代指轻便的外用腰带；这一范畴的服饰（包括乳罩）统称为“基础服装”（foundation garments），它同必要性、基本需求及良好外观有广泛关联。法国人出于类似的理由，也将“紧身褡”改称为“紧身装”（gaine）。新的基础服装确实比老式的更轻巧、更宽松，便于运动。广告商在承诺更多自由（假设妇女总是要追求自由）的同时，还许诺她们，通过同一种优雅、休闲和享受性特权的新时代挂钩，便可以摆脱当下肮脏、低贱的工作环境。

温和的束腰紧身褡复兴了，其效果超越了（两次世界大战期间遗留下来的）整形服装和肥胖太太用的钢箍和束带。紧身褡行业大力推广新型设计，其中包括用于晚间浪漫场合的带衬裙的华丽裙子和尖细高跟鞋，作为对办公室及家常实用、普通款式的必要补充。广告如潮水般涌现，向人们许诺地上的天堂，尽享和谐、狂喜和自由。

然而，购买新式腹带或鞋子并不意味着必定要经常穿它们。“富裕阶层”的人们总是争奇斗艳，看谁拥有的衣服最多、最漂亮。此外，制造商也利用广告宣传，怂恿妇女购买很不实用和不耐用的商品。紧而轻薄的腹带和尖头高跟鞋很快就会穿坏。妇女们通常发现自己掉进了购物陷阱，不断地重复购买或更换服饰和配件，而且她们也默许了时装款式无休止的骤变和循环。紧束可以缩短服装的寿命，早在19世纪后期，紧身褡制造商必定就已经注意到了这个有利于赚钱的机会。

三、迪奥革新（或反革新）：“花样女人，柔软香肩，丰满俏臀，腰似藤蔓，裙如花冠”；[3] 杰奎斯·菲斯

克里斯蒂·迪奥（Christian Dior）以著名的“新风貌”（New Look）扫荡了战时功利主义的最后残余，将流畅的线条带回了时尚界，其特征是蓬大的长裙、合体的上衣和更突出的腰身。迪奥被誉为一手恢复了巴黎作为欧洲时装中心的悠久地位，迪奥品牌占到了法国时装出口的75%，其历史影响是无可匹敌的。[4] 1957年他英年早逝，同甘地和斯大林等一起，被媒体列为该年度全世界风云人物前5名。

“新风貌”在1947年推出时全球的政治环境很不稳定；一方面是持续的食品匮乏和经济紧缩，人们哀念战争造成的无数死难和被摧毁的家园，对核武器和酝酿中的冷战满怀恐惧；另一方面，社会心理又渴望更好的时代和重返奢华。迪奥的设计风格选择了后者，通过紧收腰身和丰满铺张的裙子充分表现出来。他在自传中说，他想跟青年、未来、快乐和幸福对话，[5] 不仅要创造新的风貌，而且要创造新的信念。“他运用有节制的悬垂和挥霍的尾裾（裙子的周长可达40米）造成鲜明的对比……他将上半身塑造为逐渐缩小的锥状，形成一个漫画式夸张的紧身腰肢，如传奇般纤细……紧接着，丰盈的大裙突然极其铺张地向四周展开……圆锥继续缩小，及至

小腹。”这种细腰的女式套装集阳刚、阴柔于一体，既气势恢宏又精美典雅 。[6]

“新风貌”以它的特定方式呼应了夹在希望和恐惧之间的现代辩证法，但是限制性感和挥霍衣料的组合掀起了或许是最后一个巨大的时尚争议。穿迪奥时装的妇女在巴黎的街道上遭到围观和骚扰。在美国，“新风貌”取得的胜利可以说是迅速和彻底的，假如没有反对派联盟组织到街头示威。一家反迪奥俱乐部声称有30万名成员。[7] 直到最近都还可以听到当年的回声——反对类似迪奥时尚的威胁。1993年《纽约时报》（*New York Times*）发表文章纪念迪奥，说他创立的时尚“堪称自斯嘉丽·奥哈拉以来最严酷的暴政时尚，斯嘉丽为了追求17英寸的腰围，被捆绑得像只火鸡”；“傲慢地给他的信徒判处近十年监刑”。该文接着描述了“性虐狂场景”，“芦苇般纤瘦的模特们疯狂地彼此紧勒束带”。[8]“十年”的说法是不正确的，因为迪奥的X曲线很快就改为比较缓和的Y和H曲线了。

当时，欧洲的大部分地区仍在实行战时的食品和衣物配给制度，人们的瘦削单薄（尤其是1946—1947年饥寒交迫的冬天之后）并不是自愿的，因而自然对炫耀富人特权的时装表示不满。迪奥的一位女发言人虚伪地说，由于战争期间“长期挨饿”而造成的身体单薄实际上是一个优势。[9] 英国贸易委员会（British Board of Trade）主席斯塔福德·克里普斯（Stafford Cripps）爵士和其他国会议员对迪奥表示愤慨，然而百货公司举办了一个小型的促销表演。在约翰·刘易斯（John Lewis）室内时装设计的游行队伍中，“罗兰小姐手里举着一件迷人的小紧身褡，上面缀着粉红色的缎子和束带，她笑得比以往还要灿烂，向我们确认，紧身褡是所有女人的必需品，因为它是造就智慧身材的基础。然后，她用力把这个精巧的物件套在一位很苗条的模特身上，由于它实在太紧，模特的脸顿时憋得通红。罗兰小姐鼓励她再加一把劲：‘身子再收紧一点，亲爱的。’我们都屏住呼吸，充满同情地目睹这一幕”。[10] 虽然这类推销表演让有些人反感，但它给人们带来的诱惑必定加速终结了服装配给、回收遮光窗帘制成衣服的时期。（“鲜红的窗帘”再次让人联想到斯嘉丽——译者注：“scarlette”一词在此处是双关语：“鲜红色的布”和人名“斯嘉丽”）

迪奥在时装界投下了一枚“重磅炸弹”，他的灵感来自记忆中亲爱的母亲，“她总是穿紧身褡，腰肢纤细优雅”。[11] 不过，新式紧身褡并不是严谨的维多利亚式或接近20 世纪后期的某些设计，它是严肃的和创新的（常常缝制进晚礼服，本身即能独立穿着）。迪奥品牌的紧身褡由马塞尔·罗查斯（Marcel Rochas）设计，它类似1939年的美因波谢尔紧身褡，但比较轻巧、短小（起初只有4英寸），用带子或钩子系束；尽管如此，媒体仍然认为时尚“guepiere”（紧身带）是捅了一个“guepier”（马蜂窝）。

医学界的反对声既空洞又无力，反而可能有助于宣传紧身褡。1948年初，媒体根据医学院的一本文选和艾琳·波帕尔（Irene Popard）的言论，营造出了一个小争议。帕巴德发明了一套女子艺术体操系统，她声称在1912年帮助普瓦雷（Poiret）置紧身褡于死地。1948年1月，通俗医学杂志《您的健康》（*Votre Sante*）的封面展示了穿紧身褡女人和自然女人的身体解剖对比，它可能是直接从维多利亚时代的杂志抄来的。1947年10月，美国伊利诺伊大学的副校长安德鲁·兰格（Andrew Lang）医生吸引了公众的注意。他搞了一个研究项目，给40只猿穿上紧身褡，连续两年观察它们的身体变化。第三年5月，他宣布了研究结论——法律应该禁止美国妇女穿这种紧身褡（一只猿已经死了）。这引起一些法国人的质疑。在新近通过巴黎律师合格考试的一个班级的模拟辩论中，一名具爱国情怀的律师高声叫道：“‘蜂腰’发明家是否可以起诉美国的科学家？那只死猿的心脏可不是一个法国女人的心脏！”

当然，此时人们对这类事情不再那么较真（除了可怜的猿们）。从1964年英国的一家全国性日报上（那时蜂腰已经消亡了），我们发现约翰·帕尔（John Parr）医生仍然抱着狭隘的医学观点，像19 世纪的人那样装腔作势地责骂紧身褡减小肺活量，造成肺底淤塞和子宫脱垂。这些都被看作不过是新闻界的煽情行为。

迪奥式的蜂腰，首先在于选择具有天生（或不是天生但已达到）小蛮腰的模特，审慎地在必要部位加进胸垫。模特永远是由老板选定的，而且带有个人因素（他不反对雇用前妓女）。他在自传里声称他爱她们，并为她们所爱。他雇用了太多的模特，他沉迷于其中，付给她们过高的报酬，让她们工作到精疲力竭，尽管尚不至于晕倒。“我的模特是我的服装的生命，我要让我的服装活得快乐。”[12] 此时经常为迪奥做广告的模特都有细小的自然腰围：皮埃雷特·克劳德（Pierrette Claudel）18英寸，芭芭拉·戈伦（Barbara Goalen）20英寸；但八卦小报引述迪奥的话，作为一名“严苛的雇主”，他想要模特具有17英寸的自然腰：“如果她的腰太粗了，就得被硬挤在裙子里，即使令她昏厥也在所不惜。”可怜的加布里埃·杨格（Gabrielle Young）很担心丢掉饭碗，原因是她身高5英尺11英寸，腰围是21英寸！[13]

1954年，雅克·法思（Jacques Fath）比迪奥更上一层楼，他放弃了彼时仍然非常受捧的蜂腰。媒体对他的回应是一个惊惶不安的大标题：“再谈新风貌！回到17英寸的小腰”。[14] 菲斯较少注重营造蜂腰，而是更多地追求结构上的效果，因而他先声夺人，引导了“世纪末”大潮流之一——通过把衬骨明显地制作进套装里，将内衣的效果转换到外衣上，正如我们将会看到的。菲斯的试验在高档时装的层面上失败了，一流时尚杂志完全忽略了它。不过，它在大众传媒中取得了巨大成功。人们怀着一种强烈的矛盾情感热烈地拥抱了它。所有的通俗报纸都纷纷在显要位置展示菲斯的时装——穿在腰带外面的紧身西装和紧身裙。传言说，这位大师的模特受到冷酷无情的虐待，挨饿受冻，那些最可爱的人儿常常昏厥。在台上迈着猫步时，18英寸的腰围引起轰动，模特们显得清高孤傲，而在表演开始之前，人们能听到她们在吃力地喘息。“疑心的托马斯”（Doubting Thomas）无法相信自己的眼睛，当一个模特从身边走过时，她把手指插进了模特的腰侧，想去确证这种旧日时髦真的又复活了。

图 9.2 Warner's 紧束乳罩广告（1951）

大众媒体抱怨菲斯的“鲸须紧身外套”造成“痛苦”甚至昏厥，[15] 但是一旦最初的震惊和敌意（只是表面的）消退了，菲斯便很快提供了如何正确地把鲸须插入外衣的指南。不久后菲斯就去世了，他和他的理念一起在后来某些奇特的时期将被媒体重新激活。例如，有报道说，著名的社交名媛格洛丽亚·范德比尔特（Gloria Vanderbilt）出现在公开场合，穿着系腰和加鲸须的礼袍（她说这是受到有特殊品位的丈夫的激励），散发出浓郁的古调风情。这条新闻收到了至少一名传统恋物徒的反馈（被发表了），自述束腰给她带来的幸福婚姻。[16]

医学科学的道德权威被一种更宽泛的新“科学”——广告科学——所取代。麦迪逊大街的广告心理学家们无情地剖析女性的自恋、不安全感和性挫折心理。促销广告的华丽辞藻将紧身褡公开地性感化了。我们不幸都很熟悉那些用来推销的性手段，汽车、香烟、啤酒一下子全都变成了爱的载体和对象。从最广泛的意义上说，消费主义已经将我们的文化恋物化了，把物品变成了情感的储藏所。内衣，作为人的贴身包装物，本身就可以很自然地扮演爱人和爱情的替代角色：“轻轻地（或温柔地）但很坚实地”，“小心地甜言蜜语”——像个完美的情人，用网状和纯尼龙的手捧着你，温柔体贴地抚摸和搂抱你”（引自1955年“增强躯干的乳罩”广告）；或者提供一个性高潮的密码：“提升、支撑、保持和塑造，令人惊艳，鹤立鸡群（引自1956 年“玛琳太太乳罩”广告）。广告和编辑文章盛产原创的性梦想，它仿佛在空气中飘荡、在水里浮游，轻型的鲸须衬对此不构成任何障碍，在轻扬的蓬松裙和飞泻的薄纱褶边之中进入灵妙境界。

道德责任成为媒体语言的一部分，既油滑又傲慢。当美国的《时尚》（*Vogue*）杂志终于接受了欧洲的细腰时尚时，它下令说：“进去，用力进。”于是，首先是美国妇女，接着是欧洲妇女，便把自己套进了华纳的束腹带，品牌为“风流寡妇”（Merry Widow，取自1952年米高梅制作的一部电影）。它比马萨尔·罗莎设计的紧身褡要长，更完整（包括内衣），总体上更具诱惑力，配上蓬鼓起来的大裙子和高跟鞋，即是20世纪50年代的人像剪影。它的广告强调历史的关联：“感谢温和的束带和轻如羽毛的胸衣，不管它是否合乎时宜，很快就能再缩两英寸，不待你说‘快，快来帮我，普里茜。’不需要嗅盐，也不必去模仿斯嘉丽，套上你的小肚兜，引诱一个波尔卡舞伴，简直容易之极！”

图 9.3　纯丝一拃束腹带广告（1954）

华纳的一幅广告（图9.2）通过一面镜子反射紧身褡背后的束带，并且令人兴奋地许诺，它可以收缩进2～3英寸的腰身，尽管前襟钩子或拉链的样式通常更方便。20世纪50年代中期，原创的“风流寡妇”品牌被普遍模仿，每年销售600万件，广告采用的伎俩从唤起人们怀旧变为下流的封面女郎：伪装的“著名配角”叫道，“你看上去淘气招人，妙不可言……这简直可以说是邪恶”。[17]

无论是迪奥的新式扁平胸部线条，还是接踵而来的“袋状”线条，都没有影响华纳的销售或时装的基本轮廓。1958年10月，华纳宣称“黄蜂腰围（甚至比袋状之前的更邪恶）”。1960年是一个转折点，新的推销重点转向“如墙纸那样服帖”和“平滑如润肤体霜”的紧身衣，标志着它完全消除了压缩的概念。

通俗杂志满腔热情地宣传腰腹带（waist cinches）的走红款式，冠之以“削腰刀”“可心男”等名称。报纸时尚版的典型标题是“天鹅绒手套里的钢手掌……束腰战的猛烈一击”。[18]《时尚》八月号刊登的推销腰腹带的小幅广告，采用生硬的插图和措辞，奏出了不和谐的音符，它们常常如此。威尔克（Wilco）提供的设计仅需2.98美元一件，便可造就“法国沙漏式身材……不再需要忍受折磨人的腰带”。“好莱坞的弗雷德里克斯”（Fredericks of Hollywood）吩咐妇女们“阻止悄然增大的腰围！用肚兜削减三英寸，获得一个可套进结婚戒指的小腰”。

1960—1961年间，有关最新时装的社论都在开倒车，强调“不紧掐的”和“更合身而不是收缩的外观”；然后，突然出现了一个令人惊诧的大转弯——预告1962年为“返回纤腰之年”。就像所有其他成功的小复兴，在20世纪60年代到70年代之间每两年出现一次，未能持续走红。这是该行业里惯用的手段，或许更多地意味着一种心理刺激而不是可操作的行动。20世纪50年代的连衣裙、外套，甚至泳衣，大部分都是紧收腰身的。莉莉·安设计室（Lilli Ann Designs）在《时尚》和《哈泼时尚》上做的广告最多，它总是强调紧腰，要么是通过选择特别颀长的或穿紧身褡的人体模特，要么是修饰照片上的人体轮廓（“‘指环腰套装’——一个不大于戒指的腰肢”——1951年）。加鲸须和束腰成为时装的突出特点：巴尔曼（Balmain）展示的舞会时装包括加鲸须和后系束带的上衣，加鲸须和后系宽腰带的流行裙子。瑞尔（Norell）甚至尝试在短外套里加鲸须，充满寓意地称之为“意志力替代品”，编辑们兴奋地誉之为“吉普森女孩”复活：“超越时尚的形象——鲜明的轮廓、精巧的腰身、纷扬的裙子……一拃小腰。”[19]

这种创意没有流行开来，无论是在当时还是在两年后赫赫有名的杰克斯·菲斯的设计中。自从爱德华七世时期流行褶边裙子以来，设计师们多次试图将内衣外穿，或把内衣效果转换到外衣上，到了20 世纪末终于取得了胜利。内外衣的区别开始消失。人们独出心裁地开发出各种新型面料，通常是有弹性的，以便服帖合体，并且印有花边和文身图案。

泳装设计师们在裸露方面没有更多的施展余地，便开始模仿内衣和紧身褡，开创“沙漏式女泳装，它吸纳爱德华七世时期晚礼服的胸衣款式……弹力的，加鲸须”，多么舒适啊：穿着它，你可以在阳光下歇息，或沿着海岸尽情奔跑（参见图9.5）。加鲸须的泳衣大概销售得不多，穿的人更少；《时尚》（1955年1月）展示的科尔（Cole）牌泳衣，坚硬的腹带（cummerbund）紧绷在6英寸长的条柱上，把身子掐得“活像一只龙虾”。后来的泳衣设计多玩弄性感手法，如采用透明的网纱、巨大的铜环和大量的装饰花边等。

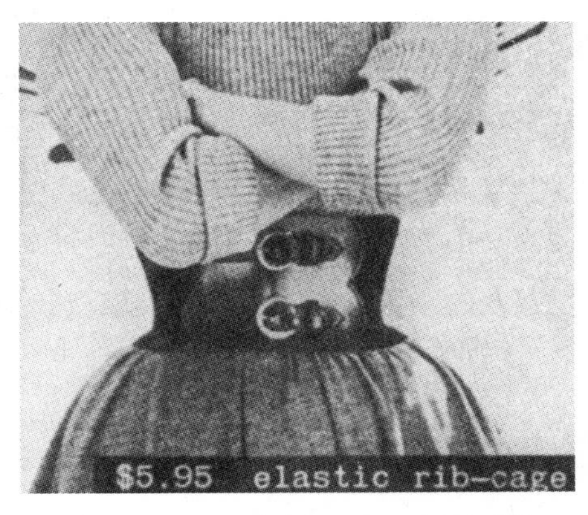

图 9.4　弹性肋骨笼（20 世纪 50 年代初期）

1952年引入的宽腰带（broad belts）进一步增强了收

图 9.5　Rose-Marie Reid 带衬骨的游泳衣（约 1954）

腰效果。没有穿腹带或穿着肥大的裙子时，直接系上宽腰带也可造出腰身。早期弹力版本的名称有“腰卡”和“弹性肋骨笼”（图9.4）等。还有各种用皮革和金属制成的“奇妙绷带”，让人联想起中世纪和贞操带的影子。时装杂志不断地宣布“腰带复兴”，尤其是1957年的一些用实心黄铜制作的“低级时尚”变种，带有强烈的恋物色彩（图13.9）。1959年“复兴”的是宽大的硬质皮革带，6～7英寸宽，色彩鲜艳，系在柔软的晚装和外套外面，其目的并不是缩腰，而是“美”腰。20世纪60年代腰带的特征咄咄逼人，用黄铜制作，带有巨大的扳扣、螺栓和多行大眼孔，符合一种“束缚”形象。但它们都系得比较宽松，并且逐渐向下腹滑动，直挎到臀部，突出“哥特式”的腆肚。

四、尖细高跟鞋的兴起

迪奥的“新风貌”鞋子仍然类似战时的鞋类——跟高但是鞋底厚，而且是平台式的，脚踝带鞋襻儿，鞋头是钝的或开放的。在细腰开始入市的1952年，制造商想出了一种用钢芯加固的明显细薄的脚跟，并开始采用一种鞋头更尖的鞋楦。时尚在追赶恋物主义。1952年7月《时尚》使用了术语“尖细高跟鞋”（stiletto heel，它为“伦敦生活人”熟知），成为被最广泛接受的一种叫法，尽管很快就有其他名称加入：“长笛”“火柴杆”“帽针”，还有更进取的（一旦“尖细跟”因过度穿用而变钝）“军刀”“轻剑”“长钉”和“尖针”。所有这些词也适用于鞋头，它从1952年的等边三角形渐渐变成1957年的锐角三角形。“Rapier-Toe”（轻剑趾）和“Spire Toe”（尖锥趾）是两个注册品牌。“脚趾”，尤其是“足尖”一词引出了大量的双关语："骄傲地踮起你渐渐缩小的足尖（diminuentoes）"，脚跟和脚尖"pointing to"（指向）重要的观众"，"从轻剑跟的耀眼高度"pointing"（指明）"two points"（两点）之间最漂亮的线条"。这些高跟被誉为"卡斯提尔式（Castillian）绝妙精品"。有些用箭头作比喻："情人弓箭""趾箭"。埃菲尔铁塔也被用来为高跟鞋广告服务。时尚评论家真是前所未有地才思泉涌，有人甚至形容鞋尖"像佩雷尔曼（S. J. Perelman，幽默大师）的机敏话锋"。尖细高跟鞋也给广告设计师们提供了一系列奇妙图像调色板，常常融入性符号、光线变形，还有女人造型的鞋子（参见图9.6）。大约在20世纪60年代，就在这种尖头鞋突然消失之前，广告的野心膨胀到了极点，将它捧上"云端"，声称创造出了"有史以来最锐利的鞋尖——令人联想到火箭鞋（winkle-picker）"，不巧的是，就在同时，"伦敦摩登"（London Mods）针对较低阶层的消费者推出了一种"真正的"火箭鞋，却因此给了它一个死亡之吻。

图 9.6 "从后面看上去比前面更妙"（广告，1956）

尽可能延长尖细高跟鞋风格的流行，符合与时尚产业相关的许多行业的经济利益。尖细高跟鞋，因其底座极窄（20世纪50年代末达到直径0.25英寸）而十分容易破裂，很快就磨损了。[20] 很小角度的磨损就可以使得身体平衡变得更加岌岌可危。这种磨损及底座本身狭窄导致"尖细高跟鞋后跟的摆动"。制造厂家尝试各种改进办法，例如，引入非常耐用的鞋跟钉材料，或使它们易于拆卸和更换，或用螺钉安装可更换的"升降柱"（形成鞋跟骨干的钢杆或尼龙杆），结果总是令人沮丧。修鞋店成了个热门生意，不断地用小皮块和钉子替换损坏的鞋跟。

比起紧身褡，时髦鞋更难免受到医学界的苛评，尽管足医的业务并没有明显增多。大众媒体对此着迷，并煽动起“争论”。贝克斯希尔（Bexhill）的M.马歇尔（Marshall）小姐给一家大众日报写信，天真地坦承：“高跟鞋诱惑男人。我知道，当我穿上5英寸的尖细高跟鞋时，一位男士不仅立即被吸引，而且被迷住了。智慧的女人尽可能穿最高、最细的高跟鞋，难道还有什么奇怪吗？”“肯特郡的专业人士”很愤怒：“我不知道，那些宣称欣赏女人穿高跟鞋的男人们是否愿意自己接受这样的折磨，而且愿意一辈子冒伤害自己的危险吗？如果女孩们（男人也可以）到我们的足医院的手术室去看一看，她们很快就会改变看法，认识到这种鞋子是不合适的。”

一些严肃的报纸敲响了警钟，题为“鞋子挤脚，后患无穷”和“谋杀犯就在脚下”。医生们估计，20岁以下的女孩中50%患有鸡眼、老茧和拇囊炎等足疾：“假如像给妇女穿高跟鞋那样残忍地对待动物，全国的人道主义团体将会发出强烈抗议。”当然，校长们处于一个更有利的地位来严惩高跟和尖鞋头。坎特伯雷（Canterbury）附近的斯塔里（Sturry）中学校长发表文章，标题为“高跟鞋会导致人生走下坡路”，警告说：“如果在学校里穿高跟鞋和火箭鞋，可视为犯罪”。新闻界从叛逆学生那里获得消息，支持再次出现的学生运动，要求女生制服更鲜亮、更女性化，甚至家庭医生也撰写文章，题为“女学生挑战高跟鞋禁令”，讲述一个15岁女孩如何打败校长的故事，她带来一份医生证明，证明她需要穿高跟鞋。[21]

在这种时尚流行的早期，媒体喜欢夸大高跟鞋的种种不便来搞笑。英国的一个家庭周刊发表了系列摄影，大标题是“地孔成了妇女的陷阱”，展示一位穿紧身裙妇女的高跟鞋后跟陷入了地面的井盖。对于尖细高跟鞋导致的公共事故，至少有一个政府部门把自身保护了起来（它不大可能保护那个妇女），据美联社的一则报道（标题为“茂比尔市政府打压高跟鞋”），阿拉巴马州的这个城市宣布，超过一英寸高、不到一英寸厚的鞋跟为非法。“预料不会发生逮捕情况，但是对于妇女在街道上的格栅、水泥地衔接等处摔倒，造成手臂骨折、鼻子蹭伤、腿脚扭伤及有损尊严之类的事故，市政府概不负责。”

另外有些部门和机构，出于其他利益考虑，也加入了反对派阵营。许多博物馆、美术馆和乡间宅第禁止游客穿高跟鞋进入，因为他们震惊地发现，尖锐鞋跟损坏了漂亮的地板。因而，国际公路标志符号中也加了一个新的禁止标志：打了叉的高跟鞋。许多房屋的骄傲女主人假如发现新抛光的地板上有破残麻点，也会下达同样的禁令。与此同时，更具魄力的地板制造商将高跟鞋当作一种挑战。一名建筑师告诉我，对于地板行业来说，这一时尚是最妙不过的一种推动力；假如没有它，20世纪60年代的某些合成材料可能永远不会在市场上流行，如乙烯基，在剧烈的压力下，它不像被取代的旧油毡那样会产生凹痕，而是会弹回原状，它防碎裂、耐划痕，甚至重击造成的凹陷也可以被打磨光滑。1962年，国家煤炭局（National Coal Board）宣布“同尖细高跟鞋的恩怨结束了”，新型阿莫泰尔地板（Armourtile Flooring）可以防止“时尚女人走过后留下破坏痕迹。一吨重（指尖细高跟鞋后跟的平均压力）的妇女足以对地板造成各种损害，这是地板/地毯行业面临的挑战。”

“一吨”是毫不夸张的，它被某些有心的读者验证了。有人发现，尖细高跟鞋尖端的平均表面积是0.05英寸；一个体重64千克的女人，假设她把重量全部放在一只鞋跟上，对地板的压力即大大超过每平方英寸一吨——比一头巨型大象的压力还大。这还仅是纯粹的静态压力。如果她滑动一只脚跟，比如跳探戈舞时，或者她跳起来后重新落到地板上，压力将大幅增加。如果她旋转脚尖，其功率则可同一台大功率采矿/采石钻机相媲美。

五、靴子的崛起

20世纪60年代兴起的鞋子不是一般的鞋而是靴子。它曾经是用于恶劣天气的功能性鞋子，现在独立成为一件时髦的物件，靴筒追逐超短裙，不断升高，直到不能再高，达到齐裆（“靴式长筒袜”）。细高跟保留了较长的裙子，将人们的注意力集中在脚部和踝关节；靴子则使裙子变短，腿脚合成一个整体的视觉单元。到了1963年秋天，紧贴的、束带的、高及大腿的靴子出现了。伦敦的靴子时尚领军者尝试3英寸高的靴跟，由于高级时装界的反对而失败了，它的时代将推迟到来。然而，坐镇伦敦的波普艺术家接受了靴子崇拜，并将“变态”和“恋物癖”等词汇介绍给了时尚评论家，后来又引入广告。《时尚》在一篇重要社论（1964年8月15日）中提倡靴子理念，将它尊奉在英雄—恋物—荒诞的大众文化神龛中。通俗艺术家们制作出塑胶模压靴子，并从小型恋物癖杂志的插图中汲取了灵感（见彩图25）。亮红色的靴子、带有系到大腿的纵横交错皮带的角斗士凉鞋，还有金色的女用内衣，由于同詹姆斯·邦德（James Bond）电影中的性虐狂相联系而受到热捧，正如黑色皮革服的销售借助电视系列剧《复仇者》（*Avenger*）而大获成功。

靴子时尚具有的两种趋向可能是很突出的，每一种都有本身的恋物诱惑力。一种是超光滑、有光泽，轻便和紧箍的外观，另一种是较厚重、有力道的装饰效果，靴身配上链子、流苏、条襻和系带，令人联想起仪仗式军靴或马靴。所有靴子的头部（类似此时的其他鞋类）都是宽敞的，或方或圆，完全没有尖形的；[22] 鞋跟是宽大层叠的，在20世纪70年代初期进一步升高并拓宽。1973年，矫形恋物癖迷恋的高平跟很常见，有的高到惊人的程度。一幅卡通描绘一个女孩穿着这种高平跟靴子，对警察说："如果你想逮捕我，我就跳下去（自杀）。"在动画片《黄色潜水艇》（*The Yellow Submarine*）中，"长筒靴兽"（Kinky Boot Beast）穿着具性虐狂威力的新皮靴，横冲直撞，兴高采烈地踩踏众人的脚趾。

六、"绑束"风行的20世纪60年代

政治上消极的20世纪50年代的形象输给了政治动荡的60年代，前者是刚硬而傲慢的，后者是柔和而脆弱的，而且恋物主义更加公开化。时尚吸收了另一种范畴的《伦敦生活》式恋物癖，它仅在更广泛的文化表现形式上具有新意。光亮效果以前只体现于服饰配件，现在侵入了整个服装领域。那种"湿意"一度只限于用光亮的皮革、橡胶、聚氯乙烯和乙烯基等材料制作的水上运动服，此刻也成了摩登的日装和晚装风格（参见图9.7和图9.8）。面部化妆走向戏剧化的极端。颜色变成了荧光和金属的，图案设计为几何和流线型的。衣服不再附着于身体，而是一种包在身体周围的硬挺罩具。它们仿佛是配饰，很少同人的自然体形有直接关系。

时尚变成了中性、雌雄同体和无性的，原始的、简约的和无序的。裙

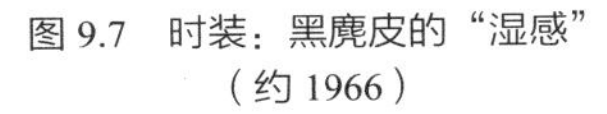

图 9.7　时装：黑麂皮的“湿感”（约 1966）

图 9.8　恋物：John Sutcliffe 设计的皮革衣（约 1966），20 年后成为时尚

子的长度大起大落，妇女白天购物时穿着瀑布般的长裙，而在正式晚会上穿迷你裙。出于一种摆脱民族性的离心痉挛，或者也许是试图应对引发大规模国内和国际动荡的矛盾，时尚拥抱了第三世界的一大堆文化符号，以及同嬉皮士和游行抗议者相关联的贫寒风格，将解放和压迫的象征混合起来：新原始风的装饰（印度串珠、非洲羽毛）、破旧的和缀满补丁的无产阶级衣服、褪色的游击队服、军队的剩余制服等。高级时装吸收了“嬉皮士”的反潮流时尚，正如媒体试图吸收反战运动和反主流文化一样。与此同时，式样古怪的新中世纪锁子甲套装，宇航员式的、华而不实的乙烯基紧身装，反映了对新技术的顶礼膜拜。时尚也向新的警察国家致敬，出现装有链条和子弹匣的腰带及其他自由世界的符号和玩意儿。

在一段时间内，时尚似乎进入一个新的铁器时代，各种金属挂钩、铰索、螺栓、铆钉、抓爪、带扣、皮带和链条，纷纷登场。令恋物徒着迷的一些较重的配具也被诱发出来：奴隶式手链、戒指、手铐和脚镣，还有巨大的铁项圈和雕有花纹的护喉甲，当时采用这些物件尚带有戏谑的心理，而到了下一代人便成为严肃认真的选择了。在时尚吸纳社会矛盾所做的努力方面，开拓全钢乳罩也许表现得最为亮眼。与此同时，“嬉皮士”乐于

裸体，一些女性时兴不穿乳罩。毋庸置疑，在过去的20年里所有这一切都重新出现过。

商业和媒体对袒肩低领裙的热捧降温了，让位给另一个兴趣中心——领饰。喉部被性感化，衣领变得很重要。妇女们接到严厉的命令："保持你的头高抬、高抬、再高抬。脖子的长度是万分重要的。"通过改善体姿，颈部必定可以在几秒钟之内加长"数英寸"；脖子的外观时而交替变化，或是性感地延伸和裸露出来，或是严紧地包裹在华贵的饰物里。芭蕾舞蹈家努列耶夫（Nureyev）的米开朗琪罗式咽喉占了杂志的一个完整版面，造成非常强烈的性刺激效果；非洲桑布鲁（Samburu）部落的妇女戴着巨型套环的长颈，被展示为高雅品位的极致（参见图9.10、图9.11）。

时尚沉迷于高度精致、象征性的（及现实可行的？）颈部束缚幻想。媒体刊登了不少色彩斑斓的照片，譬如，由项链和固体铰接的挂坠组成的项圈，紧紧地箍在模特的天鹅颈之上。戴着洁迷珍宝（Femme-bijoux）的长颈令人心醉神迷，但头部的任何动作都有危险，即坚硬的珍珠顶轨会刮破柔软的下颌（图9.9）。另一只项圈的顶部有一排上翻的小绿松石铃铛，呈扇形，直抵下巴。[23] 连维多利亚时代的圣诞节冬青枝上都没见过这种挂铃，然而《时尚》的模特必须保持这个姿势，不管拍照花的时间有多长。

与此同时，整个头部戴上了面具，窒闷在太

图 9.9　"女性长颈"（high fashion, 1965）
图 9.10　带铜颈圈的巴当族"长颈鹿女"（缅甸—泰国，引自 Vitold de Golish）
图 9.11　约翰•克里安诺为"克里斯汀•迪奥"设计的颈套（1997）

空—中世纪—恋物癖的头盔里。这几乎就像是奢华的高级时尚界故意让自己失明，切断感官，来回避一个不可理喻的世界。然而，最重要的是，这只被当作一种游戏。时装行业明白，绝大多数妇女永远都不会考虑购买这类头盔、项链、钢乳罩，或是镣铐。它们基本上是上层阶级的玩具，展示在橱窗里和杂志上令中产阶级心驰神往。在前面的章节里我们一直关注的是低层中产阶级妇女要追求她们认为是上层阶级的徽章，现在谈的是在现实中只有富人才能获得的徽章，其他人只能间接地感受或艳羡。相对来说，20世纪50年代的紧身褡还是民主的；价格便宜的弹性宽肚兜是典型的工人阶级年轻女性穿的衣物。

美国，这个资本主义世界经济和文化的领跑者，已经习惯了把奢侈品当作必需品；美国文化接受了符号和现实、梦想和需要、泡沫和实体之间的悬殊差距，认为它们不可调和，并且将前者当作后者，以至于无法进行准确的分析，当今的时尚或恋物癖究竟同哪种现实或哪些人的现实相对应。

七、战后的恋物主义文学和制造业

大众报刊和电影展示恋物癖的方式是支离破碎和淫秽不堪的。最好是从特定的边缘文化杂志中寻找恋物徒想象的精华。这些杂志有些是业余水准，有些看起来比较专业，过去在简陋的色情书店里出售，后来变得不那么郁闷和压抑，甚至出现在令人愉悦和装潢优雅的“性商店”——它们的数量在西部大城市激增。[24] 这些杂志，它们的名称强调保护隐私和逃避现实的功效，在20世纪50年代后期和60年代非常有名或十分流行（当然，后来它们变成了录像形式的），就在此时，出现了一种可比的重要文化现象：纽特利克斯（Nutrix）出版了专门介绍钢带和皮革绑束的刊物。[25] 这些非常残忍、复杂的性虐狂绑束法最终被法律废止了，但是它们已经唤起了当时一些流行艺术家的玄思妙想，最著名的是艾伦·琼斯（Allen Jones，彩图28）；这些人现在已进入了主流。

至少在一定程度上，这类杂志的导向是某些可实现的创意，随之兴建了一些小工厂，主要坐落在加利福尼亚州（那里永远是离奇事物的滋生地），它们在家中经营获取薄利或不盈利，并且出版“戏剧紧身褡目录”。[26] 某些大城市的鞋店专门销售极端高跟鞋：坐落在巴黎克利希（Clichy）大道的厄内斯特（Ernest），以定期在《她》（*Elle*）杂志上刊登“编辑广告”而闻名；伦敦摄政王制鞋公司（Regent Shoes）的经营规模更大，它在《舞台》（*The Stage*）杂志上定期做广告，推销“供在舞台和街道上穿的高达8英寸的高跟鞋”，并且按期发布最新的产品目录簿。在华都街（Wardour）摄政王公司的门市里，足鞋恋物癖的渊源可以追溯到19世纪；当该公司在1975年左右被大型鞋业连锁店拉乌尔（Raoul）收购并“传统化”了之后，这个历史上的恋物徒小天地便被大规模的市场经济扫除了。当然，在美国，好莱坞的弗雷德里克（Frederick）连锁店以性感时尚同恋物癖交融而闻名遐迩，它的生意依然十分兴隆。

伦敦的“天然橡胶公司”（Natural Rubber Company）是20世纪60年代中最突出和最具特色的小型恋物主义产品厂家，它专门制作封闭式的，或多少有些限制性的橡胶和皮革服装，它在“上档次的”杂志上做小型广告。1960—1967年间，生意很兴旺，可是该公司的所有者后来卷入了“降低产品质量和堕落的阴谋”，被判处重刑，个人和事业都毁了。他喜欢称自己是“为成年人制造玩具”的人，这就是他的命运。“原子时代”（Atomage）由约翰·萨克利夫（John Sutcliffe）于1963年创办，是一家只有三四名成员的公司，制作精心装饰的、限制式的乙烯基和皮革服装，专门为一百名左右的私人客户服务，偶尔也为电影、电视和时装公司提供制作（见图9.8）。萨克利夫也受到了迫害，导致“德马斯克”（De Mask）公司——也许是今天（2000年）欧洲主要的恋物和绑束服装制造商，离开英国迁移到了文化氛围较为宽容的荷兰。

伦敦有两位“传统”束腰紧身褡的知名专家，一位是戴安娜·“麦德克”（Diana “Medeq”），她在梅费尔（Mayfair）设立经营，首先在《潘趣》及其他报刊上打广告，建立了精英客户群，其中60%是绅士，40%是女士，他们十分珍视麦德克对手工艺术的执着精神（她总是拒绝大宗邮寄订单）。相对不很富裕的人则成为亚瑟·加德纳父子（Arthur Gardner and Son）公司的客户，该公司成立于1899年，由该家族的一名直系后代——艾琳·加德纳（Irene Gardner）经营，利用朴次茅斯（Portsmouth）的沃勒尔（Voller）等大型广告公司宣传它的产品，艾琳满足了“传统的”老式时尚的品位。

上述及其他更多经营时间不长的私人企业，见证了这样一个事实，在许多群体之中，有一个性趣和品位独特的少数人群体，他们以微妙的和不确定的方式反射并影响了时尚与大众媒体的发展变化（包括连环漫画书——见彩图29）。时尚和媒体从各类较普遍的少数性品位中找到了共同点，发掘出了五花八门的性弱点，并且毫无疑问地将继续这样做，只要社会允许。

第十章
不断扩展的领域

在西方，倘若不懂得紧身褡，那么任何关于女性身体的讨论都是没有意义的……在人体发展史上，紧身褡不是配角，而是一名领衔主演。

苏珊·布朗米勒（Susan Brownmiller）

曾经有过任何辩论和欲望的对象（比紧身褡）更扣人心弦吗？

安妮·罗根（Anne Grogan）

本书第1版问世之后的25年来，人们对紧身褡的历史、理论与实践的研究兴趣大大增加了，很多研究处于下述的这些语境之中：女性主义、妇女问题、作为历史产物的人体文化、世界及局部地区的人体修饰文化、时尚（及相关的人类学）、恋物主义、身体和表演艺术等。高级时装和大众时装都包括年代紧身褡；各类名人都穿；紧身褡和束腰术已经大规模地侵入了国际互联网，目前有数百个严肃正经的网站向大众公开这种曾经是私密的体验。“在全世界范围内，紧身褡就像一种珍稀兰花吐蕊怒放。”[1] 恋物癖活动吸引了主流新闻记者。大大小小的博物馆都有紧身褡收藏，有些设有专门的陈列室，尤其是纽约的大都会博物馆（Metropolitan Museum）、维多利亚和艾伯特博物馆（Victoria and Albert Museum）。随着越来越多的历史再现于世，这种在过去不同时期内存在的时尚复苏了。

对紧身褡的历史研究做出主要贡献的一个人是瓦莱丽·斯梯尔（Valerie Steele），她在2001年出版了一本成熟的专著；此外，利·萨默斯（Leigh Summers）也写过一本重要著作。斯梯尔开辟了一个新的话题，对这个问题抱有较积极的看法，类似我本人的立场观点，但她声称不同意我的某些关键论点，我认为这不可思议，而且没有充分的理由。萨默斯十分博学，也像斯梯尔那样拥有新的、有价值的信息来源，她的观点则相反，声称紧身褡将妇女妖魔化了。她试图重新把紧身褡妖魔化，将这个命题钉进古代偏见的棺材里，坚持过去的犯罪认定是永久的，显然知道它没有时效规定。她甚至指责医生们采取了被动消极的态度。

我从这些新的资料来源、其他书籍和实践者提供的新信息，以及一些新的理论观点中有所获益。对本书1982年版的各种评论，尤其是安妮·霍兰德（Anne Hollander）和安吉拉·卡特（Angela Carter）的评述（随后都在她们各自的文章选集中转载）验证了我的观点，即在自我表达方面，紧身褡和束腰曾经扮演了（再次扮演？）一种积极的文化角色，特别是将妇女从母性的刻板印象中解放出来。评论者们（绝大多数是妇女）的主要评价是非常令人满意的，也有点儿（我承认）令我感到受宠若惊。20年后再回过头来看这个研究项目，我的兴奋感减弱了一些，我发现在相关领域工作的一些持不同见解者随意歪曲我的立场和观点，并指责我有缺乏学术性的偏见和夸张。我又发现了一些更惊人的恋物徒，不过我在这里主要是提供新的信息，而不是老调重弹。

出于很显然的原因，关于紧身褡的“正面”和“负面”观点之争有充分的理由会并行不悖，永远继续下去。新的资料用来说明时尚家和恋物徒的思维及实践的发展变化，但首先是要强调和充实我从前表达过的观点，重新确证（对此我有点意想不到）我对旧的刻板印象进行的历史性修正，并且补充过去20年的文献在很大程度上忽略了的一些要点。其中，就束腰来说，最重要的有两点：第一，从恰当的意义上说，它从来就不是真正的时尚，而是社会下层和上升阶层的一种可疑的实践；第二，无论如何，实施束腰训练的人数不多，尽管她们非常引人注意。“束腰成为时尚，越紧越时尚”[2] 的错误假设仍普遍存在。我认为，紧身褡的一般性穿用及其在束腰训练中的极端使用作为必不可少的女性礼仪发挥了积极作用，似乎不再让人感觉十分古怪，尽管它经常引起争议。

安妮·霍兰德道破了服装具有的“不舒适的意义”，连同她的另一个被多次引用的观察——“舒适是一种精神状态”，都精确地体现在紧身褡上。作为学术研究的对象，以及作为衣着，它的不舒适成为一种美德。这体现了一种非常深刻的冲突，正如时尚的最新发展充分表明的，它是矛盾、荒谬、反常和多形的，甚至是雌雄同体的；它的含义是多元的，正如它是（可选的）复数词（我们仍然用“紧身褡”的复数来指这一单个事物）一样。

我从20世纪50年代开始这一课题的研究，持续了整个60年代，其间一直处于不合法的阴影之下和色情的边缘。如今这种状况已经改变了，恋物癖、性虐狂的游戏在许多方面进入主流媒体和意识，对于将其纳入时尚的确是很有争议的。昨天的小邪教变成了当今的文化。当然，我不愿意低估极其粗暴的大众媒体和外交政策方面更严重的残忍、歧视和邪恶现象，但我宁可谈论私人恋物癖、性虐狂情形、绑束和装扮游戏等，它们找到了自己的赞美诗人，并获得了社会、医学和学术界的认可。[3] 在多数大学校园里都有一个GLBT（男同性恋、女同性恋、双性恋和变性人协会），包括我自己所在的大学。异性恋和同性恋共处的组织缩写为BDSM（束缚/纪律，支配/服从，性虐狂），近年来在政治上十分活跃。据1990年的新金赛报告（New Kinsey Report）统计，他们占全部人口的5% ～10%。1998年《花花公子》搞了一项民意调查，有1/3到一半的受访男女在做爱过程中尝试过捆绑和杖臀。[4] 恋物徒们现在感觉，他们比以往任何时候都更能自由地在公共场合，包括在街上或在专门组织的活动中表现自己。当然，这并不意味着两相情愿的性虐狂不受到警察的骚扰。

尼古拉斯·辛克莱（Nicolas Sinclair）的《变色龙的身体》（*The Chameleon Body*，1996）一书公开展示了多种恋物癖形式，其精彩照片来自于1995年的一个展览，名叫《恋物主义：显示权力和欲望》，它发表了挑战性的宣言：“被压制的性兴趣继续不断地产生出来，我们很难逃避或否认这种欲望和不安的困境。在20 世纪后期，恋物主义已成为情欲的主要表达方式，它刺激人的性想象力，创造新的情感和道德，发展出一种欲望的图解，上演叛逆爱情的戏剧……作为一个运动，它抱有令人着迷、无法摆脱的奇特理念。”《变色龙的身体》事实上成了恋物徒文化社团的一部指南。

“范围不断扩展的”恋物主义和紧身褡意识，以某种奇特方式影响了我本人从事的艺术史学科，譬如对爱德华·马奈（Edouard Manet）的某些绘画的研究。[5] 举一个文学方面的例子：有一篇评论詹姆斯·乔伊斯（James Joyce）的《芬尼根守灵夜》（*Finnegan's Wake*）的文章，针对具有消极内涵的“紧身褡风格”开了一个德里达（Derrida）式的玩笑，它引用安娜·利维娅·波鲁拉拜拉（Anna Livia Plurabelle）的独白，“除了具有其他特点之外，她仿佛是奔流的利菲河，穿过都柏林。然而，请注意，即使河水猛涨，航道却是受限的，她被束缚在已定的金属框架中。这些紧身褡像是格律严谨的诗文。将女人身体性感化的紧身褡紧束起来抑制生育，僵硬的鲸须使身体变得既有女人味儿，又直立坚挺……雕塑和甲胄：妇女既是赤裸的雕像，又是中世纪的骑士。”[6]

“像是格律严谨的诗文的紧身褡……”：它是否是“千年来最伟大的文学创作”，如同十四行诗，在匀称而严谨的韵律中生存、发展，于是“就像内燃机或爆米花机一样，既能释放又能容纳充沛的活力”？[7]

一、广告中的恋物主义正常化：大穿孔

在过去的30年中，“恋物”和“恋物癖”这两个术语的概念已经从性的亚文化圈中扩展出来并正常化了，进入了主流时尚、广告和学术文化研究领域，它过去在人类学和经济学方面的含义已经回归，并经常同性的含义相结合。主流杂志《嘉人》（*Marie Claire*，2002）的封面评语显得很随意：“想尝尝恋物癖吗？去认识那些使用鞭子和橡胶的夫妇吧”。几乎所有的时尚杂志都受到年代紧身褡的影响。老字号企业，诸如英国的“沃勒尔和埃克斯福特”（Voller’s and Axford’s），在历史上支持功能性紧身褡（成年人穿的），现在已经完全转向了表现情欲与恋物癖的紧身褡。

一个明显的例子是同束腰关系密切的穿孔。有关穿孔的广告仿效20世纪80年代的朋克风格——曾是一种罕见、激进和“反时尚”的潮流(若非一种常态)。穿孔美容店和杂志大大增多了。日内瓦的公共汽车上张贴着穿孔美容的巨幅广告。到60年代，鼻钉已变得极为平常，而且还在脸部及身体各处穿孔，甚至以色情方式在性部位穿孔，我不打算在此细述。广告世界有许多这类例子，其中一个是这样的：头脑原本清醒的《洛杉矶时

报》(*Los Angeles Times*)寻求进一步巩固自己对该城市的长期垄断地位，刊登了一幅《人体中最强壮的肌肉是舌头》的海报，从我所在的大学招募学生，拍了一个浓妆艳抹的面部特写镜头，用一串弧形环代替了眉毛，耳朵上穿了多个孔，一枚大饰钉穿过下唇，嘴里也有同样的一枚穿过舌头，卷起的舌头从牙齿间露出来——它是媒体发出的潜在挑战的化身。简直不可想象广告竟能制作得如此粗俗不堪（见图10.1）。

“身体穿孔对我们来说毫不新奇”，基督徒的一幅海报宣布，“很多人在身体上穿孔……耶稣基督被钉在十字架上受难……让我们将他身上的[孔] 展示给你看吧。”[8] 用第一世界的野蛮主义来解决第三世界的债务问题，“基督援助”（Christian Aid）组织的宣传品上刊登了一张放大的乳头照片（男性，有体毛），占了整个版面，乳头上套着一只环，上面挂了一根短链。它降价出售，一英磅一只。（如果你不愿意戴在乳头上，也可佩戴在衣襟上，以此来表示你帮助第三世界结束债务的决心。）可谓一个激进的建议。[9] 真是这样吗？

长期以来，广告利用性内容来推销跟性事不相关的产品，如今又加上了恋物癖的，甚至性虐狂的色彩。以前者为例，最引人注目的是“黑莓伏

图 10.1　“Altoids”口香糖的广告牌（Los Angeles, 2003）

特加”（Absolut au Kurant）的广告：亮紫色（表示黑莓口味）的新颖束带伸展开来，缠绕成酒瓶形状，衬托在黑色皮革紧身褡上，束带穿过瓶耳而不是通常的束带孔。伏特加与紧身褡毫无关联，这样做纯粹是为了追求强烈的情色效果，或是可能包含一种潜意识的规则编码：质量控制，以及惯常的小字印刷警告：“那些欣赏精品酒的人们懂得有节制地享用。”也许人们并不会节制，但广告制作明显呈现情欲化。在庆祝“黑莓伏特加”诞生20周年时，同一家公司连续印制了20幅小型肖像，其中有一幅是汤姆·福特（Tom Ford，Gucci紧身褡的设计师)，他看上去非常阳刚，身穿黑色皮衣，斜倚坐着，双手放在他的牛仔裤裆部，一个用束带编织而成的酒瓶剪影矗立在他的阴茎将勃起之处。(见彩图5)

穿孔和紧身褡的功能有着显著差异，但在心灵和身体上往往是孪生姊妹。辣妹（Posh Spice）的公开形象［如在她同大卫·贝克汉姆（David Beckham）的婚礼上］都同“紧身褡外穿”的新时尚相关，她也戴着卷土重来的“金唇环”大吸眼球，对《太阳报》（*Sun*）的记者诉苦“疼死我了”。[10] 不过人们怀疑那不是真的穿孔，而是夹上去的；穿孔可能带来不舒服，可是一旦穿上唇环之后，并不会感到刺痛。

穿孔除了比束腰更容易维护之外，还具有某些明显的吸睛优势。它现在已上升为一种精神上更高妙、视觉上更壮观的身体塑造形式，其推动者之一是法克·穆萨法（Fakir Musafar)，他是现代原始运动（Modern Primitives movement）的创始人，也是《现代原始元素，文身，穿孔和刻痕》（*Modern Primitives, Tattoo, Piercing, Scarification*）的明星作者。该书有一大章论及束腰，并收入了埃塞尔·格兰杰的三张照片。穆萨法最初是一名束腰者，后来转进了耸人听闻的身体穿孔迷圈子，他甚至还公开表演太阳舞（Sun Dance)，通过用绳子将穿过乳房孔的环连接在一个固定物体上抻拉身体，使自己进入一种类似精神恍惚的状态。

如今，我随时可以听到有些公司在管理培训中采用施虐捆绑的方式。汉堡王（Burger King）在佛罗里达州基拉戈（Key Largo）的营销部门培训雇员时，强迫他们在炭火上走，目的是强化雇员个人与公司之间的感情纽带，结果导致他们的脚严重烧伤。[11] 从建立纽带到束缚大概只有一步之遥吧。人们但愿其他公司不要做得那么极端。

二、女性恋物主义

弗洛伊德和金赛认为，恋物主义完全是男性的适应性变异，人们追随他们的观点，直到1985年，“女性恋物癖”始终被视为一种矛盾修辞法。[12]我的这本书（1982年版）开始接触一些“异端”见解，即有些妇女穿紧身褡甚或束腰（及高跟鞋）的行为是独立于男性伴侣而启动的，并且是她们乐意享受的。自那时以来，我会见过的许多年轻女性充分证实了这一点，潘多拉（Pandora）、凯伦·莱特（Karen Wright）、雷切尔·加洛韦（Rachel Galloway）和尼古拉·佩恩（Nicola Payne）等人都公开宣称，她们穿时尚紧身褡的爱好完全源于自身，同她们可能拥有的（有的没有）任何性伙伴都没关系。过去时代里负罪神话的可怕幽灵（体现了狂迷的祖辈对无辜青年的折磨），或者简单地说，从非自愿转变为自愿极端束腰的故事，现已成为互联网上篇幅最长、最精彩和最受称赞的束腰小说主题之一。[13]

最近的社会性学著作强化了对女性自主恋物癖的认识。1973年，南茜·福丽德（Nancy Friday）的小说《我的秘密花园》（*My Secret Garden*）构造了自主女性性虐狂的事件情景。女性性虐狂尽管不是我们这里所讨论的恋物癖形式，但它确实已经扩展为女性（通常是女性之间）的各种极端怪异的统辖与服从游戏。人们过去认为，展示女同性恋做爱和女人之间色情行为的作品从来都是由男性创作的，并且为男性服务，现在这种传统观念已经被彻底推翻了。在19世纪90年代的克拉夫特-艾宾（Krafft-Ebing）和20 世纪精神病学（已成为“性变态”的真正代名词）的长期有害影响下，人们一直不由分说地将男性恋物癖归为病态，现在在某种程度上说恢复了正常。对于女性性虐狂，女权主义已经不需要畏惧，或表示谴责，或感到羞愧。这应当说是妇女对另一个男性领域的征服。

洛林·加曼（Lorraine Gammann）和梅雅·马基宁（Merja Makinen）的先驱著作《女性恋物主义》（*Female Fetishism*）验证了妇女可作为主动积极的恋物徒，引用了19 世纪以来摄影师、作家和艺术家的大量作品，仿佛是为了维护作者的学术地位和研究对象的社会名望，它也构建了一个极其复杂的精神分析—女权主义—后现代主义—批评—理论家的网络，试图囊括先前所有的理论，包括给予我的研究（有些篇章）以相当的注意。加曼和马基宁对我的所有观点都不赞同，这令我相当吃惊，这些作者本应更多的是我的盟友而不是对手。例如，他们指责我没有认识到恋物癖的复杂性，没有将之同情色区分开来，作为疑难问题进行心理分析和分类，并且犯了一般术语滑移的错误；最令人难堪的是（诽谤）我相信12英寸的腰（我并不相信）。[14] 他们认为，自主女性恋物癖的这种示范会（简单地）重新拾起紧身褡（“作为压迫妇女的隐喻”），并且认为它代表了“一种激进的女权主义立场”。[15] 这种观点很奇怪且不合逻辑。

比阿特丽丝·浮士德（Beatrice Faust）的《妇女，性别和色情》（*Women, Sex and Pornography*，1980）一书，在很大程度上强化了一种看法，这在我看来无懈可击，即妇女通过服装，尤其是紧身服装，体验到强大的、特殊的情欲刺激，它足以被称为是恋物性质的。浮士德还坚称色情作品能唤起妇女的性欲。我们在这里不讨论色情作品之类的问题，但必须注意到一个巨大的变化：“萨德女人”（Sadeian Woman，译者注：指“道德色情作家”）已被视为具有解放作用，[16] 某些著名的女作家，如阿娜伊斯·宁（Anaïs Nin）和“波琳·丽芝”（Pauline Réage），创作了一些描写恋物癖、性爱及可以说是色情幻想的小说。

《欧的故事》（*The Story of O*）的作者波琳·丽芝，多年来被认为是法国一个著名男作家的笔名，他沉迷于描写典型的男人性力。人们不相信该书的作者是女性的传言，直到不久前确证是一位德高望重的法国妇女。《欧的故事》提出的“神秘的自我贬辱”——在欧付出的所有牺牲中，束腰紧身褡无疑是痛苦最小的一种——被认为具有坚忍持久的，甚至获得解放的意义。[17]

再回头来谈比阿特丽丝·浮士德。她认为，女性恋物癖依赖动觉和触觉的刺激，而男性恋物癖则倾向于由视觉刺激引起，这一论点可以追溯到远古，男性狩猎者用眼睛来选择他的目标，女人的身体则是男人的捕获物，但是到了今天的进化阶段，女性“自我捕获”的观点逐渐为人们所接受。自从马奈（Manet）的那幅不体面的绘画以来——《奥林匹亚》（*Olympia*）紧紧攫住自己的身体（图像），这种“自我捕获”（现称为“自我赋权”）的表现方式又添加了各种触觉刺激——毛皮、丝绸等触感不同的各类织物、脚心挠痒具、震颤器等等。

浮士德说，高跟鞋和紧身褡提供了特殊的动感刺激。一种温和的却持续的性欲（很少达到性高潮）可能来自于“舒适的紧腰带和很合脚的高跟鞋”。它们给人的感觉就像阴道紧握的艺伎球一样愉悦。玛丽莲·梦露（Marilyn Monroe）被一些女权主义者嘲笑为典型的膝外翻的性对象，她在电影“尼亚加拉”（*Niagara*）里的步态令人难忘，集腹带和高跟鞋的效果于一身，那正是酷爱自己身体的人走路的方式。浮士德继续大胆地指出：“香水、紧身内衣、毛皮和富丽的面料、紧身褡和鞋子都可能引起妇女的情欲亢奋，恰如色情品给男人带来的，但很少有女权主义者领悟到这一点。”她甚至更加勇敢地提出，一旦缠足的痛苦过程结束，中国妇女便开始享受莲花小脚，它作为一个性敏感部位，接受并给予性的快乐。浮士德说，女性渴求接受美容治疗的动机，可能较少的是为了保留青春和符合时尚理想，更多的是需要感觉“被抚摸、轻拍、捶打、刺戳和宠爱”。紧身褡和鞋子以不同方式施加的压力可能激起所有这些及更多的触觉，诱导出触摸和触觉引起的感受，这打破了盎格鲁—撒克逊的臭名昭著的“男女授受不亲”的禁忌。紧身褡或腹带、长筒袜或裤袜能够覆盖（及抚摸）大面积的身体表面，而男性伴侣的手或身体不可能在同一时间全部抚摸到。正如浮士德谈到化妆品行业时所说，内衣“弥补了女性面对的拘谨、笨拙和自私男人造成的性感亏空”。[18]

女人的皮肤比男人的细腻且敏感，她们更怕呵痒。腹带不仅能呵护肌肤，而且可以提供第二层皮肤［因而有恋物杂志名为《第二层皮肤》（*Skin Two*）］，穿戴者用指尖触摸即可引发情欲。浮士德并不认为自己是一个恋物徒，但承认自己是个服装情欲者，她说，为了表现自己的解放，她与丈夫离了婚，不要求他的任何财政支持——但是，她仍然需要腹带和高跟鞋给予支持和情欲张力。[19] 在本书附录六（梅丽莎）中，我们发现有迹象表明，束腰紧身褡可以诱导第一次性高潮。

三、赋权紧身褡：“爱情骑士的胸甲”[20]

所有关于紧身褡复兴的评论，包括发表在主要新闻媒体、时尚史刊物、时尚杂志和互联网上的，以及我对束腰者的访谈等，有一条贯穿的主线，即紧身褡给穿着者提供赋权的感觉。在研究紧身褡的早期历史时，如克里特时代和伊丽莎白一世时代，我们介绍了一个核心理念——“女性赋权”，它同近些年有关新女权时尚的文章有某些共鸣。这种赋权不只定位于性兴趣（虽然这可能是它的起点），而是作为一个完整的情欲主义，甚至是全方位的，在某种意义上超越了性的范畴。“赋权”显然是时下的一个热门词；人们拥有的真正的政治权力越少，就越愿意感觉自己在个人/社会/专业上拥有权力。我访谈的那些妇女尤其喜欢谈论“权力”，她们实行束腰是自主的，不受情人的左右，也不是出于吸引眼球的欲望，而是回归到从前的时代——服装展示的力量比今天更强大，或者甚至呼唤出“历史的权力”（潘多拉、凯伦·莱特、尼古拉·佩恩）。瓦莱里娅·亚历山大（Valeria Alexander）提出了“泰然自若”和“自主决定”的关键概念，他是在阿姆斯特丹工作的一名意大利时装设计师，其个人的紧身褡（腰围达54厘米）通过一定的“辐射效果”表达了一种“深沉、亲密”的保护愿望，极端阴柔和极端阳刚力量的加倍（和搅乱）。[21] 对一些男人来说这是很可怕的。当雷切尔·加洛韦扭着16英寸的腰肢、穿着霍布裙和尖头高跟鞋在卡姆登街上行走时，过路人常常向她投去敌意的目光，她必须积聚了足够的内在力量和勇气，才能表现得泰然自若。

英国《电讯杂志》（*Telegraph Magazine*）时尚专刊（2001年9月8日）的封面上是一位著名模特，穿着薇薇恩·韦斯特伍德（Vivienne Westwood）品牌的灰缎紧身褡，标题是“时尚的力量”，意指紧身褡的力量，因为它确实是力量发源之处。正文中宣传“裁剪精致的黑色西装配上紧身褡，当然，还有杀手高跟鞋”。在我们的文化中，从掌权到杀戮是一个简单的过渡（悲夫！不仅是个比喻），而且高跟鞋杀死的是男性观众，并不是（如反对者所忧惧的）杀死穿鞋者。《时尚》杂志的掌门编辑安·温图尔（Ann Wintour）在接受采访时脚穿一双“尖细高跟鞋，不出五步就可置男人于死地”。不过，在商业界采用这种攻击性的姿态通常并不明智（事实上，人们一直警告妇女不要在办公室里使用这种特殊的性武器）。所以说，紧身褡让女人感觉并看起来有力量，不像鞋子是一个隐藏的武器。“我知道这听起来很荒谬，穿紧身褡可显示你做事是严肃认真的。”它强化个性和自主性。司掌一个人的性力道即是司掌一个人的生活，正如时尚历史学家蒂埃里·穆勒（Thierry Mugler）所说的，这种掌控培养出“性力充沛的妇女，她驾驭自己的容貌和生活，她无比幸福，非常自傲，放纵不羁。她是自由、自信、充满情趣的征服者”。[22] 英国“时尚之王”亚历山大·麦奎因（Alexander McQueen）概括他的所有创作意图，包括紧身褡，旨在“让妇女看起来更强大”。[23]（或许是后结构主义时代的）其他信条是：力量带来结构和掌控，“真正的女性寻求自身生活的结构；[紧身褡热]是具有讽刺意味的赋权……将权力赋予那些主宰了自己命运的妇女。”[24]

当然，麦当娜（Madonna）在这方面的贡献超越了所有其他公众人物，通过将紧身褡外穿，她获得了权力（见图13.7）。在这里，我们将这位走红歌星为商业目的蓄意操纵个人形象的做法同私享的恋物癖并列起来。《泰晤士报》的记者参加一个紧身褡舞会，采访了出席者潘多拉·戈里（Pandora Gorey，见附录五），在她看来，紧身褡不是一流时尚，也完全不是公众人物为抓住媒体眼球的装身具，而是一种私下体验的个人属性：潘多拉在断续的训练过程中，将腰围尺码从25英寸缩减到19英寸。她声称，“每一位妇女都应该这样做。它告诉人们，你是一个有权力的女人。”[25]

我们从互联网上了解到，一家大公司副总裁的下属有一百多人，其中4个有研究生学位，包括两个博士学位。这位副总裁习惯在套服里穿紧身褡，“它让我感觉更强大——更有能力——无疑是女权主义的目标”。她补充道：“我丈夫讨厌我穿它，因为他得帮我解系束带。可怜的宝贝儿。”[26] 这进一步证明她是自我激励的。由于家务劳动减轻、衣着自由和社会风尚允许戴假睫毛等，这位后女权主义者说，“妇女们现在变得非常强大、富有和自主，她们可以任意穿着打扮，若在从前，她们会被视为放荡、愚蠢或两者兼而有之。”[27]

在早期现代时尚中，胸衣和上衣常常是合为一体的，而且装饰精美。新时尚的外穿紧身褡，同样布满华美的装饰和刺绣，体现了后现代主义者的历史主义痉挛。早期的现代设计师们也懂得，刚度和立体形状将上衣变成了一块圆锥形的三维画布，其平滑度及紧度可保证表面的装饰图案和华贵珠宝不会起皱和叠乱，从而保留或效仿19 世纪欧洲许多民族服饰的效果。

20 世纪的许多时尚和大多数艺术都力图将三维转化为平面，世纪末紧身褡复兴试图重建三维度（如薇薇恩·韦斯特伍德的式样），是18 世纪的一种回声。当然，三维艺术是通过发现如何画出光的效果而产生的，它增强了躯干的触感和锥形效果。如果依照传统的假定，服装时尚追随绘画时尚（据霍兰德），反之亦然，那么画家创造出的可握持效果和触觉诱惑力激励了裁缝（当然主要是男性）竞相雕塑女人的体形。收缩的圆锥形上身紧接着膨胀的圆锥形大裙，从远处看去特别醒目，在追慕者的眼里，这种造型让他心跳加速，却又拒他于千里之外。

图 10.2　卡尔·拉格菲尔德
（*Off the Record*, 1994）

今天的紧身褡复兴从铠甲中汲取了灵感，设计师们纷纷以各种方式参照历史上的（男性）甲胄，尤其是使用钢和刚性塑胶制作胸甲，以及效仿幸存的古代钢制紧身褡（见彩图9、彩图10）。有一幅摄影作品，由设计师卡尔·拉格菲尔德（Karl Lagerfeld）制作，完美地表现了过去的男性甲胄和现在的紧身褡之融合。一位非常阳刚的男模特，蓄着下巴胡茬，像国王一样坐在宝座上，他用手将华贵的长袍掀开，袒露出里面的一件很长的女式紧身褡（图10.2）。后来拉格菲尔德在《私下记录》（*Off the Record*, 1994）中重新制作了这幅摄影，题为“危险的关系”，展现了该摄影的其余部分——同一位穿着当时流行的紧身褡的女人做爱的镜头。

第十一章

20世纪80—90年代的紧身褡复兴

20 世纪后期时尚紧身褡的活力源泉可追溯到迪奥的“新风貌”。迪奥当年很快就厌倦了紧腰，但保留了简洁的优雅风格。如今，“迪奥”公司名称未变，但是设计师约翰·加里亚诺（John Galliano）通过“给母夜叉们的脖子戴上套索，给修女们戴上黄金手铐，让恋物徒挤入勒腰紧身褡，以及大量的邪恶巫术服饰”，分明是企图造成“一个具反常性幻想的爱德华式家庭破裂”，若是迪奥看见这一切，他在九泉之下岂能安息？[1]

在1947年迪奥推出“新风貌”的40年后，以及经过一些周期性的“心悸”以来，我们发现，时尚处于类似痉挛的争议之中，几家欢乐几家愁。高兴的是那些时尚杂志，它们采用无处不在的紧身褡图像（尤其是封面），来增强读者节食和减肥的决心（见彩图1）。沮丧的是那些了不起的女权主义社会评论家们。如苏珊·法吕迪（Susan Faludi），她的《反击。向美国妇女不宣而战》（*Backlash. The Undeclared War against American Women*，1991）一书火药味十足，非常畅销。纳奥米·沃尔夫（Naomi Wolf）的《美貌的谎言》（*Beauty Myth*）同样才华横溢，堪称一部忧郁和诗意的悲剧。这些书完全放弃了“赋权”的理念。

除去带有明显的意识形态狂热，法露迪的“时尚反击”编年史一丝不苟地记载了历史细节，这是值得尊敬的。在20世纪70年代，时尚似乎呼应了同时在经济、社会和政治上解放妇女的努力，而到了80年代，它走向反面并变质了。那是新右派复活、里根和撒切尔推行保守主义的十年。1987年10月的股市崩溃加速了这一倒退，引起了时装工业的“恐怖萧条”。克利斯汀·拉克鲁瓦（Christian Lacroix）此时采用的模特都是“衣架般的躯干左右摇曳，挂着20磅重的大圆环衬裙和塔夫绸外裙”，胸部上推，腰部紧束。拉克鲁瓦说，这种气球裙子和后撑架的时装，专门适合那些喜欢“打扮得像个小女孩似的”妇女的幻想口味。大部分时装公司也都追逐拉克鲁瓦的这种风格。哎哟，真是让人受不了。据法露迪说，当80年代末经济衰退和高档时装销售出现阻力时，拉克鲁瓦重整旗鼓，下决心赢得这场“高档女性气质”抵抗女权主义的战斗，他通过刮起“又一阵褶边和紧腰风”（1988年）[2]，来驾驭妇女（有时真的就是勒缰），让她们听从支配。一篇题为“想当国王的小丑”的文章高度赞扬“时装之王”拉克鲁瓦，说他像四十年前的迪奥那样振兴了服装产业。本着同样的理念，卡丹（Cardin）设计出一种披肩式的裹裙，它实在太紧（正如《纽约时报》指出的那样），模特都无法移步。罗密欧·吉利（Romeo Gigli）设计的裙子也很紧，模特仿佛给丝绒绳索绑住了似的，只能勉强蹒跚而行。

法露迪说，20世纪80年代时尚遭遇的反弹来自于通俗心理学家的威胁，他们警告妇女说，过分的独立和她们的“贪婪自恋”是导致自身苦难的根源。媒体普遍谴责“女权主义”，指控“妇女解放”造成独守闺房和没有子嗣，是妇女不幸福的根子。《新闻周刊》（*Newsweek*）说，女权主义是一项“失败的伟大实验”。它没有产生预期的效益：妇女担任高管的数字下降了，而且美国在发达国家中男女工资差距是最大的。[3] 比起十年前，20世纪90年代妇女的生育自由陷入更大危机。法露迪描绘的这幅暗淡的画面据称一直没有改观。从她的角度看，时尚如果有什么变化，那就是变得更糟糕了（从一个杂志的诱惑性封面来判断确实如此，见彩图23）。说来奇怪，她重新提到仅一个世纪前的禁锢式“胸甲”来说明它所体现的“时髦的过剩”：老处女过剩和适婚男人短缺。《新闻周刊》（其他许多杂志紧随其后）借“婚姻危机”一词危言耸听地说，单身女性（40岁以上未婚）“找到丈夫的可能性比被恐怖分子杀死的可能性还小”。同上一代人相比，据估计如今四十多岁还没有嫁人的妇女增加了一倍多。[4]

同过去的很多时尚先知一样，法露迪持老派的刻薄观点，认为妇女都是服装独裁者的无助受害者，没有足够的能力在多种风格选项之间进行自由选择。法露迪认为，人们也许不会同意伊丽莎白·威尔逊（Elizabeth Wilson）的观点（跟法露迪的书同年出版）。威尔逊说：“我认为，如果有关时尚的最重要问题不是它压迫妇女的问题，那么妇女在政治上的从属地位即不是讨论时尚问题的一个适当的出发点。”[5]

纳奥米·沃尔夫的观点是，并不是什么“时尚”，即各种服装风格流派在压迫妇女，而是那些堕落的妇女受了“美貌的谎言”欺蒙，最主要是受到苗条专制者“铁娘子”（这里指中世纪的刑具而不是撒切尔夫人）的禁锢。沃尔夫列举了对妇女施暴（现实中和所有媒体报道的施虐现象），以及自我施暴（整容手术和厌食症）的实例。这些暴力现象在明显增加，完全不是虚构的。像法露迪一样，沃尔夫看到了美貌的谎言和“体重巨减”背后的政治目的，她称其为20世纪的一个重大历史现象，作为“政治的阉割”手段，来遏制妇女解放带来的危险。如同专制政府将政治对手投进监狱和处死、被关进纳粹的贝尔森（Belsen）集中营，妇女们被扔进了厌食症战俘营的炼狱。[6]

在某些方面，“铁娘子”的硬爪有些软化：对空中小姐的身材和外貌的限制已经被愉快地修改了。但《花花公子》的封面女郎还得符合惯例；一家赌场的女服务员提起诉讼，由于雇主规定女雇员的着装“必须跟《欧的故事》里一模一样，包括超短裙和乳沟暴露的外穿紧身褡或巴斯克衫，它们紧得要命，将她们的臂膀下都勒出血了”，但这一起诉被驳回了，理由是事情太小，不值得考虑。

此外，令人感到奇怪的是，沃尔夫对美丽谎言的大规模谴责中没有包括紧身褡。在美国有70% 的女性高管抱怨感到疲乏，在英国占到90%。是否可以认为，穿内衣紧身褡——至少有一些高管这样做，是为了克服这种生理疲乏呢？

一、薇薇恩·韦斯特伍德和亚历山大·麦奎因

今天欧洲的很多（也许是大多数）设计大师曾或多或少地跟年代紧身褡调情。我们单从薇薇恩·韦斯特伍德的作品来看，她从朋克—恋物癖的圈子脱颖而出，一跃成为高档时装界的名家（两次被评为“年度英国设计师”，1992年获大英帝国勋章）。她对过去十年中很多最重要的文化和时尚发展进行过说明，它们也是我们这本书的中心主题：跨性别服装、铺张和

纪律的结合、极端不方便服饰的赋权。她始创了新式的外衣式紧身褡，对此让·保罗·高缇耶（Jean-Paul Gaultier）和其他一些人也做出了贡献。

作为20世纪60年代的年轻人，韦斯特伍德观察到，时装的特点是“外溢和过熟……所有的服装都是‘晾晒式’，或可称为‘松垮式’？我们要把一切都系紧、装进去……简洁而严峻。”[7] 韦斯特伍德开的第一家店是70年代颠覆、严酷和野蛮的朋克风格，令人惊怵，气势汹汹。里面出售橡胶、皮革和束缚器械，以及一般的性辅助工具。第二家店的名字就直截了当地叫作“性”了。她考察了地下的性虐狂社会，将性虐狂们同摩托车骑手的形象杂交起来。她跟摇滚乐队“性手枪”（Sex Pistols）的关系很近。有一次警方突袭，检获了一件色情T恤，她因此受到罚款和监禁。她声称自己的目标是争取妇女权利，通过朋克风女性和阴柔/阳刚服饰表现出来，并涉及各种性关系的互动。她的标志厚底鞋从朋克式突击队靴子演变而来，夸张美化了，且曲线精美。争取权利和“出柜”也是这类年轻设计师的一个特色：她的朋友乔丹（Jordan）是圣马丁艺术学院（St. Martin’s College of Art）的一名学生，后来一直当模特，她搭乘伦敦开往布赖顿的火车时全身行头都是极端恋物味的烟花巷—母夜叉装，招致很多乘客不满，英国铁路局不得不给她一间单独的包厢。[8]

在高缇耶之前，韦斯特伍德已经开始设计外穿的乳罩和紧身褡。她从18 世纪英国的胸衣和带胸衣的服装汲取灵感，设计剪裁错综复杂，浆硬上衣挂着镶满贵重钻石的褶条，她称之为遮阴囊。这类服饰“让您感觉超群出众”。韦斯特伍德以其精确和富于想象力的裁剪著称于世，她像迪奥那样将这种艺术扩展到西装和夹克上，采用历史悠久的、英国本土生产的纺织品。她在某些方面是彻头彻尾的英国人——传统意识和夸张本能相辅相成。她设计的著名厚底鞋的鞋底高达9英寸，再加上数英寸高的鞋跟；有一双展览出来的鞋，鞋面和鞋跟上布满了像小钉子一样的尖刺，很能刺激马刺恋物徒（见彩图27）。2001年夏季，利物浦博物馆展示她的作品时配有一部电影，记录了一个著名的历史时刻（1993年）：超级模特纳奥米·坎贝尔（Naomi Campbell）跌倒在闪闪发光的淡紫色伸展台上，但是她自己又站了起来，忍着疼痛，咯咯地笑着，似乎没有真正受伤，穿着9英寸高跟的“权力鞋”继续走完了猫步。权力总是不稳定的。这个事故是有意设计的吗？不大可能。那次事故被拍摄下来，传遍了世界，“那双鞋成为不朽”，[9] 维多利亚和艾伯特博物馆的一次展览会将它的照片登在了宣传海报上。

坎贝尔的主要赞助人、收藏家罗米伊·麦卡尔平（Romilly McAlpine）勋爵夫人（自1975年起）担任英国保守党的司库，她身处英国政治生活的中心，将（似乎是）平民的服装提升到了上流社会和艺术的高度。然而，麦克阿尔潘夫人并没有自找麻烦，搞得颜面扫地或受人嘲笑：她也有一双让坎贝尔摔倒的高跟鞋，但从来不穿，宁愿把它们摆放在威尼斯家中的壁炉上。

虽然在公众看来，韦斯特伍德设计的紧身褡腰身不是明显紧系的，人们称赞它是一种“总体包容的蜂腰”，让穿着者持续感受到“轻松舒适的搂抱”，不过它却激发了插图画家和“赛博哥特恋物徒”（cyber-Goth-cum-fetishist）A. J. 琼斯（Jones）的雄心壮志，他决意将自己的腰围减小到17英寸。[10]

下一代的亚历山大·麦奎因更是离谱。他可能是继韦斯特伍德之后

图 11.1　怪异的橡胶服装
（De Mask, 1997）

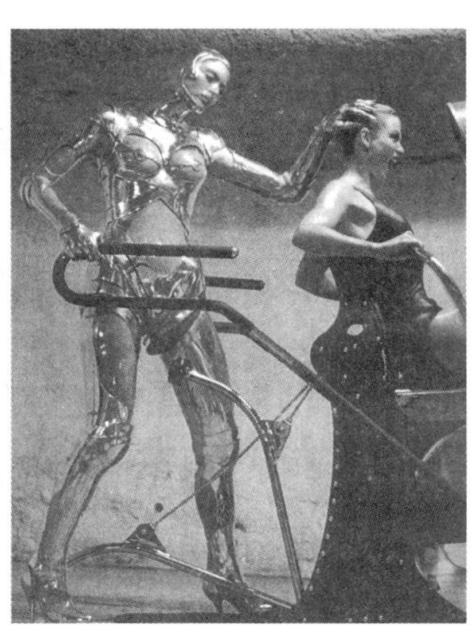

图 11.2　机器人时装
（Thierry Mugler, 1998）

的另一位最著名的英国设计师。麦奎因像韦斯特伍德一样出身于工薪阶层，他的第一套设计令人想起维多利亚晚期的社会阴暗面——卖淫业和系列开膛杀人犯杰克（Jack the Ripper）。他设计的“残酷剧院”（Theatre of Cruelty）系列，包括暴力和殴打瘀伤、血迹和泥土，还有路毙动物等造型。这难道是时尚？另一套设计称为“高原强奸”（Highland Rape，1995年），他声称其寓意不是厌恶女人，而是影射英格兰强奸苏格兰。麦奎因将织物剪断、切碎，把衣服接缝做得仿佛手术创口。1996年，他给模特戴上了手铐和脚镣。他想创造蛇蝎美人，一个坚强、性感和危险的女人：令人恐惧的蛇发女妖美杜莎（Medusa）。身高骇人的模特穿着特高跟的鞋子，既是超女性化，又是阳刚可畏，但这种设计对模特来说不总是很友善的，朱迪·基德（Jodie Kidd）据传患有厌食症，她的腰围从23英寸缩减到了17英寸，导致呼吸困难。在麦奎因为纪梵希（Givenchy）设计的首场秀期间，她不幸晕倒，被迫提前（临时）退出了时装表演[11]（图11.3）。

二、高跟鞋：“至高权力或头号敌人”

20世纪50年代有关反对针尖鞋跟和鞋头的大量文献令人印象十分深刻。1961年左右，所有的尖形都开始变钝，这同“知心大姐”阿比盖尔·范·布伦（Abigail van Buren）的帮助密不可分，她声称收到了十万封抗议信，并且要求国家鞋类制造商“解放妇女被俘获的双脚”。仿佛市场上没有其他款式的鞋子可供她们选择似的！不过，人们可以感觉到，特高跟鞋的销售量下滑了，鞋跟降低、变粗了，鞋头变宽了，脚趾可以弯曲，仿佛蠕动着摆脱蛇蝎的毒牙，变换成各种纯洁的形状：杏仁、拇指印、圆形、超圆形（婴儿式）。尖头鞋的势力转移到拉丁美洲和俄国的“省城”去了。[12] 如今，它们带着复仇之心又杀了回来。

图 11.3　紧身超短裙和高筒靴（Alexander McQueen, 约 2003）

20世纪50年代的高档时尚杂志中展示的尖细高跟鞋的鞋跟高度适中，鞋头也不过尖。靴子通常是平跟的。几十年来，高档时装杂志和广告已经完全接受了恋物癖高跟的观念，鞋和靴子与其说是为了步行或站立，不如说是为了展示其他动作：斜倚、跳跃和性诱惑。

恋物/恋物主义一词及其概念已经标准化，并完全时尚化了。高缇耶的恋物癖靴子被《时尚》捧赞为“塑造女性进攻的幻想”，可使穿着者“既驯服地裹足而行，又危险地咄咄逼近”，它们往往是“木制鞋底，厚重鞋跟，乡巴佬和伐木工靴子的式样……对喜欢幻想且女子气的恋物徒来说，这种新困境很难忍受”。[13] 两种鞋子——超女性与超阳刚之间的极化已非同寻常；勤奋好学的青年们似乎多选择后者（至少在我所在的加州大学洛杉矶分校校园里是这样）。

《时尚》的另一篇文章，题为“高跟地狱”，承认妇女们并不打算放弃高跟鞋，于是便提供了一些防治损伤的处方，同时也刊登了赫尔穆特·牛顿（Helmut Newton）的一张弓形足照片和骨科医生的批评：87% 的美国人患有足部疾病，86% 的妇女将足疾归咎于尺寸过小的鞋子，75% 需做手术的足部疾患是由尖头和高跟鞋子造成的。这些统计数据同过去紧身褡的数据一样惊人。[14]

上瘾和恋物癖对厂家来说当然是有利的。又是《时尚》的一篇文章说：“强烈的痴迷。为什么女人和男人迷恋修理完美的脚”，附有一幅题为“美足恋物”的图片推销足疗，也宣传足恋物癖。[15]“无论怎么富或怎么瘦都不过分”——在这句可怖的格言之外，又补充说“无论多么小的脚和多么高的足弓”也不离谱。“穿着高跟鞋几乎没法走路，更别说跑步——可那又怎么样呢，当你看上去那么棒？！”也许修脚师和恋物徒分享情色的愉悦，但角度肯定是有所不同的：“我躺下来，灯光逐渐变暗，我坦承，我对穿压碎脚骨的高跟鞋上瘾，这话似乎令修脚师很高兴。‘啊，那么你将会有很多鸡眼！’他兴奋地说。我的确是有很多。”一个为鞋匠马诺洛·布拉赫尼克（Manolo Blahnik）做的广告采用麦当娜（Madonna）的赞语：他制作的鞋“像做爱那样妙不可言，而且持续得更久”。用莫诺罗自己的话说，“鞋子不是有关性的，鞋子本身就是性。”

足鞋恋物癖的品位也渗入了一流的公开杂志。《君子》（*Esquire*）发表了一篇《恋跟男孩！关于抵御靓鞋女人的难捱诱惑之冥想》。该文作者在一家剧院的大厅里偶遇毕安卡·贾格尔（Bianca Jagger），她脚上的鞋子令人想起“整个诱惑的丑陋历史及罪恶本身”，那是“一件既隐蔽又暴露的杰作，它诠释了欲望本身的活力”。这次邂逅，将这个男人推到了生存危机的边缘。[16] 有些小说也描写这类内容：杰夫·尼科尔松（Geoff Nicholson）的《吮脚者》（*Footsucker*, 1995）是一部精心构造的惊悚小说，神秘谋杀的故事围绕着足鞋恋物癖展开，赋予了它浓郁的诗意。

鞋类历史学家们也把时尚与恋物癖之间的区别模糊化了。高级时装、怪异设计师和最极端的恋物癖鞋共享一种连续的文化寓意及创造力。鞋子收藏是富豪名流的可羡嗜好：温莎（Windsor）公爵和公爵夫人、摩纳哥公主格蕾丝（Grace）、简·曼斯菲尔德（Jayne Mansfield）、戴安娜·冯·弗斯滕伯格（Diane von Furstenberg），以及最臭名昭著的伊梅尔达·马科斯（Imelda Marcos），菲律宾的前第一夫人（她拥有一个鞋子收藏博物馆）。据《她》杂志报道，法国的一家鞋类收藏家俱乐部有约200名成员。[17]

广受欢迎的《如何做……》类指南书已形成了赤裸裸的恋物主义品位。《乳房、男孩和高跟鞋，如何在三小时内完成穿戴打扮》（*Boobs, Boys and High heels, or how to get dressed in just under three hours*，1992）即是一例。它由纽约的企鹅出版社出版，作者是纽约“夜生活女王”戴安娜·布里尔（Diane Brill），自诩为时装设计师、演员、模特、女商人，身兼多职。书中描述穿着打扮的过程是兴高采烈、令人着迷的，特别是穿上高跟鞋的那一刻，它有3种高度：高，更高，特高，“别在乎什么钻石首饰吧……高跟鞋是女孩子最好的朋友……足趾尖突，脚弓高耸……美丽修长的双腿被抻拉开来，恰像达到性高潮的那一刻！多么绝妙的巧合啊！”对于喜欢颠覆世界的布里尔来说，穿平跟鞋跑路是危险的，在拍一部电影时她必须这么做，结果毁了她的脚。高跟鞋和她的赞美诗展现了女性脆弱和女性力量这一对摩天塔：一方面是“脆弱、精致和细腻的”，另一方面又“站在世界的巅峰，司掌一切”，令男人头晕目眩。女人的这种两极性也是紧身褡问题的讨论焦点。最后，这本有趣且十分肤浅的书得出结论说：生活被人们视为一个寻找完美高跟鞋的光荣、漫长之旅。

布里尔散发出激情，也令人感到好笑。更令我们跌破眼镜的是，有人竟然对缠足习俗也发表了不同的看法。中国的这种千年习俗（本书用于做比较时常顺带提到），其极端性及造成的痛苦达到了无比残酷的程度，而且是施加于年幼的女孩，因而在西方普遍遭到谴责和痛斥。2001年，尊敬的汉学家高彦颐（Dorothy Ko）加入了这一讨论，为配合巴塔鞋类博物馆（Bata Shoe Museum）举办的一个展览写了一本书叫作《步步莲花，缠足鞋》（*Every Step a Lotus. Shoes for Bound Feet*），由加利福尼亚大学出版社（University of California Press）出版。书中展现了一个“新的、更微妙的缠足史画面”，剥去了缠足的变态及无知的表象，淡化了以前有关专著突出的性功能，而强调它是家庭伦理道德的象征，并将年轻女孩和新娘本人“包裹小脚”及做绣鞋女红同传统的妇女织绩技艺联系起来。“拱起的脚弓不也表达了女性的努力、勤劳和才艺吗？”

高彦颐巧妙地营造出了一种幻觉，通过鞋的精巧造型和缠绑手段，它“与其说是破坏脚的肌肉组织和骨骼，不如说是重新分配它们”，不是挤碎，而是“重新排列”骨骼和肌肉。这些论点令人想起捍卫束腰和高跟鞋的观点，也说是对内脏和肋骨的重新调整而不是压迫。高彦颐精明地（或者是违心地？）猜测，在某种程度上，足的变形和疼痛（未被否认但被淡化了）是否是“现代社会里我们对自己身体的焦虑心理的一个投影”。

从社会学角度说，缠足同束腰不一样，它主要存在于上层阶级，不过在劳动阶层甚至乡村也有一些人实施。与束腰现象类似，在1900年前后，缠足变得粗野，不再是上流的，这似乎加速了它的灭亡。对外宣传也有助消灭缠足，访问中国的外国人，包括人类学家、传教士和医生（不仅是通过照相机镜头）将这一传统的个人隐秘曝光，揭露了它的残忍和不文明，但是我们已经进步了：《步步莲花，缠足鞋》中的文化相对主义体现于，它将各种“野蛮的”服饰效果接纳进了高档时装领域。高彦颐说，不要妄加批评吧，我们应当认识到，精巧的莲花鞋“打开了一扇门，引导我们进入了一个广阔的和耐人寻味的世界”。

西方也有缠足和强制拱足的故事，我一直无法验证。但是，最近有一位缠足史学家王平（Wang Ping）写了一本专著，她曾出于本能尝试过缠足。在序言中她告诉我们，9岁（1966年）那年，她把自己的脚裹了起来，不像传统要求的那样激进——因为她的年龄太大了，但她仍然感觉像是赤脚走在玻璃碴上，缠着绷带的脚仿佛在燃烧。“她默默地忍受着疼痛，心中颇为自豪。”她经受了6个月的试验，永久地毁坏了自己的双脚。她这样做并没有她所说的基本心理支持——找个好丈夫的前景，以及通过体验痛苦、伤害和爱，同母亲建立起更亲密的关系。不同于高彦颐，王平的书充满了常见的恐怖情节，不过它揭示了一个非常复杂的矛盾，赞美一种被人辱骂的习俗，同从前肯定束腰的语言十分相似。

> 缠足允许中国妇女从男人那里篡取权力和语言（通过效仿、模拟和倒置）——把它变成自己的——女性语言、女性写作、女性文化……对性别、性和社会等级界限移动、消蚀的一种极度痛苦的回应。在缠足的过程中，美丽和痛苦是一对孪生姐妹，它是最高意义上的贵族文化的标志。

最后，作者隐晦地说：“我过去不是，将来也不会是孤立的。”

足鞋恋物癖和高雅艺术中的性是另一个最吸引人的章节。这里我仅挑出保罗·文德利希（Paul Wunderlich）的一幅石版画（见彩图26），它非常切合我们的主题。[18]《爱》（*Liebe*）融合了色情、解剖、艺术史、超现实的和恋物癖的元素，展示一双垂直阴茎般的、无与伦比的高跟鞋，鞋面上有一条阴道似的红色开口，代表着一个霸气逼人、暗藏玄机的女人，她的鞋带被绑在气色忧郁的蓝色平底男鞋上；他伸出的阴茎般的脚趾显得压抑而沉闷，鞋带系得紧紧的，一副毫无用处的打扮。女人妖冶俗丽、毫不掩饰、赤身裸体，透过最上面的两个鞋带孔和像阴道一般裂开的缝隙俯视着男人。

三、脖子和衣领

1900年左右的大色狼领只有在反映当时社会的影片里才能看得到。在过去的几十年中，戏服制作家渴望追求历史精确性和色情风味，制作出的色狼领比以往任何时候的都高，且硬挺无比；如果对在那些影剧里穿色狼领的演员做一调查，并将其反应同穿着该时期紧身褡的女演员进行比较，将是一个令人好奇的研究课题。上一代人的阳刚领饰风格有明显减弱：办公室里允许宽松衣领和敞露脖子，将领带松散地系在解开的衣领上也无伤大雅。如果一个正式会议要求与会者扣上衬衫的领子——它可能已经缩水变小了，似乎可以唤起勒死人的幻想。市场上的男衬衫依据衣领（即颈围）的大小来标定尺寸，女性服装的历史上则从来没有过这类白痴的做法。

近来女性时尚增强了颈部意识，追求最离奇和夸张的效果，这反映在最近纽约大都会博物馆举办的表演《美丽极致》(*Extreme Beauty*)中，它将人身垂直分离，不是从头部（帽子）开始，而是从颈部和肩膀。这个节目采用了现在几乎泛滥全球的套路，通过历史的及世界各民族的眼光来观赏（并证明？）滑稽的新时尚。我们听说，天鹅式长颈是少数在所有时代和所有地域都为人所欣赏的解剖学特征之一；演出目录中突出了缅甸巴当（Padaung）人的长颈环（见图9.10）和可与之媲美的恩德贝勒（Ndebele）女人的项圈（zila），并附有X射线影像，证明一个貌似奇怪的事实：巴当人的颈环并没有（不会）拉长颈椎，而只是压低了锁骨。这是《国家地理》（*National Geographic*）杂志的一篇题为“一个缅甸美容秘密的解剖”报道揭示的。[19] 据说这一习俗有复苏迹象，游客可以沿着泰国的清迈（Chiang Mai）河到一个巴当族难民村去访问。就像极端的束腰，颈部拉伸也引起人的嗓音变化，“他们仿佛在井口上说话”。在该报道的题头，刊登了一张西方时装模特的照片，她的脖子上戴着模仿类似部落习俗的颈环，通过一种光的幻觉造成拉伸的效果（图9.11）。

图 11.4　高级晚礼服（Thierry Mugler, 1997, 引自 Koda: Extreme Beauty，摄影：Dominique Isserman）

“衣领紧身褡”（corset-collar）通常由男女恋物徒穿戴（见彩图15），模拟维多利亚晚期—爱德华时期极端时尚衣领的效果；今

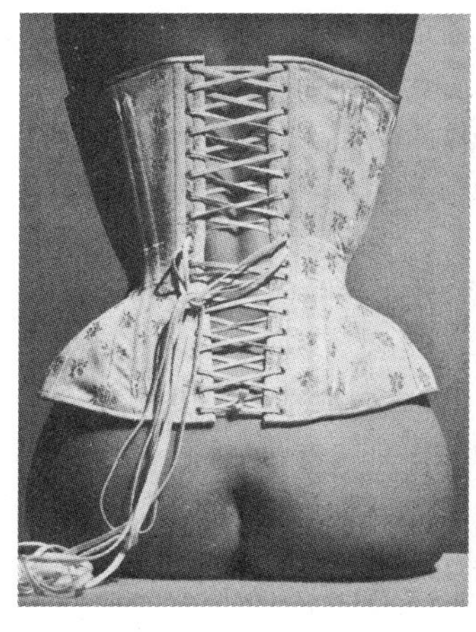

图 11.5 “粉红”牌紧身褡的背面（约 2001）

图 11.6 晚礼服（引自 Christian Baudot, Christian Lacroix, 1996, 摄影：Irving Penny）

天，高档时装已经将它吸收进来，并添加了巴当效果。通常体现奴役象征的环索和皮带，也被用于私下的绑束和公开的时装表演。听起来像是电影《1984》里的名言：“奴役即自由”，当然，正如麦当娜所说，关键在于是你自己选择做奴隶，而且掌控它。

四、束带

时尚发现了紧身褡恋物癖历来知道的一个事实：拉链、钩子、锁眼和扣子都不尽得力，束带是唯一恰当的关闭方式。紧身褡风格的束带很久以来一直是服装的一种特色，现在更是如此。它意味着权力、张力、释放、控制和微调。无论从字面上还是比喻，它都是欲望之结。它本身即具有精美的图案花样，瓦莱丽·斯梯尔德的专著《紧身褡》(*Corset*) 封面展示的高档紧身褡裙的束带纷乱错置，可以说是选了一张最糟糕的照片。解开和系上束带的过程是恋人之间不可或缺的重要情色礼仪，在一个女仆的帮助下完成，既是社会的也是私人的（并可能是色欲的）礼仪。自己利用床柱来系束带，虽然也可以系得很紧，但只是不得已而为之。在电影展现的历史场景中，系束带的过程充满戏剧性的互动和情趣，比时装设计师自己的妖精魔法更有兴味（见彩图2)。

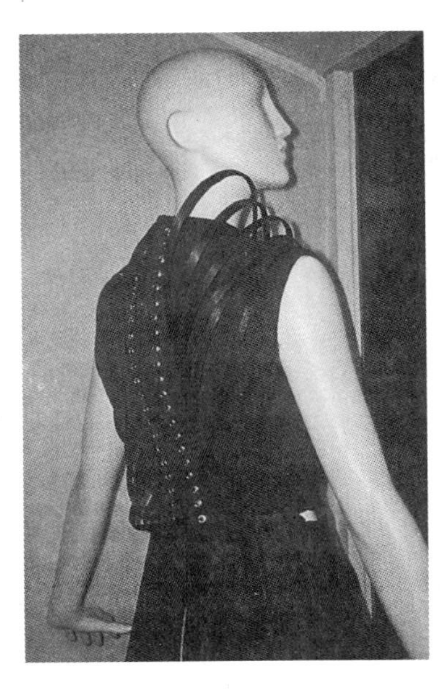

图 11.7　带突出衬骨的黑色条纹纯棉外套（Jean-Pierre Braganza, Victoria and Albert Museum, 2001—2002, 摄影：本书作者）

受人爱戴的17 世纪荷兰诗人雅各伯·凯茨（Jacob Cats）观察到，系束带或是将线绳从孔眼里穿过，在物理上类似于重复的性交。他描述少女做女红的动作，刺一个洞，用线穿过，然后缝住它，这仿佛是做爱，刺入、穿透她的身体，它的疼痛（在失贞的过程中）被它的甜蜜止住了。[20] 在荷兰方言里，“naaien”（缝）一直也有“screw”（与某人性交）的意思。

在历史上，系束带不仅是紧固紧身褡的首选手段，也是一个重要的装饰元素，在当代时尚中，束带的吸引力已经几乎独立于紧身褡的其他物理特性，它的象征意义可大于实际功用（见彩图3）。如坐落在纽约的波道夫·古德曼（Bergdorf Goodman）商店推销复出紧身褡，将一件带黑色胸衣的红色紧身褡陈列在橱窗里的旋转台上，于是过路人可以充分欣赏背后束带的细节。[21]《花花公子》在1992年6月刊的封面展示“年度最佳玩偶”，女郎心乱神迷地倚在马肩上，穿着前面系带的紧身褡，仿佛是将它反穿了似的。

紧系的束带本身即意味着压抑。一旦解开，便发出了一种引诱，一个挑衅。霍斯特（Horst）拍摄了一位时装模特穿着美因波谢尔的新式紧身褡，束带松散地系着。这幅摄影成为一个经典，现在甚至被印制在贺卡上。摄影原作售价十万美元。[22] 它是霍斯特在第二次世界大战前的巴黎精心制作的最后一幅摄影作品。时装摄影史界为它的古典美喝彩，堪与意大利文艺复兴时期的一幅肖像（只看到背影）媲美，它设置在一个“永恒的、中立的空间，一道文艺复兴风格的窗沿”，而且“充满悲伤和压抑的色情”。[23] 非凡的礼仪式超长束带散落在窗台上，迎着观众（情人？）的目光，其自主的静物可触性类似维米尔（Vermeer）的绘画《制作束带的女人》（*Lacemaker*）中的线条，表现出了时间的连续和耐心，或许还有身体的耐力，开启—邀请—关闭，以及从胸衣搂抱的睡梦中的苏醒（参见图9.1）。

42年之后，《时尚》刊登了一幅可类比的摄影，色情性更明显，画面上是（现代人可以接受）的一个裸臀，坐在肉眼看不见的台阶上，背影拉得更近，紧贴在“观众的脸上”，束带也是半收紧和撩拨人的（图11.5），但其腰部是收缩的，而在霍斯特的摄影中不是这样。在欧文·佩恩（Irving Penn）的摄影作品中，设计师克里斯汀·拉克鲁瓦演绎后视镜中的束带效果，松快的（非收缩、非刚性）腰部似乎是对紧系束带的反衬，展现一种精巧的线条模式，用于抵消气球袖和奇妙褶皱裙的复合体积造成的巨大冲击力（图11.6）。麦当娜穿过的一件著名紧身褡上面点缀着金光闪闪的箔片，重复的系带清晰可见，却没有明显的衬骨（见图13.7）。蒂埃里·穆勒的另一件纯红色的“紧身褡—套装”用接缝来隐藏（替代？）衬骨，保留简洁的前胸束带作为装饰，并且提示下面的漂亮腰身。[24]

图 11.8　原子时代设计，系带的塑料长筒袜（引自 P. Glynn, Skin to Skin, 约 1970）

当然，恋物癖服饰大量采用束带，束在胳膊、腿，以及躯干等部位（见图11.8）；高缇耶追求超越恋物癖的恋物主义效果，设计了一件粉红色晚礼服，它配有内置紧身褡，丝束带在后背纵横交错，将礼服紧束到膝盖，然后散开成宽松的环状，再形成一簇悠长的飘带。穿着者即使不被绊倒，也至少是步步惊心（见彩图14）。2001年，在维

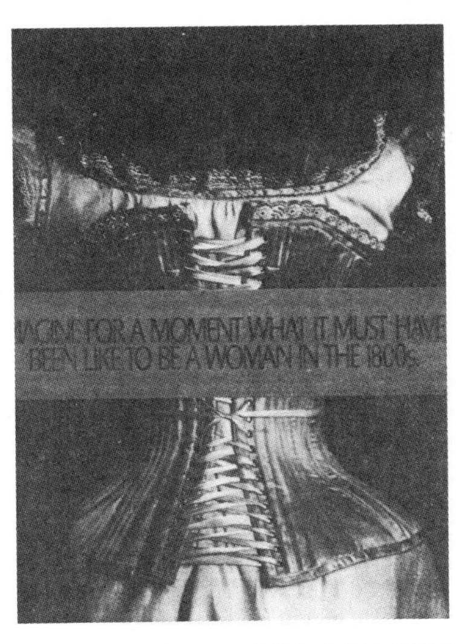

图 11.9　“仿佛是 19 世纪初的妇女形象”（广告，*Vogue*, March 1992）

图 11.10　蒂埃里·穆勒的设计
(*Fashion, Fetish and Fantasy*, 1998)

多利亚和艾伯特博物馆举办的“婀娜多姿……”展览中，一位时装专业的学生以高缇耶的创意为出发点，设计了一件“反紧身褡的”紧身褡，它的束带系统从颈部扩展到明显宽松的腰部，衬骨跨越肩膀，好像是被挤压的解剖人体在发出抗议（图11.7），它彻底揭示了时尚评论家所说的“外骨骼”的奥秘，但是怎么理解下述的现象呢？一家貌似传统的少年杂志的封面上登了一幅貌似传统的纯真女孩的照片，她穿着一件带荒唐束带的怪异紧身褡，自称“我爱我的新乳房”——它们被粉红色的紧身褡压得扁平（为了掩盖？隐藏？），上沿口和束带是不对称的，这难道是在建议要做整形手术吗？人像的四周还印满了哗众取宠的命令式口号和挑衅性文字（见彩图23）。

第十二章
苗条的专制

一、厌食症和束腰

苗条狂热比紧身褡更具压迫性。[1]

1870年左右，正当束腰（和堕胎）成为招摇流行病时，美国、法国和英国同时为“神经性厌食症”（anorexia nervosa）给出定义，并描述了它的症状。然而，厌食症的能见度逐渐降低，即使在节食狂热的20世纪20年代，直到近些年才日益凸显：1945年时它属于比较“新的”，1973年“仍为罕见”，到了1984年，13～22岁的女孩中，每200～250人中即有一人罹患此疾。[2]“神经性厌食症”在精神疾病中是死亡率最高的一种，[3] 90%的患者是女性。据估计有800万受害者（在美国，每年有15万人因此死亡，超过全世界死于艾滋病的总数），到1988年，人们开始称之为“我们文化中的核心（女性）疾病”。[4] 人们认为时装模特应该具有的理想身材是细长板条状，她们通过极端禁食和强行节食来塑造最致命的体形，这是《私人侦探》（*Private Eye*）杂志里“超级名模”连环漫画的主题。

值得深思的是20世纪80年代厌食症同紧身褡复兴在时间上的巧合，以及人们频繁地将当今的厌食症同19 世纪的束腰进行直接对比。“神经性厌食症……让健康和生命付出的代价跟过去的束腰是一样的。”[5] 尽管这一论点没有被证明，但它引起了公众和社会医学界的关注。这两种实践都是与时尚相关的自我殉道，有可能导致死亡。就时间的距离来说，很难看出它们是同等的社会问题，它们的道德立场南辕北辙：束腰倾向及其导致死亡的恶果受到了最严厉的公开批评和指责，而厌食症引发的是同情、怜悯和给予治疗。尽管这两者在心理学、生理学、社会意义和人数方面有明显差异，一个是压缩腰部，另一个是让整个身体系统处于饥饿状态；一个被视为疾病的肇因，另一个被视为一种疾病。探讨厌食症的作者仍喜欢拿两者做比较，结果往往是青睐紧身褡。“实际上，20 世纪末的美国女孩因身体机能失调而遭受的痛苦比紧身褡束缚隐含的问题更广泛、更危险。”此外，更糟糕的是，她们将过去“对身体外部的控制转换为对身体内部的控制”，从而内化了这种压迫。“19 世纪的改革者未能预见到，美国妇女脱掉了紧身褡之后，仍然可以调整自己的腰围，以达到不同的期望值，这种束缚甚至比棉质束带和鲸须胸衣更牢固。”[6] 尽管这些妇女们获得了所有法律、经济和政治的利益，但她们的身体状况比束腰祖辈们的更差。[7] 据《注定成为美女》（*Beauty Bound*）一书认为，“当今的厌食症同紧身褡一样是一种自我控制”，而且实行的是一种心理上的身体绑束。[8] 荷兰有一本书名为《从禁食圣徒到厌食症女孩，自我禁食的历史》（*From Fasting Saints to Anorexic Girls, the History of Self-Starvation*），它指出，奥匈帝国的束腰皇后伊丽莎白（见附录四）是一个典型的所谓“新女性”，也是原型厌食症患者，并且认为，细长身条是“女性的新桎梏”，“因而是紧身褡的替代品”。[9]

我们掌握了一些有关19 世纪束腰的心理背景资料，故有可能找出束腰和厌食的相似动机。这很可能是一项冒险的尝试：从积极的方面来说，这是显而易见的，强迫的紧束和自我禁食都需要很高程度的节制和自律，可称之为英雄壮举，并假定可将控制身体的狂烈欲望作为控制生活本身的一种手段（或替代品）。我们已经谈到过，恐惧妊娠和拒绝做母亲，以及对关注的需求，肯定是年轻束腰者的一种强大动机，厌食症患者显然也是如此。如果说厌食症患者恐惧性交、月经和妇道，束腰者则正相反，她们强调第二性征（增大乳房和臀部），也可能从事一种反常的性破坏活动。青春期时极端束腰可能会阻止月经来潮，厌食症也同样。这两种节制过程都涉及生殖器崇拜：厌食症患者是整个躯体超瘦骨感，束腰者是胸部僵硬坚挺。厌食症患者往往极其活泼好动（并且相当聪明）；过去和今天的束腰者有时候宣称自己经常锻炼身体。就“歇斯底里”的概念来说，也可能发现二者的关联（诚然不是很严谨的），厌食症患者的行为即是一种歇斯底里，[10] 而束腰者被指责为导致或显现歇斯底里。有的时候，二者都达到了自我净化的、准宗教的、神秘的、灵魂出窍的忘形状态。[11] 最重要的是，有人试图表明，束腰和厌食都是通过过度自律和形象夸张的手段来实现表达的愿望；二者都自觉不自觉地追求"掌握命运"，取得标新立异的自主权，探索精神修炼和自我转换；她们在同一时间"既极端挑战，又极其服从"。[12]

一个核心的共同点肯定是抑制食欲：据认为，厌食症患者与其说是跟太多的脂肪作战，不如说是跟饥饿感和食欲作战。随着束腰者的胃部收缩，饥饿感和食欲就自动降低了，于是需要少吃多餐，最重要的是少，采用节食者经常使用的"以小吃取代正餐"的模式。

厌食症绝对是很年轻的人的疾病。正如我们已经看到的一样，束腰也是"很年轻的人"的做法，根据一本标准的指南，[13]"很年轻的人"是指十三四岁的女孩。厌食症通常开始得更早，饮食控制肯定如此："住在郊区的9岁女孩中（绝大多数不超重）80% 实施严格的饮食控制，并且在生活中遵循这一原则。"[14] 严重节食和厌食现象在大学女生中继续存在，有些学校里20% 的女生是厌食者，50% 是厌食症或贪食症患者。[15] 在我们加州大学洛杉矶分校里，27.3% 的女生"极其惧怕"长胖，28.7% 的则"全神贯注于食物"。[16]

不过，这些女孩来自明显不同的社会阶层：大多数维多利亚式的束腰者来自低层，而现代的神经性厌食症是非常富裕阶层的一种疾病——这可能是因为她们觉得富裕是令人厌恶的。正如十几岁的人追求的所有"时髦"事物一样，束腰和厌食（或极端节食）是在学校里及朋友之间由同侪压力、效仿和竞争激发出来的。此外，束腰还有一个相反的因素，即经常受到家长、教师和学校的鼓励（或是虚构的故事中说的"强加"），她们对厌食症的态度截然不同，推定它是一种反叛的形式。可是束腰没有明显表现出反抗家庭的特征。

将可能具有更高目的或深刻影响的自我禁食同极端束腰进行比较，或许应当谨慎而为。作为严酷的身体戒律，两者都试图祛除痛苦，获得自由，确立对身体的绝对掌控，将灵魂从身体的约束中挤压出来。实现超越、进入精神恍惚或神秘的状态是中世纪圣徒实行身体戒律的目的，这在强迫训练者、运动员及某些身体塑型者中十分常见。严苛的身体戒律，不论是否暂时的，均可能带来宗教苦修和斋戒者所追求的一种生理释放，然而当今的厌食症治疗师和观察者所看到主要是可悲的自我毁灭。通过假定“时尚”在某种程度上同束腰、厌食这两种相似的邪恶力量合作，迄今一位最重要的厌食编年史作家提出了二者并行的论点，这需要首先接受一个不足采信的流行神话：“穿时髦紧身褡（因而并不是束腰）的妇女很难不经常昏厥。”[17] 厌食症患者试图掌握个人身体的“文化权力”（culture of power）；同样地，用米歇尔·福柯（Michel Foucault）的话说，紧身褡将它的权力“真正公开地”刻在罪人的身体上，类似旧时代施行的公开酷刑。“19 世纪的紧身褡也显示了类似特征（作者在此特别提请读者注意），作为一个虚拟的文化权力徽章，将它的设计强加于女性的身体。”[18]

我们发现，中世纪女圣徒的禁食和身体匮乏，以及所谓“神圣的厌食”，同束腰者体验身心升华的感觉是类似的。中世纪圣徒的“控制、戒律，甚至肉体折磨”既是排斥肉体，也是提升肉体——一种可怕的却美妙的升华，一种进入神殿的途径。[19] 恋物徒杂志也借鉴了中世纪的传统：“受虐狂产生的内啡肽冲动，与殉难者最后跟上帝交流的狂喜是相同的。它超越了达到性高潮的凡俗境界。”[20]

似乎成了一种恶搞，厌食症患者的极端细长身材已成为广义的新女性理想，它具体表现在时尚模特身上，那种骨瘦如柴、前青春期女孩的“树条”身材（胸围31英寸）从20世纪60年代中期一直延续至今。最近一家电话公司打出了一条邪恶的广告：“你永远不会过富或过瘦（或话音过于清晰）。”（尖刻的纳奥米·沃尔夫换了一个说法：你现在太富了。因此，你是不会太瘦的。）[21]“粉丝”们最喜欢的那些电影演员们，一般不像时装模特那么瘦，但也比从前更苗条了，“我已经饿了十年”，一个令人倾慕的女主角叹息说。她在电影《诺丁山》（*Notting Hill*）里扮演的角色也是一个电影女主角。虽然时装模特和电影演员的种族范围扩大了，但身体类型的范围却缩小了。“几乎所有的好莱坞女主角都节食”，一篇文章敲响了警钟。在2003年的奥斯卡奖颁奖会上，人们观察到“危险的节食”和整容手术的结果，女演员们的身材极其单薄，妮可·基德曼（Nicole Kidman）“憔悴枯瘦”，令人震骇；被提名的候选人实行“严格禁食和惩罚性的常规锻炼”，就是“为了符合这种危险的苗条标准”。[22]

主要的政治人物也大多是身材颀长的，尤其是男性。有人说，胖美国人根本不可能像以前那样当选，假如有个胖妻子也不行［罗莎琳·卡特（Rosalynn Carter）、帕特·尼克松（Pat Nixon）和南茜·里根（Nancy Reagan）似乎都竞相比瘦］。吸过大麻或曾经逃避服兵役都比胖强。人们热烈地爱戴患有贪食症（bulimia）的戴安娜公主，这使得她成为我们当中的一员；但是倘若她超重，就不会成为一个美丽的偶像。不过人们想知道，为一个电影角色的要求而减少体重是否比增加体重的危险要小，而且不那么令人讨厌。

女权主义者批评芭比娃娃的造型，主张从“经典的”38—18—34英寸三围改为“更为现实可行的”36—27—38英寸——“快乐的我自己”。而芭比娃娃最新已化身为超级瘦削的模特，拥有30—19—32英寸的三围。有关新闻报道的标题为“新出台的芭比看上去像是饮食失调”。芭比也成了性虐狂：乳头穿孔，服饰邋遢，全身捆绑，还戴着聚氯乙烯材料制作的蒙面布，穿着紧身褡，零售价为186美元。有一道禁令反对生产这种芭比，却被纽约的一位女法官驳回了：“‘地牢芭比’的品位是否优劣与法律论证无关。”[23]

二、肥胖症

厌食症被定义为“失去自然体重的25% 以上”，[24] 这也可用作“束腰”比例的指标：譬如自然的26英寸腰围减少1/4，降到19.5英寸。大致相同比例的体重超标即是肥胖症（obesity）。肥胖症的蔓延程度远甚于厌食症，是工业化国家存在的一个难以估量的文化问题。世界卫生组织（World Health Organisation）说，肥胖症是全球健康的一个非常棘手的问题。[25] 同厌食症一样，肥胖症自19世纪70年代开始成为公众关注的严重问题，现在已经急剧升级了。全世界40亿成年人中有1/4超重，3000万人患临床肥胖症。有关方面正式公布，美国一亿五千六百万成年人中有3/5超重，其中30% 是临床肥胖症，并伴有因肥胖导致的各种健康问题。[26] 低薪阶层和穷人患肥胖症的比例高于其人口所占的比例。19岁以下的美国人中有20% 超重。1984年的一项调查显示，75% 的妇女认为自己“太胖”。自20世纪80年代以来，美国人的肥胖率增加了一倍，英国人的肥胖率增加了两倍。

图 12.1　古巴的一幅卡通
（Manuel, Havana, 1997）

假如说厌食者体现了“对严重过剩文化的审美及道德观的背叛”，[27] 似乎在嘲讽扬扬得意的富有，从而谴责人们忽视贫穷国家每年有数百万人不幸饿死的问题；假如说中世纪自主禁食的圣徒唤醒了那些只填满肚子而不滋养灵魂的人们的良知，那么可以说，肥胖问题也带有一种伦理—政治的色彩，古巴的一幅卡通画概括了这一点，揭露美帝国主义者变得大腹便便是因为它将贫穷的国家吞吃了（图12.1）。（美国人口占世界的4%，却消耗了40% 的世界资源。）在美国，甚至连狗也死于肥胖症。我们和我们的孩子被牢牢掌控在食品工业及广告商的魔掌之中，“世界上最富裕的国度正在把自己吃死”，这就是他们的利润来源。[28] 学校纵容恶劣的饮食习惯，是人们可以想见的头号罪犯。我生活在颇具健康意识的加州和年轻人（很多是亚洲青年）聚集的大学校园里，觉得肥胖率的统计数据难以置信，直到我有一次去参观黄石公园，目睹了美国中部地区的人如何炫耀他们的“中间段”。我仿佛置身于加里·拉尔森（Gary Larson）的《月球暗面》（*The Far Side*），那里人人都是大胖子。尽管可以用宽松、飘逸的东方式长袍来掩盖过于松弛和外溢的赘肉，使身材看上去好一些，可那些肥胖的人似乎更愿意效仿典型的西方常规和款式，穿着为苗条者设计的紧裹服装，使他们的肥膘凸肚尽显无遗。说他们“炫耀”并不夸张。

餐馆、垃圾食品和饮料业共同策划了一个巨大的阴谋，让我们保持肥胖。它们供应的分量奇大，德行好的人只吃一部分，将剩下的赐给饥饿的人。在过去的几年中，典型的餐盘直径从10英寸增至12英寸，这意味着食物分量增加了30%。地铁、剧院和体育场都不得不加大座位的宽度（从17英寸增到22英寸），只有利润微薄的航空公司的17英寸座椅坚持不改。治疗肥胖的费用每年达700亿美元。《旁观者》杂志的文章题为“胖人的世界”，它得出结论说：“过去几十年是美国历史上腰带和经济增长最快的时期，这是巧合吗？”美国人的超重情况日益严重，因而卫生部长要求在学校的餐厅、工作场所和社区实行全面彻底的改革，协力控制日益严重的肥胖症蔓延。电视和学校则向孩子们兜售企业利益，灌输油脂、盐和糖的妙处。继续在全世界推行“可口可乐化”的同时，可乐瓶却改造成了苗条的形状，这岂不是一个极大的讽刺（或者说是荒谬的逻辑）吗？

明星们要完成她们分内的任务。苏珊·博尔多（Susan Bordo）成功减肥25磅。人们赞誉奥普拉·温弗瑞（Oprah Winfrey），她“生活中最伟大的成功”不是成为世界上最富有的女人，而是吃流质食物减去了67磅（一年内又反弹回去了）。1990年有三万名妇女告诉研究者，实现她们的减肥目标比其他任何成功都更重要。[29] 大胸围歌手多莉·帕顿（Dolly Parton）的体重在1993年降到98磅，最终达到40DD—19—36英寸的三围，看上去真是一阵强风就会将她断成两截。麦当娜的身材曾经是丰满柔软的，突然之间变得单薄、“紧绷、瘦削、肌肉发达”——据说她的这个形象在九岁左右的女孩中掀起了节食风潮[30]，毫无疑问，也激发了穿紧身胸衣的欲望。紧身褡拯救了过胖的电影演员：明妮·德里弗（Minnie Driver）因身体超重被男友抛弃，在拍摄电影《家庭教师》（*The Governess*）期间，为了符合角色，她不得不每天穿收缩腹部的紧身褡，从而治愈了肥胖症。[31] 紧身褡也成功实现了孕后减肥：凯瑟琳·泽塔琼斯（Catherine Zeta-Jones）展示自己穿着紧身褡，庆祝产后体重（从171磅）减少了50磅，并且坦承她的节食经历很痛苦。

2001年9月，英国的报纸和广告上有关凯特·温斯莱特（Kate Winslet）的报道和摄影比比皆是，她穿着奇异的杜嘉班纳品牌紧身褡（Dolce & Gabbana），用粗花呢制作却很硬挺，庆贺自己在孕期体重大增（56磅）之后恢复体形。《造型》（*In Style* ）用这个穿紧身褡的温斯莱特——“现代凯特”来促进2001年9月号的发行量，同时发表了一篇奉承文章，颂扬她挚爱“她的男人，她的孩子，她的身体”，赞美她“依然丰盈的青春容貌”。她不经意地将影星的魅力（紧身褡）同“无可争辩的健康”（她的外套是棕灰色粗花呢，就像麦片粥那么诱人）完美地融于一身。她神采飞扬的照片占据了6页“紧身褡为主的”服装广告，包括“乳沟深露、腰身紧勒和令人窒息”的紧身外套，但是“撇开疼痛不谈，它们非常热门”。据我所知，天生不大苗条的温斯莱特实际上没有在任何电影中紧掐腰身，尽管评论文章（不实地）吹捧她在电影《鹅毛笔》（*Quills*）中“身穿削腰鲸须紧身褡，令她的追求者惊讶得倒抽冷气”。[32]

节食和运动很少能够长期有效地减肥。现在通过口头信息传播、互联网和恋物癖女胸衣商，紧身褡被推崇为一种解决方案。旧金山市的罗曼塔西公司（Romantasy）出了一本书，提出合理化建议说，紧身褡可能实际上是安全的，也比许多节食方案和药物更见效。它的胸衣是安·格罗根设计的。格罗根创办了为期3个月的“腰际训练”项目，第一批5名学生“穿紧身褡，正常饮食，每人的腰围减小了4.5英寸，体重减少了17磅”！[33] 我们从互联网上查到，丽莎（Lissa）曾经重280磅，自称“大胖子”，她通过同时节食和穿紧身褡（一天24小时，一年365天）使腰围减至21～22英寸，平均每月减少1英寸，腰围达到20英寸（她身高5英尺11英寸，胸围40英寸，臀围43英寸）。她声称束腰完全是自主决定的，没人要求她这样做。她也很沉迷于极端高跟鞋。[34] 更令人印象深刻的是电子工程师伊丽莎白·弗朗西丝·希金斯（Elizabeth Frances Higgins），50岁，身高5英尺9英寸，她通过紧身褡将体重从259磅减到169磅，她的腰围逐渐地缩小为21英寸。她的雄心是赢得彩票和实现18英寸腰围。互联网上的丽莎网站（LISA）有很多这类的故事。

互联网将个人隐私半公开化了。公众人物将他们的隐私公之于众。前妓女、电视台女权主义讽刺节目的同性恋明星罗珊娜·阿诺德（Roseanne Arnold）拥有数以百万计的观众，她成为《名利场》1994年2月号的封面人物，在特写文章中，这个自称好莱坞最富有和最强大的女人，谈到她施行整形的过程，包括乳房减小、腹部平复和鼻子整形，以及如同坐翻滚过山车一般在一年之内减重80～100磅，直到最后看上去像伊丽莎白·泰勒（Elizabeth Taylor）。阿诺德曾经遭受父亲的虐待，她的体形塑造是为了摆脱童年的阴影，获取权力和心理康复过程的组成部分。她也公开承认，她喜欢把丈夫捆绑起来，塞住他的嘴，遮住他的眼睛，然后穿着黑色的乙烯基衣服“狠狠地揍他”。

如果说20世纪50年代的时尚规范折射到了大众层面，当代时尚显然不是这样的。自那时以来，人们无视名流时尚的紧身苗条化，女性的平均腰围变大了，从27.5增到34英寸（接近1951年男性的37英寸平均腰围）。最近（2005年9月）苗条时尚又有惊人之举，发了一条“可能是当年最荒唐的新闻”：据说舞蹈家、歌手凯莉·米诺格（Kylie Minogue）为了参加一个巡回演出，把腰围减至16英寸（“一个肿胀脚踝的大小”）。这一消息公布并被媒体普遍采信之后，这位艺术家极力自嘲说：这是一场公关盛宴。（《卫报》2005年3月22日和9月21日）

三、减肥和整容手术

“20世纪的节食几乎像19 世纪穿紧身褡一样普遍，在其极端情况下，几乎类似于束腰恋物癖。”[35] 全身心投入的节食者就像是厌食症患者（极端节食者），而且“就像另外半个贫困世界里的人们，每天晚上饿着肚子去睡觉”。1994年有四千万美国人加入各种正式的节食项目，自从“减肥族”（Weight Watchers）训练项目在20世纪60年代初期建立以来，参加者达八百万。甚至连印度都开了“减肥族”特许店。肥胖是我们的世俗罪恶。法国纪录片《这就是美国人》（*L'Amérique insolite*）对这一现象惊叹不已，美国的故事影片也用它来吸引观众。[36] 除了充斥市场的有关书籍、期刊文章和减肥药等节食项目——年收入达数十亿美元，还有大量的外部瘦身工具包，专门注重即时减小腰围。海伦·罗伯茨（Helene Roberts）认为，“广告中宣传的‘梦想牌’瘦身工具包令人联想起性虐狂色情片（和现实色情把戏——我们可以补充说）中捆绑和束缚的主题”。[37] 某些节食药物，或是数类药物的混合服用导致了死亡。对此，除了令人好奇之外，亦很值得探索，鉴于我们的直觉认为束腰是一种社会政治表达，或是替代物，肥胖史学家彼得·斯特恩斯（Peter Stearns）说：“（同法国人比较）美国人节食的部分原因是他们的政治表达不足。”[38] 一切努力都是徒劳的。减去体重的人中反弹的占98%，节食成功的人中90% 重新获得的体重超过了减掉的，而且这些人看上去要老了10岁？[39] 这对商家是有利的，目前每年的营业额达300亿美元。辛迪加每日漫画杂志《凯茜》（*Cathy*）的主题是，凯西的节食意愿总是注定会失败（图12.2）。麦当娜或是幸运或是特别坚强（肯定二者兼具），她决心通过严格的锻炼和节食来减肥，设法做到了一直保持健美的体形。

图 12.2　凯西•奎塞威特（*Cathy*, 1997）

19世纪末出现了另一件大事——整容或美容术。在过去的几十年里，整容或美容术的施行量大幅度增加：从1981年的29.6万例达到1996年的近二百万例。男性整容不成比例地增加了，尽管女性比例仍占90% 左右。[40] 亚裔妇女将她们的眼睛欧化（人造双眼皮）已十分常见：通过欧美的眼睛看世界。过去，乳房植入物（美国有一百万妇女获得）在整容术中占很大比例，人们普遍认为它是危险的，现在的腰围或腹部缩减术可与之媲美：吸脂术（抽出体内脂肪的技术，1981年被引进美国）、腹部缝合、胃旁路手术、肠道去除等。人们仍然认为，去除肋骨和截去脚趾以追求时尚[41] 的极端现象是存在的，不过没有发现确凿的记载。《妇女身体的政治问题》（*The Politics of Women's Bodies*）一书中有一篇论文，题为“女人和刀子”，其中提到，挥舞“手术刀，截去脚趾吧，让我们的脚适应优雅的鞋子；摘去我们的肋骨吧，让我们的身体适应紧身褡”。[42]

与此同时，疾病造成的身体残缺如凤凰涅槃，再生为美丽和超越的尤物：奥德·洛德（Audre Lord）希望用服装来凸显她失去的乳房；迪娜·梅茨格（Deena Metzger）接受了乳房切除术之后，在瘢痕上做了文身图案，它是一棵树，并附了一首诗，印制成海报大量发行：她上身赤裸，双臂大张，心荡神驰。艺术活动家马图施卡（Matuschka）在自画像中夸赞自己的伤疤，其中一幅刊登在《纽约时报杂志》（*New York Times*

Magazine）的封面上。[43]

四、健身运动

自开展网球运动以来，当蜂腰女士“忍受痛苦，在网球场上展现风姿”[44] 时，束腰跟体育运动并非不相容，事实上，有些束腰者自称进行大运动量的锻炼。今天，有些人仍然疯狂地迷恋健身运动。苏珊·波尔多说，以前穿紧身褡，现在健身和慢跑。布伦伯格（Brumberg）说，强迫性运动和慢性节食是一对痴迷孪生子。[45]锻炼（通常是在器械上，运动器械已成为另一个大产业）是想象将身体恢复到某种理想状态，源于一个遥远的“自然”时代（即在电视机导致人们日益久坐不动之前）。但是，除了走路，或许还包括在乡间徒步旅行之外，锻炼并不比其他形式的禁欲主义更自然（古希腊的“禁欲”实际上意味着“锻炼”，词源同一）。对厌食症充满同情的切尔宁（Chernin）说，强迫性锻炼跟身体有一种爱恨交织的关系，事实上造就了一个反自然的身体，她的那种“将柔软的肉体再收紧一英寸的热望”[46] 简直就跟束腰者的欲望毫无二致（图12.3）。

“对瘦身的痴迷，以及通过重量训练注入疯狂的能量来雕塑身体——这不就是紧身褡复兴的另一种形式吗？”[47] 如果通过踩固定脚踏车来逃避被迫久坐是值得称赞的，那么具有讽刺意味的是，有些人会在看电视时踩脚踏车，一边是电视上的食品广告刺激他们恢复体重，另一边是他们幻想自己在试图减少体重——一个恶性循环。如今，“肌肉结实紧绷”比体态丰满要好。维多利亚·贝克汉姆是个迷恋身体展露狂，在婚礼上穿着紧身褡裙，《卫报》[48] 评论她说，即使长着一张死人脸，也可以因具有堡垒般的身躯而感到高兴。《时代》

图 12.3　约翰·克里安诺为“迪奥”设计的鞋子：勒得越紧，重量越轻（*Harper's Bazaar*, 2003）

周刊的一篇封面故事指出，鹦鹉螺牌（Nautilus）健身器材在美国的420万用户中一半是女性，“腹肌紧绷”意味着“性欲旺盛”。[49] 早在19世纪中叶，著名的女胸衣商卡普林（Caplin）夫人就已经从反面认识到了紧身褡的效果，它的收紧、绷紧和硬化特性相当于复制的肌肉和皮肤。她嫁给了一位医生，他称赞她创造出了“肌肉信封”，“它更像一层新的肌肉，而不是一件人工外加的服装”。[50] 19世纪晚期的一位服装改革家认为，过度锻炼和穿紧身褡均可导致贫血症，他观察到威尔士王子和公主的女儿们被“定期和严格的锻炼”消耗过度，晚餐上却“穿着紧束胸衣以促进消化！王国里最窈窕的腰肢被裹在严密合体、毫无皱褶的紧身褡里”。[51]

大约一个世纪之后，简·方达（Jane Fonda）制作了著名的健身录像，“推销横跨躯干的人体肌肉腰带”，[52] 这句话的意思是从身体内部紧束。一位批评家对她的口号“纪律即自由”表示质疑，并且把她青春永驻的外貌归结于通过整容手术来“不断改善”身体，他阴沉地得出结论，这位政治激进主义和女权主义的偶像“强调自我控制，令更多的妇女沮丧并失去自信，而不是获得权利”。这种全是肌肉和筋腱而无脂肪的“理想”体形被认为是男性化的；而且时刻念念不忘杜绝脂肪是对人的一种精神桎梏。

时尚紧身褡在健身运动狂潮之后不久或同时复活了，它也许是锻炼的一种替代品？“婴儿潮一代厌倦了健身运动”，他们寻找“捷径……可控制头脑的腰带”，厄玛·布鲁姆白克（Erma Brombeck）发布了可怕的头条消息：“锁上你的门，藏起你的女儿们。腰带来了！腰带来了！”经过了持续近二十年的悬挂、凹陷、弹跳、摇动、下垂、起皱和配件移置的服装风格，婴儿潮一代作出决定，要把所有的东西都夯在一起。“当20世纪70年代的腰带退出舞台，同绞架、镣铐、电动椅和其他刑具一并陈列在博物馆之后……生活对妇女来说是美好的。我们从虚荣中解放出来了……”一家可敬的大众日报如此宣称。《时尚》的调子也与此相仿：凯瑟琳·贝茨（Katherine Betts）的自然腰围是27英寸，她渴望要一件卡尔·拉格菲尔德（Karl Lagerfeld）的奇迹紧身褡，它是23英寸腰围的，她承认自己“对锻炼过敏，想到不用做一个仰卧起坐就能彻底实现身体自律”，而且有个男人“用脚在背后帮我勒紧，真是令我欣喜若狂”。[53] 至于许多恐怖的故事和照片，例如，模特由于被绑束得过紧而昏倒；妇女因为无法自己脱掉紧身褡而被迫穿着它睡觉，以及恐怕自己窒息而需要迅速离开派对等，都没有把她吓倒，她说："我安慰自己，不要紧，正如安妮·霍兰德曾经写道：穿衣的舒适感是精神上的而不是身体上的。"

一位记者为《苏格兰人报》(*Scotsman*)撰文，标题为"最酷的性感？紧身褡即是"，她发现，紧身褡可以取代那些无法做到（无效）的节食和锻炼，"节食效果比丑陋的木乃伊式冷绷带更好且更有趣。我强迫自己忍受这种即刻收缩的方式，因为相比长期乏味的区域饮食法（Zone diet）、何氏饮食法（Hay diet）、阿特金斯饮食法（Atkins diet），或者每天在健身房出汗，我更喜欢收到立竿见影的满意效果。紧身褡终究可以做到瑜伽能为你做的一切，而且你穿上它看起来更性感。"此外，"从任何意义上说，紧身褡不控制你，而是让你来掌控"，它使你成为"办公室里的武士"。然而对肋骨有没有什么危害呢？"让我们面对现实，穿这类东西的乐趣就在于对潜在的内部损伤的有一点恐惧。"说得更严重一些，这确实是问题的症结所在："紧身褡节食法的真正美妙之处是，你不仅立刻看起来更苗条，你也不能吃得太多，因为吃多了会很不舒服。你越经常穿它，你实际上就变得越来越苗条"。[54]

当然，封闭性更强的恋物癖和性虐狂的衣服是会令穿着者汗流浃背的。纽约市有一个名叫"情人维多利亚"（Mistress Victoria）的女施虐狂曾经想出一个主意，让她的肥胖客户在性虐狂的情景中做增氧健身，称之为"奴役锻炼"（slavercise）。"情人维多利亚"是传媒专业的研究生和一名合格的体操教练，她的客户包括一些名流和两名专业运动员。[55]

锻炼的要点往往不是或不仅是看起来瘦削和健康，而是享受解放甚至超越的生理体验。通过极端的做法和忍受生理疼痛（也包括束腰）来进入精神的境界。"带着痛苦奔跑是生命的本质。我在跑步时获得自由。强烈迸发的锐痛射出白炽利箭，穿进我的胃、我的肺。力在体内奔涌。"[56]

五、瑜伽，呼吸与超越

胸部紧束将呼吸运动上推，使其变得比较肤浅、急促，从而可以将人的意识提升到超凡的境界。我的瑜伽老师说，人们通常只使用1/5的呼吸能力。“生命之气”（上帝向人吹了“生命之气”方赋予他生命）不再被看作是理所当然的。设计师蒂埃里·穆勒[57]认为，那些“反正都是需要呼吸的”轻浮者们掩盖或否认一点，即穿紧身褡和重新调整呼吸部位可以激发人的内在意识。[58]有些束腰者锲而不舍地定期做瑜伽（做瑜伽时不穿紧身褡），诸如雷切尔·加洛韦，她是单身女性，伦敦时装学院时装和纺织专业的近期毕业生，本身即是一位（兼职）设计师。加洛韦在白天工作和晚上社交场合都保持16英寸腰围，她说：“瑜伽和束腰均可舒展身体，这是很好的；这一组合通过改善我的姿势，竟然减轻了我的哮喘病并增强了呼吸系统。锻炼给了我一层肌肉紧身褡，所以我不会成为紧身褡的依赖者。”[59]

许多人会觉得很荒唐，《时尚》甚至将穿紧身褡同更高的精神境界联系起来，它鼓吹增进胸部和矫正脊柱的二合一紧身褡，紧接着又引用“玛瑙眼睛设计师”伊娃·春（Eva Chun）的风水说（中国的宇宙科学），将个人的身体同环境（和宇宙）相协调，通过“紧密”来实现完美的“合适”和“精准”。[60]

有些人练习冥想。如哈莫尼·露丝·阿洛尔（Harmony Rose Allor，电子邮件地址是“立马超越……”），恋物癖模特，前加州大学洛杉矶分校的学生，和平主义者和素食主义者，她协助创建并领导洛杉矶禅宗佛教中心。她发现，紧身褡（及相关的捆绑游戏，最好是同其他妇女一起玩）有助于聚精会神，并要求做出有益健康的破除自负的牺牲。视觉技术也被用来增进束腰效果。[61]“当人们能采用这种方式实现升华时，为什么还会需要毒品呢？”奥利维亚·巴纳德-弗思（Olivia Barnard-Firth）问道，她在英国的赫特福德郡（Hertfordshire）经营一家“地狱圣女”复古服装店，“高跟鞋、紧身褡带给了我真正的精神超越和升华。”

声乐艺术家需要完美的呼吸控制，他们并不总是反对紧身褡；事实上，一些专业歌手扮演历史（或非历史）角色时，愿意用紧身褡来阻控呼吸。电影《酣歌畅戏》（*Topsy Turvy*，关于吉尔伯特和沙利文创作歌剧的故事）描述了男女歌手对紧身褡的依赖，用历史的眼光看或许是真实的。[62]今天，当日常穿紧身褡已是一种例外而不是常规行为时，几乎没人会想到一个顶级的专业歌剧演员，如莱斯莉·加勒特（Lesley Garrett）能够穿着紧身褡跳马祖卡和康康舞，甚至劈叉。1997年她在皇家歌剧院主演《风流寡妇》（*Merry Widow*）时接受采访说，“我总是穿着它，为了感觉并看上去体形好，而且唱歌的时候，我喜欢感觉我的肋骨扩张，紧紧地抵住什么东西。”[63]

站姿及呼吸是歌唱艺术中的要素。“多莉·帕顿（Dolly Parton）穿着荒诞的高跟鞋勇敢地摇摆着身躯。那赫赫有名的大胸令她的小腰相形见绌。随着她吐出的可怕声浪，她的胸脯似乎瘪了下去。”不只是麦当娜，还有其他好几位流行音乐家和歌手将炫耀紧身褡作为个人视觉形象的一部分。辣妹维多利亚·贝克汉姆在她的自传里附了一张照片——珀尔（Pearl）先生（参见附录五）将她紧束进婚纱之中。那是一件“王薇薇”品牌（Vera Wang），花了巨额运费，把她的24英寸自然腰围减小到18英寸，让她看起来“性感无比，宛如处女”。[64] 大提琴四重奏乐队拉斯普提纳（Rasputina）的乐手们在舞台上全部穿着年代紧身褡。女子摇滚乐队“去去”（Go-Gos）的成员简·维德林（Jane Wiedlin）在互联网上自称是个束腰“粉丝”，她的梦想是实现20英寸的腰。C & S (C & S Constructions) 甚至为一位英籍华人钢琴家制作了一件紧身褡，套在晚礼服的外面，色彩对比鲜明，以增强视觉效果，且有助于呼吸和控制上半身的运动。我敢说，大多数钢琴家都会觉得这是很离谱的。

六、人体艺术

至此，我们开始涉及人体艺术（Body Art）的问题。自从一个“响彻（艺术）世界的射击”表演以来，“人体艺术”在过去的30年里已经发展成为一种主要的艺术形式。1971年，我的同事克里斯·伯登（Chris Burden）用一颗子弹击穿了自己的手臂，这一举动立即被公认为是同时展示表演艺术和人体艺术的先驱。男性艺术家，如同男恋物徒，专门创作一些骇人听闻的肢解尸体作品，其中有的几乎无人愿意做文字记载，更不必说目睹了。女性艺术家尚没有那么极端，但也不甘寂寞。吉娜·佩因（Gina Pane）是一个快乐的特立独行者，当着愤怒观众的面，她用剃须刀割破了自己的背部和面孔。[65] 人体艺术具有广泛的多样性，一直是女权运动中的女性主导领域，“索回人体”——让它归属个人、公众和艺术。不出所料，

“阴道图像学”遇到了审查的麻烦，这反而增添了它的吸引力。跟我们的话题有关的一个例子是埃利诺·安坦（Eleanor Antin）的摄影系列——“雕刻：传统雕塑”，她通过145张摄影记录了自己的减肥过程。帕萨迪纳设计学院（Pasadena College of Design）的一名艺术专业学生试图把自己的束腰过程制成一个艺术作品，但后来放弃了当艺术家的念头，变成了一个（更有钱可赚的）施虐狂。玛莎·罗齐尔（Martha Rosier）将测量恋物癖转换为一个表演和视频，美其名曰“至关重要的统计”（1977），展示持续测量自己裸体的荒诞细节，从现实减至视觉虚拟。法国表演艺术家奥兰（Orlan）将人体艺术、表演艺术和整容术融为一体，自1990年开始表演“圣女奥伦转世”（The Reincarnation of Saint Orlan）节目，拍摄并公开播出她的面部和身体进行多次系列整容手术的过程，配之以舞台服装和道具。[66] 奥兰其批评者共同感觉到，她在采取一种进攻行为来反抗观众和她自己，这令观众比她更难承受，这同人们面对一个极端束腰者而感到的痛苦是一样的。奥兰参加了在伦敦南岸举行的人体艺术表演。它同弗兰科·B（Franko B）的“血腥表演一道在电视上播出（1997年8月17日）。弗兰科的节目难度极大，他一年最多只能表演4次。罗娜·阿西（Rona Athey）的大部分节目都非常极端，因而不能在英国合法上演，法克·穆萨法的节目也是如此”。一张老照片上的法克·穆萨法是一副“完美绅士”打扮，身着清爽的衬衫、领带和裤子，极端的蜂腰。他把该照片印在明信片上，为他的节目做广告。

这一切都是对旧式迷人刻板印象的反映，但同时也被称作一种解放。艺术家卡萝莉·施内曼（Carolee Schneemann）反常地诉求古代典范——它一直被誉为不仅是现代性感美概念的非凡前身，也是腰肢压缩系统的“史前史”。尼曼赞颂自己的裸体表演是“将我们的身体交还给自己。快乐、自由、胸膛袒露且技巧精湛的女人准确无误地跳将而起，化险为夷，占据上风——令人难忘的克里特公牛舞者的形象，激发了我的想象力”。[67]

在过去很长时间里，健肌运动（Body-building）一直是男人的领域，现在妇女已参与其中，它可以说是人体艺术的一种形式。丽莎·里昂（Lisa Lyon）1979年在洛杉矶举行的首届世界女子健美锦标赛中获得冠军，她是罗伯特·梅普尔索普（Robert Mapplethorpe）的一部摄影专辑的主角，也被特别收进罗斯玛丽·贝特顿（Rosemary Betterton）的《观赏——视觉艺术和媒体中的女性形象》（*Looking on—Images of Feminity in the Visual Arts and Media*，1987）[68]一书中。我认为，妇女参与男人风格的健肌运动，促进"不女性的"肌肉增大而不是收紧，迄今仍是罕见的，但谁又能预料将来呢？肌肉的吸引力会渗透进性的吸引力吗？传统的细长（腰肢）可否与厚实的肌肉并存，如加斯东·拉雪兹（Gaston Lachaise）的雕塑（图12.4）所表现的那样？当然，在体育运动中，即使在很难想象的领域，妇女已经取得了无处不在的巨大进步，而且显然是以男性运动的损失为代价的。我常去加州大学洛杉矶分校的健身房打壁球，1984年男子体操队在那里举行的奥运会上获得了很多奖牌，如今那个场地已经完全被女子体操运动员接管（她们也获得了全国和奥运会冠军）。"性别平等"摧毁了鼎鼎大名的男子队，现在的女性不仅在4英寸宽的平衡木上表演传统特技（男子从来不必做这个），它对踝关节构成很大威胁，而且在高低杠上表演完全效仿男子单杠的特技。我们或许在此应当注明一点，女孩从非常年幼开始体操训练，十来岁即成为冠军，这造成了一些严重的后果，包括闭经，这是臭名昭著的厌食症可导致的生理异常，束腰偶尔也会引起。艺术将所有一切都合理化了。为什么那些反对尖细高跟和尖头鞋的人从来不反对古典芭蕾的足尖训练，即使它对脚的健康更具威胁（挑战？）呢？古典芭蕾的训练从很小的年龄就开始，且非常严格，是否也算是虐待儿童呢？

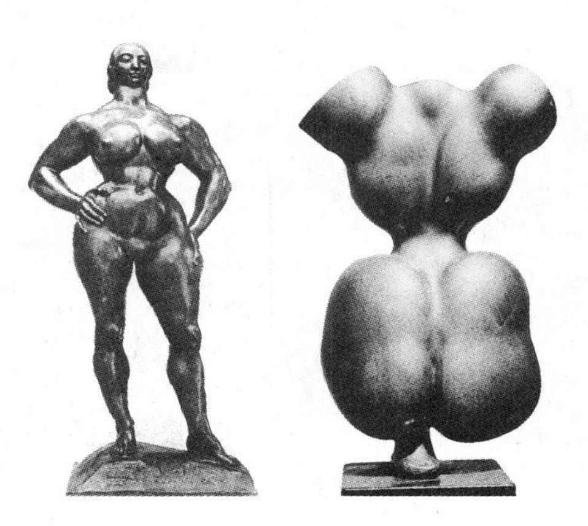

图 12.4　站立的女人和躯干（Gaston Lachaise, 1932, Kramer: Gaston Lachaise）

第十三章

电影中的梦幻

对于创造和抒发20 世纪的幻想，舞台和银幕（电影和电视）肯定比任何媒介做出的贡献都大。大众向往的男女明星演员展示各种戏剧效果的奢侈服饰，曾经是无名鼠辈的他们取代了贵族，上升为社会典范和理想的载体。

服装设计师的理念首先是通过媒体传播的，当它转换到屏幕上之后，即给大众想象盖上了印记。高端时尚杂志充满了异国情调的戏剧性幻想，设计师为演员们设计服装，因而成功地将高级时装融入了戏剧。电影也许比时尚杂志更有力地验证了恋物徒想象的存在，否则它只是私密的东西，不过杂志及其摄影师们也迎头赶上了。

我们不必对电影中年代紧身褡扮演的醒目角色感到惊讶，它已是20

图 13.1　立体摄影（约 1900，引自 Eric Norgaard，助女人一腿之力，1967）

世纪的通俗色情、怀旧情绪和喜剧的中心载体，并对时尚的复兴立下汗马功劳。人们在立体照片上发现了残酷的紧束场面（图13.1）。我所发现的最早展示紧身褡的两个电影片段，一个是色情的，另一个是喜剧的，时间在1904—1905年之间，可能是专为“活动电影放映机”制作的。喜剧的那段有35秒，表演非常拙笨：一个男人尝试给肥胖的妻子束腰，然后疲惫不堪地倒在了床上；色情的那段也是35秒，展示一位成熟优雅的女模特在商店里向客户炫耀紧身褡。[1] 在大众媒体中，尤其是音乐剧和英国哑剧里（甚至在我的记忆中），紧身褡是（性别歧视者的）一个取乐对象。

梅·韦斯特（Mae West）是20世纪30年代的性感女神，那个时期的妇女相对来说不穿紧身褡。她聪敏，坦率，性解放，一般不穿紧身褡，即使在扮演年代角色时，不过她的服装加了硬衬，使之很紧密地裹住天然短胖的身体，没有过多地掐腰，而是形成柔和的曲线。她的内衣非常贴身合体，因而需要制作两件外衣，一件是坐立时穿的，另一件是行走时穿的，尺寸稍有不同。这种外观适应那个时代，因为当时在演剧中暴露乳房和表现色情是被严厉禁止的，韦斯特在早期甚至因违禁而被关进监狱。具有讽刺意味的是，在整个50年代，加筋硬化的乳罩一般被视为那个倒退时代的“人造女子气”的一种反映，实际上是审查部门要求的，因为他们反对显露抖动的乳房。梅·韦斯特常年与自己的肥胖作斗争，不大喜欢节食，而愿意稍稍利用紧身褡，或修改宣传剧照来帮助她接近当时被吹捧为的“沙漏形身材”。一旦发现“自己的沙漏身材变形”，她便大为光火。[2]

那个时期（及至后来）还有一个非常不同的性感女神玛琳·黛德丽（Marlene Dietrich），其身材的著名特点是看上去异常轻盈，人称“玛琳·黛德丽蛋奶酥”。1992年黛德丽去世后，她的女儿向世人透露，黛德丽一直采用人工手段塑造和保持她经久不变的“神奇”体形。她用一张超级强韧的丝绸网绷紧全身，它“紧得要命”，一旦穿上，任何运动，甚至呼吸都必须严格限量。[3]

有人可能会问，像黛德丽这种在舞台上下一贯坚持严格戒律，事业成功、明显长寿的典范，迄今为止是否有谁能够与之媲美。今天的媒体继续沿用为艺术而受苦的短期殉道模式，也往往添加一些个人生活的佐料，以获得出色的宣传效果。艺术同生活融合了。在电影中，年代紧身褡扮演的角色远远超出了有趣的小殉道者；它惊人地多样、复杂，被植入各种不同的叙事情境之中。在这点上，电影和时尚之间的协同是很奇特的。据称，20世纪30年代末期的电影实际上预示了“新风貌”的到来，尤其是《飘》里著名的束腰场景。美因波谢尔也同时出现（见图9.1）。或许，战争仅仅暂时阻断了一股势不可当的潮流。玛格丽特·米切尔（Margaret Mitchell）的这部小说（1936，截至1939年售出了200万册）和1939年改编的电影都立即大获成功，从此被列为经典；战后的公众不断地从电影和小说中看到束腰的场景，这肯定对时尚产生了影响。时尚将强势女人斯嘉丽·奥哈拉（由费雯丽饰演，她因而一举成名）变成了一个不朽的形象，并且为人们提供了一种解放的、争强好胜和性感逼人的女人的幻想，她用典型女人的蜂腰和蓬松衬裙作为性斗争的武器。斯嘉丽自我本位、情感炽烈，把性征服的欲望摆在家庭利益之上，为了保持自己的玲珑身材，她便决定不再多生孩子。对于千百万读者和观众来说，小说里那个著名的束腰场景将有关细节描述得极为详尽，电影中也充分突出了费雯丽的苗条腰肢（尽管在行家的眼中，它比米切尔的小说和电影宣传的16英寸要大不少），它体现了那个时代的一种类型——“南方佳丽”；而斯嘉丽本人，我们可以补充说，恰恰属于“束腰者”的典型社会阶层，符合贯穿本书的观点。

1947—1948年之间，法国舞台上有两位显赫人物：马德琳·雷诺（Madeleine Renaud）和埃德维热·弗耶尔（Edwige Feuillere），她们推出了年代人物形象。一些时装设计师为她们两人的黄金时代增添光彩，特别是巴尔曼（Balmain），专门为她们设计舞台下的服饰；舞台上的服饰则由罗斯-玛丽·莱比格（Rose-Marie Lebigot）设计，她也制作罗莎牌胸衣（她的商店一年内即售出15000件）。她和助手葛罗利安（Gloriane）一起为电影制片厂、夜总会和讽刺舞剧提供必需的年代情色内衣。莱比格，像在她之前的比亚尔（Billard）女士一样，也被宣扬为解剖学家和雕塑家（她确实展出过一些正宗的雕塑作品）。费多（Feydeau）的滑稽剧《照料爱米丽亚》（*Occupe-toi d'Amelie*）的成功尤其要归功于马德琳·雷诺穿的年代胸衣和黑色系带的高跟靴子；同样，马丁·卡罗尔（Martine Carol）扮演的《娜娜》也确保了成功，她穿着高跟靴和紧身褡（腰围从正常的22英寸缩小到19英寸），比左拉小说里的娜娜更具《伦敦生活》之风貌。

在新风貌时代，随着时尚恢复了它的王位，好莱坞的服装设计意识比以往任何时候更强烈，预算增加，并于1949年推出了特殊的奥斯卡奖项。顶级设计师大多是女性，尤其是伊迪丝·海德（Edith Head，1938—1976年间为派拉蒙影业公司工作），她赢得的奥斯卡奖比好莱坞历史上任何其他艺术家都多；另外还有艾琳（Irene）和艾琳·撒拉夫（Irene Sharaff，两个艾琳）、海伦·罗斯（Helen Rose）。她们及其他一些人把新风貌引进电影界，通过名媛舞会和高中毕业舞会的礼服、婚纱和芭蕾舞服装等形式传播开来。古典芭蕾也受到了新的热情欢迎。“甜心”的称呼、“好莱坞电影与年代怀旧感同新风貌高级时装的凝合”被视为延长了新风貌的生命力，并将之定位为叙事概念的一种强化。[4]

人们认为这些“叙事概念”在很大程度上是保守的。妇女在战争期间进入工厂工作，获得假定的解放之后重新被推回家中，让她们屈从婚姻；被普遍认可的明智看法是，紧身褡要求妇女“绝对从属并象征性地降服”。[5] 不过，据我们这里的研究，紧身褡的作用表现出的是一个更复杂的画面，如一位杰出的电影服装（不穿衣服）分析师所说的那样，它卷入了一种抽象的，甚至越轨的“活跃的性讨论”。[6] 这个画面实在过于纷乱驳杂，看起来不可能综合起来考察，因此我们只能以尽可能压缩的方式来探讨某些叙事语境。

丽莎网站列出第二次世界大战后拍摄了紧身褡和束腰场景的电影，共425部（主要是英语片），根据乐趣程度和重要性进行评分。我在这里选了20部左右（发行时观看的机会和可获得的录像均有限），它们以各种不同的方式、重点和力度提供了一个什锦盘，展现出我们已经考察的紧身褡在历史上和现今的作用及意义。现将这些电影及其主题罗列如下：

《在圣路易斯相会》（*Two Weeks with Love and Meet Me in Saint Louis*）：同侪压力对女人气质和性欲望的启蒙作用；

《百万富婆》（*The Millionairess*）：戒律使人更强大；

《女推销员》（*First Travelling Saleslady*）：职业妇女的解放；

《越空追击》（*Barb Wire*）：吞吃男人的母夜叉；

《外太空第九计划》（*Plan Nine from Outer Space*）：吸血鬼的故事；

《情欲色香味》（*The Cook, the Thief, His Wife and Her Lover*）：以矜持

的自律来抵御粗俗的色狼；

《野姑娘杰恩》（*Calamity Jane, River of No Return*）：阴阳变换；

《淑女本色》（*Portrait of a Lady*）：受虐狂人格；

《疯狂大赛车》（*The Great Race*）：性暴露；

《钢琴别恋》（*The Piano*）、《泰坦尼克号》（*Titanic*）和《维阿恰农庄》（*La Viaccia*）：反抗情欲压迫；

《玩转上等人》（*Stiff Upper Lips*）：自我嘲讽。

上述电影中有几部包括女性绑束（参见图13.2），在《悬岩上的野餐》（*Picnic at Hanging Rock*）中十分明显。其他一些则没有把它作为主题特征，如《哈姆雷特》（*Hamlet*）将紧身褡与疯症相关联；《外太空第九计划》《101斑点狗》（*101 Dalmatians*），或许还有《加勒比海盗》（*Pirates of the Caribbean*）用紧身褡联结死亡，《女推销员》用紧身褡联结现代技术。这些电影中都没有赤裸裸的堕落、性虐狂和绑束，或以色情为主题和展示色情画面。换句话说，我们的主流商业选择的关于紧身褡的观感一般是良性的、积极愉悦的，偶尔喜剧性的（《疯狂大赛车》），是轻度色情而不是直接表现性欲，迄今为止很少有男人参与。当男人穿上紧身褡时，总是意

图 13.2　电影《血战山河》（*Tap Roots*）中的苏珊·海沃德和朱丽·伦敦（1948）

味着在搞笑；由于篇幅所限，我没有包括这类影片，仅在《疯狂大赛车》中有一个卑微男人穿紧身褡的情节，它丢人现眼，形成反差，增强了一个聪明女人穿紧身褡的正面效果。这里，我不能不提到艾伦·班尼特（Alan Bennett）的舞台剧《疯狂的乔治三世》（*The Madness of George Ⅲ*，我看的是电影版本的一个片段），它依据历史事实，展现了令人回味的场景，在舞台的一侧，仆人为肥胖的威尔士王子套上胸衣；在另一侧，他的疯狂父亲被绑进一件紧身衣里。

上面列举的电影中，也许没有任何一部受到女权主义的激励，尽管我不认为哪一部可以被说成有厌女情结；从纪录片《候诊室》（*The Waiting Room*）中人们可以发现对年代紧身褡的一种刻板的敌视观念。

一、性启蒙和性解放

首先分析《在圣路易斯相会》（1950），因为它是我所知道的唯一的一部商业电影，完全将紧身褡作为其主题和情节的支点。时间设在1900年左右，紧身褡在这部影片中是核心装饰物，青春、性爱和浪漫的幻想围绕着它飞腾升华，进入极乐世界。这是一部很受欢迎的、极其迷人的浪漫音乐喜剧，由约翰·拉金（John Larkin）创作，海伦·罗斯担任服装设计。现已被重新制作为录像带。这部电影推出了紧身褡理念，作为第二次世界大战后对性和女人气质的适当（重新）启蒙。影片一开始出现的是女主角帕蒂·鲁滨逊（Patti Robinson，由简·鲍威尔扮演），她已是个17岁的姑娘，却仍然穿着小短裙，被人当成小女孩。她碰见了瓦莱丽（Valerie），一个比她年长、成熟的朋友，已经跨入了舞台生涯。瓦莱丽请帕蒂帮她把腰勒细到必需的18英寸。

然后，一个温文尔雅的年长古巴人亮相了，名叫德梅特里奥（Demetrio，由理查德·蒙塔尔班扮演），他立即表示出对佩蒂的强烈兴趣。帕蒂非常尴尬，因为她站在海滩上，套着“马铃薯袋式的婴儿泳衣”。她把自己埋进沙子里，免得被人注意。她梦见和他一起坐在船上，他想拥抱她，却又嫌恶地退缩了，因为她没穿紧身褡。她被人拉着不情愿地去了舞会，跟德梅特里奥跳舞，她拼命地试图不让他感觉到自己的腰身——孩子

图 13.3 “哦，挤压我吧！”玛丽莲·梦露为电影《不归之河》（*River of No Return*）做的宣传镜头（1954）

般的、未穿紧身褡。她日益为自己的这个“可怕的隐私”感到羞愧，并受到同龄人的耻笑，变得很痛苦，经常哭泣，想去寻死，直到有一天爸爸安慰她，她对他说出了自己的隐秘愿望——最初吸引德梅特里奥的，与其说是她不如说是紧身褡，紧身褡会使得她在德梅特里奥的眼里（或手中）成为合乎法定年龄的女人。母亲一直不想让女儿长大，爸爸则比较理解女儿，他匆匆出门给她买了紧身褡作为成年舞会的礼物，她于是拿到了追求性快乐的许可。在一个星光闪耀的悠长系列梦幻中，她光着腿，像芭蕾舞演员一样，穿着粉红色的紧身衣和纱裙，撑开阳伞，昂首阔步走进社交舞台，成为众人瞩目的焦点，先是独自跳舞，然后又和德梅特里奥一起跳（图13.4）。而当她第一次有机会在现实中展示自己的新形象时，几乎酿成一场灾难——她的紧身褡有点不对劲。良心发现的胸衣制作商后来告诉帕蒂的父亲，卖给他那件紧身褡是一个失误：它是专为极端驼背者设计的一个整形锁定装具（这是一个不可信的解释，但不管怎么说是个失误）。

在舞会结尾的探戈舞中，帕蒂取代嫉妒的瓦莱丽，成了德梅特里奥的舞伴，灾祸发生了。在身体向后甩、反弯腰之后，她几乎无法掩饰自己不能恢复直立的窘境，（未穿紧身褡的）母亲大叫：“她被绑得太紧啦！”人们把她抬出舞厅，割断了束带，让她恢复了自由。然而，恰恰是紧身褡给了她自由，而不是相反。

简·鲍威尔在自传中宣称，《在圣路易斯相会》是她本人最喜欢的一部电影，一次激情澎湃的特殊体验，尤其是穿紧身褡跟德梅特里奥跳舞的那个梦幻序列，令她当时对男演员理查德·蒙塔尔班产生了一分迷恋。这

图 13.4　电影《在圣路易斯相会》（*Meet Me in Saint Louis*）中的简•鲍威尔和理查德•蒙塔尔班（1950，摄影：Courtesy of the Academy of Motion Pictures, Arts and Science）

是她出演的第一部历史影片，她由此希望，自己若生在19世纪该会是多么的幸运。不拍历史影片时，她也喜欢穿维多利亚时代的胸衣，配上现代的晚礼服在夜总会上亮相；用法国蕾丝、鸵鸟毛和14克拉黄金线制成的这样一套华服要耗资五万美元。

正如我们已经看到的，在历史上，拉紧（松开）束带可以隐喻或委婉地表达性行为，性行为本身则是表演的禁忌。尤其是在第二次世界大战后道德压抑的好莱坞。系束带过程中的勒系、绷紧、喘息、呼吸困难、彼此身体的紧张对立等，十分类似性前戏和性高潮的生理表现，因而可作为现成的替代手段。早在1944年的《在圣路易斯相会》中即有对《飘》的一个回声，朱迪·加兰（Judy Garland）被要求做一个深呼吸后，陷入了一连串性感的呻吟和哀号，蹒跚地扶着东西支撑自己，最后坐了下来，仿佛坐在碎玻璃上那么痛苦。紧身褡对她来说是从未体验过的——她在这件事情上尚未开蒙。我必须得受这个罪吗？她问。是的，朋友提醒她注意，要想赢得众人瞩目，这种呼吸急促的效果是必不可缺的。在这里，束腰礼仪要求有一位女友或女仆从旁协助；一家杂志提出疑问，假如某个系束带的场景呈现一个衣冠楚楚的男人用膝盖使劲顶住女士的臀部，审查部门是否会认为有伤风化。“不过，《赤地之恋》（*Naked Earth*，1958）的导演并不预料会有什么麻烦，因为他们扮演的是一对夫妇。”[7]

在新婚之夜，新郎必须为新娘效劳，解开她的束带，可是在《斗牛士圆舞曲》（*The Waltz of the Toreadors*，1962）中，他不幸把事情搞糟了。新娘在乱麻般的束带中拼命挣扎，无言地、可怜地期待那个畏缩不前的老男人帮她脱掉衣服（和性释放）；他此刻很想履行丈夫的义务，却被猎获物的淫荡样子搞得晕头转向，手足无措。这不是女主人公第一次错过让男人解开紧身褡的机会，之前还有一个情节，她投河自杀，被一个年轻的渔夫救了起来。他给她做人工呼吸，觉得不能让她赤身裸体，所以根本没有采取显然必要的预防措施——解开她的紧身褡，令她呼吸轻松一些，而是从紧身褡的钢架外面推压她的腹部，这加剧了紧身褡（更不用说水淹）导致的呼吸困难，致使她陷入了半昏迷状态。

受到性启蒙的也可能是男性旁观者。在《白日梦想家》（*The Secret Life of Walter Mitty*，1947）中，丹尼·凯伊（Danny Kaye）扮演一个胆小的单身汉沃尔特·米蒂（Walter Mitty），他对女人和婚姻都感到羞怯不安。有一天在百货商场里，他不小心误闯进了女子试衣间，里面有几位美女，穿着华丽多彩的年代风格紧身褡（由艾琳·沙拉夫设计），她们目瞪口呆地盯着这个不速之客：维纳斯被阿多尼斯偷窥，阿多尼斯被自己的性窘迫吞噬了。这一幕，与《飘》和《在圣路易斯相会》的上演时间相隔很近，都被我，一个敏感的十二三岁的孩子，看在眼里，记在心中，从而播下了写这本书的种子。

《女推销员》（1956）也代表着一种解放，却是完全不同的一种，发生在男性统治的竞争激烈的商界。它的背景设在1897年，描述男人的世界受到一个独立进取的创业女子的威胁，她推销的是性感女性的象征物。一个特殊的曲折情节是，胸衣从纯洁的性乐趣手段被提升为未来先进技术的辅助工具，妇女将有助于创造这一未来。片头歌曲表达了紧身褡的情色力量："紧身褡是女推销员的得力帮手……假如买家犹豫不决，她会当着他的面开始试穿；倘若他因此亢奋起来，那可就得归功于她的商品。"[8]

影片开始，紧身褡被呈现为性解放的一个象征，在保守的美国，这是表达性爱的一种方式。清教徒联盟（Purity League）限制人们享受单纯的快乐，即使观赏歌舞杂耍表演、看艺人们穿色彩不同的紧身褡也受到阻止。推销紧身褡的女胸衣商是一名女权活动家，名叫罗斯·吉尔雷（Rose Gillray，由金吉·罗杰斯扮演），她的生意因而受挫、倒闭了。她欠了卡特钢铁公司（Carter Steel Company）很多债（尚未付款的紧身褡钢片），必须想办法偿还。该公司恰好积压了很多带刺铁丝网需要推销。在狂野的西部当铁丝网推销员（自然全是男人）很容易丧命，于是罗斯自告奋勇去了西部。她具有很强的独立性和大无畏的创业精神，勇敢地跟堪萨斯当地牧场的一位号称"国王"的地头蛇抗争，他既想要娶她，又企图阻止她销售铁丝网，认为这是对他的牧场帝国的威胁。最后，罗斯取得了胜利。

奇怪且滑稽，紧身褡作为妇女的性快乐象征，融入了一种新兴的小型钢铁技术——制造汽车的重要技术。这在影片中出现了三次，相当于一个主旋律。由于新的科技奇迹习惯性地发生故障，汽车时而瘫痪，需要重新发动，罗斯在她的同伴、车主查理的同意下，从自己的胸衣里抽出一根钢条，三两下就修好了火花帽。罗斯的机智行为重复了数次，每次都令人惊叹，仿佛她在有意地泄露怀中的秘密武器——一根万能魔杖（阴茎？）。

紧身褡的钢条同铁丝网，在隐喻的范畴内而不是在现实生活中融合了。铁丝网是另一个具有深远经济潜力的发明，同样受到了既得利益者的抵制和讥讽。影片中将铁丝网作为一个类比，堪萨斯的农场主敦促罗斯当身穿紧身褡的淑女，而不是关在铁丝栅栏里的一头牛。在她拒绝嫁给他之后，她追求独立的阳刚精神受到谴责，被人们斥为是穿着一个"带刺铁丝壳"。冲突和麻烦纷至沓来。

早期汽车迷查理意识到，他的车之所以能够顺利行驶，多亏有"罗斯的胸衣"之助，这标志着阳刚和阴柔的交合，奠定了他们两人的爱情和婚姻基础。牧场主的残暴大男子主义人格是一道铁丝网，它将迫使罗斯变成深居简出的传统家庭妇女。因此，罗斯拿她的阴柔美作赌注，来最终赢得阳刚式的解放。即使是在狂野的西部做销售铁丝网的工作，她的穿着总是很有女人味，腰束得很紧。男人们视她为荒诞不经、天马行空，事实上，她的远见卓识超越了他们。

在布莱克·爱德华兹（Blake Edwards）的滑稽片《疯狂大赛车》（1965）中，麦琪·杜布瓦（Maggie Dubois，由娜塔莉·伍德扮演）是另一位解放的女性。她是一名妇女参政主义者和自命的报社记者，道德和身体的勇士，异国语言大师；她咄咄逼人，诡计多端，总是装束精雅（有趣的矛盾体），借助合体的紧身服支撑自己，即使是在环境简陋的情况下。在穿越世界的疯狂赛车过程中，条件非常艰苦，她始终保持令人生畏的魅力，却丝毫不受人诱惑。直到接近尾声时，她才失去镇定自持，在一个系列场景中，她只穿着一件美艳惊人的粉红色紧身褡，最终以扔投蛋奶冻饼的大战结束，她的紧身褡及全身都被彻底玷污了，象征着滑稽的、特殊的性污辱。她从处女般纯洁和自封德行良好的耀眼神龛上摔了下来，通过暴露她穿紧身褡，揭露了在纯真的表象之下她隐藏在内心的可以说是结构上的性欲望。

《百万富婆》（1960）表现紧身褡作为一种隐蔽的力道，画面不长却很尖锐刺目。因为在一部反映当代故事的影片中，紧身褡的出现是完全出乎意料、不合时宜的。百万富婆由索菲亚·罗兰扮演，是一个继承了腐败财富的女人，在一个偶然和滑稽的情况下，她向一个贫穷的印度医生（由彼得·塞勒斯扮演）泄露了自己的秘密。印度医生是一位社会主义者。当她将一条宽松无腰的巴尔曼（Balmain）裙子丢弃在一边时，露出了缝制在里面的长紧身褡，它是用厚重的黑色皮革制作的，散发出异域风情（比恋物癖更恋物癖）。他惊惶莫名，她向他坦露的阴暗欲望引起了他的性恐慌。那件紧身褡突出强调从肩到腰间形成的宽V形狭窄束带，被印在该部影片的宣传海报上，一家通俗杂志就此发表了特约文章；[9] 百万富婆从事商务的决心和条规，以及引诱医生的做法似乎都是恰到好处的。他被诱惑了，不仅娶了她，而且接管了高科技医院的董事职务，这让他的穷病人感到担忧，恐怕他不会再为他们看病了。这位医生说，人应当抵御来自外部的技术和财富诱惑，“权力必须来自内在”；百万富婆的权力，至少部分是来自内在的——紧身褡。

二、莉莉

上一代电影及电影服装的标志是追求历史的精确性。早于紧身褡的复兴，英国的12集电视系列片《莉莉》（*Lillie*，1978年）记述莉莉·兰特里（Lillie Langtry）的生活故事，制片人在男女服装上投入了巨大努力（和经费），它们颇具性魅力，尤其是莉莉穿的，其数量及种类之繁多无与伦比。历史上的兰特里是一个非常精明的女人，社交和性生活的自律保证了她的成功。影片在第一个场景中就突出了她的穿着。起初，少年莉莉（由弗朗西丝卡·安妮斯扮演）看上去像个假小子，第一次参加社交晚会时，她穿着不合时宜的、不带紧身褡的舞会礼服，令她感到十分羞惭。此后，她彻底改观，变得光彩照人，一贯穿完美合体的细腰裙（适度紧束的定义：胸、臀的角度接近90度）。她的社交和表演生涯高峰期是19世纪70年代至80年代初，恰逢臭名昭著的整体密封型胸甲大为走俏。

莉莉从不放松自己；具有讽刺意味的是，我们几乎从未看到过这位超级妓女的脱衣照片。甚至在日常生活中，在跟威尔士王子度过了完美的夜晚之后，她本可以在早餐时套一件宽松的晨衣或袍子，却仍然穿着全套行头。此外，在他们幸福圆满的生活中，每当他尽享美味佳肴时，她总是浅尝辄止。这部系列片里唯一的系束场景是系裙带，而不是系紧身褡。“我能够呼吸”，她让女仆放心。

有关莉莉·兰特里的传记没有记载她的腰肢是否特别细长，也没有提到她是否锻炼身体。这部电视片展示她早晨六点在纽约的一个公园里穿戴整齐地、轻快地跑步，她的律师滑稽可笑地跟在后面。这一场景似乎是有关皇后伊丽莎白的著名逸闻的回声，伊丽莎白是一位真实的束腰者和健身迷，她健步如飞，侍女们从来都赶不上她。

三、反抗情色约束

伴随着色情化，对过去上层阶级的理想化和美化或多或少被看作是暧昧和怀旧的。意大利电影《维阿恰农庄》（1962）是一个例外，它按照时间顺序，从社会学的层面上捕捉了那个时期的氛围，故事发生在1880年左右佛罗伦萨（Florentine）的一家妓院里。它的定位是非性感的，怀着20世纪60年代的性幻灭感吹奏出一种新的、低俗的色情音调。服装设计师彼得罗·托西（Pietro Tosi）说，为了再现已消失褪色的半上流社会，他从旧的艺术和色情照片中找到了视觉灵感，他试图揭示二流妓女的粗俗形象——懒洋洋的体姿、破旧的用具，以及缝制手艺拙劣和寒酸的服装。影片中不断闪现的内衣镜头令人联想起肮脏的奢侈品和玷污的性生活，而不是传统的性爱。

女主演克劳迪娅·卡迪纳尔（Claudia Cardinale）以前从未出演过一部年代影片或扮演妓女的角色，心中无疑加倍紧张害怕，直到穿上紧身褡并打扮起来。她交替做出的慵懒和笨拙的动作，似乎勾画出严格收缩的身体曲线。从不裸体或脱衣，也很少穿戴全副行头，这个女主人公自始至终被箍在一件从不更换的、曾经是雪白色的紧身褡里，它的裁剪和缝制是上乘的。她的腰身比迄今为止任何年代电影里的女角色都勒得更紧，因而在拍摄期间，导演博洛尼尼（Bolognini）感到有必要不断监测她的身心状况。电影的大部分场景是在妓院里，作为妓院的招牌女郎，她也明显比同伴们勒得更紧，其他人的掐腰姿态给人的感觉是滑稽而不是可怜。由于卡迪纳尔在众多客户之间应酬周旋，不可能把时间浪费在上演爱情剧序幕或穿脱衣服上，结果那件紧身褡便成了她的囚衣，无论是在下面满足客人或是在上面款待他们的时候都穿着它。紧身褡就是这类精疲力竭的专业妓女的工作服，被压迫阶级的一个标记。这些妇女从来没有享受过真正的爱情和性愉悦的自由。

图 13.5　电影《维阿恰农庄》（*La Viaccia*）中的克劳迪娅·卡迪纳尔（*Art Films* 的封面，1963）

卡迪纳尔的头发也是压迫象征的延伸，它天然浓密，总是像纠缠不清的麻绳一样蓬乱地堆在头顶。

在影片接近尾声时，通过一个戏剧性的结果，卡迪纳尔的紧束状态与心理和社会压迫隐含的符号方程变得明晰了。她被迫离开一个真正的爱人，返回她唯一能有收入的工作，“上楼吧”，她对一个头发花白的、乏味的平常客户说，接着又忧郁地低声道，“我必须把这紧身褡脱了，它简直要我的命”（图13.5）。

后来，在维斯康蒂（Visconti）的影片《美洲豹》（*The Leopard*）中，托西又显露了一手。据称在拍摄过程中，天气酷热，穿着密不透风的紧身褡的临时演员们（来自当地的西西里贵族）成群结队地昏了过去，而女主角克劳迪亚·卡迪纳尔再一次遭受了“严酷的刑罚”。这种令人震骇的情形迫使摄制组在巴勒莫（Palermo）的大殿里安装了空调，大部分的镜头是在那里面拍摄的。

简·坎皮恩（Jane Campion）执导的《钢琴别恋》（1993），据片中人穿的大圆环衬裙判断，是发生在19 世纪中叶新西兰的故事，大圆环衬裙本身如同钢琴一样是一个落后社会里不和谐文化的象征；在影片中，大圆环衬裙使女人行动不便，但也可以防止她遭到奸淫。女主人公艾达（Ada，由霍莉·亨特扮演）受着多层束缚，她不仅生为哑女，而且带着一个非婚生的孩子，被打发出去嫁给一个素昧平生的男人，她不喜欢他，受到他的残酷虐待。艾达的外表平朴整洁，举止得体，镜头多次展现她穿着刻板紧束、压平乳房的胸衣，这对应于她内心的抑制和社会的压迫，或许也是反抗性奴役的甲胄。与此相反，有一个镜头，通过突然割断她的紧身褡束带露出赤裸、性感的身躯，表达了她渴求个人和性自由的欲望。她的八九岁的女儿也穿紧身褡，它是当时的儿童服饰风格，样式简单但也加硬衬并系束带，这进一步表明艾达的出身背景是苏格兰的保守文化。

《钢琴别恋》提醒我们，紧身褡是各个阶层都穿的，包括工薪阶层和农民，它是一个跨越阶级界限的象征。在赢得多项奥斯卡奖的《泰坦尼克号》（1997）中，紧身褡显然是上层阶级的自我约束。女主角罗斯（Rose，由凯特·温斯莱特扮演）穿紧身褡，先是由她的女仆协助拉紧（出于社会习俗），然后由她的母亲亲手系上（家庭经济条件需要她母亲有时也动手做事）。“‘你跟霍克利（Hockley）门当户对’，母亲一边恳劝一边收紧束带，把女儿牢牢地关进镀金笼子”，[10] 也就是嫁给有钱的乏味男人，进入没有爱情的婚姻。紧身褡同硬挺的白色救生衣，在视觉上有一种奇特的相似性，救生衣后来救了罗斯的命，其他人被海浪淹没。面对巨大的身体折磨和道德考验，罗斯变得更加坚强。

另一场景也许更令人难忘。罗斯勇敢地从呆板僵化的、死气沉沉的高雅头等舱下到喧闹多彩的、自演自娱的统舱，以此来证明她能做“你们其他人不能做的事”。罗斯采用芭蕾舞的第五脚位，足弓挺立，用赤裸的足尖站立，仿佛穿着芭蕾舞鞋，艰难地停留了几秒钟。她露出了一丝有点苦涩的笑：“我很久没做这个练习了。”这个上层阶级的女孩，通过古典芭蕾的训练来增进优雅、自律和女性气质（可以这样说，在1911年，这类训练在文化上已取代了旧式紧身褡和仪态课程），像穿紧身褡那样显示严格的纪律，撑持她的美貌和品级。她的女性—竞技力道带有空灵的情色，它存在于所有的足尖舞之中，将痛苦和艰辛纯化了。她羡慕那些下层观众，她们不必成为恋足癖即可获得性快乐。奇怪的是，在1887年，足尖舞和束腰术被视为一对可怕的孪生现象。[11]

彼得·格林纳威（Peter Greenaway）的《情欲色香味》（1990）被列为令人憎恶的“艺术影片”（它趣味低下，竟至有折磨小孩的情节），是一个性、食物加高级时装的恶心组合。丈夫（和窃贼）阿尔伯特·斯皮卡（Albert Spica）拥有一家美食餐厅，他在那里举办全男性密友宴会，滑稽地模仿弗朗斯·哈尔斯（Frans Hals）绘画中的快乐民团组织，将他的一幅作品放大，占了整面墙壁。唯一在场的女性是他的妻子乔治娜（Georgina，由海伦·米伦扮演），一个美丽、优雅的女人，她默默地承受无休止的粗俗和暴力的侮辱，忍受一个酗酒、迟钝、专横的虐待狂，事实证明是疯子的丈夫。她穿着让-保罗·高缇耶设计的高档时装，各种款式的紧身褡裙和紧身褡，她的微妙克制及总体举止同粗野、淫秽的掌控型男人形成强烈对照。在充满暴力和饕餮的酒宴上，面对丰盛的美味佳肴，她从来碰都不碰，除了用指尖拈起一根芦笋——（啊，如此微妙地）象征着她与情人进行口交。

没在盥洗室和厨房里跟情人幽会的时候，她明显表现得很沉默，否则都会被她的丈夫压制下去；从她身上发出的唯一声音，就是衣服的窸窸窣窣的悲叹，优雅、严谨的服饰令她在公众面前还保留着一丝尊严。当丈夫在大厨房里的荷兰奶酪堆之间发现了妻子的不忠行为之后，他怒不可遏，嫉妒得发狂。那些残忍、粗暴的狐朋狗友也一哄而起，攻击服饰整洁、举止良好的男女服务员。女服务员通常穿着优雅的紧身褡裙，相形之下，狐朋狗友们时而携来的妓女们却穿着带“下流”锥形乳罩的恋物癖服装，这体现了一种社会讽刺。

在影片的最后一幕里，乔治娜的丈夫残忍地杀死了她的情人；她强迫丈夫吃下煮了的情人肉。她抛弃了通常的紧身褡，穿上了一件装饰着梦幻般羽毛的束身衣；她变成一只猛禽和施虐狂，开始实施精心策划的疯狂复仇计划，最后她开枪打死了可恶的丈夫。乔治娜的紧身褡，一方面压抑丈夫拒绝接受的性爱，另一方面也包藏着它，直到在情人的臂弯里释放出来；这一点跟她拒绝用餐是并列相关的，因为食物代表男性的邪恶和肆无忌惮的欲望。一位评论家指出，乔治娜是掌握权力的“生殖器女人”，令制片人和影片中的丈夫都感到恐惧。[12]

四、奇特的电影片断

展示系束带的场景几乎是年代电影的老套路，它在《玩转上等人》（由艾弗里和霍尔导演，约1999年）中也出现了，似乎是拙劣地模仿莫谦特–艾佛利（Merchant-Ivory）制片公司的片子。影片一开始，随着片头字幕闪过播映了荒诞和夸张情节的预告，女主角的姑姑兼监护人无法用手把侄女的紧身褡系紧，她对此很不满意，便借助一架机械手摇绞车，结果也失败了。然后，镜头切换为一匹马套着缰绳飞驰，神秘的特写镜头渐渐拉开，直到突然定住，观众方才意识到缰绳连接在那件紧身褡上，最终紧身褡被猛然束紧了，当然假使是在现实中，这一下猛拽将会把女主角甩出窗外。

彼得·威尔的惊悚片《悬崖上的野餐》（1975）将故事背景设在1900年。影片的序幕通过女生准备出去郊游野餐的画面，隐喻地表达了一种体面的、约束和抑制的青春期性欲，它贯穿了整部电影。我们看到3个女生非常协调地相互拉紧束带，这一场景在小说原著里并不存在。后来所发生的一切令人回想起当初的亲密友谊最终却以破裂结束。一位评论家指出，这释放了一个意义重大的、存在的约束和解放到来的信号。他将该部影片的整个“沉重的恋物癖氛围”同《英国妇女家庭生活》杂志的恋物徒通信联系了起来，这是很不寻常的。[13]

三个女孩失踪，其中一个的尸体被找到，她尽管衣着基本齐整，但没有穿紧身褡，这被视为丑闻，但却无法公开解释。这所“体面”学校里的女生全都得体地穿紧身褡，有一种令人不舒服的压迫气氛，一个具体的例子是残忍对待一位孤女，因为她的相貌缺乏吸引力且未缴纳学费，校方便剥夺了她参加郊游和穿紧身褡的权利。在她自杀前不久，校方下令将她绑在体操馆的练功柱上，用一种复杂的方式“矫正她的驼背”，这可以说是半色情的性变态，而不是真正的教育。

在描述文艺复兴时代的电影中，性感内衣是不会出现的；一般来说，也不会出现在不必遵循西方脱衣舞传统的苏联影片中。然而，也许并不意外，苏联生产了一部电影，以最险恶、耀眼的方式展现了本书前面讨论过的文艺复兴后期的铁胸衣。它的外观如此诡异，使用目的如此暧昧，历史对它的记载亦如此含糊，因而没有任何西方的电影服装设计曾经想到或胆敢采用它。这部苏联电影就是格里戈里·科京采夫（Grigori Koznitsev）导演的《哈姆雷特》（*Hamlet*，1963）。在著名的奥菲莉亚（Ophelia）发疯的场景之前，有一个短暂而清晰的无声画面令人毛骨悚然：3个面戴黑纱的丑恶女巫在帮助奥菲莉亚穿上哀悼父亲的丧服。铁胸衣的式样完全仿照西方博物馆里的幸存品，它紧紧地箍在她那硬挺、迷人的胴体上，发出刺耳的铿锵声，仿佛是在关闭监狱的铁门。奥菲莉亚遭到哈姆雷特的拒绝，又被宫廷排斥，因而陷入了精神疯狂的牢狱。相比其他版本的《哈姆雷特》影片，这部电影成功地揭示了宫廷压抑生活的邪恶，采用可视手法深刻地再现了哈姆雷特的隐喻——“丹麦是一座腐朽的地牢”。用紧身褡来象征监狱是再贴切不过的了。

束腰至死吗？在情节跌宕起伏的《加勒比海盗》（2003）中，女主角伊丽莎白·斯旺（Elizabeth Swann）几乎惨遭如此命运。她是一个英国总督的女儿，被紧勒在新礼服里去参加未婚夫晋升海军准将的仪式，她抱怨说无法呼吸。观众觉得，这不过是象征这桩既定婚姻的令人难以忍受的束缚罢了，可是那身礼服险些要了她的命。她呼吸困难，感觉不适，便从栏杆边摔到了海里，结果英雄的海盗船长杰克·斯帕罗（Jack Sparrow，由约翰尼·德普扮演）把她救了起来，后来她英勇地同海盗一起参加激战，当一名袭击者奚落她说："你忍受得了痛吗？"她挑衅并苦涩地反唇相讥："你应该试试穿紧身褡的滋味。"影片中有大量这类无端冒出的幽默旁白。最后，当她的救命恩人、英雄杰克船长即将被绞死时，伊丽莎白把海盗装束换成了紧身褡，假装昏倒，吸引了众人关注，造成场面混乱，于是她的英雄得以解脱绞索，从而也终结了伊丽莎白嫁给海军准将的婚约。有评论家认为，这部电影的脚本就像紧身褡一样呆板生硬。

五、性虐狂

在上面列举的电影中，或许除了《维阿恰农庄》之外，我们没有看到明显的蜂腰（依照恋物徒的标准）。为此我们转而来看《越空追击》（*Barb Wire*，1996）——一部表现性虐狂的暴力惊悚片——很可悲，这类题材的片子现在数量激增了。它的时间背景假设在2017年，美国第二次内战期间，一个纳粹式政府当政。芭芭·怀尔（Barb Wire）小姐（由帕梅拉·安德森扮演）早先曾用细高跟猛敲一个男人的脑门，把他杀死了，可见她不是只寻常的鸟儿。在1992年的电影《单身白人女性》（*Single White Female*）里，细高跟被用来刺进男人的眼睛。[14] 帕梅拉·安德森是个超级恋物癖：似乎拥有自然细腰（据说她在舞台下也穿紧身褡），她的随从歌手们穿着经典的恋物癖装束。她的色情服装包括一件黑色皮革紧身褡，搭配上齐肩的系带皮手套和高跟靴子，这些装束不仅适于妓女-政治-施虐狂的场景，通常也是枪战、玩空手道和杀人角色的打扮，紧身褡丝毫也不妨碍她高扫腿。媒体确证，这位丰满女演员的腰围从22英寸减小到了17英寸，称她为"持枪骑摩托的宝贝儿。她曾杀死一个男人，就因为他喊她'宝贝儿'"。[15]

怀尔小姐的这种极端造型，只有在科幻电影《外层空间第九号计划》

（*Plan 9 from Outer Space*）中才能找到匹配的形象。这部蓄意越界的邪行影片是1959年由犀牛电影公司（Rhino Studios）制作发行的。其中的一个吸血鬼女孩（Vampira）——由受欢迎的电视恐怖节目主持人麦莱·努尔米（Maile Nurmi）扮演，是一个不做任何表演的角色，仅仅展示了她的17英寸腰肢，突出表现恐怖和超自然；她的夸张剪影远非色情或性感，而是一个令人毛骨悚然的厄洛斯（Eros）骷髅。

六、职业病危害：艺术、生活与时尚

自从19 世纪末发现了现代意义上的“名人”商业优势以来，演员在舞台之外的任何耸人听闻的外观（和行为）便可能都被认为是有利于造势的。琼·柯林斯（Joan Collins）在自传里谈到如何在工作需求和个人爱好之间寻求平衡。她年轻时，每当星期六上午去牛津街购物都很乐意展现她的“腰肢，用黑色宽腰带勒至令人满意但是痛苦的20英寸”，她的“乳沟……一目了然，留给人们想象的空间不大；还有像香肠般紧裹的裙子，长至小腿，走起路来，唯一可能的方式就是使劲扭动……像一只患膝关节炎的鸭子”。她在自传中至少16次涉及这个话题，交替使用“痛苦”“地狱般”和“兴奋”“陶醉”等不同词汇描绘她在舞台上下穿紧身褡的感受。[16]

所有的工作，不论平凡与否，都会有给人带来一定身体上和心理上的压力。人们认为，这是文明产生和发展的一个条件。从观看唐老鸭挨打当中获得的愉悦，其实是反射我们自身痛苦的哈哈镜。我们跟那些明星们的关系也是同样的。他们在台上台下大肆进行自我宣传。我们像他们，他们也挺像我们……“每当穿上这些衣服我就备受折磨”，据称娜塔利·伍德（Natalie Wood）说好莱坞在用紧身褡杀死她，利用她充当“主要炮灰”，竟要求她将腰围从19英寸进一步减到17英寸。[17] 针对一篇关于模特永久献身给“熔化腰围”紧身褡的报道，媒体的评论采用了典型的大写标题：“值得为了美丽而受难吗？”[18] 琳达·达内尔（Linda Darnell）在1961年抱怨说，扮演了一年的年代电影角色之后，她身上留下了大量的水疱和伤口，女按摩师得花6个月才能使她逐步康复。

《红磨坊》（*Moulin Rouge*，2001）是一部描写19世纪和20 世纪之交法国夜总会生活的电影，人们认为，它将紧身褡推入了（或是使之重返）公众意识和时尚领域。这部电影和时尚界有过一次显著的营销合作，《时尚》的主编在影片制作初期即听到了风声，于是把妮可·基德曼扮演的莎婷（Satine）作为2000年12月刊的封面人物。这一期及随后的特约报道总体上都围绕着为超级豪华的服装造势，中心是卡尔·拉格斐尔德（Karl Lagerfeld）设计的黑色紧身褡，基德曼大多数亮相时都穿着它。此外，还特别邀请设计师参加角色初步筛选，并在布卢明代尔（Bloomingdale）百货店的橱窗里展示恋物癖式紧身褡，这一切都旨在重新推出美艳的年代风格。紧身褡本身并不是那么令人关注，但它足以营造出经久不衰的牺牲神话。据导演巴兹·吕尔曼（Baz Luhrmann）的妻子、服装设计师凯瑟琳·马丁（Catherine Martin）回忆，“穿紧身褡坐着很不舒服，于是我们不得不为基德曼做了一块斜靠板。她遭的罪你简直不敢相信，从早到晚苦不堪言”。有一次，伊万·麦格雷戈（Ewan Macgregor）将基德曼举抱起来时，她被紧束在紧身褡里，合并的压力竟将她的一根肋骨挤裂了（麦格雷戈不无骄傲地承认），她不得不暂停穿紧身褡参加拍摄，直到痊愈。[19] 基德曼本人确认了这件事，“我穿紧身褡所完成的动作，在19世纪90年代没有任何女人会做”，接着补充说，还有一次，“我穿着出奇高跟的鞋子摔下楼梯，伤得很重，不得不动手术”。一天工作17个小时，更加大了艰辛的程度。[20]

妮可·基德曼的天然细长身材为她扮演的角色加分，她的6英尺身高被掩盖了。紧身褡对她来说毫不陌生，《淑女本色》（1996）即是一例，她在片中扮演伊莎贝尔·阿彻（Isabel Archer），阿彻的受虐狂心态仿佛通过紧勒腰肢显露出来，她说：“最终我们要把腰勒到19英寸，当我把紧身褡脱下来时，我会很痛，身上将留下伤痕。但这是一种心理需要，我渴望被捆得非常非常紧，所以压力越大，我就越感到满足。”[21]

安杰利卡·休斯敦（Angelica Houston）也列入了殉难者名单。为拍摄流行电视和电影《亚当斯一家》（*The Addams Family*），她“天天受折磨”，花费数小时的化妆之后便被紧束在像铁处女（Iron Maiden）一样的内衣里。服装设计师鲁思·梅尔斯（Ruth Myers）说：“这很要命，但却是能为她造就非凡沙漏形身材的不二法门。至于大礼服，在膝盖部位只有8英寸宽，所以安杰利卡不能正常迈步……人们不得不用小货车将她运到现场。她是一名资深演员啊！”[22] 格伦·克洛斯（Glenn Close）在《101斑点狗》（1996）里饰演克吕埃拉·德·维尔（Cruella de Vil），据说连续拍摄无法超过15分钟，因为她被束得太紧。邪恶的时装设计师将早期的迪士尼版服装升级为几乎是恋物癖的：兽爪手套、高项圈和印着骷髅图案的裙子，她的全身喷放出反对母性、抵制生崽的恐怖气息。

尽管人们可能期待纯粹殉难的光环会持续下去，但最近也有人做了比较世故和积极的解析。“最初的两个星期，紧身褡简直令我无法忍受……现在呢，我每次都要求‘系紧点！再紧点’！他们说‘你的紧身褡已经严丝合缝地扣上了！没法系得更紧了’！”[23] 卡琳·卡特利吉（Karin Cartlidge）在《樱桃园》（*The Cherry Orchard*）中所表达的几乎是恋物癖的观点：“该死的紧身褡裹得太紧，有一次我差点晕倒，不过我觉得它很性感，这是很有趣的。它用冰冷的铁手捧着你的心房，因此你所有的情感都被包容在里面了。它有点像一座牢笼，因而令人兴奋，有种情欲激荡的感觉。”[24]

七、伊丽莎白·泰勒

人们除了赞美伊丽莎白·泰勒的美貌和才华之外，也很热衷了解严重困扰她的健康问题，她历经19次重大手术，没有一次是整容术。她在节食自传（1987）中记述了对纤腰的自豪，以及穿紧身褡和饮食失调的详情，重点谈到暴饮暴食，它是她生理上诸多危险成瘾症的一种。她坦诚地详述了天生小腰如何逐渐变粗，以及她不断地发胖，5英尺2英寸高的娇小身躯如今要支撑近182磅的体重。20世纪40年代她还在青春期，喜欢做的一件事是培育“小腰，我可以勒得更细。……我在舞台上展耀成熟的沙漏形身材时，大多数同龄女孩还在发育呢”。她年轻时（已经成名）的三围据称是37—19（或18）—36英寸。1953年，她身穿一件绣花紧身褡参加奥斯卡授奖仪式时，腰围又恢复到了19英寸。她的健康问题很早就冒头了，怀孕和暴食使之加剧。第一次怀孕时她决定保密，以免“妈妈”——米高梅公司的老板、“女人世界的捍卫者”路易斯·B.梅耶（Louis B. Mayer）发现后停止她的工作。“我不得不把腰勒到19英寸，直至拍摄完毕。”从此，她生活的主要内容就是为保持苗条身材而战，并且时而需要急剧节食［为出演舞台剧《小狐狸》（*The Little Foxes*），体重从178.5磅下降到140磅］，尤其是在四十多岁时，她的体重时增时降，节食时断时续。不过，在健康一度变得很糟之后，她依旧风风光光地在55岁生日派对上亮相，穿着22英寸腰围的礼服，庆祝自己身心康复。《国家询问报》（*National Enquirer*）就此发表赞词：“紧束得足能窒息一只花栗鼠！”（1987年3月24日）

图 13.6 电影《青楼艳妓》（*Butterfield* 8）中的伊丽莎白·泰勒（1960，摄影 :Courtesy of the Academy of Motion Pictures, Arts and Science）

有一次据说泰勒狂吃滥饮之后被勒得很紧，便“像斯嘉丽那样”晕倒了（她很鄙视晕倒），致使《雨树县》（*Raintree County*，1956）多耗费了45000美元的拍摄成本。暴食（富含脂肪的食物）是人们熟悉的一个电影套路，但是“她能做到在星期五和星期二之间迅速减掉很多体重，比我见过的任何人都行”[25]。她个人非常痴迷自己的小腰围，甚至超出了设计师和化妆师的期望值，她总是让她们勒得再紧一点。下面的一段迷人回忆谈及她十八岁时的情形：“我永远都记得跟伊丽莎白的对话［关于她在《郎心如铁》（*A Place in the Sun*）里的服装问题］，‘你可以把腰身做得小一点。’‘我已经做得小一点了！’‘你还可以做得更小一点！’她那个时候的腰围是19英寸，她总是试图让我们把衣服的腰做得再小一点。”[26] 所以，她在《埃及艳后》（*Cleopatra*）和《驯悍记》（*Taming of the Shrew*）里的蜂腰显得与所处时代不符，并不是服装设计师的意图，而是她自己的选择。然而，正是由于泰勒的强烈坚持及当时的时尚趋向，《驯悍记》里的服饰被认为是有史以来的电影中最“鲜明地展示了莎士比亚人物”（引自多项奥斯卡设计奖得主伊迪丝·海德）。[27]

拍《青楼艳妓》（*Butterfield* 8，1960）时泰勒28岁，在剧中扮演一个高级妓女，她讨厌这个角色。她明显呈现老态——灯光和角度均无法掩饰双下巴，紧身服装更凸显出粗腰。然而不管怎么说，她在某一刻亮相了，同过去相反，她系着一条很宽、很紧的腰带，勒在非常性感的胸脯下面。这条腰带的紧度超出了高雅的规范，了解泰勒历史的人认为，这体现了她对19英寸青春的眷恋（图13.6）。就像个束腰老女人，人们指斥她无品位、粗俗和自恋，“一个试图冒充公主的应召女郎”。尽管她拥有数不清的衣服，多是迪奥牌的，但仍被列为“自梅·韦斯特以来衣着最差的美国女演员”，[28] 沉迷于泛滥成灾的珠宝，交替（或同时）拥有肥膘和细腰。

泰勒为自己的外观所受的苦并不都是自作自受。譬如，在拍摄《巨人》（*Giant*，1956）时，导演乔治·史蒂文斯（George Stevens）要求她把8码的脚挤进5码的鞋，以便获得他想要的真正的痛苦表情，[29] 而且还在她患有痛经时，强迫她进到冰冷的湖水里。

董事会和制片厂老板的专制主义是众所周知的。服装设计师海伦·罗斯记述了一件惊人的逸事——无情男人化作阳刚之力。它发生的时间（1936年左右）也出乎意料。歌手凯瑟琳·格雷森（Kathryn Grayson）据称天生“一副21～22英寸的小腰”，而她饰演的玛丽·安托瓦内特（Marie Antoinette）的服装腰身必须是18英寸。糟糕的是，“像所有的歌手一样，格雷森很爱吃，午饭后衣服就怎么也穿不上了。格雷森抓住门把手，服装女助手拼命地拉，还把我叫去跟她们一起拽，导演助理也进来帮忙，全都无济于事。整个剧组在那儿干等着，导演揪着自己的头发尖叫，因为每一分钟成本都在往上加。此刻，路易斯·B. 梅耶和他的随从进来了，他看到这种局面，立即走进更衣室，抓住束带，飞速地猛拉了一下（我祈祷他不要勒断格雷森的肋骨），然后，瞧，她的腰身魔术般地变成了18英寸……那时梅耶已不再年轻，大约有六十岁了，可是他像狮子一般强壮！”[30] 罗斯在书中描绘的这头狮子（当然是米高梅公司的标志）自大、傲慢、刺激、雄健，是一个唐璜（Don Juan），同时也是清教徒。到底是唐璜还是清教徒，或二者兼而有之，令他如此残忍地将一个女人锻造成艺术？

八、麦当娜：权力紧身褡

无疑，任何人都比不上麦当娜，她对推广外套紧身褡和钢筋胸衣及让-保罗·高缇耶的设计作出了前所未有的贡献。她是歌手、演员、舞蹈家和影视巨星，售出了五千万张专辑，是世界上收入最高和最富有的独唱流行歌手，也被称为世界上最著名的女人，她的权力排名与最高职务的女政治家并驾齐驱。她的名人效应如此之大，乃至于“麦当娜研究”已成为一项重要的学术课题。[31]

麦当娜公开标榜自己追求像是“强效壮阳药”那样的力道。她曾登上《魅力》（*Glamour*）的“年度女性”名单，被誉为“将妇女的自主权力个性化”。[32] 一方面，她是深受欢迎的解放象征；另一方面，她遭人厌恶，被痛斥为“美国最喜爱的社会病”。《时尚》杂志宣布她是世界上最重要的一位影响时尚的人物，[33] 麦当娜在青少年中有无数模仿追随者，她的紧身褡或胸衣对此做出了核心贡献。它们的样式并不是特别紧（她保持的三围是32—23—33），甚至也不具传统上的性感，而是展示了一种胸甲式外观，带有硬挺外凸、加棱条的乳罩，往往还搭配一件（男士）职业西装；图13.7的款式采用了不寻常的多条束带。她的总体风格是将阳刚和阴柔、中性和双性、聪明和危险结合起来。她把最尖耸的、最阳具式的加长乳罩给予她的男性舞伴。她和设计师实施了20 世纪后期时尚和时尚紧身褡固有的“性别变换”。她的胸衣—紧身褡已成为圣物，其中一件以两万美元在佳士得（Christies）被拍卖；[34] 另一件由好莱坞的一家内衣博物馆收藏，于1992年洛杉矶骚乱期间被盗。

在录像片和摄影集中，麦当娜也促进了其他恋物癖想法及各种性变换形式的流行，最显著的是捆缚、性虐、奴役、自慰，以及现实模拟性行为、口交（对着矿泉水瓶）等，直至加些人兽交合的点缀；[35] 有时还掺杂进对天主教教义的“亵渎”，这招致了审查的威胁。麦当娜说：“在美国，人们的确会搞一些无谓的暴力……每个人都有些痛苦的感受。”[36] 她用铁链和项圈来“奴役”黑人舞者，被视为“摧毁种族的传统建构”。当她自己

图 13.7　麦当娜穿着让 - 保罗 • 高缇耶设计的喷金“处女紧身褡”（*Harper's Bazaar*, Martin: Infra-Apparel)

戴着奴隶项圈和锁链时，则不是作为一个受害者，而是有意地自我暴露："束缚我的欲望。"她对性虐狂下了一个绝妙的定义："让你认为永远不会伤害你的人来伤害你。"[37]

这些欲望号称是贪得无厌、肆无忌惮的。不过，麦当娜也非常"痴迷"纪律性和组织性；最重要的是，她从未像很多明星（如伊丽莎白·泰勒）那样滥用自己的身体。她的体力承受了在全世界马不停蹄地巡回演出。她是素食主义者，每天跑步3英里，在严苛教练的密切监督下坚持艰苦的训练。1986年左右，她做到了永久性消除脂肪，全为肌肉和筋腱所取代，在技艺高超的舞蹈表演中淋漓尽致地呈现出来。紧身褡绝妙地展示了煽情的强大威力。当她身穿黑色胸甲式紧身褡，登上舞台，放开歌喉，随着"敞开你的心扉"（Open Your Heart）的声浪，场上的 77000名观众中有许多人情绪失控、晕厥，并出现了暴力行为。如果说紧身褡曾经导致昏厥，那么在这个场合，不是穿着者而是"粉丝"们昏厥了。[38]

九、负面观点

电影中的紧身褡主要表现的是积极乐观的色情，假如想找一个悲观沮丧的例子，我们或许应当转向舞台剧场。丽莎·卢默（Lisa Loomer）的话剧《候诊室》（*Waiting Room*）1994年在洛杉矶首演，之后在全国范围内大获成功。[39] 该剧旨在揭示一些妇女为追求美貌而修理自己的身体，造成不幸的后果。它糅合了不同文化、不同时代的三个人物：18 世纪中国的一个缠足的妻子；英国维多利亚时代的一个束腰的家庭主妇，名叫维多利亚（Victoria）；还有当代美国新泽西州的一位女秘书、准女权主义者，她做乳房移植引发了乳腺癌。这出戏在同等程度上控诉这三种习俗，每个角色都对自己的行为进行辩解而谴责其他人的做法。维多利亚的束腰习惯伴随着（或是导致？）一种"癔症"（即独立和性的欲望），这体现在她想接受教育，包括学习希腊语。束腰造成她的子宫萎缩，她的丈夫是一名医生，建议她实施卵巢切除术，从而治愈了她的病。

维多利亚的束腰同她的求知欲之间到底是什么关系，这二者是癔症的表现还是肇因？剧作者没有给出明确答案，恰反映了维多利亚时代人们的认识水准。将束腰同求知欲联系起来本身是一种不寻常的、有充分依据的历史洞察。[40] 虽然该剧的道义责任是起诉美国的医疗系统、制药行业和联邦药物管理局（Federal Drug Administration），批判采用卵巢切除和子宫切除术来“治愈”妇女病症的“时髦做法”。

琼·埃文斯（Joan Evans）的话剧《倒着走的女人》（*The Woman Whose Feet are Backward*）是关于一个束腰女人的解脱。我们看见她把头发在头顶打成一个死结，把紧身褡的束带拉得紧而又紧，像没头苍蝇似的在房子里倒着走路。束带越紧，她的想象就越阴暗，她的真实自我就越变态。一系列荒唐的事发生了：她只能向后移步，听见茶杯自我碰撞得乱响，一个做好的蛋糕变成了没烤过的。她生下一只可怕的大昆虫，它从紧身褡里挤了出去。然后，她把所有的家具都从反向的房子里搬了出去，开始独自静修，终于（在梦中）学会了如何解开自己的紧身褡，并且向前迈出了一步。[41]

十、测量狂热再度掀起

在着迷腰围测量这一点上，新的大众媒体同旧时代的恋物癖通信最接近。私下的、小范围内的恋物徒狂热变成了一种广泛的文化现象。自从安娜·赫尔德（Anna Held）的腰围据称只有18英寸，制片厂和媒体声称费雯丽在《飘》里的腰围实际达到了斯嘉丽的16英寸，20世纪50年代出现了短暂的测量狂热，女明星们纷纷公布精确（和细小）的腰围尺寸，且为大众采信。“figure”（尺寸）即等于“figure”（身材）。身材测量本身变成了三围恋物癖，以腰围为中心而且常常只计算腰围，一味追求削减。一时间，仿佛最新的理想女性形象完全可以压缩为一组三联的双位数。胸—腰—臀三围测量被称为“至关重要的统计数据”，就像某些官僚

图 13.8 “寂寞的牛仔”
（Dick Guindon，1970, 参见 Dustin Hoffman 主演的同名电影）

时代滥用荷马式绰号，同很多女演员的名字紧密联系起来，不管她们的整体形象是否出众和有名。这是一个社会安全号码，据此声誉和收入得以确立，并且获得认可的标签：报社甚至举办三围知识测验，邀请读者在测量数据后面填上演员的姓名。在电影《冠军早餐》（*Breakfast of Champions*, 1972）中，库尔特·冯内古特（Kurt Vonnegut）讽刺性地建立了女性的一串"重要统计数据"，它同阴茎测量的数据交替出现。腰围越小越好，阴茎越大越好（迷恋它是个禁忌），前者是否后者的一个反向升华呢？（参见图13.8）

第二次世界大战后几年的电影培植起对最大胸围的崇拜，它是建立在最细腰围的基础之上的。由于前者不利于形成优雅的线条，时尚回避了它，却奋力地追求后者。迪奥将腰围标准定在17英寸（"即使让穿着者昏厥也在所不惜"）。[42]《法国紧身褡》（*Le Corset de France*）贸易杂志在1948年选择了相对正常的20英寸，这是法国前4名模特中两个人的腰围；其他两个是19英寸，比1922年模特的平均腰围小10英寸。这类腰围配上33英寸或34英寸的臀围和胸围，即是身高5英尺5英寸到5英尺7英寸的女模特的三围；橱窗假人模特的比例比这个更小。

图 13.9　萨布丽娜系着钢腰带在板球义赛上打球（新闻摄影，约 1960）

第二次世界大战刚一结束，好莱坞的或称受欢迎的欧美人（"招贴画美女"）立即开始痴迷大胸围。人们对这种文化现象已做了透彻的分析。

大胸围从来没有获得高级时装界的认可，但是电影里的大胸围和时髦细腰的组合导致了这种极异常的比例失衡。

在英国，最著名的大胸女是萨布丽娜（Sabrina），她的胸围是42英寸（据说她为此投保，如果她的胸围减小，每减小一英寸即将获得2500英镑。保险费是每星期10英镑），而腰围只有19英寸。她的腰围尺寸的真实性受到了挑战。报上发表了一篇题为"如此耀眼的腰肢"

的文章，普利茅斯（Plymouth）的一家腰带制造商齐克弗里特·施密特（Zygfryd Szmidt）特意制作了一条19英寸的腰带，让萨布丽娜试试。她深深地吸了一口气，两个强壮的男子使劲拉拽，扣子最终全部系上了。胸脯高耸入云的萨布丽娜问："扣上了吗？我看不见。"在一次板球慈善义赛上，萨布丽娜紧束着全钢腰带（在百货公司即可买到的那种）活像一只细腰昆虫，展示了自己的竞技实力（图13.9）。

就身材来说，简·曼斯菲尔德（Jayne Mansfield）是萨布丽娜在英国的竞争对手。曼斯菲尔德在电影《女孩身不由己》（*The Girl Can't Help It*，1956）中向世人公布了其40（42）—18—35英寸的三围，加之她在照片上展示的健壮体格和气势，被评价为"最精彩的女人漫画形象……是对包括梅·韦斯特和玛丽莲·梦露在内的所有婀娜多姿的金发女郎的滑稽模仿"。[43] 她在街上散步时，路人惊睹她那悬挂包厢般的胸脯和大幅摆动的臀部，其间飘着一缕纤弱的蜂腰，那种震撼效果，简直可以让冰块瞬间融化，眼镜片顿时崩裂，牛奶从瓶子里猛然喷出。

"吸血鬼女孩"声称她的三围更了不起，为38—17—36英寸，通俗小报《觉醒》（*Reveille*）利用这个来刺激读者竞争和模仿。一个16岁的女孩证明她可以把17英寸的自然腰系到14英寸，"一个不需束腰的细腰天才"。《觉醒》是一个受欢迎的温和色情刊物，也属于家庭杂志类，它表现出一种狂热，包括在各种服装上系束带、堆砌双关语和令人生厌的字眼："束带""骨""腰"及其同源词。（撇开双关语标题的新闻效应，运用语义压缩能获得什么特别的满足吗？）报社邀请读者参加腰围比赛。一家流行报纸的竞赛吸引了顶级束腰者埃塞尔·格兰杰太太，她轻而易举地夺冠（13英寸），从而载入《吉尼斯世界纪录》（*Guinness Book of Records*，1974年发行了2400万份），她被收入该书，最初及主要目的是作为体育记录，是合乎道理

图13.10 "18英寸的腰围，有多少女孩能更胜一筹？"（澳大利亚报纸的摄影，约1958）

的，因为从广义上说，它是体育运动中人体开发的一个方面，体育竞技的表现是以英寸和秒来测量的。束腰竞争的观念正如我们已经看到的，可以追溯到维多利亚时代的女子学校。

如同在体育运动中，形体竞争也存在作弊现象。为此人们采取了一些预防措施（类似当今通行的违禁药物检测），例如，防止选美参赛者通过在泳衣下穿紧身衣来改善轮廓，从而赢得头衔。然而，1955年的德国小姐玛吉特·纽恩克（Margit Nünke）恰恰就是这么做来增进她的19英寸腰身（报上登出了简要平面图）。煽情和夸张是媒体的拿手戏。1955年，杰奎斯·菲斯设计了带紧身褡衬骨的套装，媒体欢呼他"恢复"了17英寸的腰身。[44] 当时电影里人物的腰也是同样，据正式测量，吉娜·罗洛布里吉达（Gina Lollobrigida）的腰围"'正好等于我的衬衣领子的尺寸'，她的丈夫米尔科·斯科菲奇（Milko Skofic）说"。[45] 有这种腰本身就当定了名流。罗洛布里吉达明显地穿着紧身褡，无论她扮演贫穷的农妇还是现代马戏团的杂技演员。直到1962年，当束腰已经变得不合时宜，人们才说服她放弃"紧身衣"和19英寸腰，那已跟她的公众形象不可分割。同大西洋对岸的同行们相比，布丽吉特·芭铎（Brigitte Bardot）的胸部较小。她穿着没有紧束的挂钩紧身褡拍了一张照片，发表在一家花边新闻小报上，真人大小的照片折叠成5个双页，这一技术突破的意义号称"等同于美国和苏联发射火箭"。通过35—21—35英寸这一完美匀称的比例可以计算出她成功轨迹的曲线。[46] 在拍摄《江湖女侠》（*Viva Maria*）时记者注意到，芭铎上去完全没穿紧身褡，反常地违背影片中的时代风格。剧中人物圣·特罗佩（Saint Tropez）左右震晃着大步慢跑，不符合"弹性、摇曳和妖冶"的正确步态。她的扮演者让娜·莫罗（Jeanne Moreau）说，全怪她穿的胸衣造成这种不恰当的姿态。作为芭铎"对手"的其他年轻女明星们的身材往往更加咄咄逼人，但是纤弱、"自然"的芭铎身材更符合理想，在整个20世纪60年代得以幸存。

欧洲时尚界在20世纪50年代后期和60年代往往更推崇扁平体形，而反对美国的庸俗且过时的时尚宣传。出于一种单一的，无疑是蓄意（和幽默）的挑战性逻辑，"更扁平的"形象不是体现在胸部，而是腰部：罗洛布里吉达宣称她受够了将焦点集中于乳房，于是穿着当时流行的紧身褡拍摄了一张照片，标题是“跟怀里的亲昵朋友分手——吉娜近来把自己束得更平坦了”。另一位有潜力的年轻明星在照片上穿着剧中人的服装，戴着宽钢带，腰部明显收缩，三围是40—20—36英寸。据报道，她担心自己的曲线是成为完美女演员的障碍。现在她试图用一条钢带把它压扁。照片登在一家通俗日报上，说明文字十分煽情：“压平——如此热衷于让她的曲线变得平滑，拍完这张照片之后10秒钟她就昏过去了。”罗谢尔·洛夫廷（Rochelle Lofting）说：“这腰带让我觉得很不舒服。”[47] 当我采访她时，她的丈夫告诉我，问题症结不在于腰带，而是她吃的什么东西引起的。

我没有电视机，所以没有从这个浩瀚的领域里搜集信息。不过，丽莎网站（2001年4月25日）介绍的以下花絮就足以说明问题了：“9集英国电视连续剧《维多利亚时代的一家人》（*The 1900 House*）自1999年9月播出，它作为一种‘社会学实验’，没有脚本和专业演员，而是通过一个真实家庭（从400位申请者中选出），生动地再现了1900年前后英国人的家庭生活。穿紧身褡给妻子、女儿和侍女带来的不舒适感是贯穿这个节目和原创剧本的主题。‘不止一次，演员凯瑟琳（Kathryn）抱怨足以压碎膈膜的紧身褡不堪忍受，他人却一直置之不理，只把它看作一种轻微的不舒服。’”目光敏锐的观众指出，根本看不出凯瑟琳被勒得过紧，她就是个爱哭的宝贝儿。

十一、摄影艺术中的恋物主义

将各种恋物癖形式吸收进人们现在熟悉的艺术与时尚相交融的摄影之中，是恋物主义的艺术升华和文化规范化的另一种体现。高级时装杂志的摄影历来追求稀奇古怪和异国情调，营造出远远超出时装秀、会客厅或街道范围的场景和欲念，恋物癖从而被提升为一种如同艺术想象力的训练。在许多时尚设计师发布的专辑中，恋物主义成为联结服装展示和摄影艺术的一种黏合剂。

以约翰·威利（John Willie）和埃里克·斯坦顿（Eric Stanton）的作

品为代表的赤裸性虐狂（捆绑）恋物癖绘画，在一定程度上为摄影艺术所取代（除了叙事形式之外），而且变得更加复杂精妙。埃里克·克罗尔（Eric Kroll）的摄影集《恋物女孩》（*Fetish Girls*）公开向隐居的老恋物主义大师们致敬，包括纳伊姆·派克（Naim Paik）、维吉（Weegee）和曼·雷伊（Man Ray）等艺术家。克罗尔曾为专业杂志如《明镜周刊》（Der Spiegel）、《时尚》和《她》工作，并在几所著名大学任教，他将威利和斯坦顿的作品挂在自己工作室的墙上，与拉里·克拉克（Larry Clark）和埃德蒙·韦斯顿（Edmund Weston）的并列。他还编辑了斯坦顿的作品全集。他赋予扭曲和极端的体姿以一种审美自治权，将躯体扭曲恋物癖扩展到“正派的精彩表演”范畴，加入正统的杂技、柔术和芭蕾舞的行列，并且以一种令人震惊的、奇特的，有时是可笑的方式，借助身体手段（如超高跟鞋和捆绑器具）及摄影艺术（变换镜头角度）将之强化了。摄影机本身仿佛是一部摧毁身体的捆绑器具，将紧缚的超尖高跟（醒目地）刺进一个扩展至全身的性高潮裂口之中。

世界著名的摄影师赫尔穆特·牛顿（Helmut Newton）和戴维·贝利（David Bailey）的风格转换为恋物癖式的色情主义，是过去数十年里的另一个演变标记。贝利的摄影集《内人一瞥》（*Trouble and Strife*）公开展示他的妻子玛丽·赫尔文（Marie Helvin）的各种做爱体姿，并通过皮革和橡胶衣，以及彰显阴茎的极端高跟鞋等增强了艺术效果。《时尚》将采用潇洒别致的手法来表现恋物主义归功于牛顿（Newton，出生于1920年），评价他的摄影艺术同高缇耶的时装设计异曲同工，并且十分兴奋地称赞这个“时尚摄影艺术界的知名坏男孩”对掌控进取型女性的视角很准确，不是把她们表现为猎获物，而是驯兽师——女施虐狂。[48] 柏林举行的牛顿回顾展目录大量堆砌妇女解放的堂皇修辞：牛顿想象中的妇女“是新千禧年的曙光：妇女一马当先……享受充满活力和绚丽多彩的生命，她们是对自己身体的唯一发号施令者：她们既有明确意愿也敢于担当”。[49]

《时尚》用“趾高气扬”来描述“高耸入云的尖细高跟，它的诱惑力登上了时尚的新顶峰，为撩人的沙漏形身材和服装增添了邪恶的注脚”。这也许是标准的恋物癖品位，而牛顿走得更远，陷入一种更险恶、病态的恋物癖：极端的领口—颈部支架、整形设备，甚至彻底将人致残。他的一幅摄影作品展示一位模特坐着残疾人的轮椅，尖细高鞋跟精巧地放在脚踏板上；几页之后是同一位模特的另一幅照片，脚穿类似的高跟鞋，撑着拐杖，在两个穿深色西装男人的扶助下蹒跚地走上楼梯，说明中引用了牛顿对高跟鞋的赞词；最后一张照片还是她，拄着一根简单的手杖，但是腿被箍在一个凶险的钢脚手架里，部分像是整形，部分像是建筑和雕塑，部分又像是科幻女机器人。[50] 照片还暗示了身体其他部位的创伤，时尚对此也总是感到很刺激。

封闭性时尚恋物癖和身体运动均表现出浑身出汗和塑造人体的特征，牛顿将这两个看似矛盾的成瘾症联系了起来。一个模特全身封闭在闪亮橡胶衣和细尖高跟鞋里，另一个穿着机器人的透明塑胶，第三个穿着蒂埃里·穆勒的黑色漆皮橡胶紧身连衣裤，她们都踩踏着健身器械，“将运动时间缩短为4分钟”[51]（见图11.2）。我们还见到其他摄影师的一些怪点子或恐怖手法，包括恋尸癖、窒息、斩首、致残和施虐等，皆经过摄影导演“批准”。[52] 设计师三宅一生（Issey Miyake）在《人体作品》（*Bodyworks*）中，采用将柔软的皮肤和肉体箍进硬塑料里的不相称（和残酷的）手法，把硬挺的胸甲同古代甲胄、新旧时尚，以及威利和斯坦顿的经典性虐狂的捆绑场景融为一体，这一创意可谓达到了艺术摄影的高度。

恋物癖和色情紧身褡制造商也提高了其产品目录的摄影标准，乃至赞助印制昂贵的限量版艺术摄影集，譬如老字号紧身褡公司沃勒尔出版了阿尔文·科茨（Alwyn Coates）制作的《沃勒尔紧身褡》（*Voller Corset*）。这

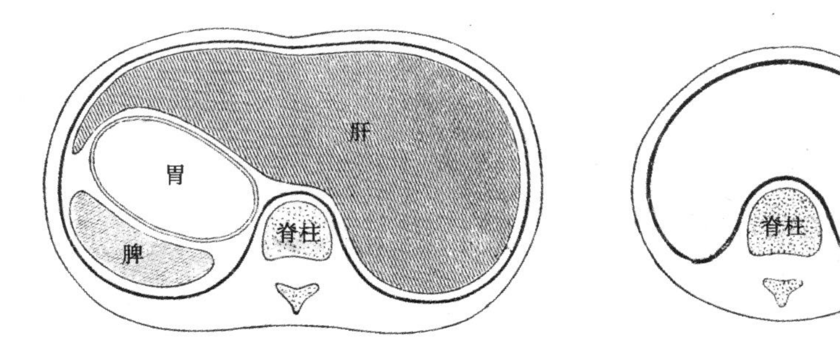

自然腰的人与束腰者的腹腔器官对比。前者的腹腔宽大，肝、胃、脾正常分布在脊柱的周围；后者的器官移位，皆被挤在一个狭小空间

本集子的宗旨不是实用而是激发灵感，表现浪漫的色情和含蓄的放荡，紧身褡模特们现身鲜花怒放的花园里，作为艺术对象的紧身褡夺回了自然(或被自然夺回了)。伦敦出版的当今最著名的恋物癖杂志《第二层皮肤》同制造厂家有紧密关系，它选用一流的摄影作品和漂亮模特，艺术档次大大高于以往的恋物癖杂志。

结论
文明的暨原始的体形塑造

19 世纪后期，迅速发展的人类学为理解欧洲人的一种“野蛮”实践提供了新的视角。顽固坚持基督教民族优越感的改革者们不得不抵制源于非欧洲文化研究的一种趋向，即日渐增强的对原始和偶像崇拜文化、性和魔法文化的欣赏。这些非基督教文化尽管被普遍认为是低级的，却对先锋的视觉艺术发展产生了广泛的影响。除了束腰之外，野蛮主义服装的华丽炫示——俗气花哨、色调不合、假劣首饰、“令人瘫痪”的鞋子、“裸体”针织衫、胸甲式紧身衣、“文身图案”长筒袜，尚且不提令人难以启齿的恋物癖“秘密”，诸如真正的文身和乳头穿孔等，均为一波文化原始主义浪潮的早期征象，直到20 世纪初印象派（Expressionism）和立体派（Cubism）出现，它们方在艺术领域占有一席之地，对自身文化感到不舒服的一些西方人开始模仿“原始的”体形塑造。

结论图 1　系“伊特百里”腰带的美拉尼西亚（Melanesian）年轻人

中国人的缠足给所有人上了一堂课。一个智慧的、有教养的民族沿袭着这一古老习俗，它在文化上根深蒂固，看似不可能根除。它对来自本国和欧洲的批评的抵御能力凸显了反对欧洲原始主义的运动是徒劳的。欧洲原始主义被认为渊源久远，并且甚至是更危险的。[1] 跟一个欧洲女人争论束腰问题并不比跟一个中国女人辩论缠足问题更容易。

有关发现令人惊讶地表明，原住民的习俗足以抵御基督教帝国主义。某些人认为，相比非理性地变幻多端的欧洲时尚，原住民的服饰具有更多的优越性，它以自身的方式在无明显变化的社会里形成一种永久特征，从而得以保存其独特的文化身份。关于原始人利用装饰和改变身体的手段来保护部落身份的发现，引起了一种可怕的猜疑（并获得短暂的支持），即实行束腰是不知不觉地强化所谓“欧洲人种特征”的细腰；出于同样的推理，中国人基于他们的“小脚粗腰”的种族特征，便形成了缠足和放任腰围的习俗。[2] 在达尔文之前，一些作家，如叔本华（Schopenhauer）和亚历山大·冯·洪堡（Alexander von Humboldt），已探讨过这一命题（跟布尔沃差不多同时），而且后来似乎被达尔文的自然选择理论所证实，尽管达尔文本人从未提及有关束腰的话题。在德国，由于比较人类学和人种学研究的一个目的是为了论证白种“欧罗巴人种”在生理—审美上的优势，因此认为束腰行为是试图增强种族审美优势的重要标志的观点是相当令人不安的。此外，紧身褡的批评者们还必须克服一种普遍流行的观念：紧身褡是西方先进科技和文明本身的一个标志。曾经有一个故事说，在巴西，女奴隶们一旦获得人身自由，便马上争先购买并穿上紧身褡[3]（见结论图3）。一位改革者悲叹道：“异教徒的第一个欲望不是得到圣经而是紧身褡。”[4] 在讽喻寓言小说《企鹅岛》（*Penguin Island*）中，阿纳托尔·法朗士（Anatole France）想象从动物到人的意识转变的那一瞬间，描写年轻的雌企鹅们为吸引雄性的注意力而将自己的乳房下部绑束起来。相形之下，束腰者们漠视繁衍后代的行为简直比动物还要低级。

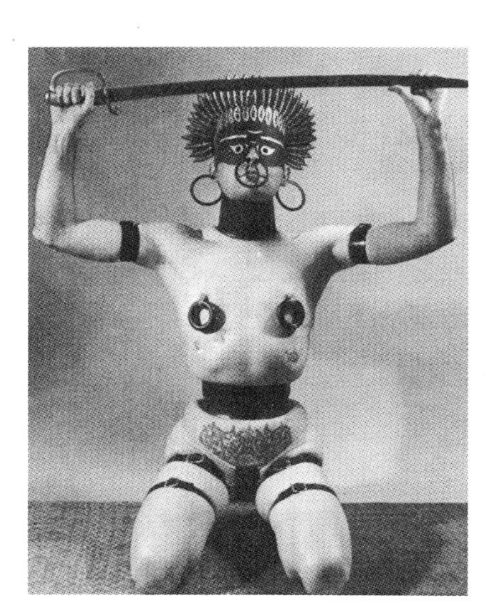

结论图 2　法克·穆萨法穿戴着“伊特百里”腰带、高领和 1/4 英寸粗的乳头环（1960）

结论图3　解放了的黑奴立即套上了“欧洲文明的枷锁（紧身褡）”（Theodor Zacakowski, *Der Floh*, 23 June 1889）

也许，紧身褡不是一种回归野蛮的装身具，而是精巧机械和先进技术应用于服装的一个范例？18世纪和19世纪许多紧身褡的构造确实是非常精巧复杂的，有关紧身褡制作的专利肯定远远超过其他任何服装。一家杂志的封面展示了1867年巴黎博览会的象征——一位摩登女郎，她的紧身褡和假发髻奋力地拉起电缆和起重机，工业时代的强大建构在她的身躯中升高，机械声和欢呼声在她的四周喧嚣。[5]

过去人们不认为制作紧身褡是一种技术工艺，而是将束腰行为同动物，特别是同猿相联系，这似乎十分滑稽。我们在文献中发现，人们屡屡将束腰女性与猿进行类比，甚至在实验室里做这类实验，直到20 世纪中叶。猿一方面具有模仿人类活动的有趣能力，另一方面也像其他野生动物那样“缺乏头脑”，这使得它成为既愚蠢且无性节制的典型。这便是束腰者：被动物本能主宰的一个拟人化的生物。从18 世纪后期起，有辱人格的比较研究提到了进化论的高度，把束腰女人降低为（据说是邪恶的）黄蜂档次，当然，还有蜘蛛和蚂蚁等，这些昆虫的低级和危险的特征及丑恶的形貌都是这些妇女共有的。[6]

在伟大文明致力于从地球上消除野蛮的背景之下，束腰风习不仅是一种令人难堪的原始主义，而且在有些人看来，它实际上比欧洲人希望废除的那种野蛮主义更低劣。自18 世纪后期以来，改革者们喜欢引述说，原始的毁体习俗的危险性低于束腰和高跟鞋，而且原始人一般来说比欧洲人更健康。然而，19 世纪末的人类学发现使这一问题变得复杂化了，毁体并没有在原始人中造成或反映出明显的生理退化，情况可能恰好相反。世人敬重的人类学家威廉·弗劳尔（William Flower）爵士——英国自然历史博物馆的主任和束腰反对者，欣然接受了秘鲁印第安人（Peruvian Indians）的经验证词，它声称施行扁头术可增进健康、体力和勇气。另一组专家专门研究温哥华岛（Vancouver Island）的扁头印第安人，得出结论说，扁头术对大脑没有产生明显的有害影响，而是相反。事实上，“一些部落似乎比不实施头颅变形术的邻近部落更聪明。”[7] 在反对束腰的论战中，弗劳尔没有看到自身立场的一个矛盾点，即他一方面同意人为变形在原始人中可能是无害甚至有益的，另一方面又认定文明社会里的人为变形必然总是有害的。相比近在眼前的伦敦人的束腰行为，他更能理解极其偏僻部落的一种习俗，这很符合他的职业特性。或者说，近距离地感觉到前者的性目的实在令他无法接受。

自相矛盾的是，正是某些“劣等”（假如不是原始的）文化对时尚的影响使改革者的任务变得较为容易了——倘若他们不是完全试图先发制人。宽松的、不那么严格合体的款式，种类繁多的面料及装饰图案往往来自东方，尤其是穆斯林和（东）印度文化。穆斯林女眷和印度人的舞蹈服装被认为是一种理想的、自然的，或许最接近于幸存的古典风格的服装。欧洲芭蕾中的印度舞姬角色尤受欢迎。印度人的衣服从来不压缩身体，尽管小腰的艺术理想也同西方所珍视的颇为相似，它反映在著名的色情雕塑和民族史诗中：“你那壮观的美乳，丰满浑圆……你那柔软的纤腰，我的手指可绕。”[8] 在这一点上也存在着惊人的悖论：切尔克斯（Circassian）的奴隶舞者是欧洲芭蕾中另一个受青睐的女角儿，她的感性舞姿，美貌和“天然”“古典”的颀长身材获得广泛赞誉。然而，在她的自然栖息地里其实很少见到这样的女子。据目击者说，在切尔克斯，女孩子们从小就被紧裹在树皮筒或皮革紧身褡里，这有效地抑制了整个上部躯干和胸部的生长发育，比欧洲的紧身褡更严酷。所有的女孩都经过这样的束缚过程，一旦结婚，便成为“东方最自由的人”。[9]

在18 世纪早期，土耳其上流社会的淑女觉得欧洲的胸衣是一种奇怪的束缚身体的方式，是嫉妒的丈夫强加给妻子的，[10] 然而进入19 世纪中叶之时，她们也穿起了这类胸衣，作为西式服装的一部分，以显示自己的开化和解放。蒙戈利（Mongeri）——一位住在君士坦丁堡（Constantinople）的法国医生，赞赏切尔克斯舞者代表了古希腊理想的精髓，而对“哥特枷锁式的”欧洲胸衣开始“侵入东方，泛滥成灾”感到惊惧不安。

非洲研究学者注意到，身体装饰和塑造对游牧部落来说比对定居部落更加重要，因为前者缺乏固定资产和永久基地，这是他们表达部落地位和身份的唯一方式。这种身份仿佛时刻有丧失的危险，所以必须不断地做出标记，而且标记不可与人分离，要永久地保留在身体上。或许也可以进一步论证说，为了抵挡对文化身份及生存的某些持续性威胁，譬如来自邻近部落、白人奴隶贩子或外来统治的威胁，他们倾向于把变形和毁体做得十分夸张。中国的情况可能是这样的，在（不缠足的）好战外族人——满清的统治下，传统的、较温和的缠足风习加剧了，到19 世纪欧洲人入侵之后进一步演变得异常极端，如同束腰，最严酷的缠足时期大概正是它遭到最严厉抨击和面临灭绝威胁之际（事实上不久之后它就消亡了）。这也是东方和西方发生重大历史危机的一个时期。

基督教的西方自中世纪后期产生了一系列危机，部分原因是来自外部的侵略，尤其是伊斯兰教的入侵，其“宽松”的服饰和习俗似乎在很多方面都同“紧严”的基督教教义截然相反。17 世纪以后，欧洲不再有伊斯兰入侵的恐惧，但是，其内部矛盾、封建基督教文化与扩张资本主义的冲突、资本主义自身内部及其与早期社会主义的冲突等引起了欧洲社会制度的巨大震荡，它不仅对“部落”（国家）的身份，也对社会—经济群体的身份造成了威胁（见结论图3）。

现代欧洲社会持续存在激烈的阶级竞争。正如对战争、宗教和政治等方面所做的研究，依据不同时期和地域的服饰演变，或许也可以精确地追踪社会阶级竞争的模式（假如我们知道如何具体操作的话）。我的论点是，更具挑衅性和争议性的时尚——其中束腰自然首当其冲——已被社会的上升阶层接受。或根据先前提出的明确界定来称呼他们：社会的流动阶层，即那些感觉权利被剥夺了的人，那些不甘于受压迫而竭力向上攀升的人。我们一再指出，束腰风习通常主要存在于较低的阶层：资产阶级追求贵族的徽章；低中产和工薪阶层的成员追求资产阶级的有闲标志；女人——相对于男人总是被剥夺者，则渴望通过性手段来争取社会权利，父权制对此感到威胁。实行束腰的人即使属于较受尊敬的阶层，或是贵族中的另类（持不同政见的）成员，她们的行为无疑仍被贬斥为“非常粗俗的标记”“野蛮社会的习俗”。在上层阶级中，束腰者们极少被视为社会的样板，束腰几乎是不存在的。伊丽莎白皇后依然是一个例外，恋物徒并不是经常为她所吸引。

读者可能会在本书中发现，在早期（基本上是19世纪之前）有不少上层阶级成员束腰的例子，当然后来也有这类例子。我承认，我搜集的早期信息是有限的、零散的，其中的某些内在联系是直到后来才被人们认识的；我没有尝试（因为我认为我会失败、花费太多的时间）去确证上层阶级及中产阶级中的许多束腰实例。它们显然是孤立的，没有进一步的解释或提供相应的语境。我当时、至今仍然怀疑那些记载的真实程度，其中可能有很多是夸张的；引人注目的单个事例并不构成一种时尚。医生们通常出身于中产阶级，对他们看到的上层阶级的虚荣和愚蠢一面很感兴趣，并将个别事例视为普遍存在。佩尔的论点引起了人们对这个问题的严重关切，他指出，在16世纪，一些妇女——其主要社会功能是生儿育女，冒着妊娠流产的巨大风险而束腰。到了19世纪，这种做法日益增多了。

不过，我们注意到一个流行甚广的服饰史话——有关凯瑟琳及其宫

结论图4 “时尚中的没文化和过度文化：中非妇女和中欧妇女”，后者身穿黑色针织衣造就了一种裸体效果（*Fliegende Blätter*，1870，*Punk* 拷贝，5 July 1882）

廷的所谓极端紧束的记载（见附录三），那其实是一个荒谬的、反事实的、怀有政治动机的虚构。被人大量引用的蒙田，正如我所摘引的，未采取鞭挞妇女虚荣心的通常立场，而是从不同的、相反的角度剖析这一问题。但是，为了阐明他的观点，他必须做出一些推论。

偶尔也有一些女演员束腰，如伊丽莎·法伦，她们或许发现可以通过增进天然苗条来扩大专业优势。地位更高的贵族拉特兰公爵夫人可能并没有真的实行束腰，更多的是遭到讥讽这种做法的一个对手的诽谤（见第一章的注释）。19世纪晚期的大量第一人称和间接的叙事经常（并不总是）肯定一些案例的真实性，我们怀疑它们可能是发生在较早时期的。

或许，可以从下层阶级成员中归纳出一种独特的“束腰人”心理，她们怀有一种特殊的社交无奈和/或性欲受挫感，心中多充满怨愤。这种感觉可能生成于一个特定的年龄段，往往是在青春期末尾和成年期初始。在那段时间里，她们用性感形式的自我束缚手段来抗议社会和家长的约束，特别是抵制作为无休止的繁衍工具、以孩子为中心的母性模式。男性束腰者也用此手段来抗议那种占主导地位的社会刻板印象，即缺乏性趣的、仅为挣钱养家而劳碌的男人。

尽管医学界经常过分夸大束腰的危害性，但人们至少不怀疑在某些情形下，生活悲苦的妇女和女孩故意让自己严重致伤甚至去寻死，就像当今的厌食症一样，很大程度上是一种女性疾病。束腰肯定常常源于痛苦——个人的，尤其是女人的痛苦。它是一种痛楚的反抗社会的方式，既是潜在的也是现实的——反抗非自愿的妊娠，便用束腰来终止它；反抗被强加的母亲角色，便用束腰来表示大于象征意义的抗议。它采用这种特殊的夸张方式，不仅表达了公开展现恋物癖的相对少数人的痛苦，而且反映了更广大范围内妇女的痛苦，当她们的性别角色首次遇到严重挑战的时候。人们将束腰者的“晨起勒腰”比喻为酗酒者的酒瘾发作，并且严肃地把它同吸毒（如鸦片，大多数吸食者是妇女）等同起来。束腰的确像吸鸦片，它可以麻痹痛苦，或者说，用较易承受的生理压力和戒律来掩盖心理压力，并企望由此从生活中获得较好的回报。

在19世纪后期，束腰吸引了下层阶级的少数喜欢招摇的女性，然而，在20世纪30年代，可以假定，在大众娱乐杂志《伦敦生活》的读者群中，束腰变成一种广泛“流行”的事物，这是因为该杂志提供几乎不受篇幅限制的通信专栏，向大批恋物徒开放。1945年第二次世界大战结束后，紧束的紧身褡和极端的高跟鞋在公共领域里日益大展风采，时尚业大力推广它们（特别是在“高级时装”档次），沉迷于不断的变化，并受到演艺界一些吸睛艺人及其公关人员的青睐。自20世纪60年代以来，恋物主义乃至一定程度的施虐—受虐狂已经公之于世，成为一种职业和商业开发项目。

如今，渗透一切的互联网给成千上万的人提供了表达和宣传渠道，它无疑将继续成为一个主要引擎，传播恋物主义及其他曾经或多或少是隐私的或受限制的行为方式，自然在全球互联网上有窥淫癖增多的迹象，并且公开发表恋物主义小说和幻想作品，有兴趣者可上LISA网站阅览。互联网上的“紧身褡爱好者”和束腰者（二者当然是不同的）如今是国际性的群体，对于他们的社会构成，或许只有经验非常丰富的记者（我本人不是）才能够调查清楚。一个较靠谱的猜测是，他们往往是受过教育的或受过良好教育的，也许是专业人士。需要经过艰苦的追踪和新闻采访，并且应当是在国际范围内展开调查才有可能获得某些答案。我个人认识的有关人物都是很友好的、颇善言谈的专业人士，其中有一位比较特殊（在20世纪60年代），她是一位中产阶级出身的女士，嫁给了一个著名的、继承了古老封号的丈夫，当她警觉我发现了她的秘密之后，便不由分说地将我拒之门外了。

人类为什么会具有一种将身体痛苦转化为心理愉悦的能力呢？这是生理学和心理学上的一个巨大的难解之谜。历史性的分析（正如本书所做的研究）表明，这种转化的挣扎同特定历史时期内争取社会自由和性解放的斗争联系在一起。斗争不是简单的重复，然而它从未中断，并将继续下去。

附录一
礼仪

署名为“坚持不懈”（Perseverance）的一位读者来信

——引自《英国妇女家庭生活》1868年7/8月

我最近有幸见到一本书，叫作《紧身褡和大圆环衬裙》，其中大量引用了贵杂志专栏中讨论束腰之优缺点的有趣信件。这个讨论对我来说是很新鲜的。我承认，在读这本书的过程中我获得了极大的乐趣，这么多紧身褡的追随者大胆地道出真相，通过亲身经历来证明它的优点和舒适性，而且证明穿着者的健康不受损害，即使是一直坚持最严酷的或自我强迫的束腰。我可以证实所有这些论点，因为我有亲身体验，并且有独特的机会观察那些跟我一样喜欢束腰的人……

小圆锥腰……多么摄人心魄，我可以毫不犹豫地断定，它增强女人的魅力，对大多数男人有最强的吸引力。那么，首先我认为，许多被人忽略的年轻女性希望改进她们的体形，她们拿出测量尺，发现腰围是23英寸或24英寸或更大（这很常见），面对完美的15英寸高标准感到气馁，许多人便写信说她们已经减小了腰围尺寸，养成了日常穿紧身褡的习惯，表明她们是严格束缚的。我知道有一个女士或许能完成这一壮举，但她从来没有展示过她的腰能勒到15英寸。我倾向于将可行性限制在17英寸，应该说，任何女孩都会为一个18英寸的腰围而骄傲，就英国女士的平均身材来说，甚至19英寸和20英寸看起来也非常娇小可爱。当有人提到15英寸或更小的尺寸，我不禁想可能是搞错了——当制造商将紧身褡寄到客户家时，尺寸就已经量过了，也许她并没有用尺子仔细地测量腰的本身，即使是戒律最严和为了展示而束得最紧的人。她只是如此自诩，目的是欺骗他人和奉承自己。许多并不熟悉测量技术的女士们成天除了娱乐还是娱乐，竟然出于诚意宣布自己身材的错误尺寸，这真是令人惊讶。也许同样令人感到惊讶的是，即使是最强力和最优质的紧身褡也会有尺寸变化，如果每天穿并且紧束的话。譬如，我的紧身褡是由最杰出的工匠制作的，面料是丝绸或缎子，坚固加衬。刚送到家时，它们的周长测量为整整15英寸，但是几天之后它们就会大出1英寸或更多一点，再以后尺寸就基本保持不变了。现在，假如我愿意，就可以束至16英寸，而且在新试穿时总是那么做，直到胸衣和我成为一体。但我承认，我很少束得小于17英寸，虽然我严格要求自己，决不允许我的腰围超过18英寸；而且，相应地，每天早上或一旦有机会我就拿出量尺，如果发现有任何一点多余，便立即减小。我认为，对每个希望改善或保持好身材的束腰者来说，量尺是不可或缺的婢女。现在连同裙子一起我的腰围是19英寸，如果朋友的评价和我自己的眼力真实可信，那么我的身材绝不比任何苗条的女同胞逊色。

最后，我必须为我表现出的些许自负而致歉，但也许会得到谅解，我虽然出身淑女却一度当过女仆，后来通过婚姻又恢复了淑女地位，这就是我的经历。我的第一个女主人有最小的腰肢（15英寸），我从来没见过有人赛过她的。我这么猜想，她对让我减小腰围挺感兴趣的，也就是说，一位束腰的淑女欣赏一个知心的女仆吧。我发现，虽然一个女孩在少女时代忽略了照料自己，但长大之后，女仆可以发挥不少作用，通过鼓励女主人穿束腰紧身褡来改进她的身材。作为束腰事业的传播者，我可以夸耀，我协助实现了某些奇妙的转换。我服侍的那位太太对这件事很热衷，她的衣柜里装满了伦敦和巴黎的杰出艺术家设计的服装。很快她就把我装进一件小紧身褡里，在它的帮助下，并追随她的实践和榜样，我迅速地减小了腰围，自己觉得既舒服又容易。她的简单做法是，首先将紧身褡从上至下牢固地系住，不必太紧；然后将底部系紧，接着再开始向上一点点地拉紧束带，在腰间拉紧胸衣；9～10个孔眼几乎互相挨在了一起，以便充分发挥效力，然后在所需部位将压力调节到精确的程度。采取这样的做法，编结的束带不会滑脱，无论其他部位的束带多么松散。腰部的紧束使胸部扩张，紧身褡上部的束带比较松弛，留出一定的空间让胸脯充分自由耸立。

身体的压缩部分有三个手指的宽度就足够了。因此，她、我自己，以及我引导参加这一训练的其他人都获得了极苗条的身材，而且据我所知，没有给健康带来任何不良影响；除了赢得舒适和愉快的感觉之外。正如贵杂志的一些记者所说的，束腰紧身褡给穿着者提供的支持和压力是一种真正的奖赏和奢侈享受。我可以告诉你一个有趣的故事，当我在这门艺术上从学生变成老师之后，有一段时间里我指导一位有雄心却比较害羞的小姐束腰，她先是一直用一件宽松的外套遮盖着；最终，我不得不采用“政变”手段迫使她亮出改进的身材，她所遭受的痛苦立刻得到了回报，赞叹不已的兄弟送给她一套骑装作为礼物，以炫耀她精致的身材；这套骑装恐怕又把她的腰勒小了1英寸。要细说，那故事就太长了。无论如何，这是一个事例，那些高兴的小腰女人都知道，男人发现后会很欣赏她们。我的丈夫经常笑着对我说，我用小腰俘虏了他。我相信，是纤腰首先引起了他对我的注意，尽管我自诩用更多的美德赢得了他并将他留住。然而，如果有朝一日他后悔所做的选择——我相信不会——我自信不会后悔，我曾经并仍然能够通过展示我的身姿——凹凸有致的曲线来满足他的艺术品位。那是贺加斯的曲线美风格，紧身褡本身就可以很好地造就这种线条，这位伟大画家的著名版画通过那个时期的很多胸衣的素描展现了变幻多姿的优雅曲线。有些人断言，束腰紧身褡使身体变得僵硬而笨拙，这与事实完全相反；如果有人怀疑，我可向他们挑战，到罗敦小道（Rotten-row）上去骑马，从背后观察那些束腰的美女吧，她们的身影摇曳，优雅起伏，我觉得同那些没经过胸衣修理和约束的同伴相比，人们肯定会得出有利于紧身褡及其功效的判决。

“我的第一件紧身褡”

署名“巴黎女子”（Parisienne）——《巴黎人生》杂志1870年6月11日，第464~465页（节选）

当我唤起遥远而永恒的回忆，我的第一个梦想就是穿紧身褡，那是每一个超过12岁的巴黎女子的梦想，我想象，至少以前是这样——今天，人们把假臀、假腿肚和假发看作很自然的，仿佛生就如此。在我的童年时代，我们不那么受宠，那并不是很久以前，人工手段有限，不过就是蓬松衬裙，上衣包括内衣加一点鲸须。我们的身体都很柔软、敏捷、舒适，但被塑造得像一块木板，为卖弄风情受了很多罪……

我永远记得童年时受的一次折磨。吃饭的时候他们让我穿低领服，露出我的一对粉红色的小肩膀，锁骨和肩胛骨很突出；我多么羡慕母亲和其他女士的丰满胸脯啊！我发现其中有几个穿着隐蔽的胸衣，可根据她们的手、脖子和面容来判断……我的一个同学及朋友向我透露了秘密。以前我一直把她当成个假小子，身材很差，衣着过时。可是有一天她出现在我面前，完全变了一个人：48厘米（19英寸）的腰围，如此惊人的轮廓！！！“你怎么变成了这样，看在上帝的分上？”我问她。“没什么”，她回答说，“我穿着一件紧身褡。”原来如此！但是，我家里的每个人都说我年纪太小，还不能穿紧身褡。

没有什么比一个老诡计更妙了。几个月前我的志向是得到一只单片眼镜，在我看来，它代表了卖俏、无礼和大胆的极致。我假装是近视眼，但是他们却给了我一副双片眼镜！所以，接下来的一天，我比以前显得更近视了，伏在书桌上，低着头，身体扭曲，我固执地不肯放弃这种不舒服的姿势，尽管那副可怖的眼镜威胁着我，我的仆人叫喊着，预言我会成为驼背。惯于折磨人的潘小姐用一根粉红色的带子把我绑在椅子背上，我几乎都要窒息了，但仍然没有屈服。我憧憬着紧身褡将带给我的奖赏光环，激励自己继续努力，树立必要的英雄主义精神，最后我和女仆迈尔·朱莉合谋削弱了反对派。每天早上她会重复说：“小姐越来越丰满了。参加第一次圣餐会，没穿紧身褡……很好！”

他们请了裁缝为我量身定制紧身褡。我永远忘不了那个仪式。说来奇怪，是由一个男人来确证，为了防止成为驼背，我到了该穿紧身褡的时候了。他注意到我的小身架的比例。他请求用一个星期来创造自己的杰作，这一周里我觉得我会因快乐而死。所有的人都在等待之中因快乐而死。

真令人失望，我的意思是说紧身褡，唉，它来得太快！它是一个可怕的笔直的鞘套，只在背面加了点鲸须，把我的手臂向后拉，没有巴斯克条，松紧带看起来很像橡胶。我一直想到橡胶都觉得恶心！

我刚进入这所监狱，就想放弃世界上的一切来换取脱逃。这就是命运，你看，这就是我生活中的梦想成真。它被称为优雅束带，这可真对，因为它把我的优雅给捆住了，他们说就我的年龄来说，这是合适的。我诉苦、流泪全都无济于事。我曾是多么希望有一件紧身褡……谁想到结果竟是它！

渐渐地，随着我的成长，酷刑装具不断修正，变成了一位相当和善的导师，然后成了支持者，几乎是志同道合、亲密无间的。到了那时，它应该说是优雅美丽的。在很长的一段时间里，紧身褡先是令人垂涎，然后令人诅咒，最后被容忍和忘却了，我的心思转向了其他的幻想。此时，它再次成为紧紧缠绕着我的念头：我想要一件白缎子、镶樱桃色丝绸边的，臀部是天鹅绒的，带银制扣件，整个小到足以放进扇盒里。

“等到你结婚的时候吧。”母亲说。

于是我开始梦想结婚，因为在我的头脑里结婚与缎子紧身褡是密不可分的。那天早上决定了我的未来，直到今天我仍清晰地记得那柔软的丝绸摩擦声，迈尔·朱莉恭敬地，应该说是虔诚地为我系着束带；那轮廓和谐、微光闪烁的胸甲，随着我的一举一动，低首微颤。面纱、橙花、花边裙子全都属于我，但这一切都是通过任性得到的！

并且想想看，我通过结婚达到了永远脱掉紧身褡的目的！

“一件紧身褡的回忆”

作者“雅克·勒丹尔斯伯格”（Jacques Redelsperger）——《时尚艺术》（*L'Art de la Mode*）杂志，1880年，第33页（节选）

我不是一件普通的紧身褡。我的面料是白色缎子的，镶着瓦朗谢讷（Valenciennes）蕾丝，扣子和孔眼是银质的，我的丝绸束带至少有3厘米宽（原文如此），是人们所说的绝对非凡的束带，我的（乳房）三角撑是用最柔韧的橡胶制成的，可以毫不夸张地说，它比世界上绝大多数三角撑拥有更多的宝藏。我是在一个长篇采访之后出世的，6个人整整工作了两天才将我带到了这个世界——我是完美无缺的！当我得知，订户因为怀孕而把我取消了的时候，你可以想象我是多么失望。第二天，我看到未来的小母亲抵达，我紧握着巴斯克条，心中充满愤懑：天哪，她是多么的迷人啊！天生尤物！我迁怒于另一件紧身褡，它要代替我来拥抱那勾魂摄魄的躯体。

我被放在窗口，在蜡模子上，并且很快就被一个同样漂亮的女人买走了。我眼看着她脱下衣服，我的三角撑按捺不住地忽闪个不停。当那女人把我穿上，三角撑骄傲地鼓胀起来，紧贴着她的乳房聆听，我能领会她所有的情感。到了晚上，她把我脱掉了，我很伤心，非常嫉妒她的丈夫，整整一夜我孔眼大睁，无法安睡。突然，整个房间陷入了一片混乱。啊，我将目睹重要事件发生！伟大的仪式在为我举行。先生、夫人的女仆、护士和佣人全在大声叫喊。4个人开始用尽全力拉拽我的束带，仿佛在把一条船拉进港湾；夫人则用她的双手紧紧抓住壁炉的罩子。

“使劲！”她说，“你没在拉！”你没在拉！她竟然这么较真！我是多么不幸啊！积聚起世界上所有的意志力，我快撑不住了；我的孔眼大睁，我的束带变得很薄。为了最后再加一把劲儿，丈夫用膝盖顶住了妻子的后背，我的愤怒达到了顶峰。我的所有接缝都差点绷裂了。我们都很痛，我和她！她比我更痛！可怜的、亲爱的小人儿变成了紫色；她吸入了一些嗅盐，徒劳地试图恢复呼吸，又虚弱地笑了一下，就像昔日的受难者必须表现的那样。

于是我们离开家去参加舞会，在45度的高温天气！那是我预料到的。还好，她没有退缩，因为她面不改色，但我听到她可怜的心房在拼命挣扎，几乎要爆裂了。我真是为她难过。她开始跳华尔兹，情形明显变得更糟；每当一个舞伴过来漫不经心地搂住她的腰身时，为了保护她，我徒劳地用鲸须支撑着，舞伴们似乎在肆无忌惮地相互竞争。我非常气愤！她的丈夫什么也没看见！啊，但愿我能对他说几句话，告诉他我见证了什么！但是，他这个当丈夫的只顾打扑克牌，而我在努力保护着他的妻子；我的心眼实在是太好了。

你会发现我是多么的宽宏大度；接近凌晨3点时，一位舞伴把一纸情书塞进她的手里，她迅速将它转移进了胸襟。我立即意识到那是一纸愚蠢的爱情宣言，便决定让它失效。我的女主人的心开始狂跳；我敢作敢为，用超人的力量猛然将她压垮，令她失去知觉，幸好在这之前的一刹那，她勉强地吞下了那封情书。

一回到家她便虔诚地开始祈祷，平静了下来，从此我再也没有接纳过什么情书。自那时以来，她的性格一直十分迷人；她总是很快乐，你知道为什么吗？因为她不再拼命束腰了。这让我想起一句俗话：勒腰的女人都有个坏品性！

附录二

统计数字

19 世纪后期的紧身褡贸易

有关紧身褡的争议在19 世纪后期强化了，至少部分是因为它的经济重要性日益增加。束腰的宣传增加既刺激了紧身褡的销售，也对它构成了威胁。在19世纪期，紧身褡“民主化”了，曾经一度是相对奢侈的衣物，此时新兴的城市大众阶层均可获得。制作工艺的改进，特别是缝纫机的发明，使大批生产的物品价格下降，工薪阶级和农民都可买得起了。

英国、法国和德国在利润丰厚的美国市场上竞争。成吨的金属扣眼从伯明翰和谢菲尔德（Sheffield）出口到世界各地。1860年前后在巴黎已有3772家女胸衣商，之后必定又大幅增加了。伦敦地区有10000人从事胸衣生产；外省的英国公司另外雇用了25000人，多数是女工。这个行业当时被认为是特别剥削人的：利润巨大而工资过低。

德国的许多紧身褡公司仅面向美国市场销售。在该行业集中的符滕堡州（Wurttemberg），其中一家在19世纪80年代初每年出口63万件。然而到了19世纪末，美国本土工业的发展摧毁了德国的很多企业（拉鲁斯、普卢默、健康和黑斯基）。

医疗界反对紧身褡的运动，以及世纪末引进的“前襟直挺”和更“卫生”的款式是对该行业的一个刺激因素，至少在法国，1889—1901年之间发明的紧身褡硬件（巴斯克条、弹簧、鲸须和束带系统）有不少于678项注册商标，整体紧身褡有433项新的注册商标，并且常常采用奇特的品牌名称（“内衣优雅，无处不在”）。新的系束工具包括水平铰链、侧弹簧和圆锥形丝带；巴斯克条的扣法采用了凸轮、操作杆和移动挂钩；扣子和束带“以并行方式连接”可以方便即时穿脱、收紧和放松。有一种用石棉和鲸须制作的“补偿性紧身褡”，还有一种螺旋形的（由著名的莱奥迪制作）。有些异国情调的材料，如纤维玛瑙和一种叫作“艾特奏尔”（itzle）的材料被用来做衬骨，而且在试图简化穿脱方面，发明者采用的系统越来越复杂，其设计图纸相当于机械工程师的作品。阿巴迪（Abadie-Leotard）设计的利涅（Ligne）紧身衣（品牌名“练习曲”，1904年）几乎是一个魔鬼的独创。据说假如试图系得太紧会令人非常痛苦。这种说法简直有点绝望的意味。

1900年，法国批发业销售了价值5000万～5500万法郎的商品，1902年上升至8500万，其中1200万～1400万为出口销售，真是堪称销往世界各国。与此同时，在德国，改革运动取得了最显著的成功，1897—1907年的十年间，紧身褡贸易实际上下降了18个百分点。

直到19世纪60年代，吸引顾客的主要手段是通过将紧身衣穿在假人身上，陈列在商店橱窗里，杜米埃和狄更斯对此做法表示震惊。在19世纪70年代，杂志广告变得极具竞争力，尤其是1877年之后，英国杂志引进了图像广告。这也是胸甲式紧身褡的巅峰时期，它成为该行业的福音，因为它采用了一种钢制的巴斯克条［有时被称为“琵鹭”（spoonbill）］，不仅使所有以前的紧身褡相应过时了，也阻碍了家庭制作，因为个人很难获得这种钢材料，并且没有特殊的铆接工具不可能制作。到了19世纪80年代和90年代，在法国和美国，紧身褡确实是城市景观的一部分，展示在巨大的广告牌上。

腰围测量统计

根据服装改革的资料来源，女人的“自然腰肢”是维纳斯式的，其变化范围在26～30英寸。人们的共识是，“时尚的平均腰围”是这个数字减去约6英寸。批评家倾向于认为减小3英寸以上即是危险的，在服装改革文献中发现的最高纪录是15英寸［戴奥·路易斯医生，引自《知识》（*Knowledge*）1882年12月29日］。

在1866年，典型的改革派观点指出“绝大多数”女性紧束到24英寸，“成千上万的人”减至22英寸，“许多人”减至“21英寸甚至20英寸”［库勒（Cooley），351～356页］。到1882年，一个温和的改革者将“理想的时尚腰围”定为一个健壮男人的颈围［17～18英寸，特里夫斯（Treves），第13页］。医生们很少引用个体的例子。

注意：对于所给的较小尺寸（指当紧身褡是新的而且扣紧时的外部尺寸），一般总是可以加上几英寸，因为穿脱过程会撑大一些，背面也有少许空隙，而且女胸衣商在标尺寸时还加进了一点水分。（见读者“坚持不懈”的来信，附录一）

从纸样、广告和人体模型搜集的数据

德国的主要时尚杂志《市场》（*Der Bazar*）给出的紧身褡纸样的尺寸范围在50～60厘米（19～23.67英寸），54厘米（21.5英寸）和56厘米（22英寸）是最常见的。1884年出现为训练而用的缎子紧身褡的纸样，腰围是46厘米（18英寸），推荐使用粗束带。然而，到19世纪90年代中期，平均的最小尺寸由21英寸增加到23英寸。大规模生产的紧身褡尺寸在48厘米（19英寸）以上；德国妇女很少买较小的尺寸，而俄罗斯人经常要求42～46厘米（16～18英寸）的。在法国，大批量生产的紧身褡最小尺寸一般是46厘米（18英寸），“主妇”（La Menagere）牌的紧身褡有44厘米（17英寸），是个例外。据1954年由华纳出版的《不断创新》（*Always Starting Things*）一书，在美国，“华纳”售出“大量的”尺寸为18英寸、19英寸和20英寸的紧身褡，西尔斯·罗巴克（Sears Roebuck）连锁店通过邮购目录出售的尺寸起自18英寸。《时尚图示》（*La Mode Illustree*）里的纸样，往往有比成人紧身褡（19～23英寸）大一些的儿童紧身褡（20.5～23.5英寸）；1884年，为豪华的缎子紧身褡提供的一个纸样腰围46厘米（18英寸）。在西尔斯的目录里，儿童尺寸也比成人的大2英寸。

在19世纪90年代早期，欧洲大陆的人体模型广告推销的最小是19英寸；适当的胸围—腰围差为15英寸（1960年是10英寸）。英国的人体模型最小的是20英寸。沃斯（Worth）的真人模特腰围据称在18～21英寸［弗林（Flinn），第19页］。

在19世纪80年代至90年代，束腰的增加激励了英国的广告商强调紧身褡的结实和柔韧，而且卫生、舒适。同时，巴斯克条的质量不好，很容易折断，据称“接近于灾难性的比例”（1890年）。由于鲸鱼被捕杀，几乎灭绝，制造业便逐渐用钢筋取代了鲸须，并寻找其他不生锈的、柔韧和坚不可破的替代品。铂被认为是非常柔韧易弯的，乃至可以打成结。法国发明了一种用俄罗斯野猪毛制的紧身褡，号称“绝对牢不可破”。

伊佐德（Izod’s）是第一家公司，明显地专门瞄准束腰者做图像广告。他们也用“动作插图”来表现穿着者参加采摘水果、跳舞、打网球等活动。1879年，他们公布了“获得专利的蒸汽模塑紧身褡”，按照贺加斯的“曲线美”原则而设计，它是“如此合体和舒适，乃至于穿非常小的尺寸也对身体毫无损害”［《朱迪的影集》（*Judy’s Album*）］。其他广告推荐说“紧身褡适合所有的女士，无论是否热衷于束腰”。奇怪的是没有提供具体尺寸，不过《家庭医生》的一位读者来信说（1882年12月22日），她穿的“伊佐德精灵”紧身褡是14英寸和15英寸的。德迈塞斯蒂克（Dermathistic）是继伊佐德之后针对束腰者的第二个优秀品牌。一位化名“探求者”的恋物癖作家描述了它的一种模型，用40根皮革包裹的鲸须非常紧密地排列在细小的腰部，事实上形成了一条坚实的腰带。此外，依照法国标准，它的价格很便宜，只相当于法国同等紧身褡的1/4。广告标榜说，德迈塞斯蒂克紧身褡有由皮革保护的鲸须、巴斯克条和钢条，它不可能被穿坏，而且有一系列令人垂涎的颜色可供挑选：大红、烟草、金红宝石、赤褐、杏黄、鸽灰和卡其。

声称具有束腰效果却无不良影响的广告并不罕见（参见第六章），有时还借助医生的推荐，如“滋养”（Invigorator）紧身褡，提供全套尺寸，包括适宜5～10岁男孩和女孩的。吉拉德（Giraud）的“美纤腰”（Beauty and Smallwaist）紧身褡有提供给“普通身材”的，尺寸为18～27英寸，还有专门为“特别娇小的身材”制作的，裁剪时保留臀部和胸部的“丰满”效果，尺寸为15～22英寸。高级百货商店“狄更斯和琼斯”（Dickens and Jones）出售斯柏寿莱特牌的“小豚鼠”紧身褡，尺寸为17～24英寸。服装改革者霍伊斯夫人对这种“穿得更小而不受损”的广告语感到特别愤怒，为此她举办了专题讲座，专门加以抨击。

腰围：19世纪80年代《家庭医生》杂志做的调查

关于束腰流行的最完整、可靠的统计数据来自定做和成衣行业的销售数额。大多数主要的专门定制束腰紧身褡的伦敦女胸衣商都接受过《家庭医生》记者的采访，该杂志是比较客观的，即使抱有一些改革观点，尤其是一名自称“健康女神”（Hygeia）的女记者。在19世纪80年代，她多次采访女胸衣商、批发商和服装店，并且跟她遇到的所有束腰者交谈。她也为“合理着装社团”（Rational Dress Society）提供报告，从而确认了该组织的担忧及人们的普遍看法，即束腰无论从数量上还是质量上说确实是在增加。

这位女记者在对女胸衣商的第一次系列访谈中（1887年3月5日）发现有“几件”14英寸的紧身褡出售给了（同一所学校的）学生，当时16英寸即是“时髦的”；一个穿15英寸的人死于非命。6个月后（9月3日），“健康女神”再次访问法国和英国的其他女胸衣商。摄政街的一家商店（大概是沃尔什和米尔扎）在橱窗里展示了一件13英寸的胸衣，它“同为20岁的伯爵夫人V制作得一模一样”，有报道说，“我们现在很少为年轻女士制作20英寸以上的……这些都是15英寸、14英寸、13英寸的；这两件12英寸的刚刚完成，客户是摩登的布莱顿（Brighton）学院的两位13岁的女子。我怀疑她们是否能穿得上。……她们目前的腰围近15英寸。我只知道有一两个人穿12英寸的紧身褡出门，她们的身材简直棒极了。不过，我听说有几位女士在闺房里紧束到12英寸，但是女仆说她们很少一次承受超过一小时。”“健康女神”在英国北部旅行，看到销售广告海报：“5000件紧身褡，尺寸是17～26英寸的。特制为16英寸。”300件17英寸的，300多件18英寸的和八九十件16英寸的已经售出。她也得以通过一位女胸衣商转录了一所学校的“束腰登记表”，上面列着各类学生期望减小的腰围幅度。

“健康女神”很快又搜集到了更多的信息，提供了一系列更精确的数据（1888年1月28日）。她特别坚持数据的准确性，由此得出的结论是，“束腰现象的严重程度很有可能被低估了”。她这次的调查覆盖了成衣和定做行业。根据20家成衣公司提供的数字，1886年共出售了52432件紧身褡。平均腰围为23英寸，也就是说，压缩总数为134英里（以英国的3543000名紧身褡穿用者，平均27～28英寸自然腰围来计算）。据“称职的权威机关”统计，这个压缩所导致的年死亡人数为15000人。

上述售出的紧身褡的尺寸分类如下：16英寸——237件；17英寸——362件；17.5英寸——189件；18英寸——543件；19英寸——602件；20英寸——1073件；21英寸——3451件；22英寸——6689件；23英寸——12023件；24英寸——19807件；最大为28英寸。

在同一年，20家最好的定做女胸衣商的统计如下：14英寸——76件；15英寸——127件；16英寸——103件；17英寸——208件；18英寸——527件；19英寸——437件；20英寸——609件；21英寸——347件。值得注意，据估计，30% 的小尺寸紧身褡（14～18英寸）是为16岁以下的女孩定做的。

一位“健康的情人”自行对一家法国的女胸衣商作了调查（1887年4月2日），它显然被“健康女神”漏掉了。她发现的结果中有几件小于14英寸：12.5 英寸——3件；13英寸——9件；13.5英寸——2件；14英寸——13件；15英寸——7件；16英寸——13件；17英寸——11件；18英寸——23件；剩下是很多19英寸和20英寸的。被采访者知道或过去认识“几个”年轻女士承认有13英寸的腰，她们全都从十四五岁开始束腰，其中一个拥有一个12英寸的腰。

O. H. 采访了另一位著名的法国女胸衣商，并公布了调查结果，封面故事题为“束腰存在吗？”（1889年11月2日）。虽然这位胸衣商不赞成小于18英寸的腰，她却制作了20～30件15英寸和16英寸的紧身褡，以及几件13英寸和14英寸的，她认为它们是有害的，可能只适于从10～12岁就开始训练身材的人。她知道的最小腰围是一位奥地利伯爵夫人的13英寸。“我去过的其他4个地方的情况是一样的”，O. H. 总结说，“‘合理服装协会’还可大有作为。”另一个女胸衣商的试衣师写的一封信中提供的估计数字大致相同（1886年5月15日）。

少数人写信宣称有11英寸、12英寸或13英寸的腰围，但很少有读者，不管是支持还是反对束腰的，亲眼见过或相信这样的事。实行极端束腰的男人更对此表示怀疑，不过许多男人普遍同情束腰的做法。尤其是那些本身具有17英寸或18英寸腰的人，断然不相信人的腰能紧束到14英寸以下，认为这种念头是“反常的，荒唐的，完全不可能的”（“市民”，1888年12月22日）。再往下骤减即越过了美的顶点，从而走向反面——荒谬、危险和丑陋。人们的共识是“折中”，介乎16英寸和19英寸，取决于各个人的身架。当穿着者承认只是在特殊场合和极有限的时间内作了极端的尝试，作为耐力考验、对自己的“挑战”，而不是为了公共展示，她提供的尺寸的可信度就高一些。一个女孩说（1886年6月19日），她结婚时穿着13 英寸的紧身褡，到30岁时稳定为16英寸，这一腰围允许她享受所有必要的户外运动。一个21岁的女孩炫耀（1886年6月12日）穿13.5英寸的紧身褡时，她不能坐，但能够舒服地站立和行走。所有那些声称已减少到14英寸的（大约有一打案例），都是在十三四岁开始训练，做到了立即减少4～6英寸，之后每年再减约一英寸，约5年后达到极限。没有人永久地保持极致；21岁生日派对上展示14英寸腰围的一个女孩，四年后（1886年12月25日）已增至17英寸；另一例是在37岁时增至19英寸。在家里14英寸的，在网球场上可能变成16英寸。没有人声称束腰至15英寸以下还能跳舞或打网球。

其他的证据

永久性14英寸腰围的最佳证据来自一个异常的渠道：杰出的军事权威、爵士伊恩·汉密尔顿将军的回忆录（191页和204页；1870年）：

> 在罗斯利亚（Roselea）住着亚历山大·丹尼斯顿思（Alexander Dennistouns）一家，那块美丽的土地上生长着茂盛的玫瑰，还有一群漂亮的女儿：伊迪丝、奥古斯塔、凯蒂和贝丽尔，她们全都修长挺拔，灵巧活泼，尽管她们有苏格兰最小的腰——凯蒂的是14英寸，其他人的是15英寸。今天，假如人们看见这类少女做日光浴，可能会感到吃惊并皱眉头，但是我不仅多次听说过这样的小腰女孩，而且我自己也跟她们在一起玩过，所以我是知情的。一个晴朗的下午，在阿马代尔（Armadale），可爱的凯蒂站在金莲花树下，手里握着槌球棒。

一个梦幻般的佳人，远近闻名的14英寸纤腰美女，她浓密闪亮的头发扭成皇冠式的卷。我喊道："来吧，卡特琳娜，跟我来，到防水浴和蚊帐里跟我亲热一下。"

上述作者还给已故的巴兹尔·利德尔·哈特（Basil Liddell Hart）爵士（参见本书附录六）写过一封信（海德公园花园1号W.2，1939年6月7日）：

关于你查询的两个问题。第一是我亲爱的朋友凯蒂·丹尼斯顿思的14英寸腰围，我现将她的照片附上。很多人都知道这个事实而且可以证明，她的腰围确实是14英寸，她姐妹的是15英寸。她嫁给了马蒂尼·劳埃德（Marteine Lloyd）先生（他可能被收入了《名人录》）……他毫不耽搁，立即把凯蒂的照片寄给了我。

另一封给利德尔·哈特的信日期为1939年10月7日（附了凯蒂的另一幅较晚的照片，摄于19世纪90年代）："这是她生了三个孩子之后的倩影。你可以看到她的腰围依然是14英寸。"

《新乐趣》（*New Fun*）刊登了一封不寻常的听起来真实的信（1915年1月30日，第14页），署名"梅迪卡斯"（Medicus），一位70岁的医生，其职业生涯同整个束腰高峰期恰好重叠，他对此持同情态度。他作证说，他知道一些极端束腰者，尤其是一位同事死于束腰，她穿11.5英寸的紧身褡。"我有一些病人的腰围是16英寸，17英寸和18英寸是相当普通的。"最极端的案例往往是爱尔兰女孩。一位奥地利伯爵夫人创下纪录，她身高5英尺6英寸，胸围35.5英寸，臀围38.5英寸，腰围未穿紧身褡是18.75英寸，穿紧身褡是12.5英寸。这位医生还回忆说，西区的一些商店鼓励女销售员束腰（参见下文）。

在两次世界大战之间的读者来信中，自称有小腰围并能提供凭证的情况大致相同。绝大多数有战前经验的女胸衣商和女店员，将最低限制定在约15英寸。《找乐》（*Bits of Fun*）发表了胸衣商劳伦斯·兰登（Lawrence Lenton）的一封内容可靠的长信（1920年1月3日），他声称有"成千上万的客户，而且制作的蜂腰紧身褡数量比世界上任何厂家都多"，在过去的十年里，制作了近十件13英寸的。《伦敦生活》的通信不同于以往的杂志，常常提到10英寸的腰。这似乎对某些读者产生了“魔法”威力（参见下文），他们编造出明显虚假的参考文献，来作为它过去存在的证据，并支持它目前或最近仍然存在的幻想。比较理性的读者对这种疯狂的数字不屑一顾。通过“降价品、寻求和交换”栏目（在1934年热闹过一阵子）可以推断，伦敦生活者们事实上把腰勒得远远小于20英寸。

维多利亚时代的通信作者一般不愿意透露自己的胸围和臀围尺寸。《家庭医生》的一小批束腰者给出了这类测量数据，它们在34～35英寸，属于明显的苗条身材。她们增大了胸围、臀围和腰围差，达到约18英寸，几乎是一种罪过。束腰者的身高数据的确很少收录，但倾向于证实是平均数。（四姐妹在此签字。1889年2月23日）“四姐妹”都是高个子（约66英寸），胸围/臀围是33～34英寸，从12岁起开始束腰训练，达到了14～16英寸。同人们的印象相反，19世纪中期和后期妇女的身高不比今天矮多少；杂志告知查询的读者，“好”（即高的）身高为65英寸，平均是63～64英寸。多丽丝·兰利·摩尔（Doris Langley Moore）通过幸存的服装证实了这个数据。改革派的观点认为“理想比例”为65英寸身高，31英寸胸围，26.5英寸腰围和35英寸臀围［引自斯梯尔（Steele）的专著，第72页］。大胸围明显不受青睐。

像大多数来信者提供的数据都是“里面”的或紧身褡尺寸的测量，而避而不谈“外面”的尺寸测量，而且不计算背后留有的空隙。背后空隙有很大的变化幅度，但过大（超过2英寸）的空隙是不可取的，因为它往往造成摩擦和衬骨变形。那些声称坚持紧束的人大概给出了最接近于实际的测量尺寸；其他人根据场合和心情不同程度地放松自己，她们给出的是大概最小的或某一刻的测量尺寸。

我们在本书的导读中介绍了束腰者倾向于少穿内衣。穿紧身褡测量和穿外衣测量之间的差大大低于正常的2英寸。一个热情的年轻妻子加入了速成束腰计划，她发现仅仅通过减少和调整内衣就减掉了2英寸腰围。4名极端束腰者提供了在不同场合的两个测量尺寸——紧身褡外面和裙子外面的，差距为整整1英寸。

综上所述，在19世纪80年代末，据一个保守的估算，仅伦敦一地即有数千名妇女束腰至20英寸以下；数百人低于18英寸；数十人在15英寸以下。

在100万左右的年轻女性人口中，这几千人诚然不算多。通过媒体宣传和个人榜样的魅力，她们提高了能见度和知名度。

有关女店员的调查

读者来信——《现代社会》，1893年1月14日，第276～277页

1875—1890年，我在伦敦西区的一个大公司工作，负责管理女雇员的职业形象，在那里束腰仍然是“受鼓励的”。对此，自然竞争发挥了很大作用，但“奖励”也很见成效。我注意到，所谓“束腰”对不同女孩来说感觉是不一样的。要将24英寸减到标准的19英寸，某个女孩承受的压力有时是另一个女孩的4倍。

还要提到另外两个几乎都很少被考虑的问题，但它们在实践中非常重要。第一是从腋窝到腰带的曲线形成的腰部角度。一个宽肩女孩在19英寸的紧身褡里会感觉非常紧，而一个窄肩的女孩不会。我的意思表达清楚了吗？其次，一个胸部充分发育的女孩经常要同巨大的困难抗衡，而一个体形其他部分相同但胸围较小的女孩，就没有这种困难。

你想要我在笔记本中记录的数据吗？我有1500多名女孩的姓名和详细资料。我发现各种情况的分布比例是这样的：每100人中，有3人完全不能束腰；6人有困难；8人最终放弃；10人经受了束缚；70人真的很喜欢，3人极端束腰。

聘用时我们发现，在大约100个人中（除去不能束腰的3人），24英寸的腰围的有3人；6人23英寸；22英寸的18人；21英寸的45人；20英寸的25人；以及两个19英寸的。经过3个月明智的束腰训练之后，数据如下：21～24英寸，4人；20英寸，8人；19英寸，72人；18英寸，14人；16.5英寸，2人。6个月后（我们设定的达标期限），有8个20英寸以上，75个19英寸；11个18英寸；4个17英寸；两个16.5英寸。前8个人被无情地解雇了，虽然她们可能会像有些人那样继续束腰，成为渴望苗条形象的纯粹牺牲品。

我见过的最全身心投入训练的女孩来自英国南部，束腰尺寸甚至比我记录的还小，上述只是她们在公司的前6个月里的数据。有个高挑、苗条的威尔士女孩最为杰出，束腰越紧，工作就干得越好，也越快活。我把她

当作一个理想的“实验对象”，用医生的话说，并提出给她高额奖励，假如她能够将束带系得尽可能紧，展示给我看她的腰到底能减到多小。她要求用一年的时间，并通过我和另一个助理的帮助，一步步地把她的腰勒成令人难以置信的11英寸。当然，参加训练的女孩中有许多人崩溃了，我认为主要是因为不明智的束腰方式，而不是因为系得太紧。

《淑女》杂志的调查（1892）

下面的调查根据已故的巴兹尔·利德尔·哈特爵士给我的打印稿，为了简洁，我做了删节（偶尔有全段转述）。令人高兴的是，彼得·法勒（Peter Farrer）在杂志上找到了当时发表的调查报告，并把相关的页张寄给了我。我本人在英国报纸图书馆（British Newspaper Library）中一直没能找到，有一份幸存杂志，但相关页张被人裁掉了（我已经把复印件寄给了图书馆）。特别值得指出的是，也许令人惊讶，该调查的结论说——束腰主要是下层阶级的习惯，尽管提到了伯爵夫人M。对“束腰学校”存在的确认也很重要。我在正文中收入了调查的详细内容。

紧身褡穿着情况的调查

1892年12月17日和23日

除了访问几家领军的女胸衣商，我还通过向伦敦及其他地方的许多最知名的紧身褡工匠发出查询的手段，得以挖掘出大量有意思和有价值的信息。

毫无疑问，赞成束腰比几年前更显著了，如Y夫人所观察到的，“妇女要有腰身”，在数百年追求女性时尚的过程中，她们一直在遭受痛苦折磨和相对无胸衣的自由之间摇摆不定。

为了达到我的调查目的，特别是让我的女读者获益，我联系上了Y夫人，她有众多的客户和长期的业务经验，因而她的见解很有价值。Y夫人以半公开的方式，将她的“精巧制品”，主要是紧身褡和内衣，陈列在伦敦西区的一座私人住宅里。她的产品口碑良好，皇室和贵族也前来光顾。

一个腰身非常纤细的助理小姐让我看了库存，在两个宽敞的展厅里，陈列在各种椅子和挂钩上。

“像夫人这样一位真正的紧身褡艺术家”，我的向导说，“从来没有一种体形她不能做得合身。夫人完全不热衷于提供成衣，不过保持一定的库存，大约有18种或20种体形的，以备急需。哦，是的！有特殊的紧身褡，给粗壮的或单薄的人，以及供划船、网球、骑马，甚至游泳穿的。例如，X女士永远不会穿其他种类的，一定要大红缎子的，黑丝绸扇形缝边，镶上特殊图案的蕾丝。还有一位年轻小姐着迷樱桃色，一位尊敬的太太喜欢淡蓝色，镶有白色蕾丝。啊，夫人来了……”

“我有个要求，你一定不能透露任何客户的姓名，否则我或许会失去一些客户。”Y夫人说。我允诺了。

“当然，很肯定，平均腰围变小了，还在变得更小，甚至比两三年之前还小。我的许多客户系得很紧，虽然我不赞成也不鼓励她们这么做。然而极少数人这样做了之后似乎适得其反，腰身更糟了”，夫人停顿了一下之后承认，“当然，她们必定还是会那么做。在我看来，适度系束不造成伤害，但束腰是很危险的。”

“是什么促使女人束腰呢？”夫人重复我的问题，继续说，“我无法回答。可能主要是虚荣和竞争精神。毫无疑问，少数人是因为喜欢束腰很紧的感觉，当一个人必须克服痛苦时，对很多妇女来说并不是那么不愉快。如果你过去曾经，如我年轻时在巴黎很紧地束过腰，你就能更好地理解。你看到这些了吗？”她从一个陈列盒里拿出一对白绸胸衣，镶有淡蓝色的蕾丝，“瞧，这是我十天前才做好的，现在L小姐已经将它们送回来修补了。它们是17英寸，她试图穿进去时把它们撑裂了一点。肇因是她妹妹从布鲁塞尔（Brussels）的一所时髦的法国学校回家，带回了一个16英寸的腰围，所以L小姐希望跟她的妹妹竞争，尽管她的自然身材不是很小巧。”

“学校里有很多人束腰吗？”我们问。

“嗯，”夫人答道，“当然，在大多数学校里不，但我知道有1、2、3、4、5，是的，有5所，是所谓的‘礼仪’学校，那里纵容女孩束腰到极端程度，至少有两所，学生们把勒小腰看成是理所当然的。哦，我不能透露这些学校的名称，永远不会，但我可以告诉你，有两所在伦敦，其余的，除了一所之外，都在距伦敦100英里之内。”

“我做过的紧身褡最大的和最小尺寸？我不能立刻想起来肯定地告诉你，但我想，最大的是39英寸，最小的是13英寸吧。我刚完成了一对13英寸的，为国外的一位客户。G小姐，M伯爵夫人的紧身褡包好了吗？”

“还没有，夫人，它们都在这儿。”

G小姐把它们拿了过来，夫人递给了我。它们是淡蓝色缎子的，做工精美，看上去如此小巧雅致，几乎让人不忍触摸。

“伯爵夫人真的穿它吗？”我不敢相信地问。

“哦，是的，”夫人喊道，“她有一个——从一个时髦的立场看——我总是这么说，我见过的最好身段。虽然我有这么多客户，很少有人像伯爵夫人这么走极端的；不过，有两位年轻女士，北方一家纺织厂主的女儿挺极端的；我有一打客户会把腰束得远远小于16英寸。如此沉迷束腰的人，像我刚才说的，绝大多数是贵族的超时髦成员、暴发户阶层和低中产阶级。”

“孩子们开始穿紧身褡的年龄比以前更早吗？”我问。

“这点最明显。许多年轻女性从13岁开始穿正规的胸衣，14～15岁开始紧束……尽管我知道，其他人只是稍微勒得紧一点就会昏死过去，可有些妇女似乎能够忍受任何程度的紧束，哦，是的，我见过一些古怪的玩意儿，还有更怪异的装身具——可把身体变细，从而能穿上小两三个尺码的紧身褡，用束带系紧。你知道，我的一些客户在天气温暖时几乎不穿任何内衣。你很难相信其中一些人冒了多大的风险，只为了获得或保持苗条的腰身。”

（在我访问的下一个公司，Z夫人说）：

有两个助理小姐正在工作，这是一家大商店，其中一人的纤腰异常罕见，几乎让人目不转睛。这里是一个名副其实的“女士天堂”，布置得极其精美奢华，各种式样和面料（从丝绸到顶级薄棉布）的饰有缎带的内衣陈列在或似乎不经意地放置在椅子或沙发上；房间的一端有一座壁龛或称圣所，花边护帘敞开着，我们瞥见两个真人大小、身穿最新式内衣的体模。

Z夫人既彬彬有礼也颇善言辞，谈到束腰人数的增多，她提供的信息完全验证了上一位夫人的话。

“我被誉为，”她说，“拥有伦敦最严格束腰的客户；我认为，我的紧身褡包裹的腰身很难有人超过。你知道吗，”她继续说，“我觉得，我的一些客户很喜欢束腰产生的感觉，否则她们永远不会忍受所有这些痛苦来追求苗条，譬如节食和穿紧身褡睡觉，有些人那样做。”

“睡在紧身褡里！”我不禁叫道。

“哦，是的，很多，尤其是年轻女士们；歌剧胸衣或骑术胸衣是最受青睐的，专用于这个目的。让我想一想。是的！我做过的最大的一对紧身褡是35英寸腰围。最小的——喏，你不会相信我，也许12.5英寸大小。不，我不认为她能扣得上它。对大多数女人来说，小于15英寸的每一寸都意味着巨大的紧勒。我认识一位年轻女士，她穿上新的紧身褡时拉断了五六根很结实的丝绸束带。”

“你的漂亮助理的腰有多小？”我问。

“B小姐吗？一般情况下在14～14.5英寸。”

“她看上去毫不介意。”我说。

“哦，她习惯了。我觉得最好我的所有助理都有个窈窕身材，但是B小姐束腰的严格程度完全出于她的自由意志。我的很多客户束腰至17英寸、16英寸，甚至15英寸。我想你还没见过比B小姐的更细的腰身吧？”

“没有。”

“你愿意见识一下吗？”

“愿意，”我回答，“如果方便的话。”

Z夫人摇了下铃。

“请B小姐来见我。”

几分钟之后，一位年轻女士出现了，Z夫人和她走进壁龛。另一位助理也被召唤了进去，然后是一阵小声商谈，一两分钟后我们听到Z夫人问：“你能忍受吗？”回答是：“行，夫人。”

Z夫人的声音：“啊哈，B小姐！我觉得束带都合拢了，把它们绑紧吧。”

两三分钟后，Z夫人和B小姐从壁龛走了出来，只见后者装在一个高腰黑缎紧身褡里，使她的腰看起来几乎比她的脖子粗不了多少。这似乎令人难以置信，她紧束到这样的程度居然还能呼吸和移动，甚至走来走去，而没有表现出明显的不适。

“我想，”看着我那目瞪口呆的样子，Z夫人笑了，“你现在相信我之前告诉你的了吧，一件裁剪精良的紧身褡，加上强壮的手臂，几乎可使一个女人的腰变成她可能希望的任何尺寸。看！”她叫着，从椅子上拿起一把卷尺，B小姐的腰仅仅是13 ～ 13.25英寸。

“你这样能坚持多久？”我问。

B小姐笑了笑：“不是很久，很痛苦——半个小时，或是一个小时吧。”

我们离开时，Z夫人说：“你知道，我想，对一些妇女来说，束腰成为一种积极主动的狂热行为。比如，我的两个客户，戏剧界的，通常穿腰围19英寸的。嗯，在家不出门时她们都尽可能紧勒，只要她们的女仆能做到。”

其他主要胸衣制造商证实了上述信息

1.依你的经验，束腰人数是增加了还是减少了？

75% 的胸衣制造商同意，在过去5年中，束腰人数增加了，很多人“坚决肯定”。具有20年经验的胸衣商A认为，在过去的12年中，尤其是过去5年，束腰实践明显增加了。

2.你的紧身褡库存中最小的腰围是多少？

15英寸最小，16英寸是普通的，胸衣商A说，她一直没有库存，只是定做。

3.（A）你最近制作的（B）你做过的，紧身褡最小腰围是多少？如果可能，也请提供胸围和臀围。

一些制造商曾经做过，现在也做订单，小至13英寸，而14英寸和15英寸的远比我们想象的更为常见。

胸衣商A：“我最近做的最小腰围的紧身褡尺寸是，40英寸胸围，14英寸腰围和38英寸臀围。乳房当然是被推高的，通过极端紧束，不成比例。在我看来，当那位女士（大约20岁）穿上这件紧身褡站在我的面前时，她显得很不自然而且滑稽可笑。我为一位30多岁的女士做的最小腰围16英寸，胸围38英寸，臀围37英寸。”

胸衣商B：“最小腰围13英寸，胸围37英寸，臀围38英寸，为一位22岁的女士做的，她是我的客户中最顽固的束腰者之一。她穿这种紧身褡几乎不能做任何运动或用力气。现在我正为一个约18岁的女士做一对紧身褡，腰围为16英寸，胸围为36英寸，臀围为37英寸。”

4.年轻女性穿紧身褡比以前提早吗？真正开始穿紧身褡是什么年龄？

我咨询的部门中80%以上说，女孩开始穿正式紧身褡比以前提早了。胸衣商B：“现在13～14岁的女孩经常穿正式紧身褡，这是我给人们的建议。”

5.你的客户中有任何人穿特殊的或特别设置的内衣，以便能够系得很紧却较少不适吗？

将近70%的制造商宣称，许多极端束腰的客户穿很少的内衣（几个人写道：“穿得很不够”）或特别设置的服装。一位著名的西区胸衣商写道：“我有五六个束腰顾客，如果她们稍瘦一点，就可穿不折不扣的女演员的‘紧身衣’。”胸衣商A写道：“我的大多数客户都穿针织的贴身衣服，去掉老式的臃肿内衣，我认为这更好、更舒适，也让她们能束得更紧。”胸衣商B写道：“丝绸或羊毛的混纺织物可将腰间的皮肤绷得很紧，现在很多人穿，在我的客户中非常受欢迎，是最舒适的内衣。上下身分离的、笨重的老式内衣对束腰者是不利的。”

6.你认为（a）适度束腰造成伤害吗？（b）极端束腰造成伤害吗？

80% 的胸衣商反对极端束腰，胸衣商B说“这对于健康和形象都是有害的”；胸衣商A说“这是极其有害的、残酷的”。但90% 的胸衣商认为适度束腰不会造成伤害，而且“在某些情况下是必不可少的”。

7.你认为一件精良紧身褡的要素是什么？

胸衣商A：“胸部有充分的空间让乳房扩张，尤其是当身体倾斜或弯曲向前时，还有坐着的时候，手臂下要束得紧而高；很好地裹住肩胛骨，适度倾斜，逐渐收紧腰部，而且长度要覆盖臀部和腹部。”

胸衣商B：“使用各种上好的面料，裁剪正确，给身体以坚定的支撑，而不过度压缩重要器官，留有足够空间以使胸部能够适当和充分地发育。”

8.你知道有什么学校，对束腰是鼓励的、强制执行的，或时常练习的？请尽可能提供充分的细节。

7位胸衣商知道有一些时髦的学校强制或鼓励束腰。5位胸衣商为16岁以下的女孩（主要是这类学校的学生）制作了很多15英寸腰围的紧身褡。

胸衣商A："我知道一两所这样的学校实行很严格的束腰制度，几乎可以说是残忍的，但我不能提它们的名称。"

胸衣商B："是的，我知道有两三所学校执行束腰，不过它们在国外。"

9.你的客户在夜里睡觉时穿紧身褡吗？

胸衣商B："是的，有不少。大多数这样做的女孩（她们几乎都很年轻）穿着骑术或歌剧胸衣。不过，我也制作了专为夜间穿的特殊胸衣。一位年轻的女顾客腰围15英寸，她有一天告诉我，除了短暂的生病期间、换衣服和洗澡的时候，她不间断地穿紧身褡超过3年。她给我看她赤裸的胴体，已经被塑造成了紧身褡的形状。"

10.（假如一个非常苗条的身材是需要的）应该从什么年龄开始穿紧身褡？

胸衣商A："14～16岁；我的看法是不要更早。然后，只能非常谨慎地鼓励收紧系带，并且要循序渐进。"

胸衣商B："12～13岁开始就是相当早了，但是今天许多女孩10～11岁就开始勒，如果希望有很细的腰肢。"

以下是我的结论：（1）束腰肯定是在增加，严重的复苏可能出现；（2）许多妇女会"紧束"，不顾服装改革者和医务人员的所有警告；（3）超时尚的和上层中产阶级不采取压缩腰部的做法；（4）在肯辛顿（Kensington）和马伊达（Maida Vale）的交界地区（妓女聚居之地）可以找到一些最小腰围的记录。

但是，束腰并不完全局限于某一个阶级。有一天，在灰色旅馆路上，我们看到两个女工的腰肢（可能不超过15英寸），将会让时尚美女羡慕不已。

附录三
传说

凯瑟琳·德美第奇的传奇

这一传奇惊人地频繁出现在新旧文献中，仿佛成为众所周知的历史事实，其起源和意义值得详细考察。逐一列举现代服装史的全部有关记录将过于烦琐，仅需提到一个事实就足矣——它获得了C. 威利特·坎宁顿（Willett Cunnington）的学术认可（1951，161～162 页），并且被收入《吉尼斯世界纪录大全》，直到最近一直保持着纪录。

正如一般的传奇，有关凯瑟琳·德美第奇的传奇是逐渐丰富起来的。它似乎起源于法国，尽管是具统计学头脑的英国人给出了具体数字。直到19 世纪早期，紧身褡文献并未提及凯瑟琳·德美第奇，相反，紧身褡被假定源于“哥特”或日耳曼，并不是法国。据我所知，1857年，法国王后首次发布关于服装卫生问题的著作（Debay，第160页），其中提到鲸须胸衣（corps baleine）是由巴伐利亚（Bavaria）的伊莎贝拉（Isabella，1370—1435）发明的，她是一个恶名昭彰的日耳曼政治阴谋家，奢侈品酷爱者，发明了厚颜无耻的袒肩低领裙。这种服装通过凯瑟琳的直接影响而传播，直至达到“让女人难以呼吸”的程度。

鲍威尔（Bouvier），19世纪中期的一位比较审慎的历史学家，列举了当代的资料来源，证明在凯瑟琳政权下存在束腰，但没有将她个人与之联系起来。我们发现，1863年蒙戈理（Mongéri）好奇地提到16 世纪的编年史作家布朗托姆（Brantome）对皇后的描述（“她的身姿非常优雅华美……她总是穿得十分考究……而且堂皇，不断发明新奇的式样”），每当她变得粗壮了一点，她就用紧身褡来进行控制，如同用政治手段来控制一个被内战折磨的国家。于是，紧身褡就像闪电一样传播开来了。在蒙戈理看来，皇后身体的发福同她施行的政治压迫并行不悖。据同时代的人说，她30多岁时（即在世纪中叶，南北战争爆发和随之而来的镇压开始之前）身体处于黄金时期——苗条、充满活力。1562年，她被描述为“已是一个粗壮的女人”，她后来变得很胖，简直走不了路——几乎不再是束腰宫廷的典范了［参见西谢尔（Sichel）］。

根据第一部研究英国紧身褡的专著［《健康》（*La Sante*），1865年，第4页］记载，“据说凯瑟琳将标准腰围设定为13英寸（作者在此特别提请读者注意）。”这一假设成为发布的事实，并且成为公开恋物徒威廉·洛德的实际“规范”，他津津乐道地渲染说（第71页）：“历史上从没有这样一个时期，它的（时尚）法律比凯瑟琳时代的更严格，宫廷女眷们及那些名流显要圈子均被迫服从。她（凯瑟琳）对粗腰深恶痛绝，执意推崇极其单薄的身材，13英寸被定为时尚的优雅标准。”洛德将这个“标准”同欧洲博物馆收藏的古老铁胸衣（见图1.10、图1.11）联系起来，他显然是第一个注意到铁胸衣并将之公布于众的人，他亲自作了详细描述。它们可能是16世纪后期的物件，但腰围远远超过13英寸。洛德没有，引用洛德的任何当代作者也没有拿出证据来证实13英寸的腰围。（这个数字可能不是很随意的；它是洛德的同时代人所能够相信的最低数字。）为了减小到这种程度，他描述的“逐步地坚决压缩”系统是必要的，它在精神上，假如不是在物质手段上，与《英国妇女家庭生活》的同时期主张相一致。洛德的书中选收的恋物徒通信即来自该杂志。

或许是通过洛德，这一传奇载入了赫尔曼·韦斯（Hermann Weiss）的《服装》（*Kostümkunde*）一书（第226页和582页），可以料想韦斯是一位公正的学者，但他显然未能摆脱爱国偏见，他接受了这一观点，即束腰在15 世纪早期从法国开始被凯瑟琳复兴和增强了。韦斯将其持久的生命力归咎于17 世纪法国的严谨礼仪——由顽固反对新教（并因而反对德国）的曼特农（Maintenon）夫人建立，一直延续到大革命时期。

我们发现在20 世纪早期的一段幻想对话，凯瑟琳阐述紧身褡可给人带来的奇妙转换，即使看着侍女死于这种酷刑她也无动于衷。（L'Heureux,

第120页）1929年，哥伦比亚大学的一位心理学教授［赫洛克（Hurlock），第104页和185页］不止一次提及，“每个女人，不管她天生的体形是什么样的，都期望有一个13英寸腰围直径（原文如此），如果她想待在（凯瑟琳的）宫廷里”。最后，我们确信，是伊丽莎白女王将13英寸腰围介绍给了英国的时装界（见罗奇Roach的著作第348页，1965年）。在1951年的一部紧身褡专著（克劳福德 Crawford，第7页和19页）中，13英寸腰围被列为凯瑟琳时期和“1889年”的典范。

珀尔先生（Mr. Pearl）

“18英寸是一个美丽而神奇的身段”；腰肢和适婚年龄；老年婚姻，小家庭。

维多利亚时尚的最高权威坎宁顿说：“大量当代证据表明，当一位年轻女士出嫁的时候，她的腰围不应超过她的年龄；绝大多数女人希望在20岁之前结婚。”（1941年，第161～162页——作者在此特别提请读者注意）坎宁顿出生于1878年，他的这番惊人论述被广泛引用，但完全缺乏历史依据（除非基于口头传说，对此我很怀疑），这促使人们寻求恋物癖固恋腰围的另一个象征意义，似乎也是由一些数字命理学的魔法激起的。坎宁顿将维多利亚时代人们关心的两个非常不同的问题联系起来：束腰和适婚年龄。当然，许多年轻女士希望在二十岁之前结婚，但她们不应该作出这一生中最关键的选择，直到她们的情感和心理达到一定的成熟程度，并且取得一些社会经验。

像绝大多数编辑一样，比顿在这个问题上很固执。针对永远存在的询问：“正确的结婚年龄是多少？”他的回答是“不小于20岁”。另一个经常重复的问题是：“正确的腰围是多少？”答案也是同样的。一般而言，“20”划定了适婚和非适婚的年龄界限，以及可接受的收腰和紧勒的界限。我们或许可以猜测，年轻女子获得的小腰可能使她们下意识地在尚且不宜结婚的年龄产生出嫁的冲动；男人迷恋15～16英寸的腰围可能根植于迎娶十五六岁的新娘的幻想。这些在真正意义上都是禁忌。假如腰围和结婚年龄都不应该小于20的观点是受人尊敬的，那么，恋物徒想象充满了对“自然的”30英寸腰围的恐惧，因为近30岁还没有丈夫即意味着永远独身。

保持一个人的腰围尺寸即是保住一个人的青春，也许至今依然如此。维达（Ouida）的通俗小说《蛾》(*Moths*)（1880年，I，第5页）中的多莉（Dolly）夫人，是一个典型的无聊、神经质和堕落的时髦女人，她17岁结婚时的腰围是15英寸，比她的年龄还小。33岁时，她仍然是德累斯顿(Dresden）的雕像，号称“永恒的美人”，跟她16岁的女儿一样靓丽。

“20”（年或英寸）的分类意义，可能至少部分是源于十进制；人们猜测，《吉尼斯世界纪录》明显武断地选择“接近10英寸”作为腰围的“理论上的极限”是否也是以十进制为基础的。“理论上”一词在此语境的奇特使用提醒我们，在某种程度上，“魔幻的”数字命理学的考虑可能渗入了束腰的幻想与实践。

一般来说，无处不在的对腰围测量的迷恋，尤其是不同时考虑其他围度时是令人生厌的，但就像在体育中一样，不可能提到束腰而不引用数字。至于节食者的疯狂测量癖，如今也是臭名昭著，《BJ单身日记》(*Bridget Jones's Diary*）即是一个恶搞，BJ每天写日记之前，先记录下摄入卡路里和抽烟的数量及腰身尺寸。

人们似乎有一个共识，18英寸是19 世纪理想腰围的“时尚标准”，时尚史作家观察到了这一点，从博物馆的标签也可发现。第一个宣称达到标准的名人是女演员安娜·赫尔德（Anna Held)，维多利亚时代晚期最著名的纤腰女。此外，在过去一个半世纪中还形成了一个共识，即13英寸是登峰造极的数字。这个尺寸十分荒诞，即使不是撒谎也很接近于不诚实了。

对于表示年头的“神奇数字”18，在今天是不难理解的，尤其是因为投票权年龄从21岁降到18岁，作为步入成年的一个法律仪式。人们同意，18岁结婚是太早了些，然而，关于最低结婚年龄从来都是有争议的。1875年时英国下议院（House of Commons）通过法案，将最低结婚年龄从12岁提高到13岁；但在10年内就突然增到16（岁 ）——另一个“神奇的”腰围尺寸。1885年，根据新的“工厂和教育法案”，正式的童年期止于16岁。19世纪80年代，英国下议院特别委员会（Select Committee）担忧英国落后于其他欧洲国家，那里21岁以下的女孩受到绝对保护（尤其是禁止卖淫或“白人奴隶贸易”）［克罗（Crow)，1971年，第258页］。

除了同年龄的关联，我相信，下意识中有两个因素深深地植根于19世纪后期对小腰的追求。第一个因素是较小家庭格局的愿望。在一篇题为“紧身褡和怀孕：19 世纪的时尚和人口统计趋势”的论文中，梅尔·戴维斯（Mel Davies）直接将中产阶级中出生率下降同已婚生育率下降，以及日益多地使用避孕、流产手段联系起来，最强调的是束腰。戴维斯甚至声称，至少从19世纪40年代和50年代初期开始，紧身褡即影响了中产阶级的生育率；并提醒我们，压缩腰部是前工业社会用来终止妊娠的一个手段［我们知道，佩尔（Pare）早在16 世纪中叶就曾发出这样的谴责］。此外，他指出，束腰影响性交频率和怀孕能力，以及胎儿的生存，甚至造成妇女性交疼痛，导致不自主的禁欲，并阻止男人进入（在夜间束腰——肯定很少人这样做，而且胸衣不会太长）。除了最后一个论点之外，我们可以谨慎地相信他的观点。不过，戴维斯的结论是，束腰的反对者是捍卫女权（捍卫不节制性欲、不限制家庭、不中止妊娠的权利？）的先锋，这反映出一种陈旧的谎言战胜了他的事实逻辑。

戴维斯忽略了以测量腰围恋物癖的神秘方式追求小腰的第二个因素，但回过头去看，我认为，就是整个英国形成的非常明显的晚婚趋势。它在中下（或束腰）阶层中最为明显，也是出生率下降的重要肇因之一。在19

Gal has the world's smallest waist!

By TONI MEARS

Special to The NEWS

Margie Gleason has the world's smallest adult waist. It's a mere 11 inches around, which is roughly the size of a coffee cup!

The previous record waist belonged to Ethel Granger, who in 1939 measured in at 13 inches. Oddly enough, Miss Gleason suffered from childhood obesity and didn't slim down until she became an adult.

"When I was a child I weighed as much as 190 pounds and there are a lot of people who still call me 'Fat Margie' today," said the 26-year-old secretary from Oklahoma City.

"I'd much rather be skinny than fat, of course, but sometimes I miss the bulk. I have a heck of a time getting clothes to fit with this teeny weeny waist.

"My skirts and blouses all have to be altered and they still don't look right."

Miss Gleason said she knew her waist was unusually small even when she was fat. At the weight of 190 it measured only 24 inches around.

"When I started slimming down in my early 20s, my waistline was the first part of my body to shrink," she said. "By the time I got down to 128 pounds, which is what I weigh now, it measured 11 inches and wasn't much bigger around than my spine."

附录图 1 “这个女孩有个 11 英寸的纤腰！”（*World Weekly News*, Canada, 约 1991）

世纪后期，早婚（20岁以下）日益少见，晚婚（超过30岁）日益普遍。早婚情况很可能集中在最高的和最低的社会阶层。在15岁和20岁结婚的女性人口比例从1851 年的2.5% 下降到1901年的1.5%，这反映了越来越多的中产阶级反对早婚。令人惊讶的是，在据认为“理想”结婚年龄（20～25岁）的女性中，未婚的超过已婚的两倍（7：3）。切记，30岁的老处女能够最终结婚的概率是1/16（克罗，第204页），在25～35岁的年龄组中，迟到或抓住“最后机会”者的比例是相反的，大约33%未婚，64% 已婚（这些数字未包括寡妇）。35～45岁的女性中有16% 单身，76% 已婚［帕特里夏·布兰卡（Patricia Branca），第3～4页］。

所以，假如英国人口在前半个世纪翻了一番，在未来60年再增长一倍，便很容易得出有关女权和时尚演变的大量论证中的推断，对数量大增的单身女性面临社交问题、陷入“婚姻危机”而感到担忧。这符合我的预感，束腰作为一种引人注目的求爱展示，迎合男性的“堕落趣味”（如当时的投诉所说），对性生活比对繁衍后代甚至婚姻更感兴趣。对腰部的压力象征着婚姻的压力，以及竞相争取男性的压力。腰肢越“年轻”，就越不可抗拒。

当然，凡事都有局限。我发现，有人指责我将“束腰者”定义为享受紧缩“12英寸腰围成就”的人。[1] 更糟的是瓦莱丽·斯梯尔指责我“不加批判地接受”9英寸或10英寸的腰围，以致我联系了律师（准备起诉她诽谤）。[2] 我不打算耗费唇舌，因为我认为这是一个常识问题，在通信中除了幻想作家，没有人太相信任何时候实际存在过12英寸的腰。很多人像我一样很难相信13英寸或14英寸的腰，但由于调查报告中常常提到这些数字，所以很难完全否认。可以肯定的是，世界上最著名的小腰女是埃塞尔·格兰杰（Ethel Granger），经过公开测量为13英寸，已载入《吉尼斯世界纪录》，实际上在紧身褡下可能不到14英寸。最早实测的记录是14英寸［佐尔（Zoll）］，1788年由索默林所测，她是一个极其单薄的女孩（胸围为30英寸）。当今，紧身褡下测量有几个正宗的15英寸［如凯西·荣格（Cathy Jung）和“幽灵”（Spook），附录五］，她们并未受到明显的赞赏，即使在恋物徒圈里。这样小的尺寸是八卦小报“信不信由你”栏目的素材（附录图1）。

请永远记住一点，所有给出的测量都“作弊”1英寸或数英寸。我们看到13浮现为一个神奇数字，我相信，它是跟一个女孩可以开始考虑结婚的最早年龄有关联的。罗密欧就是在这个年龄和朱丽叶结婚的（她本应嫁给更合适的人）。还有跟更年轻的女孩订婚的例子，拉斯金（Ruskin）爱上了9岁的罗斯·拉图什（Rose Latouche），要求她一直属于他，等到她18岁（那时他将48岁）结婚。拉斯金可能记得比阿特丽丝（Beatrice）在9岁时被但丁（Dante）发现。未来的坎特伯雷（Canterbury）大主教23岁时爱上了一个11岁的女孩，一年后她接受了他的求爱，他们却不能结婚，直到她满17岁。当爱丽丝（Alice）11岁时，查尔斯·道奇森（Charles Dodgson），笔名刘易斯·卡罗尔（Lewis Carroll）和利德尔（Liddell）家的关系破裂，可能是由于人们怀疑查尔斯有娶爱丽丝的计划，或是爱丽丝也有嫁给他的念头。查尔斯加入了终身单身族，导致自己陷入“婚姻危机”，在父亲去世之后，他得养活7个患口吃的未婚姐妹，年龄在25岁到40岁。

尽管如此，我没有发现恋物徒（而非恋童癖）发挥了追求十来岁女童的愉悦想象力。广泛的假设是，有相当多的束腰始于青春期。自此，乐趣就存在于长期塑造的理念——塑造（细长的）体形和（顺从的）品性。前者可能成为后者的主要手段，这当然不是一个广泛持有的观点。不过，对于那些没有适宜家庭和学校教育的少女，怎样实现必要的道德塑造呢？于是，替代父母就介入进来了，“一个大概35岁的单身汉去监护一个14岁的女孩。该过程大约持续了10年。”特罗洛普（Trollope）在《奥利农庄》（*Orley Farm*，1862）中严厉谴责这一习俗，它给男主人公费利克斯·格雷厄姆（Felix Graham）带来灾难性的威胁。

身材是知识，也是权力。统计学是社会知识和掌控。自我测量即是自我认识，控制自己的尺寸即是控制自我。增进体形、降低腰围意味着自我完善。增加腰围意味着退化和衰老。束腰者试图设定一个藐视时间的基准，对抗铺天盖地、令人窒息的膨胀，包括社会、经济、政治及人的身体。当男人沉溺于个人权力和财富时，女人努力对抗个人的肥胖，将减肥变成争取权力的替代物。

附录四

历史案例

1.奥匈帝国皇后伊丽莎白

伊丽莎白皇后于1837年出生在奇特的巴伐利亚·维特尔斯巴赫（Bavarian Wittelsbach）皇族家庭，16岁嫁给年轻的奥匈帝国皇帝弗兰西斯·约瑟夫（Francis Joseph）。她在巴伐利亚度过了相对自由的童年，然后被抛进了欧洲最僵化的宫廷之中。她对个人尊严和独立的意识，以及她真诚的民主和人道的天性同人们为她铸造的角色不断发生抵触。像许多著名的王妃一样，她把自身的美貌当作一种权力，而且以此来取代爱情。不是因为王国拒绝了赋予她政治的角色，而是出于一种政治本能，她主宰了崇拜自己的丈夫，他受虐狂般地顺从她，纵容她的幻想和期望，即使同他的保守政策相对立也在所不惜。

因为她坚守对自己身体设定的纪律，所以她要丈夫的帝国接受民主和自治的规则。假如这种联系显得牵强，我们只需想一想当时紧身褡的漫画，同现在一样，都是作为一种政治约束的隐喻。

伊丽莎白皇后的第一项"政治"任务是传宗接代。她连续生了3个孩子，之后尽管她很健康且能自然生育，但她拒绝再生（虽然她后来又有了第四个孩子），并鼓励她的丈夫拥有情妇并发展3人同居，而不是忍受他的旺盛性精力。皇帝据称是很迷恋妻子的，对他来说，她的这种性排斥是格外严重的公开丑闻和个人痛苦。结果是，他们唯一的儿子、王储鲁道夫（Rudolph）自杀之后，帝国没有了男性继承人。哈布斯堡（Habsburg）王朝十分压抑和僵化，皇后在新婚之夜几乎可以说是被迫接受性交；而且，她的婆婆、女大公索菲（Sophie）不断干涉她的家庭生活，不允许她亲自哺乳孩子并发展跟孩子们的自然关系，因而据说她变得性冷淡并失去母性，如她自己所承认的："不情愿干这个生儿育女的行当［哈斯利普（Haslip），第87页；帕莱奥洛格（Paleologue），第17页］。

后来，通过跟小女儿瓦莱丽（Valerie）的感情交流，接触大型动物（尤其是马），以及锻炼身体，伊丽莎白皇后性意识获得升华。她自青春期以来就是一个熟练的女骑手——会高级马术，马戏团式的特技和狩猎。44岁的她"看上去像一位天使，骑在马上像一个魔鬼"（哈斯利普，第325页）。当她最终在1882年放弃了骑马之后，又投身于独自马拉松远足、游泳、体操和击剑。她最近的传记作者［哈曼（Hamann），第139页］称她是个"厌食症患者"。鉴于她从事如此剧烈的体育锻炼，"折磨瘦弱的身躯"而体力从未消耗殆尽的事实，哈曼的这一诊断是很奇怪的。

伊丽莎白皇后害怕怀孕，她狂热的运动及剧烈锻炼，她对体质和特殊饮食的格外重视，她对穿着的态度，都有一个共同目的：保存一个非常细长的天然身材、小骨骼、肌肉健壮。她的个子较高（5英尺6英寸），在整个成年生活中，体重一直保持在108磅至115磅，有时更轻。无论她去欧洲任何地方旅行，都因传奇的美貌和魅力而受到人们的极大追捧。她通过过量运动、节食和减肥保持着青春美貌，媒体和医学界认为这是怪异的、且是不妥当的做法，她都从容面对。她讨厌坐下来吃东西。她憎恶宴会。在很长一段时间里她的日常饮食只是生牛排、鸡蛋和一杯牛奶或橙汁。她的活跃好动和顽强毅力令人震惊。她所患的疾病均明显是心理方面的，对于朝臣和公众的目光，她感到身体的痛苦，一种视觉的强奸。每当离开宫廷自由旅行和骑马，她的神经危机就一扫而光了。

很可惜，在她死后，警方销毁了她的日记。不过，通过进一步研究档案材料、医疗记录和报刊报道，或许能更多地透露她通过束腰保持青春的确切情况。以在伦敦大英博物馆展览（参见本书第六章）的腰带为据，看来，1860—1891年她的腰围不超过16英寸。为什么要公开陈列与丑闻相关的物品？这种恐怖的宣传，尤其是关系到她个人生活的细节，皇后会纵容同腰围测量如此紧密相关的流言蜚语，似乎是令人费解的。我的猜测是，将腰带送去参展的是制造商，她本人并不知道。众多的传记对这个小插曲都保持了沉默，是否因为国内将它掩盖了起来？毕竟，为了保护帝国的尊严，警方曾极力压制有关皇后的马技逸闻外传，并销毁了有关照片。

附录图 2　可能是奥匈帝国皇后伊丽莎白穿过的晨袍（摄影：Joshua Greene）

伊丽莎白皇后“束腰”的高峰期似乎恰与她长期遭受和反复发作的偏执抑郁症并行，那始于1859—1860年，起因是她丈夫在政治上受挫；她同婆婆之间关于孩子教养问题的争吵，以及她本人的性退缩问题。她怀孕三次，每次妊娠之后立即严格节食和锻炼；她似乎愿意炫耀和夸张自己的小腰，这种做法激怒了婆婆，她要求皇后继续怀孕。此时频繁谣传皇后患有严重的疾病；普遍诊断为痨病，她甚至还被指控为用束腰自杀。最糟糕的是当时还有一个阴险的暗示，在疑似怀孕期间，她通过饭后束腰并结合洗冷水澡来中止妊娠（哈曼，第118页）。

她离开维也纳进行长途旅行之后健康状况立即改善了，并能够面对大自然和运动的困难。1862年8月她回到维也纳时，侍女说她的社交能力改善了，“她看起来好极了，吃得好，睡得好，不再束腰了”[科尔蒂(Count Egon Corti)，第107页]。这个时候她的腰围可能已经增加到了18英寸，其知名度（或多或少）一直延续到她去世［德・伯格（De Burgh)，第198页，说是20英寸]。在现代艺术博物馆陈列的其他服装的外部测量有18.5英寸（婚纱晚礼服，1854年）和19.5英寸［两件，包括皇后被刺身亡时穿的紧身褡，由约瑟夫・威斯伯特（Joseph Wechsbert）呈示]。1882年，黑森（Hesse）王子描述她为“近乎非人的纤细”。1887年，“（她）的匪夷所思的发型和身材特性几乎非人”（哈斯利普，第334页和373页）。1890年，她仍旧“优雅，但几乎太瘦”，“过于纤细，但仍怀有变粗的恐惧”

（德·伯格，第58页；科蒂，第425页）。她在这个时候施行强力按摩，将裸体包裹在浸泡海藻的湿布里。她对胖女人的恐怖传染给了女儿瓦莱丽，当瓦莱丽还是一个小女孩时，第一次见到心宽体胖的维多利亚女王，她被吓坏了。

伊丽莎白皇后的身体成为一种宗教崇拜物，然而是一种高度禁欲和孤独性质的。因此，服装被排除在崇拜之外。她讨厌昂贵的服装，也不喜欢她的角色注定要求不断变换的服饰。她的着装质朴，首选单色，这冒犯了一些人（德·伯格，第292页）。她认为要紧的是形状完美合体。她的身体恋物癖扩展到测量的狂热，一个至今没有用过的信息来源（我怀疑还有不少）提到"皇后的关于体重和身材测量的笔记本精心保存了数年"，私下传给了哈曼。

有关她的早期传奇中，一个必不可少的情节是她经常被缝进骑装。"众所周知，在狩猎场上，一位裁缝每天从惠特彻奇（Whitchurch）去修道院，将皇后的骑装裙子缝制到她的贴身胸衣上，所以她的18英寸腰部不会有丝毫皱褶。"（哈斯利普，第325页）她的侄女玛丽·拉利什（Marie Larisch）伯爵夫人证实了这一点（见回忆录第65页）："她穿着一双系带高筒靴，带着小马刺。"英国的狩猎同伴很喜欢伊丽莎白皇后，因为她待人热情、谦逊和从容；因为她的人性没有全部被"缝进去"，还因为她对任何对待马的残忍行为都会表示愤怒（德·伯格，第289页）。

她的一些紧身褡是由皮革制成的，像巴黎名妓穿的那种。"她的许多彩缎和云纹绸的紧身褡是巴黎制造的，她只穿了几个星期。它们没有前面系件（即没有分开的巴斯克条，自1860年以来一直如此），伊丽莎白总是被系进紧身褡，这个程序有时需要花上一个小时。她从来不穿蓬松衬裙……当她要走路时，她便把赤脚伸进靴子，也不穿任何内衣……她睡在铁床上，没有枕头。"（拉利什，第78页）

伊丽莎白皇后的头发是她的一个荣耀，十分浓密且呈波浪形，深板栗色，长及膝盖。装饰头发是装束仪式中最重要的一项，历时长达两小时，在这个过程中她常常看书或学习语言。很多逸事证明，她强加于自己头发的"奴役"做法使她担任公众角色的被奴役意识升华了，她用自己的这个发冠"来摆脱另一个"（皇冠）。她的头发是不可侵犯的、神秘的、几乎神圣的崇拜物，她的恃宠而骄的美发师则是一位最高女祭司［丘皮克（Tschuppik），第114页；德·伯格，第58页；科蒂，第112页等］。

有关这位皇后传记包含了恋物主义的全部心理学，恋物主义以特殊的力度和悲怆体现了她在独特的社会高位奋争的一种功能。骑马礼仪、减肥疗法、束腰和美发都是她对公开角色进行抗议和逃避的渠道，试图从百般挑剔的宫廷、如饥似渴的公众、贪得无厌的记者和无休止利用她的摄影师的手中索回她个人的身份和尊严。

2.波莱尔

波莱尔（1879—1939）出生于阿尔及尔（Algiers），原名埃米莉–马里·布绍（Emilie-Marie Bouchaud）。她是个天生苗条的女孩，被赋予了“一点阿拉伯人的强健体魄”，还有（如她自己表达的）“像西班牙波莱罗舞女的肋骨”。从音乐厅出名，她在朋友维利（Willy）和科莱特（Colette）的音乐剧《巴黎的克劳迪恩》（*Claudine a Paris*，1902）中因扮演一个异性恋女艺人而成名。正是他们提升了她作为一个年轻女性的空灵性理想，鼓励她束腰，并宣传她是“令人钦羡的时尚紧腰小蜜蜂”，等等。

附录图3　演员、舞蹈家波莱尔
（新闻照片，约1910）

波莱尔的宣传者大力标榜她身体的丑陋部分——大手、大脚、厚嘴和长鼻子。宣传照片将她同她的宠物猪相比，给它戴上宝石项圈。她则像猪一样戴着鼻环，宣布（她1913年的美国之旅）为“反对世人所谓的优雅”。她假扮成“文明”的敌人，在舞台上塑造了一种感性的野蛮风格。她在当年被认为是一位出色的演员。她相当幸灾乐祸地观赏自己大汗淋漓的激情展示——一个野性的和不可驯服的女孩……作为一个演员，她是野蛮甚于悲剧式的［阿彻·拜尔（Archie Bell）］。她的黄蜂腰也因此不被视为是一次时尚的夸张，而是故意做作的野蛮。

她第一次访问美国时，被宣传为马戏团里的一种怪物："巴黎最丑的女人和世上最小的腰。"最令人惊骇的是她的腰围。"她昨晚脱下黑缎斗篷，故意撩人地拖延了片刻，然后恰到好处地展露了她那闻名遐迩的体征，在场的女士全都同情地倒抽了一口冷气。"

节目单上标明了14英寸腰围的规则："这是波莱尔的腰围。你的腰围是多少？"一首歌专为她而写，开头的句子是"当我在音乐厅走红，我的腰可装进一个男人的衣领"，这一妙想启发了献殷勤者，如乔治·赫里奥特（George Herriot），主动提出给她买一条钻石腰带，如果她能成功地把腰放进他的衣领里。1915年波莱尔在伦敦大剧院（London Coliseum）露面时，她的一件14英寸紧身褡陈列在剧院角落的展柜中，并向新闻界宣布"这是神赐的礼物"。

她身高5英尺 3.5英寸，胸围38英寸，臀围34英寸。她腰身，据她的自传［《波莱尔自传》（*Polaire par elle-meme*），1933年］称是自然的。她解释说，在她成名之前的照片中可见的较不似黄蜂的腰是加了衬垫的结果，"让她看起来更加人性化"。她公开的最小腰围尺寸在早期（1902年）为41厘米和42厘米（16.25英寸和16.5英寸）；此后有些变化，可能反映实际上增加了，可达48厘米（19英寸，1909年发表的未加修饰的著名照片展示）。目前尚不清楚她到底多长时间保持着著名的衣领大小的腰身，公关人员显然按自己的需要选择照片，14英寸是最低的。她的讣告中包含着自相矛盾的陈述，诸如"精确的测量从未确证"和"她在1910年正式测量为14英寸"。

琼·洛兰（Jean Lorrain）被波莱尔的演出震撼了："波莱尔！蛊惑人心的波莱尔！你知道那个女人，把腰一点点地勒细，直至剧痛，尖叫出声，断成两截，在令人抽搐的紧身衣里保持苗条妖娆！而且，在奢侈色狼帽的光轮下，橙色的羽毛配着蝴蝶花叶，血盆大口（她把胭脂涂在牙龈和舌头上）贪婪无比，巨大的镶圈黑眼瘀紫变色，瞳孔发出白炽之光，暗夜般的头发乱作一团，莎乐美（Salome）似的脸泛着磷光、硫黄和红辣椒色，令人毛骨悚然。啊，蛊惑人心的波莱尔！"

"多么邪恶的模仿，多么精彩的旋转，出色的肚皮舞娘！波莱尔穿着镂空长筒袜，黄色裙子高高飘起，她跳跃、飞舞，臀部、背部和腹部蠕动、拱曲，模拟各种冲击、弯曲、绕圈、高耸和旋转……像不知所措的黄蜂那样颤抖，模仿猫叫，随着音乐和道白而晕厥过去！全场观众惊愕麻木，忘记了鼓掌……”［罗米（Romi），1950年］

3.陆军中校托马斯·穆尔爵士（1886—1971）

担任了50年的国会议员，多次获得勋章，是英国公共生活中一位杰出人物（1967年的访谈）。

托马斯·穆尔（Thomas Moore）的童年是在爱尔兰的一个村庄里度过的，偶尔去都柏林。他的父亲是一个束腰狂热分子，并且娶了一个经过身材训练的女孩。他是一名知识分子，性格非常温和，受他的妻子主宰，她明白自己的曼妙身材拴住了他的心。尽管生了7个孩子，她直到50多岁仍然保持姣好身材。每次妊娠和分娩都很容易，分娩后她很快就缠着束带恢复体形，母乳喂养孩子完全没有任何困难。他们有4个女孩，均从小训练穿紧身褡，但其中只有最大的那个是完全出于自己的意愿，确认成为一个束腰者，决心要首先超过她的母亲，然后超过她的家庭教师。在17岁时，她有时可以束到13英寸或14英寸。托马斯最早的情爱记忆和性爱学徒过程，包括帮助年长他十岁的姐姐束腰，她喜欢他的帮助。当他年纪大一点时（约9岁），她会把他的头放在她的乳房之间，抚摸他。他14岁时和姐姐做过爱，当时她是紧束着的，只不过是作为婚前的连续预习。

选择家庭教师的部分标准是她的腰身情况，在托马斯父亲的鼓励下，家庭教师和他们在一起时将腰围逐步减小，达到极限的11.5英寸和12英寸。“这是一件不可思议的事。”（谈话至此，我表示不大相信。这位长者停顿了一下，似乎也在怀疑自己的话。最后他站起来，拿出卷尺，围着烟草罐绕了一圈，这是约11英寸，他惊叹了一声，好像是不敢相信自己。）不，他并没有亲自测量过家庭教师的腰围；她总是独自束腰，他知道是11.5～12英寸，这种细节不是会被轻易忘记的；不过，他同意，11.5英寸和12英寸可能是她穿过的最小胸衣内侧的尺寸，当它还是崭新的、未被抻松的时候。她很快乐、好动，爱同孩子们玩耍。

紧身褡被认为是功能性的而不是装饰性的物件。家庭的每个女性成员都同时拥有3件，最小尺寸的在晚间穿。束腰不仅是家庭中的实践，也在一定程度上延伸到他们的朋友圈中。但这个家庭的生活非常孤僻，这可以解释为什么没有照片保留下来，在恋物癖方面也缺乏社会名声。托马斯只记得获得的好评，尽管有一个表姊妹拒绝在怀孕期间解开束带而死亡的案例。在葬礼布道上提到了死亡原因，因此引起了一些丑闻。

托马斯因为身材而选择了他的妻子，他娶她的时候，她26岁，“显然是自然的16英寸”。他以前不喜欢高跟鞋，直到20世纪50年代才改变态度。现在他则期盼着超短裙、高跟鞋和紧束腰的奇妙组合。

托马斯自己一直穿着紧身褡（在军队中，不是蜂腰风格的），他发现自己的身体在获得坚实支撑的情况下，总是能够准备就绪，在下议院发表讲话。三年前，他完全放弃了紧身褡，发现它们不再有益。他在（异性的）性关系中一直非常活跃，并且尝试了各种乐趣。

4.海伦姨妈写给她姐姐的信

收信人是受访者S. S. -H. 的母亲。信里没有注明日期，邮戳是1892年，写信人当时大约17岁。

寄自雷德格雷夫（Redgrave)

亲爱的穆尼（Mooney)：

再过一年，或更短一点，我就成年了！那时我就可以停止做功课，多好啊！我对年轻男人很感兴趣，当你明白自己很吸引他们！哦，是的，我想我是自负的。当然啦，我有一个很好的身材，腰肢很细。上个假期埃里克（Eric）从哈罗公学回家，带了一位好朋友叫约翰。一天，约翰、埃里克和我一道去布雷斯伍斯（Braiseworth）散步，埃里克喜欢走得很快，过了一会就嫌我太慢，于是约翰说他会等我，跟我一起走，让埃里克径自前行。我很高兴，我觉得他被我吸引了，特别是我这笔挺的身材！但是他太害羞，什么也没说，直到他帮我越过栅栏的那一刻，他碰巧感觉到了我的腰，就说它真小啊！为什么不更多地展示它呢。于是我向他解释，(家庭教师) M小姐不让我这样做，要一直等到我出席成年礼的时候。然后我发现他真的对此很感兴趣，喜欢很小的紧束腰。他告诉我，他母亲的身材很美，开始让他的两个妹妹束腰，她们分别是15岁和16岁，很不愿意被束得紧紧的。之后，我当然得告诉他一切关于M小姐给我的训练，告诉他当我完成训练的时候，我的腰可能甚至小于17英寸。他接着说："我相信我的双手能搂住你的腰，它是这么小吗？"我让他试了试，还不大能搂得住。不管怎么说，他把我紧紧地搂住，亲吻了我！真是太妙了。我告诉他，如果他喜欢，我的腰在晚间可能会更小些，假如M小姐让我穿上那件胸衣。每当我对她无礼或骚扰她，她就会让我穿它。一切都很顺利，那天晚上，M小姐帮助我穿上了它。我几乎不能动弹，因为它只有16英寸的腰围，比我的其他胸衣加了更多的宽钢衬骨。约翰目不转睛地盯着我！我告诉他，我觉得今天晚上我的腰又细了不少，他说"可爱极了"。我只希望他能搂住我，他的赞赏弥补了那天晚上我遭受的痛苦。我觉得从我的脸色上，约翰一定明白我承受着多大的压力，第二天我们谈起时，他说他当时以为我要昏倒了。埃里克肯定是非常为我骄傲的，尽管他很遗憾我现在不能打网球了。

在伦敦与P-待在一起，M小姐带我到夫人（大概是道丁）那里去。小1英寸，为日常穿，目的是要拉长我的腰。我今天第一次穿。我觉得拉长腰很痛，但M小姐坚持让我正确地束紧，说在成年舞会上我将会非常漂亮。刚才一小时里，我的肋骨已经疼得要命，不过M小姐今天的脾气很好，她很高兴我没有抱怨。我该去睡觉了。亲爱的穆尼，有时间给我写信吧。

爱你的姐姐

海伦

S. S. –H. 写给H. Y. 的信。1959年9月15日，1968年口头证实

……你说的关于在束腰时的呼吸方法是很正确的。我记得最有吸引力的是我的姨妈海伦。当然，她从14岁就开始训练，自19世纪80年代，她的训练进展平稳，总是由睡在她隔壁的家庭教师进行监督。（她母亲在她3岁的时候就去世了。）姨妈告诉我家庭教师负责她形体训练的全部事情，直到她成年。姨妈告诉我，最初几个月也是觉得讨厌和痛苦的。她是幸运的，天生就相当苗条，不过从一开始，她就总是在夜里穿胸衣。她被老

师带到巴斯（Bath）的一个地方去定做第一件胸衣。她听到这个主意很激动，觉得自己长大了！但是她穿了一段时间之后就变得很叛逆，因为穿着胸衣无法自由玩耍，只能慢慢地走路，保持身体笔挺，从臀部到腋窝下面都被紧封起来，再加肩背带以预防或治愈轻微驼背。但是几个月后虚荣心占了上风，尽管她并不总是期待新的胸衣——意味着进一步削减腰身和受苦。她长大成人后，有两三个男人先后同她一起生活，她总是把腰束得非常紧 。我记得第一次见到她的样子，她的腰围不会超过16英寸，我还仍然记得她后来的形象，穿着一件黑色的紧身晚礼服，她告诉我，她穿着礼服的腰围只有14.5英寸。她让我握住它，我很容易就用两只手搂住了。非常坚硬、不屈不挠的腰肢……她偶尔也允许我帮她束腰，当她期望会见情人时。看到我对她的身条很有兴趣并加以赞赏，她总是把她十多岁时在家庭教师监护下发生的一些故事讲给我听。她告诉我，她非常想穿上能展示紧束形体的衣服，但不被允许，直到16岁。……她说，有时候家庭教师上课时，胸衣搞得她很痛（因为坐着的姿势）。她说，最紧张的时刻是当她要参加成年舞会之前的一个星期左右，她要穿上新胸衣。它比她曾经穿过的要小，穿外衣测量的腰围是17英寸。她的家庭教师和女佣用了大约半个小时才帮她穿进去。在那个星期里她晕倒了一两次，不过，在那个重要的夜晚，万事顺利，且不乏舞伴……

5. G. 范德马斯（化名）教授

颇有声望的艺术家和教师，1895年生于南非。（1968年2月的来信）

我一直觉得我跟祖母的关系有点异常。我的母亲是一家医院的护士长，通常穿紧身褡，她跟我祖母的关系不很融洽。当时她忙着帮助父亲做事，大部分时间把我交给祖母照管。我最早（大约3岁时）的记忆是她把我放在她的膝上，或者说是很丰满的大腿上抚弄，我感觉到紧绷的丝绸裙子罩在她柔软的肉体上，我获得了极大的安慰和满足。她很纵容我捶打和推挤她丰满的胸部——高耸在她的小腰上像一个屋顶阳台。有一次我的手指摸到了紧身褡顶部的边沿，我问她这是什么，她说她会让我看看。当她坐下来时，我也对从束腹带下面突出来的一圈肉感兴趣。我的手探索了她圆硬的腰肢，最后我伸开双臂搂住了它，拥抱了它。我想让它更小些！祖母显然很喜欢跟我玩这些把戏，她鼓励我并奖给我糖果和饼干。

就在我发现紧身褡边沿的那天傍晚，当祖母穿戴晚宴盛装时，她允许我坐在角落里观看，两个黑人女仆竭尽全力给她系紧束带。最后，她面朝下躺在地上，最终被束紧。她在女仆的帮助下摇晃着站起身来，请我用手检查紧束的结果，我如此做了，我们两人都感到非常满意。

祖母有一个妹妹和一些朋友，她们每天下午来喝咖啡。她们的身材都跟祖母的类似。我想，我由此开始将蜂腰与女性联系了起来。她们也都穿当时流行的线轴式高跟鞋。按现行的标准，她们都算是胖女人，但把自己勒到了极限，她们的话题也常常是如何减小腰围。如果出席一个正式晚宴，她们通常会把腰勒得更紧一点才来到餐桌前。我知道她们的秘密，因为我偷窥了更衣室！

祖母让她的女仆——那些在房子前面迎客的，也穿紧身褡，她们束得尽可能紧，只要是在工作时可以忍受，不致晕倒就行。如果祖母发现她们擅自松开束带（她们有时会的），便会要求她们束得比以往更紧来作为处罚。她经常检查她们，看看她们的身段是否“齐整”。

女仆索菲（Sophie）和格拉迪斯（Gladys）或多或少不间断地做祖母的贴身佣人，类似祖母身体的延伸。那时已不再有奴隶身份了，但黑人仆人不懂有什么区别，老一代荷兰人的态度也没有改变多少。绝对依赖雇主和绝对服从是规则。索菲个子高高的，趋于苗条，而格拉迪斯很矮，很丰满。她们早上帮助祖母穿衣后，便检查自己的外观。围裙和帽子必须是浆过的，紧身褡必须适当紧束。索菲似乎很享受被拉紧，如果祖母认为她还不够苗条。全过程由格拉迪斯执行，祖母担任导演。但是轮到格拉迪斯时，她总是不开心。她是最令祖母烦恼的，在可以够得到束带的情况下，她总是偷偷地把它松开。

这些黑人女仆的特定种族特征是臀肌异常发达，背部深拱，所以她们穿紧身褡展示了一种夸张的效果。即使没有束带，她们走路也是明显地左右晃动臀部，紧束之后，起伏的步子变得更加引人注目，特别是端着茶具之类的时候。索菲的姿态较为优雅，达到了一种旋转滑行的水平；但若是从背后观察格拉迪斯，当她端着一些轻巧的物件急匆匆地行走时，姿态绝对令人惊异。在我看来，她似乎是拼命地左右旋转臀部和扭动细腰，而不是在朝前走。

当时，我认为那是一个正常女性的步态，而现在我知道了，它几乎完全是由束腰造成的。祖母的所有朋友都那样走路。我很少看到谁不那样走路，所以我想她们或多或少都束了腰。只有我的母亲和其他个别人走路时似乎没有这种旋转摆动臀部的奇特动作，所以我感觉她们有点奇怪！

不久之后，我们来到美国。许多年来我忘记了所有关于祖母的事。事实上，我再也没有见到过她。但我发现自己更喜欢丰满的女性，看见紧束的腰肢和高跟鞋，就令人费解地心绪不宁。这种心理显然一直持续到今天，当我73岁的时候。对于我自己，我把对束腰的兴趣作为一种内倾性格——遏制性的冲动而寻求某些表达的一种企图。我发现，当这些压力通过较为寻常可接受的途径释放之后，我便对任何形式的恋物癖都失去了兴趣。我结婚多年，生活得很愉快。起初我很希望我的妻子束腰，她坚决拒绝了，也不穿高跟鞋，但因为我们是如此快乐，不需任何额外刺激，我便很快忘掉了这种需求。她是“明智”型的，感觉没有我所留恋的那些装饰，她本身的女人味应该已是足够的。这被事实所证明。在36年的幸福婚姻中，我只是偶尔想起，我曾经有过对紧身褡和高跟鞋的迷恋。

我的妻子死了（非常突然的悲剧），之后大约一年，我在报纸上看到了一张照片，英国彼得伯勒（Peterborough）的格兰杰（Granger）太太。我突然感动地写信给格兰杰先生，赞赏他妻子的身材，并收到他的一本小书（参见该书第14页）。在很短的时间内，我的这个特殊的恋物癖似乎在复苏，只是当我发现了一位满意的女士（我们的关系仍在继续，我可以告诉你），它才立刻消退了。显然，（当我可以获得机会时）身材正常、匀称的女人能够给我最好的性满足。但是，如果这样的机会被剥夺了，我便发现自己开始迷恋大胸部、小蛮腰和高跟鞋！

我刚旅行了6000英里，从南非回来，那里有一个庞大的范德马斯（Vandermaas）部族，仅在约翰内斯堡（Johannesburg）地区就有大约180个家庭！我不可避免地耳闻了家族史中的一些花絮，是我以前所不知道的。我去看望一个表妹，她“保养得很好”，颇有活力，但跟我一样年事已高，她透露说，她年轻时是个成功的职业小提琴家（出席过萨尔茨堡音乐节等）。在南非，亲人之间习惯于热烈拥抱，当我搂着表妹时，感觉她宽松的上衣里隐藏着一个非常紧束的小腰！

我想，我的脸上必定露出了惊奇和感兴趣的表情，她立刻会意地微笑着说："你是一个地道的范德马斯人！你喜欢小蛮腰，是吧！"她向陪伴着我的访客们宣布，要带我去另一个房间去看她保存的一些老照片，所以我便有点不知所措地跟在她后面 。

她给我看路易十三时期的一位女士的小雕刻。"这是杜·普莱西斯（Du Plessis）夫人，跟红衣主教黎塞留（Richelieu）关系密切。她是我们的祖先，她把有强烈个性的品位遗传给了我们全家。在废止南特敕令（Revocation of the Edict of Nantes）及随之而来发生迫害胡格诺新教徒（Huguenots，1685—1686）事件期间，她同一个叫弗朗索瓦·范德马斯（Francois Vandermaas）的人私奔到南非，他有荷兰北部的血统，是一位宫廷音乐家和画家，但即使作为这里的先锋派，她的服饰也继续保持法国宫廷的式样。对于她这么有活力和身材高大的女人来说，她有一个绝妙的小腰。这几乎成了范德马斯妇女的一个商标和范德马斯男人的一种特殊品位。他们娶小腰的妻子，你在这里的不同地方都会看到！我也不例外。我享受紧束腰的感觉。你可能会惊讶，但是被喜欢沙漏形身材和紧身褡的男人紧束的过程，令我感到非常惬意！"

我发现自己被表妹讲的所有这一切惹得兴奋起来，这次会面之前我几乎完全不认识她。我不知道对她的自信该如何反应，但她毫无顾忌谈出了她认为是同我共享的一个品位！

"不要惊讶，因为我知道，一旦你看到我的紧身褡，你就会喜欢的。不要感到内疚。你是一位艺术家，艺术从来都是对自然的改进！我要让你看一下我紧束的体形，因为我知道你会感到兴奋不已。也许你甚至会想把我拉紧一点……"

她脱下宽松的衬衫，站在一面长镜前，所以我可以同时看到她前、后的身影。这是一个近70岁的女人，我想。但我发现自己的反应方式超出了表亲的范围！我真的不知如何是好。而她的态度是积极正面的。

"我觉得有一点松懈。束带老是给抻长了。我每周换一根新的，但它们仍然会抻长。你可否把它们拉紧，直到差不多合拢？我的中间瘦，但背上有些脂肪，束带压着很不舒服……而且摩擦皮肤……除非我真的系得很好。”

于是我帮她拉紧。

我有一种混合的感觉。(罪过感吗？性冲动吗？我真的不知道！）我完成了任务，她穿上了衬衫，向我微笑。“你是一个范德马斯人，毫不含糊！你注意到了紧身褡令我的胸部更好看一些吗？”

我承认我注意到了。

“嗯，我是个近亲表妹，你知道！我是不是太老，惹人厌恶，令你不想吻我？”

她不是的，我吻了她。

然后，她泰然自若地带着我走回客厅，各式各样的亲戚聚集在那里，她说：“我们刚才检索了一些旧照片！我们是真正的近亲表兄妹！这是不是很有趣？……这里还有一些其他的‘近亲表妹’……看看她们是不是真正的杜·普莱西斯太太的后代！”

我遇到了很多“近亲表姊妹”，有的非常年轻漂亮。我想也许同我年龄相近的表姊妹们保留着一种被遗忘的传统，所以当我见到其他的年轻女性亲属时，就没再留意这件事。但在瓦尔（Vaal）河上野餐时，我发现事实相反！

我们碰巧在一艘快艇上，我坐在她旁边，她在驾驶。

“我只是一个远房表妹，”她说，浅笑着，“但……”

我们于是接了吻。结果无害而且愉快。之后在各种家庭聚会中，我成了她特别的“情郎”。

出于很明显的原因，她应当是匿名的，但她是一个老男人（73岁！）可能会想去南非的理由！但我将是明智的，我会待在自己的家里！

重要的是，她束腰，而且高兴被紧束，达到了几乎让我难以忍受的程度。当我提出异议时，她说：“为什么这是所有范德马斯女性喜欢的！你不记得祖母吗？……”

于是我发现自己躺在床上，我最狂野的性梦想实现了！一个漂亮的女士，穿着很紧的紧身褡，想跟我亲热！

“对我来说，拉紧虽然不是现在的时尚，在某种程度上是专注和集中了性冲动。这是一个众所周知的范德马斯的事儿，你知道。……至少对我们来说，这是正常的！遇到从海的另一边来的一个人，喜欢我，真是妙不可言！”

我说我几乎不了解她，我很快要离开，去15000英里以外的地方。

“嗯，我们已经度过了很好的时光——我不会说‘再来一次’。但真的，你知道范德马斯人总是互相爱慕，通过近亲结婚来证明这一点！我是挺淘气。我想把你压下去……让你成为我的！但是，我认为你对紧身褡的反应是一般意义上的，而不是特别对女人的！这似乎是范德马斯的方式……我想要特别的……但是，尽管有年龄差距等等，我们难道不是刚刚度过了愉快的时光吗？……好吧，所有这些床上体操已经搞松了我的紧身褡。把它们拉紧一点，我要说再见了……我的意思是告别！我们永远不会再见面。尽管会有点伤心！”

那天晚上我离开那里回了家。现在我要收拾起残存的记忆碎片，开始所谓的正常生活。我一直非常坦诚，因为我承认客观超然的必要性。我们恋物徒很容易把幻想当作现实。我试图客观地讲述这一切。

（在南非可能确实是有一个束腰传统，根据1871年的一个资料判断，“在过去的五年中，有10000名女性被紧身褡挤死”。［达芙妮·斯特拉特（Daphne Strutt）］

6.凯恩夫人，“我如何获得并保持14英寸的腰围”

［凯恩（Cayne）夫人是一个胸衣商，她在《体育和戏剧新闻画报》（*Illustrated Sporting and Dramatic News*）等杂志上刊登广告（1933—1940年）。以下是她写给客户的各类小册子的概要。她没有提到自己的年龄，但显然出生于19 世纪末。］

束腰于健康没有什么危害，我自己的健康受益于此种实践。有害的是企图迅速减缩，时间和耐心是必不可少的。12岁时我被介绍给一个束腰家庭，穿上我的第一件束腰紧身褡，腰围为18英寸，然后去参加一个化装舞会。起初我觉得我被老虎钳夹紧了，但最后把它脱下来时我很难过。在少年时代，我总是穿着腰围20英寸的，但经常遭受背痛。高跟鞋缓解了这个问题，并消除了大腿和髋骨的一定刺痛。多年的经验告诉我，穿高跟鞋是任何紧束计划中必不可少的。

然后我遇见了一个男子，他承认我的细腰和小巧的高跟鞋特别吸引他。他鼓励我进一步减缩。我总是在早晨和下午收紧一英寸，6个月后下降到上午18英寸和下午17英寸。我的背痛消失了，我喜爱压缩和从未有过的幸福感。我不能入睡，除非是束着腰的。我穿橡胶紧身褡沐浴。在几个月的时间内我就适应了15英寸的紧身褡，我非要穿非常高跟的鞋和靴子才走路。我记得有次坐车去索尔兹伯里（Salisbury），我们参观了大教堂，我穿着15英寸的紧身褡和5英寸的高跟鞋。结婚一年内，我可以在下午承受14英寸，睡觉穿15英寸的短紧身褡，有钢螺栓压平腰的两侧。13英寸是我的极限，我最多可以忍受一个晚上，在剧院或晚宴场合，我非常高兴恢复14英寸。姿势是最重要的，在高跟鞋中的完美平衡有助于防止身体疼痛。最重要的是，丈夫的永远关注是对我束腰实践的支撑力，并且似乎使它变得比较容易。

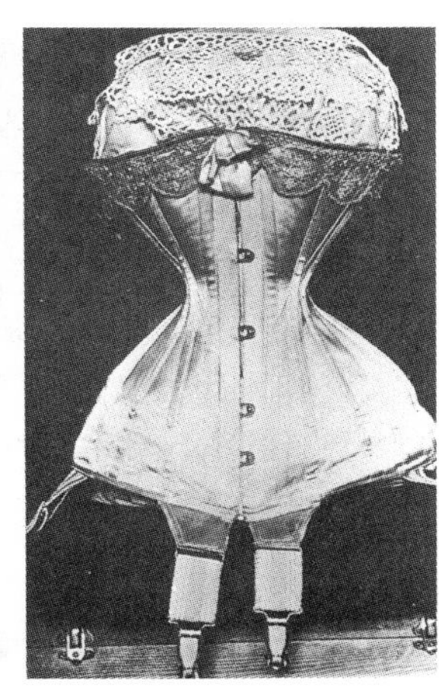

附录图4　紧身褡恋物癖凯恩夫人（左图：身穿14英寸腰围的铁制紧身褡，约1930；右图：同样尺寸大小的布质紧身褡）

7.克里斯塔·R.，柏德·弗里德里克谢尔

(Christa R.，Bad Friedrichshall)

女胸衣商，写信时32岁（1968年）

（我不试图重现活泼的德国风格。）

我的兴趣产生于18年前，当我第一次在胸衣和服装店工作时，橱窗展示当时的紧身褡。我会偷偷地试穿，然后开始模仿制作，用最好的材料。

每当我看到一种漂亮的面料，我总是把它想象为一件紧身褡，而不是裙子。大约7年前，我遇见了G先生，他对束腰很有热情，用“温柔的暴力”帮我减到50厘米（20英寸）。这简直是一场《驯悍记》。我自己又进一步努力减掉5厘米。虽然我不大承认，但我对这些紧身褡确实充满激情。它让我第一次感觉到一个真正的女人意味着什么。在系束过程中的那种奇特的刺痛和兴奋，一种难以形容的感觉，一个晕厥临界点，降到48厘米还行，但假如更紧就会相当不舒服。然后，欲望被激发了，无法简单用理智抑制的欲望，渴望被爱抚。但是，一个人必须有合适的合作伙伴，否则便毫无意义。

妇女往往有一种非常敌意的反应。我的家人认为我疯了。万物之灵对37—17.5—34英寸的三围（我身高5英尺6英寸）是放任不羁的，但如此出现在街头不是一件容易的事。不要问我那些我不得不忍受的不愉快之事。简直是可怕的，像对待一个妓女。事实上，我通常穿高跟鞋，使我的外表更具挑衅性。我采取了一种冷漠的态度，但有时候我很难抑制自己，忍不住奖励一些无礼者一个耳光。在公共场合，我经常隐藏自己的蜂腰。

人们认为我是一个难以被接受的标新立异者，仅仅因为我与众不同，不想被装进同样的模子。

8.加利福尼亚的埃贝透人

[现名法克·穆萨法，出生于1936年，一生中大部分时间做广告主管，近些年来是一位形体塑造专业人士（信件和谈话1967—1969年、2002—2003年），图片自传《精神和肉体》（2003年）的作者——见结论图2]

我15岁时第一次发现了伊塔布里（itaburi），那是用树皮或带骨的蛇皮制作的一种腰带——新几内亚的埃贝透（Ibitoe）部落男性穿戴的一种饰件。我读到一位法国博物学家的记载，他强行从一个成年埃贝透人身上解下一条伊塔布里，发现它的长度为20英寸，厚度为4英寸。当我第一次看到那个男孩的身体要断成两截的照片时，我的脉搏停止了跳动：坚硬的、4英寸厚的黑腰带！我立即效仿，几个月后，我便很习惯佩戴我自制的伊塔布里了。它比紧身褡不舒适得多，因为边缘没有加垫衬或做成锥形。即使涂了很多滑石粉或油脂，还是很快就觉得边缘像两条灼热的电线，一条围绕在隆起的胸部，另一条在臀部。我最终获得了16英寸的腰围，皮肤逐步变得坚韧、长满老茧，不再感觉到更多的割痛和烧灼；但是腰带的孔眼和缝隙在我身上留下了永久的浮雕标志。

附录图5　安妮·弗格迪设计的连衣裙（广告，*Vogue*，1954）

我进入军队时的自然腰围是22.5英寸（身高5英尺9英寸），令长官们惊讶和困惑；由于在军中不能继续束腰带，当我退役时，腰围变成了可悲的32英寸。然而我很快就减回到24英寸，并且收集了一些宽度为2～7英寸的腰带，有些是缠绕在腰上的，有些是用皮带捆扎的，有些则很邪恶，带有内置螺钉。

然后，我开始练习其他一些仪式。我尝试了东印度的“卡万迪坚忍法”（Kavandi Bearing）：一个钢框架搁在胸膛和肩膀上，挂着50～150支长矛，刺进皮肤。我给矛加了重量，印度人不这样做。有时，我感到似乎自己离开了我的身体，之后的一段时间体验到一种奇特的喜悦。我在鼻子和嘴上穿孔，并且练习达科他州苏族人（Dakota Sioux）的太阳舞（Sun Dance）。它包括禁食、用皮带（我是用钢琴弦）穿过乳房将皮带系在一根柱子上猛拉跳舞，眼睛盯着太阳连续跳几个小时。我相信，这一习俗在19 世纪即被禁止，1930年左右最后由北美的印第安人非法地表演过；我可能是尝试过它的人中唯一还活着的。我前两次做的时候没有他人监看；另外两次有。悬挂和拉拽时一直有他人监看，它来源于另一个北美原住民部落曼丹（Mandan）的习俗，称为“欧皮卡”（*O-kee-pa*），经常会导致我昏厥。这一仪式在电影《太阳盟续集》（*The Return of a Man Called Horse*）中出现过，你可以看到我在演示该仪式的连续镜头。

在20世纪50年代末，穆萨法（他取这个名字之前）全职从事定做紧身褡，后来他的兴趣转向了文身，并且日益精研苦行瑜伽（Sadhu Yoga），是一位相当资深的大师。他背部的花纹设计极不寻常，是一个均匀连贯的抽象图腾。在过去的一二十年里，他又增加了教授烙印术的业务，取得了经营许可证。他在大约20个电视节目上露过面，并在国际上很出名。（参见www.fakir.org）

9.安妮·福加尔蒂，《妻子穿衣》（1959）

［安妮·福加尔蒂（Anne Fogarty）是一位服装设计师，被称为“蓬裙女王”，拥有一个狭窄的胸腔和高调宣传的18英寸腰围。她的蜡像所穿的裙子是她接受一家时尚奖时穿的。目前（或曾经）收藏在费城博物馆。］

如果我不得不用一个词来概括关于服装的思考，那么这个词便是纪律，心灵的、身体的和情感的纪律。当感觉乏味或不安时，紧束带或坚实的内衣将使你警觉。紧缩的线条会使你在站立的时候看起来很棒。不要穿紧身裙去参加自助餐聚会，因为在那里你会坐在地上，你的身体会显得笨拙不堪。至于穿瘦而紧的裙子，我想应该有联邦法律禁止不系腰带。在任何情况下都不可以省去腰带，即使是穿短裤。

下午五点之后穿衣服的感觉应该是一种约束而不是舒适……优雅和高贵同约束是并驾齐驱的。你不是故意受苦，但你应该保持自我“意识”……人们问我，“你是怎样保持苗条身材的？”足够幸运，我在大部分成年生活中都保持了18英寸的腰围，我坚信这是因为我一直穿肚带或系宽而紧的腰带。这个理论非常类似于旧时的缠足。当宽松和无腰带的时尚出现之后，我变得懒惰，不再穿肚带了，我的腰围很快就增到19.5英寸。写这篇文章的时候，我想努力回到正常尺寸。将身材保持在受人奉承的最好水平，取决于内衣的控制和分配，以及肚带或紧腰带的抑制。

10.束腰恋物癖冠军格兰杰夫妇（1968—1969）

1957年，随着高跟鞋和细腰意识达到时髦的高峰，以及媒体疯狂地报道测量尺寸，一些通俗周刊大肆宣传私下训练紧束的一个极端恋物癖，使之家喻户晓。她就是埃塞尔·格兰杰（Ethel Granger）。英国彼得伯勒的威廉·格兰杰是一名中学手工艺课教师和有点名气的业余天文学家，他被邀请在电视节目里展示和评论一幅彗星照片，他的妻子埃塞尔陪他一起来到电视台的录制室时，她的腰肢立即成为录制室里的热烈谈资，人们纷纷就它的尺寸打赌。这引起了一位女制片人的注意，她日前曾同时尚历史学家暨服装专家多丽丝·兰利·穆尔合作一个节目，穆尔认为历史上记载的18英寸腰围是不可能的。这位制片人将埃塞尔的细腰一事告诉了梅乔里·普鲁普斯（Maijorie Proops）——《妇女星期日镜报》（*Woman's Sunday Mirror*）的一位有魄力的时尚记者，她在四年前曾公开指责杰奎斯·菲斯的加衬骨套装。普鲁普斯做好了印刷准备，采用一个完整的版面（1957年5月12日），刊登全面深入的调查结果，标题是“女孩能有一个17英寸的腰围吗？”负责咨询的专家小组成员包括一名时装设计师、一名服装制造商、一位时尚摄影师、一名医生、两名历史学家和一家模特经纪机构的负责人。他们的一致意见是，现今17英寸的腰围将属于一种身体异常和专业缺陷。女演员萨布丽娜（参见图13.9）被作为怪物否决了。专家组的历史学家莱弗（Laver）和穆尔（Moore）认为这种尺寸的腰往往都是胡诌的，不曾存在过，波莱尔则是个例外。该模特经纪机构的负责人证明，在他们的记录中唯一接近这一腰肢的女孩，帕梅拉·斯泰奇（Pamela Styche）的三围是 35—18—35英寸，跟标准的橱窗假人模特的围度完全一样，她似乎很难找到工作。很奇怪，英国医学协会（British Medical Association）的发言人似乎倾向于相信18英寸的腰在过去曾普遍存在，而且（更为奇怪的是）从健康的角度来看，是具可行性的。多丽丝·兰利·穆尔最后说了这么一句话：“如果你能造出一个女孩，有17英寸的腰且能自由呼吸，我倒想要亲自见见她。”

附录图 6　吉尼斯纪录保持者埃塞尔·格兰杰展示她的 13 英寸腰围

1957年6月16日，梅乔里·普鲁普斯比她所承诺的做得更多，登出了一个大标题——“这是世界上最小的腰围吗？ 埃塞尔·格兰杰太太的腰围只有14英寸”，附图显示她拿着卷尺围着自己的腰来证明这一点（参见附录图6）。埃塞尔说明，30年前，当她23岁的时候是23英寸，它现在缩小了，似乎在不断缩小。“我不知道它还会缩到多小”，她补充说，仿佛这是一种无法控制的现象，就像她丈夫的望远镜镜头里的一些小行星一样渐渐地减小。“就在战前，它一度减小到了13英寸，但我不知道我是否希望再次变成那么小。他人的注目已经让我受够了。”另一家大众周报《帝国新闻和星期日纪事报》（*Empire News and Sunday Chronicle*）也跟《妇女星期日镜报》一样在同一天（星期日）刊登了这个消息，大标题是“哦！她52岁！埃塞尔的腰肢妙不可言！”其他大众花边新闻小报，如《每日梗概》（*Daily Sketch*）和《星期日画报》（*Sunday Graphic*），还有一家澳大利亚报纸，也专门介绍了格兰杰太太。1957年2月26日，共产党的《工人日报》（*Daily Worker*）刊登了威廉（他是党员）在天文台同埃塞尔的一张合影，作为一篇观察彗星文章的附图，没有对很明显的蜂腰加以评论。

格兰杰太太两年后（1959年6月18日）再次回到公众视野，占据了一整版，不过是在一家三流周报《觉醒》（*Reveille*）上。这次的标题更妙：“13英寸的腰围——家庭主妇的雄心实现了。”“我多年来一直在减小英寸，我会在一年内把它降到12英寸。”格兰杰夫妇现在公开承认，纤腰既不是自然现象，也不是节食或运动的结果，而是系统实施束腰的成果，这样做是为了让威廉高兴。埃塞尔被授予了荣耀，同历史上著名的细腰女人并列——凯瑟琳·德·美第奇、波莱尔，以及维多利亚和爱德华七世时期的一些妇女，（该文章阴暗地补充说）她们“因而减少了预期寿命，只活到35岁”。

格兰杰夫妇从此声名鹊起，他们在彼得伯勒的小居所收到来自世界各地的信件。20世纪60年代后期，电视和电台节目对他们又有进一步的宣传；1968年1月6日，美联社国际台（Associated Press International）将他们的故事传遍世界，刊登了一张照片，加上奇特的标题：“当大多数妇女羡慕可以展示13英寸腿肚的女人的时候，埃塞尔·格兰杰太太炫耀她的13寸腰肢。”法国的著名周刊《黑与白》（*Noir et Blanc*，1968年11月23日）也发表了特写，不同于比较含蓄的英国期刊，它自由地采用了“恋物癖”和

“恋物主义”的词语。《吉尼斯世界纪录》增加了一个新项目，将格兰杰的成就列为永久的历史记录（同波莱尔一起，没有活着的竞争对手），骄傲的丈夫深受鼓舞，他在妻子的护照上“奇异特性”一栏中注明“有世界上最小的腰”。来自世界各地的热情洋溢的信件再次像潮水般涌来，有些信封上如此简单地写着收信人的地址：“英国彼得伯勒，埃塞尔·格兰杰夫人，13英寸的腰围”。一些男人，恋物癖在他们的心中几乎休眠了一辈子，现在感到难以自已，必须拿起笔来就此发表心声。

埃塞尔在扬名四海之前，在她的家乡已是人们熟识的奇特人物，自第二次世界大战结束前不久，她即开始在公共场合显示身材。由于她总是骑摩托车去彼得伯勒大街，她学会了适应由于人们围观而引起的交通阻塞；当她和丈夫（从不单独）去伦敦市中心时，她习惯了人们尾随；她习惯了人们热情洋溢的反应，譬如那些巴黎人，他们在访问法国时，所经之处，行人驻足，汽车猛刹，居民把头伸出窗外，纷纷争睹奇观。

这对夫妇为了实现一个永不褪色的梦想而共同付出的毕生努力，被丈夫威廉简洁、真实而清楚地记录在一个34页的小本子里，1961年在加利福尼亚由私人出版（现收藏在一些公共图书馆——参见“前言”注释8。一篇记述他后半生事迹的打字稿也保存了下来）。个人和技术细节的真实性是毋庸置疑的；在轻轻勾勒的社会和历史背景下，威廉描述了他如何既温柔又残酷地逐步减小了一种非常真切的、倘若不是痉挛性的反抗；埃塞尔在整个过程中的矛盾心理；他们共同的踌躇不决——是坚持保存恋物癖秘密的直觉，还是表达公开显示它们的欲望，后者将引起社会上更多的反对声，比他们已经受到的来自朋友和亲属的反对更强烈。威廉也不掩饰健康问题，这事实上是相对次要的。他详细记述了战争、怀孕和技术笨拙的胸衣商所导致的种种挫折。自始至终，作者从未片刻地表示怀疑，所有的紧束和穿孔都属于一项有价值的事业，虽然看起来野蛮，但在一个从未动摇的婚姻关系中，它构成了最坚实的感情和身体的纽带。事实上可以说，在过去的那么多年中他们的关系不断巩固，威廉发现，他和妻子的性能力都随着年龄的增长而增进了，尤其是自他们出名之后。

13英寸的腰围估计已经达到了极限，如同在耳朵上穿13个孔，或在鼻翼和鼻中隔同时穿孔。乳环是一个相对较新的辅助手段，还有在身体其他部位穿孔的设计。威廉·格兰杰本人是一个和蔼的、不修边幅的、像熊一样高大的男人，他根本无法穿紧身褡，随着妻子的腰日益变细，他的腰日益变粗。他可以把妻子的鞋跟穿过他鼻中隔上的一个孔。他的地址簿里有约100个恋物徒的名字，他同其中许多人经常保持通信联系。他是真正意义上的恋物癖世界的中心。他是英国皇家天文学会（Royal Astronomical Society）及其理事会的成员，并且是全国教师工会（National Union of Teachers）的活跃领导人之一。他的其他业余爱好包括园艺和养蜂业，妻子在这方面是他的助手。埃塞尔也擅长制作砖石混凝土。她现在60多岁，已经帮助丈夫铲了6吨多的湿水泥，来建造他的天文台，此事见诸新闻报道（《私人侦探》1971年2月12日，第9页）。埃塞尔是一个害羞和脆弱的人，对所负盛名似乎仍然有些不知所措。她十分依赖紧身褡，只在洗澡时才脱去，她的健康状况显然良好，按照她的体重和年龄来算，她的饭量比平均量要大，身体实际上比大多数同龄女性更柔软，可站直两腿弯腰触到自己的脚趾，可像一只球挤在丈夫的旅行车里坐一个小时，一般也能独自承担他们年度露营休假的准备工作。她的乳房仍然坚挺，唯一永久可见的副产品是在腰际有一定的变色和粗糙的皮肉。她的脚形也很好；现在她在家里穿平底鞋，但仍然可以穿着5英寸高跟的3码鞋步行好几个小时。

（在我将上述文字编入本书第一版后不久，威廉·格兰杰就去世了，那是在1982年。埃塞尔比她的丈夫多活了许多年。）

《巴黎人生》的一幅漫画

附录五
人物

（我会见并采访了下列所有人物，除加星号的人物之外。）

大炮和胸衣：巴兹尔·利德尔·哈特爵士的奇特案例

约1968年，我在詹姆斯·莱弗的建议下会见了巴兹尔·利德尔·哈特爵士，他时年75岁，优雅、礼貌，对我这样一个有可能侵入他私生活的陌生人，持适当的保留态度。当时，我对他私生活的深层毫无所知，也没有任何企图去窥探。我除了对访问一个忙碌的名人有种自然的紧张感之外，也十分清楚当时恋物徒生存的黑暗压抑环境。我是在寻找一个历史信息，急切地获取一些宝贵资料，并信赖地在本书采用了它。当时，哈特爵士没有给我看他个人的紧身褡档案，直到最近我才在利物浦（Liverpool）的一所大学里[3] 发现了它，很让我忙碌了一阵。这份档案，以及最重要的——亚历克斯·丹切夫（Alex Danchev）为哈特爵士写的精彩敏锐的传记[4]，使我得以从一定的深度和广度来评析一位杰出作家和公众人物的独特恋物癖——这是他心理的及私人和社会生活的一个重要组成部分。

利德尔·哈特的小圈子里的人知道他是恋物主义者，但从来没有公开发表过评论。哈特爵士在他的两卷回忆录（1965）中对此完全避而不谈。此时，公开炫耀性行为不再被认为是邪恶的或是禁忌，有关顾虑减少了，这有助于怀有同情心的传记作者巧妙妥当地处理这个问题。人们将这位著名军事人物的“出柜”同蒙哥马利勋爵（Lord Montgomery）的同性恋相对照，尽管这一比较是很不对等的。

丹切夫总结利德尔·哈特对蜂腰的爱恋是“一种偏执狂”，认为紧身褡“提升道德，美观悦目，而且看上去唤起性的快感”。这种偏执狂“偏离了时尚的范畴，转向了恋物癖”。[5] 这一时尚理论的核心接近詹姆斯·莱弗——“二战”前后最重要的一位时尚作家。其论点是，紧束腰和长裙（与高跟鞋）表明社会和经济的安定；松散和移动的腰际线、短而窄的裙子预示着动荡和战争（或战争的威胁）。人们历来认真对待这一理论，即使是那些对这类简单法则持怀疑态度的人。它为现代历史所证明，包括三次大战——法国大革命/拿破仑战争、两次世界大战。

在两次世界大战期间，利德尔确立了自己为欧洲最重要的军事理论家——“现代军事主义的毕加索”。然而，“二战”的策划和演进，在一定程度上，并没有采纳他的建议；之后他感觉被人拒绝了，便开始认真考虑改行做时尚评论。他是一个非常多产的作家，主要致力于军事题材，发表的时尚论述相对较少，但是通过偶尔的文章，最重要的是讲座[6]，他的观点受到瞩目，被称为“（迪奥的）新风貌之父”。利德尔·哈特没有特别大肆宣传紧身褡之类的服饰，主要强调宽松衣服与松弛道德和通货膨胀之间、身体曲线和社会满意度之间、平板垂直体形和社会不满之间的联系，欢呼时尚回归正常规范（和平时期）——突出女人的自然体形（宽臀、细腰）[7]。在英国这个“紧凑小岛”的历史上，祖母的风格即意味着和平。

在利德尔·哈特的军事理论中，上述联系并不明显，如果有必要建立联系。它或许是以一种间接的普遍强调心理因素的方式潜藏在较深的层面。时尚如果不是心理上的和间接地对社会的“攻击”，那什么是时尚呢？更进一步说，如果我们将利德尔·哈特视为一位和平主义者（他反复声称），主张战争只是最后的手段，并且应当尽可能采用最小的规模；如果他反对在“二战”中轰炸城市和运用核武器，那么或许他认识到了，时尚作为一种手段，可以平静而文雅地调解社会矛盾和冲突？丹切夫并没有这样说，但是，显然，利德尔·哈特的自律理念对军事实践和社会秩序有着积极的作用，正如它对美化服饰有着积极的作用一样。我在这里加进了自己的一些思考，因为我也花了很多时间琢磨这个问题，倘若说不上是将有关战争的实践理论化，可以说是探讨在想象中表现战争，以及运用想象来反对战争的方式，将之理论化。就像我一样，利德尔·哈特视紧身褡

（他自己也穿）为一种象征性的控制手段，否则反社会（和性）的本能是无法受到控制的。如果这种控制、这种自律可以显示和促进社会稳定，即保证反对战争，则它必须是受欢迎的。因而，紧身褡是反战的。

在物质意义上它是这样的：紧身褡显然是竞争者，若不称之为敌手。在第一次世界大战中，美国政府从时尚紧身褡制造业挖走了28000吨钢材，足以建造两艘战舰。女人穿象征性的防御胸甲比国家制造真正的进攻武器要好。迪奥本人这样看，他发起穿紧身褡的新风貌，既是庆祝战后和平，也是试图抵御新的战争："在一个如此阴沉的时代，当各个国家都在建造大炮和四引擎飞机上挥霍金钱时，我们的这种奢华必须坚守到最后。（我知道）这似乎违背了世界的走向。"[8]

在私生活中，以及在公众的眼睛中，利德尔·哈特表现出独特的对服饰的丰富品位。他一生衣着考究，他为自己美丽迷人的妻子选择服装，乃至细枝末节。尽管有关童年时代的资料缺失，但年轻的上尉利德尔·哈特记述了"铭刻在心"的一件事。第一次世界大战期间，他从前线下来住在医院里，威斯敏斯特公爵夫人"在病房里巡回，轻盈地走动，她穿着深色衣裙……裁剪得十分合体……她的身影本身就是一种滋补品"[9]。利德尔·哈特的第一份有薪工作是担任网球运动记者，他写下了对苏珊·朗格朗（Suzanne Lenglen）的赞美之词：优雅的传输和运动的缩影，美丽和能量的结合，一个"设计精巧的女人"。利德尔·哈特的这种体验显然是情色的，丹切夫紧接着提到了小说《流浪女》（*Woman from Nowhere*，1946）中在船上系束带的场景，这有点奇怪却是适当的，小说作者约翰·布罗菲（John Brophy）是利德尔·哈特的朋友，利德尔·哈特对这一情节发表了评论。

利德尔·哈特必定是认同这个场景的，并回忆起装扮自己妻子的细节。首先，他的杰西（Jessie）是个"艳惊四座"的女人。"无论走到哪里，一见钟情的男人们都纷纷拜倒在她的石榴裙下。她收到的种种反应，包括害羞的神色、调情的眉眼、诗意的赞美、贪婪的关注，以及略加伪装的杜撰"，如T.C.R. 莫尔（Moore，未发表）的"淫秽杂烩《大混乱纪实》"（*Turmoil and Then*）。在一场化装舞会上，她扮作威尼斯（Venetian）女人，身着橙色塔夫绸箍裙，19英寸的腰肢，获得了一等奖。利德尔·哈特自己扮作伊丽莎白时代的男人，赢得男子第一名。他在公众眼里"具有鹳一样的风度”，（有人可能猜想）他喜好穿别致的马甲，将紧身褡隐藏在里面。他使用私人裁缝，追求细节到了偏执的地步。只有一个抱怨的片段残存下来，是杰西的笔迹：“亲爱的老公——我不喜欢这些（字迹潦草难以辨认）紧身褡，因为我感觉不舒服，它们让我觉得恶心……”除此之外没有一丝抗议或怨诉。恰恰相反，“在穿着打扮和紧束时，她像蝴蝶一样快乐”——即使是跟别人外出时也如此。总的来说，杰西似乎心甘情愿地，甚至可能是顺从地履行这些义务。[10] 在普遍流行无腰时尚的那个时期，这种装束必定格外具有怀旧的戏剧效果。

我记得利德尔的第二任妻子，凯瑟琳·尼尔森（Kathleen Nelson），我们见面的时候，她是一个保养极佳的漂亮女人，看上去不超过50岁，尽管她大约已经66岁了（出生于1902年）。她身材修长，穿着考究的套装，有腰身但不掐腰，我虽没看见，但猜想她是穿着合体的紧身褡。据丹切夫记述，她是一个多才多艺的、受过教育的女人，会烤蛋糕和翻译爱比克泰德（Epictetus），“腰肢纤细，风度优雅”，是女性气质的典范。[11] 但是，她带进这个婚姻的两个女儿有些麻烦，她们分别是13岁和16岁，战争期间撤退到加拿大，之后又返回英国。利德尔·哈特要求或试图要求她们入席晚餐时整齐着装——袜子、帽子、手套，当然还有紧身褡，一应俱全。对于后者，她们表示反叛，尽管母亲做出了“端庄持重的榜样”（腰围25英寸无紧身褡，22英寸有紧身褡）。这一冲突程度不同地持续了好几年，几乎导致关系决裂。[12] 据1944年凯瑟琳的说法，利德尔·哈特此时已经厌倦了“让女性恢复女性的战役”，他在家里被年轻一代击败了。

人们可能会以利德尔·哈特关于这段插曲的自述来作为他是恋物癖的证据。在他留下的文字中没有透露这种痴迷的“自白”，利物浦档案也没有任何有关记载，正如丹切夫所下的结论一样，假设事实上“他追求蜂腰和束腰的方式跟追求其他兴趣的方式，比如研究陆军元帅艾格伯爵（Field-Marshal Earl Haig）和帕斯尚尔（Passchendaele）战役是完全相同的，那么就应当包括通信及搜集和修改的一些文字”，显然它们的绝大部分都散失了，除了他对布罗菲（Brophy）和伊恩·汉密尔顿（Iain Hamilton）将军回忆录中“令人垂涎的散记”的那个反馈（见附录二）。也许将来某一天有人可以提供更多的资料。

R小姐

R小姐住在伦敦，自我描述为“古玩”。她的鹰钩鼻，青春永驻的古典特征，以及专横、说教的品性，令人们很容易想象她是维多利亚时代的一位严格的家庭教师，就紧身褡问题给杂志写信，尽责地提供道德和形体训练指南。她确实是给自己定下类似的角色：在这个“家庭”里，任何一个可能遇上她的小姑娘，无论何时何地，甚至是在街上第一次遇到，R小姐都会以束腰为支点，进行说教和哄骗，推销她的思维方式和做法。她的理念是“贵族，新封建主，反对平等，反对现代”。因此，她杜绝文身或其他现代的野蛮行径。感觉被困在一种堕落的文化氛围中，她总是滔滔不绝，极具雄辩，大谈时代的退化、优雅的丧失，以及年轻女性中生育和纯真意识的消亡。

R小姐个子高挑，臀弹力（hip spring，即臀围减去腰围之差）为26英寸，超过传奇的埃塞尔·格兰杰，她的身材是自小培养的，并一直保持腰围不超过18英寸，她仅在洗澡时脱去紧身褡，她只需要解开扣子，而不需要松开束带，因为她的体形已经永久塑成了。她曾去崎岖的康沃尔（Cornwall）海岸探险。她从未看过病，并相信束腰是完全无害的甚至健康的实践，它有三个主要的生理效应：身体延伸，器官重组，并消除脂肪组织的水分。合适的紧身褡，她坚称，实际上是将自然腰部的椭圆形旋转90°，从两侧转到前后，从而达到细腰的外观。

减小腰围和她积累古玩之间的联系是什么？R小姐是一个真正的维多利亚怪人，她的收藏具有相当的规模，乃至陷入了财政危机。她的藏品是博物馆档次的，包括19 世纪的珍稀照片和立体幻灯片、古籍、水彩画、留声机唱片、刺绣纺织品、几十件当时流行的紧身褡——选择标准是稀有、精美和小巧，所有的腰围都小于20英寸，加之超大的臀弹性。她喜欢详细阐述制造紧身褡的技术，从16英寸、17英寸的腰部展开一个150° 的扇形盖住臀部：这是一个“十分困难的技术，复杂微妙”，对此，如今的胸衣商们是太清楚不过了。她同时也是一个可信赖的有关历史紧身褡奥秘的信息库，包括格兰杰和艾伦·凯恩（Ellen Kayne）的档案。她的收藏品高高地堆摞在地板上，并挂满了一间拥挤客厅的墙壁。在那迷宫般的狭窄通道穿过，是一种激情澎湃的奇特漫游和返回旧日时光的神秘攀登。

作为年轻女性的导师，R小姐强烈谴责从全身心投入退步为偶尔束腰。行家们以极为尊敬的口吻引用她个人的范例。她现在过着半隐居生活，回避参加恋物癖活动，她认为这些活动被一些不受欢迎的人粗俗化并玷污了。她自诩的风格是准线、纪律（但绝不是女施虐狂）和路标（但不是性虐狂或恋物徒，她强烈反对这些用语）。她是一个养育者、网际人和令任性女孩烦恼的前任姨妈。

作为我和R小姐面谈的一个条件，我在此敦请任何考虑实行腰围训练的适当读者（女性）通过写信给我来同R小姐建立联系。

库尔特·英格尔

库尔特·英格尔（Kurt Ingerl）——维也纳美术学院（Fine Arts in Vienna）的教授，奥地利具象艺术家协会（Association of Austrian Figurative Artists）副主席，是奥地利最知名的雕塑家，致力于抽象的、新

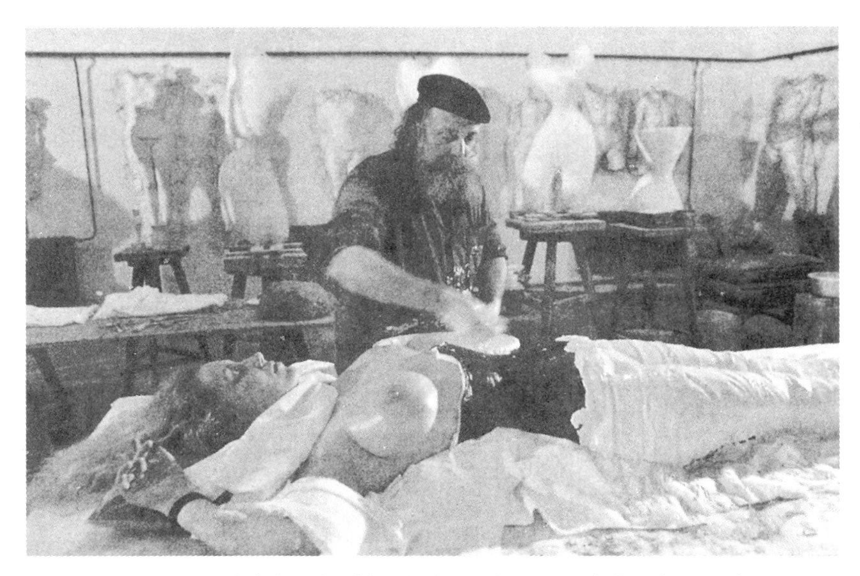

附录图 7　雕塑家库尔特•英格尔在为一个束腰女做石膏模子（约 1994）

建构风格与计算机生成的建筑设计，对此他有不少著述。1984年他在维也纳的电影画廊（Kinogalerie）推出了一项表演，名称为“健美者绑束穿紧身褡者”，前者16英寸颈围的领带成为后者的腰带。在演出目录的序言中，波尔格·赞什纳尔（Burgl Czeitschner，一位女性）验证了这位艺术家的信念：紧身褡将个人的自然体形变成一种抽象的、广义模式的和艺术生命的新混合体；而且紧身褡本身也是非常有趣的。1988年，照明器材厂家通斯拉姆（Tungsram）赞助重播了这个节目。

1986年，英格尔创造了一种人们可以想象出的限制最严格和最复杂的衣服，它的束带穿过遍布全身和头部的无数孔眼。他的石膏塑像“束腰女人”（*Geschnurte Frauen*）——其中包括凯西·荣格（Cathy Jung），在欧洲许多大城市展出，包括南斯拉夫和俄国的城市。

1993年，英格尔的妻子克里斯塔·塞贝斯（Christa Cebis，女裁缝师、护士和艺术刺绣家）刚生下孩子即穿上19英寸的紧身褡见她的丈夫；1993年6月，他们出席奥地利第一联邦总理的花园派对，各大媒体登出了（“令人屏息的”）头条新闻，数以百万计的观众也通过电视目睹了他们的风采。1994年，英格尔的作品在哥特式圣彼得大教堂展出，他创作的束腰女人浮雕采用米开朗琪罗的雕塑铸模，同耶稣在受难日的系列形象十分相似[13]。这些作品同米开朗琪罗雕塑的联系看上去似乎是强制性的，自有其道理，创作皮革束缚人像的美国雕塑家南茜·格罗斯曼（Nancy Grossman）对此做了部分说明：“被紧紧地包裹在皮革里，一个被困的临终之人，米开朗琪罗的‘垂死的奴隶’的一个后裔……束带紧身褡令他断了气”。[14]

凯西·荣格

“在早年穿过紧身褡之后，我有许多年没有束腰，三次自然分娩和两次剖腹产留给我的是绝对没有肌肉的腹部。然后，我开始恢复穿很长的紧身褡，我发现一直保持紧束比时穿时脱更容易一些。我遇到的唯一问题是皮肤摩擦。16英寸和17英寸很舒服，在特殊场合我可以紧束到15英寸。”凯西·荣格无疑是当前美国最有名的束腰者，享誉已经有十多年。她出现在现代艺术博物馆（Museum of Modern Art）的展览开幕式上：“紧身褡：

附录图 8　米开朗琪罗、英格尔和考利戈（Anton Kolig）雕塑展目录

时尚和身体”由瓦莱丽·斯梯尔（Valerie Steele）策划，受到《洛杉矶时报》（*Los Angeles Times*）的赞誉：“保养有素的康涅狄格州女性”已经永久地将腰围从28英寸缩小到15英寸。她在1989年的“为愉悦而穿衣”晚会上获得“束腰成就奖”，还有一些其他奖项，并出现在电视上，特别是在东京和德国。她的丈夫鲍勃·荣格（Bob Jung）在德国当外科医生，鼓励她的这一习惯，并向观众介绍他妻子的X光照片，表明一切都在38厘米（14.96英寸）周长之内，“（按比例）是世界上最小的”（她身高5英尺6英寸，胸围和臀围均为39英寸）。这些独特的照片被时尚历史学家引用，尤其是瓦莱丽·斯梯尔的论著。她在最新的《紧身褡》（*Corset*）一书中，让凯西·荣格的彩色画像占了一整页，闪烁着神圣的荣耀之光（亦参见斯梯尔的《恋物癖》（*Fetish*）一书，1996年，第83—86页）。

*莱斯（Lacie）

莱斯的真名叫安德烈娅（Andrea），住在德累斯顿（Dresden）附近。我将她在互联网上发布的14页自传内容摘要如下（我已经验证了其准确性）。

她出生于1967年，身高172厘米，三围 89—49—100厘米。资历合格的护士，她的丈夫托马斯（Thomas）是一个训练有素的工程师，负责组织演示莱斯的异国情调形象。她较晚才开始束腰（2000年），灵感来自于她的丈夫，以及电视节目和互联网。在采用现成的和自制的束腰工具试验后，经过最初的内部巨大阻力，她很快就发现了相对舒适的量身定制，并适应了永久束腰（在穿紧身褡睡觉的辅助下），采用积极活动的生活方式，包括体育（驾帆船、骑自行车、徒步登山），运动（健身、健美操和举重）和工作。她曾经因做家务运动不当压折了肋骨；她现在更加小心，以额外的长度和刚度保护自己。具有窄的下肋，她的胸部呈圆锥状。作为一家医院的护士，其工作包括各种弯腰和提举动作，她已经学会了搬东西时保持上身挺直，从蹲伏的姿势起始，并在规定的运动范围内工作。在医院里，工作人员和患者们对她的这种习惯更多的是欣赏、好奇和觉得有趣，而不是负面的。做家务时也同样，需要学习在紧身褡“许可”下举动，这导致了一种“莫名其妙的混合情感：骄傲、优越和无奈”。它使不可能成为可能，并形成一种运动的挑战，寻求极限与超越。束腰也使得她穿高跟鞋时感到更舒适。

附录图 9　凯西和鲍勃·荣格（约 1999）

托马斯·B. 利尔斯

托马斯·B. 利尔斯（Thomas B. Lierse）是长岛束腹带协会（Long Island Staylace Association，LISA）的创始人，他宣称“通过世界上内容最齐全的紧身褡爱好者网站支持被支撑者”，“腰肢之美滋养心灵”。他从1996年开始通过互联网传播信息和建立联系，在这方面的贡献比任何其他个人都大。www.staylace.com现在一个月分散点击量达35000次。“LISA”是一个紧身褡及其他衣服恋物癖网络中心，相当于一个无比庞大的、国际规模的电子版《伦敦生活》，就此可以单独写一本书。其显著特点是设立了聊天屋和忏悔室，以及由医生安妮·博蒙特（Anne Beaumont，一个虚构的人物）主持的“健康专栏”——表明束腰（在合理范围内）是安全的。这是发表紧身褡小说和交流独特个体活动的天地，诸如艾伯特，一位非常杰出的荷兰工程师，他自己钻研、制作出了几乎全皮革的有效束腰紧身褡（见下文“仙女”）。这个紧身褡论坛试图回避露骨的性话题，“以免受到庸人们和

附录图 10　杰伦·范·德·克利斯制作的凯西·荣格的上身模子

心理肮脏的审查部门的骚扰”。LISA网站偶尔会有一定保留地登出青少年希望获得紧身褡的请求，以及如何让父母改变反对态度的建议。以下听起来是真实的 [原文]：“我无法解释为什么紧身褡和束腰在我的生活中是有积极意义的事。我希望我的学校会将紧身褡列为着装规范的一部分。我会一直紧身束腰，快乐成长。”

潘多拉·戈里，哈里森夫人
(batplanet@aol.com)

当潘多拉·戈里（Pandora Gorey）是孩子时，第一次性亢奋是由“吉普森女孩”的绘画激起的。她总是被年代服装所吸引，二十五六岁的时候，R小姐在“酷刑花园俱乐部”（Torture Garden Club）里发现了她的天赋。她现在或许已经成为英国最著名的（和最公开的）束腰者，报刊和电视节目有数次专门介绍。她在电视上她喜欢谈论健康和节食（“避免碳酸饮料”——对我们其余的人是不错的建议）。《泰晤士报》的一篇重要文章中特别将她作为时髦体形塑造的实践者和权威。[15]《独立报》（*Independent*）头版刊登了一张潘多拉的照片：“假如紧身褡合身……但事实并非如此。要一个18英寸的腰围，请见第4版。”第4版的整个跨页展示她的身材，声称她是紧身褡会团的一名创始人，她通过节食包括偶尔处于饥饿状态的建议，能够训练你适

This 18 inch circle is the actual size of Pandora's waist

IT'S CRAZY AND A DANGER

附录图 11　“潘多拉的实际腰围是 18 英寸……这很疯狂且很危险”（*Daily Mirror*, 5 May 1998）

应新的紧身褡时装。潘多拉是一个“时装束腰者”，即为了特殊事件和演出需要偶尔束腰。这位具有雪白皮肤和德累斯顿瓷器般精致身段的“哥特女王”，造就蜂腰的目的是去参加“英国胸衣爱好者”（English Corset Enthusiasts）大会、时装业发布会、模特秀，或是出席伦敦的哥特俱乐部，如“斯雷姆莱特”（Slimelight）或“酷刑花园”的活动。[16] 而在现实中，她是世俗的，为了钱而工作。一年之后，《镜报》用一个整版来展示潘多拉站在一个18英寸的圆圈里[“潘多拉的实际腰围”——引来了轻信者的钦羡。可是时尚历史学家多丽丝·兰利·穆尔在《时尚妇女》（*The Woman in Fashion*）一书中用同样的图式策略，却引起了讨厌的质疑]。一位著名的女肠胃病学家对此做出评论，子标题是“根本不要去尝试”，驳斥潘多拉所说的无害论，指出她“在绝大多数早晨”保持34—19—36英寸三围的做法是“荒谬而危险的”。（参见彩图30）

附录图12 “幽灵”小姐的照片（C & S Constructions）

“理查和朱迪晨话”（This Morning with Richard and Judy，GMTV电视台，1997年）中演示了专业上、政治上正确的姿态。然而事后，（男性）医生希拉里（Hilary）私下向潘多拉坦言，他觉得她看上去棒极了——自信、优雅并且安全，尽管他只能保留意见，因为他的责任是反对束腰。

*幽灵（数据来自互联网）

绰号：幽灵（Spook）；年龄：20岁；地点：美国佛罗里达州坦帕市；职业：大学生；身高：5英尺3英寸；体重：105磅；眼睛：蓝色；穿紧身

褡后的三围：31—14.5—31英寸；历史：1998年8月开始紧身褡训练；爱好：紧身褡、音乐和计算机；身份：快乐地被缚的女奴；不喜欢的：医生、针和孩子；幻想：成为一种时尚的恋物癖模特。梦想：实现有史以来最小的腰。

仙女

来自德国，她通过互联网（sylphide.de，至2000年9月已有1418363个页面点击）传播信仰，交流建议和个人体验。现将十几页的文字概括如下：我真的是个很正常的年轻女子，在此宣传紧身褡穿着的正常性。我选择“仙女”（Sylphide）这个笔名是因为她们是大自然中的女性小精灵，据说居住在空气之中，形状类似紧身褡。我避免极端的、性虐狂的、狐狸精式或“恋物癖”服装。从23岁开始（1993年），我在男友的鼓励下，起初是在自然小腰上系带，然后穿真正的坚固紧身褡，经过两年的时间，从25英寸减到19英寸（在特殊的场合达到17英寸），这是在紧身褡外面的尺寸。我身高64.6 英寸，胸围和臀围分别是33英寸和35英寸。经过一番周折之后，我可以在夜间穿紧身衣了。现在我只有淋浴时才把它脱下来。它并不真的令我感到多么刺激，只是感觉良好。照料好你的皮肤吧，不要急于求成或强行实施。轻轻地打喷嚏。吃素。

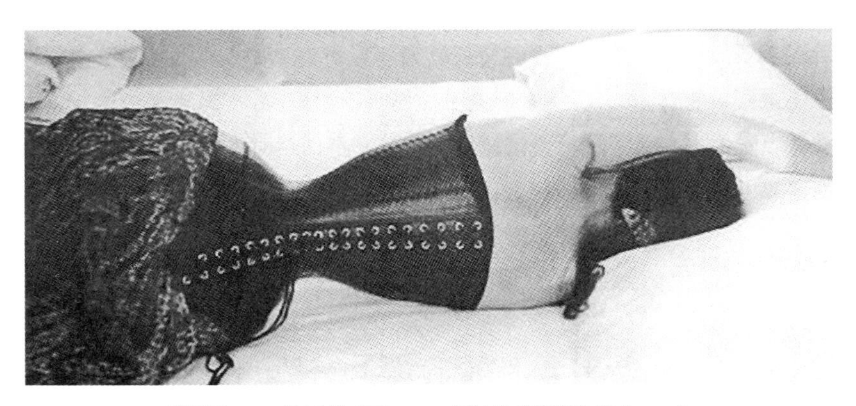

附录图 13　“仙女”身穿 Albert 设计的皮革紧身褡（2003）

附录六

制造商

幽暗花园（Dark Garden）

地点：美国旧金山市（Info@DarkGarden.net; www.darkgarden.com）

奥特姆·卡雷-亚当米（Autumn Carey-Adamme）在12岁时即缝制了第一件紧身褡。1992年开了自己的专卖店，她似乎惯于穿着紧身褡在店里工作。她以做工精巧和绣花的紧身褡艺术而著称。到目前为止，她已经制作了4000～5000件。帕梅拉·安德森（Pamela Anderson）曾在MTV颁奖仪式上穿着她的作品，被刊登在《人物》（*People*）杂志上（1999年9月27日）。

BR创意（BRcorsets@aol.com）

“鲁思·约翰逊-BR创意”以著名紧身褡制作师鲁思·约翰逊（Ruth Johnson）命名，她的丈夫路易斯（Lewis）辅助她的工作。她在加利福尼亚州芒廷维尤（Mountain View）市建立了家庭作坊，自1978年起，已制作了约3000件紧身褡，并且为紧身褡社区服务，编辑出版了宝贵的季刊《紧身褡通讯》（*Corset Newsletter*，CNL，1984—1999）。

康斯坦斯和斯图尔特(C&Sconstructions.com)

斯图尔特(Sturt)名片上的头衔是“斯图尔特·拉·特伦奇-布朗阁下，卡姆斯特（Camster）男爵，正义的骑士 ”。作为一名训练有素的放射线

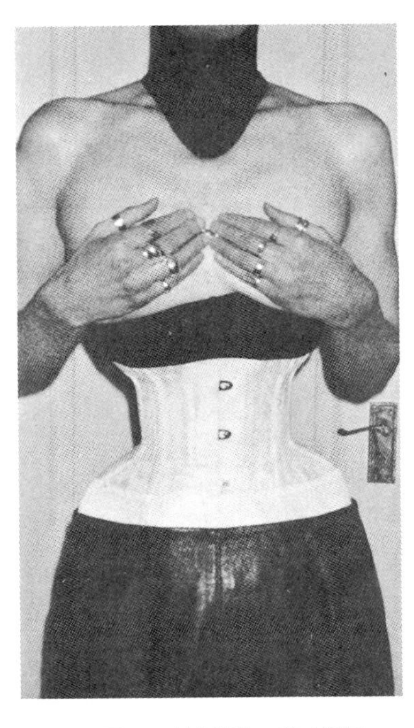

附录图 14　芭布斯的 6 英寸腰杆
（C & S Constructions，约 2000）

技师，他在核医学领域工作并担任足病医生5年之后，1993年开始制作紧身褡，在艾里斯·诺里斯（Iris Norris）的帮助下自学成才。他认识他的妻子康斯坦斯（Constance）是她在肯尼亚做动物保护工作期间。她被动物攻击受重伤后是由斯图尔特负责照料她。她的腰围从天然的33英寸减小到20～22英寸（仅是在白天）。自从迈克尔·加罗德（Michael Garrod）去世后，他们夫妇俩现在或许是英国最著名和最受人尊敬的紧身褡制作商。他们的网站每月有3000次的访问量。他们的一名主要客户是“芭布斯”（Babs），她通过20年的努力取得了6英寸高的“腰杆”（附录图14）。她是英国一所乡村学校的专职教师，自我激励，非常注重隐私，她通常将紧束的腰和颈隐藏在外衣里，但愿无外人察觉，只有她的孩子们知道。

安·格罗根（www.romantasy.com）

安·格罗根是20世纪60年代的一名“激进女性主义者”，作为一个州的庭审律师执业16年之后，决定做塑造体形的工作，她在旧金山市开设了一家色情商店，自1989年开始从事紧身褡零售业务，店名为“浪漫幻想的精美紧身褡”，目前销售6～8家制造商，包括“BR创意”和“真正典雅”（True Grace）的产品。另一名律师谢里·尤尔内奇卡（Sheri Jurnecka）在晚上制作紧身褡（她真正醉心于此事）。格罗根自己开始喜欢紧身褡是因为发现它能缓减背痛的老毛病。“给道德和身体带来的益处是巨大的……有一天我醒来，决定我要做爱不要作战。我喜欢穿紧身褡做爱。这是另一个紧紧的拥抱。拉拽束带就像是弹奏乐器一样抚玩身体。”她有个相当大的网站，是最早的这类网站之一，有400页，几乎类似一种时事通讯，每星期接到25000次访问。她组织研讨会，提供激励和建议，还创办了一个48页的精美目录，其内容丰富，注重健康、节食、节制和“禅”式精神修炼法，并且提供近50种不同的紧身褡设计。格罗根至今有4000个客户。她赞助旧金山市的“紧身褡大庆典”（C.U.R.V.E.S.），并提供了一个宣传录像。20世纪90年代她曾多次在地方报刊和电视上出现，强调健康和减肥，尤其是在莫里·波维奇（Maury Povich）的节目中，她让一位男主持人差不多穿进了一件马甲紧身褡。格罗根的客户中60%（1995年40%）都是男性，他们像注重减重一样注重线条。她还写了一本书：《紧身褡魔术：缩减腰肢和增进体形的风趣指南》（*Corset Magic: A Fun Guide to Trim your Waist and Figure*，2004）。（参见彩图17）

迈克尔·加洛德

迈克尔·加洛德（Michael Garrod）于2003年去世。在时尚紧身褡低迷、恋物癖紧身褡很难获得的时期，他被感恩的朋友和客户称为英国束腰“圣人”和“救世主”。1985年他从英国气象局提前退休，以便全身心投入他于1981年创办的紧身褡作坊。他独自工作，平均每星期制作一两件，在20年里共制作了2000件，大约一半是给男性穿的，并且很多是无偿地提供给囊中羞涩者。

杰伦·范·德·克利斯的怪诞设计

杰伦·范·德·克利斯（Jeroen van der Klis，参见附录图10，Jeroen.bizarre.design@cable.A200.nl）最初受到的专业训练是工具制作。自1987年来，他在阿姆斯特丹市政剧院（Civic Theatre）附近开了一家地下小作坊，独自为国际客户制作了约1500件紧身褡。它们的结构通常很新颖，他喜欢用耳柄取代孔眼来穿束带，避免了常规的前襟巴斯克条，而且采用2毫米直径的钢丝绳做衬骨（最初用水暖工疏通管道的长铁丝做实验）。荷兰的媒体对他大加宣传。[17]

*珀尔先生

珀尔（Pearl）先生是男性束腰恋物癖和高级时装界之间的独特联系人，他作为一名自学者，为蒂埃里·穆勒和其他用户制作了一些非常优美精良的紧身褡，其中多数镶嵌着宝石。他为克利斯汀·拉克鲁瓦制作的每件成本介于3万和5万英镑，有时候需要10名助手合作完成。珀尔先生曾经是南非国家芭蕾舞团（South Africa State Ballet Corps）的舞蹈演员，许多报纸和重要时尚、恋物癖书籍都对他有专门介绍。《星期日独立报》（*Independent on Sunday*）称他为"世界著名的紧身褡裁缝师，本身就自豪地拥有一个精巧的18英寸腰围"（他的梦想是达到16英寸）。[18] 据一些高品位杂志报道，珀尔先生描述说，束腰紧身褡对他的影响是欣喜若狂和神秘的：超越了授权或增强性欲的意义，它像"坐过山车：恐惧、惊骇、兴奋。紧身褡主宰了你。……它占据了你的心灵。你的全部存在纳入它的怀抱之中。人必须经历这一过程，经受纪律的考验而重生"[19]。紧身褡的"吸引力在于它是一种位移。腰部产生了负空间，就像一座雕塑。这是一座移动的、活的雕塑……它改变大脑运作的方式。医生们被它吓坏了。可是它几乎会增强大脑存在的体验。它可以使你感到头晕目眩……我加入了蜜蜂或黄蜂之类的昆虫世界。我有自己的外壳。为什么要脱掉它呢？那样会让我觉得赤裸裸的没有保护，就像一只无壳的甲虫或乌龟……所有形式的暴力都令我恶心——我喜欢和谐的自我意识，司掌的和谐。被如此掌控是一种自由"[20]。最后这段话引自一个大型的极端服装展览会的解说词，该展览由弗兰德斯时尚学院（Flanders Fashion Institute）在安特卫普（Antwerp）举办，包括一个特殊展厅，称为"幻想：珀尔先生的房间"。

附录图15　身穿紧身褡的珀尔先生（1994，摄影：Josef Astor，引自 Koda：Extreme Beauty）

蜂腰创意（waspcreations）

“蜂腰创意”是由堪萨斯市艾米·克劳德（Amy Crowder）经营的。1992—2001年间它的网站www.waspcreations.com接到375300次访问。在15岁时，克劳德即运用她的数学技能制作了第一件紧身褡。她从前是一位平面设计师。自我激励，素食，多年来将腰围从23英寸减小到17英寸多一点。不穿紧身褡她便感觉赤身裸体。最糟糕的一次是她在街上引人注目，差点酿成车祸。她交往过的一些男友不理解她，直到后来她找到了生活和生意上的伴侣杰夫。当杰夫第一次见到克劳德时，惊羡得“差点心脏病发作”。15年来，她已制作了大约1500件紧身褡，其中大部分是在过去4年里完成的，主要用于束腰。男性和女性用户差不多各占一半。

*瓦莱丽·道伯医生和维姬·本顿医生，紧身褡和腰带研究档案

1989—1995年，瓦莱丽·道伯（Valerie Dawber）医生和维姬·本顿（Vicky Benton）医生为英国时尚产业基金会（British Fashion Industries Foundation）做了一个研究项目，题目为“作为性表达的时尚和身体形象”，由泰恩河畔纽卡斯尔大学（University of Newcastle-upon-Tyne）赞助。《女士》（*The Lady*）杂志的广告吸引了一些对束腰和紧身褡的反馈，但没有收进主要的报告，因为被认为是次要的。下面是5个访谈记录的摘要，本顿医生于1998年去世，她的丈夫维克·塞登（Vic Seddon）将资料抢救出来，好意地寄给我。奇怪的是，正是由于参与这方面的调查，结果这两个研究人员都开始穿紧身褡，之后又开始经常束腰。

1.安加拉德（1992年，31岁）

在阿根廷的威尔士社区里，束腰在某种程度上是一个传统。在一个（扩展的）大家庭中，所有女孩从16岁便开始穿紧身褡，它成为她们之间的联系纽带。安加拉德（Angharad）自愿从24英寸减小至19英寸；与丈夫享受额外的性愉悦之时，偶尔束至18英寸甚至16英寸（可坚持几分钟）。

她饮食很仔细，少而精。“我很兴奋，从我的美妙身材中汲取力量，我感觉强大，能够很好地掌控自己的行为和情感。”安加拉德说，“我主宰自己的身体和生活，这很棒。”她曾在文化部做翻译，现在是一家出版社的编辑和校对。大多数同事都挺欣赏她，但也遭到少数人的排斥（可能是出于嫉妒？）。“悲夫！传统在（我的家庭和社区里）消亡。有一个著名案件，一个女孩控告她的父母，说父母要求她穿紧身褡是虐待。这简直太可怕了。”

2.贾妮（44岁，信写于1996年）

贾妮（Janie）大部分时间住在葡萄牙，曾在那里做官方翻译。她17岁就嫁给了一名外交官，在丈夫的要求下开始穿紧身褡。为了婚礼，她将自然腰围从26英寸迅速减小到22英寸，之后每年减少2英寸，直到降为18英寸，偶尔17英寸。“我们在欧洲和南美的大使馆里都是有名的……我的腰际训练已成为我们的社交和性生活的一个核心内容。我很注意饮食和总体健康状况。我从未因紧身褡而生过病，其他病也很少生，尽管医生给我做怀孕检查时吓坏了，然后，有一位医生对此产生了兴趣，在医学杂志发表了关于我的一篇文章。我们的大女儿16岁了，想模仿我，但我不能肯定。我不会强迫她们（小女儿11岁）当中的任何一个束腰。”

3.帕特丽夏（采访时间1993年，52岁）

帕特丽夏（Patricia）的故事遵循互联网站“腹带区”（Girdlezone，通过LISA网站链接）交流的模式。她12年前开始穿腹带减肥，丈夫开始在“激情杀手”面前表示“反抗”，但很快就喜欢上了，进而发展为酷爱，因为它改善了他们的性生活。（“腹带区”网站也列举了许多相反的例子：男人成功地说服女性伴侣使用腹带，以提高性生活质量。）“腹带和我在一起，让我真的感觉很强大。它使我更便利、更迅速地达到更强烈的性高潮。这全都是关乎力道、控制和极端的感觉。我的丈夫对我一直性欲旺盛，并且开玩笑说，紧身褡保护我免受他人染指。我在[紧身褡]里裹得越坚实，我就越喜欢他的旺盛性欲。穿紧身褡伴随着我们俩的良好饮食和锻炼习惯；现在，他自己也穿上了腹带。”

4. 古蒂

古蒂（Guddhi）是一位巴基斯坦模特，在亚洲电视台和一些杂志上亮相。1990年5月2日，她在伦敦接受了杰米（Jamie）的采访，内容转录张贴在2000年4月的LISA网站上。她27岁，未婚，不能确定是否想结婚。她的工作需要经常旅行。在美籍巴基斯坦同胞和模特班同学的激励下，她20岁开始穿紧身褡；她习惯于在宽松的伊斯兰服装里面穿48厘米腰围的紧身褡。“我感到很快乐，为我的身材，为紧身褡给我带来的兴奋体验。”

5. 梅丽莎

梅丽莎（Melissa）目前在芝加哥剧院负责剧本和剧目工作。此信的日期是2月19日，1999年由我发现并编辑发表。“我最后一年在大学读英语时开始束腰；它成为我和其他两个朋友分享的一种狂热。我们比赛谁可以穿最长的和最紧的，号称‘紧身褡奥运会’。我发现男人或者为之亢奋，或者完全排斥。我结婚时的腰围是16.5英寸，连续8年我每天24小时穿紧身褡；我身高5英尺7英寸，体重128磅，我的三围是36D—17—38英寸。我还可以束得更紧一点。每天早上我的丈夫鲍比（Bobby）为我系束紧身褡，他关心我生活中的每个细节。我不喜欢长途航班，因为坐得太久，而且我不能喝碳酸饮料或吃辛辣的食物。至于你问到的性高潮，可以这么说，我以前从未有过性高潮，直到第一天穿上紧身褡；我现在很容易达到高潮，只需轻微的刺激就行。鲍比已经学会以许多令人愉快的方式跟我做爱。恕不谈细节，我所要告诉你的就是，紧身褡是重要的和必要的。父母不理解我施行紧身褡训练，多年来一直试图阻止我。妈妈寄给我很多剪报和信件，讲到关于束腰的诸多危险，还请家庭医生出面干预。我的健康状况良好。我每天定时锻炼15分钟，每星期在健身房练习20分钟举重。”

雪儿——她摘除了肋骨吗？

在互联网上检索“演员兼歌手雪儿（Cher）”，会发现众多网站对一件事很感兴趣，即她曾做手术摘除下部肋骨，以进一步削减腰身。这是她在接受《巴黎竞赛画报》(*Paris Match*)采访时坦然陈述的，顺带还提到做了其他10个比较传统的美容外科手术。访谈内容于1988年4月29日刊登在该杂志上，横贯两页。有人在电子湾（E-bay）销售雪儿的一根（假）肋骨，被视为欺诈。互联网上也宣称骨科医生施行这种手术是合法的，并不罕见——贝弗利山庄（Beverly Hills）有两例，匹兹堡（Pittsburgh）和哥斯达黎加（Costa Rica）各有一例。其他有些名人据称也接受了这种手术：伊丽莎白·泰勒、简·方达（Jane Fonda）、拉克尔·韦尔奇（Raquel Welch）、帕梅拉·安德森（Pamela Anderson）、吉娜·劳洛勃里吉达（Gina Lollobrigida）和沙基拉（Shakira）。

束腰爱好者们反对这种手术，理由是永久性地压缩浮动的肋骨比摘除它们要明智得多。

附录七
引自苏珊娜·库贝尔卡

《崩裂的紧身褡》（*The Burst Corset*），2000年

这部小说的副标题是“奥匈帝国的美好时代”，作者苏珊娜·库贝尔卡（Susanna Kubelka）是奥地利著名的浪漫小说作家。她生动描述了束腰和骑马的英雄事迹，调制了一杯令人陶醉的鸡尾酒——性的无知、未完成的爱和强迫婚姻的失败，最终演变成女性的解放。束腰，恰如书名和护封简介中点明的一样，是贯穿整部小说的一条主脉。

故事的主人公名叫明卡（Minka），1860年出生，在一个寡廉鲜耻的土耳其毡帽制造商家里长大。她15岁进入贵族社会，美丽的伊丽莎白皇后和她的纤腰将明卡照亮，或者说是令她黯然失色。书中的几个主要人物都争相效仿皇后。她是皇后秘而不宣的侄女，一位伯爵的非婚生女儿，由一个雄心勃勃的家庭教师赫米内（Hermine）培养成人，她保证让明卡获得良好的教育。明卡还受到强烈沉迷束腰的一位姨妈的影响。当她应邀进入帝国要塞恩斯镇（Enns）的精英圈子之后，姨妈朱莉安娜（Juliana）接管培养她的任务，以准备嫁入一个将军之家。几年前有一次，蜂腰皇后从马上摔了下来，这位将军——佐尔坦·冯·博罗希（Zoltan von Borosy）男爵，前去救助皇后，自此便迷恋上了蜂腰。

明卡聪明剔透，多才多艺，有音乐天赋。她的头发可与皇后的相媲美，尽管她不认为自己漂亮，胸脯（依然）相当扁平，臀部也欠丰满，却是个自然束腰的好坯子。她第一次穿的紧身胸褡注定要把她从豆苗变成沙漏（45厘米腰围），它仿佛是个“令人窒息的巨人”，把她搞得头晕眼花，

失去平衡。人们开导她说“不久就会习惯的”——事实并非如此。但是，如果她拒绝这样做，她的命运将受到影响。

她在一定程度上采取合作的态度。她的柳条腰肢和音乐成就引来了人们的钦羡，她为此感到欣悦。将军20岁的儿子加博尔·冯·博罗希（Gabor von Borosy）—— 一个很有前途的骑兵军官爱上了明卡（跟她的腰无关），但（据说）由于她出身中产阶级，且被刻薄的继父欺骗了，没有嫁妆，所以他们两人不指望能够结婚；然而，在将军的眼里，明卡的马术技巧，以及极端束腰的耐力体现出来的身体和道德勇气会为她赢得同等的嫁妆。

明卡必须接受马术和束腰这两个在表面上截然不同的考验，这是该小说中表现的“恋物癖”特点，通过在世人瞩目的伊丽莎白皇后身上的结合也被含蓄地肯定了（见附录四）。在明卡赢得马术奖的高潮时刻，这两者的结合在身体上和时间顺序上共同获得了完美的胜利。将军跟明卡跳查尔达什（czardas）舞，把她扔到了空中，当众宣布他爱她的小腰。她紧束到了极限，舞跳得头晕目眩，加上心中深藏着对加博尔的爱，把她搞得几乎半死。但是，将军的声明刺激她系得更紧，“残忍地勒到”40厘米，使她的腰变成了一道“青紫瘀血、剧痛、锥刺、烧灼的系带沟”，她勇敢地承受这一切，心中交织着她爱加博尔的快乐和痛苦，为了他，她会“再次系紧”，但加博尔并不想要她那么做。

她暗自委身于加博尔，在对他的爱日益加深的同时，对性的恐惧和意识也在增强。“我对它没有欲望。紧身褡就足够了。”有关性生活的不愉快想法，首先是古板的教师赫曼灌输给她的。穿紧身褡的惊心动魄的疼痛，练骑马和摔下马的经历（当束腰时这是加倍困难和危险，她感觉距离死亡只差毫厘），更加深了她的这种恐惧。

由将军自己担任教练，在训练束腰的同时练习骑马是对明卡的下一个考验。他像对待一个新兵那样冷酷无情地训斥她，残忍地几乎将她推到极限。他坚持让明卡束腰至40厘米，当家庭教师赫曼对此表示震惊时，他震怒了：“必须如此！世界上没有什么东西比一个骑在马上的细腰女人更美。”当儿子加博尔建议明卡应该不穿紧身褡练习骑马时，他迁怒于儿子，而且对明卡发火，当他怀疑她要使用马刺时。尽管他对明卡很残暴，却对她的坐骑阿达（Adda）十分和善。有一次明卡从马上摔倒，紧身褡加重了她的伤势，他也从未动过要把她解脱出来的念头。

有一次加博尔带明卡去一家低级的妓院—歌舞厅，她发现那里所有的女人都穿着艳丽服饰并且“把腰勒得没法喘气”，因自己的小腰和嘉伯的恭维给她带来的自豪感受到了打击。

小说的高潮是8月18日（1875年）的骑马比赛，在巨大的节日中心庆祝王储鲁道夫（Rudolph）的生日。明卡对手的马技跟她差不多精湛，但基本没有穿紧身褡。比赛开始之前，明卡遇到了一个大麻烦，她的新骑装是43厘米腰围，而她平时穿的是45厘米，那天她午餐吃得太多（书中有对食物的详尽描写，同束腰的描写相映成趣），腰腹因而胀到了50厘米。家庭教师和姨妈惊慌地讨论新的小骑装对明卡的致命危险，特别是在这么重要的场合。参考了医学专家和报刊文章的见解之后，她们认为明卡应当穿50厘米腰围的棕色旧骑装。可是明卡讨厌这个提议（“除非我死了”，她说），她强迫自己呕吐出胃里的食物，并按照要求紧束起来。尽管她感到头昏眼花，全身疲软（小说对此有一大段描述），但是“我崇拜自己——一个神奇的体形”。将军对她的丰姿表示赞赏。她靠着嗅盐的帮助，保持着清醒的意识，不断告诫自己“别晕倒”，一路强忍痛苦，抵达了表演场。当她看到对手几乎没有穿紧身褡，眼前又浮现出奢华宴会上摆放的大量食物，她感到更不舒服了。她勉强听见将军为她祝福：“要不惜一切，你可以赛完了再病倒”，将军说，“现在你必须赢。面带微笑吧！哪怕你会丧命。”

明卡的骑跳竞技无懈可击，对手却犯了一些错误，她击败了对手。不过，这得要感谢亲爱的阿达，明卡本人呼吸和意识都十分艰难，无助地巴望着自己的殉难壮举尽快结束，它以本能和训练有素的技能接替了骑士的任务。观众向她倾泻雷鸣般的掌声，从外表看，这是由于她的骑术和人们下的巨额赌注，而明卡心里则归功于紧身褡，她被它拥抱、托载着，如超人一般竭尽全力地喘息，直到紧身褡突然崩裂，她失去了知觉。醒来后发觉自己躺在驻军医院里，感觉仿佛不在人世。

从他对明卡的投注及其他许多小的财富收获，将军被金钱淹没了。他去向明卡求婚。那天明卡拒绝穿裙子，只穿了一件宽腰的外套。当听说前来求婚的是将军而不是加博尔——将军的儿子和她的爱人，她顿时昏了过去，这是她一生中最后一次昏倒。将军并不理会明卡的处境，她很年轻（15岁），身体发育尚不成熟，还处于经前期。他的结论是，首先，“她的腰肢是最完美的”；第二，“是我让她遭受了地狱之苦。我责骂她就像对待那些愚蠢的新兵。我称她是野兽……她勇敢地面对了这一切。总之，这孩子符合我的标准。”

为了拖延接受她的高妙腰肢和骑术赢得的可观报价（将军除了财运亨通和人脉宽广之外，也属年富力强，大概40多岁），明卡通过装病赢得时间，策划逃跑——但并不是要贵贱通婚，跟加博尔一起过贫苦日子。加博尔想跟她私奔，但对她临时提出的“约瑟夫式”（即无性的）婚姻的建议感到困惑。为了挣脱紧身褡、争取自治，她的出逃是不出所料的。在维也纳音乐学院，明卡成为唯一不穿紧身褡的女孩，并且放弃了骑马，之后成为第一个全女子乐团的小提琴和钢琴独奏员，去世界各地巡回演出，并为她的前偶像、伊丽莎白皇后演奏。过去是束腰替代了性生活，在放弃了前者之后，她愿意以一种反常的方式去尝试后者。再后来，她又见到了加博尔，他那时已经离婚了，明卡便和他结成了“自由之爱”的伴侣。她挣脱了紧身褡，也摆脱了对性的恐惧甚至厌恶。叙述者—作者的观点似乎是，在奥匈帝国的社会秩序之中，压迫体现于束腰和性压抑，以及对性的无知。这十分符合我们关于紧身褡的性矛盾角色的观点。明卡的最终解放是变成了个性自由、无紧身褡束缚的现代人。

附录八

跋

*苏珊（Suzanne）——曾用名是“提埃波罗Ⅱ”（Tiepolo 2），将她的下述宣言张贴在互联网上。[21]

我喜欢穿紧身褡的10个理由如下：

1. 系束带的场景。一个男人和一个女人之间隔着一件内衣是最有可能令人愉悦的互动。现在，我的丈夫把我拉紧的时候不再感到尴尬了，他的非凡热情真是可爱。既要确认紧身褡在不同的部位足够紧，但又不能过紧，他不断相应地调整束带，每隔几秒钟就关切地询问：“现在舒服吗？你肯定吗？坐下来试试看。”仿佛他不敢相信自己娶了一个喜欢穿紧身褡的淑女，不想搞砸了自己运气似的。我喜欢他的关爱、他的精湛技巧和果断的系结方式。

2. 我喜欢具有完美沙漏形身材的强烈体验，以及纤柔腰肢和完美控制胸、臀的典型女性感。紧身褡对男性有致命的吸引力，也让女性心生妒羡，我爱它赋予权力的感觉。当我的妙曼身姿在公共场合引人注目时，我感到兴奋，为自己的完美展示而自豪。

3. 我爱小蛮腰和蓬松的拖地长裙之间的对比。我感到身体正中央的部分是严格限制、固定不动的，而身体的其他部分则如鲜花盛开。我优雅地主宰了整个宇宙。

4. 我喜欢紧身褡无时不在，每一次举手投足，它都对我悄声细语。

5. 当我伸展身体，如爬楼梯或跳舞时；当我气喘吁吁，不可避免地脸色泛红时，我爱紧身褡给我的刺痛感。我有一种直接的和神秘的情色体验。

6. 我的丈夫是一名激进的女权主义者，我喜欢他以一种特殊方式把手放在我的腰间。我喜欢他的手触及我时的敬畏意味，透过厚厚的束腹带，仿佛来自遥远的地方。我喜欢他从背后搂住我的腰，想象他将我旋转起来……那是一种非常性感的时刻。

7. 我喜欢我的臀部在摩登裙子里摇摆扭动。

8. 我喜欢在一天结束的时候完全成为女主人的感觉。穿了16个小时紧身褡，耐受了它可能导致的任何不适或温和的痛苦，在夜晚终于将它脱掉后，我喜欢那种释放和自由。这种时候，我仍然能感觉到心理上的而不是身体上的压缩，感到被彻底征服了，四肢完全觉醒，意识到乳房的释放，彻头彻尾的女人身体可以体验美味的自由。由于回想起白天的强烈压缩，此刻这种感觉尤为强烈。

9. 我喜欢穿着紧身褡的姿态，看上去总是很宜人——自律、镇静、警觉、沉着和精力集中。

10. 我喜欢优雅和精致且具刚性的感觉，特殊的和非自然的坚硬、结实和成形的感觉。

我不喜欢穿紧身褡的理由是：开车、去洗手间不方便。如果太紧，肋骨部位会有点痛。还有，弯腰捡东西不容易，我有个4岁的孩子，这是一个会经常碰到的难题。

全书注释

Preface

1. E.g. Hélène Roberts. Cf. my 'Response' *ibid.*
2. The review by Lisa Vogler appeared in *Feminist Studies*, vol. 2, no. 1, 1974.
3. Haller p. 151.
4. Institutional prejudice may be illustrated with an anecdote from costume authority James Laver's autobiography (*Museum Piece*, pp. 242–3). A lady came to Laver, then (around 1930) Keeper of the Department of Prints and Drawings at the Victoria and Albert Museum, to propose the sale of her 'psychologist' husband's collection of 'fetishist material, admirably arranged and classified. All the pictures were of excessive tight-lacing and excessively high heels.' Laver proposed a paltry £10, advising her to find a private collector with more to offer. Which she did. Comments Laver: 'A curious moral problem arises. I had helped [*sic*] a poor widow, deprived the Museum of an interesting collection of material, and promoted somebody's private vice' [*sic*]. The incident prompted a Great Thought, which has borne fruit in the chapter 'Frou Frou and Fetishism' in his latest book (*Modesty in Dress*): 'I was visited that night by a Great Thought . . . Fashion is the comparative of which Fetishism is the superlative.' Thus, a Superlative Vice provoked a Great Thought.
5. An exception is the demonic possession conjured up by Oskar Panizza's short story *Der Korsetten-Fritz*. The (perhaps deliberate) banality or matter-of-factness of Pauline Réage's best-selling *Story of O* does not, in my view, rise very much above the average level of fetishist correspondence.
6. Bibliographically I have drawn heavily upon the *Index to the Library of the US Surgeon General's Office*, which is, however, demonstrably incomplete. That the corset should be honoured with a separate classification in a catalogue published under the auspices of the US Army may be explained by the fact that William Alexander Hammond (1828–1900) was Surgeon-General from 1862 to 1864 when the Library was first formed. This controversial but distinguished specialist in nervous and mental diseases sponsored George Scott's Electric Corset (advertisement of 1883 reproduced in Rudofsky, 1971, p. 119).
7. E.g. Marjorie Worthington in her recent biography of the popular anthropologist William Seabrook. Gerald Hamilton in his autobiography *Mr Norris and I*, discusses his resemblance to the fetishist hero created by Christopher Isherwood in *Mr Norris Changes Trains*, without even mentioning the fetishism.
8. British Library, New York Public Library, Victoria and Albert Museum Library, and Library of Congress.

Introduction

1. Cole, p. 17.
2. Havelock Ellis, who should have known better, called the 'foot-bandage' of the Chinese *strictly* (his stress) comparable to the 'waist-bandage' of the West (1910, III, p. 22).
3. Cf. Maurice North for a malignant view of this relatively benign form of fetishism.
4. Cf. Rachewiltz, p. 129. There may be a connection with algolagnia. Cf. 'Her belt had left a red mark around her waist; she looked as if she had been flagellated' (Montherlant, p. 29). Isak Dinesen saw the marks in a more poetic light: '. . . with her waist still delicately marked by the stays, as with a girdle of rose-petals' (p. 13). Erotic massage is suggested by Harsanyi (p. 226): 'In the evening as she undressed . . . she rubbed the reddish weals on her skin just as cosily as her mother.'

5. The fantasy lives more in the minds of the reformers than in those of the fetishists. Cf. Germaine Greer, a scholarly, if hardly impartial, source, who believes that removal of the lower rib was *customary* (!) among tight-lacers (*The Female Eunuch*, pp. 34–5). One wonders about the podiatrist's prurient glee at the 'sex-scars and pleasure wounds' resulting from the 'not uncommon' incidence of women having 'their little toe amputated to be able to get the foot into a smaller shoe' (Rossi, p. 181).
6. In his *Waste-Makers* (1960, p. 87) Vance Packard reports this analogy between waist-making in fashion and cars: 'Fins began jutting up as stylists sought to push mid-sections lower and lower. . . . The analogy between this squashing effect and tight-lacing of the waist and expansion of the skirt is almost irresistible. The tail fin is a last resort of over-extension, an outcropping that quite seriously serves much the same purpose as the bustle or train.' Industrial designers have succeeded in infiltrating erotic wasp-waists elsewhere. Raymond Loewy, creator of the Coca Cola bottle, described it as 'the bottle with the hourglass figure'.
7. 1878 cartoon: L. Bechstein in *Fliegende Blätter, v.* 69 (1878), p. 15. prison: Butin, 1900, p. 23, citing *The Lancet.*
8. I, p. 171. The fetishist confessions seldom stress asceticism in any orthodox religious sense. As an exception: 'My aunt herself insisted on lacing her, and as my sister occasionally appeared uncomfortable, my aunt, who was a Puseyite [the High Church movement that revived ancient doctrines of penitence] would say in a severe tone of religious admonition: "My dear child, if your corset hurts you at all, suffer it for the love of God"' (Seeker).
9. 'The Girls' by H.A.B., *Judge*, 5 December 1885, p. 10.
10. '*Brauttoilette*' in *Wiener Caricaturen*, 22 March 1890, p. 3 and *ibid.*, 1 March 1890, p. 5.
11. It was translated (over considerable opposition) into English in 1892. The various enlarged editions absorbed specialist studies such as that by Binet, first in the field with a monograph in 1888.
12. Stekel, II, p. 350.
13. 'Aversion therapy' is sometimes euphemised as 'negative conditioning'. D.F. Clark in 1963 'cured' a patient of his addiction to a woman's girdle by inducing vomiting while he was wearing it, hearing tape-recordings of its delights, and looking at related pictures. Vernon Grant in 1953 records a case of a man who was arrested and jailed merely for following high-heeled girls in the street; his photograph was even published in the newspapers. Masturbating boy: *Los Angeles Free Press*, 6 April 1972.
14. The psychoanalytic method entered costume theory through Flügel, whose pioneering *Psychology of Clothes* (1930), with its brilliant synthesis of sexual, sociological and economic determinants, has had a profound effect on two leading costume historians of our own day, C.W. Cunnington and James Laver, and has yet to be superseded. Flügel saw sexual and hierarchical principles as mutually supportive, and it is the interplay of these principles that is illuminated by the study of sculptural fashions.

    In the 1960s a number of popular paperbacks on fetishism appeared, by Carlson Wade, Hugh Jones and, notably, Dr Harvey Leathem, with much entirely unverifiable case-material.
15. Henry Murger, 1852, p. 146
16. Cf. Rossi, who, however, overemphasises the sexual to the virtual exclusion of all other factors in the folklore of foot and shoe.
17. Rossi, p. 5.
18. E.g. 'She had a temptingly small foot, giving tokens of the excellent smallness of the delicious slit' (*The Pearl*, 1879, quoted by Pearsall, p. 71).
19. Voiart in 1822 (p. 286) believed that a well-arched instep on a shoe (heelless at that time) could reduce a 6 or 7in foot to 5in length.
20. Despite the Master's silence on the subject, Stekel stressed the role of the heel (notably when broken or wobbling) in castration anxiety. A present-day psychoanalytic populariser (Edmund Bergler) has linked the idea of compression with castration. Believing fashion to be the creation of homosexuals (whose 'cure' is his speciality), he argues that women's constrictive clothing is a projection of the male homosexual castration complex.
21. Flower, p. 345. In the statistical sample collected by the podiatrist Lelièvre (p. 104), 49 per cent were found to have this kind of foot ('Egyptian foot') and 22 per cent had the second toe longer ('Greek foot'). 21 per cent had the big and second toes equal in length. A statistical survey from another source (cited *ibid.*) revealed 73 per cent Egyptian and 6 per cent Greek. The Greek (i.e. 'fashionable') foot is apparently that of the minority.
22. 'Bilateral symmetry' in footwear also possessed an economic rationale: one shoemaker's last and one pattern were sufficient, so long as no distinction was made between right and left shoe, for both pointed in the centre at the same place. Deep into the nineteenth century, cheaper shoes knew not their left from their right, and while the more expensive made-to-measure shoe (like all modern footwear) did observe the distinction, it did so perpetuating an aesthetic preference for the pointed effect.
23. Lewin, p. 92, accepting the empirical evidence that many women find walking actually more comfortable on high than low heels, notes that the strain on the Achilles tendon is transmitted to the hamstring muscles, knee, thigh, hip and back. Rossi, pp. 165–6, illustrates and describes how the angle of the pelvic bone doubles when a woman is wearing 3in heels, compared with no heels, as does the 'mobility of the buttocks'.

    Podiatric hostility to fashionable shoes is exemplified in the standard manual of Lelièvre (p. 104), who describes with distaste the typical high-heeled walk, and its dire physiological consequences in a manner which testifies more to theory than observation. Of the dozen or so extreme heel addicts personally known to me, none shows any deformity or damage to the foot whatsoever. One must assume, of course, that like dancers, who subject their feet to even greater strains, they had strong feet and well-balanced bodies to begin with.
24. It is curious that so sensitive and psychoanalytically oriented a writer as Willett Cunnington should reduce the function of the modern high heel to the desire of emancipated woman to raise herself to the height of man. 'The outcome (of such heels) seems to be that the foot – like the hand – is no longer a weapon of sexual attraction' (*Why Women*, p. 158).
25. The hierarchical and sexual are vividly fused by a major erotic novelist of the eighteenth century, Restif de la Bretonne, in his autobiography (p. 211). He imagines his own genteel amorous attentions as having aristocratised the shape of his

lowly sexual partner, the scullery-maid Jeanneton, whose waist 'which was usually thicker below than above, had grown more slender while I was taking my pleasure'. Subsequently, in order to celebrate her seduction by a gentleman, which marks her initiation into the fashionable world, Jeanneton begins to wear fashionable stays.

26. Lacing as a constant ritual of rejuvenation and aesthetic/social surplus value is exquisitely conjured up in the first chapter of Victoria Sackville-West's *The Edwardians*, where the tiny-waisted Duchess's *toilette* is observed by her 17- and 19-year-old children, and causes the boy Sebastian to become ashamed of his virginity.
27. Greer, p. 34.
28. Rossi, p. 63, and citing podiatrist J.R.D. Rice.
29. Cf. Pestalozzi's model school: 'While standing, sitting, writing and working, they [the poor, peasant children] were always taught to keep the body as erect as a candle' (*Leonard and Gertrude*, p. 154), and 'uprightness of bearing is the outward sign of inner dignity; it distinguishes man from the beast. This belief, says Pestalozzi, is generally accepted, at least in the upper classes' (Silber, 1973, p. 185).
30. 'Crossing one's legs looks disgusting, and is not permissible even en famille' (*Right Behaviour in All Situations*, 1883, quoted by Norgaard, p. 8). It was believed to aid masturbation. For the case of a shoe-fetishist sexually aroused by the motion of a slung leg swinging free from the knee, cf. Grant. For the slung leg in art used as a metaphor for sexual intercourse, cf. Steinberg.
31. Jacob Bronowski's film *Drive for Power* in his *Ascent of Man* series shows a charming French eighteenth-century automaton of a fashionably dressed lady incorporating a special mechanism to make her breast heave.
32. Colette, *The Gentle Libertine*, p. 202. Cf. the same writer's *The Photographer's Missus*, a short story that throws curious light on the connection between breathlessness, tight-lacing, and fear of suffocation. 'Unnatural agitation': Godman p. 189.
33. The fainting of at least one high-collared guardsman during the Trooping of the Colour in London has become a matter of tradition, which probably evolved in response to press criticism of Guards Regiments as idle, soft living, and unnecessarily expensive luxuries. The fainting bridegroom is naturally considered more newsworthy than the fainting bride; one instance of the former was explicitly blamed (by the rector performing the service) on 'his beastly tight regimental collar' (London *Daily Sketch*, 16 September 1957).

    To the allied political leaders assembled at Naples in August 1944, the tight collar of Marshal Tito, like his self-assumed military title, seemed a symbol of military-political narcissism. 'He wore a superb blue and gold uniform, very tight at the neck and remarkably ill suited to the heat then raging.' In the evening, for dinner, 'he was still encased in his gold-braided straitjacket' (Churchill, quoted in *Historia* magazine (Paris) No. 88, p. 2440).

    The high collar of Hitler's finance minister Hjalmar Schacht seemed to symbolise the economic repression of a fascist regime, just as that of President Hoover 'looking over the top of a high protective collar' (i.e. the Tariff Bill of 1930) did the economic measures of a bourgeois-democratic regime (Blaisdell No. 70).
34. As the man plying the corset-lace pre-enacted his sexual service to the woman, so she tying his cravat symbolised her sexual service to him. Cf. the Grévin cartoon where the mistress coos, 'Come on now, be good, yes, sir . . . be good . . . otherwise you will tie your own cravat.' Her posture, holding the cravat ever so tenderly, and even more that of the lover sitting with a ravished expression and his hands in his crotch, leave no doubt as to the sexual allusion (*Petit Journal pour Rire*, N.S. 21, 1869).
35. *La Vie Parisienne*, 1869, p. 119.
36. Flügel, p. 76.
37. This sensation is induced, occasionally to lethal degrees, by practitioners of masochistic strangulation, as in the notorious 'suicide' of the last Prince de Condé in 1830. An extreme case of voyeuristic collar-fetishism is described by a patient of Stekel (I, p. 289f.): 'To scratch these starched linens was pure delight. When shown by a handsome little friend the chafed spot in the neck caused by a tight collar, I experienced a sudden and overpowering sexual irritation, and ever since I have been spellbound as by a hellish influence . . . if the collar stood high, I would become dizzy with excitement . . . if I saw a woman in the street who wore a high collar, I would follow her until I would see her either adjust it with her hand or make some movement of her head which indicated that the collar was chafing her . . . in that instant I would feel as if struck by lightning.' (The patient found a cooperative girl for whom he bought a collar.) 'I got her to go through the almost endlessly repeated movements of loosening with her finger the collar which I had purposely tied tightly about her neck until I noticed that she had chafed her skin. My joy and gloating were nothing short of the delight of a sadist. Every time her hand went to her collar, I suffered a pleasant jolt in the pit of my stomach.'
38. And occasionally the tail also, which at certain periods was, as a matter of fashion, docked (i.e. cut short) and nicked (i.e. cut at the muscles which enabled it to hang down, so that it had always to stand upright). Nicking is now illegal in Britain.
39. Hierarchical stiffening of dress and manner was associated with the Spanish nobility, and thence passed to other European aristocracies. Stiffness was gradually absorbed into folk costume, preserving through the nineteenth century, among the wealthier peasantry, the status symbolism that the corset lost in the urban centres. Thus the evolution of the bodice, or *Mieder* (a word also used for the urban corset), in the folk costume of a Swiss canton: 'The bodice was stiffened as hard as a board with cane or whalebone and widened in the back (beyond the armpits). The once comfortable and flexible bodice [of the pre-nineteenth-century period] with the elegant, narrow back was stiffened into a velvet-covered, armour-plated breast-piece' ('*Zur Geschichte der Unterwaldner Tracht*', in *Heimatleben* nr. 73, p. 73). The stiffness of the front bodice served in many forms of peasant costume as a frame and backing for the status display of jewellery and ornament.
40. 'Une toilette sévère, mais excessivement *juste*' (*Charivari*, 22 October 1882. Pun intended, and word stressed in original). 'Sévère mais juste' (as said of some authority) was proverbial.
41. E.g. 'I have of my lady the grace to rest at length upon her breast, whence I hear the sighs of a lover who would replace me', or 'Every young lover kisses me with much tenderness. I serve to entertain and my normal

place is on my mistress's heart', or, best of all: 'How I (lover) envy his (busk's) happiness, stretched out softly upon this ivory-white breast. Let us please share this glory – you shall be there by day, I by night' (cited by Libron, p. 31).

42. 'For the most divine beauty often jests with her busk.' Cf. also La Fontaine's line indicating how a male indiscretion might be playfully reproved by the lady's rapping him over the knuckles with her busk: '. . . *Sottise / Qui me fera donner du busc sur les doigts*' (cited by Libron, p. 28). Madame de Sévigné would withdraw it, when feeling tired and rheumatic, and put it between 'flesh and chemise' as a stimulus, sitting meanwhile bolt upright on the edge of her chair (Cabanès, p. 507).
43. This gave rise to obscene puns, as in the cartoon of the frustrated (or elderly) lover complaining that he cannot find the hole; similarly, he cannot force his (foot) into the too-tight (boot) (Fuchs, III, Erg.bd figs 226 and 230).
44. The whole household hierarchy, down to the pet dog, is involved in the immense tug-of-war depicted by Montaut (repr. Kunzle 1972, pp. 154–5). A misogynistic story by Alphonse Karr about the stupidity of women who ruin their social life by wearing too-tight shoes refers, contemptuously, to the type who not only tolerates the '*brodequin torture*' but even uses her coachman, of all people, to lace her in ('*Des souliers trop larges*' from '*De Loin et de Près*', reprinted in *Charivari*, 8 August 1862).
45. Little Lover: Morris, *Blix* p. 5. Snuggle: Harsanyi p. 216. Silken vice: Witkowski, p. 293. Enjoys being squeezed: *Ally Sloper's Half Holiday*, 12 January 1895, p. 13. Short arm: *Judge*, 6 April 1889, p. 442 and *Pick-Me-Up*, 23 November 1889, p. 113. Awaiting real thing: *World's Comic*, 20 July 1892, p. 19. Irishman: *Judge*, 28 December 1889, p. 190.
46. On the nuptial night: 'Trembling, joyful, your husband unlaces you with an ill-assured and clumsy hand, and you mischievously laugh at him, happily noting that his confusion is caused by the sight of your beauty. You are content to feel your omnipotence: you take good care not to help him undo the knots or to find his way about the lace-holes; on the contrary, you enjoy the feel of his groping fingers, which tickle you deliriously . . .' (*La Vie Parisienne*, 1884, p. 271). Balzac's Valérie Marneffe coquettishly mocks her lover, Count Steinbeck, for his slowness and clumsiness in lacing her up; and it is at this critical moment, as if caught in the very act of love, that they are suprised by the rival, Baron Montes, who thereupon decides to murder Valérie (*La Cousine Bette*, p. 494). A mid-century cartoon by Gavarni shows how a man has to know how to 'open' a woman sexually: the mistress mockingly asks her lover, who is unlacing her corset: 'Tell me, my little friend, do you like oysters?' 'Yes, but I prefer women.' 'Do you know how to open them?' '!!!' In another Gavarni lithograph, the husband discovers in the evening that the lacing knot is not the same one as he made in the morning, and begins to doubt his wife's fidelity (*Charivari*, 18 September 1840) – a motif found elsewhere.

    The most potent example of unlacing as symbolic of deflowering is in Balzac's *La Vieille Fille*, 1836, pp. 301–4. The rich old maid, Mademoiselle Cormon, tight-laces herself in order to impress a gentleman she hopes to marry, and faints when she hears he is already married. Her corset is cut, and she is revived by Du Bousquier, a suitor she had just refused but whom she thereupon feels obliged to take, in view of the fact that she had 'been seen by a man for the first time, her belt [of virtue] shattered, her lace broken, her treasures [earlier described, when the lace was cut, as 'gushing forth like a flood of the Loire'] violently cast out of their casket.' It is evident that it is not merely the fact of being seen in her undress, semi-naked, which makes her feel deflowered; but also that the 'chastity belt' she put on as a symbol of her desire to marry, and of her new sexual vulnerability, had been violently forced by an accident, which she interprets as a supernatural sign.

    The censor recognised the particular eroticism of unlacing. In Flaubert's *Madame Bovary* (1857) the heroine is undressing before her lover: 'ripping apart the thin cord of her stays, which hissed around her hips like an adder gliding' (cf. p. xvi). This was singled out by the Public Prosecutor in the trial for obscenity to which that novel was subjected, as an 'admirable description from the point of view of the talent employed, but an execrable one from the point of view of morality' (cf. Hemmings, p. 60).
47. Woman to lover: 'Pull me really tight – you, at least! When my maid or husband do it, the corset never seems to hold' (*L'Image Pour Rire*, No. 16, 23 July 1892).
48. Young lady to maid: 'Lace me as tight as possible!' Maid: 'But Gnädiges Fräulein will be unable to breathe!' 'No matter! Once he has married me, I will be able to breathe freely enough' (Koystrand cartoon in *Wiener Caricaturen*, 13 May 1893, p. 1).
49. Trade journals and magazine advertisements had not given up on a potential children's market as late as the mid-twentieth century, especially in France, and as a matter of psychological conditioning in the manner of the American 'training bra'.
50. A young girl's first lover's kiss and declaration is immediately consecrated by her first corset, which she embraces as the next most important ceremony after her first communion. She eagerly 'cheats' to get the tape to measure small, and smaller still, over her bare skin, as she thinks, 'That is the finger of God, to a bride belongs a corset. At last I must be treated as an adult . . . this great, great wonderful love has really arrived at just the right time' (Harsanyi, pp. 216 and 226).
51. Infant imprinting was little understood by the Victorians, who focused on the transmission of physical traits. Reformers assumed that the offspring of a tight-lacer, whether she continued to tight-lace through pregnancy or not, would either become deformed in the womb or else, if apparently well formed at birth, would inherit the mother's supposed constitutional debility (cf. Carter 1846). Such defects would automatically be passed on to the next generation. The later ('Darwinian') reformers accused men of seeking out wasp-waisted brides, and begetting children with poor constitutions and unnaturally slender waists, which would be further weakened when the pairing cycle was repeated. An intuition that non-physical factors were also at play was thus vaguely expressed: 'The hereditary tendency to commit these deforming acts is hereditarily received' (Richardson, p. 473; cf. Diffloth, p. 55).
52. Stekel, I, p. 350
53. For fantasies of highly active as well as passive roles in sado-masochistic scenarios, see Nancy Friday's anthology of female sexual fantasies, including ritual piercing and *Story of O*-type situations. 'It seems that the more liberated I become (I'm really digging Women's Lib. now) the more I fantasise about the spanking and bondage' (p. 155).

54. Cf. Doris Langley Moore, p. 17.
55. pp. 63 and 218.
56. *Judy*, 24 January 1872, p. 128.
57. Cf. below. Flügel (p. 100) observes merely that a 'tight belt produces sensations somewhat similar to those that accompany contraction of the abdominal muscles'. Willett Cunnington, a qualified medical practitioner as well as costume historian, does no more than extrapolate from fetishist confessions in the following terms: 'The pressure on the pelvic organs provoked "very agreeable sensations" of an erotic nature. . . .' (*Why Women*, p. 162).
58. *Harper's Bazaar*, March 1946, p. 150.
59. For the nineteenth-century experiment confirming this effect, cf. pp. 131–2, Roy and Adami.
60. *Fantasia*, No. 9.
61. Sacher-Masoch: Cleugh, p. 35. Your waist as strop: *Harper's Bazaar*, March 1946, p. 150.
62. Riegel, p. 391.
63. Haller, pp. 146f.
64. Wettstein-Adelt, p. 14.
65. Kraditor, pp. 125–31.
66. Ellen Key, p. 84. The author does not mention tight-lacing or any other aspect of dress, except in passing here, significant just because it is a passing allusion, and picks up what was evidently a common association of three very different kinds of supposed physical self-abuse.
67. In 1851 in England, out of 100 women over 20 years old, 57 were married, 12 widowed, and 30 were spinsters (Roberts in Vicinas, p. 57; cf. Banks, p. 27). The proportion for Germany in 1901 was the same: 29 per cent of women never marry (cf. Heszky). Continuous male emigration exacerbated the problem. The female surplus became the occasion of callous jokes about tight-lacing; shocking as the practice was, it was socially beneficial because it killed off undesirable females and helped correct the imbalance of the sexes (*Funny Folks*, 17 December 1881, p. 397).
68. Cited by Cunnington, *English Women's Clothing*, p. 275.
69. Banks, p. 86; cf. Mohr, pp. 20f.
70. From an address to Parliament in 1867, quoted by Banks, p. 73.
71. Lethève, p. 139.
72. Cunnington, *Underclothes*, p. 16.
73. *La Vie Parisienne*, 1888, pp. 88–9: 'So you certainly need these black corsets, you modern lovers, young men who are old and old men trying to become young! So you need to see white skin emerging from a black sheath, because white skin in itself hardly arouses you any longer? You prefer this black underwear in the hope that it will revive your languishing desires. . . .' Ladies should avoid *soupirants* who dream aloud of such eccentric underwear, and return to the white corset which assumes normal virility in the man, and guarantees inviolability by rival lips and fingers.
74. Cf. Stekel, II, pp. 17f. for a case-history which connects tight-lacing and fear of pregnancy.
75. On the upward and downward mobility, and status-symbol-seeking of the lower middle classes, see Crossick. In 1889 an editorial in the *Rational Dress Society's Gazette* (January, No. 4) urged ladies to refuse to employ wasp-waisted servants. 'Badge of vulgarity': Haweis, *Dress, Health*, p. 138. Indented dress-waist: cited in Vanier, p. 26.
76. Haller, p. 31.
77. Cf. Schiller: 'Shall I force my body into stays, and constrict my will-power within the bonds of law?' (*Die Räuber*, 1782, 1. 2.) The metaphor has survived the object on which it is based; cf. the book title *Le Corset de fer du fascisme* (by E-Paul Graber, 1935), and the commonplace financial 'corset'. Cartoons are rich in corset metaphors, reducing major public issues to levels both familiar and farcical. The men at a capstan lacing machine haul in a distressed fat lady, over the ironic caption 'Blind and Struwe strain every muscle to give the Grandduchy of Baden more air' (by J. Schweller, 1844, Ingerl archive No. 113). The Jesuit tries to add an excessively tight-waisted skirt marked 'Concordat for the Power of the Church' to the cloak of the Austrian constitution worn by Austria (*Kikeriki*, 4 August 1872). The Jesuit oppresses Austria by tight-lacing her (*Der junge Kikeriki*, 6 March 1887). The Law and the Military tug on the laces of *Die Deutsche Presse* (cover of *Süd-Deutscher Postillion*, nr. 4, 1895). The minister is invited, by a new law, to use the knife on the excessively tight laces binding the city of Vienna (*Kikeriki*, 30 March 1884, p. 8). A French version of this idea shows the city of Paris as a young lady in the streets begging a passing soldier to loosen [the walls of] her corset (Stop in *Charivari*, 26 July 1890, p. 139).
78. p. 125 (cf. pp. 5 and 273).
79. Fanton in 1879 called the cuirasse corset the battledress of the prostitute at war with Man, Morality and Society. The anti-clerical *Kikeriki* (4 August 1872) shows women wearing corset-armour to protect them when they enter the confessional. A 'fashion-study' of corset-as-armour is captioned 'Little State-of-Siege dress with cuirasse body' (*Der Floh*, 28 July 1878). 'Armour for the summer campaign' shows the Venus de Milo corseted and off to the spa to conquer man and her tendency to obesity (*Wiener Caricaturen*, 1 May 1892).
80. The 'early medieval' origin of the corset may be traced back to the neoclassical period, when it was alleged that the 'hardened vest' (i.e. *cotte hardie*) was adopted by women in order to repel the Gothic invader, and that 'from Charlemagne to Elizabeth, ladies were like a fortress, with impregnable bulwarks of whalebone, wood and steel' (citation from 1811 in Laver, *Clothes*, p. 19). The idea was often taken up later: 'The old defences having proved insufficient by virtue of the progress in offensive weaponry, the opulent cities had the ingenious idea of turning the defences into the ornament of what they had to contain' ('*Traité de la Fortification*,' *Paris s'amuse*, 1882, p. 305, with drawing of elegantly corseted lady).
81. 'Jeanne d'Arc wore a very curious corset-cuirasse, the masterpiece of a master-armourer of Paris. In the Cluny Museum one may see a corset entirely composed of iron blades . . . [which] dates from the fourteenth century' (Ivière, 1876) Cf. p. 56 below.
82. Cartoon by Alfred Chasemore in *Judy*, 10 August 1887; the same idea in *Ally Sloper's Half Holiday*, 24 December 1887.
83. 'Woman! You vie with the men in your hatred of the Corsican. Hate also the Corset and free your body! Every pressure

is a bond and chain, every foreign custom a disgrace. So cast your corsets, German woman, after the Corsican!' These lines, first publicised in the late nineteenth century, were attributed to the patriotic poet of the earlier Franco-German conflict, Justinus Kerner. The Germans also blamed the invention of the corset upon the English, particularly Queen Elizabeth, who 'compelled her ladies-in-waiting to imitate her' (Neustätter, p. 13).

Other historical curiosa relating to the alleged invention of the corset, which may reflect some confused political prejudice, are in the *Encyclopedia Americana* (ed. F.C. Beach, 1903–6), for which the corset is a German medieval invention, introduced into France at the time of the French Revolution, and in *The New International Encyclopedia*, 2nd edn 1923, with roughly the same information. The dunce's cap must go to the English popular weeklies of the mid-twentieth century, who commonly held the dumpy little Queen Victoria personally responsible for the spread of tight-lacing, perhaps because of her reputation for being morally 'strait-laced'.

84. *John Bull beim Erziehen*. This collection of letters translated from the *Family Doctor* some time during the Boer War, testified, according to the Preface, to the British national character of 'egoism, imperiousness and rapacity'. And, we may add, to the taste of the Germans sharing exactly the same fetishes.
85. The nearest French equivalent is '*les corsets serrés*' (tight corsets), which describes the particular object in a particular state. The phrases '*se serrer*' (tighten or squeeze oneself) and '*se sangler*' (literally to strap oneself) are by no means exclusive to the operation of the corset, although the addition of the phrase '*à outrance, étouffer*', etc., usually connotes it, or a belt. The Germans say '*das enge Schnüren*' and '*das Engschnüren (or Festschnüren)*' (cf. Rosy, p. 75), but the latter, which appears to represent the verbal form exactly equivalent to 'tight-lacing', is not in Grimm's Dictionary.

   By the late seventeenth century the English had coined the term 'strait (or streit) laced', and by the late eighteenth century 'tight laced'. Around the mid-nineteenth century tight lacing became tight-lacing and tightly laced became tight-laced. With the acquisition of the hyphen, an adverbial phrase defining a special condition became a noun defining a commonplace concept.
86. Wettstein-Adelt, pp. 14f.
87. *Fliegende Blätter*, 5 (1847), nr. 115, pp. 145–7.

Chapter 1

1. Hawkes, pp. 110–13.
2. According to Pendlebury, p. 117, who travelled extensively in the island, and Younger, it may still be observed among the modern descendants.
3. According to Schachermeyr, p. 123, however, the waist in the early Minoan period was 'natural', was later compressed by the women, and was then taken over by the men.
4. III, pp. 446ff., and IV, pp. 31–2.
5. Pendlebury, p. 117.
6. *Eunuch*, Act II, scene iv (161 BC): '*vincto pectore ut graciles sint*'.
7. Translation and compilation in Bouvier, 1853p. 360.
8. Laver, *Modesty*, p. 29.
9. Eisenbart, p. 94.
10. Cited by Ziegler, p. 279.
11. Friar Galvani de la Fiamma, and Jean de Mussi (1388), respectively, cited by Bouvier, 1853, p. 363.
12. Eisenbart, p. 94.
13. *Trésor de la Cité des Dames* (1400), cited by Paul Lacroix, p. 134.
14. Wachtel, p. 227. Huss saw horns everywhere – in the hair, beard, headdress (*hennin*), sleeves, skirts, etc. The horns were those of the Apocalyptic Beast. Cf. also Lydgate's *Ditty of Women's Horns* (quoted by Rhead, pp. 38f.), which says that horns were given to beasts for defence, 'a thing contrary to femininity'. Horns have, of course, often served as phallic symbols.
15. Yalom, 1997, p. 38.
16. Cited by Romi, p. 31.
17. Third Novella, p. lxx.
18. Irate father: Livermore, p. 122 (about 1834); cartoon by Wilhelm Busch, *Fromme Hélène*, 1872, II, p. 281; newspaper report: a revivalist called J.F. Fraser, from a community of Free Methodists, arranged a bonfire on which he urged women to throw their corsets until 'nothing remained in the blaze but a mass of twisted steels'. The scene was described in full in the *Scientific American*, 19 December 1891, p. 185, c. 1, with reference to the *New York World* of recent date; but a correspondent to *Scientific American* of 10 October following stated that the *World* report was a total fabrication.
19. These and the following quotations passed into the corset literature (Lord, p. 45, and Libron, p. 2) via Strutt (1796–9), together with the suggestion, based upon his misinterpretation (p. 38) of an eleventh-century ms. illustration of the devil supposedly wearing front-laced 'stays', that tight-lacing dated back to then (see p. 160).
20. Eustache Deschamps, '*Portrait d'une Pucelle*'.
21. Chevalier de Latour-Landry (1371), p. 30. In his popular treatise on female education, Latour-Landry cites horrific punishments for face-painting and plucking, and describes how a devil thrust a burning needle into a woman's brain through each pore whence she had plucked a hair, and another devil came and enflamed her face with boiling pitch, oil, earth, grease and lead (LII, p. 67 and LIII, p. 69).
22. Pierre des Gros, *Jardin des Nobles*, *c.* 1470. Original text in Paulin Paris, p. 156.
23. Paston Letters, 1472, p. 216, Letter 106 (citation modernised).
24. Cf. Kay Staniland, pp. 10–13.
25. Nead, p. 17.
26. Hollander, *Sex and Suits*, p. 139.

27. Cf. poets Olivier de la Marche and Clément Marot, quoted in Léoty, p. 27.
28. For Catherine's reputation in the nineteenth century as 'inventor' of the tight-laced corset, cf. above p. 39 and Appendix p. 305.
29. Cf. Fairholt, *Satirical Songs*, p. 139, where a version includes the male: 'The thrifty Frenchman wears small waist. . . .'
30. Tommaseo, p. 557.
31. *Oeuvres*, v. 2, pp. 611 and 624. The embellishment in the English 1634 translation (pp. 875–6) is worth citing: 'The occasion of crookedness, that happens seldom to country people, but is much incident to the inhabitants of great towns and cities . . . is by reason of the straitness and narrowness of the garments that are worn only by them, which is occasioned by the folly of mothers, who while they covet to have their young daughters' bodies so small in the middle as may be possible, pluke and draw out their bones awry and make them crooked.' Our text following, which cites two fatalities, derives from Bouvier 1853, pp. 366–7, incredulously paraphrasing Paré (passage translated in Hamby, p. 78).
32. *Deux Dialogues*, t. I, pp. 209–10, somewhat condensed.
33. *Apologie pour Hérodote*, p. 393.
34. John Florio translation, 1603, which embroiders considerably on the original: '*Pour faire un corps bien espagnolé, quelle géhenne* (torture) *les femmes ne souffrent-elles, guindées et sanglées à tout de grosses coches sur les costes jusques à la chair vifve. Oui, quelque fois à en mourir.*' The word *coche*, fancifully enlarged by Florio to 'yronplates, whalebones and other such trash', and commonly supposed to refer to strips of wood used to stiffen the bodice, more probably means gashes or notches (*entailles*) made in the flesh. Compare Florio's baroque embroidery of Montaigne with that of Paul Lacroix, the premier antiquarian bibliophile of his age (1852, v. 5, p. 121): 'They (women) were so compressed between the wooden strips (*coches*) since childhood, that the flesh of their breast became as hard and insensitive as the horn or callus that forms on the hands of workers; so that they accustom themselves to this torturous garment only at the price of long suffering. . . .' Montaigne, of course, says nothing of childhood training or calluses. Lacroix evidently picked up his gloss from the Pierre Coste edition of the *Essais*, first published in 1724. Our modern translation is from the 1946 Oxford edition, transl. E.J. Trechmann, I, pp. 53–4.
35. Chapter XV of the Second Book, 'That our desires are augmented by difficulty.'
36. *Habiti Antichi at Moderni* (Venice, 1590). His predecessor Ferdinando Bertelli, also a Venetian, included in his costume book of 1563 woodcuts showing the Frenchwoman as much more slender-waisted and bare-breasted than any other national.
37. By Hoechstetterus, cited by Bulwer, pp. 339–40.
38. Robert Crowley, 1550, p. 45.
39. In Cotgrave's *Dictionary of French and English* (1611) the principal entry for this word is under *Buc*, with alternative spellings *Busq* and *Buste*, and English 'Buske'.
40. Feinstein.
41. Other examples are in the collections of Mr Anthony Pont; the Musée Le Secq des Tournelles in Rouen (reproduced Libron, p. 21); and Moyse's Hall Museum, Bury St Edmunds. The latter, which lacks provision for breasts, might be a piece of male armour but for the lace-holes at the back (or possibly front). The two Parisian museums cited tell me that the iron stays reproduced in the literature as located there are not (now) in their possession.
42. Libron, p. 21, Waugh, Figs. 4 and 5, and Cunnington (*Underclothes*, p. 48), who adds with mysterious sagacity, "when are they are not – as is commonly the case – fanciful 'reproductions' ".
43. This dip is missing from the orthopaedic 'iron breastplate' described and illustrated in Paré (1634 edition, p. 876), following the passage cited above, condemning fashionable stays that cause deformity.
44. Waugh follows Léoty (pp. 18 and 22) in dating the iron stays to the early sixteenth century. Early references to 'iron blades' and the like have been interpreted as bodice-stiffeners, but are more probably to hoop skirts. Peter Rondeau's *French-German Dictionary* of 1739 specifies, under *corps de fer* (the only entry for *corps* meaning corset), that it is designed 'with small iron plates for badly grown (i.e. deformed) girls (*Schnürbrust, mit kleinen eisernen blechen, für übel gewachsenes Frauenzimmer*)'. The modifier 'small' would suggest that the plates were inserts into a corset composed of another material, rather than those of all-iron framework.
45. This is pure speculation, which might be corroborated from the 'secret' histories of monastic customs, along the lines of the following story, dating from a much later period: During the disorders of the French Commune (1871), the National Guard occupied the Convent of the White Nuns in the Rue de Picpus, Paris. They discovered various horrors, such as huts occupied by some old idiot women who were enclosed in a tiny cage, and in an isolated building 'mattresses furnished with straps and buckles, also two iron corsets, an iron skullcap, and a species of rack turned with cogwheels evidently intended for bending back the body with force. The Superior explained that these were orthopaedic instruments – a superficial falsehood.' There was a Jesuit establishment next door, communicating with the convent by a private, hidden door (*The Times* for 10 May 1871, p. 12 c., picked up by *Days Doings* for 13 May, pp. 246a, 258a and 267a).
46. 'O, cut my lace, lest my heart, cracking it, Break too' (*Winter's Tale* III, 2, 174). 'O cut my lace in sunder, that my pent heart May have some scope to beat, or else I swoon' (*Richard III*, IV, 1, 34). Cleopatra: 'Cut my lace, Charmian, come; But let it be: – I am quickly ill, and well, So Anthony loves' (*Anthony and Cleopatra* I, 3, 71).
47. William Warner, 1586, p. 175.
48. Thomas Nashe, 1593, II, pp. 137–8.
49. It is conspicuous by its absence from various French manuals on dress and hygiene, notably Pierre Jacquelot, *L'Art de vivre longuement* (1630); Sieur Domergue, *Moyens Faciles pour conserver la Santé* (1687), and M. de Comiers, *La Médecine Universelle* (1688). The decline may have set in as early as 1613, the date of a *Discours nouveau sur la Mode*: 'Les busques ne sont plus comme jadis aimez' (Lacroix, 1852, v. 3, p. 356).
50. Cabanès, 1902, p. 506.
51. '*cuisses*', but here referring surely to the thorax (*Oeuvres*, pp. 252–63).
52. Tallemant des Réaux, vol. 4, p. 389.

53. It seems to have been known in Spain, where an extreme code of prudery surrounded female feet. 'In Spain the art is practised with astonishing success in causing beautifully small feet. I have known ladies there, who were past 20 years of age, to sleep every night with bandages on their feet and ankles drawn as tight as they could be, and not stop the circulation' (Montez, 1858, p. 64).
54. Quoted by Libron, p. 26.
55. pp. 327–44 and 545. For complete breast-exposure in England, cf. Stone, pp. 520–1, with references from 1608, 1616 and 1620.
56. Cf. *Curiosa Theologica.*
57. John Dunton, *Ladies Dictionary*, 1694, quoted by Waugh, p. 50.
58. This letter is quoted in full, among many others on the subject, by Waugh, pp. 54 and 60, from *London Magazine*, 1741.
59. Waugh, p. 37.
60. McCormick, pp. 66–7.
61. The demand for whalebone in hoop skirts and stays was such that in June 1722 the Dutch government authorised a loan of 600,000 florins to support the East Frisian Whaling Company (Libron, p. 42). From the sixteenth to the nineteenth century whale fishing served the demands of the corset and fashion industries, eventually to the point of virtual extinction.
62. *Thoughts Concerning Education*, p. 22. From an earlier date (1665) there is evidence – isolated, but evidence nevertheless – that very small children were treated even worse than Locke describes. Thus George Evelyn telling the diarist John how his two-year-old daughter died: 'She was never sick; all her complaint was difficulty of Breathing. . . . His judgment was that her iron [*sic*] bodice was her pain, and had hindered the lungs to grow, and truly the surgeon that surclothed her body found her breast bone pressed very deeply inwardly, and he said two of her ribs were broken, and the straightness of the bodice upon the vitals occasioned this difficulty of breathing and her death. . . . Both the Doctor and Surgeon did conclude that going into the bodice so young, before her lungs had their growth, and the depression of those parts hastened her death' (Wiscock p. 55).
63. *Way of the World*, 1700, Act IV. The term 'streight-lac'd' occurs (first?) in a bawdy catch called 'Tom the Taylor' (to music by Henry Purcell, who died in 1695). Here the lady's waist measurement (calculable at 21 inches), reduced as it is by tight-lacing to meet the tailor's technical shortcomings, is a cover for his phallic shortcomings (omitting the repetitions): 'Tom, making a Mantua [coat, dress] for a Lass of Pleasure / Pull'd out his long and lawful measure; / But quickly found, tho' woundily [excessively] streight lac'd, / Nine inches would not half surround her wast; / Three inches more, at length brisk Tom advances, / Yet all too short to reach her swinging hances [haunches].'
64. *Histoire Naturelle Générale et Particulière*, II, p. 457.
65. Of the ten German sumptuary laws found by Eisenbart dating from the second half of the seventeenth century, several are directed against the high heel, which does not, however, seem to have aroused the attention of the preachers.
66. Davies, p. 63, n. 56.
67. *Analysis*, plate 11, fig. 121; cf. the text, p. 154: 'The awe most children are in before strangers . . . is the cause of their dropping and drawing their chins down into their breasts, and looking under the foreheads, as if conscious of this weakness, or of something wrong about them. To prevent this awkward shyness, parents and tutors are continually teasing them to hold up their heads, which if they get them to do it is with difficulty, and of course in so constrain'd a manner that it gives the children pain, so that they naturally take all opportunities of easing themselves by holding down their heads . . . [which] is apt to make them bend too much in the back; when this happens to be the case, they then have recourse to steel collars, and other iron-machines; all which shacklings are repugnant to nature and may make the body grow crooked.'
68. Cf. caricatures by Daumier in 1843 (Delteil 1006) and Meggendorfer in the later nineteenth century.
69. Testimony to an international reputation, for Rousseau had not yet visited England. In the *Nouvelle Héloise* (Pléiade ed., II, p. 265), he assumed that Parisian women, not being naturally possessed of a slender waist, try to disguise it by tight-lacing. When the naturally slender Englishwoman tight-laces, the results would presumably be all the more startling. Ironically, Rousseau also recognised that the English were ahead of the French in the abolition of baby-swaddling, 'almost obsolete' in England by 1762 (Stone, p. 424).
70. *Oeuvres Completes*, II, 1892, p. 338. This is the earliest comparison I have found of the tight-laced woman to a wasp.
71. Bonnaud, p. xvi (on Andry), pp. 164–79. On abortion: cf. Franckenau 1722 p. 217, with earlier bibliography on the corset as abortifacient. Kositzki pp. 99–102. 'Lower classes and grades': in Soemmerring, 1788, p. 134; 'French governesses': *ibid.*, p. 184. Holland: Bonnaud, p. 13 (citing Formey's *Notes on Emile*), and Soemmerring, 1793 ed., who says that the Dutch actually lace tighter than any other people; presumably he got this information from Camper; it is contradicted in the *European Magazine* for July 1785, pp. 23–7.
72. Most, p. 46, citing a Dr Zimmermann.
73. Plague: p. 198. Comtesse: p. 228. Epaulette: p. 239. Executioner: p. 254. Garters and neckwear: p. 169f.
74. King Frederick: Hauff, 1840, p. 13; *Twelfth Night* III, 4, 22.
75. According to Rougemont, p. 10, the French were also reputed to tie up their queues so tightly that the skin on the back of their heads became wrinkled. A caricature by George Cruikshank shows a recruit who complains to his drill-instructor that he cannot move his eyes, as ordered, because his pig-tail has been tied back too tight (*Scraps and Sketches*, Part 4, 1832, pl. 6).
76. Leblanc, 1829, p. 19.
77. Cooley, pp. 169–70.
78. p. 82, n. 18. According to Vieth, tight trousers or breeches were to be blamed for the premature development of the sexual drive; today, by contrast, the tight male crotch has been associated with sterility.
79. B.M. Sat. 10117 (year 1803), repr. in Gillray, *Works*, No. 278.

80. 'Went laced': Buck p. 121; 'infant': *European Magazine* for July 1785, p. 24.
81. Mercier, p. 674.
82. Downman, pp. 102–3. The passage does not appear in the first two editions (1774–8) and was introduced in the 3rd (Edinburgh 1790), after tight-lacing increased.
83. *Discourses on Art* (1776), p. 122.
84. *London Magazine*, April 1762, p. 205. A 'malkin' is a slut.
85. Roland de la Platière in the *Encyclopédie Méthodique*, 1784, quoted in Libron p. 58.
86. *Mémoires*, pp. 240–1, and *Dictionnaire*, p. 272. A comparable retrospective upon such an initiation is that of the 71-year-old Johanna Schopenhauer, mother of the famous philosopher, recalling in 1837 her extraordinary transformation as a 16-year-old in 'wasp-like' stays of a 'thickness sufficient to turn a musket-ball', but without mentioning any discomfort at all.
87. Cavendish, I, 1779, p. 69.
88. Frampton, p. 3. If the Duchess of Rutland did indeed tight-lace, she would be an illustrious exception to the rule that the practice was confined to lower-class women. But I have found no other evidence that she did, and some that she did not. First, we should note that the phrase 'who was said to' indicates that Frampton had not actually seen her, but was repeating hearsay, possibly put about by adherents of the Duchess of Devonshire, with whom Rutland was in friendly rivalry as the other reigning beauty of the day. The Duchess of Devonshire's good-natured ridicule of tight-lacing, in the passage cited from her novel *The Sylph*, may have been directed against a habit imputed to her rival or her adherents. Mary Isabella, Duchess of Rutland was a daughter of the 4th Duke of Beaufort, and married the Duke of Rutland in 1775, giving him six children in quick succession before he died of drink and other sensual excesses at the age of 33 (she lived to be 75). Several of these children were born in or near the year Frampton refers to (1780); it is very unlikely that she was able to tight-lace to any degree at this time. The most detailed description of her, moreover, says only that she was 'slender but no means thin' (Wraxall, pp. 36–7). The dozen or so known portraits of her (including several by Reynolds) show her in classicising or loose costume; one by J. Downman of 1781 shows her to be slight-breasted, with a narrow thorax, but not at all wasp-waisted (*Connoisseur*, July 1931, p. 11). The curious phrase 'an orange and a half' may have some currency in this connection, to judge by its appearance in a news report of 1788, beginning 'As a warning to young ladies who wear small stays, and lace them into an orange and a half . . .', and following with an account of a young lady, 'blessed with every pleasing feature and accomplishment', who fainted in company, and was discovered to be 'exhausted by pain and want of nourishment' through tight-lacing (Gillham, p. 29 v.). The patient confessed to having taken no food for three days – was she anorexic as well?
89. Cf. a passage in *Sophiens Reise von Memel nach Sachsen* (1778), Bd. VI, p. 11, quoted in Steinbrucker, p. 213, No. 299.
90. Castelot, pp. 49 and 60.
91. 'On the bad effects of some of the present modes of females dress', *European Magazine*, July 1785, pp. 23–7. The same year, a French medical journal reported the death of a 'plump, healthy lady' of a hydropsy occasioned by tight-lacing (cited in *Observations*, 1785).
92. Padover, pp. 188 and 199.
93. This translation of the edict appeared in the *European Magazine*, July 1785, p. 24.
94. According to Fournier, p. 119, the Emperor went so far as to oblige female prisoners condemned to hard labour, and specifically prostitutes, to wear stays and paniers, in a vain effort to discredit these articles of fashion.
95. Following the original French-language edition (The Hague, 1781), German editions appeared in Vienna (1782) and Berlin (1783); there is an Italian edition of 1787, and there are English versions as late as 1861 and 1871.
96. Wilcox, pp. 122–3. 'Fall' like a fallen woman? The French coined the term '*penchant vicieux*' for the inclined heel of this period, when it was revived a century later (*Charivari*, 19 December 1879).
97. Brooke, p. 74. Her fig. 35a is drawn after an original with a 6in heel, 'said to be a man's shoe'; her fig. 35b, also with a 6in heel, is presumably a woman's.
98. Cf. Rosenblum, pp. 43–64.
99. *Vernünftige und bewährte Mittel* . . . 1795, p. 72.
100. Marie de Saint-Ursin, p. 54.

Chapter 2

1. The change in fashion, and the consequent inflection of medical attitudes, can be traced in the succeeding editions of Dr William Buchan's *Domestic Medicine*, the most popular do-it-yourself medical manual of the age (translated into seven different European languages and twenty-one English-language editions between 1769 and 1813), and in the same author's also very popular *Advice to Mothers*, with which *Domestic Medicine* was often combined. The 1772 edition of *Domestic Medicine* (Philadelphia, p. 12) is chiefly concerned with the stays as the 'bane of children'. The revised 1798 edition (New York, 1812, p. 40) notes that the 'madness in favour of stays . . . [has] somewhat abated'. The 1803 (p. 13) and subsequent editions suggest revival. The 1807 (Charleston) edition of *Advice to Mothers* in the course of a long passage (pp. 24–5) has the curious gloss about husbands formerly boasting of having had, at marriage, wives with handspan waists. The chief concern is foeticide, as it is in the 1812 New York edition (p. 47), where Buchan dramatises the 'once familiar spectacle' that 'we no longer see' (but could it revive?) 'of a mother laying her daughter upon a carpet, then putting her foot upon the girl's back, and breaking half a dozen laces in tightening her stays, to give her a slender waist'. He also believed flattening or introversion of the nipples to be hereditary (p. 10).
2. Reproduced in Libron.
3. Schneider, 1824, p. 345.

4. Fournier, 1813, pp. 117f.
5. This and the above passages from journals of 1810–11 are extracted from the extensive citations in Waugh, pp. 98–100. Manufacturers advertised exaggerated effects, offering corsets with the 'top part proportioned as to admit of enormous growth . . . the bottom part (i.e. waist and hips) proportionably small' (1789, Gillham, no. 28).
6. Larousse, s.v. corset (Napoleon, 1812, to Dr Corvisart, Louis XVIII to Madame du Cayla), and Mitton, pp. 54f.
7. Mant, p. 99. Cruikshank (above): Patten p. 77.
8. *The Plain Speaker*, 1826 (cited in Waugh, p. 133).
9. Cruikshank, *Monstrosity* of 1819: B.M. Sat. 13445. 'Finical gentlemen': Vaughan, p. 69. cf. *Hermit in London*, I, p. 123; cf. *ibid.*, I, ix, II, p. 200, III, p. 51 and p. 79, IV, lxix passim and p. 134.
10. 6 March 1819, 'Lacing in Style' (B.M. Sat. 13440). A month earlier Cruikshank had published *The Cholic* (B.M. Sat. 13438), one of a series of illustrations of the sensations of disease, in which demons are shown tugging on ropes wound fast about the slender waist of an elderly woman, who screams in pain, as if under tight-lacing.
11. Forster, I, p. 12.
12. Castelot, *Napoléon*, p. 205; Woronzoff (below); Palmerston, p. 44–5; Cavalié Mercer II, p. 285.
13. B.N. Tf. 60, p. 90, *Caricatures Historiques sur les Anglais. Ibid.* (p. 61), a caricature on English (dandy) tight-lacing of 1820 (?), showing an older man being hauled in from an English patented winch. The preceding album (Tf. 59, *Caricatures Historiques, Costume*, p. 40) has a Naudet print of 1822 showing '*Monsieur Belle-Taille ou l'Adonis du Jour*' pulled in by a Negro servant and a tailor, with hair, hips, breasts and shoulders popping out of him like a female caricature. A third print by Philipon (Tf. 61, *Caricatures sur les Modes*, p. 12), shows a black servant lacing a (military?) gentleman, who is painting his face.
14. A. Williams in a letter to the *Family Doctor* for 9 September 1893.
15. Godman, 1829.
16. *Habits of Good Society*, p. 145. The reason given by Léouzon le Duc was not only aesthetic but also to hide real physical weakness (*La Russie Contemporaine*, Paris, 1853, p. 378).
17. E.g., Daumier's 'St. Serge . . .' in *Charivari*, 29 October 1855, Delteil 2554ff.
18. A Cavalry Officer, *Whole Art of Dress*, p. 83.
19. 'The Refectory', pp. 95–6.
20. DuBois, p. 19, and Charles D. (same author?), p. 3.
21. *Werke*, I, p. 102.
22. By Bayard and Bieville, presented at the Gymnase (Witkowski, pp. 296f.)
23. Randon in *Petit Journal pour Rire*, No. 525, *c.* 1868.
24. *Painter of Modern Life*, p. 25.
25. Fashion's arch: Henry Luttrell, 1820, cited by Laver, *Clothes*, pp. 90–2. Brummell: 'The stay is a part of modern dress that I have an invincible aversion to' (*Male and Female Costume*, 1822, p. 283). Many of the most distinguished later dandies, such as Count d'Orsay, Bulwer Lytton, and Disraeli, wore stays, which were not, however, demonstrably wasp-waisted. Cleanliness and fit: cf. Moers, p. 35. Cravat as tablecloth: *The Hermit in London*, 1813 (quoted by Cunnington, *Underclothes*, p. 106).
26. A Cavalry Officer, 1830, p. 19. Cf. Saint-Hilaire, 1827, and *Cravatiana*, 1823.
27. Leblanc, p. 19.
28. 'Blotches': Buchan, *Domestic Medicine* and *Advice to Mothers*, 1807, p. 47; 'Into and out of this world': Brown, 1818, p. 23; Dickens, *Sketches by Boz*, 1836, 'Seven Dials'.
29. Demon Tie: *The Lantern*, 1852, p. 131; Military snob: Captain Slasher, a British hero of the Napoleonic Wars, visiting Boulogne, 'seated himself at the breakfast-table, with a surly scowl on his salmon-coloured bloodshot face, strangling in a tight, cross-barred cravat; his linen and appointments so perfectly stiff and spotless that everyone at once recognised him as a dear countryman'. Every time he cried out, 'O!', meaning water (the only French he had), he was thought to be in a death agony of strangulation (Thackeray, *Book of Snobs*).
30. *Réflexions*, p. 20.
31. Golilla: Cardinal Alberoni, quoted by Kany, p. 175. Cravat: Kany, p. 179. Goya drawing of woman: Domingo, p. 114.
32. *The Dandies' Ball*, 1819, and *The Dandies' Perambulations*, n.d.
33. Madame de Genlis (attr.), 1825, cited in Wachtel, p. 232.
34. Vigny, *Stello*, 1832, p. 15. 'Parisian humorist' (below) on fragile waists: Maigron p. 11.
35. Libron, pp. 88 and 149, and Vanier, p. 56. Cf. Thiel, p. 527, for a device patented in Vienna 1833, an instant release mechanism for ladies feeling suddenly ill. 1828, the date Dandé registered his patent for metal eyelets, is generally accepted as that of their introduction into corsetry; they are, however, already recommended in Mme Celnart's *Manuel* of 1827 (p. 207) and were presumably in common use by 1828, for a letter of that year from a tradesman complains that his daughters were reducing themselves to ant-like proportions in stays 'bound with iron in the holes . . . to bear the tremendous tugging' (cited in Cunnington, *Feminine*, p. 59).
36. 'The art of suicide by the corset is not as widespread as is generally believed. Some women have even abandoned it altogether by necessity or caprice' (*Réveillé Parise*, 1841, p. 788). 'Tight-lacing has decreased of late' (*Habits of Good Society*, 1859, p. 172); cf. Cunnington, *English Women*, p. 131. The theme is conspicuous by its absence from Cham's caricatures of *Deux Vieilles Filles à Marier* (a series of 1840), in which various artifices are used by a mother to improve her elderly daughter's appearance, from the same artist's *Les Tortures de la Mode* (*c.* 1856), and from Gustave Doré's '*Il faut souffrir pour être . . . laid*' (*Petit Journal pour Rire*, 1856, No. 16, pp. 5–7).
37. *Réveillé Parise* is a case in point.
38. E.g. *Le Magasin Pittoresque*, a pioneering general-interest, illustrated magazine, in the year 1833, p. 99. The really cheap press also took over the responsibility. *Cleave's Penny Gazette of Variety*, a lower-class weekly, on the front page for

Saturday 25 August 1838, carried an article addressed 'To the Young Women of England, On the Evils of Tight-lacing', which derived from similar ones published in the *Penny Magazine*, 23 February 1833, p. 77, and in Barlow's *Cyclopedia of Practical Medicine*, and ran parallel to another similar article in the *Magazine of Domestic Economy*, of the 'current month'. These articles contained the illustrations from Soemmerring mentioned above. *Cleave's* refers to the 'numerous and painful evidence of its [tight-lacing's] continued prevalence'. Cf. another cheap popularisation of the period, the *Penny Encyclopedia*, 1837, s.v. corset.

39. Cuvier showed a tight-laced companion a blooming flower in a greenhouse. Gazing upon her constricted form and pale face, he said, 'Madame, previously you resembled this flower, tomorrow this flower will resemble you.' They returned the next day to find the flower withering away, in explanation of which the naturalist pointed to the string which he had previously tied tightly about the stem (Debay, 1857, pp. 173f.; Larousse, and *The Girl's Own Paper*, 1892, p. 587).
40. Debay, p. 165, and Roux, 1855.
41. E.g. *Die Gartenlaube* (Leipzig) 1855, pp. 213–15. Sagarra, p. 19, assumes that this kind of article was a circulation-building device.
42. Barnett, p. 68.
43. II, pp. 18–19.
44. Quoted by Wachtel, p. 269.
45. *The Times* for 12 August 1844, quoted by Bagshawe.
46. Nottingham, 1841, p. 110.
47. *Second Annual Report* (1840), p. 73, and *Nineteenth Annual Report* (1858), p. 194, quoted [dates misquoted] by Combe, 1860, p. 177. The statistics given for the year 1838 do not, however, indicate a very large differential: 3.8 male deaths per thousand, compared with 4.1 females died per thousand. According to the American Tilt (1853, pp. 195–9), for the age-span 15–30 years, which corresponds to the peak period of tight-lacing, the female mortality rate was 13 per cent higher than that of the male; altogether, 8 per cent more females died of consumption than males. Not, surely, statistics that convince one of either the lethality or the universality of tight-lacing.
48. Hardy, 1824.
49. A treasure-trove of such case-histories is a source not demonstrably medical but none the less obsessional (Dubois, 1857): Two wasp-waisted sisters married, one died as she miscarried of her first child, and the other shortly after the first delivery, both of acute peritonitis. The mother died of grief (p. 10). Another tight-lacer, married to a friend of the author, suffered two stillbirths, and then produced one hunchback, who died at the age of three. He was immediately followed into the grave by the mother, still furiously tight-lacing despite the counsel of friends, doctors, etc. The husband died of grief (p. 14). The author also saw a beautiful but deformed 11-year-old boy, whose mother had died of tight-lacing. He soon followed her to the grave (p. 30). A very pretty wasp-waisted shop attendant died in 'atrocious suffering'; the father almost died of grief, the mother went mad (p. 8).
50. Layet, 1827, p. 36. Dubois asserts (p. 2), that many women continue to tight-lace up to the very moment of giving birth.
51. Combe, pp. 173–5.
52. Merritt, p. 165.
53. Salpêtrière: Dubois. Dressmakers 1864: Pike, p. 180. Prostitute: Espagne, p. 310. Water-carrying servant-girl: Schneider, p. 347. Dancing villager: *Die Gesunde Frau*, 15 February 1900, p. 20 (cf. Ivière, p. 6). For the fatality of a farmer's daughter, see Childs, p. 38, and Duffin, p. 24, both from the same *Times* report of 1834. Jemima Hall: *The Lancet*, 18 February 1871, p. 256, and *Islington Gazette*, 27 December 1870 (cf. Martin, pp. 16–20). Ironically, *The Lancet* for 17 April 1869, p. 554, poured scorn on an advertisement 'from a leading London paper', addressed to 'Staymakers' assistants, dressmakers, and ladies' maids' committed to tight-lacing, for 'an important position in the country'. It is not clear whether the advertiser had in mind a maid, wife or mistress. Gillham no. 28 contains an advertisement of *c.* 1800 for 'good home-made stays for Servants and Working Women at one guinea', a high price testifying to the value of such garments, even to the poor.
54. Godman, pp. 191–4.
55. Both stories in Debay, 1857, pp. 165f.
56. Peevishness: Carter, 1846, p. 409, and citation in *Aunt Fanny's Album*, p. 17. Packard: Sapinsky, p. 25.
57. *Dictionary of American Biography*, 1930, pp. 515–16.
58. pp. 50, 138, and 157.
59. *Réveillé Parise*, p. 789. Pierquin's book is as rare as it is curious and, published in Bourges, may have passed quite unnoticed. The only copy known to me is in the US National Library of Medicine.
60. *Martin Chuzzlewit*, pp. 42 and 102.
61. *Bleak House*, pp. 90 and 252. The allusions to a 'frosty' and 'acidic' nose, if connoting redness, pick up the reformers' stereotype in which tight-lacing caused redness of the extremities and nose, the red nose being the awful stigma of the alcoholic. There may also be the verbal connection between tight (laced) and tight (drunk).

Chapter 3

1. Undress scene, e.g. 19 September 1885, p. 138, or 10 March 1888, p. 11. Tattoo: 9 November 1878, p. 210.
2. *Punch*, 1846, II, p. 238, and Southgate.
3. 1849, I, p. 71.
4. 'The Skeleton of Crinoline', 15 November 1856, p. 193. Empress's girdle: 'Suicide in Stays', *Punch*, 20 September

1862, p. 119.

5. 'Fashionable Suicide', 19 September 1863, p. 122.
6. 'A Plea for Tight-Lacing', 8 February 1868, p. 64.
7. 18 September 1869, p. 113.
8. 'A Wanton Warning to Vanity', 2 October 1869, p. 126.
9. This term gave the title to a sprightly, irreverent, proto-feminist and short-lived magazine of 1869–70, specialising in graphics of sexy, fancy fashions *à la Vie Parisienne*
10. 'Lines by a Lover', 14 December 1872; Adburgham, p. 103.
11. Windswept legs: 17 September 1859, p. 116, and 30 October 1869, p. 166. Feet: 4 October 1856, p. 134; 1 July 1865, p. 261, and citation in Adburgham, p. 84. Skate: 26 January 1867, p. 34 (cf. 8 January 1876, p. 288). Green's gaffe: 18 July 1885, p. 30.
12. *London Society*, 1869, 16, p. 42, and *Pasquino*, 17 April 1870, p. 125.
13. 'Chinese' feet: 10 May 1873, p. 191. Higher Education: Adburgham, p. 97. Chignon at Cambridge: 14 January 1871, p. 12. Du Maurier on feet: 19 March 1870, p. 110, and 28 June 1879, p. 294. 'Those Boots': 19 August 1893, p. 77.
14. In Zola's *Pot-Bouille* (1882, p. 295) the 95-franc article bought by Berthe precipitates a crisis in her deteriorating relationships with both husband and lover.
15. Safford-Blake in Woolson, 1874, p. 25; *Judy*, 11 January 1870.
16. Knighthood: 19 January 1878, p. 14. Roller-skating: 16 October 1875, p. 156. Tennis: 13 September 1879, p. 118.
17. 'The Two Ideals', 13 September 1879, p. 120; 'The Modern Ars Amandi', 22 December 1883, p. 300.
18. Vol. 66, p. 13; Vol. 68, p. 140; Vol. 68, p. 206; Vol. 73, p. 95; Vol. 74, p. 87; Vol. 78, p. 72; Vol. 70, p. 21; cf. also Vol. 75, p. 62 for the amazement aroused in the naïve by the new wasp-waist.
19. *Wild Oats*, 28 June 1876, p. 5. The implications of the equation between economic 'tightness' and sartorial tightness are far reaching, and have exercised many costume historians, with little conclusive result.
20. Dressmaker forbids sitting: 26 February 1876, p. 68, repr. Adburgham, p. 110. Shooting-stick: 22 May 1875, p. 218. Roller-skater, bowler: *Judy*, 15 October 1879, 13 October 1880, etc. Egyptian mummy: *Fliegende Blätter* v. 66, no. 44. Mould: *Illustrated Bits*, 17 August 1878. Explosions: *Pasquino* (Turin), 25 December 1881, p. 411.
21. Strenuous action: *Punch*, 1881, repr. Adburgham, p. 133; Four Beauties: 18 October 1879, p. 174. Cf. 19 July 1879, p. 23, for the opposite effect, the 'classicising' of female anatomy through addiction to sport.
22. Quoted by Adburgham, p. 134.
23. Figger: Steele, 1892, p. 72. 'Andsome 'Arriet: 6 December 1879, p. 254, and 28 August 1880, p. 86.
24. Weeping tennis player: *Fun*, 16 June 1880, p. 243. Twelve-inch waist (recklessly reduced by exigencies of scansion, for want of a monosyllabic figure in the teens?): 28 July 1880, p. 37. Needlework: 14 September 1881, p. 114.
25. *Fun*, 6 July 1881 and 24 November 1880, p. 205
26. *Punch*, 12 August 1893, p. 66.
27. Fatality reports: *Judy*, 7 January 1885 and 29 June 1887. Joan of Arc: *Judy*, 10 August 1887.
28. 19 instead of 21 inches: *Punch*, 28 July 1883, p. 30. Modest Youth's proposal: 10 November 1883, p. 218. I cannot forgo this priceless cartoon: Mistress: 'I'm afraid you will have to look for a new place before the first of the month, Bridget.' Bridget: 'What fur, ma'am?' Mistress: 'Mr Smith objects to so much waste in the kitchen.' Bridget (who is rather fat): 'Lor', ma'am, if that's all, I'll lace mesilf widin an inch of me loife' (*Illustrated Chips*, 1 November 1890).
29. 26 September 1891, p. 147.
30. *Puck*, 18 December 1879, pp. 614–15.
31. *Funny Folks*, for 16 February 1889, picked this up from the *World*: 'A Waist of Discipline. Madame Sykes is now making special pairs of stays for officers in the Guards', to head a drawing of a guardsman who has fainted during a review. In true Cruikshankian dandy style, Colonel Swanbill (trade-name of a corset) cries 'Pway don't bleed him, give him fwesh air, a little more awomatic vinegar, and *cut his staylaces!*' For Madame Sykes's claim to diminish male waists harmlessly see, at length, *Truth*, 5 February 1885, p. 223.
32. Quoted by Adburgham, p. 203. The issue was picked up by the German dress reform magazine, '*Männer in Korsett*', *Die Gesunde Frau*, March 1889, p. 32, noting that the annual turnover in men's corsets had reached 'one million', including one for an Indian Army officer in richly decorated pink and Nile green silk.
33. Pyramidal Prussian: *Der Floh*, 10 January 1892. Ancestors thinner: *ibid.*, 3 September 1892. Bisected officer: *Münchener Humoristische Blatter*, 1892, p. 6. Negroes: *Humoristische Blatter*, 31 August 1884. Cf. also *Lustige Blätter*, 28 February 1889 and *Ulk*, 1 March 1888, p. 6.
34. Indispensable fixture: *Lustige Blätter*, Berlin, 1903, repr. Wendel, fig. 311. Ranke: O'Followell, 1905, p. 203.
35. 'Our Soldiers in the Stocks', *Diogenes*, 1854, p. 258. Dubois, p. 19 n. 1.
36. *Punch*, 15 May 1869, p. 203, and 'Tight Lads', 15 June 1872, p. 250.
37. *Diogenes*, 1853, II, pp. 139 and 220, and *Punch*, 1854, I, p. 97, 'The Collar Mania'.
38. Anti-garotte collar: *Punch*, 27 September 1856, p. 128; Afghan sword: 'A mighty throw; or saved by his Collar', *Judge*, 7 July 1894, p. 74; and *Punch*, Christmas 1893. Masherium Club: 1883, cited by Adburgham, pp. 143f. 'Difficult to live above': *Judy*, 3 January and 7 February 1883. 'Nevah bend!' *Fun*, 17 September 1884.
39. *Life*, 1883, v. II, p. 245. 'collar's iron rim': *Punch*, 20 June 1896, p. 291.
40. *Funny Folks*, 29 March 1890.
41. Pearse, 1882, p. 33
42. *Heart of Darkness*, 1899.

43. For Gavarni on English décolletage, see Lemoisne II, p. 14. For Mars in Margate, *Journal Amusant*, 1 October 1887. For strictures on the nudity of emancipated girls, see Saturday Review, *Modern Women*, p. 334.
44. *La Vie Parisienne* citations: 1890, p. 389; 1883, p. 555; 1887, p. 449; 1897, p. 402.
45. Kuhnow, 1893; Watt, 1902, p. 19; Muthesius, 1903, p. 36, and Arringer, 1906 p. 43. Apart from red, swollen faces, a German ophthalmologist observed 300 cases of short-sightedness in children, which he blamed on tight collars (Ecob, p. 75; cf. *Scraps*, 11 May 1889). This was held to explain why mashers and the military also affected eyeglasses.
46. Cantlie, p. 129; cf. Webb, 1912, p. 204. Fatality: *The Lancet*, 3 August 1889, p. 231.
47. Cf. Pearse, p. 33; *The Queen*, 1883, I, p. 495.
48. Stringer, p. 28.
49. 'Break in two': cited in Lois Banner, p. 165 (or 25?); Boldini: repr. Balsan, and Koda, *Extreme*; deportment device: Balsan, p. 13.
50. Moulder.
51. J.F. Fraser, p. 141.
52. Helen Clark, pp. 40–2.

Chapter 4

1. See Gänssbauer, pp. 9f. The fair-minded reformer Dr Treves testifies to the existence of 'tight-lace liver' in uncorseted women; citing the case of one with a 'broad peasant waist', who on post-mortem examination proved to have a liver cut in two, and held together only by a calloused bit of tissue (1886, p. 72).
2. Cf. Farrar, 1880, Treves, 1882, p. 19, Smith, 1888, and Sargent, 1889; bibliographical summary in Havelock Ellis, *Man and Woman* (1904), pp. 228–44. The most comprehensive early experiments were those of Garson in 1888, who found the average vital capacity in women aged 20–30 years of average height 62.9 inches to be 40cc, and in men of the same age, average height 68.7 inches, 63cc. Younger women tended to have less lung power than older women because they were more tightly laced. Similar experiments and results were made in Russia (*Vratch*, Nos 20 and 21, 1888, p. 385, as reported in the *British Medical Journal* for 4 June 1889, pp. 791–2).

   The theory that the thoracic breathing of women was due to stay-wearing was first advanced by Winslow in 1741, but never generally accepted. The belief that women breathe naturally higher up in the body than men goes back (at least) to the early eighteenth century with Boerhaave, followed by Albrecht von Haller, and, in the period we are dealing with, even the biologist Thomas Huxley, who was certainly not gullible (cf. Cunnington, *Nineteenth Century*, p. 369). Havelock Ellis dismissed the belief (*Man and Woman*, p. 278), while conceding much to the Roy–Adami theory (cf. below). See also *Punch*, 8 January 1898, p. 1, Webb, 1907, p. 240, and Laver, *Modesty*, p. 117.
3. *The Century Magazine* for August 1893, reported by Crutchfield, 1897.
4. Dickinson, 1887. A 1–1½in reduction in the waist of one woman caused more total pressure (73½lb) than a reduction of 5 inches in another woman (65lb). The average pressure over the sixth and seventh ribs after deep inspiration was found to be 1.625 pounds per square inch. This figure may be compared with that given by Taliaferro in 1873, who concluded that the total pressure exerted by a 'moderately laced corset' averaged out at roughly the individual's body weight. Cf. also the carefully controlled experiments of Thiersch in 1900, who concluded that the 'typical' corset exerts constant pressure of 1½–2kg on the waist.
5. Cobbe, 1878, p. 292, accusing them quite unjustly of being 'feeble and cautious' vis-à-vis tight-lacing.
6. West, 1892, p. 220. *The Lancet* maintained this average over a period of twenty-five years (1867–92).
7. These lectures provoked a cartoon showing them to be counter-productive, the throng of ladies doting upon a dummy in the very tight-laced dress they are being warned against (*Funny Folks*, 18 March 1882). A similar cartoon has a living male in the role of the tight-laced dummy (*Funny Folks*, 15 March 1890).
8. *The World* announced the Society for Protecting the Natural Form of Woman (*Funny Folks*, 15 April 1882). The Society, which may well have been a hoax in the first place, was not taken seriously.
9. *The Lancet*, 10 January 1880, and Matthieu Williams (chemist) pp. 119 and 143.
10. Wettstein-Adelt, 1893, pp. 1f.
11. Imbecility: Phelps, p. 66, and *Girl's Own Paper*, 1886, p. 494. Straitjacket: *Puck*, 8 October 1879, p. 488.
12. 18 September 1869, p. 426.
13. 4 September, p. 8b; 'Not a Girl of the Period', 2 September, p. 4c; cf. letters, 3 September, p. 9e and 6 September, p. 9d.
14. Great Evil: Ellis. Curse: Kenealy. Future of Women: Schweninger. War, pestilence, famine: Treves, 1886, p. 72. Salvation of race: B.O. Flower, 'Fashion's Slaves,' *Arena*, 1891, p. 413.
15. Article in *Le Figaro*, 1909, reviewed in the New York *Review of Reviews* for May 1909, pp. 621–2.
16. Stockham, 1883, p. 110.
17. Cannaday, 1894.
18. Wilberforce Smith, 1888, p. 323.
19. Kratschmer, 1894, p. 409, on the basis of a Dissertation by Leue published at Kiel in 1891.
20. Animal experiments simulating tight-lacing (the animals are not specified, but they died) were performed in New York prior to 1874 (Safford-Blake in Woolson, p. 19). *The Lancet* (22 March 1890, p. 662) reported on the outcry raised by animal lovers against the experimental tight-lacing of some female monkeys, which was alleged to be cruel (although choloroform was used) and totally superfluous, given the known facts.
21. Haller, p. 34.
22. For the political, racist bias of *Nineteenth Century*, cf. 'The Black Peril in South Africa' and the clericalism of 'Anti-

clericalism in France and England', both published in the same month as 'The Curse of Corsets'. The Kenealy article was favourably reviewed, especially as regards its more extreme conclusions, in *L'Illustration*, 5 March 1904, p. 158.

23. Renoir, pp. 88, 89, 227, 288 and 323.
24. Sterility: Baus, 1911, p. 72. Towle ad: *Family Doctor*, 3 September 1887, p. 7.
25. Tylicka, pp. 63–4.
26. McMurtrie, p. 173.
27. Köystrand, '*Unsere Mieder Enquête*', *Wiener Caricaturen*, 11 November 1894.
28. Hygeia: *Family Doctor*, 22 May 1886. Envy: Cobbe, 1878, p. 284. Spartan: Réveillé Parise, p. 788. Common-Sense Clothing: Barnett, p. 65.
29. This was the experience of a German doctor as reported by Heszky, p. 103. Audry in 1900 noticed 'exuberant scars' at the waist of a 'beautiful young girl' as the only palpable evidence of tight-lacing.
30. Taliaferro, p. 693.
31. *Subjection of Women*, p. 42.
32. Chapotot, 1891, pp. 80ff.
33. It would be 'unworthy' to suppose, as well as unproved, that men admired small waists as a sexual characteristic ('The Philosophy of Tight-Lacing', *Saturday Review*, September 1887, p. 816). According to Shoemaker, 1890 (pp. 156 and 259), 'the wasp-waist elicits not only disgust at the vulgarity of it, but abolishes sexual attraction' and suggests 'sexual deficiency'.
34. 'What a Tiny Waist!' *Household Words*, 31 May 1881, p. 76.
35. 'The etiology of the tight waist', *Medical Record*, 23 March 1895, p. 370.
36. Ecob, pp. 236 and 231; cf. *Arena*, 1891, vol. 3, p. 419.
37. pp. 188 and 432. Cf. the same author's *Ladies' Guide*, pp. 144–56 (on masturbation), pp. 249–62 (on tight-lacing), and pp. 351–69 (on abortion).
38. E.g. Dr Anna Fischer-Duckelmann (600,000 copies by 1908), pp. 147–8 and Dr Hermann Paull, 1908, pp. 43–56, and 103), both of whom reproduce the well-worn Soemmerring diagram, inveigh against tight-lacing, and cite masturbation as the first of the sexual perversions. Fischer also reproduces pictures of various painful anti-masturbation devices. A non-repressive source citing the case of 'a well-developed, healthy, vigorous and athletic' woman using tight-lacing as a form of masturbation is Havelock Ellis, *Studies*, 1926 edn, p. 300.
39. They are of two kinds: direct and indirect. Directly, the corset 'contracts the abdominal organs from above and provokes an engorgement of the blood in the abdomen, which for its part brings the oblique stomach muscles into a voluptuous position' (*wollüstige Stellung*). Indirectly, 'these muscles, in women, serve the purpose of pressing the abdominal organs downwards during sexual intercourse, thereby bringing the uterus towards the male member. The corset brings these muscles into a similar position, and this seems to be associated in many females with pleasant sexual feelings' (p. 93).

    An English authority, after linking masturbation in boys to tight trousers, continues: 'Close-fitting stays are said to have the same effect on girls . . . [who] acquire the auto-erotic habit through irritations which occur in the vulva and clitoris. The early wearing of stays is said to cause precocious sexuality. When it is known that a degenerate cult of tight corset wearers exists in England with a journal devoted to their craze, the relation between tight-lacing and sex hyperaesthesia [heightened feeling] seems to be well-established' (Gallichen, pp. 111 and 132).
40. Marcuse, pp. 384–5, article by O.F. Scheuer. Eberhard, p. 314.
41. Composed of single or double (i.e. folded) layers of drawers, underskirts, balmoral, dress-skirt, overskirt, dress waist and belt (p. 190). Phelps (p. 70) put the number of thicknesses at between fourteen and eighteen. The figures given by other writers average at about sixteen.
42. By Stella Mary Newton.
43. At least eighteen books and articles were published during the years 1880–2 alone. The high-density period continued through the early 1890s. At the Pathological Institute at Kiel a senior professor (probably called Heller), evidently obsessed with the dangers of tight-lacing, supervised no fewer than eight dissertations on various aspects of the subject from 1884 to 1894 (bibliography in Hackmann, 1894).
44. pp. 373–4.
45. This claim is supported by an English colleague, Walshe, at exactly this date with figures showing that female mortality from phthisis (consumption), compared to male mortality from the same disease, is actually greater among rural populations that do not tight-lace than in the city, where tight-lacing is common.
46. E.g. Woolson, pp. 190ff., who asserts that the lower ribs are invariably wider than the upper ones. Bouvier's claim is based on a statistical sampling of 150 persons of both sexes and all social classes.
47. For attacks on Bouvier by his colleagues in the Academy of Medicine, cf. Fanton, 1879/80.
48. Treves, *Influence*, p. 72. *The Lancet*, 6 July 1867 and 28 May 1881. In a 25 June 1887 editorial, *The Lancet* enjoined the use of a 'forcible language' as violent as the 'embrace of the most fashionable strait corset'.
49. 'Evils': Arthur Edis in *The Queen*, 1880, I, p. 22; Richardson: 1882, II, p. 303; tennis player: 1879, II, p. 391.
50. Meeting of the Physiological Department of the Biological Section (D), at Bath, 7 September 1888, reported in Rational Dress Society's *Gazette* no. 3, 1888.
51. He is possibly identical with the 'Medicus' who had defended tight-lacers writing to the *EDM*; he is surely identical to the Dr Haughton who took the same position in the *Family Doctor*, then the major forum of fetishism.
52. Cited by Adburgham, p. 110.
53. *Oeuvres Complètes*, tome 3, p. 52.
54. Limner, 1870, p. 13.
55. Cf., apart from Leighton, the painters Mrs Haweis and George Frederic Watts. The role of English artists in the dress reform movement has yet to be clarified. In 1883 Edward Armitage RA lectured at the Royal Academy on dress

reform. In 1894 Hamo Thornycroft RA, G.F. Watts RA and the famous surgeon Sir Spencer Wells banded together as vice-presidents of the Healthy and Artistic Dress Union. Watts also wrote against tight-lacing.

56. Hollander, *Seeing*, p. 91.
57. Cf. Fritsch, *Gestalt*, 1899, pp. 93f.
58. Blanc, p. 274. Kaleidoscope: Phelps, p. 11.
59. This went through English editions in 1860, 1861 and 1863; bibliography of early works in Günther, 1863.
60. Daumier in *Le Charivari*, 24 January 1840: 'That'll teach me to try to make my feet look small.'
61. No well-formed foot: *Harper's Bazaar*, 22 February 1868, p. 258. Innumerable malformations: 'What a pretty foot', *Household Words*, 30 April 1881. Fatal abscesses: *The Lancet*, quoted in *The Queen*, 1884, I, p. 6. Abdominal displacement: Barnett, p. 74. Surgical separation: Woolson, p. 75. Treves: *Dress of the Period*, p. 26.
62. 'What a Pretty Foot!' *Household Words*, 30 April 1881, and *The Lancet*, quoted in *The Queen*, 1884, I, p. 6. *Shoemaker*, p. 259.
63. *The Queen*, 1884, I, p. 652.
64. Danish version: Cox, pp. 284–7. Russian version: Cox p. 379.
65. Cox, pp. 127–44.
66. 'More than a dozen laces were broken on her sisters' (Woolson, p. 246).
67. Folklore Fellows Communications, Helsinki, vol. 90, no. 453; cf. Stith Thompson, Motif Index K. 953.1.
68. Discounting the short-lived *Les Dessous Féminins*, started in 1896 by the Baronne Jehanne d'Argissonne, and surviving only in fragments in the Bibliothèque Nationale. The editor piously proclaimed her policy of excluding advertisements for 'the deformers of the finer half of humanity', but in practice was wedded to the old-fashioned '*corsets cambrés*' of Mélanie de Gruyter. Her descendant, also called Mélanie de Gruyter, was still making tight-lacing corsets in the 1950s.
69. Cf. *Deutsche Turnzeitung*, 1900, p. 286, and Meinert. Ministerial edicts prohibiting the wearing of corsets and high-heeled shoes in gymnastic classes were promulgated in Prussia in 1894, 1905 and 1908; in Saxony, in 1900 and 1907, and in Baden, in 1908. In Belgium, by 1909, the Ministry of Public Instruction forbade corsets in all girls' schools (*Photobits*, 11 December 1909). The attempts of Dr Robert Sangiovanni (*Abolition of the Corset*, 1910) to persuade the US Secretary of State and the Mayor of the City of New York to legislate against the corset failed.
70. *Les Dessous Elégants*, 1901, p. 42, with the caustic comment: 'Of all the labours of Doctor Maréchal, this legislative delivery may be considered the crowning of his work.'
71. What were the economic factors here? According to a member of the US War Industries Board, women's sacrifices of stays during the war released 28,000 tons of steel – enough to build two battleships (Cortes, p. 266).
72. The journal of this Association was edited by the leading German feminists, Clara Sander and Eisa Wirminghaus; cf. Anthony, Ch. III.
73. *Die Gesunde Frau*, 1 April 1900, p. 56.
74. Bray, pp. 219–20, and Webb, pp. 240f.
75. Layet, p. 26, with reference to a young actress who died after tight-lacing into the seventh or eighth month of pregnancy.
76. As a boy the antiquarian Strutt (p. 175) saw on stage an opera singer 'laced to such an excessive degree of smallness, that it was painfull to look at her; for, the lower part of her figure appeared like the monstrous appendage of a wasp's belly, united to the body by a slender ligament.'
77. Petit, p. 10.
78. Safford-Blake in Woolson, p. 10.
79. F. Giarelli in *La Scena Illustrata*, 15 March 1888.
80. Overlapped ribs: Charlotte West, p. 220. Berlin lady: *Die Bombe*, 11 May 1890, and *The Lancet*, 14 June 1890, p. 1316.
81. Frances Steele, 1892.
82. pp. 232–40.
83. Colette, *Apprenticeships*, p. 10.
84. Cocteau, pp. 63–4.
85. *Life* Magazine, 19 November 1951, pp. 116–17. This legend is very pervasive, but has absolutely no demonstrable basis in fact.

Chapter 5

1. A longer version of this chapter appeared as an article in the *Woman as Sex Object* anthology, where the engravings referred to (including all of Montaut's) are excellently reproduced. Many are also in Libron, and Steele, *Corset*.
2. Staymakers in France had recently (*c.* 1675) split from their traditional home in the guild of tailors to constitute a new one, calling themselves *tailleurs de corps de femmes et enfants* (tailors of stays for women and children). Staymaking, like tailoring generally, remained a male preserve; the couturières, or female dressmakers, permitted to form a separate guild in 1675, were expressly forbidden to do anything to stays but embroider them. The *Parlement* recommended their admission to the craft on the grounds that some ladies did not care to be dressed by men, or risk their taking liberties while fitting them (see Léoty, pp. 47–8).
3. Is it significant that the cane that should belong to the elderly gallant has been placed on the side of the staymaker? It is at any rate probable that the lute, a traditional symbol of amorous harmony, and here placed face down, alludes to the older man's inaptitude for love.
4. The Abbé is the Superior of the Seminary at Annecy, where Jean-Jacques received instruction. The print illustrates the

passage: 'He sometimes visited mother who welcomed him, caressed him, teased him even, and sometimes had herself laced by him, to which task he lent himself willingly. While he was engaged in it, she would run around the room from one end to the other, doing this and that. Tugged by the lace, M. le Supérieur followed grumbling, saying all the while: But Madam, do stand still. It made quite a picturesque scene' (*Oeuvres*, pp. 179–80).

5. The change also corresponds to the difference between nos 2 and 4 in the *Analysis* diagram. Hogarth added a prominent pair of stays in the *Before* and *After* engravings of 1736, missing from the paintings of 1731/2. Hogarth's best eighteenth-century commentator, George Christoph Lichtenberg, has many amusing comments on the possible range of symbolism of the stays in *Marriage à la mode* V (the duel scene), littered among other objects as a 'whalebone harness for hand-to-hand and distant fighting' (p. 133).
6. Burke ed., p. 66.
7. Antal, *Hogarth*, pl. 80, discussed p. 113. Antal suggests that Hogarth derived his design from that of Cochin described. If so, the English artist may have intended a kind of parody of the French engraving, exaggerating the slenderness of the woman and the clumsiness of the staymaker.
8. *Joseph Andrews*, 1742, ch. XII.
9. *The World* for 13 December 1753, no. 50, p. 301. See Paulson, *Hogarth*, II, pp. 497–8.
10. Cited by La Santé, p. 9.
11. *Tristram Shandy* (1760), 1843 ed., p. 108.
12. B.M. Sats: Four-poster: no. 5452; cobbler: 5464: smithy: 5444, reproduced Waugh, fig. 32; Collet: print 4552, reproduced Waugh, fig. 29. A fifth caricature from this period (datable to the 1770s by the enormous headdress, Gillham No. 27) is entitled 'Tight-Lacing, or hold fast behind' and shows a young woman holding on to a four-poster bed, while her gallant has his foot braced against her rump and hauls on the lace, which he has wrapped round a bone for better grip.
13. B.M. Sat. 6359A. For the slenderness of the Circassian dancer, cf. our p. 290.
14. Cf. an illustration of *c.* 1825 reproduced in *Ueber Land und Meer*, 1912, Nr. 15 (a similar, slightly bowdlerised design in Gec, *Donna*, p. 24); a very crude woodcut probably of earlier date, showing a woman being strapped into stays by men armed with pincers, reproduced by Saint-Laurent, p. 106; 'The Effects of General Emancipation. Mrs Kentelo's new machine for winding up the ladies', 1833, an American print that I have not seen, mentioned by Weitenkampf; and 'Madame Dona Urraca . . . Barcelona, Lluch', a print showing a man hauling on a big woman's corset with the aid of huge pincers (B.N. Estampes, *Images Populaires* – Espagne, Li 58 t. III, 'A.11004').
15. Gillray, *Works*, 570–2.
16. According to Newton pl. 5, caption, she is a candidate for employment as a model in a dressmaker's salon. Other prints of the period include N. Maurin, '*Le Lacet*', in which the girl stands admiring herself in a mirror, holding up a loop of lace not unlike a Diana stretching her bow, the lace continuing down in an immense length to the floor, where a cat is playing with it as if it were a ball of wool. In others the invitation to the spectator to unlace is conveyed by the wearer crooking her thumb into the lacing at the back, and holding up the loop with the other hand (e.g. Devéria's '*Le Coucher*' and '*Le Corset*', and Weber's '*La Toilette*'; cf. repr. in Vanier, p. 57). At the coarsest level, we find the kneeling attitude of the groom before the altar paralleled to the similar position he adopts a few hours later, with a lascivious smile, to unlace his smirking bride. A good collection of such prints is in the Musée des Arts Decoratifs, Paris; reproductions in Libron and Grand-Carteret.
17. Delteil, 1633.
18. Reproduced Grand-Carteret, *Moeurs*, p. 347, fig. 217. Dantan may have taken the idea from Hogarth, who in *Taste in High Life* (engraved 1746) depicts on a painting on the wall the Venus de' Medici attired in a hoop cut away at the back.
19. *Art in Paris*, pp. 212–13, and pl. 62.
20. '*A Une Malabaraise*'. While mid-century saw some relaxation of tight-lacing, Baudelaire's own graphic visualisations of women, especially his own Creole mistress ('*quaerens quem devoret*' – seeking whom she may devour) are often wasp-waisted (cf. Crépet).
21. In a characteristic apparent contradiction, both with his own position established earlier in *Les Fleurs du Mal* and with *La Vie Parisienne* itself, Baudelaire published there an article on facial cosmetics (1864, p. 235). He defined the role of '*maquillage*' as that of ennobling woman; *La Vie Parisienne* called the recently introduced fashion of face-painting a 'filthy barbarity'.
22. *La Vie Parisienne* remained wedded to her and her alone until 1882. She was then supplanted by Corsets Léoty. Ernest Léoty, son of the founder, was the author of the first historical monograph in French on the corset, and the owner of a fine collection of period garments. *Toilette* as whole book of woman (above): 1886, p. 54.
23. Madame Billard's sculpture is compared with that of the ancients as well as the moderns (Clésinger, Pradier). The academic Pradier would not have been flattered to be held up as a model for a corsetière, as the following anecdote testifies: Alphonse Karr was invited by the sculptor to view the most beautiful model he, Pradier, had ever met. Karr agreed she was quite perfect. Suddenly Pradier contracted his brow. 'Oh you wretch, etc. etc.', he cried, swearing volubly. The girl tried weakly to defend herself, realising what was up: 'No, no, I assure you, Monsieur Pradier, you are making a mistake . . .' 'A mistake, a mistake? You must be more stupid than – all I have just said. Do you imagine I can't tell . . .' Karr was stunned, uncomprehending. Pradier finally explained: 'What a shame that such beautiful bodies are given to such foolish hussies! Like giving the plumage of a swan to a donkey who would go and dirty and trample it in the mud! No way of preventing them from wearing that abominable apparatus they call a corset! They want to be slender, to be held in the ten fingers of their lovers! And in order to be more slender, they dishonour their hips, they ruin their breast, they atrophy their belly! All that for some rogue, some dance-hall creep!' Pradier was seized again by a violent anger. He threw the model her clothes. 'Go and dress, I don't want to see you again, get out!' (Treich).
24. 1874, p. 102.

25. Cunnington, *Perfect Lady*, p. 41.
26. 1875, p. 152; 1877, pp. 96 and 333; Cunnington, *Englishwoman's Clothing*, pp. 275 and 289.
27. Cuirassière: 1874, p. 713. 'Ugly and crazy': 1877, p. 333. 'Bloody traces': 1877, p. 78. Anecdotes: 1879, pp. 150–2, and *Salon de la Mode* 1879, pp. 14–15.
28. 1884, pp. 85 and 113.
29. 1874, p. 477.
30. *Militona*, 1847, p. 64.
31. 1874, p. 507. The letter is translated by Vernon in the *EDM* for November 1874.
32. The First Series started 18 December 1880 (p. 746), and continued through to 11 June the following year (pp. 38, 109, 196, 286, 316, and 344). The subjects are, in turn, the chemise; the corset; pantalons, stockings and shoes; décolletages; stockings; *Dessus and Dessous* (appearance contrasted with reality); and *postiches* (bustles and bust-improvers). Such was the demand for this collection that a special edition consisting of a hundred drawings was printed on de luxe paper and sold in a satiné box for five francs. By 1892 this was in its nineteenth edition. Famous (or notorious – there is a shocked description of a Montaut underwear centrespread by a contemporary publication of 1881, cited by Roberts-Jones, p. 73), Montaut launched his *Nouvelle Série* from 22 October 1881 onwards, but the series stalled twice, either because the artist found he was repeating himself, or because he ran foul of the censorship. This had probably objected to the fellatio symbolism of his centrespread on 'How they [the ladies] eat asparagus' (1879, p. 330), and, even when relaxed, it probably continued to harass him. Significantly, a series of *Nouvelles Etudes sur le Corps de la Femme*, about the naked body, foundered almost immediately. Beautifully coloured drawings for or after Montaut's underwear centrespreads are preserved in the Metropolitan Museum, New York, reproduced as endpapers in Steele, *Corset*. Montaut was imitated in Austria: cf. Köystrand, '*Die Kunst sich anzukleiden*', in *Wiener Caricaturen*, 22 June 1884, and Roland, '*Boudoir Geheimnisse*', *ibid*., 20 May 1888, and Draner, '*La Question du Corset*', in *Le Charivari*, 8 March 1888.
33. Nana, refused at the Salon, was exhibited in a shop window to such effect that the police had to intervene. Gervex's painting was also rejected from the Salon, partly, at least, because of the prominence of the corset and petticoats in the foreground. It, too, was exhibited elsewhere with great success, with the critics picking on the underwear as particularly outrageous (I learned this from Holly Clayson at the College Art Association meeting in New York, 1978). For a fashion manual recommending corsets in any colour except dull, cf. Aincourt, 1883, p. 29.
34. Where the scales fell from the eyes of Flaubert as well: 'What a hideous picture! And the feet! Red, thin, with bunions, corns, deformed by the boot, long as radishes or broad as paddles' (cited by Mespoulet, pp. 40f.).
35. 'Women and girls with overdeveloped breasts and hips, rouge-plastered complexions, charcoal-daubed eyes, blood-red lips, laced up, strangled, rigged out in outrageous dresses, trailed the crying bad taste of their toilettes over the fresh green sward . . .' ('Paul's Mistress', vol. II, p. 258).

Chapter 6

1. Cited by Johnson, p. 69.
2. Margaret Beetham, p. 48, and Alvar Ellegård, p. 36.
3. 3 March 1849, p. 698.
4. 7 March 1846, p. 148 and 1 August 1846, p. 204; Hephisba 20 November 1847.
5. 29 April 1848, p. 826.
6. 6 May 1848 to 28 April 1849
7. 3 June 1848, pp. 75 and 122.
8. 1 November 1869, p. 429.
9. *Chambers's Journal*, 10 March 1855, p. 154. I owe this and reference to the *Family Herald* to Farrer, 1999.
10. The correspondence, composed of about fifty letters from a dozen or so different writers, both men and women, for and against, lasted a little over two years (November 1853 to 1856). It is tinged with a passion, and often a sado-masochistic pleasure, which leaves no doubt as to its erotic content. There was no comparable correspondence on any other single topic.
11. The name was granted by Royal Privilege, and the proofs were shown to Queen Victoria, at her request (Quentin Crewe, p. 254).
12. See Hyde, p. 121, and Sarah Freeman, p. 18, now corrected by Farrer, p. 22.
13. Watkins, p. 189.
14. Farrer, 1994, p. 22.
15. Farrer, p. 25.
16. 1862, p. 330.
17. 1863, II, pp. 88 and 99.
18. La Santé letter: 1864, I, 145, transcribed by Lord, pp. 165–8; *The Times*, 8 August 1864, p. 12c; Polish boots: *The Queen*, 1863, II, 376. Madame La Santé's booklet is referred to in *Judy*, 2 June 1875, pp. 63–4, as talking about slender waists 'with pious enthusiasm'.
19. Lord review, 2 May 1868; Harper's reprints: 1868, II, pp. 121 and 343.
20. 3 January, p. 22; 10 January, p. 31; 19 June, p. 553; and 18 December, p. 559, 1880; 30 September 1882, p. 303c; and 14 June 1884, p. 652b ('Tight Boots').
21. Cinturon: e.g. 18 October 1884, p. 401; others 1884–90s *passim*.
22. Haweis, p. 138; minor folly, 20 March 1897, p. 528a; abominations, 3 November 1900, p. 678.
23. Hyde, p. 45.

24. Sarah Freeman, p. 65.
25. For Valerie Steele, 1985, p. 60, it is 'infamous' and 'one of the most suspect sources imaginable'. Ian Gibson (pp. 218–29), mainly concerned with the *EDM*'s flagellation correspondence, which ran concurrently, then split off from the tight-lacing debate, is highly scornful of Beeton's character and motivation.
26. Sarah Freeman, pp. 65 and 260.
27. July 1862. Of two other early attempts to initiate tight-lacing correspondence, in which the original letters are not cited, one (April 1864) testifies that men (a brother in emulation of his sister, the writer) have taken to the practice.
28. *EDM* 1866, p. 272. In October 1866, the editor of *The Young Ladies' Journal* had to set a 'misguided' reader to rights on this subject; two months later she was commiserating with Lacee on the cruelty of her mother, and urging her simply to cut the laces. She adds, 'We have had several letters from young ladies at fashionable boarding schools making the same complaint as you.' The similar warning of 1 October 1892 (p. 222) could no doubt be duplicated by many others, in this and other ladies' journals of the period.
29. Liveing, p. 42.
30. 'Tight-lacers can please themselves by purchasing (them) five or six inches too small, for they will not give under even their pulling' (April 1870). In October that year she stresses that Thomson's corsets are provided with 'extra holes . . . at the waist for extra lacing', adding mischievously, 'but as I highly disapprove of tight-lacing, I will not say how much the waist can be compressed at will'. The Thomson '*corset gant*' was launched in Paris 1868, and introduced into England the following year.
31. For several years no topic rivals that of the fetishes. In the course of 1867 there appeared about fifty letters, all on tight-lacing. In 1868 the number arose to around sixty, again all on tight-lacing. Over seventy different names of authors appear, most of them sympathetic. Thenceforth tight-lacing is joined by other fetishes: spurs and high heels; sandals, trousers, and shorter skirts for young ladies; and (towards the end) other 'figure-training' devices, such as stocks. By rough count (a precise one is rendered impossible by the fact that much correspondence on unrelated subjects touches more or less in passing on the fetishes) there appeared during the period 1869–75 about fifty letters, some quite long, signed by about forty different names, on each of the two major fetishes, tight-lacing and footwear; and about forty letters from about twenty-five different correspondents on the subject of spurs.
32. 'Vapid letterpress': *Tomahawk*, v. 3, 4 July 1868, p. 8, *Saturday Review*, 23 May 1868, pp. 695–6, *The Spectator*, 23 May 1868, pp. 610–12. Girl of the Period: *ibid.*, 14 March 1868, pp. 339–400. 'Weekly Reviler': Chapman, p. 67.
33. *EDM* editorials, March 1869 and May 1869, p. 276. 'Happily directed to *EDM*': E.M., June 1872. Doubts as to the authenticity of the correspondence were expressed by journals as far apart as the frivolous *London Society*, in the course of an otherwise favourable review of *The Corset and the Crinoline* (October 1869, pp. 312–19), and the grave *Daily Telegraph*. In our own times, the costume authority Doris Langley Moore (p. 17) has deemed the whole corpus the fabrication of male sado-masochistic fantasy.
34. Sarah Freeman, p. 278.
35. Sarah Freeman (pp. 266–7) assumes not, indeed the opposite; but no figures are available. It may be that the concurrent flogging correspondence, eventually sidelined by Beeton (as by myself), turned more subscribers off than on. Accused of distorting the fetishist context by excluding it and its relation to 'punishment corsets', I do so here for distant personal reasons (experiences at a British public school – I was badly caned by a boy prefect for being unable to choke back laughter at a perfectly preposterous sermon in chapel, would you believe it), as existing under a different moral compass, and not germane to my theme.
36. Poaching: *EDM*, November 1870. Sophie: *Scotsman*, 9 and 11 January 1868.
37. Sarah Freeman, p. 267.
38. M.G., July 1872.
39. Beetham, pp. 72 and 84.
40. Sarah Freeman, p. 275.

Chapter 7

1. 'Causes and Remedies for Corpulence', 4 November 1882, p. 289.
2. May's *British Press Guide*.
3. 1885, pp. 306 and 339.
4. May's *British Press Guide*.
5. During the first six-month period, corsets elicited about forty letters printed, that is, more than all the other letters printed on whatever subject put together. The level settled at around twenty to thirty letters per six-month period down to early 1888, when other fetishes, notably high heels, and then earrings, began to establish themselves, followed at some distance by gloves, spurs and tattooing. The earring fetish generated correspondence on nose-piercing, which, in turn, generated a few letters on breast-piercing.

   According to an interim 'State of the Controversy' summary (6 July 1889), from a total of 165 letters on tight-lacing there expressed themselves in favour: 45 ladies and 49 gentlemen; against: 32 ladies and 25 gentlemen. Five ladies and 9 gentlemen remained neutral. Of those writers claiming to have had full experience of tight-lacing, 45 ladies and 20 gentlemen reported favourably, whereas only 7 ladies and one gentleman were unfavourable. These results, says the compiler (reader from Leeds), conform almost exactly with what he has culled from the 'public papers, 1860–70'.
6. The *Girl's Own Annual* (28 July 1888, pp. 697–8) had good reason to fear the intrusion of fetishists, having on several occasions had to deter 'naïvely' enquiring readers (e.g. 1888, pp. 288 and 697–8). 'Victim to Fashion': *Family Doctor*, 27 March 1886. I do not wish to suggest that this letter is insincere; indeed, there is much about it (the clumsy dual

opening address, the attachment of an 'irrelevant' enquiry about tennis dress, etc.) which speaks in favour of its strict authenticity. 'Shameless delight': Lover of Stays, 22 May 1886, p. 179.

7. 15 December 1888.
8. May 1867. Unless specified, the reference is either to the *EDM* (when the date is in the 1860s–70s) or the *Family Doctor* (when the date is in the 1880s or 1890s).
9. *Family Doctor*, 25 March 1893, p. 57c.
10. 'Fierce aunts' and stepmothers are cited, but never natural mothers. An ancient mythological structure may be at work here. It was, for instance, a stepmother and older (presumably step) sisters who tried to impose tight-lacing on Lover of Freedom (October 1871) when she was 13 years old. But her father intervened and helped preserve her natural figure, although he failed to prevent his older (step) daughters from continuing to tight-lace.
11. Colonel: August 1868. Chilling style: January 1872.
12. Nemo: January 1871.
13. 37 to 24 inches: January 1872. Perseverance: July 1870 and August 1868 (p. 292).
14. January 1868, Lord, p. 168.
15. Male admirers: March 1871. Husband imitating: 11 February 1888. 'Congenital idiots': 12 June 1886.
16. Agony: 15 May 1886. 'Morbid Taint': 15 September 1888.
17. Benedict: November 1867. Laura: June 1870. 'Luxury' and 'delicious sensation': October 1868 and June 1870. Mother of Three: 13 October 1888.
18. 'great pain': 14 February 1888. Highgate Bride: 25 December 1886.
19. 18 August 1888.
20. Mother of Four: 10 July 1886. Assistant to corsetière: 18 August 1888.
21. 13 October 1888.
22. Cited in Pederson.
23. Harland, p. 351.
24. Webb, p. 242.
25. Goodell, p. 549.
26. Burstall, pp. 96–97.
27. Amy Clarke, p. 73.
28. *Ibid.*, repr. opp. p. 48.
29. Steadman, p. 47.
30. *Ibid.*, p. 17.
31. Exceptionally, Inveterate Tight-lacer (September 1867) refers to her experiences at a figure-training school a generation previous to the time of writing.
32. Materfamilias: 10 December 1887. *Family Doctor*, 2 November 1889. The Brompton School may be that referred to by another corsetière (interviewed 5 March 1887) where there were thirty pupils, none of whom had a waist over 19 inches, and several of whom were down to 14. Alumna letter: 15 September 1888. A school in Glasgow is cited 19 March 1887; for an Edinburgh school cited in *EDM* correspondence, cf. p. 172.
33. 10 November 1888.
34. 25 February 1893, p. 410. Tunbridge Wells Academy: *Society* 1899, p. 1810.
35. An American physician (Safford Blake, in Woolson, pp. 15–17) was amazed to discover that the broad, natural-looking waist of the Viennese female labourer was not what it seemed. Noting that in Austria much manual labour was done by women because the men were always off fighting, she commends the practicality of their short, little more than knee-length, skirts. 'You can see at a glance that the broad peasant waist has never been crowded into corsets . . . but a fearful accident occurred in Vienna, while I was in the hospitals: a brick block of houses fell, killing and mangling several women who were employed in building them. "Now," I thought, as I entered the pathological room where a post-mortem examination was to be held on them, "I shall once, at least, have an opportunity of seeing the internal organs of women normally adjusted." To my utter astonishment, it was quite the reverse . . . in one case, the liver had been completely cut in two, and was only held together by a calloused bit of tissue. Some ribs overlapped each other; one had been forced to pierce the liver, and almost without exception that organ was displaced below the ribs, instead of being in line with them. The spleen, in some cases was much enlarged; in others, it was atrophied, and adherent to the peritoneal covering . . . the womb . . . was in every instance more or less removed from a normal position.' If it was indeed a custom among Austrian working-class women to tight-lace, they did so presumably in imitation of the middle classes. I know of no Austrian literary evidence, English style, of a fetishist cult, until Susanna Kubelka's fiction (see p. 335).
36. Paris schools: there was one in the Rue de Rivoli as an alumna testifies (S. Gurney, 24 December 1887); and another in Fontainebleau (near Paris) where the principal was tight-laced, according to a convincing circumstantial account from Lucy Greenwood in *London Life*, 11 October 1939. Roquebrune writer: 23 February 1889.
37. Letter from Mr E.F. Kellaway, 25 November 2001. Was there much tight-lacing in South Africa? (See p. 314).
38. Beetham, pp. 177–9.
39. *Woman*, 12 June 1890, p. 12, and 26 June p. 5.
40. Beetham, p. 189.
41. The Survey is valuable not only for its statistics about the practice of tight-lacing, which I do not call 'hard', as Steele says (*Fashion*, p. 162), referring to the 1982 edition of this book, p. 315. I merely say the language speaks for its authenticity of reportage. I believed then and do now that the statistics are exaggerated, for reasons revisited on p. 297 below. Given the 'measurement problem' I lay out there, I conclude that it is the problem, and the corset, that is hard, never the statistics.

42. *Willing's Press Guide.*
43. Beetham, p. 136.
44. *The Waterloo Directory of English Newspapers and Periodicals 1800–1900*, v.3, 1997, pp. 2034–6 and 1760.
45. 14 January 1893.
46. Dr Hugh Fenton, 14 January 1893.
47. 10 December 1892, p. 807
48. *Ibid.*, p. 808.
49. 21 January 1893, p. 72.
50. 4 February 1893, p. 136, and 11 February, p. 168.
51. 21 March 1893, pp. 71–9
52. ix, nr. 53, April 1903, p. 319.
53. It is almost impossible to establish continuity of themes in the two magazines cited, for both are composed of brief paragraphs, separated by lines, without headings, laid out at random in uniform columns rather like pages of unclassified advertising. An impression of the contents can, in practical terms, only be gained by random dipping, which does, however, offer a surprisingly modern sense for amusing trivia. *Titbits*, founded by George Newnes in 1881, represents a milestone in the history of cheap journalism (cf. V. Neuburg, p. 231). *Answers*, another one penny gossip weekly, ran tight-lacing correspondence in January and April 1889.
54. *Titbits*, 1894, pp. 63, 121 and 139.
55. Dealt with again by a system of intuitive dipping. The magazine, which should not be confused with others of the same name, is in the British Library in a mutilated copy at pressmark Cup. 701 a. 10. In *Willings' Press Guide*, it claimed 'an immense circulation' among the 'Upper, Leisured and Middle Classes'.
56. Including Nellie Farren (friend of the Princess of Wales), Kate Cutler, Kitty Carson, Madame Patti (!), Countess di Rossetti, the Duchess of Seremoneda, Mrs and Miss Egbert (wife and daughter of the Lord Chancellor to the King of Norway), Miss Ethel Mortlake the artist, Mrs Corah Brown Potter (cf. p. 139), Ada Reeve and Gipsy Lee. The latter, a well-known clairvoyant of Brighton and protégée of the Princess of Wales, in order to fit herself for the best London Society, consulted her oracle as to whether and how she should set about tight-lacing. The oracle said yes, and sent her to Madame Dowding. A collection of period corsets amassed by Madame Dowding passed into the possession of the Charnaux Corset Company, since Charnos Stockings.
57. 3 February 1900, p. 38, 12 May, p. 322, and 7 April, p. 12.
58. P. 1830: 'The Art of Wearing the Corset', by Mary Howarth.
59. In the British Library copy of the booklet, razored out early in the twentieth century.
60. Catherine de' Medici, 'whose 13 inch corsets have been preserved' [*sic*], the Duchess of Rutland, the Empress Elizabeth and two identifiable (or almost identifiable) contemporary examples: 'the beautiful daughter of a well-known Irish baronet creating wonderment at the Dublin Horse Show by her waist of such marvellous slenderness (it was never over 14 inches) that people gaped aghast', and the 'famous' waitress of a Viennese cafe (Bertha Kratz is the name given later in *Photobits*), who had recently married her 12in waist to a rich habitué (17 February 1909; photograph of Polaire, 30 December 1908, p. 357; photo of Miss M— of Kensington, 13 January 1909).
61. 29 May 1909.
62. Christmas number: 11 December 1909. 'Tiny Waists' numbers: 22 January, 14 May 1910 and 25 February 1911.
63. Lawrence Lenton, personally remembered in the 1960s ('he looked like Boris Karloff, and his workshop like Fagin's kitchen'), and then of Coventry, made his first appearance here as a specialist corsetier.
64. Polaire: 17 August 1912. 'Vanishing? Waist': 29 October 1910.
65. *Girl of the Period Miscellany*, August 1869, p. 186.
66. White (see n. 20) pp. 46–7.
67. Kaplan, p. 201.
68. See n. 35 above.
69. *Westminster Budget*, 4 January, p. 5. and 1 February, p. 8, 1895.
70. By 'Rita' (i.e. Eliza Margaret Gollan), London, 1900, p. 31.
71. Franz Kafka, *The Trial*, Penguin, 1953, p. 122.
72. Nudipes, July 1870.
73. 'There was such a lacing of stays, and tying of sandals, and dressing of hair, as can never take place with a proper degree of bustle out of a boarding school' (*Sketches by Boz*, 1836, 'The Dancing Academy').
74. Minnie, *EDM*, May 1873, etc.
75. Vol. I, 1837, p. 41.
76. *The Art of Beauty*, 1825, p. 38.
77. Cobbe, *Life*, Vol. I, p. 13. Since the author was born in 1822, the passage presumably relates to the later eighteenth century.
78. Dods, 1824, pp. 135–43. Backboards and collars survived best in France, to judge from fashion journals, which frequently gave patterns for semi-orthopaedic apparatus. *La Mode Française* as late as 1884 (p. 390) recommends as a cure for slouching a steel brace, backboard, stiff collar, and 'a holly branch at the throat'.
79. Sandford, p. 182. The *Life* of Frances Power Cobbe has a similar panoply of schoolroom machinery from the 1830s: 'Deportment was strictly attended to: tortures innumerable were invented to improve the figure – there were steel backboards covered with red morocco, strapped to the waist by a belt; steel collars, stocks for the fingers, pulleys for the neck, and weights for the head.' Cf. also Braddon, *Asphodel*, I, p. 144: 'Think how I have been ground and polished and governessed and preached at, and backboarded', (she said), drawing up her slim figure straight as an arrow, 'and dumb-belled, and fifth positioned, for so many years of my life.'

80. Bulwer (2nd edn, 1654, p. 287): 'In Portugal little long hands are in fashion and accounted a great beauty in women; wherefore they use Art to have them so, wrapping the hands of their female children from their infancy in cloths, and binding them straight in with fillets, whereby they constrain them to grow narrow, and to run out in length . . . gentlewomen and ladies of Lisbon have for the most part such small hands . . . and Spanish women are noted to have the least hands in the world.' Extraordinarily tapered fingers are depicted in many idealised sixteenth- and seventeenth-century paintings. According to Lola Montez (1858, p. 61), Spanish ladies used 'devices [that] are not only painful, but exceedingly ridiculous. . . . Some of them . . . sleep every night with their hands held up to the bedposts by pulleys, hoping by that means to render them pale and delicate.' Sleeping in pomaded gloves to render the hands soft, also mentioned by Montez, was not uncommon in Europe then and since.
81. 'My Aunt' (1831), in *Poems*, 1836.
82. Carroll directly instructed Harry Furniss, illustrator of *Sylvie and Bruno* (1889) to make Sylvia 'as naked as possible – bare legs and feet we must have, at any rate. I so entirely detest that monstrous fashion high heels (and in fact have planned an attack on it in this very book), that I cannot allow my sweet little heroine to be victimised by it' (cited by Pearsall, p. 351).
83. October 1873.
84. The dancing-master Mereau in 1760 (p. 127) condemns excessive reliance on the stocks. Vieth in 1795 (pp. 83f.) sees no use for them at all, except in the case of deformities, noting (as would any dance teacher today) that it turns out the legs at the ankles, and not at the knees and hips, as dancing technique requires. There was a (different?) device called the 'hip-turner' (*tourne-hanche*), which is condemned by Noverre, xii, p. 296.
85. *Art of Beauty*, 1825, p. 46, citing Bampfield.
86. Sherwood, p. 34, referring to the 1780s. For backboard and stocks as normal lesson-time wear, cf. Haldane, *Record*, p. 45, and Kilner, *The Holiday Present*, 1803, a children's chap-book, where taking the feet out of the stocks while left alone in the schoolroom is cited as a cardinal example of disobedience, and a chain of terrible accidents ensues from a girl's trying hurriedly to get back into them on hearing her mother approach. This is the kind of disobedience that, as another example shows, could result in the girl's being left a hunchback cripple for life.
87. *The Field*, 1854, p. 318.
88. Showy riding was associated with the *grande cocotte*. Cf. the popular rhyme (quoted by Pearsall, p. 247; cf. also Pike, pp. 52–3):

    The pretty little horse-breakers
    Are breaking hearts like fun
    For in Rotten Row they all must go
    The whole hog or none.

89. Cf. above, p. 27. The tickle, or continuous stroking with the spur point 'so as to keep the animal in a continued state of irritation', was a technique of continental *écuyères d'école* (circus riders) taken for granted by even the humane Mrs Alice Hayes (*Horsewoman*, p. 111).

    For the sexual symbolism here, and the formal analogy between spurring and coital techniques, cf. this passage supposedly from the 1880s, and cited in *London Life*: 'There are four methods (of spurring) used by the French. *Piqûre* consists of a very slight but continuous pricking. *Saccade* (or staccato) consists of a succession of light staccato thrusts in the same spot. *Attaque* is the most severe of all, consisting of a sudden and violent application of the spur by means of a sharp kick. It is used as a punishment, or in order to make a leap, or in order to provoke a spirited *écart*. The fourth method is *Pression*, which involves the insertion of the points and holding them in, so that even the quietest animal appears fiery. This is often used when the rider draws rein for a flirtatious conversation in the Bois, the horse appearing to fuss and to be impatient to be off, while the lady innocently caresses his neck with a daintily gloved hand.'
90. It struck the French as an English peculiarity. '*La Promenade en Bokei*', a print of 1816, shows the horse on so short a fixed rein that his long neck is vertical ('*Caricatures historiques sur les Anglais*', BNT, f. 60, p. 69). The analogy with the dandy cravat was made in 1818: (The dandy) 'With head bridled up, like a four-in-hand leader, / And stays – devil's in them – too tight for a feeder . . .' (Brown, p. 24).
91. *The Queen*, 24 October 1874.
92. Flower, 1875.
93. *The Animal World*, 1 March 1873, p. 37. *Life* magazine in 1892 (vol. 19, p. 5, etc.) used four times over the drawing of a bearing-rein on a man, 'an ingenious device invented by the horse for adding to the comfort and beauty of man while exercising'.
94. 26 July 1890.

Chapter 8

1. Thus wrote Nurse Starched to *London Life* (1935): 'The matron of a nursing home told me that the stiffness of the nurses gives a new lease of life to the patients. Her form of psychotherapy for nervous breakdowns consisted, in part, in the perpetual presence of nurses encased in the stiffest and highest of collars, the broadest of waistbands and the deepest of cuffs.'
2. *Painter of Modern Life*, p. 28.
3. A rather complex bibliographical lineage of *London Life* fetishism may, on behalf of further research, be summarised as follows: fetishist correspondence, which disappeared from *Photobits* in the Spring of 1912 (cf. above), in the course of 1911–12 gained a firm foothold in a similar magazine, under the same proprietors, called *New Photo Fun*, under the rubric 'Confidential Correspondence'. Tight-lacing is here one of many other fetish and sado-masochistic interests. The

humorous purpose indicated in the titles of these magazines, the many cartoons and various frivolities, also affect the fetishist content.

In 1912 *New Photo Fun* became the slightly larger *New Fun*; by 1913 tight-lacing was prominent, and organised into a New Fun Club. In 1914 the fetishist correspondence, suddenly suspended between 28 February and 4 April, was revived by *La Guêpe Humaine*, an English girl exhibited at the Paris Fair, with an incredible waist-measurement sustained for fifteen-minute seances, and a photograph of Mlle Irma Goldenberg, 'one of the tiniest-waisted [14in] music hall stars in Europe'. The Confidential Correspondence continued despite the war and the consequent physical shrinkage of the magazine. It was sometimes printed on the back of large pull-out military maps. Transvestism (both ways) in particular flourished, although the 'effeminate men' took heavy beatings from the editors and some readers. Medico wrote from the front to announce in disgust that a soldier had been killed by a bullet which would otherwise have passed clear through his body, but was deflected from a steel stay into his lung. This authentic-sounding letter (*Illustrated Bits*, 1 July 1916), also comments on the 'misery' of the many conspicuously tight-laced Belgian girls. There are several poignant letters from men unable to continue tight-lacing in the trenches, and others defending the 'manliness' of their fetish against the typical response of 'mingled amusement and disgust'.

In 1916 *New Fun* shrank further in size, and in name, to *Fun*. Shortages of staff and spaces made getting a letter printed at all a rare privilege. In March 1917 *Fun* amalgamated with 'two of our joyous contemporaries', *Photobits* and *Illustrated Bits*, to form *Bits of Fun* (*Illustrated Bits* had also been a major vehicle of fetishism since 1914, and in 1916 became virtually a reprint of *Fun*). At this time a new fetish appears, related to the latest development in fashion technology: 'cobwebby' silk stockings. The illustrations are perfectly schizophrenic in relation to fashion: either fetishistically wasp-waisted, or fashionably waistless, flapper-style. In the stress of the war, corseting of men becomes as important as that of women. Serial fiction on fetishist subjects abounds. A short-lived personal advertisement column and forwarding service allowed one man, at least, to find a wife.

In 1919 *Bits of Fun* became the smaller *Little Bits of Fun*, and absorbed *Photo Bits* and the 'granddad' of cheap illustrateds, *Ally Sloper's Half Holiday*. Monopede fetishism appeared, presumably in connection with the return of limbless soldiers from the war. It was to flourish grotesquely in *London Life*. In 1920 a fetishist (mainly tight-lacers) club called the Xites was formed, all 171 members being employed in one or another branch of a large insurance company; they often wrote collectively.

By summer 1920 'Confidential Correspondence' had become a feature called 'Fashion Fads and Fancies', the title of a special number, and code for fetishes, added as a subtitle to the *Little Bits of Fun* masthead. Almost half the magazine was now fetishist, but subscriptions, as opposed to news-stand sales, were inhibited, apparently, by the fear of discovery from receiving the magazine addressed to a real name at a real address.

The terror of discovery was, in a sense, justified by the venomous eloquence of such a letter as that from a doctor and military surgeon (26 June), who blamed the rise in sexual debauchery, prostitution, divorce and unchristian marriage, on the fetishism displayed in a copy of the magazine he had chanced upon, which aroused in him more 'amazement, contempt and disgust' than any publication he had ever seen or could imagine. This kind of response was considered by many other readers as the only sane one; and the editors did not disavow it.

On 30 October *Little Bits of Fun* dropped its subtitle *Fashion, Fads and Fancies*, and the correspondence. The coup, which was certainly due to a change in editorship and/or proprietorship, was accompanied by yet another change of name, back to *Fun*, which, now sanitised, invited letters only of 'moderate length and *general* interest', on such suggested topics as 'the Ideal Husband' or 'the Ideal Wife'. The response was nil.

In 1921 the editors were still fighting the fetishist virus, which meanwhile tried to infect the mass daily press, with occasional but never lasting success. In 1923 *Fun* incorporated with *Photo Bits* and *Cinema Star*, and was merged into *London Life*. See Farrer, *Borrowed Plumes*, pp. 86f.

Chapter 9

1. Sources for these, and more, from the major press of 1930–5, are in the clippings file of the Liddell Hart archive, Liverpool's John Moores University Library. See also Valerie Steele, *Corset*, p. 3. Much of the information in the succeeding paragraphs comes from the trade journals *Corset and Underwear Review* and *Corsets and Brassières, the Foundation Garment Review*.
2. *Harper's Bazaar*, December 1944, headline 'Paris Purified'.
3. Marly, p.19.
4. Giroud, p. 15.
5. Dior, p. 30.
6. Martin and Koda, *Dior*, pp. 11 and 14.
7. Marly, p. 34. Mobbed: Pochna, pp. 74 and 75.
8. Gerri Hirshey, 'From elite to street . . .', *New York Times Magazine*, 24 October 1993, p. 113.
9. Pochna, p. 165.
10. Marly, pp. 30–1.
11. Keenan, p. 12.
12. Giroud, p. 68.
13. *Daily Mail*, 5 November 1948.
14. *Daily Express*, 28 July 1955.
15. E.g. *Daily Mail*, 26 January and 4 March 1954.
16. *San Francisco Chronicle*, 18 December 1968, p. 2W. Cf. *Los Angeles Times*, 15 August 1976, V, 12a.

17. 'In You Go': *Vogue*, August 1951. Prissy: *Harper's Bazaar*, August 1951.
18. *Daily Sketch*, 4 August 1954.
19. Balmain: *Vogue*, 1 November 1951 and October 1952. Norell: *Harper's Bazaar*, February 1952.
20. The technology of the stiletto heel is a saga of materials science development in itself. As summarised for me, privately, by Dr Michael Clarke, a Professor of Metallurgy at the City of London Polytechnic: 'The heel went through several structural changes. At first it was made with the bottom half in aluminium screwing into a wooden top half. This was found unsatisfactory for several reasons, one of which was that the leather covering tended to come off; and, which was worse, with wear the one-eighth-inch rivet screwed into the heel-tip began to stand out, and to wreak even greater havoc on wooden flooring. Experiments with copper plating failed, and the problem was not really solved until the whole heel was moulded in polystyrene.'
21. Miss Marshall: *Star*, 21 April 1961. 'Shoe Pinches': *The Times*, 3 June 1957. 'Murder Underfoot': *Observer*, 22 October 1961. Downward path: *Evening News and Star*, 18 October 1961. For an orthodox medical attack, see Dr John Parr in *Daily Mail*, 8 September 1964; the medical press itself was roused to a lengthy and hostile correspondence (*British Medical Journal*, 1957; for a lonely letter in defence of high heels, see McDonagh, *ibid.*, 10 August, p. 353).
22. Which did not prevent the Dean of the California Podiatry Hospital and College in San Francisco from accusing them, Victorian-style, of causing everything from eye-strain to leg-muscle aches, arthritis, and displacement of the spine and neck (*National Enquirer*, 23 April 1972).
23. Head up: *Vogue*, 1 November 1966. Nureyev: December 1967. Samburu: *Harper's Bazaar*, February 1964. Turquoise bell choker: *Vogue*, 1 November 1967, cover.
24. These successors of *London Life*, small, expensive and inaccessible relative to their forebear, went under such names as *Bizarre* (published, drawn and written by ex-*London Life* contributor John Coutts ('Willie'), starting in 1946, and reaching no. 26 around 1959; *Exotique* (or *Exotica*), Burmel Publishing Company, started in 1954, reaching no. 38 around 1960; *Bizarre Life* (Gene Bilbrew, principal illustrator, later 1960s); *Fantasia*; *Extatique*; and *Monique*. In the early 1960s the most accessible and perhaps successful type of fetish literature was the larger, glossier magazines called *Satana*, *Masque*, *High Heels*, and the intelligently sexological *Erotica* (1963 ff.). An English fetishist magazine, small, cheaply produced and obviously linked to *London Life*, was called *Fads and Fancies* (*fl.* 1950s, see p. 21). John Coutts' *Sweet Gwendoline*, a fetishist classic, has now been lavishly reprinted by Bélier Press and is prized by comic book fans.
25. The emergence of Nutrix magazines may be connected with suppression of the horror comics, indicted in a famous book by Frederick Wertham (*Seduction of the Innocent*, 1954). The bondage elements in these comics went underground and acquired an intensified, fetishistic form in Nutrix. Cf. Freeman, ch. 9, 'Our Fettered Friends' for a tongue-in-cheek, but more positive approach than Wertham's.
26. They advertised quite heavily in 'girlie' magazines under such names as Finecraft, H.G. Specialty Co., Barry's Bazaar, and Renée Fashion Co., all of California.

Chapter 10

1. *CNL* (*Corset Newsletter*) 40, September 1990, p. 4.
2. Crow, p. 120; cf. Summers' '[the] practice of tight-lacing was almost mandatory of young women in middle-class society' (p. 129).
3. See Rosen; Moser and Madeson; and Bienvenu.
4. Katz, pp. 23–4.
5. Crary, pp. 31–2.
6. Mary Lydon, p. 107.
7. Leithauser, p. 56.
8. Repr. *Adbusters*, July/August 2001, together with a Raphael Virgin and Child headed 'Introduce yourself to the original Madonna'.
9. E.g. *Private Eye*, 25 June 1999.
10. Esther Addley in the Quality Supplement of unidentified paper, 29 August 2001.
11. *Private Eye*, 16 November 2001, p. 16.
12. Sebeok, pp. 51–65.
13. From the website 'Tight Tales: Corset Fiction' (via LISA website). A rich, cruel fiancé of the Edwardian age made a 14in waist a condition of marriage to the impoverished, sacrificial Evangeline. Dying in the attempt, she haunts a mansion bought by computer programmer Kristin and her partner, and is only to be exorcised by Kristin imitating her, partly in compassion, partly through vanity. She succeeds, in the very bridal dress destined for her predecessor, worn in a ceremony of marriage her partner initially resisted (*The Lacing of the Bride*, by Stephen J. King of Fife, Scotland (born 1970), 49,956 words).
14. Gammann and Makinen, p. 201.
15. *Ibid.*, p. 204.
16. Angela Carter, 2001.
17. The author is Dominique Aury, an authority on female mystics and a literary critic of some note who died at the age of 90 a few years ago. *The Story of O* is her only work of fiction, written for her friend Jean Paulhan, long supposed to be the real author and supposed to be her lover. 'O's terrifying desire to be sexually degraded and destroyed by the lover to whom she ascribes absolute power is inseparable from her yearning to be freed herself and given over completely to the transcendant being she adores. In that sense, *The Story of O* . . . is a work of pornographic

mysticism' (Kaufmann, p. 897).
18. Faust, pp. 45 and 52–9.
19. Faust, p. 59. For a photographic illumination of Faust's ideas, see Doris Kloster's album *Forms of Desire*, with emphasis on the corset. In her Introduction, Pat Califa speaks of 'the millefiori of feminine arousal'.
20. Deborah Drier, of Jean-Paul Gaultier's designs, p. 49.
21. Marc van den Erenbeemt, Dutch press clipping, n.d. n.l., Vander Klis archive.
22. Combined from similar statements in Mugler, and Golbin, pp. 195–6.
23. Wilcox, p. 50.
24. Karen Kay in *Daily Express*, 23 January 2001.
25. Alice Thomson, 'All tied up with a place to go', *The Times*, 12 May 1993; and J.B. Dixson's ironic 'Skip equal rights, ladies; empower yourself with a corset', of 18 October 1997, citing *The Times*, 12 October 1997. 'It'll be all tight on the night', *Observer* (London), 9 September 2001 is an excellent summary of the new 'corset power'.
26. From Renaster@my-Deja.com (via LISA).
27. Kathryn Hughes, 'It'll be all tight on the night,' subheaded 'take a deep breath . . . the corset is back. It helps you walk tall, walk straight and look the world right in the eye' (*Guardian*, 9 September 2001).

Chapter 11

1. Rebecca Lowthorpe, in the *Independent*, 19 July, 2000.
2. Faludi, pp. 169 and 172.
3. Faludi, p. 100.
4. *New York Review of Books*, 11 April 2002, p. 65.
5. Elizabeth Wilson, p. 13. Cf. Gaines and Herzog, p. 6. An excellent overview of the fashion corset in this period is in Steele, *Fashion*, 1996, pp. 86–9.
6. Wolf, p. 171.
7. Vermorel, p. 58.
8. Vermorel, p. 65.
9. Brochure to *Vivienne Westwood: The Collection of Romilly McAlpine*; and Vermorel, p. 99.
10. *Independent on Sunday*, 29 July 2001, p. 30.
11. *Vogue Daily*, Internet, 1 April 2003.
12. Ledger, p. 175.
13. Shields, pp. 378–9 and 427. The phrase 'Towers of Power or Arch Enemies' was a headline in *Vogue* (UK) in 1994.
14. Rona Berg, in *Vogue*, February 1995, p. 224.
15. *Vogue*, July 2000, pp. 125–8.
16. Chip Brown, 'Heel, Boy! . . .' *Esquire*, November 1995, p. 102.
17. Trasko, pp. 11–15 and 75.
18. Wunderlich, pp. 146–7. For the glories of the fetishistic 'art-shoe' (mostly unwearable) see Mazza.
19. 'Extreme Beauty': Koda p. 29; 'Anatomy': Keshinian. A photograph of Padaung women in a London street is in Polhemus, p. 24.
20. Cited in Franits, p. 35.
21. Sarah Mower, in *Harper's Bazaar*, October 1994.
22. *L3* 26, 1992.
23. Hall-Duncan; and Horst, p. 24 and no. 8.
24. 1992–3, repr. Martin and Koda, p. 56.

Chapter 12

1. Cox, pp. 19f.; same sentiment elewhere, e.g. Bordo, Vandereycken, p. 213, and Freeman, *Beauty Bound*, p. 155.
2. Susan Bordo, *Unbearable Weight*, pp. 130 and 88.
3. Rita Freedman, p.155.
4. Susan Bordo, 'Anorexia Nervosa . . .' in Diamond and Quinby, eds, p. 88; and Benstock and Ferriss, p. 35; Wolf, pp. 131f.
5. Walkley, p. 69.
6. Brumberg, *Body*, p. xviii and p. 213f.
7. Wolf, p. 2.
8. Freedman, p. 155.
9. Vandereycken and van Deth, p. 213.
10. Jon Stratton, p. 156.
11. See Paul Massey, 'Not eating but drowning', *The Times Magazine*, 31 August 2002, pp. 23–7.
12. Noelle Caskey. 'Intepreting Anorexia nervosa', in Suleiman ed., pp. 181–9.
13. Ayer, p. 269.
14. Bordo in Schwichtenberg, p. 285.
15. Wolf, p. 131.

16. Weitz p. 28.
17. Bordo, *Unbearable Weight*, p. 162.
18. *Ibid.*, pp. 91, 162 and 143.
19. Bynum in Feher ed., p. 162.
20. Julia Collings, 'Closer to God', *Skin Two* 27 (1998), p. 50.
21. Wolf, p. 16.
22. *Australian NW*, 3 February 2003.
23. My Scene Barbie: *Daily Bruin* (UCLA), 5 November 2003, p. 7; Bondage Barbie: *Private Eye*, 27 December–9 January 2003, p. 16.
24. Brumberg, *Fasting Girls*, p. 11.
25. Critser, p. 1.
26. James Langton in *The Spectator*, 18 August 2001, pp. 12–13; Yves Engler, pp. 26–9; Bordo, 'Anorexia Nervosa . . .' p. 25.
27. Bordo, *Unbearable Weight*, p. 152.
28. Joan Gussow on Marion Nestle's *Food Politics* (UC Press, 2002).
29. Wolf, p. 2.
30. Bordo, *Unbearable Weight*, pp. 60, 211, and 270.
31. Chrissey Iley, in *The Scotsman*, 8 August 2001, p. 7.
32. *Daily Express*, 23 January 2001. *In Style*, September 2001, pp. 3 and 55–60, and cover, which was posterised all over the UK, especially (mercilessly) the London Underground. The four-stone loss was also the front page of the *Daily Mirror*, 23 August 2001.
33. E-mail announcement of 12 March 2002.
34. Pat Robeson cnbr.net.
35. Helene Roberts, 'Submission, Masochism and Narcissism . . .' in Lussier and Walstedt, pp. 59–60.
36. Stearns, p. xiii. Morgan Spurlock's *Supersize Me* film (2004) shows how McDonalds and co. conspire to keep us fat and unhealthy.
37. Roberts, *ibid*.
38. Stearns, p. xiii.
39. Chernin, p. 30.
40. Gilman, p. 6.
41. Freedman, p. 90.
42. Kathryn Morgan, in Weitz, p. 152.
43. Gilman, p. 245, with illustration.
44. Finck, p. 382.
45. Bordo, 'Anorexia . . .' in Diamond, p. 89; Brumberg, *Fasting*, p. 252.
46. Chernin, p. 24.
47. Fontanel, p. 146.
48. 18 February 2000, p. 5.
49. Cited in Laurie Schulze, 'On the muscle', in Gaines and Herzog, p. 60.
50. Caplin, *Health and Beauty*, 1854, cited by Steele, *Corset*, 2001, p. 42.
51. Greenwood, pp. 630f.
52. Irma Brombeck, 'Lock your doors . . .' *Los Angeles Times*, 29 December 1987.
53. Katherine Betts, 'Under Construction', *Vogue*, October 1994, pp. 382–5 and 414.
54. Chrissey Iley, *The Scotsman*, 8 August 2001, p. 7.
55. Nicole Mowbray, 'You've been very naughty . . .', *Observer*, 28 September 2003, p. 20.
56. Bordo, 'Anorexia . . .', in Diamond, p. 97.
57. Mugler, p. 18.
58. Martin and Koda, *Infra-Apparel*, 1993, p. 50.
59. Interviews in London, April–May 2002.
60. Gabé Doppelt, 'Vogue's View', *Vogue*, October 1992, pp. 115–18.
61. Diane in *CNL* 44, May 1991, p. 4.
62. Opposing the thirteen pages of vituperation against corsets in a standard manual, *Voice, Song, Speech*, by Lennox Browne and Emil Behnke (1884, etc.), we find the *Pacific Medical Journal* advising 'All lady artists vocalists wear corsets – they must' (cited in *Werner's Magazine*, March–April 1898, p. 89).
63. *Daily Telegraph*, 3 November 1997 (via Internet).
64. Victoria Beckham, p. 335.
65. Tickner, pp. 235–46.
66. See Ince. The literature on Orlan is considerable.
67. Tickner, p. 247.
68. Butler, pp. 120ff.

Chapter 13

1. *Airy Fairy Lillian tries on her new corsets* (1905), from the American Mutoscope and Biograph Co.; *A Busy Day for the Corset Models*, Blackhawk Films, 1904. Both UCLA film archive.

2. Leonard, p. 298.
3. Review by Brenda Polan in *Sunday Express*, 31 January 1993, of Maria Riva, *Marlene Dietrich*, New York 1993.
4. Turim, pp. 212–28.
5. Morris, p. 190.
6. Stella Bruzzi, p. 37.
7. *Woman's Sunday Mirror*, 29 September 1957.
8. 'Now a corset can do a lot for a lady / especially when the lady's got a lot, / and a lady can do a lot for that corset by filling in the bottom and top. / First you push it up here, / then you pull it in there, / you tighten up the middle / till you're gasping for air. / Now a corset can do a lot for a lady / 'cause it helps to show a man what she's got. . . .'
9. Cover and inside story in *Today*, 6 August 1960.
10. March, p. 106.
11. Finck, pp. 377–9.
12. Stratton, p. 169. See also Bruzzi, p. 9, where one of Mirren's costumes is described as a 'caged cobweb'.
13. Bruzzi, pp. 44–9, with copious reference to my 1982 book.
14. Bruzzi, pp. 139 and 143.
15. *The Times*, 31 July 1995.
16. Collins, pp. 47, 96, 117, 175, among others.
17. *Titbits*, 18 December 1965.
18. *Daily Sketch*, 2 September 1957.
19. *Los Angeles Times*, 4 May 2001, 5, 1.
20. *Film Review*, October 2001, pp. 40–2.
21. *New York Times* film reviewer cited in *CNL* no. 78, January 1997, p. 5.
22. *CNL* 48, January 1992, p. 7.
23. Mira Sorvino re: *The Buccaneers* (TVM), 1995 (LISA-Internet).
24. Interview in *The Times*, 5 February 2000.
25. Maddox, p. 117.
26. Head, p. 121. Cf. Edith Head and Paddy Calistro, p. 96.
27. Levine, p. 243.
28. Heymann, p. 163.
29. Kelley, p. 53.
30. Rose, p. 62.
31. Schwichtenberg, p. 15; and Andersen, 1991.
32. Schwichtenberg, pp. 242 and 244.
33. liberation: Faith, p. 141; social disease: Schwichtenberg, p. 15; fashion influence: Andersen, p. 307.
34. *New York Times*, 8 July 2001, 6, 13.
35. For instance, in the video *Truth or Dare*; and in the photo-album *Sex*.
36. Andersen, p. 285.
37. Desire: Andersen, p. 271, and Schwichtenberg, p. 93; sado-masochism: Madonna in *Sex*.
38. Andersen, pp. 228 and 242.
39. My thanks to Phyllis Moberly for copies of the reviews of the play when produced at the Mark Taper Forum, Los Angeles.
40. The strange conjunction of waist-crushing and learning Greek appears in one Dr Coleman, who thought that 'Science pronounces the woman who studies is lost' (as cited by Haller and Haller, 1974, p. 39).
41. Description kindly sent me by the author, whose play was done in collaboration with the director James Tripp, the production and costume designer Pamela Scofield, and the puppet sculptor Henri Ewaskio.
42. *Daily Mail*, 5 November 1948.
43. *Evening News*, February 1957. The 18 inches was generally accepted, without particular verification, and most enthusiastically so by the reader who wrote in to say his neck measured more.
44. *Daily Express*, 28 July 1955.
45. *Associated Press*, 12 June 1955.
46. *Reveille*, 31 October 1957.
47. *Daily Sketch*, 25 May 1957.
48. Georgina Howell, 'Chain Reactions', *Vogue* (US), September 1992, pp. 530–4.
49. Newton, *Work*.
50. 'High and Mighty', *Vogue* (US), February 1995, p. 215; revisited in Newton, *Pages*, pp. 508–9.
51. 'Machine Age', *Vogue* (US), November 1995, p. 295.
52. Myers, p. 61.

Conclusion

1. The Chinese themselves retaliated by pointing to the worse dangers of tight-lacing. Among them were the Minister Wu in his American lectures, and the Empress Dowager before Europeans visiting or residing in China, and Europeanised Chinese (Headland, p. 291).
2. Cf. the widely read C.H. Stratz, *Die Rassenschönheit der Frauern* (Racial Beauty of Women), p. 39.
3. According to Witkowski, p. 336, half a million corsets were sold in Brazil in three days.

4. Ecob, p. 115.
5. *Journal Amusant*, 13 April 1867.
6. The connection is made explicit by Fischer-Dunkel, pp. 132f.
7. *Fashion in Deformity*, p. 336. Cranial deformation intrigued anthropologists because it was of ancient origin (it had been deplored by Greek physicians), was of worldwide distribution, and had survived in certain parts of twentieth-century Europe, notably outlying parts of France in the North and in the South around Toulouse (whence the name '*déformation toulousaine*'). French physicians were worried because a large proportion of the inmates of mental hospitals had apparently been subjected to the deformation in infancy. See Gosse, 1855, for a contemporary objective analysis of existing, highly contradictory opinion on the effects of cranial deformation as practised in and outside Europe. For a more modern work, cf. Dembo, 1938.
8. Cited by Mode, p. 40.
9. The best-known source was Pallas's famous *Travels* (1793–4), I, pp. 398f., enlarged by Taitbout de Marigny in 1837 (p. 35) and picked up by other writers. According to Pallas, the men, reputed a fierce warrior race and fine dancers (they were models for the Russian Cossacks), deliberately compressed their feet in shoes in which they danced almost on the *pointe*. Neumann adds that young male children were 'laced into' belts, which were left on until they tore, when they were replaced by the same size. 'Freest in Orient': pp. 116–17.

   'Circassian' corsets were marketed during the neoclassical period; advertisement in Gillham, No. 28 (cf. Laver, *Clothes*, p. 127, and Mundt, p. 12, for the 'natural' body of Circassian dancers).
10. Lady Mary Wortley Montagu, *Letters*, 1717, p. 286.

Appendix

1. Gammann and Makinen, p. 201.
2. *Fashion*, p. 162.
3. Aldham Robarts Centre, Liverpool John Moores University.
4. *Alchemist of War. The life of Basil Liddell Hart*, London, 1998. In what follows I rely entirely on this, apart from the Liverpool archive, which revealed a collector's habit, but nothing personal.
5. pp. 85–6.
6. The UC library system brought up 131 items under the name of, and mainly authored by, Liddell Hart; his *Selected Works* listed by Danchev include 42 books and 91 articles, two of them on fashion.
7. *MacLean's Magazine*, 15 February 1949.
8. Pochna, pp. 146–7.
9. Danchev, p. 84? (or pre).
10. *Ibid.*, pp. 92–3.
11. *Ibid.*, p. 205.
12. *Ibid.*, p. 217.
13. Clippings file of Ruth Johnson; cf. *CNL*, nos 24, 57, 59.
14. Cindy Nemser ed., *Art Talk*, 1975, pp. 327 and 345.
15. Richard McClure, 'It's a cinch', *The Times*, 12 October 1997.
16. 'If the corset fits . . . but it won't', *Independent*, 4 April 1997.
17. Marc van den Eerenbemt, n.l. n.d., Van der Klis clipping file.
18. *Independent on Sunday*, 29 July 2001, p. 30.
19. Edward Helmore, 'Suck in, Tuck in', *Independent Magazine*, October? 1994 (*CNL* 65, November 1994 p. 7).
20. Marcelle Katz, 'A Life in the Day of Mr Pearl', *Sunday Times*, 4 March 2001; and Beirendonck and Derycke, v. 1, pp. 120–9, and v. 2 pp. 65 and 85–9.
21. First on USENET, then LISA (also *CNL* 74, May 1996, pp. 5–6). Abridged and adapted.

参考书目

Abadie Léotard, *Etude sur la Théorie et l'Application d'un bon corset. Le Corset 'Ligne'*, Paris 1904

Abraham, Karl, '. . . *Fuss und Korsettfetischismus*,' in *Jahrbuch für Psychoanalytische und Psychopathologische Forschungen*, 1912, p. 557

Acton, William, *The Function and Disorder of the Reproductive Organs*, 6th edn 1875

Adburgham, Alison, *A Punch History of Manners and Modes*, London 1961

Aigremont, *Fuss- und Schuhsymbolik und -erotik . . .*, Leipzig, 1909

Aincourt, Marguerite d', *Etudes sur le Costume Féminin*, Paris 1883

Andersen, Christopher, *Madonna Unauthorized*, 1951

Andry, M., *Orthopedia, or, the art of correcting and preventing deformities in children*, London 1743, I, pp. 88–9

Animal World, The, 1 March 1873, p. 37 (A.J.R., 'The bearing-rein and its evils')

Annunzio, Gabriele d', *Il Guardarobe di Gabriele d'Annunzio*, exhibition cat., Florence 1988, pp. 66–8

Antal, Frederick, *Hogarth and his Place in European Art*, London 1962

Anthony, Katherine, *Feminism in Germany and Scandinavia*, New York 1915

Arringer, Rudolf, *Der Weibliche Körper und seine Verunstaltungen durch die Mode*, 5. Auflage, Berlin 1906

——, Else Rasch and A.M. Karlin, *Der Weibliche Körper . . . Mode und Sport*, 7. edn, Berlin–Leipzig 1931

Art of Beauty, or, the best methods of improving and preserving the shape, carriage and complexion. London, Knight and Lacey 1825

Art of Beauty, The. A Book for Women and Girls, by A Toilet Specialist (edited by 'Isobel' of *Home Notes)*, 1899

Audry, C., 'Cicatrices exubérantes . . . au corset', *Journal des maladies cutanées et syphilitiques*, v. 12, June 1900, pp. 346–7

Aunt Fanny's Album, Perry Colourprint, n.d

Ayer, Harriet, *Harriet Hubbard Ayer's Book*, 1899

B. M. Sat. *see* George, Mary Dorothy, *Catalogue of Political and Personal Satires preserved in the Department of Prints and Drawings of the British Museum*, 11v. London 1935–54

B. N. Est. = Bibliothèque Nationale, Paris, Département des Estampes

Bächthold-Stäubli, Hanns (herausg.), *Handwörterbuch des Deutschen Aberglaubens*, Berlin and Leipzig 1932/33

Bagley, John, *High-Heeled Yvonne*, London 1943

——, *Wasp-Waisted Arabella*, London 1936

Bagshawe, Thomas W, 'Souvenirs of Tight-Lacing. Stay busks carved for the Lass . . .', *Antique Collector* v. 8, 1937, p. 322

Balsan, Consuelo Vanderbilt, *The Glitter and the Gold*, New York 1952

Balzac, Honoré de, *La Cousine Bette* (1846), Pléiade ed. 1950

——, *La Vieille Fille* (1836), Pléiade ed. pp. 301–4

Bampfield, R.W., *An Essay on Curvatures and Diseases of the Spine*, London 1824

Banks, J.A. and Olive, *Feminism and Family Planning in Victorian England*, New York 1964

Banner, Lois, *American Beauty*, New York 1983, pp. 25, 165

Barker-Benfield, G.J., *The Horrors of the Half-Known Life. Male Attitudes toward Woman and Sexuality in Nineteenth Century America*, New York 1977, pp. 125, 126–31, 256–65

Barnett, Edith A., *Common Sense Clothing*, London, Ward, Lock (1882)

Baudelaire, Charles, *Art in Paris*, ed. Jonathan Mayne, London 1965

——, *Oeuvres Complètes*, ed. Crépet, Paris 1925, v. 3, p. 25

——, *The Painter of Modern Life*, ed. Jonathan Mayne, London 1964

Baus, Gabriel, *Etude sur le Corset*, thèse, Bordeaux, Faculté de Médecine et de Pharmacie, 1909–10, no. 26, 1910
Becker, Lydia E., 'On Stays and Dress Reform', *The Sanitary Record*, 15 Oct. 1888, pp. 149–51
Beckham, Victoria, *Learning to Fly*, 2001
Beetham, Margaret, *A Magazine of Her Own?*, London and New York 1996.
Beirendinck, Walter van, and Luc Derycke, eds., *Mode 2001, Landed-Geland*, Antwerp 2001
Bell, Archie, 'The Ugliest Actress', *The Green Book Magazine* (Chicago), May 1914, pp. 833–40
Benstock, Shari, and Suzanne Ferriss, *On Fashion*, Rutgers, 1994
Bergler, Edmund, *Fashion and the Unconscious*, New York 1953
Bertelli, Ferdinando, *Omnium Fere Gentium nostrae Aetatis*, Venice 1563
Betterton, Rosemary (ed.), *Looking on, Images of Femininity*, London 1987
Bienvenu, Robert H., *The Development of Sadomasochism as a Cultural Style . . .*, PhD Diss. Indiana Uni., 1998
Bigg, Henry Heather, *Orthopraxy; . . . Deformities, Debilities and Deficiences . . .* (1865), 2nd edn, London 1869, p. 58
Binet, Alfred, *Le Fétichisme dans l'Amour*, Paris 1891
Birdwhistell, Ray L., *Kinesics and Context, Essays on Body Motion Communication*, Philadelphia 1970
Blaisdell, Thomas, and Peter Selz, *The American Presidency in Political Cartoons* 1776–1976, University Art Museum, Berkeley 1976
Blanc, Charles, *Art and Ornament in Dress* (1875), New York 1877
Blason des Basquines et Vertugalles . . . Lyon, par Benoist Rigaud 1563 (facsimile, A. Pinard, Paris, 1833), opposite p. A iv
[Boileau, l'Abbé J.], *De l'Abus des Nudités de la Gorge* (1675) Paris 1858. English edn: *A Just and Seasonable Reprehension of Naked Breasts and Shoulders . . .* trans. Edward Cooke, London, 1677, pp. 33–4
Bonnaud, *Dégradation de l'espèce humaine par l'usage des corps à baleines, ouvrage dans lequel on démontre que c'est aller contre les lois de la nature, augmenter la dépopulation et abâtardir pour ainsi dire l'homme que de le mettre à la torture dès les premiers moments de son existence, sous prétexte de le former.* Paris, chez Hérissaut, 1770. The only copy known to me is in the University Library, Vienna, which also lists a German translation, unavailable in 1979, *Abhandlung von der schädlichen Wirkung der Schnürbrüste*, Leipzig, Jacobäer 1773
Bordo, Susan, 'Anorexia Nervosa and the Crystallisation of Culture', in Diamond and Quinby
Bouchot, Henri, *Femmes de Brantôme*, Paris 1890
Bouvier and Bouland, 'corset', *Dictionnaire Encyclopédique des Sciences Médicales*, Paris, Vol. 20, 1877, pp. 745–61
Bouvier S-H-V., '. . . des corsets', *Bulletin de l'Académie Royale/Impériale de Médecine*, sér. 1, v. 18, 1853 pp. 355–86
——, 'Rapport sur un busc . . .', *Bull. de l'Acad. Royale/Impériale de Médecine*, Paris, Vol. 20, 1854–55, pp. 1106–10
Braddon, Mary Elizabeth, *Asphodel*, London 1881
Branca, Patricia, *Silent Sisterhood. Middle Class Women in the Victorian Home*, London 1975
Bray, John, *All About Dress. Being the Story of the Dress and Textile Trades*, London 1913
Brill, Diane, *Boobs, Boys and High Heels*, Penguin, New York 1995, esp. pp. 111–25
Brooke, Iris, *A History of English Footwear*, London 1949
Brown, Thomas, the Younger (i.e. Thomas Moore), *The Fudge Family in Paris*, 3rd edn, London 1818
Browne, Lennox, and Emil Behnke, *Voice, Song, and Speech. A Practical Guide for Singers and Speakers* (1883), 12th edn, 1890
Brownmiller, Susan, *Femininity*, London 1984, p. 35 (for epigraph to ch. 10)
Brumberg, Joan, *The Body Project*, New York 1997
——, *Fasting Girls*, New York (1988), 2000
Brummell, George Bryan, *Male and Female Costume*, edited and with an introduction by Eleanor Parker, New York 1932
Bruzzi, Stella, *Undressing Cinema*, London and New York, 1997
Buchan, William, *Domestic Medicine*, and *Advice to Mothers*, editions cited
Buck, Anne, *Dress in Eighteenth Century England*, London 1979
Buffon, Comte de, *Histoire Naturelle Génerale et Particulière*, Vol. II, 1749
Bulwer, John, *Anthropometamorphosis*, London 1650
Burstall, Sara, *English High Schools for Girls. Their Aims, Organization and Management*, London 1907
Busch, Wilhelm, *Werke*, ed. Friedrich Bohne, Hamburg 1959
Butin, Fernand, *Considerations hygiéniques sur le corset*, thèse, Paris 1900
Butler, Susan, 'Revising Femininity? Review of *Lady*. Photographs of Lisa Lyon by Robert Mapplethorpe', in Betterton, pp. 120ff
Bynum, Caroline, 'The Female Body and Religious Practice in the Later Middle Ages', in Michael Feher, ed., *Fragments for the History of the Human Body*, I, Zone, New York 1989
Byron, Lord, *Don Juan* (1823), XIII, 110
Cabanès, Dr, 'L'Antiquité du Corset', *Journal de la Santé*, Vol. 19, 28 December 1902, pp. 505–7
Camper, Petrus, *Dissertation sur la meilleure forme des souliers*, The Hague 1781
Cannaday, Charles G., '. . . tight-lacing [and] uterine development. . .', *American Gynaecological and Obstetrical Journal*, Vol. 5, 1894, pp. 632–40
Cantlie, James, *Physical Efficiency*, London and New York 1906
Caplin, Madame Roxey A., *Health and Beauty or, Corsets and Clothing*, London (1850)
Carter, Angela, *The Sadeian Woman. An exercise in cultural history*, Virago 1979, Penguin 2001
Carter, T.W., 'The morbid effects of tight lacing', *The Southern Medical and Surgical Journal*, Augusta, n.s. Vol. ii, 1846, pp. 405–9
Castelot, André, *Napoléon*, Paris 1968
Castelot, André, *Queen of France*, New York 1957
Cavalry Officer, A, *The Whole Art of Dress or the Road to Elegance and Fashion*, London 1830

Cavendish, Georgiana, *The Sylph* (1779), 3rd edn, London 1783
Celnart, Mme, *Manuel des Dames ou l'Art de la Toilette*, Paris 1827
Ceyssens, E., 'Epilepsie par des habits trop serrés', *Annales Médicales de la Flandre Occidentale*, Vol. 9, 1857, pp. 365–70
Chapman, Raymond, *The Victorian Debate*, 1968
Chapotot, Eugène, *'L 'Estomac et le Corset,'* thèse no. 59, Faculté de Médecine et de Pharmacie, Lyon 1891
Charles, D., *Boutade contre l'usage du corset . . . aux Lions civils ou autres*, Paris 1855
Chaucer, Geoffrey, 'The Miller's Tale', *The Canterbury Tales* (trans. N. Coghill), London 1986, pp. 60–1
Chernin, Kim, *The Obsession. Reflections on the Tyranny of Slenderness*, New York, 1981
Childs, G.B., *On the Improvement and Preservation of the Female Figure*, London 1840
Clark, Hazel, *The Cheongsam*, New York 2000
Clarke, Amy, *A History of Cheltenham Ladies College 1853–1953*, London 1953
Clarke, Edward H., *Sex in Education*, Boston 1873 etc. (17th edn 1886)
Clough, James, *The First Masochist. A Biography of Leopold von Sacher-Masoch*, New York 1967
CNL = *Corset Newsletter*, privately published by B.R. Creations
Cobbe, Frances Power, 'The Little Health of Ladies', *The Contemporary Review*, January 1878, pp. 276–96
——, *Life, By Herself*, Boston 1894
Cocteau, Jean, *Paris Album* (i.e. *Portraits-Souvenirs)*, trans. Margaret Crosland, London 1956
Cohen, Morton, *Lewis Carroll*, 1995, pp. 101–2
Cole, Herbert M., *African Arts of Transformation*, Art Gallery, University of California at Santa Barbara 1970
Colette, 'La Dame du Photographe', *Oeuvres Complètes de Colette*, Vol. XIII, Paris 1950, pp. 93–129
——, *My Apprenticeships*, trans. Helen Beauclerk, London 1957
——, *The Gentle Libertine*, trans. R.C.B., London 1931
Collineau, 'corset', *La Grande Encyclopédie, Inventaire Raisonné des Sciences des Lettres et des Arts*, Paris (*c*. 1880)
Collins, Joan, *Second Act*, 1996
Combe, Andrew, *The Principles of Physiology* . . . (1834), 15th edn, edited and adapted by James Coxe, London 1860
Comfort, Alex, *The Anxiety Makers*, London 1967
Congreve, William, *Complete Works*, Vol. IV, London 1923, p. 150
Conrad, Joseph, 'The Heart of Darkness', *Blackwood's Edinburgh Magazine*, Vol. 165, February 1899, p. 207
Conring, Franz, *Das Deutsche Militär in der Karikatur*, Stuttgart 1907
Cooley, Arnold J., *The Toilet and Cosmetic Arts in Ancient and Modern Times*, London 1866
Corbin, Eus., '. . . les corsets sur . . . sur le foie', *Gazette Médicale de Paris, Journal de Médecine et des Sciences Accessoires*, Paris, Vol. 1, 1830, pp. 151–3
Cortes, Robert, *The Unmentionables*, New York 1933
Corti, Count Egon, *Elizabeth Empress of Austria*, trans. Catherine Alison Philips, New Haven 1936
Cotgrave, Randle, *Dictionarie of French and English*, 1611
Cox, Caroline, *Lingerie*, New York *c*. 2000
Cox, Marian Rolfe, *Cinderella, 345 Variants*, London 1893
Crary, Jonathan, 'Unbinding Vision', *October* 68, Spring 1994
Cravatiana, ou Traité Général des Cravates, Paris 1823
Crawford, M.D.C. and Elizabeth A. Guernsey, *The History of Corsets in Pictures*, Fairchild, New York 1951
Crépet, Jacques, *Dessins de Baudelaire*, Paris 1927
Creve, Carl C., *Medizinischer Versuch einer Modernen Kleidung, die Brüste betreffend* . . ., Wien 1794, p. 49
Crewe, Quentin, *The Frontiers of Privilege. A Century of social conflict as reflected in the Queen*, London 1961
Critser, Greg, *Fat Land, How Americans became the fattest people in the world*, 2003
Crossick, Geoffrey (ed.), *The Lower Middle Class in Britain*, London 1977
Crow, Duncan, *The Victorian Woman*, 1971
Crowley, Robert, *The Select Works*, ed. I.M. Cooper, Early English Text Society, Extra Series 15, 1872
Crown, P., *Edward E. Burney, an historical study in English Romantic art*, PhD diss. UCLA, 1977
Crutchfield, E. L., 'Some ill effects of the corset', *Gaillard's Medical Journal*, New York, Vol. lxviii, 1897, pp. 1–11
Cunnington, C. Willett, *Feminine Attitudes in the 19th Century*, London 1935
——, *English Women's Clothing in the 19th Century*, London 1937
——, *Why Women Wear Clothes*, London 1941
——, and Willett, Phyllis, *The History of Underclothes*, London 1951
Curiosa Theologica vel diversa diversorum de modernis quibusdam tam clericorum quam laicorum moribus corruptis . . . collecta et edita per D.H.M. Wedel, apud Heinricum Wernerum, 1690 (copy in Lipperheide Library, Berlin)
Dandies' Ball, or, High Life in the City, The. Engravings (by Robert Cruikshank), London, John Marshall 1819
Dandies' Perambulations, The. Embellished with Sixteen Coloured Engravings, London, Carvalho, n.d. (*c*. 1819)
Davies, Martin, *The British School*, National Gallery Catalogues, London 1959
Davies, Mel, in *Comparative Studies in Society and History*, Vol. 24, 4, October 1982, pp. 611–41
De Burgh, A. de, *Elizabeth, Empress of Austria. A Memoir*, London, 1899
Debay, A., *Hygiène Vestimentaire. Les Modes et les Parures chez les Français* . . ., Paris 1857
Delorme, Marion, *Allerlei Fetische*, Leipziger Verlag, Leipzig 1908
Delteil, Loys, *Honoré Daumier*, 11 v., Paris 1925–30
Dembo, Adolfo and Imbelloni, J., *Deformaciones Intencionales del cuerpo humano de carácter etnico*, Buenos Aires (1938)
Deschamps, Eustache, 'Portrait d'une Pucelle', *Oeuvres Complètes*, Paris 1884, Vol. IV, p. 8
Diamond, Irene and Lee Quinby, eds., *Feminism and Foucault, Reflections and Resistance*, Boston 1988
Dickens, Charles, *Pickwick Papers*, 1837
——, *Nicholas Nickleby*, 1839, pp. 463–4, 493

——, *Martin Chuzzlewit*, 1844
——, *Bleak House*, 1853
Dickinson, R.L., 'The corset; questions of pressure . . .', *The New York Medical Journal*, Vol. 46, 1887, pp. 507–16
Diffloth, Paul, *La Beauté s'en va. Des Méthodes propres à la Rénovation de la Beauté Féminine*, Paris (1905)
Dinesen, Isak, *Seven Gothic Tales*, intro. Dorothy Canfield, New York 1934
Dior, Christian, *Dior by Dior, an Autobiography*, London 1957
Dods, Andrew, *Pathological Observations on the Rotated or Contorted Spine*, London 1824, pp. 135–43
Doffémont, Sieur, Maître Tailleur pour femmes, Paris 1754
——, *Avis Très Important au Public sur différentes espèces de Corps et de Bottines d'une nouvelle Invention*, Paris 1758
Dolorosa (i.e. Frau Maria von Eichhorn), *Korsettgeschichten*, Leipziger Verlag, Leipzig 1906
Domingo, Xavier, *Erotique de l'Espagne*, Pauvert 1967
Douglass, Mrs., *The Gentlewoman's Book of Dress*, London n.d. (only copy known to me in Lipperheide Library, Berlin)
Downman, Hugh, *Infancy, or the Management of Children,a Didactic Poem in Six Books*, 6th ed., Exeter 1803, pp. 102–3
Drier, Deborah, *Art in America*, September 1987, p. 49
Drouineau, Dr Gustave, *L'Hygiéne et la Mode*, La Rochelle 1886
Dubois, Capt Charles, *Considérations sur cinq Fléaux. L'Abus du Corset, L'Usage du Tabac, La Passion du feu, . . .*, Paris 1857
Duckworth, D., 'On Tight Lacing', *The Practitioner. A Monthly Journal of Therapeutics*, Vol. 24, 1880, pp. 11–15
Duffin, Edward W., *An Inquiry into the Nature and Causes of Lateral Deformity of the Spine*, 2nd edn, London 1835
Eberhard, Dr E.F.W., *Die Frauenemanzipation und ihre erotischen Grundlagen*, Wilhelm Braumüller, Vienna and Leipzig, 1924
Ecob, Helen Gilbert, *The Well-Dressed Woman . . . the Laws of Health, Art and Morals*, New York 1893
Eisenbart, Liselotte Constanze, *Kleiderordnungen der deutschen Städte zwischen* 1350 *und 1700*, Göttingen 1962
Ellegård, *The Readership of the Periodical Press in mid-Victorian Britain*, Göteborg 1957, p. 36
Ellis, Havelock, *Studies in the Psychology of Sex* (1910), Random House edn, n.d.
——, *Man and Woman. A Study of Human Secondary Sexual Characters* (1914), 6th edn 1926
——, *Studies in the Psychology of Sex*, Vol. III, *Analysis of the Sexual Impulse . . .*, 2nd edn, Philadelphia 1926
Ellis, John, MD, *The Great Evil of the Age. A Medical Warning*, n.p.
Encyclopedia of Sexual Behavior, ed. Albert Ellis and Albert Abarbanel, New York 1961, p. 435f.
England's Vanity or the Voice of God Against the Monstrous Sin of Pride . . ., by a Compassionate Conformist, London 1683
Engler, Yves, 'The Obesity Epidemic,' *Z Magazine*, December 2003
Espagne, Adelphe, 'Observation d'état chlorotique ancien compliqué de phthisie . . .', *Annales Cliniques de Montpellier*, Vol. 3, 1855–56, p. 310
Estienne, Henri, *Apologie pour Hérodote* (1566), ed. P. Ristelhuber, Paris, Liseux 1879, Vol. I
——, *Deux Dialogues du Nouveau Langage François Italianizé* (1578), Paris, Liseux 1883
European Magazine, July 1785, pp. 23–7
Evans, Arthur, *The Palace of Minos*. London 1921–1935; 1964
Evelyn, John, *Tyrannus or the Mode* (1661), Oxford 1951
Every Woman's Encyclopedia [London *c.* 1900], p. 1830, Mary Howarth, 'The Art of Wearing the Corset'
F.B., *How to train the figure and attain perfection of form*, London, Central Publishing Co., 1896
Fairholt, F.W., *Costume in England*, London 1846
——, *Satirical Songs and Poems on Costume from the 13th to the 19th Century*, London 1849
Faith, Karlene, *Madonna, Bawdy and Soul*, Toronto 1997
Faludi, Susan, *Backlash. The Undeclared War against American Women*, 1991
Fanton, 'Aperçu historique et hygiénique . . . le corset', *Marseille Médical*, . . . 1879–80, Vol. 16, pp. 708–13; Vol. 17, pp. 48–59
Farrar, Joseph, 'Lung capacity and tight-lacing', *Good Words*, Vol. 21, March 1880, p. 202
Farrer, Peter, *Borrowed Plumes*, Karn, Liverpool, 1994 (privately published)
——, *Tight Lacing. A bibliography . . ., Pt I, 1828–1880*, Liverpool 1999 (privately published)
Faust, Beatrice, *Women, Sex and Pornography*, London 1980
Feinstein, Sandy, 'Donne's "Elegy 19": . . .', *Studies in English Literature*, 34, 1994, pp. 61–77
Figure Training; or, art the handmaid of nature, by E.D.M., London, Ward, Lock and Tyler [1871]
Filippo da Siena, Frate, *Novelle ed Esempi Morali* (1397), Bologna 1862
Finck, Henry, *Romantic Love and Personal Beauty*, London and New York, 1887
Fischer-Duckelmann, Dr Med. Anna, *Die Frau als Hausärztin* (1908), Munich and Vienna 1917
Flinn, D. Edgar, *Our Dress and Our Food in Relation to Health*, Dublin 1886
Flower, Edward Fordham, *Bits and Bearing-Reins*, London 1875
——, *Horses and Harness*, London 1876
Flower, Sir William, *Fashion in Deformity*, London 1881 (also in his *Essays on Museums* . . . 1898, pp. 315–53)
Flügel, J.C., *The Psychology of Clothes* (1930), London 1950
Fogarty, Anne, *Wife Dressing*, New York 1959
Folklore Fellows Communications, Helsinki, vol. 90 [1929–1931], no. 453, p. 63
Fontanel, Beatrice, *Support and Seduction. The History of Corsets and Bras*, Abrams 1997
Forbes, John, *The Cyclopedia of Practical Medecine*, Vol. I, London 1833, pp. 694–6
Forster, John, *Life of Charles Dickens*, London 1911
Foster, Susan, 'The ballerina's phallic pointe', in Amelia Jones, ed., *Feminism and Visual Culture Reader*, 2003, p. 435
Fournier, Dr, *Dictionnaire des Sciences Médicales*, Paris 1813, p. 117, 'corset'
Fowler, Orson Squire, *Intemperance and Tight Lacing. Founded on the laws of life as developed by Phrenology and Physiology*, (New York, 24th edn 1847, 1852; London 1849, 1852) Manchester 1898

Fox-Genovese, Elizabeth, 'Yves Saint-Laurent's Peasant Revolution', *Marxist Perspectives*, Vol. 1, no. 2, 1978, pp. 58–92
Frampton, Mary, *The Journal of Mary Frampton from the Year* 1779 *until the year* 1846, ed. by H. Mundy, 2nd edn 1885
France, Anatole, *Penguin Island* (1909), intro. H.R. Steevens, New York 1960, pp. 34–40
Franckenau, Franck de, *Satyrae Medicae XX*, Lipsiae, apud Georg Weidmann, 1722, pp. 213–20
Franits, Wayne, *Paragons of Virtue*, New York 1993
Frank, Johann Peter, *A System of Complete Medical Police* (1786), ed. Erna Lasky, Johns Hopkins 1975
Fraser, John Foster, *Quaint Subjects of the King*, London 1909, p. 141
Frederick's of Hollywood 1947–1973. 26 Years of Mail Order Seduction, Strawberry Hill, Drake, New York 1970
Freedman, Rita, *Beauty Bound*, Toronto 1986
Freeman, Gillian, *The Undergrowth of Literature*, London 1967
Freeman, Sarah, *Isabella and Sam. The Story of Mrs Beeton*, New York, 1978
Freud, Michael, *Alamode – Teuffel, Oder, Gewissens-fragen von der heutigen Tracht und Kleider-Pracht*, Hamburg 1682
Friday, Nancy, *My Secret Garden*, New York 1973
Fuchs, Eduard, *Illustrierte Sittengeschichte*, Ergänzungsband III, Munich 1912
Gâches-Sarraute, Mme Dr, *Le Corset. Etude Physiologique et pratique*, Paris 1900
Gaines, Jane, and Charlotte Herzog, eds, *Fabrications: Costume and the Female Body*, New York 1990
Galen, *Claudii Galini Medicorum*, ed. Carolus Gottlobus Kuhn, Vol. VII, Leipzig 1824, pp. 26–34
Gallichen, Walter M., *A Textbook of Sex Education*, London 1918
Gamann, Lorraine, and Merja Makine, *Female Fetishism*, New York 1994
Gänssbauer, Hans, *Schnürleber und den Einfluss* [and] *Ulcus Ventriculi . . . Erlangen aus den Jahren 1895-1910*, Inaugural Dissertation, 1913, Nuremberg 1914
Gardner, Augustus K., *Conjugal Sins against the Laws of Life and Health* (1870), 1974, pp. 23, 28, 209f.
Garnier, Paul, *Les Fétichistes. Pervertis et Invertis Sexuels*, Paris 1896
Garsault, Fr.-A. de, *Art du tailleur . . . d'hommes, . . . de femmes et enfans*, Paris 1769
Garson, J.G., 'The Effects produced by wearing corsets or stays', *Illustrated Medical News*, London, Vol. 1, 1888–89, pp. 78–9, 103–5, 133–4
Gassaud, Dr Prosper, *Considérations médicales sur les corsets*, Paris 1821, pp. 11, 16
Gautier, Théophile, *Militona (The Work of Théophile Gautier*, trans. F.-C. de Sumichrast, 1907, Vol. 21, p. 64)
Gec (Enrico Gianeri), *La Donna, La Moda, L 'Amore in tre secoli di caricatura*, Milan 1942
Genlis, Madame Stephanie Brulart de, 'Corps Baleinés', *Dictionnaire critique et raisonné des etiquettes de la cour, . . .*, 2 vols, Paris 1818
——, *Mémoires inédits . . . depuis* 1756 *jusqu'à nos jours*, 1825 (published in England the same year)
Gernsheim, Alison, *Fashion and Reality 1840–1914*, London 1963
Gesunde Frau, Die, Zeitschrift zur Verbreitung gesundheitlicher Anschauungen in der Frauenwelt. Mitteilungen des Allgemeinen Vereins fur Verbesserung der Frauenkleidung (started under latter title, *Mitteilungen . . .*)
Gibson, Charles Dana, *The Gibson Girl. Drawings of Charles Dana Gibson*, ed. Steven Warshaw, Berkeley 1968
Gibson, Ian, *The English Vice: beating, sex and shame in Victorian England and after*, London 1978
Gillham, F., *Excerpts on fashion and fashion accessories 1705–1915*, section VII: 'Corsets and Tight Lacing' (a volume of clippings in the Victoria & Albert Museum Library)
Gillray, *Works*, ed. Thomas Wright and R.H. Evans, Benjamin Blom Inc., 1968
Gilman, Sander, *Making the Body Beautiful. A Cultural History of Aesthetic Surgery*, Princeton 1999
Giroud, Françoise, *Christian Dior 1905–1957*, New York 1987
Godman, John D, 'Tight Lacing [and] Respiration, Digestion, Circulation etc.', *Addresses delivered on various public occasions*, Philadelphia 1829, pp. 107–94
Golbin, Pamela, *Fashion Designers*, New York 2001
Golish, Vitold de, *Au Pays des Femmes Girafes*, Arthaud 1958
Goodell, William, *Lessons in Gynecology*, 1887, pp. 548–9
Gosse, Dr L.-A., 'Essai sur les déformations artificielles du crâne', *Annales d'Hygiène Publique et de Médecine Légale*, 2me série, Vol. 3, January 1855, pp. 317ff. and v. 4, July 1855, pp. 5–83
Gosson, Stephen, *Pleasant Quippes for Upstart Newfangled Gentlewomen* (1595), Totham, Charles Clark, 1847, pp. iv–v
Gottlieb, Ernest, *Gedoppelte Blas-Balg Der Üppigen Wollust Nemlich Die Erhöhete Fontange und Die Blosse Brüst . . .* 1689
Graber, E.-Paul, *Le Corset de Fer du Fascisme 1919–34*, La Chaux-de-Fonds, 1935
Grand-Carteret, John, *Le Décolleté et le Retroussé*, Paris 1887
——, *Les Moeurs et la Caricature en France*, Paris 1888
——, John, *Zola en Images*, Paris 1908
Grant, Vernon W., 'A Problem in Sex-Pathology', *American Journal of Psychiatry*, Vol. 110, no. 8, February 1954, p. 589
Greenwood, Grace, 'On Women's Dress – mostly autobiographical', *Arena* no. 35, October 1982, p. 633
Greer, Germaine, *The Female Eunuch*, New York 1971
Grose, Francis, *Lexicon Balatronicum. A Dictionary of Buckish slang* (1785), London 1811
Günther, Dr G.B., *Ueber den Bau des menschlichen Fusses und dessen zweckmässigste Bekleidung*, Leipzig 1863
Habits of Good Society, A Handbook of Etiquette for Ladies and Gentlemen, London [1859]
Hackmann, Karl, *Schnurwirkungen*, Inaugural-Dissertation der medizinischen Fakultat Kiel, Kiel 1894
Haldane, Mary Elizabeth, *A Record of a Hundred Years 1825–1925*, London 1925, p. 45
Hall-Duncan, Nancy, *The History of Fashion Photography*, New York 1979
Haller, John S. and Robin M., *The Physician and Sexuality in Victorian America*, Urbana etc. 1974
Hamann, Brigitte, *The Reluctant Empress*, New York 1986
Hamby, Wallace B., ed., *The Case Reports and Autopsy Records of Ambroise Paré*, 1960
Hamilton, General Sir Iain, *When I Was a Boy*, London 1939

Hamilton, Gerald, *Mr Norris and I, an Autobiographical Sketch*, London 1956
Hardy, Henri- Joseph, de Cambrai, *Dissertation sur l'Influence des Corsets et l'opération du cancer de la mamelle*, thèse, Paris 1824
Harland, Marion, *Eve's Daughters*, New York 1882, p. 351
Harrison, Jane Ellen, *Reminiscences of a Student's Life*, London 1925, p. 23
Harsanyi, Zsolt, *Mit den Augen einer Frau*, Hamburg 1950 (English translation 1941)
Haslip, Joan, *The Lonely Empress. A Biography of Elizabeth of Austria*, Cleveland and New York, 1965
Haughton, Edward, letter to *Sanitary Record*, 15 December 1888, pp. 292–3
Haweis, Mrs H.R., *Art of Beauty*, London 1878
——, in *Dress, Health and Beauty. A book for ladies*, London [1878]
——, *Art of Dress*, London 1879
Hawkes, Jacquetta, *Dawn of the Gods*, New York 1968
Hayes, Mrs Alice, *The Horsewoman*, London 1893
Head, Edith, *The Dress Doctor*, Boston 1959
——, and Paddy Calistro, *Edith Head's Hollywood*, New York 1983
Headland, Isaac Taylor, *Home Life in China*, London 1914, p. 291
Held, Anna, *Mémoires. Une Etoile Française au ciel de l'Amérique*, La Nef de Paris, n.d.
Hemmings, F.W.J., *Culture and Society in France 1848–1898, Dissidents and Philistines*, London 1971
Heredia, Jose Maria de, *Les Trophées*, Paris 1893
Hermit in London, or, Sketches of English Manners, London, Colburn 1819, 5 vols
Heszky, Max, *Die Kulturgeschichte des Korsetts von ihren Uranfängen in den Römerzeiten bis zum Ende des 19ten Jahrhunderts*, Berlin [1901]
Heymann, David, *Liz. An Intimate Biography of Elizabeth Taylor*, 1995
Hirschfeld, F., and Loewy, A., 'Korsett und Lungenspitzenatmung,' *Berliner Klinische Wochenschrift*, Vol. 49, 1912, pp. 1702–4
Hiscock, W.G., *John Evelyn and his Family Circle*, London 1955
Hogg, Thomas Jefferson, *Life of Percy Bysshe Shelley* (1855), London 1933, Vol. II, pp. 18–19
Hollander, Anne, *Seeing Through Clothes*, Viking 1978
——, *Sex and Suits*, New York 1994
Holmes, Oliver Wendell, *Poems*, New York 1836
Horst, Horst P. *Sixty Years of Photography*, Rizzoli 1991
Hurlock, Elizabeth B., *The Psychology of Dress*, New York 1929
Hyde, Hartford Montgomery, *Mr and Mrs Beeton*, London 1951
Ince, Kate, *Orlan, Millenial Female*, Oxford and New York 2000
Ivière, R., 'Du Corset,' *Revue de littérature médicale*, Paris, Vol. 1, 1876, pp. 5–7
John Bull beim Erziehen. Aus dem Family Doctor übersetzt von E. Neumann. Eine Sammlung Briefe von Anhängern und Gegnern der körperlichen Züchtigung und der Korsett-Disziplin im Englischen Erziehungswesen, 3 vols, Leipzig 1900–1; N.F. (trans. from Society)
Johnson, Edgar, *Dickens and his Readers. An Introduction to his Novels*, New York 1969
Juvernay, Pierre, *Discours particulier contre les femmes desbraillées de ce temps* (Paris 1637), Geneva 1867, p. 35
Kany, Charles E., *Life and Manners in Madrid 1750–1800*, Berkeley 1932
Kaplan, Fred, *Dickens*, New York 1988
Katz, Sue, in *Z Magazine* July/August, 2003
Kaufmann, Dorothy, 'D. Aury and E. Thomas', *Signs, Journal of Women, Culture and Society*, Vol. 23, 4, Summer 1998
Keenan, Brigid, *Dior in Vogue*, New York 1981
Kelley, Kitty, *Elizabeth Taylor*, New York 1981
Kellogg, J.H., *Ladies' Guide in Health and Disease*, Des Moines 1884
——, *Plain Facts for Old and Young, . . .* Burlington, Iowa 1888 (Arno Press reprint 1974)
Kenealy, Arabella, 'The Curse of Corsets', *Nineteenth Century*, Vol. 55, 1904, pp. 131–7
Keshinian, John, 'Anatomy of a Burmese Beauty Secret', *National Geographic Magazine*, June 1979, pp. 798–801
Key, Ellen, *The Century of the Child* (1903), New York 1972
Kilner, Dorothy, *The Holiday Present*, New York 1803
Kincaid, J., *Child-Loving. The Erotic Child in Victorian Culture*, New York 1992, p. 156–65
King, Mrs E.M., *Rational Dress;- or, the Dress of Women and Savages*, London 1882
Kingsley, Charles, 'The Two Breaths' (lecture, 1869), in his *Health and Education*, 1887, pp. 45–8
——, *The Water Babies*, in *Life and Works* 1903, 19, p. 118, slightly adapted
Kinsey, Alfred, *Sexual Behavior in the Human Female*, Philadelphia, 1953, p. 678
Kloster, Doris, *Forms of Desire*, 1998
Ko, Dorothy, *Every Step a Lotus. Shoes for Bound Feet*, Berkeley 2001
Koda, Harold, *Extreme Beauty. The Body Transformed*, New York 2002, p. 29
Koenig, René, *Macht und Reiz der Mode*, Düsseldorf 1971
Kositzki, Carolus Ernestus, of Dansk, *Noxas Fasciarum, Gestationis et thoracum*, Diss., Göttingen, J.C. Dieterich 1775
Kositski's der Arzneiwissenschaft Doctors Abhandlungen von dem Schaden des Einwickelns und des Tragens der Kinder, wie auch der Schnürbrüste. [Trans. and ann.] Peter Gottfried Joerdens, Erlangen, Walther 1788. My text reference is to pp. 94–103, a part presumably by Joerdens, who says he wrote it before seeing Kositski's Latin dissertation
Kraditor, Aileen S. (ed. and intro.) *Up from the Pedestal. Selected Writings in the History of American Feminism*, Chicago 1968
Krafft-Ebing, Richard, *Psychopathia Sexualis*, trans. from the 12th German edn, intro. Franklin S. Klaf, New York 1965
Kroll, Eric, ed., *The Art of Eric Stanton*, Taschen, Cologne, 1997
Kronhausen, Eberhard and Phyllis, *The Sexually Responsive Woman*, New York 1964

Kubelka, Susanna, *Das Gesprengte Mieder*, Bergisch-Gladbach 2000, esp. pp. 78–80, 137, 161, 166, 177, 242, 315, 334–9
Kuhnow, Anna, *Die Frauenkleidung vom Standpunkt der Hygiene*, Leipzig, 1893
Kunzle, David, 'The Corset as Erotic Alchemy: from rococo galanterie to Montaut's Physiologies in La Vie Parisienne', in *Woman as Sex-Object*, ed. Thomas Hess and Linda Nochlin, New York, 1972, pp. 90–165
——, 'Dress Reform as Antifeminism: A Response to Helene E. Roberts's 'The Exquisite Slave . . .', *Signs, Journal of Women in Culture and Society*, Vol. 2, No. 3, 1977, pp. 554–79
L'Heureux, Mme Marie-Anne, *Pour bien s'habiller*, Paris 1911
L3 = *London Life League Newsletter*, 1982–1995, nos. 1–47 (privately distributed)
La Santé, Madame de, *The Corset Defended*, London, Carter, 1865 (2nd edn 1871, under title *Health, Beauty and Fashion*)
Lacroix, Mme and M.F., *Le Corset de Toilette au point de vue esthéthique et physiologique et son histoire*, Paris 1904
Lacroix, Paul, *Recueil de Pièces Originales rares ou inédites . . . Costumes Historiques de la France*, Paris 1852, Vol. 3
Lane, W.A., 'Civilisation in relation to the abdominal viscera . . . the corset', *The Lancet*, 13 November 1909, pp. 1416–18
Langley (Langley Moore), Doris, *The Woman in Fashion*, London 1949
Langner, Lawrence, *The Importance of Wearing Clothes*, New York 1959
Lapatin, Kenneth, *Mysteries of the Snake Goddess. Art, Desire and the Forging of History*, Boston 2002
Larisch von Moennich, Countess Marie, *My Past*, New York 1913
Larisch, Rudolf von, *Der Schönheitsfehler der Frau. Eine anthropometrische-ästhetische Studie*, Munchen 1896
Larousse, 'corset', *Grand Dictionnaire Universel du 19e siècle*, 1869
Latour-Landry, *The Book of the Knight of La Tour-Landry* (1371–72), trans. and ed. Thomas Wright, London 1906
Laver, James, *Taste and Fashion from the French Revolution to the Present Day* (1937), London 1945
——, *Clothes*, London 1952
——, *Museum Piece, or the Education of an Iconographer*, Boston 1964
——, *Modesty in Dress*, Boston 1969
Layet, M.-A., *Dangers de l'usage des corsets et des buscs*, Dissertation, Faculté de Médecine de Paris, Paris 1827
Le Blanc, H., *The Art of Tying the Cravat Demonstrated in Sixteen Lessons*, New York 1829
Leathem, Harvey T., with Hugh Jones, *The Anatomy of the Fetish*, Venice Books 1967
Ledger, Florence, *Put your Foot Down, A Treatise on the History of Shoes*, Melksham, 1985
Leithauser, Brad, in *New York Review of Books*, 26 April 2001
Lelièvre, Jean, *Pathologie du Pied* (1952), Paris 1971
Lemoisne, P.-A., *Gavarni*, Paris 1928
Leonard, Maurice, *Mae West, Empress of Sex*, London 1991
Léoty, Ernest, *Le Corset à travers les Ages*, Paris 1893
Leroy, Alphonse, *Recherches sur les Habillemens des femmes et des enfants*, Paris 1772
Lethève, Jacques, *La Caricature et la Presse sous la IIIe République*, Paris 1961
Levine, Robert, *In a Glamorous Fashion*, New York 1974
Levy, Howard, *Chinese Footbinding*, New York 1966
Lewin, Philip, *The Foot and Ankle*, Philadelphia 1940
Libron, Fernand and Henri Clouzot, *Le Corset dans l'Art et les Moeurs du XIIIe au XXe siècle*, Paris 1933
Lichtenberg, George Christoph, *The World of Hogarth, Lichtenberg's Commentaries*, trans. and intro. Innes and Gustav Herdan, Boston 1966
Lieb, Anton, *Unter den Pantoffeln der Mode. Schuhgeschichtliche Betrachtungen eines Arztes.* Privatdruck 1951
Limner, Luke (i.e. John Leighton), *Madre Natura versus the Moloch of Fashion*, London 1870
LISA (Long Island Staylace Association) website – Internet
Liveing, Edward, *Adventure in Publishing. The House of Ward, Lock 1854–1954*, Ward, Lock 1954
Livermore, Mary, *The Story of my Life*, Hartford 1899, p. 122
Locke, John, *Some Thoughts concerning Education* (1693), ed. Peter Gay, New York 1964
Lord, William Barry, *The Corset and the Crinoline. A Book of Modes and Costumes*, by W.B.L., London 1868
Lydon, Mary, 'On Censorship, Staying Power' *Substance* 37/38, 1983
McCormick, Malcolm, 'Notes on . . . the costumes', *Baroque Dance 1675–1725*, a film made at UCLA, 1977
McMurtrie, Douglas C., 'Figure characteristics [and] the corset', *Lancet-Clinic*, Cincinnati, vol. 110, 1913, pp. 171–4
M'Whinnie, A.M., 'Displacement of an enlarged liver from tight-lacing', *Lancet*, 5 January 1861, p. 5
Maddox, Brenda, *Who's Afraid of Elizabeth Taylor*, New York 1977
Maigron, Louis, *Le Romantisme et la Mode*, 1911, p. 182
Mant, Catherine, *Caroline Lismore, or the Error of Fashion*, London 1815
March, Ed. W., *Titanic, James Cameron's Titanic*, New York 1997
Marcus, Steven, *The Other Victorians*, New York 1964
Marcuse, Max (ed.), *Handwörterbuch der Sexualwissenschaften*, 2nd edn, Bonn 1926
Marie de Saint-Ursin, P.J., *L'Ami des Femmes ou Lettres d'un Médecin . . .* Paris 1804, p. 54
Marly, Diana de, *Christian Dior*, New York 1990
Marriages in England, 1840, p. 73; *Nineteenth Annual Report*, 1858, pp. 194–5
Martin, Peter, *Wasp Waists. A study of tight-lacing in the Victorian era*, privately printed, 1979
Martin, Richard, and Harold Koda, *Infra-Apparel*, New York, 1993
——, *Christian Dior*, 1997
Maupassant, Guy de, *Short Stories*, Dunne, 1903
Mayhew, Brothers, *The Greatest Plague of life: or, the Adventures of a lady in search of a good servant*, London 1847
Mazza, Samuele, *Cinderella's Revenge*, San Francisco, 1994
Meinert, E., *Modetorheiten*, Leipzig 1890

Mercer, General Alexander Cavalié, *Journal of the Waterloo Campaign, kept throughout the campaign of 1815*, London, 2 vols, 1870
Mereau (Maître de Danse), *Réflexions sur le Maintien et sur les moyens d'en corriger les défauts*, Gotha 1760, p. 116f.
Merrifield, Mrs, *Dress as a Fine Art*, Boston 1854
Merritt, Mrs M. Angeline, *Dress Reform practically and physiologically considered*, Buffalo 1852
Mespoulet, Marguerite, *Images et Romans*, Paris 1939
Meyer, Dr G. Hermann, *Die Richtige Gestalt der Schuhe*, Zurich 1858
Milizia, Francesco, 'Moda', *Dizionario delle Belle Arti del Disegno*, Bassano 1797, pp. 75–6
Mill, John Stuart, *The Subjection of Women*, London 1869
Mitton, F. *Les Dessous féminins et leurs transformations*, Paris 1911 (extrait de *Paris-Galant* 1911)
Mode, Heinz, *The Woman in Indian Art*, New York 1970
Moers, Ellen, *The Dandy*, London 1960
Mohr, James, *Abortion in America*, Oxford 1978
Mongeri, 'Le Corset et ses Dangers,' *Gazette Médicale d'Orient*, Constantinople, Vol. 71, July 1863, pp. 49–54
Montagu, Lady Mary Wortley, *The Letters and Works*, I, London 1895
Montez, Lola, *The Arts of Beauty*, London 1858
Montherlant, Henri de, *Pitié pour les Femmes*, Paris 1936
Morris, Desmond, *Body Watching*, New York 1985
Moser, Charles, and J.J. Madeson, *Bound to be Free. The S/M experience*, New York 1996
Most, Georg Friedrich, of Stadthagen, *Moderner Totentanz, oder die Schnürbrüste, auch Corsetts, ein Mittel zur Begründung einer dauerhaften Gesundheit und zur Verlängerung des menschlichen Lebens. Ein Geschenk für Erwachsene Frauenzimmer*, Hanover, Helwig, 1824. Copy in Zurich, ZB, see pp. 8, 35
Moulder, Priscilla, 'Factory Workers and modern dress, by one of them', *Guardian Century*, 1905 (Internet)
Mugler, Thierry, *Fashion, Fetish, Fantasy*, New York 1998
Mundt, Emestus Edmundus, *De Thoracum Abusu Noxio*. Dissertatio Inauguralis Medico-Diatetica . . . Berlin 1828
Murger, Henry, *Le Pays Latin* (1851), Paris 1856
Myers, Kathy, 'Fashion and Passion', in Betterton
Naecke, P., 'Uber Kleiderfetischismus', *Archiv fur Kriminologie*, Leipzig, Vol. 371, 1910, pp. 160–75.
Nashe, Thomas, *'Christ's Tears over Jersusalem'* (1593), in *Works*, ed. Ronald McKerrow, London 1910, Vol. II
Nead, Lynda, *The Female Nude, Art, Obscenity and Sexuality*, London and New York 1992
Neuburg, Victor, *Popular Literature. A History and Guide*, Penguin 1977
Neumann, Karl, *Russland und die Tscherkessen*, Stuttgart 1840
Neustatter, Dr Med. Otto, *Die Reform der Frauenkleidung auf gesundheitlicher Grundlage*, Munich 1903
New Lady's Magazine, April 1786, pp. 131–3: 'On the Inconveniences and Disorders arising from *Strait-Lacing* in *Stays'*
Newton, Helmut, *Pages from the Glossies (1956–98)*, Zurich 1998
——, *Work*, exhibition catalogue for the Neue Nationalgalerie, Berlin, 2000–2001
Newton, Stella Mary, *Health, Art and Reason. Dress Reformers of the 19th century*, London 1974
Noah, M.M., *Gleanings from a Gathered Harvest* (1845), New York 1847
Nørgaard, Erik, *When Ladies Acquired Legs*, London 1967
Norris, Frank, *Blix*, New York 1890
North, Maurice (Morris), *The Outer Fringe of Sex, a Study in Fetishism*, London 1971
Nottingham, J., 'Compression of the female Waist by stays', *Provincial Medical and Surgical Journal*, London, Vol. 3, 1841, p. 110
Noverre, Jean-Georges, *Lettres sur la Danse*, Paris 1760
Oelssner, Gottlieb, *Philosophisch- Moralisch- und Medicinische Betrachtung Ueber mancherley Zur Hoffart und Schönheit hervorgesuchte, schädliche Zwang-mittel, junger und erwachsener Leute, beyderley Geschlechtes, Nebst dem schädlichen Missbrauche der Schnürbrüste und Planchette oder sogenannte Blanckscheite der Frauenzimmer*, Bey ruhigen Abend-stunden wohlmeinend entworfen von G.O., Bresslau und Leipzig, Daniel Pietsch (copy in Lipperheide Library, Berlin)
O'Followell, Dr Ludovic, *Le Corset, Histoire, Médecine, Hygiène, Etude historique*, Paris 1905
——, *Le Corset, Histoire, Médecine, Hygiène, Etude médicale*, Paris 1908
Packard, Vance, *The Wastemakers*, New York 1960
Padover, Saul, *The Revolutionary Emperor: Joseph II of Austria*, London 1967
Paléologue, Georges Maurice, *Tragic Empress. The Story of Elizabeth of Austria* (1939), trans. and ann. H.J. Stenning, n.d.
Pallas, Paul, *Travels through the Southern Provinces of the Russian Empire in the years 1793 and 1794*, London 1802
Panizza, Oskar, *Das Liebeskonzil und andere Schriften*, ed. Hans Prescher, Berlin-West 1964, pp. 34–52
Paré, Ambroise, *Collected Works*, trans. from the Latin by Thomas Johnson (1634), New York 1968
——, *Oeuvres Complètes*, ed. Malgaigne, Paris 1840
Parr, Dr John, 'For Every Woman who has a bottom like a hot cross bun . . .', *Daily Mail*, London, 31 August 1964, p. 6
——, 'No wonder your feet are killing you!' *Daily Mail*, 8 September 1964
Paston Letters, A Selection in Modern Spelling, ed. Norman Davis, London 1963. (My citation is modernised)
Patten, Robert, *George Cruikshank's Life, Times, and Art*, Rutgers 1992
Paulin Paris, M., *Les Manuscrits Français de la Bibliothèque du Roi*, vol. II, Paris 1838, p. 156
Paull, Dr Med. Hermann, *Die Frau. Ein gemeinverständliches Gesundheitsbuch* . . ., 3rd edn, Vienna and Leipzig 1908
Paulson, Ronald, *Hogarth: His Life, Art, and Times*, Yale 1971
Pearsall, Ronald, *The Worm in the Bud. The World of Victorian Sexuality*, Macmillan 1969
Pearse, T. Frederick, *Modern Dress and Clothing in its Relation to Health and Disease*, London, 1882
Pederson, Joyce, 'Schoolmistresses and Headmistresses: Elites and Education in Nineteenth Century England', *Journal of British Studies*, V. 1, November 1975, pp. 135–62
Pendlebury, J.D.S., *The Archaeology of Crete*, London 1939

Penny Cyclopedia of the Society for the Diffusion of Useful Knowledge, 1837, s.v. 'Corset'
Pestalozzi, J.H., *Leonard and Gertrude* (1781–87), trans. and abridged Eva Channing, Boston 1889
Petit, Isabelle, *De L'Utilité du Corset pour Préserver des Difformités et Maladies et pour donner de la prestance . . .*, 1851
Phelps, Elizabeth Stuart, *What to Wear?* Boston 1873
Pierquin de Gembloux, Dr Claude Charles, *Des Corsets sous le rapport de l'hygiène et de la Cosmétique*, Bourges [*c.* 1841–45]
Pike, E. Royston, *Human Documents of the Victorian Golden Age*, London 1967
Planche, James Robinson, *Cyclopedia of Costume*, London 1876
Plummer, John, 'Commercial Importance of Corsets', *Once A Week*, 12 April 1862, p. 445
Pochna, Marie-France, *Christian Dior*, New York 1994
Polaire, clippings in Lincoln Lib., New York. Archie Bell, 'The Ugliest Actress', see esp. *The Green Book*, May 1914
Polhemus, Ted, *Body Styles*, 1988, p. 24
Polman, Jean, *Le Chancre ou Couvre-sein féminin ensemble le Voile ou Couvre-chef féminin* (Douay, 1635), Geneva 1868
Potter, Cora Brown, *The Secrets of Beauty and Mysteries of Health*, London 1908
Pour la Beauté Naturelle de la femme contre la mutilation de la taille par le corset, préface de Ed. Haraucourt, 1909
Powell, Jane, *The Girl Next Door . . . and how she grew*, New York 1988
Prickett, Stephen, *Victorian Fantasy*, 1979
Pushkin (and Lermontov) in Y. Lotman, *Besedy o russkoi kult'ture (Talks on Russian Culture)* St Petersburg 1997, pp. 128–9
Rachewiltz, Boris de, *Black Eros. Sexual Customs of Africa from Prehistory to the Present Day*, New York 1964
Reade, Charles, *A Simpleton* (1873), Grolier Society, Paris and Boston, n.d.
Registrar-General, *Second Annual Report of the Registrar General of Births, Deaths and Marriages in England* 1840, p. 73; *Nineteenth Annual Report*, 1858, pp. 194–5
Reik, Theodor, *Masochism in Sex and Society* (1941), New York 1962
Reinhard, D. Christian Tobias Ephraim, *Satyrische Abhandlung von den Krankheiten der Frauenspersonen*, Glogau and Leipzig, bey Christian Friedrich Günthern, 1757 (Copy in Lipperheide Library, Berlin. Longer passage cited, p. 30)
Reisser, M. l'Aîné, *Avis Important au Sexe ou Essai sur les corps baleinés pour former et conserver la taille*, Lyon 1770
Relotius, Everhard, *De abusu Thoracum balenaceorum*, Dissertatio Medica Inauguralis. Groningen 1783 (Copy in National Library of Medecine, Bethesda, MD)
Renoir, Jean, *Renoir, My Father*, trans. Randolph and Dorothy Weaver, Boston and Toronto 1958
Restif de la Bretonne, *Monsieur Nicholas or the Human Heart Laid Bare*, ed. Robert Baldick, New York 1966
Réveillé Parise, 'Hygiène du Corset,' *Gazette Médicale de Paris; Journal de Médecine et des Sciences Accessoires*, Paris, vol. 9, 1841, pp. 785–92, Vol. 10, 1842, pp. 49–52, 145–53
Reynolds, Sir Joshua, *Discourses on Art*, ed. Robert Wark, Collier, 1966
Rhead, G. Woolliscroft, *Chats on Costume*, London 1906
Richardson, Benjamin Wood, 'Dress in Relation to Health', March, *The Gentleman's Magazine* 1880, pp. 469–88
Riegl, Robert E., 'Women's Clothes and Women's Rights', *American Quarterly*, Vol. 15, No 3, Fall 1963, pp. 390–401
Roach, Mary and Joanne Eiches (eds), *Dress, Adornment and the Social Order*, New York 1965
Roberts, Helene, 'Submission, Masochism and Narcissism . . .' in V.L. Lussier and J.J. Walstedt, eds, *Women's Lives. Perspectives, Progress and Change*. University of Delaware 1977
——, 'The Exquisite Slave: The Role of Clothes in the Making of the Victorian Woman', *Signs: Journal of Woman in Culture and Society*, Vol. 2, No. 3, 1977, pp. 554–79
Romi, *Mythologie du Sein*, Paris 1965
——, *Petite Histoire des Cafés Concert*, Chitry, p. 48
Rondeau, Peter, *Nouveau Dictionnaire François-Allemand* (1711), Leipzig and Frankfurt, 1739
Rose, Helen, *'Just MakeThem Beautiful': The many worlds of a designing woman*, Santa Monica 1976
Rosen, Michael, *Sexual Magic. The S/M Photograph*, Shaynew, San Francisco 1986
Rosenblum, Robert, 'Caritas Romana; some Romantic Lactations', *Woman as Sex Object*, ed. T. Hess and L. Nochlin, 1972
Rossi, William A., *The Sex Life of the Foot and Shoe*, New York 1976
Roth, Bernard, *Dress: Its Sanitary Aspect* (paper read before the Brighton Social Union), London and Brighton 1880
Rougemont, Josephus Claudius, . . . *Kleidertracht in wie Ferne sie einen nachteiligen Einfluss auf die Gesundheit*, Abshoven (Bonn, ca. 1787/88)
Rousseau, Jean-Jacques, 'Sophie, ou la Femme', *La Nouvelle Héloise (Oeuvres Complètes*, Pleiade edn. Vol. II, p. 265)
——, *Emile, ou l'Education*, Amsterdam 1762
——, *Oeuvres*, Dufour, Paris and Amsterdam, Vol. 12, 1796, pp. 179–80
Roux, Charles, *Contre le Corset. Souvenir d'une leçon de M. Serres au Museum d'Histoire Naturelle*, Paris 1855
Roy, C.S. and J.G. Adami, 'The Physiological Bearing of Waistbelts and Stays', *National Review*, 1888, pp. 341–9
Rudofsky, Bernard, *Are Clothes Modern* ? Chicago 1947
——, *The Unfashionable Human Body*, New York 1971
Russell, Lilian, clippings on, in Lincoln Center Library, New York; cf. New York *Telegraph* for 3 June 1898
S., Madame, de Lyon, *Physiologie du Corset*, Montpellier 1847, pp. 75–6
Sackville-West, Victoria, *The Edwardians*, London 1930
Sagarra, Eda, *Tradition and Revolution in German Literature and Society 1830–1980*, London 1971
Saint-Laurent, Cécile, *L'Histoire imprévue des Dessous Féminins*, Paris 1966
Sancta Clara, Abraham à, *Judas der Ertz-Schelm*, Vol. 4, Salzburg 1695, pp. 514–15
Sandford, Mrs Elizabeth, *Woman in her Social and Domestic Character* (1831), 6th edn, London 1839
Sangiovanni, Robert, *The Abolition of the Corset and Dietetic Experiments of Immunized lean . . .*, New York 1910

Sapinsky, Barbara, *The Private War of Mrs Packard*, New York 1991
Sargent, D.A., 'The Physical Development of Women', *Scribner's Magazine*, February 1889, pp. 180–2
Saturday Review, *Modern Women and What is said of them.* Introduction by Mrs Calhourn, New York 1868
Schachermeyr, Fritz, *Die Minoische Kultur des alten Kreta*, Stuttgart 1964
Schneider, Dr (of Fulda), 'Corsette und Blanchette, eine unsern Schönen bei der gegenwärtigen Modeeinrichtung . . .', *Adolph Henki's Zeitschrift fur die Staatsarzneikunde*, Erlangen, Vol. 7, 1824, pp. 341–60
Schopenhauer, Johanna, *My Youthful Life and Pictures of Travel* (1837), London 1847, Vol. I, p. 238
Schosulan, Dr Johann Michael, *Abhandlung uber die Schädlichkeit der Schnürbrüste*, Vienna, Edlen von Trattern, 1783
Schultze-Naumburg, Paul, *Die Kultur des weiblichen Körpers als Grundlage der Frauenkleidung* (1901), Leipzig 1903
Schweninger, Prof, 'Korsett und Frauenzukunft', *Hygieia*, Stuttgart, Vol. 6, 1893, pp. 193–9
Schwichtenberg, Cathy, *The Madonna Connection*, 1993
Sears Roebuck, Montgomery Ward, *Catalogue* No. 71, 1902/3
Sebeok, Thomas, 'Fetish', *The American Journal of Semiotics*, Vol. 6, 1989
Seeker, Miss, *Monographie du Corset*, Louvain 1887
Sello, Gottfried (ed.), *Grandville, das gesamte Werk*, Munchen 1969
Shields, Judy, 'Shoes for Scandal', *Vogue* (US), March 1993
Shoemaker, John V., *Heredity, Health and Personal Beauty*, Philadelphia and London, 1890
Sichel, Edith, *Catherine de' Medici and the French Revolution*, London 1905
Siebert, Friedrich, *Ein Buch für Eltern. I: 'Den Müttern heranreifender Töchter'*, 3rd edn, Munich 1903
Sigogne, Sieur de, *Les Oeuvres Satiriques.* Première édition complete . . . par Fernand Fleuret et Louis Perceau, Paris 1920
Silber, Kate, *Pestalozzi, the Man and his Work*, New York 1973
Smith, Hugh, MD, *Letters to Married Ladies, a Letter on Corsets*, 3rd edn, Boston and New York 1832
Smith, W. Wilberforce, 'Corset-Wearing and its Pathology', *Sanitary Record*, 15 November 1888, p. 201–3
Soemmerring, Samuel, *Ueber die Schädlichkeit der Schnürbrüste.* Zwey Preisschriften durch eine von der Erziehungsanstalt zu Schnepfenthal aufgegebene Preisfrage veranlasst, Leipzig, Crusius, 1788. The first essay presumably by Soemmerring, the second (pp. 117–92) by an anonymous writer. (The description of masturbation is on p. 182)
——, *Ueber die Wirkungen der Schnürbrüste*, Berlin 1793
Somerville, Martha, *Personal Recollections from early life to old age, with Selections from her Correspondence*, London 1874
South, John Flint, *Household Surgery or, Hints on Emergencies* (1847), London 1852
Southgate, Henry, *Things a lady would like to know*, London 1875
Spain, Nancy, *Mrs Beeton and her Husband*, London 1948
Sronkova, Olga, *Gothic Woman's Fashions*, Prague 1954
Staniland, Kay, in *Costume, the Journal of the Costume Society*, No. 3, 1969, p. 10
Steadman, Cecily, *In the Days of Miss Beale*, London 1931
Stearns, Peter, *Fat History, Bodies and Beauty in the Modern West*, New York 1997
Steele, Frances Mary, and Elizabeth Livingston Adams, *Beauty of Form and Grace of Vesture*, London 1892
Steele, Valerie, *Fashion and Eroticism*, New York 1985
——, *Fashion, Fetish, Sex and Power*, 1996
——, *The Corset, A Cultural History*, Yale 2001
Steinberg, Leo, 'Metaphors of Love and Birth in Michelangelo's Pietàs', *Studies in Erotic Art*, Theodore Bowie and Cornelia V. Christensen, eds., Basic Books, New York 1970, pp. 231–335
Steinbrucker, Charlotte, *Daniel Chodowiecki. Briefwechsel zwischen ihm und seinen Zeitgenossen*, Berlin 1919
Stekel, Wilhelm, *Sexual Aberrations. The Phenomena of Fetishism in relation to Sex* (1923), New York 1964
Sterne, Laurence, *Tristram Shandy* (1767), 1843, p. 108
Stone, Lawrence, *Family, Sex and Marriage in England 1500–1800*, Harper and Row, 1977
Stratton, Jon, *The Desirable Body. Cultural Fetishism and the Ethics of Consumption*, New York 1996
Stratz, Dr C.H., *Rassenschönheit des Weibes*, 4th edn, Stuttgart 1903
——, *Die Schönheit des weiblichen Körpers* (1898), 42nd edn., 1936
Stringer, Mabel E., *Golfing Reminiscences*, London 1924
Strutt, Daphne, *Fashion in South Africa 1652-1900*, Capetown, 1975, p. 331
Strutt, Joseph, *A Complete View of the Dress and Habits of the People of England* (1799), new edn by J.R. Planche, London 1842
Suleiman, ed., *The Female Body in Western Culture*, Harvard 1985
Summers, Leigh, *A History of the Victorian Corset*, London and New York 2001
Susan Bordo, *Unbearable Weight, Feminism, Western Culture and the Body*, Berkeley, *c.* 1993
Sylvia's Book of the Toilet. A Lady's Guide to Dress and Beauty, Ward, Lock and Co. [after 1878]
Synesius, *Letters*, ed. Augustine Fitzgerald, Oxford 1926, p. 90
Synge, M.B., *A Short History of Social Life in England*, London 1906
Taitbout de Marigny, Chev., *Three Voyages in the Black Sea to the Coast of Circassia*, London 1837
Taliaferro, V.H., 'The Corset [and] uterine diseases', *Atlanta Medical and Surgical Journal*, Atlanta, Vol. 10, 1872/3, pp. 683–93 .
Tallemant des Réaux, *Les Historiettes*, 3rd edn, Paris, 1862
Thackeray, William Makepeace, 'Continental Snobbery,' in *Book of Snobs* (1852)
Thiersch, Justus, '. . . Corsetdruck', *Deutsches Archiv fur klinische Medizin*, Leipzig, Vol. 67, 1900, pp. 559–73
Thompson, Stith, *Motif-Index of Folk-literature*, Bloomington 1955
Thomson, Alice, 'All tied up with a place to go', *Times* (London), 12 May 1993

Tickner, Lisa, 'The Body Politic. Female Sexuality and Women Artists since 1970', in Betterton
Tillotson, Mary E., *Progress versus Fashion. An Essay on the Sanitary and Social Influences of Women's Dress*, 1873/4
——, *History of the first Thirty-Five Years of the Science Costume Movement* . . . Vineland, NJ. 1885
Tilt, E.J., *Elements of Health and Principles of Female Hygiene*, Philadelphia 1853
Tissot, S.A., *Three Essays: First, on the disorders of people of fashion . . . Third, on Onanism, or a Treatise upon the disorders produced by Masturbation: or, the effects of secret and excessive venery*, Dublin 1772
——, *Abhandlung über die Nerven und deren Krankheiten*, II, Leipzig 1781, pp. 19–20
Tode, D. Johannes Clemens, *Der Unterhaltende Arzt*, Copenhagen and Leipzig, III, 1786 pp. 39–54
Tommaseo, M. Niccoló, *Relations des Ambassadeurs Vénitiens sur les Affaires de France au XVIe siècle*, Vol. II, Paris 1838
Töpffer, Rodolphe, *Réflexions et Menus Propos d'un Peintre Genevois*, Paris 1858
Trasco, Mary, *Heavenly Soles. Extraordinary Twentieth Century Shoes*, Abbeville, New York 1989
Treich, Léon, 'Le Corset à travers les siècles', *C'est Paris*, December 1950, numéro spécial, 'Les Corsets'
Treves, Sir Frederick, *The Dress of the Period in its Relations to Health*, London 1882
——, *The Influence of Clothing on Health*, London (1886)
Troll-Borostyani, Irma von, *Das Weib und seine Kleidung*, Leipzig 1897, p. 4
Tschudi, Clara, *Elizabeth Empress of Austria and Queen of Hungary*, trans. E.M. Cope, London 1901
Turim, Maureen, 'Designing Women, Emergence of the Sweetheart Line', in Gaines and Herzog
Tylicka, Madame, née Budzinska, *Du Corset. Ses Méfaits au point de vue Hygiénique et Pathologique*, thèse, Paris 1898
Vallotton, Henry, *Elizabeth, l'Impèratrice Tragique*, Paris 1947
Vandereycken, Walter, and Ron van Deth, *From Fasting Saints to Anorexic Girls. The History of Self-Starvation* (Dutch edn 1988), New York 1994
Vanier, Henriette, *La Mode et ses Métiers, Frivolités et Luttes des Classes*, Paris 1960
Vassilakis, Antonis, *Knossos. Mythology, History and Guide to the Archaeological Site*, Adam, Athens
Vaughan, Walter, MD, *An Essay Philosophical and Medical concerning Modern Clothing*, Rochester and London 1792
Veblen, Theodore, *Theory of the Leisure Class*, New York 1899
Vecellio, Cesare, *Habiti Antichi et Moderni di Tutto il Mondo* (1590), Paris 1859
Veriphantor, Dr, *Der Fetischismus, Ein Beitrag zur Sittengeschichte unserer Zeit*, Berlin, 1903 (copy in Kinsey Institute library)
Vermorel, Fred, *Vivienne Westwood, Fashion, Perversity, and the Sixties laid Bare*, New York 1996
Vernünftige und bewährte Mittel zur Erlangung und Erhaltung einer schönen Gorge. . . . für Mädchen und Mutter, Berlin 1795
Vicinas, Martha (ed.), *Suffer and Be Still*, Indiana University Press, 1972
Vieth, Gerhard Ulrich Anton, *Versuch einer Encyclopädie der Leibesübungen*, Berlin 1795
Vigny, Alfred de, *Stello, A Session with Doctor Noir* (1832), trans. Irving Massey, Montreal 1963
Vischer, Friedrich Theodor, *Mode und Cynismus* (1878), Stuttgart 1888, pp. 9–10
Vogel, Lisa, review of *Woman as Sex Object*, in *Feminist Studies*, Vol. 2, No.1, 1974
Voiart, Mme Elise, *Lettres sur la Toilette des Dames*, Paris 1822
Voilà, Paris 1940, contains fetishist correspondence
Vonnegut, Kurt, *Breakfast of Champions*, New York 1973, pp. 144–5
Wachtel, Joachim, *A la Mode, 600 Jahre europäische Mode in zeitgenössischen Dokumenten*, Munich 1963
Wald, Carol, *Myth America, Picturing Women*, text by Judith Papachristen, Pantheon 1975
Walker, Donald, *Exercises for Ladies calculated to preserve and improve beauty* . . . London 1836
Walkley, Christina, *The way to Wear 'em. 150 Years of* Punch *on Fashion*, London 1985
Walshe, W.H., 'On the breathing-movements in the two sexes, and . . . stays . . .', *The Medical Times and Gazette*, London, Vol. 6, 1853, pp. 366–8
Wang Ping, *Aching for Beauty. Footbinding in China*, Minneapolis 2000, pp. ix, 226–7, 232
Ward and Co, E., of Bradford, *The Dress Reform Problem*, 1886
Warner, William, *Albion's England*, 3rd edn, 1586, Bk. 7, ch. XsXXVI
Warner's, *Always Starting Things. Through* 80 *Eventful Years*, 1954
Watkins, Charlotte, 'Editing a "class journal"', in Joel Wiener, ed., *Innovators and Preachers*, 1985
Watts, George Frederic, 'On Taste in Dress' (1883), *Annals of an Artist's Life*, Vol. III, pp. 202–27
Waugh, Norah, *Corsets and Crinolines*, London 1954
Webb, Wilfred Mark, *The Heritage of Dress* (1907), London 1912
Wechsbert, Joseph etc., *The Imperial Style. Fashions of the Hapsburg Era*, Rizzoli 1980
Weiss, Hermann, *Kostümkunde*, Stuttgart 1872
Weitenkampf, Frank, *Social History of the United States in Caricature.* 1953 (typescript in New York Public Library)
Weitz, Rose, ed., *The Politics of Women's Bodies. Sexuality, Appearance and Behavior*, 1998
Welch, Margaret, 'Corsets Past and Present', *Harper's Bazaar*, Vol. 35, September 1901, pp. 450–1
Wendel, Friedrich, *Die Mode in der Karikatur*, Dresden 1928
Wertham, Frederic, *Seduction of the Innocent*, New York 1954
West, Charlotte C., MD, 'The Use and Abuse of the Corset', *Delineator*, Vol. 74, September 1909, p. 220
Wettstein-Adelt, Minna, *Macht euch Frei. Ein Wort an die deutschen Frauen*, Berlin 1893
Wilcox, Claire, *Radical Fashion*, London 2001
Williams, W. Matthieu, *The Philosophy of Clothing*, London 1890
Willie, John (i.e. John Coutts), *The Adventures of Sweet Gwendoline, Anthology of Drawings and Photographs*, Bélier Press, 1978
Wilson, Elizabeth, *Adorned in Dreams*, Berkeley 1987

Winslow, Dr, 'Réflexions Anatomiques sur les incommodités, infirmités etc. qui arrivent au Corps à l'occasion de certaines attitudes et de certains habillements', *Mémoires de l'Académie Royale des Sciences*, 1740 (Paris 1742), p. 59 ff.
——, 'Sur les mauvais effets de l'usage des corps à baleines', *Mémoires de l'Académie Royale des Sciences*, 1741, pp. 172–84
Winter, Gordon, *A Cockney Camera*, Penguin 1975
Witkowski, Dr G.- J., *Anecdotes historiques et religieuses sur les seins et l'allaitement comprenant l'histoire du décolletage et du corset*, Paris 1898
[Wolcott, John G.] *The Gift of the Noble Corset*, by Nicholas de Mandeville, 1962 (privately duplicated fetishist document, deposited with New York Public Library)
Wolf, Naomi, *The Beauty Myth*, New York 1990
Woman at Home, The, (Annie S. Swan's Magazine), 1894, pp. 236–7
Woolson, Abba Gould (ed.), *Dress Reform.* A Series of Lectures delivered in Boston, Boston 1874
Worthington, Marjorie, *The Strange World of Willie Seabrook*, New York 1966
Wraxall, Sir Nathaniel William, *Historical and posthumous memoirs* 1772–1784, ed. Henry Wheatley, Vol. V, 1884
Wunderlich, Paul, *Graphik und Multiples 1948-1987*, exhibition catalogue, Schleswig 1987, p. 146–7
Yalom, Marilyn, *A History of the Breast*, New York 1997
Younger, John G., 'Waist Compression in the Aegean Late Bronze Age', Internet via LISA, p. 12
Zedler, Johann Heinrich, 'Schnürbrüst', *Grosses vollständiges Universal-lexicon*, Leipzig, Vol. 35, 1743, *c.* 592–600
Zell's Popular Encyclopedia, Philadelphia 1871
Ziegler, Philip, *The Black Death*, Penguin, 1970
Zola, Emile, *Le Ventre de Paris* (1873), Pléiade edn 1960, pp. 637, 666, 675, 736, 756, 874
——, *Pot-Bouille*, Paris 1882, pp. 238, 367
——, *Au Bonheur des Dames* (1883), 1895, pp. 430–1
——, *Fécondité*, 1899

新知文库

01 《证据：历史上最具争议的法医学案例》[美]科林·埃文斯 著　毕小青 译

02 《香料传奇：一部由诱惑衍生的历史》[澳]杰克·特纳 著　周子平 译

03 《查理曼大帝的桌布：一部开胃的宴会史》[英]尼科拉·弗莱彻 著　李响 译

04 《改变西方世界的 26 个字母》[英]约翰·曼 著　江正文 译

05 《破解古埃及：一场激烈的智力竞争》[英]莱斯利·罗伊·亚京斯 著　黄中宪 译

06 《狗智慧：它们在想什么》[加]斯坦利·科伦 著　江天帆、马云霏 译

07 《狗故事：人类历史上狗的爪印》[加]斯坦利·科伦 著　江天帆 译

08 《血液的故事》[美]比尔·海斯 著　郎可华 译　张铁梅 校

09 《君主制的历史》[美]布伦达·拉尔夫·刘易斯 著　荣予、方力维 译

10 《人类基因的历史地图》[美]史蒂夫·奥尔森 著　霍达文 译

11 《隐疾：名人与人格障碍》[德]博尔温·班德洛 著　麦湛雄 译

12 《逼近的瘟疫》[美]劳里·加勒特 著　杨岐鸣、杨宁 译

13 《颜色的故事》[英]维多利亚·芬利 著　姚芸竹 译

14 《我不是杀人犯》[法]弗雷德里克·肖索依 著　孟晖 译

15 《说谎：揭穿商业、政治与婚姻中的骗局》[美]保罗·埃克曼 著　邓伯宸 译　徐国强 校

16 《蛛丝马迹：犯罪现场专家讲述的故事》[美]康妮·弗莱彻 著　毕小青 译

17 《战争的果实：军事冲突如何加速科技创新》[美]迈克尔·怀特 著　卢欣渝 译

18 《口述：最早发现北美洲的中国移民》[加]保罗·夏亚松 著　暴永宁 译

19 《私密的神话：梦之解析》[英]安东尼·史蒂文斯 著　薛绚 译

20 《生物武器：从国家赞助的研制计划到当代生物恐怖活动》[美]珍妮·吉耶曼 著　周子平 译

21 《疯狂实验史》[瑞士]雷托·U. 施奈德 著　许阳 译

22 《智商测试：一段闪光的历史，一个失色的点子》[美]斯蒂芬·默多克 著　卢欣渝 译

23 《第三帝国的艺术博物馆：希特勒与“林茨特别任务”》[德]哈恩斯–克里斯蒂安·罗尔 著　孙书柱、刘英兰 译

24 《茶：嗜好、开拓与帝国》[英]罗伊·莫克塞姆 著　毕小青 译

25 《路西法效应：好人是如何变成恶魔的》[美]菲利普·津巴多 著　孙佩妏、陈雅馨 译

26 《阿司匹林传奇》[英]迪尔米德·杰弗里斯 著　暴永宁、王惠 译

27 《美味欺诈：食品造假与打假的历史》[英]比·威尔逊 著　周继岚 译

28 《英国人的言行潜规则》[英]凯特·福克斯 著　姚芸竹 译

29 《战争的文化》[以]马丁·范克勒韦尔德 著　李阳 译

30 《大背叛：科学中的欺诈》[美]霍勒斯·弗里兰·贾德森 著　张铁梅、徐国强 译

31《多重宇宙：一个世界太少了？》[德] 托比阿斯·胡阿特、马克斯·劳讷 著　车云 译

32《现代医学的偶然发现》[美] 默顿·迈耶斯 著　周子平 译

33《咖啡机中的间谍：个人隐私的终结》[英] 吉隆·奥哈拉、奈杰尔·沙德博尔特 著　毕小青 译

34《洞穴奇案》[美] 彼得·萨伯 著　陈福勇、张世泰 译

35《权力的餐桌：从古希腊宴会到爱丽舍宫》[法] 让-马克·阿尔贝 著　刘可有、刘惠杰 译

36《致命元素：毒药的历史》[英] 约翰·埃姆斯利 著　毕小青 译

37《神祇、陵墓与学者：考古学传奇》[德] C. W. 策拉姆 著　张芸、孟薇 译

38《谋杀手段：用刑侦科学破解致命罪案》[德] 马克·贝内克 著　李响 译

39《为什么不杀光？种族大屠杀的反思》[美] 丹尼尔·希罗、克拉克·麦考利 著　薛绚 译

40《伊索尔德的魔汤：春药的文化史》[德] 克劳迪娅·米勒-埃贝林、克里斯蒂安·拉奇 著　王泰智、沈惠珠 译

41《错引耶稣：〈圣经〉传抄、更改的内幕》[美] 巴特·埃尔曼 著　黄恩邻 译

42《百变小红帽：一则童话中的性、道德及演变》[美] 凯瑟琳·奥兰丝汀 著　杨淑智 译

43《穆斯林发现欧洲：天下大国的视野转换》[英] 伯纳德·刘易斯 著　李中文 译

44《烟火撩人：香烟的历史》[法] 迪迪埃·努里松 著　陈睿、李欣 译

45《菜单中的秘密：爱丽舍宫的飨宴》[日] 西川惠 著　尤可欣 译

46《气候创造历史》[瑞士] 许靖华 著　甘锡安 译

47《特权：哈佛与统治阶层的教育》[美] 罗斯·格雷戈里·多塞特 著　珍栎 译

48《死亡晚餐派对：真实医学探案故事集》[美] 乔纳森·埃德罗 著　江孟蓉 译

49《重返人类演化现场》[美] 奇普·沃尔特 著　蔡承志 译

50《破窗效应：失序世界的关键影响力》[美] 乔治·凯林、凯瑟琳·科尔斯 著　陈智文 译

51《违童之愿：冷战时期美国儿童医学实验秘史》[美] 艾伦·M. 霍恩布鲁姆、朱迪斯·L. 纽曼、格雷戈里·J. 多贝尔 著　丁立松 译

52《活着有多久：关于死亡的科学和哲学》[加] 理查德·贝利沃、丹尼斯·金格拉斯 著　白紫阳 译

53《疯狂实验史Ⅱ》[瑞士] 雷托·U. 施奈德 著　郭鑫、姚敏多 译

54《猿形毕露：从猩猩看人类的权力、暴力、爱与性》[美] 弗朗斯·德瓦尔 著　陈信宏 译

55《正常的另一面：美貌、信任与养育的生物学》[美] 乔丹·斯莫勒 著　郑嬿 译

56《奇妙的尘埃》[美] 汉娜·霍姆斯 著　陈芝仪 译

57《卡路里与束身衣：跨越两千年的节食史》[英] 路易丝·福克斯克罗夫特 著　王以勤 译

58《哈希的故事：世界上最具暴利的毒品业内幕》[英] 温斯利·克拉克森 著　珍栎 译

59《黑色盛宴：嗜血动物的奇异生活》[美] 比尔·舒特 著　帕特里曼·J. 温 绘图　赵越 译

60《城市的故事》[美] 约翰·里德 著　郝笑丛 译

61《树荫的温柔：亘古人类激情之源》[法] 阿兰·科尔班 著　苜蓿 译

62《水果猎人：关于自然、冒险、商业与痴迷的故事》[加] 亚当·李斯·格尔纳 著　于是 译

63《囚徒、情人与间谍：古今隐形墨水的故事》[美]克里斯蒂·马克拉奇斯 著 张哲、师小涵 译

64《欧洲王室另类史》[美]迈克尔·法夸尔 著 康怡 译

65《致命药瘾：让人沉迷的食品和药物》[美]辛西娅·库恩等 著 林慧珍、关莹 译

66《拉丁文帝国》[法]弗朗索瓦·瓦克 著 陈绮文 译

67《欲望之石：权力、谎言与爱情交织的钻石梦》[美]汤姆·佐尔纳 著 麦慧芬 译

68《女人的起源》[英]伊莲·摩根 著 刘筠 译

69《蒙娜丽莎传奇：新发现破解终极谜团》[美]让-皮埃尔·伊斯鲍茨、克里斯托弗·希斯·布朗 著 陈薇薇 译

70《无人读过的书：哥白尼〈天体运行论〉追寻记》[美]欧文·金格里奇 著 王今、徐国强 译

71《人类时代：被我们改变的世界》[美]黛安娜·阿克曼 著 伍秋玉、澄影、王丹 译

72《大气：万物的起源》[英]加布里埃尔·沃克 著 蔡承志 译

73《碳时代：文明与毁灭》[美]埃里克·罗斯顿 著 吴妍仪 译

74《一念之差：关于风险的故事与数字》[英]迈克尔·布拉斯兰德、戴维·施皮格哈尔特 著 威治 译

75《脂肪：文化与物质性》[美]克里斯托弗·E.福思、艾莉森·利奇 编著 李黎、丁立松 译

76《笑的科学：解开笑与幽默感背后的大脑谜团》[美]斯科特·威姆斯 著 刘书维 译

77《黑丝路：从里海到伦敦的石油溯源之旅》[英]詹姆斯·马里奥特、米卡·米尼奥-帕卢埃洛 著 黄煜文 译

78《通向世界尽头：跨西伯利亚大铁路的故事》[英]克里斯蒂安·沃尔玛 著 李阳 译

79《生命的关键决定：从医生做主到患者赋权》[美]彼得·于贝尔 著 张琼懿 译

80《艺术侦探：找寻失踪艺术瑰宝的故事》[英]菲利普·莫尔德 著 李欣 译

81《共病时代：动物疾病与人类健康的惊人联系》[美]芭芭拉·纳特森-霍洛威茨、凯瑟琳·鲍尔斯 著 陈筱婉 译

82《巴黎浪漫吗？——关于法国人的传闻与真相》[英]皮乌·玛丽·伊特韦尔 著 李阳 译

83《时尚与恋物主义：紧身褡、束腰术及其他体形塑造法》[美]戴维·孔兹 著 珍栎 译